U0306463

规模化猪场疾病信号监测诊治辩证法一本通图谱

宣长和　张桂红　于长江　等　主编

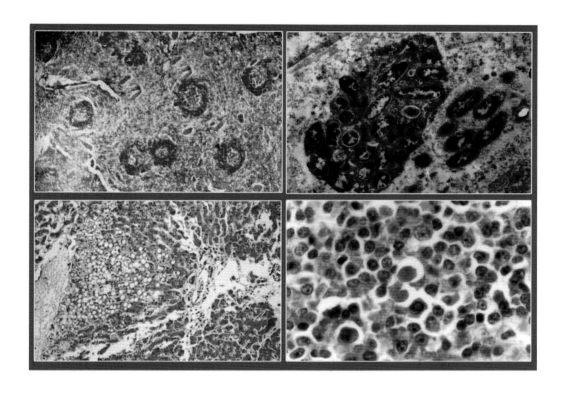

中国农业科学技术出版社

图书在版编目 (CIP) 数据

规模化猪场疾病信号监测诊治辩证法一本通图谱／宣长和，张桂红，于长江等主编 .—北京：中国农业科学技术出版社，2013.8

ISBN 978-7-5116-1250-2

Ⅰ.①规…　Ⅱ.①宣…②张…③于…　Ⅲ.①猪病 – 监测 – 图解②猪病 – 防治 – 图解　Ⅳ.① S858.28 – 64

中国版本图书馆 CIP 数据核字 (2013) 第 058041 号

责任编辑	徐　毅
责任校对	贾晓红

出 版 者	中国农业科学技术出版社
	北京市中关村南大街 12 号　　邮编：100081
电　　话	（010）82106631（编辑室）（010）82109702（发行部）
	（010）82109709（读者服务部）
传　　真	（010）82106631
网　　址	http://www.castp.cn
经 销 者	各地新华书店
印 刷 者	北京启恒印刷有限公司
开　　本	889 mm × 1 194 mm　1/16
印　　张	28.25
字　　数	800 千字
版　　次	2013 年 8 月第 1 版　2013 年 8 月第 1 次印刷
定　　价	298.00 元

作者简介

　　宣长和，黑龙江八一农垦大学教授，中共党员。东北农业大学兽医专业毕业。在教学、科研、生产中，取得了多项教学、科研成果。享受国务院政府特殊津贴。曾多次被评为学校先进工作者、优秀教师、优秀共产党员。先后4次获黑龙江省农垦总局先进科技工作者，1999年获黑龙江垦区优秀专家。《兽医病理教学资源库的建立研究》2001年获黑龙江省教学成果二等奖。《特急性型猪丹毒病理形态学诊断与防治技术的研究》1992年获黑龙江省科技进步三等奖。《弥散性血管内凝血的病理形态学研究》1992年获黑龙江省科技进步四等奖。《畜禽缺硒病的病理形态学诊断和防治技术的系列研究》1993年获黑龙江省科技进步四等奖。"九五"国家科委"30万头肉猪产、加、销配套体系的研究"课题，所建立的猪防病灭病技术服务体系研究（课题编号：HKK90-0701）2001年获黑龙江省科技进步三等奖。先后主编《猪病学》《当代猪病诊疗图说》《当代牛病诊疗图说》《当代鸡病诊疗图说》《猪病诊断彩色图谱与防治》《动物疾病诊断彩色图谱与防治》《猪病混合感染鉴别诊断与防治彩色图谱》《猪病类症鉴别诊断与防治彩色图谱》。在《中国畜牧兽医学报》与《中国农业科学》等刊物发表论文50多篇。　曾任第一届至第四届东北地区兽医病理学研究会副理事长、《黑龙江畜牧兽医》杂志编委。曾任黑龙江省永安迪卡种猪场、卫星种猪场、八五七农场种猪场、铁西种猪场、金正种猪场、大北农黑龙江省分公司、河北省石家庄种猪场技术顾问。2002年移居河北省廊坊市三沙市燕郊开发区，2003～2004年先后出版了《猪病学》第二版、《猪病诊断彩色图谱与防治》。2003～2007年，到华北地区一些猪场进行现场实地临床诊治和猪场疾病综合防制工作，积累了许多临床经验，收集了新的猪病临床病理流行病学与防治技术的宝贵资料。从2008～2010年1月，又在华南、华北、东北等地区一些猪场作了调研工作，其间收集、记录了一批影像、文字资料，较全面地掌握了国内猪病混合感染现状，其中，不乏极具代表性的典型案例。与此同时，对几十年来积累资料与经验进行整理和提炼，把原先分散的猪病诊断防治的资料与经验升华为猪病诊断与防治体系，形成了《猪病学》第三版全书内容的基础。现任北京金海伟业集团技术顾问、《养殖技术顾问》杂志特邀顾问。

作者简介

张桂红，博士，华南农业大学兽医学院教授，博士生导师，国家生猪现代产业技术体系岗位专家，重点负责华南地区猪群疫病流行病学调查工作。现为广东省"千百十"工程省级学术骨干培养对象，中国畜牧兽医学会兽医生物技术学分会常务理事，中国畜牧兽医学会兽医公共卫生学分会理事，广东省突发公共事件应急管理专家组成员。近年来，一直在养猪生产第一线为规模化猪场及养殖户服务，解决生产实践问题。截至目前，共主持了多项国家、省部级科研课题，以第一作者或通讯作者发表研究论文100余篇，其中，SCI收录30多篇。主编和参编学术专著多部。参编《猪场防疫措施与疾病判别》《生猪标准化规模养殖图册》《中小规模养殖场生产水平提高的主要技术措施》3部，主审《猪病诊断彩色图谱》及《猪病学》（第十版）2部。获得科研奖励4项，新兽药证书3个，专利2项。

作者简介

于长江，教授级高级畜牧师。现为北京金海伟业饲料有限公司董事长。1986年黑龙江八一农垦大学畜牧专业毕业后留校任教13年；1993年毕业于东北农业大学动物科学系遗传育种专业，获硕士学位；1998年起，先后在北京菲迪饲料有限公司，北京华都饲料有限公司、北京资源集团等饲料企业任技术部部长、首席配方师；任青岛万福集团养殖与饲料技术顾问。研究的预混料项目荣获国家重点新产品（五大部委）、科技部中小企业创新基金等国家级科技进步奖两项，黑龙江省畜牧科技二等奖和黑龙江省教育科技三等奖。在《中国饲料》等刊物发表学术论文十几篇，其中，《饲料安全与卫生》发表于中国畜牧水产报，1999年5月发表的《重视安全饲料生产》对我国饲料和畜禽产品安全影响很大。首次提出安全猪肉配方师这一概念，制订并实施我国安全猪肉第一个企业标准，并于2000年5月28日在人民大会堂宣布自行制订的安全猪肉标准。为我国安全绿色饲料和安全绿色畜产品的发展作出了贡献。主编、主审著作：《生物统计学》《动物胚胎移植与生物技术》《猪混合感染鉴别诊断与防治彩色图谱》《猪病诊断彩色图谱与防治》《猪病类症鉴别诊断与防治彩色图谱》等。完成课题：1.长期选择指数及其选择效果研究；2.豆饼（粕）中蛋白水溶性、溶解度及溶解指数对肉鸡生产性能的影响；3.奶牛胚胎移植及其在生产中的应用，国家"九五"攻关课题；4.资源1号预混料研究开发，国家重点新产品、科技部中小企业创新基金项目；5.圈养肉羊饲料选择及养殖方式的研究（北京市攻关课题）；6.奶牛淘汰指数及其在生产中的应用。

《规模化猪场疾病信号监测诊治辩证法一本通图谱》

编 写 委 员 会

主　　编：宣长和　张桂红　于长江　靳明武　靳兴军　王　玮　许连祥
　　　　　武力文　韩立君　权双军　李德峰　张力文

副 主 编：（以姓氏笔画为序）
　　　　　马世良　刘倩宏　王玉波　王永军　王建春　王　乾　王祥秀　石卫峰　刘训昌
　　　　　姜运华　何　静　杜学昆　孙晓玉　孙运刚　杨拥军　黄良忠　赵传毅　桑学波
　　　　　张弥申　熊　健　谢　东　韩文龙　韩存波　蒋能跃

主　　审：孙福先　耿国富　周瑞君

审　　校：马春全　张洪有　陈志宝

解剖学审校：彭克美　贾东平

编　　者：（按章节顺序排序）

内容简介

本书文字简洁、通俗易懂、图文并茂，一部从事养猪的广大读者一看就懂、一用即通的科学性、专业性和通俗性有机结合的看图识病的读物。专业上，各种猪病临床症状和病理变化可用文字描述或用图片表述，但文字描述与客观实际总是存在误差。读者由于文化和专业水平不一，阅读时很难理解文字描述的真谛，从而影响科技作品指导临床实践的应用效果。图像以其直观、具体赢得了"一图胜千言"的赞誉；在专业上可把图片称为信号，广大读者运用信号去诊断疾病，更容易理解专业述语的内涵。摄影图片的特点是纪实性，与绘画相比，能逼真地将微细部分特征全都表现出来。症状和病变的图片用信号表示，可以把抽象文字形象化，真实反映主体的状态特征，具有不受语言、文字、学历、职称、职务、技术水平限制的特点。本书特点从基础知识开始，由浅入深、由简到繁、由低到高、由局部到全局、由感性到理性介绍疾病的发生发展规律。

本书内容共6篇，文字800千字，图片1 500余幅。

第一篇　猪病信号监测与临床诊断学基础。主要内容是对猪病诊断学中的诊断方法与症状基础知识做简要阐述，适应不同专业水平的读者能够充分理解专业述语内涵，做好日常规模化猪场的疾病监测工作，为准确诊断疾病奠定坚实理论基础，以便熟练掌握疾病监测技术，便早期发现疾病信号，做好疾病诊断工作。对大专毕业生来说也是学习如何运用基础理论知识解决临床疾病诊断极好的读物。

第二篇　猪的病理学基础。主要内容是各种疾病的共同病变术语及其发生的共同规律，包括局部血液循环障碍、细胞和组织的损伤和修复、炎症、败血症等内容。目的是在理解各种概念的基础上，帮助读者能够准确认识常见病变形态特征。本书在病理学总论基本概念与术语在病理学诊断应用方面，提供了丰富的范例，是病理学在基础理论与临床诊断的承前启后桥梁作用的体现，为下一篇"尸体剖检技术"学习奠定理论基础。

第三篇　猪的尸体剖检技术。主要内容是尸体剖检概论、尸体变化、病理变化的描述、尸体剖检技术和尸体内部检查技术。为病理诊断提供方法及病变鉴别技巧。深层次体现了在学习专业上循序渐进，必须遵守的辩证法原则。

第四篇　猪病单一感染的疾病诊断与防治。对我国单一病原体所致猪传染病典型症状和病理变化做了肯定性阐述，为混合感染鉴别奠定基础。

第五篇　混合感染的鉴别诊断与防治。对传染病的混合感染诊断、预防、治疗的技术措施，做了较全面介绍。

第六篇　猪瘟抗体监测与信号分析。首先详尽阐述猪病疾病监测和免疫预防要点；其次对系统症状的对症治疗做了规律性介绍；最后提出了种猪场生物安全控制体系的建立主要技术措施。

综上所述前三篇是基础理论知识，后三篇是在基础理论知识基础上解决疾病诊断、治疗、预防的技术措施。由此可见本书由基础到临床；由概念到疾病；由单一感染到混合感染诊治；到规模化养猪的生物安全控制体系的建立，达到了为养猪业发展提供理论依据的目的。

依人类思维过程中存在丰富辩证法规律；用哲学的方法与认识论编写一部文字简洁、通俗易懂、

前　言

依人类思维过程中存在丰富辩证法规律；用哲学的方法与认识论编写一部文字简洁、通俗易懂、图文并茂；广大读者一看就懂、一用即通的科学性与专业性和通俗性有机结合的看图识病的读物是可行的。针对我国基层兽医科技人员现有水平，用哲学认识论思维的方法，可将难以理解的专业性科技读物中的术语通俗化，将深奥理论简明化，方便广大读者学习应用。本书为高级科普知识读物，专业上属畜牧兽医知识，在临床实践中将养猪防病知识转化为养猪防病技术能力，即将兽医学基本知识转化为临床诊治能力。使当前广大读者将书本知识转化为生产技术的一本科技专业读物，读者首先是读懂，然后是理解，只有理解的知识才能应用到生产中，知识转化为生产力！为此，本书在内容依辩证法的认识客观事物规律法则。方法上循序渐进，从基础知识开始、由浅入深、由简到繁、由低到高、由局部到全局。感性到理性、全面系统辩证统一观念去认识疾病的发生发展规律。增加了基础学科部分，并兼顾动物医学临床各学科有关内容。在哲学辩证法理论指导下，学习任何知识都离不开认识论，只有如此，才能做好疾病诊断，为猪病防控奠定坚实的理论基础。

在专业理论上以生命科学为基础，以临床病理学诊断为主线，并与病原学、免疫学、传染病学等学科配合。用猪生物学特性中的行为与习性作为监测猪的异常信号；依"症状"和"病变"图片作为疾病诊断依据。把专业名词术语的"概念"，用图片解释，通过对图片观察，能充分理解文字内涵，便于学习与应用。

当前我国猪病混合感染已发展为主流形势。猪病混合感染鉴别诊断，在现场必须应用临床诊断学与病理解剖学等基础学科理论与方法才能作出科学诊断，是知识转化为技能的过程。

从临床学角度要求，学习诊治疾病基础是兽医学专业的基本理论、基本知识和基本技术。内容体系上应保持动物医学专业的完整性、系统性与连贯性，又突出了临床诊断学与病理解剖学诊断部分的独立性；才能深入理解与掌握临床病理学基本理论与方法。最后才能作好由单一病原感染疾病诊治到多病原感染的混合感染疾病鉴别诊断与防治。

图片是几十年逐渐积累的珍贵照片。每幅图片都具有诊断价值，广大读者应当反复牢记熟练运用，反复实践，即熟能生巧的哲学思维规律的体现，才能对疾病作出正确诊断，图片分别插入到临床诊断学与病理学基础及尸体剖检和单一感染与混合感染各章节中，便于广大读者学习与应用。思想上明确读书是事业成功的捷径之一，只有如此才会产生兴趣，也是知识转化为能力的过程，此为读书的道理，书籍是精神食粮。

在疾病诊断上以哲学的认识论与方法论为指导，以生物学、养猪学、遗传学、生态学、兽医学、运筹学、监测学的基本理论为基础，并用病原学、临床学、流行病学、病理学、免疫学等技术方法；对所在疾病治疗上运用兽医学基本知识、基本理论、基本技术，由基础到临床去认识疾病的发生发展规律基础上，进行有针对性治疗。

在临床实践上本书以兽医临床诊断学与病理学诊断部分为核心，结合有关微生物学、免疫学、传染病学、运筹学等学科理论与方法，系统地介绍以症状和病变作为疾病信号监测的基础。

在专业上对疾病的论述，由基础学科的诊断学和病理学一个术语开始到集成多个概念，由多个概念组合为一种疾病，再由多种病原体侵入机体发展到混合感染，最后提出规模化猪场疾病防治策略。

本书是一部专业性、通俗性、基础知识和临床诊治理论相互贯通，融汇配合的一本通读物。把临床诊断学与病理学在生产中应用范围扩展，由单一诊断目的转变到预防领域中，将"信号与监测"理念用到规模化养猪生物安全控制体系中，使基础理论学科应用到生产实际中去，发挥基础学科理论指导实践的优势。对猪传染病的混合感染诊断与防制提供理论基础和方向。

本书可供养猪专业户、兽医临床工作者、养猪专业技术工作者、饲料兽药营销售后服务人员使用，还可作为大中专院校兽医专业学生、教师的参考用书。特别是刚刚毕业即将迈入社会的各类畜牧兽医专业的学生更为急需的读物。为了使症状与病变术语在诊断中辩证应用，有少数图片重复在不同章节出现；便于读者学习如何应用基础知识的"概念"，灵活熟练运用在混合感染鉴别诊断中，确定病变性质作出疾病科学诊断。确信该书能够在猪病防制上给读者带来新理念、新思维、新方法、高效益；但是限于编者们的水平，书中难免有不足甚至错误，恳请读者批评指正。

对有特殊需要者，作者可到现场指导。

联系方式：010-61598704

804183771@qq.com

宣长和

2013 年 3 月 4 日于燕郊

本书有关疾病防制、免疫程序与保健预防用药的声明

兽医临床学是一门不断发展的学科。用药安全注意事项必须遵守，随着生命科学技术的不断发展，新药品种和新型疫苗逐年增加，临床防治技术不断更新，因此，在疾病防制上以及用药和疫苗选择上亦必须或有必要做相应的调整。建议读者在使用每一种药物（疫苗）之前，一定需要参阅厂家提供的产品说明书以确认推荐的药物（疫苗）用量、方法、所需用药时间及禁忌等。

新的传染病侵入我国后，有关免疫程序与保健用药，各地不一，在疫苗应用中要根据本地区猪病流行情况制订本猪群的保健措施与免疫程序。临床医生有责任根据经验和患病动物的症状决定用药（疫苗）量，并选择最佳方案。出版社和作者对任何在防制中所发生的对患病动物或财产所造成的损害不承担任何责任。

目　录

绪 论

一、关于养猪的哲学

知识是人类积累的关于自然和社会的认识和经验的总和。知识转化为能力才能为社会创造精神财富和物质财富，知识的转化必须有理论和思想指导。哲学是关于自然、社会和思维发展一般规律的科学，是唯物论和辩证法的统一、唯物论自然观和历史观的统一。哲学的理论内容是把唯物论与辩证法、唯物主义自然观和唯物主义历史观结合起来，形成辩证唯物主义和历史唯物主义的理论体系。人类的物质实践活动是唯物的、辩证的，也是社会的、历史的。哲学是人类学习认识事物发生发展规律的科学，人类生产活动，思维活动体现哲学规律，既普通又深奥。哲学又是指导其他科学的发展创新最根本的学科，唯有从哲学高度对人们的实践活动进行分析、总结、概括，正确总结经验教训，从本质上认识客观事物的规律性。在社会实践中，特别是从事自然科学的科技工作者，尤其是从事生物科学工作者，更为重要。在科学实验中自觉遵循自然的客观规律，才能将自己从事的专业梦想有所创新，完成历史使命，梦想成真，事业才能获得成功。

由此可见人类从事各种实践活动必须有哲学思想指导，否则将盲目行事。

本书增添"关于养猪的哲学"的部分，放在绪论中提及，其目的是提醒从事养猪事业的管理者和技术人员都应当通晓哲学的认识论与方法论，应尊重猪的生命，了解猪的生命，驾驭猪的生命，使其享受生命，使猪健康生长完成对人类的贡献。因此，人类不能违反客观事物发展规律，依猪生物学的哲学规律去作好饲养管理，使管理者与技术人员以及饲养人员自觉的贯彻生物安全控制体系。从业者养猪不能少投入，"摒弃人类至高无上传统观念，它是一种落后的封建帝王观念的潜移延伸"（万熙卿）。养猪和疾病防控必须在哲学思想指导下，遵照生命科学规律。把哲学作为研究自然科学的唯一指导原理，是我们迎头赶上科学技术发达国家的重要条件之一。科学发展观是认识社会和自然现象的基本理论。社会的发展和自然规律的演变，都是有规律的进行，是客观存在的，不以人的意志而转移的。掌握它和自觉地应用到养猪与疾病防控实践中，是科技工作者的义务和职责。把辩证唯物主义贯彻到养猪和疾病诊治的过程，才能提高养猪经济效益。作者在专业实践中经验之一，辩证法是养猪与疾病防治一把金钥匙。因此将本书定名为《规模化猪场疾病信号监测诊治辩证法一本通图谱》。任何一种专业性科普读物都是自然科学知识和社会科学知识的总和的产物，缺哪一方面都不全面。

【能力比知识重要】

知识在一个人的构架里只是表象的东西，就相当于有些人可以在答卷上回答如何管理猪场、如何解决当前养猪与防治棘手的问题、如何当好猪场场长等等，但是，在现实面前，他们却显得毫无头绪、不知所措，他们总是在问为什么会是这种情况，应该是哪种情况，等等。他们的知识只是知识，而不能演化为能力，更不能通过能力来发掘他们的潜力。核心是在猪场日管常理中缺乏哲学思想，未能用辩证唯物的思想方法指导养猪防病工作。虽然是大中专毕业生，但是，所学的理论知识尚未转化为能力和财富。当然，高能力不能和高绩效直接挂钩，能力的发挥也是在一定的机制、环境、工作内容与职责之内的，没有这些平台和环境，再高的能力也只能被尘封。

【养猪与防病的哲学问题】

哲学是养猪业发展的指导思想，需要养猪者充分认识猪作为自然客体的生命现象规律，即猪的生物学要求。特别是规模化养猪不应违背猪的生物学发展规律，否则将失败而告终。历史的经验证明用哲学的辩证法与认识论去处理，才能解决养猪专业存在的问题。广义上养猪的哲学是人类与自然生命体的关系，狭义上是人类与猪的关系。人类历史上投入巨大人力和物力，对猪的生物学特性进行研究。各种版本的"养猪学"与"猪病学"是哲学与自然科学结合的产物。从野猪进化到家猪，品种形成以及猪的生物学特性进行全面的阐述；并提出了科学养猪理论和具体防病操作技术。但并未有明确提出养猪与哲学关系。

本书覆盖了用唯物辩证法的认识论学习养猪与疾病诊治方法。广大读者均可读懂用好。

现代养猪业在科技高度发展形势下，集约化规模化养猪的今天，从业者为了追求高利润，违背猪生物学需要。造成当前猪越来越难养，猪疫病肆虐的困难局面。从唯物主义角度来分析是属于认识论范围，在总结经验教训时，应当用哲学思想分析当前出现的困难局面。由于科普宣传不到位，应用辩证的认识养猪科学规律，主要问题是对猪生物学特征认识不足；其核心是对猪的遗传特性认识有许多误区，思想方法具有极大盲目性。养猪从业者应具有更高尚的商业运作。国内外生产实践证实养猪绝对不能违反猪的遗传特性，应当为猪生长发育创造标准环境与营养。此为我们今后养猪防病的指导思想。欧美等国家养猪，采用现代化猪场配置与饲养管理，获得成功，其原因是他们的技术措施符合哲学的辩证法与认识论。

在防病上对 2006 年所谓"高热病"流行以来各家看法不一，对病原学诊断与免疫学方面研究较多，对流行病学、发病过程、临床病理学、生物化学等基础学科实验研究报告不多，从哲学宏观上调查流行病学特征进行分析研究与我国 2003 年 SARS（人类非典型肺炎）相比，有些不足。用哲学思维去分析实际上是我们猪场设施不完善而管理上出现漏洞而引起的。

20 世纪 90 年代以来，猪传染病流行出现了由细菌性疾病转变为病毒性疾病为主的重大变化下，危害养猪生产的疫病越来越多，尤其 1995 年秋季蓝耳病侵入我国以来（遗憾的是蓝耳病如何侵入我国，到目前也未有明确报道与说法），蓝耳病、圆环病毒等免疫抑制性疾病的出现，猪病形势雪上加霜，导致了规模化养猪的难度不断加大。在调查研究的基础上，分析当前猪传染病的病原学、流行病学、临床症状、病理学、免疫学、诊断学、防控等方面出现的新特点。用哲学思维去分析可以解决人们认识误区。例如，对蓝耳病危害应有一个正确认识，战略上藐视它，战术上重视它。蓝耳病又称猪繁殖与呼吸障碍综合征（PRRS），是 1987 年新发现的一种接触性传染病。主要危害繁殖母猪和仔猪，而育肥猪的呼吸道症状较为缓和。美国称为"猪神秘病"，英国称为蓝耳病，西欧国家都有此病发生，该病还被称为神秘繁殖综合征等。感染猪场在没有继发感染的情况下，猪群一般不会出现临床症状。猪繁殖与呼吸障碍综合征病毒 PRRSV 一旦侵入猪机体发病时，必需伴有其他病原参与，发生流行经济损失严重，因此，称为综合征。

用哲学思维解释时，"蓝耳病是一种混合感染性传染病，原发是蓝耳病病毒，妊娠母猪感染是妊娠 104 天前后，妊娠末期出现暴发性流产，俗称繁殖障碍。而仔猪阶段感染病毒，侵入肺巨噬细胞，此时仔猪居住环境不佳时，机体免疫功能下降，呼吸道黏膜潜伏微生物乘机侵入肺部出现支气管肺炎。临床上出现呼吸障碍综合征"。由此可见，蓝耳病，原发系蓝耳病病毒，继发病原可为病毒、细菌等病原体，是混合感染，分类上归属混合感染性传染病。任何事物有比较才能鉴别其事物的性质。蓝耳病病原学特性与猪瘟相比其致病力低得多，人工接种发病率与死亡率几乎为零，猪瘟野毒人工接种发病率与死亡率几乎为百分之百。蓝耳病毒人工接种，临床症状是一时性升高，有人称高热病（应当理解为蓝耳病继发混合病原后，才能引起高热），定性以高致病性蓝耳病为主。蓝耳病毒免疫原性特殊性尚未有研究结果，因此，将分离到的变异株，用理化学方法处理减弱再增值作为弱毒苗广泛应用，并未取得预期效果。违背了实践是检验真理的唯一标准的哲学思想。蓝耳病是一种免疫抑制性疾病，但又是一种条件性疾病，在科学饲养管理和封闭式防控下，可以净化和根除。

美国在养猪转型时用10年时间消灭了猪瘟，近年又消灭了口蹄疫，我们为什么未消灭呢？因此，发展养猪必须以辩证唯物主义为指导思想，密切联系养猪业生产实践，加强思考和综合分析，才能掌握好养猪的基本原理和方法。对养猪与防病的深入理解，灵活掌握和应用，为发展养猪业奠定必要的理论基础。

【哲学与自然科学辩证统一的关系】

哲学可以指导自然科学的发展与创新，但不能代替自然科学具体操作。养猪是一门科学，特别规模化养殖，是由多学科构成的系统工程，广义上包含社会管理学科和自然科学，狭义上包含猪解剖生理学、营养学、饲养学、管理学、遗传育种学、环境卫生学、生态学、兽医学、建筑学、设计规划学、工程学等几十门学科。养猪哲学应树立以生命科学为基础，管理者应转变思想观念，为猪生命活动提供舒适生长环境和设备，全价营养，优良的生产工艺，才能获得经济效益。因此，必须用哲学的观念、思维、方法为养猪业发展提供理论依据，是我们今后养猪的大方向。其关键是转变思想，相信科学，抛弃落后的养猪习俗，放弃陈旧养猪观念，尊重科学，用现代科学武装头脑。改造设备和生产方式，建立现代化附合我国实际的生产模式。以下统筹论述的是我国以后可持续发展共同关注养猪新观念，保障养猪经济增效必备的硬件基础建设。

1. 重视规划设计　在猪场的规划设计中把设备配套放在重要的位置是非常必要的，它的许多功能不是人力资源等其他因素所能代替的。规模化猪场设计，应依靠猪场规划设计专家，科学设计。只有在猪场产品、规模、饲养模式、饲养工艺、猪舍、环境保护、设备配套等设计基本确定后才能进行总体平面设计。猪场规划设计的许多内容最后都落实到总体平面布局中，没有足够全面的知识和实践经验是很难做好这项工作的，要做好总体设计必须找内行专家，可以少走许多弯路，一次成功。

2. 全面规划，一步到位　对一个猪场，特别是大型养猪场，生产规模建设可分期进行，但总体平面设计要一次完成，不能像过去那样，边建设边设计边投产，导致布局零乱，公共设施资源各生产区不能共享，不仅造成浪费，还给管理带来麻烦。

3. 合理布局　有关设施，保证生产流程顺畅，保证人员、车辆和物资的严格消毒隔离。合理的总体平面规划设计可大大降低猪场接触性传染病和呼吸道传染病、如蓝耳病、猪瘟、伪狂犬病、口蹄疫、副猪嗜血杆菌、传染性胸膜炎、传染性胃肠炎等的传播。

4. 规模化猪场规划设计的各个因素是一个有机的整体　设计时不能过分强调某个方面，要相互兼容，相互照顾，因地制宜，合理设计，合理分配投资，求得较好的经济、社会效益，这就是我们的最终目的（李焕烈）。

5. 树立新观念克服习惯势力　因缺乏哲学思想的理念，个体农户习惯几千年传统思想，旧的老的模式养猪，应然束缚广大从事养猪业人士．例如，温度变化：许多人就以为温度变化对养猪无所谓。实践证明，温度过高或过低对猪群的健康和生长影响都极大，特别是60日龄以前尤为重要。环境温度对猪的生命活动保障至关重要，对采食量和饲养转化率的影就非常大。养猪业主急于求成，少投入，多收益思想作怪，实际是唯心主义典型表现，最后吃了大亏！例如，建场时规划失误，对规模化猪场设备不愿投入，在养猪生产过程中暴露出设备简陋问题。实际上配套合理的机械设备，能保证各猪舍的最适宜温度，可大大提高猪只采食量和饲料转化率，从而大大提高猪场的经济效益。猪舍温度太低或太高饲料转化率就降低了，养猪不但没有效益，还要亏本。再如围栏设备不同，饲养效果差距也很大。高床饲养比平地饲养头数多得多。由此可见哲学不能代替自然科学具体操作。具体操作需要从事养猪经营者、科技人员与劳动者群体共同付出辛勤劳动。

本节重点强调养猪必须依据猪遗传学特性为核心，这一理念是养猪与防病成败关键。目的是养人首先是相信科学，尊重生命科学规律，为它们创造标准环境，才能为猪场的生存和发展奠定坚实的基础。为人类提供高质量肉类食品。将与哲学有关猪的生物学特性内容，简述如下。

（一）猪的主要生物学特性

【生物学特性实质】

实质是猪的遗传特性，地球上的生物都具有遗传特性，是固有的特性，具有保守性和变异性与适应性。遗传性是物种区别的唯一标准。科技飞速发展的新时代，用 DNA 方法可成功鉴定物种和同种群体中的个体。对疾病诊断手段日新月异，利用分子生物学方法可从血液中直接检出病毒中 DNA。可以达到快速准确诊断。

【遗传物质的分子生物学】

由脱氧核糖核苷酸（DNA）和核糖核苷酸（RNA）组成的。两者都是由碱基、五碳糖、磷酸基组成，区别在于 DNA 的五碳糖是脱氧核糖，而 RNA 的五碳糖是核糖，另外，碱基也有区别，DNA 的碱基是腺嘌呤、鸟嘌呤、胞嘧啶、胸腺嘧啶，而 RNA 是腺嘌呤、鸟嘌呤、胞嘧啶、尿嘧啶，其他一样。

【遗传、变异是生命最重要的特征】

遗传物质为 DNA 和 RNA，基因组为染色体是遗传物质的主要载体；是由 DNA 和 RNA 构成。理论上利用动物遗传特性为人类提供肉、蛋、奶以及皮毛等产品。

【生物学特性】

即是遗传性，具体可为生理学、形态学、生物化学、分子生物学，猪形态学表现出猪特有外观形态特征，所以，才出现各类各种动物区别。从哲学角度认识养猪理念，首先为猪遗传特性提供科学的管理与生存装置和良好营养物质福利，使动物能依遗传密码生长发育完成密码编录，人类养猪才可获得效益。此为搞好动物养殖最基本哲学理念。猪又可分许多品种，其共性为猪特殊形态；科学家们利用猪共性的遗传特性同时：又利用动物遗传的变异性和适应性进行长期驯化，经许多世代育成不同品种，各品种具有各自遗传特性；瘦肉型猪 150 天体重可达 90 ～ 100 千克。世界上的猪品种很多，类型各异，它们既有种属的共性，又有各自品种的特性，在生产实践中，要不断地认识和掌握猪的生物学特性，并按适当的条件加以充分利用和改造，以便获得较好的饲养和繁育效果，达到高产、高效、优质的目的。

"打铁还需自身硬"。从事养猪事业的各类人员，应有社会科学和自然科学理论知识，才能理解猪的生物学特性。因此，养猪人必须给动物的生物学特性创造条件，满足猪遗传性的需要，才能使动物为人类提供营养食品等。当前规模化猪场因生产管理、防疫措施和技术等方面存在许多误区，对疫病缺乏有效监控措施等因素，暴发传染病，导致了猪只大批死亡，造成重大经济损失，分析其原因各家不一。各地区地理环境不一，各场家，设备各异，管理人员和科技人员素质水平高低不一。一旦出现大的经济损失，议论纷纷，搞乱人们视野。所以，很难有一个行之有效技术措施，大家认可的统一结论。从科技文献到网络的各家网站纷纷登出各自高见，可谓百花齐放。综观国内外饲料、医药厂家，在各种展会、网络、杂志发表的专题报告、论文商业性味道很浓，出现违背哲学规律，给生产造成了不应有的损失。

高致病性蓝耳病防控中的免疫接种与否各家不一，至今尚无统一认识，任何疫苗都应安全有效，不应出现任何风险是一条最基本安全底线，但是出现了一种"虽然有风险，总比不打疫苗好的违反辩证法规律的说法"。因此，当前用唯物辩证法理论指导养猪防病尤为重要。在调查研究基础上，可以对收集资料，综合分析，统一观点，提出解决办法，各显其能。在政府统一领导下，发挥疾病防控、科研、高校，学会、行业协会、猪场、饲料、兽药厂等部门职能义务与责任，共同协力，抛弃商业性宣传，依养为主，养防结合一定能取得较好的效益。

【家猪的由来】

家猪是由野猪驯化而来的，经过长期的人工选择干预，形成了许多生物学特性；育成了许多品种。共同特点有繁殖力高，世代间隔短；食性广，饲料利用率高；生长快，产肉量高；嗅觉、听觉灵敏，视觉差；特别警觉，即使睡眠，一旦有意外响声，就立即苏醒，站立警备。适应性强，分布广。猪对自然地理、气候等条件的适应性强，地球的热带、亚热带、寒带、都可养猪。从生态学适应性看，猪主要表现对气候寒暑的适应、对饲料多样性的适应、对饲养方法和方式上（自由采食和限喂，舍饲与放牧）的适应，这些是它们饲养广泛的主要原因之一。但是，猪适应性是有限度的，遇到极端的环境变动和极恶劣的条件，猪体出现新的应激反应，如果抗衡不了这种环境，猪体生态平衡就会遭到破坏，生长发育受阻，生理出现异常，严重时就出现病患和死亡。

随着科学技术的发展，集约化和规模化养猪的诞生，猪的养殖由一家一户养几头到几十头甚至几百头到上万头的规模化工厂式养殖。同时带来疾病防控难题。

（二）猪的行为习性的信号

【行为】

是动物对某种刺激和外界环境适应的反应，不同的动物对外界刺激表现出不同的行为反应，同一种动物内不同个体行为反应也不一样，这种行为反应，可以使它能从逆境中赖以生存、生长发育和繁衍后代。动物的行为习性，亦可称为信号，有的取决于先天遗传的内在因素，有的取决于后天的调教、训练等外来因素，这些行为反应则是这些因素相互作用的结果。猪和其他动物一样，对其生活环境、气候因素和饲养管理条件等在行为上都有其特殊的表现，而且有一定的规律性。研究猪行为和规律的学科即猪行为学，从多年来研究结果看，猪行为习性的研究可以概括为：采食行为、排泄行为、群居行为、争斗行为、性行为、母性行为、活动与睡眠、探究行为、异常行为以及后效行为等。

（三）猪不同年龄段的生物学特性

猪按年龄段可分为哺乳仔猪、断奶仔猪、后备猪、育肥猪、成年猪。

生命的基本特征：各种生物体的生命活动都具有新陈代谢、兴奋性、适应性和生殖等几种基本活动。生物共有的基本生物学特性即遗传性。在于掌握动物有机体生命活动规律后，首先是了解生物体正常机能活动规律的基础上，如何主动地控制这些活动，保障养猪业的发展。生物体是由物质组成的，构成机体的化学元素，主要有碳、氢、氧、氮，还有钠、钾、钙、镁、氯、硫、磷、铁、碘等，由这些元素组成核酸、蛋白质、脂类和糖类等有机物以及水和其他无机物。近代生物科学的研究表明，在构成机体的各组织和细胞中，各种物质在空间上都有一定的排列和位置，组成了可以实现各种生理功能的生物学结构，由脱氧核糖核苷酸（DNA）和核糖核苷酸（RNA）组成的遗传物质。

当代猪的品种对营养需要极为敏感，只有各种营养成分达标时，才能达到生产性能指标，例如，母猪窝产仔数初生重、断奶重、育肥猪 150 日龄体重在 90 千克以上等生产性能指标；这是一个复杂系统生命活动现象。一旦各种营养成分缺乏或不足时将发生代谢性疾病。

只有科学的营养物质提供给猪有机体，才能保证猪群健康，免疫功能相应增强；营养标准一旦失衡，造成的损失相当巨大，例如，母猪在怀孕和哺乳阶段钙磷比例失调或量不足以及维生素 D 不足引发母猪瘫痪，若是群发其后果是严重的。因此，营养代谢性疾病的预防是猪病防治的基础。当代猪的品种对环境温度、湿度、空气质量非常敏感，猪虽然具有良好的适应性。特别是不同日龄，年龄段的猪，因生理特性不同，日龄小的阶段重要器官发育尚不完善，从生物学角度分析是遗传学问题。欲想养好猪必须对各种年龄段，猪生物学特性有全面了解。特别是各种年龄段的猪，对温度需求不同，日龄越小对温度变化越敏感，温度低时可诱发感冒与腹泻等疾患，严重时初生仔猪可以冻死。育仔温度是仔猪成活关键因素，不应小看温度因子的重要作用，它是恒温动物细胞代谢最基本条件之一，生命起源必要条件之一。北方地区重视舍内温度标准。在南方冬季也应注意断奶保育仔猪保温，否则影响育仔成活率。养猪者应会认知猪对舍内温度反应行为信号，仔猪舍内温度适宜时表现姿态一目了然。而温度低时，仔猪集堆。除此外对初生仔猪生理特点、哺乳仔猪、断奶仔猪、（断奶仔猪可谓保育猪，是指生后 3～5 周龄断奶到 10 周龄阶段的仔猪）、后备母猪、基础母猪生物学特性应当全面与全程深入掌握，根据各自生物学特性实施规模化全进全出的生产模式。

综上所述，养猪防病科学实践还是得受哲学理论的支配。在养猪防病实践中，如果能自觉地运用唯物辩证法，就会成功立业。中国养猪业必须面对现实，用科学的辩证唯物主义认识论武装自己，彻底摒弃唯心主义认识论，认识统一了，中国养猪业才能向前发展。这就是必须从哲学理念指导养猪业的根本原因。唯心主义形而上学曾经把科学引向错误道路。养猪防病专家就应该做一个现代的唯物主义者，认真学习辩证法。把它作为研究自然科学的指导思想，是我们迎头赶上科学技术比较发达国家的重要条件之一。因此提倡用哲学指导养猪生产，从管理入手为猪生物学特性提供优良适宜环境和营养。不用药物生产质量高的绿色食品。是养猪生产，奋斗目标。其细节属养猪生产范畴，本书在此不再赘述。

二、关于信号与监测

（一）信号

【信号概念】

中文名称：信号，英文名称：signal；semaphore；gun。信号（也称为讯号）是运载消息的工具，是消息的载体。从广义上讲，它包含光信号、声信号和电信号等。用来传递消息或命令的光、电波、声音、动作等信息，用信号表示，广义范指的模糊概念，信号可应用各领域、各种专业。

科学概念在信息论中，信号是可用数学函数表示的一种标记物的名称，是人类社会活动产物。人们利用信号作为交流工具、传媒工具，复杂概念简易化，用图像代替文字叙述，许多规程图像化，利用人们能理解，受启发，扩展思路，充分灵活运用新概念、新技术解决自己从事的生产活动，用各种图标表示信号。

【信号范畴】

应用广泛，全方位覆盖人类社会活动方方面面，政治、经济、军事、文化、传媒、教育、农业、工业、商业等方面。

【信号内容】

人类、民族、年龄，动物分类、工业、农业、环境、大气、卫生、疾病等。

【信号意义】

指导人类、自然客体正常运行，保障社会活动正常进行。

【信号记录】

调查观察事物变化、仪器、文字、像素、图像纪录。

【信号储存】

纸质、电子件。

【信号特色】

不受语言文化年龄限制，国际奥运会各种运动项目图标等等。人类未来将有各种行为用图标全球化；具有国际通用特点。用图标表示信号。使人类交流更加快捷完成。将文化、科学成果继承新技术等传递下去。

【信号的分类】

信号的分类方法很多，信号可分为确定性信号和非确定性信号（又称随机信号）、连续信号和离散信号（即模拟信号和数字信号）、能量信号和功率信号、时域信号和频域信号、时限信号、实信号和复信号等。

【信号应用】

是一切事物客体标志，遍布各领域，鉴别事物客体手段方法，人类、民族、国家、标记物的名称、商品、品牌。国际通用信号广泛在全球应用。最典型的是各国的国旗图案即代表国家名称。

【通用信号】

随着国际交流日益增多，通用信号随之增多。信号标志图像相应出现，在工、农、商业、交通业；分别产生各种名目繁多信号广泛出现与应用，方便人类活动。共识的飞机起飞信号、公路红绿灯、超市安全出口等信号标志。

【专业信号】

目前专业信号标志尚不完善，需养猪专业工作者研发。例如养猪学、饲养学、繁育学、猪行为学信号；公母猪、哺乳仔猪、断奶仔猪、育成猪、育肥猪、育成母猪；妊娠初期、中期、末期。临产母猪，流产，生长发育，发情等信号。解剖学、生理学、生化学、免疫学、病理学、诊断学、内科学、外科学、传染病学等学科都有本学科信号。症状属于信号，是指早期症状、病变等异常变化。本书意图是，将猪正常生理活动作为信号标准，同时作为与疾病时临床症状和病变信号鉴别的基础。特将积累图像资料，用哲学的方法，将图像信号作为赏识，编写"规模化猪场疾病监测诊治辩证法一本通"。

（二）监测

【监测释义】

中文名称：监测，监单个字可理解为从旁察看；监视等。英文名称：monitor。

【监测范畴】

应用广泛，全方位覆盖人类社会活动方方面面，政治、经济、军事、文化传媒、教育、农业、工业、商业等方面。

【监测内容】

国民经济发展、人口增长、国家实力，环境、大气、卫生、疾病。

【监测时间】

有实时的日、月、年。

【监测目的】

监测主要是为决策管理提供技术支持、为执法实施技术监督、为经济建设提供技术服务。

【监测意义】

监测是预警，提前早知道，及时采取应急措施，把事件消灭在萌芽状态，转危为安。分析监测结果，指导客体正常运行，保障社会安定。

【监测方法】

专业队伍检查；利用各种仪器检查。

【监测方式】

文字纪录，仪器监测纪录：文字、像素、图像。

【监测工具】

监测车、监测船的流动监测、人造地球卫星空中监测、各种雷达遥测、遥感等，确定污染范围及其严重程度，以便采取措施。

（三）动物疫病监测

广义的疫病监测是指为政策管理提供技术支持、为监督执法机构实施技术监督、为经济建设提供技术服务的一种手段。狭义的监测是指调查动物群体中某种疫病或病原的流行情况。

动物疫病监测是动物、动物产品质量的重要保障，由法定的机构和人员按国家规定的动物防疫标准，依照法定的检验程序、方法和标准，对动物、动物产品及有关物品进行定期或不定期的检查和检测，并依据监测结果进行处理的一种措施。

随着规模化养猪深入发展，使我国的动物疫病防控技术与国际标准早日接轨，我国加入WTO后，由于国际经济一体化，与国际动物疫病防控技术和方法接轨，要求我们对传统的兽医防疫内容和猪传染病防控体系进行深入的改革。采用国际上公认的疫病防控技术和方法，如疫病监测和预报预测、疫病信息的管理和分析系统、引进动物的风险分析、疫病区域化防控有关的疫病区划系统等基本原理和基本方法。迫切要求编写一部与国际动物疫病防制技术和方法相适应《猪病诊治》科技出版物。

本书以国际上公认的疫病防控技术和方法为基础，就"疫病监测和预报、预测、疫病信息的管理和分析系统"部分；根据我国实际情况为规模化猪场疾病临床诊断编写一部科技出版物，以症状与病变作为信号进行疾病预警监测。较为深入系统地介绍猪病监测、诊断、防控的原理以及新理念、新方法和新技术，同时，增加了大量的新内容。从而改变了传统养猪与防疫的观念；为满足猪生物学特性需求；树立治本新思维。在养猪与防病上对猪正常生命活动需要必须多投入，创造一个无特定病原优雅环境，保证各阶段营养需要；多一点设施投入以及必要的保健药物投入和疫苗接种。养猪管理规范化，疾病预防合理化，用管理预防疾病，而不只是用疫苗或药物保健。树立相信科学，依靠科学的思想，科技术语即是命令，改变养猪和防病模式。

我们已经掌握了规模化养猪和防病的全部技术，问题是贯彻应用；特别是人们认识存在许多误区。

监测一词用于专业时，具有疾病未暴发前，应用一些方法检查存在促进疾病发生的各种因素；并立即改进，迫使疾病停止发展。本书"监测"一词，是用于规模化场疾病临床诊断时症状与病变的监测，提倡从猪场平时管理入手，从猪行为特性微妙变化发出的异常信号，动态监测疾病的发生和流行。

据调查许多猪场只重视定期采血作疫苗抗体监测；忽视了平时养猪生产管理动态监测，各种统计数据，特别是对正常配种分娩纪录的统计分析。对产出的死胎、弱仔基本不做病理解剖检查，许多早就应当发现的疾病的信号而未监测到，直到疫情暴发时才恍然大悟，但为时已晚！例如，以往对病死猪剖检目的是单纯为了诊断疾病，其实，还有在剖检同时，观测没有出现病变的器官是否有尚不构成病变的信号，实际上剖检的每一个病例都存在许多病变早期信号。疾病的监测是猪场科技人员必备的疾病预防最基本技术，可把疾病消灭在萌芽状态。本书主要是依临床病理学方法，依症状和病变的图片为基础，监测规模化猪场疾病的信号。

【动物疫病监测的意义】

动物疫病监测工作是动物防疫工作的重要组成部分，在整个兽医工作中具有突出的地位，发挥着举足轻重的作用。该项工作不仅事关重大动物疫病的防控，事关公共卫生安全及畜牧业发展，而且也关系到广大消费者的切身利益。随着《中华人民共和国动物防疫法》的修订以及我国加入世界动物卫生组织（OIE），对动物疫病监测工作也提出了更新、更高、更严格的要求。动物疫病监测可为国家制订动物疫病预防控制规划和疫病预警提供科学依据，同时，对动物保健咨询以及输出动物及其产品无害状态的保证等具有非常重要的意义。

【监测与诊断】

监测是采集资料早期疾病信号，向疾病转化过程的信号，是资料收集阶段，是认识事物感性阶段；诊断是疾病结果，是认识事物的理性阶段。书中每幅图片既可作为疾病信号监测时的资料图片；又可作为疾病诊断依据信号。动物疾病过程中出现许多病理过程，包括非特异性反应信号和特异性反应信号，只有特异性反应出现的信号才有诊断价值。疾病时信号多种多样，疾病信号是诊断基础，虽然疾病时非特异性反应出现的信号不能作为诊断依据；但可作为疾病监测的早期信号。因此，在临床诊断猪病时要辨证的分析疾病原始信号资料，去粗取精，排除非特异性反应信号；提取特异性反应信号作为疾病诊断依据；此为应用哲学的辩证法案例。

【监测范围】

范围广泛，其结果具有防范于未然。把人们生产活动由被动转为主动。各类学科都有各自的监测范围，可指导学科的发展，取得的数据用于生产。

【监测意义】

对动物生存和疾病预防具有重大价值。具有战略意义。

在规模化猪场应用兽医临床诊断学时，应当是把临床诊断方法用在监测上。首先把疾病监测方法放在日常管理项目中操作，监测转化为预测和探测，把疾病预防工作由被动转为主动。

科技飞速发展的新时代，客观事物规律不断被发现与创新，对疾病诊断手段日新越益，血清学、免疫学、分子生物学。其中，用 PCR 方法可从血液中直接检出病毒中 DNA。可以达到快速准确诊断。但是并不能否定临床流行病学与病理解剖学诊断的价值。在动物疾病防治中许多人对临床诊断认识不足，习惯的认为方法古典、简单，往往低估临床诊断的意义。猪疾病发生流行都是在有猪的场所，猪场专业人员，如果能够掌握常见多发猪病典型病症状，在临床上监测到可疑信号的同时，若能作出初步诊断。疫情发生时迅速上报兽医主管部门，采取病料送检化验，根据结果当即采取有效防治措施，可把疫情扑灭在初期阶段，基层养猪技术工作者都掌握了诊断基本技术，疫病自然被控制了。牢记传染病是病原微生物侵入猪有机体的结果，它不是唯心主义者俗称上帝塑造地。所以，发现疾病的是生产一线工作人员，这即是唯物辩证法在猪病诊断应用实例。

本书宗旨在科学发展观的指导下，用唯物辩证法分析判定，深入扩展基础学科核心部分，进一步发展基础学科的潜在技术。已往动物诊断学著作中都是把"发病动物"作为诊断与防治对象来阐述或叙述。本书把"猪"作为诊断与防治对象来阐述。在规模化猪场兽医师任务是为猪的健康保驾护航；将兽医诊断学理论内涵提高到对群体的健康生存全过程的监测，保障安全渡过一生。不能等到发病时才去检查再作出疾病诊断。

实际上我国教育体系就是先理论后实践的传统教育模式。到基层从事医疗工作中自己应灵活运用所学专业理论解决养猪生产的疾病防范问题。但由于受"传统观念"束缚，在实际工作中思想观念保守性强，墨守成规，始终实行已往诊断模式；作者执行了近 50 年；今后转变思想理念，研究对象是猪而不是病。将兽医临床诊断学和病理解剖学发病机制以及剖检诊断部分相互配合，形成诊断猪病的理论和方法基础上，进一步用两种学科诊断方法扩展到监测中，将兽医基础理论应用到猪病预防体系中，扩大学科指导生产的作用。

关于一本通，社会上出版物命名为一本通很多，第一印象只感觉新颖，有进一步琢磨思考的新意。在编写本书过程中，萌发出命名一本通较贴近实际的想法。

改革开放 30 年来，我国畜牧业生产保持了持续快速的发展。随着畜牧业生产结构的调整养猪业也保持了稳定的增长，2000 年生猪年末存栏 44 681.5 万头，肉猪年出栏 52 763.3 万头，猪肉产量达到了 4 031.4 万吨，分别比 1999 年增长 3.6%、3.8%、和 3.6%，猪肉在全国肉类总产量中的比重占到 65.8%。我国生猪存栏数超过了世界总存栏量的一半，肉猪出栏量和猪肉产量基本占到世界总量的 50%，猪肉比重比世界平均水平高近 28 个百分点。养猪在农业和农村经济中占有重要地位。猪肉不但是我国肉类生产的主体，是城乡居民肉食消费的主体，而且在世界猪肉生产中占有举足轻重的地位。据联合国粮农组织 (FAO) 统计，1999 年我国猪的出栏率为 124.77%，接近世界平均水平 129.01%；头均胴体重为 78 千克，达到了世界平均水平；存栏猪平均产肉量达到 98 千克，接近世界平均水平 100 千克。我国是世界养猪生产和消费第一大国，猪存栏、出栏总量世界第一。

但是，我们猪发病死率也是第一，这向我们科技工作者提出严肃挑战！近半个世纪来，种猪和畜产品的国际间交流频繁的新形势下，一些传染病乘虚而入，与此同时，国内猪只调运移动频繁，导致一些新发现的传染病快速传播和已控制的疫病重新流行，混合感染占居主流，给养猪业造成了严重危害。

三、猪传染病流行特点

（一）流行病学
【新中国成立以来猪传染病流行形势历程回顾和展望】

1. 20 世纪 50 ~ 70 年代　由于认真实施防制措施，疫苗接种致使一些曾暴发流行且死亡率高的传染病流行转为缓慢，并表现为散发，如猪瘟、猪丹毒、猪肺疫、猪副伤寒等很好的控制；口蹄疫由各地认真执行接种疫苗，有 20 多年未发生猪病流行。

2. 20 世纪 80 年代以来　猪瘟出现了以繁殖障碍为主的综合征，但也有些传染病则由流行缓慢变为迅速传播。如猪蓝耳病由相对稳定状态的缓慢流行于 2006 年开始暴发式流行，农业部称为高致病性蓝耳病；猪伪狂犬病，过去多为一个地区或猪场发生，但在 20 世纪 90 年代则呈现世界流行，发病率和死亡率显著增高；猪圆环病毒在 2000 年前后不约而同的侵入我国，对猪传染病控制雪上加霜。上述情况表明强度有所改变，动物传染病的流行正在不断发生变化。

3. 用科学发展观解疑流行学不断出现新的情况　　新中国成立 60 年来猪病流行病学不断的发展变化，其中，"变"是事物必然发展规律，养猪业衡量标准应是控制和消灭疾病。

（二）新传染病的种类增多

【新侵入传染病种类】

据农业部 1996～1990 年对全国畜禽疫病普查结果统计，我国动物传染病有 202 种之多，其中，20 世纪 80 年代发现的新增病达 17 种（传染病 15 种，寄生虫病 2 种）。这 17 种传染病中，有猪细小病毒病、猪传染性胃肠炎、猪流行性腹泻、猪痢疾和猪衣原体病。90 年代以来又新发现传染病 10 种，包括猪传染性接触性胸膜炎、副猪嗜血杆菌病、猪繁殖和呼吸综合征、猪圆环病毒Ⅱ型感染、猪副红细胞体病和猪增生性肠炎等。加上原有在我国较多猪场发生的猪瘟、猪气喘病、猪口蹄疫、仔猪大肠杆菌病、猪伪狂犬病、猪传染性萎缩性鼻炎、猪链球菌病、猪布鲁氏菌病和猪流行性乙型脑炎等。这些疫病的出现给当前的防疫增加了许多新问题，严重威胁养殖业的发展，为此这些疫病的防制和研究工作应该受到高度重视。一些原已控制的病又重新抬头，如猪瘟、链球菌、弓形体等疫病。

【危害】

新出现和重新出现的疾病不断地危害着猪群。特别是猪的免疫抑制性疾病的增多，原来世界公认的猪瘟兔化弱毒疫苗的实际免疫效果不如以往叫得响了！主要原因是蓝耳病与圆环病毒Ⅱ型侵入。

免疫抑制性疾病的一些病原对机体的免疫系统造成破坏，如猪繁殖与呼吸综合征病毒、猪圆环病毒Ⅱ型均可侵害猪的免疫器官，造成细胞免疫和体液免疫的抑制，导致猪群免疫失败，抗病能力大大减弱，猪群整体健康水平下降。

【对策】

猪瘟是猪病王中之王，只有控制了猪瘟的发生和流行才能改变我国当前"猪瘟是王中之王之称"的情况。在做好猪瘟防控的基础上，对众多疾病中，应当对猪免疫抑制性疫病、猪繁殖障碍性传染病以及呼吸道疾病作为防控重点。

（三）病原体的变异

【病原毒力变异】

在历史长河中疫病流行过程，从哲学观点分析"变"是永恒的，病原的毒力常发生变异。有些病原的毒力出现减弱，病原毒力自然变异是一个长期过程，影响病原毒变异条件许多不可肯定的因素，其中有病原侵入有机体后与相应抗体相遇后，其基因组合会发生一些微妙的分子变化，由强变弱；由不能在免疫过的机体生存逐渐转变为，可长期在侵入机体细胞内生存，转化为病毒宿主，猪瘟带毒母猪的出现即是上述过程。大约是几十年形成的结果。

【发病非典型化】

动物群体中的免疫水平不高或不一致，加之毒力变异，导致某些疫病在流行病学、临诊症状和病理变化等方面出现非典型变化，如目前出现的非典型猪瘟即是明显的例证。另一方面有些病原的毒力出现增强，虽然经过免疫接种，但仍常出现免疫失败，从而给疾病的防控带来新的困难。

（四）猪免疫抑制综合征

免疫抑制是机体在某种物理（如 x 射线辐射）化学（如硫唑嘌呤、皮质固醇等）和生物因素（抗淋巴细胞血清）的作用下，免疫应答能力降低，这些因素可用作免疫抑制剂，可防止移植物被排斥和治疗自身免疫病。作为免疫抑制性疾病应当理解为引起疾病的病原体侵入机体降低其特异免疫应答和非特异免疫反应或产生一些生物活性物质，降低机体免疫应答能力，这种引起机体免疫应答能力降低的病原体所致疾病，引起猪免疫抑制综合征的因素有生物致病因子、真菌毒素或某些农药污染的饲料、应激因素等。

【引起猪免疫抑制的因素】

1.非生物性因素　饲养管理及营养不良、饲料霉变、滥用抗生素以及环境恶劣等因素都可造成猪的免疫功能受损或下降。

2.生物性因素　免疫抑制病有猪圆环病毒病、猪蓝耳病、猪支原体肺炎（气喘病）、猪附红细胞体病等。当前最为常见并严重发生的有猪蓝耳病、圆环病毒病、伪狂犬病等，副黏病毒在我国某些猪群中的发现则又增加了一种新的免疫抑制性疫病。除了病毒感染以外，某些细菌感染、真菌及其代谢产物和某些抗生素及化学药物也可损伤免疫器官或免疫细胞，从而引起机体免疫应答反应能力降低。

【易发混合感染】

有些病毒感染后不出现明显可见的临床表现和病理变化，但它们诱发机体的免疫抑制状态足以给动物群带来非常严重的影响，导致感染动物出现不同程度的继发感染、二重感染或多重感染，从而使疫病发生连绵不断，治疗极为困难。

机体的免疫抑制：在实际生产中，人们发现动物的免疫抑制现象除了与某些化学药物、微生物的代谢产物、动物群的营养状况和饲养管理等因素有关外，与多种病原体感染的关系也极为密切。病毒感染后，可通过以下途径导致动物机体的免疫抑制，即直接感染T细胞和B细胞并损伤其功能，从而抑制正常的免疫应答反应；感染胸腺后可能导致正在成熟的淋巴细胞克隆损伤而形成特异性免疫耐受现象；某些病毒能够感染特殊的抗原呈递细胞，通过直接杀伤作用或诱导免疫病理反应影响细胞的功能，造成对多种抗原的普遍免疫耐受而抑制细胞免疫和体液免疫；此外。部分病毒感染机体后可诱导抑制抗病毒免疫应答分子的产生等。临床上有些病毒感染以诱发机体免疫细胞损伤为主，仅在特定条件下才出现明显的临床表现；而另一些病毒在感染早期、临床症状出现前以诱发免疫损伤为主，随着疾病发展则可能出现该病的典型临床表现。

免疫抑制的危害关键是当前猪传染病一旦暴发流行都伴有混合感染给诊断与防治带来严重影响，其后果是对猪群健康的威胁日益增加。

（五）传染病的混合感染成为猪传染病的主流

目前，在猪传染病的流行过程中，单一病原引发疾病很少见。多病原感染并继发感染已成为目前猪群发生疾病的主流。常常出现两种或多种传染病的混合感染，如病毒性疾病与病毒性疾病混合感染，病毒性疾病与细菌性疾病混合感染，细菌性疾病与细菌性疾病混合感染，甚至有时还能混合感染某种寄生虫。在传染病的流行过程中，细菌性疾病明显增加，如链球菌病、大肠杆菌病、沙门氏菌病、多杀性巴氏杆菌病、葡萄球菌病、支原体病和衣原体病等。这些细菌性疾病的危害日益严重。2005年四川省内链球菌病暴发流行，不但猪大批发病死亡，而且传染给人，有37人死亡，已成为公共卫生中的严重问题。造成这种情况的原因主要有：大规模集约化饲养以后，猪群密度过大、饲养管理条件不能及时改善，多种不良的应激因素等常常使猪的抵抗力下降，容易使一些细菌大量繁殖、致病力增强；猪群体中流行的免疫抑制性疾病也容易使机体继发细菌性疾病；盲目地乱用抗菌药物、任意加大剂量、在饲料中混加不必要的抗菌药物等，使一些常见的细菌产生较强的耐药性，一旦发病抗菌药物则难以奏效。应当提及的是自1995年蓝耳病莫明其妙的侵入我国后，混合的感染日益增多，来势凶猛，造成巨大经济损失，将持续多年至疫苗研制成功。

【混合感染流行特征】

由于科学技术的发展有效疫苗的应用，机体免疫抗体数量与种类的增多；引起病原微生物群落毒力的变异，它们相遇重新组合、配对等自然选择；发生了俗称的多种疾病互为因果相互促进的混合感染而构成的综合征，多种病原微生物组成给被感染动物的机体造成严重的损害，多病原的多重感染或混合感染，使病情复杂化。由于人们在引种或生猪交流过程中，把疾病传播开来使疾病迅速发展。主要是猪繁殖和呼吸综合征病毒与猪圆环病毒Ⅱ型；猪繁殖和呼吸综合征病毒和猪伪狂犬病病毒；猪伪狂犬病病毒与猪圆环病毒Ⅱ型；猪瘟病毒与猪伪狂犬病病毒；猪瘟病毒与猪繁殖和呼吸综合征病毒；猪瘟病毒与猪圆环病毒Ⅱ型的双重感染；还有猪繁殖和呼吸综合征病毒、猪伪狂犬病病毒和猪圆环病毒Ⅱ型的三重感染的现象。细菌间或细菌与病毒病病原的多重感染是十分普遍的，诊断和防治更加困难，这样在临诊表现上，与单一病原感染有相同之处，又有不同之处，因而极易导致临床病例的错误诊断。因此，在分析动物疾病的诊断和制订防控措施时，均应考虑不同传染病混合感染存在的现状。在这些病原污染的猪场，猪群发病后的临床症状复杂，病情严重，现场也难以确诊，防治效果也很差，造成严重的经济损失。

【病毒性传染病的混合感染】

猪瘟、猪繁殖障碍与呼吸综合征、猪伪狂犬病、猪流感、猪圆环病毒等混合感染。出现新的特点即带毒率增加，呈亚临床症状，血清学监测为阳性，这种隐性感染状态是当前猪传染病暴发流行潜在最危险的因素。1995 年，我国首次暴发猪繁殖障碍与呼吸综合征，不到一年国内各地相继暴发该病，经济损失惨重，该病侵入我国后困扰我国养猪业的发展。对本病在传入我国以后有关流行病学方面科学数据报告文献数量不多。2000 ～ 2001 年，各地相继发生猪圆环病毒Ⅱ型，猪伪狂犬病在各地流行甚广。

【呼吸系统疾病混合感染】

近年来，规模猪场猪支原体肺炎、猪蓝耳病、猪萎缩性鼻炎、猪传染性胸膜肺炎、猪伪狂犬病、猪流感、猪圆环病毒等疫病及通风不良的高密度饲养环境的影响，猪呼吸系统发病率不断增加，危害加重，且发病后难以控制，死亡率上升。

【繁殖障碍性疾病混合感染】

由许多不同病原体引起的猪繁殖障碍综合征在国内存在极为普遍，目前，已证实与此综合征有关的病原体达 30 多种，而且仍在不断增加，如可引起猪繁殖障碍的副黏病毒科病毒，最近已证实在我国发生繁殖障碍的猪群中存在。当前在我国此综合征中以猪蓝耳病、伪狂犬病、细小病毒、乙型脑炎、衣原体感染及繁殖障碍性猪瘟的发生流行和危害最为普遍。

【混合感染病型】

1．继发感染　猪只患病后的继发感染猪的常发病，加之细菌的耐药性增强，继发感染控制困难已成为猪场疫病控制中的难题。

2．并发感染　主要是隐性感染猪群中毒猪因应激因素促使机体抵抗力降低，常在机体寄生的细菌先后大量繁殖侵入而发病引起相应症状。

【母猪隐性和持续传染病比率增大】

20 世纪末因弱毒活疫苗广泛应用，在抗体压力之下病毒的毒力发生相应变异，在被感染机体细胞内潜伏感染者，不但经常向体外排毒污染环境；母猪可垂直感染胎儿，规模化猪场母猪隐性和持续传染病比率增大，为疾病防控埋下定时炸弹；病毒性传染病危害增多越加严重，病原携带者、垂直感染途径的疾病增多，疫源地增多，控制净化难度加大。感染率和携带率增大，发病率和死亡率增大，混合感染危险系数上升，风险增大。

【对策】

疾病的发生、发展和消亡过程均与其所处的生态环境息息相关。猪同环境之间的关系总是处在一种动态的适应过程中，即机体不断调节机体的状态以适应环境条件的变化，只要环境条件的变化不超出机体的适应范围，就不会造成机体生理机能平衡的破坏，机体的健康就不会受到影响；反之，如果环境的变化超出机体的适应能力，机体即进入病理过程。此外，引起机体疾病的病毒、细菌、寄生虫和病媒昆虫的生长、繁殖、传播，也都与生态条件密切相关。目前，养殖业的发展趋势是产业化、规模化，养殖密度明显高于传统养殖业，给我国养殖业带来巨大发展和经济效益的同时，也给疫病的防控增加了难度。养殖密度增加，大量养殖动物处在同一人工生态环境中，一旦其中生态因子发生变化，常表现出群体性发病的现象，例如，传染性疾病（细菌、病毒等引起），饲料污染造成中毒疾病，营养元素缺乏疾病等，造成群发性疾病的病因可以是单一因素，也可以是多因素的共同作用。

自然界生物链是相互依存共同发展，旧的病原微生物被消灭新的又不断产生，危害宿主。对传染病发生流行应时刻注意新发生的变化，并用科学方法去研究应对，制订有针对性技术措施，用动态监测、检疫、隔离、净化，最后根除消灭，控制新的疾病发生，保障养猪业的发展。

向企业老总敬献几句，养猪业许多企业老总都不是内行，多数是转行人士，用上千万至上亿元从国外购入种猪，不过几年就染上猪瘟、蓝耳病、圆环病毒Ⅱ、伪狂犬等十多种传染病，损失巨大，企业赔本。为什么，值得商讨。首先查找一般规律，然后是企业自身的原因。

近几十年我国在猪病的病原学、流行病学、临床学、病理学、免疫学、分子生物学等都取得了巨大成果，应当认真总结。

综上所述当前猪传染病新形势，向科技工作者提出了新的挑战！希望同仁们多读书，以前县以上畜牧兽医部门都设有小型图书馆，现在不多了！作者提倡通晓唯物辩证法基础理论，指导与破解工作难题；现在是信息社会，规模化猪场场长及科技人员必须了解当代猪病流动态与发展趋势；通读与猪有关书籍杂志等，身边应有圣典著作若干部，各种版本作者从不同角度阐述同一疾病，其着眼点不同，不一定是你这次所需要的，有时花钱购书，仅从书中获得点滴收益就应当知足。网络时代为科技发展创造新的途径，可了解动态与形势，也可 QQ 远程交流，跨省市诊断疑难疾病。

为了做好猪病的防治工作，首先对我国猪病的疾病流行情况应有所了解，才能有的放矢。以科学发展观为指导思想，用辩证统一的方法，运用哲学、生物学、兽医学、运筹学的基本理论做好猪病防控工作。

第一篇
猪病信号监测与临床诊断学基础

概 述

为了适应不同专业水平的读者，使其能够充分理解本书内涵，做好日常规模化猪场的疾病监测工作，熟练掌握疾病监测技术以便早期发现疾病信号，做好疾病诊断工作，并用哲学的辩证法与认识论解读猪病诊断。

为诊断疾病奠定坚实理论基础。对猪病诊断学中的诊断方法与症状基础知识做简要阐述。

【猪病临床诊断学概念】

猪病临床诊断学，按患病动物种类作为分类依据而命名，属于兽医临床诊断学范畴，兽医临床诊断学是系统地研究诊断动物疾病的方法和理论的学科。猪病诊断学主要是运用兽医学的基本理论、基本知识和基本技能对疾病进行诊断的一门学科。兽医临床诊断学必须建立在学习动物解剖学与组织学、动物生物化学、动物生理学、兽医病理学、兽医微生物学等课程的基础上，只有通晓上述各学科的知识，才容易理解疾病的全部过程及其本质。兽医临床诊断学是兽医专业的一门重要专业基础知识，是临床课程的入门，又是基础课向专业课程过渡的桥梁。实际上"兽医临床诊断学"可称是兽医专业的一门哲学，学科内容由辩证法的认识论与方法论全覆盖，学习与应用后再仔细分析辩证法理论的指导意义对自己又是一次提高和革命。

【临床诊断学基本方法】

通过询问病史、临床检查、实验室检查和特殊检查等各种方法，详细和全面地检查患病动物，运用所学的兽医学基础理论，阐明发病动物临床表现的病理生理学基础，确定疾病的性质和类别，并提出可能性的诊断。在动物疾病防治中，许多人对临床诊断这一方法认识不足，习惯的认为方法古典、简单，往往低估临床诊断的重大意义。任何疾病的发生，在第一时间出现的异常现象为临床症状，即早期症状，是防控传染病的第一宝贵时机，在传染病未扩散时即采取果断有力措施把传染病扑灭在萌芽状态。

【兽医诊断学新理念】

已往动物诊断学著作中都是把"发病动物"作为诊断与防治对象来阐述。诊断学新理念将"猪"作为诊断对象，符合新的养猪理念。用新理念来提高兽医诊断学到对群体的健康生存全过程的监测，保障每个个体安全渡过一生。不能等到发病时才去检查，再作出疾病诊断。实际上我国教育体系就是先理论后实践的传统教育模式。到基层从事医疗工作中科技工作者，自己应灵活运用所学专业理论。但由受流行"传统观念"束缚，在实际工作中思想观念保守性 ，墨守成规，始终实行已往诊断模式。

既往诊断学目的是对发病动物做临床检查来诊断疾病；病理学目的是对病死动物剖检诊断疾病。即应用症状和病变诊断疾病。新理念以兽医学的理论为基础，依诊断学、病理学为主，并与病原学、免疫学、传染病学等学科配合，进一步探索，深入扩展基础学科存在价值可进一步发展潜在技术；在生产实际中为规模化养猪防病提供新方法，新理念。为规模化猪场防疫灭病提供实用理论与技术，适用于生产实际。将兽医临床诊断学和病理解剖学发病机制以及剖检诊断部分相互配合形成诊断猪病的理论和方法基础上，进一步用两种学科诊断方法扩展用监测来表示，可扩展视野，可提高兽医基础理论应用价值，扩大学科指导生产的作用。

【主要内容】

本篇将猪病诊断学中的诊断方法与症状基础知识；猪病诊断的建立。

第一章　猪病诊断学

诊断（diagnosis）即通过观察和检查，对病例的病性和病情作出判断【中华人民共和国家标准动物防疫基本术语（GB/T18635-2002）】。以下对流行病学诊断、临床诊断、病理学诊断、实验室诊断价值等简要阐述。诊断一词属于医学专业用语，社会流行语可称之监测，在对文字术语上易被理解应用，使用广泛便于推广。本书在不同章节中用监测取代诊断。

第一节　流行病学诊断

如何理解流行病学概念——用流行病学方法，从全局的观点对所发生的疾病进行诊断，依此对各种疾病风险进行评估，提高防范疾病意义，为疾病的确诊提供依据。是疾病发生必然出现的信号。例如出现异常症状数量、死亡数量、流行速度，等等。

研究内容——群体的发病率、死亡率、发病类型和发病概率。

常见术语——传染源、传播方式、流行速度、流行季节、易感动物、易感年龄、流行特点、流行范围，流行形式（大流行、地方性流行、暴发性流行、缓慢性流行）、应激因素对传染病流行的影响（诱因）等，对传染病鉴别诊断有重要价值，如有些疾病（如口蹄疫、猪水疱病、水疱性口炎和水疱性疹等）虽然临床表现十分相似，但流行特点和流行规律却大不一样，因而可通过动物群体类别、品种、年龄、性别、营养状况、用途、发病时间、发病地点、病程、症状、临床诊断治疗状况作出诊断。

流行病学诊断与临床诊断和病理学诊断——在诊断对象、诊断场所、诊断方法、研究目标、目的均有差别，但又是相互联系的。临床诊断可为流行病学、病理剖检提供参考，病理学诊断为临床诊治提供理论依据。

第二节　临床诊断

临床诊断是通过检查动物个体临床表现作出初步诊断的方法，它既简单、常规和实用，又是最基本的诊断手段；但又是第一时间发现疾病的诊断方法，对及时控制疫情扩散发展具有重要作用，是不可否定的；因此，凡从事畜牧兽医工作人员都应掌握这一基本功。是应用问、视、触、叩、听和嗅等最基本的检查方法，通过眼、耳、手、鼻和脑等主要器官发现疾病预警信号实施诊断工作。

一般情况进入猪场后首先向业主了解建场时间、规模、设备，猪的品种与更新，猪群饲养管理情况。病猪的品种、年龄、性别和发病时间，病猪症状以及是否有传性，预防接种，近来引种情况。

外观检查——用肉眼直接观察猪的外部状态，首先不应惊扰猪群，使猪保持自然状态。观察猪群各种行为信号。

一、健康猪信号

健康猪皮肤红润、被毛光亮、精神活泼对外界反应灵敏，行动自如（图1.1.2-1-图1.1.2-4）。是诊断疾病最基的信号。

图1.1.2-1　皮肤颜色正常，粉红色

图 1.1.2-2　健康哺乳仔猪正在吮乳

图 1.1.2-3　断奶仔猪营养良好

图 1.1.2-4　南方育肥猪群

二、常见病猪信号

检查病猪的精神状况、体格发育、营养状况、姿势、步态、运动、有无举止行为异常信号等。

【精神状态】

低头萎靡不振（图 1.1.2-5），行动缓慢（图 1.1.2-6），行走摇摆（图 1.1.2-7），耳下垂后耷（图 1.1.2-8），尾下垂（图 1.1.2-9），眼睛无神，有分泌物（图 1.1.2-10），腹部卷缩不饱（图 1.1.2-11），头低耳耷（图 1.1.2-12），反应迟钝双目无神（图 1.1.2-13）。

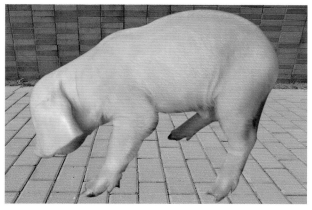

图 1.1.2-5　低头萎靡不振

图 1.1.2-6　行动缓慢

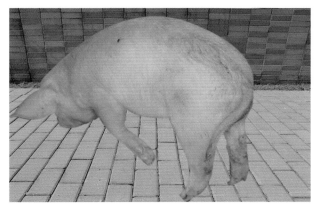

图 1.1.2-7　行走摇摆

图 1.1.2-8　僵猪，耳下垂后耷

图 1.1.2-9 尾下垂前肢膝关节肿胀

图 1.1.2-10 pc2 皮炎症状精神不佳营养下降

图 1.1.2-11 腹部卷缩不饱

图 1.1.2-12 头低耳耷

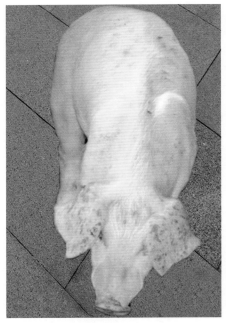

图 1.1.2-13 反应迟钝双目无神展示
pc2 耳部皮肤炎症消退阶段红斑色淡炎症充血消褪

【被毛与皮肤】

被毛的光泽度（图1.1.2-14）、皮肤的颜色（潮红，图1.1.2-15，苍白，图1.1.2-16，蓝紫红色，图1.1.2-17），皮肤上有无疹块（图1.1.2-18～图1.1.2-19）、坏死（图1.1.2-20）、角化不全（图1.1.2-21）、疝（图1.1.2-22）等变化，皮肤病理变化的部位、大小及特征。

图 1.1.2-14 被毛无光泽度，断奶仔猪营养不良

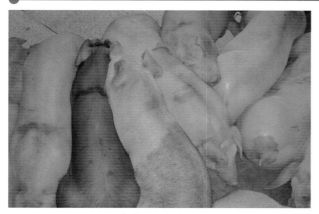

图 1.1.2-15　流感初期发病全身皮肤潮红

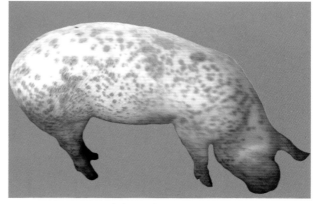

图 1.1.2-19　猪圆环病毒Ⅱ全身皮肤红紫色丘疹

图 1.1.2-16　猪群体中有四支猪皮肤颜色苍白色

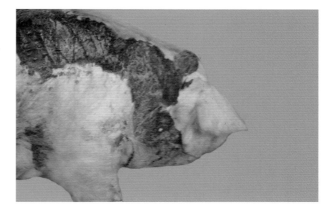

图 1.1.2-20　慢性型猪丹毒皮肤坏死呈龟甲板状

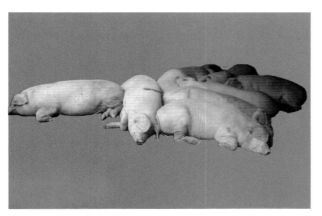

图 1.1.2-17　蓝紫红色

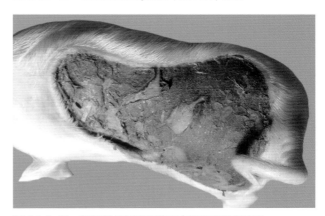

图 1.1.2-21　猪背部长圆形皮肤无真皮形成角化不全

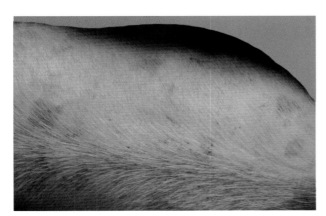

图 1.1.2-18　猪丹毒背部皮肤疹块

图 1.1.2-22　猪的脐疝

【生理活动】

包括呼吸运动、采食（图1.1.2-23）、咀嚼、排粪（图1.1.2-24）、排尿等，同时，应注意有无呼吸困难（图1.1.2-25）、流鼻液（图1.1.2-26）、咳嗽、呕吐（图1.1.2-27）、流涎、腹泻（图1.1.2-28）、痉挛（图1.1.2-29）、关节（图1.1.2-30）、瘫痪（图1.1.2-31）等异常现象。

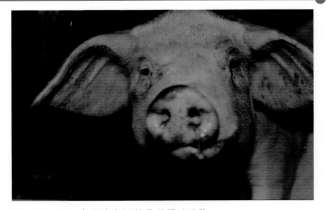

图1.1.2-26　鼻孔流出灰黄色黏稠分泌物

图1.1.2-23　断奶仔猪自由采食状态

图1.1.2-27　呕吐

图1.1.2-24　排出灰绿色稀便，里急后重

图1.1.2-28　腹泻

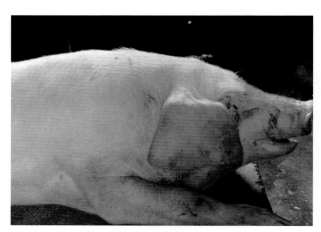

图1.1.2-25　急经咽喉炎时张口呼吸困难症状，多为急性猪肺疫

图1.1.2-29　痉挛

图 1.1.2-30　猪链球菌病关节炎型关节肿胀脓肿形成

图 1.1.2-31　脊髓性瘫痪

【可视黏膜】

注意眼结膜（图 1.1.2-32 ～图 1.1.2-33）、口腔黏膜（图 1.1.2-34）、鼻黏膜（图 1.1.2-35）、阴道黏膜的颜色有无分泌物，分泌物的性状及其混合物；黏膜上有无糜烂、溃疡、脓疱等病理变化。

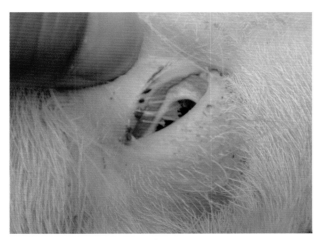

图 1.1.2-32　检查眼结膜，呈弥漫性潮红

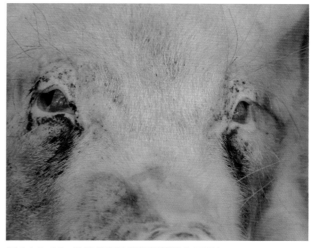

图 1.1.2-33　传染性眼结膜炎瞬膜增生呈潮红

图 1.1.2-34　猪瘟口腔黏膜溃疡

图 1.1.2-35　鼻腔内有较多量淡黄色黏稠分泌物并有气泡

【鼻与耳】

形状、颜色、耳有无充血、淤血、出血（图 1.1.2-36 ～图 1.1.2-50）等病变。

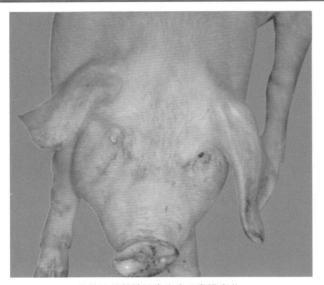

图 1.1.2−36 猪传染性萎缩性鼻炎病猪鼻梁弯曲

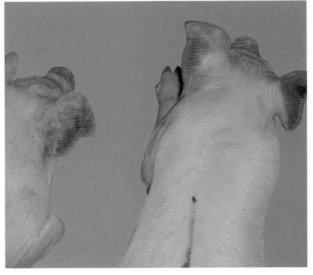

图 1.1.2−39 展示育成猪蓝耳病感染病例两只猪双耳对称蓝紫色

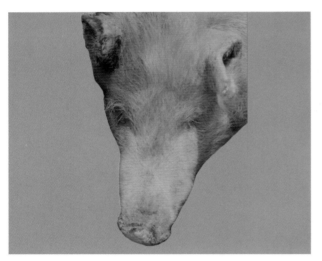

图 1.1.2−37 鼻黏膜水泡

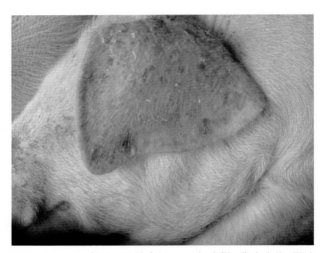

图 1.1.2−40 猪繁殖呼吸综合征 2006 年病例，临床症状，耐过病例因病毒血症时耳部微循环障碍呈淤血缺氧，皮肤细胞变性坏死，皮肤表皮脱落，修复状态

图 1.1.2−38 血肿耳皮下肿胀呈袋状

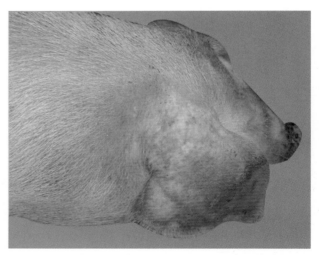

图 1.1.2−41 展示循环障碍时心功能不全时耳部皮肤微循环淤血状态，可认为病程后期

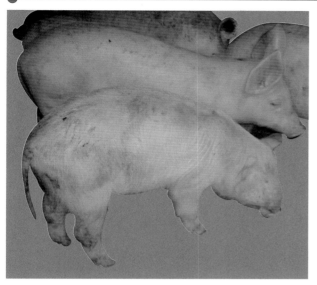

图 1.1.2-42　两猪对照下，外侧猪耳末梢处皮肤发绀，可认为心包炎时影响心功能，而使末梢循环障碍出现轻度淤血的结果

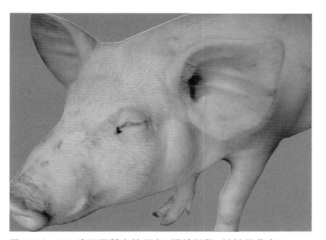

图 1.1.2-43　病猪耳部皮肤苍白，眼睑肿胀，缺铁性贫血

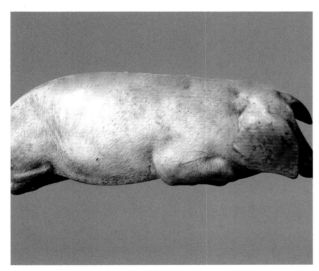

图 1.1.2-44　混合感染病猪耳等末梢部位皮肤发绀，其中，有蓝耳病病毒参与

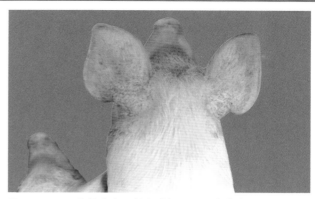

图 1.1.2-45　急性猪瘟耳部皮肤针尖大小密集出血点，弥漫性分布，据此可诊断猪瘟

图 1.1.2-46　双耳皮肤出血

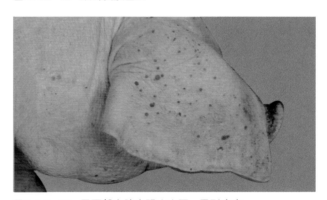

图 1.1.2-47　图耳部皮肤出现大小不一圆形病变

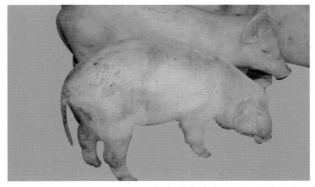

图 1.1.2-48　右侧观肩胛颈耳部皮肤有分布不匀红褐色丘疹，耳朵尖部皮肤形成干性坏疽，可诊断慢性猪瘟

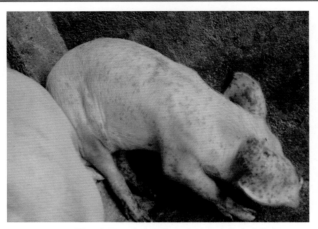

图 1.1.2-49　展示猪圆环病毒耳部出血性皮炎的病变特征

图 1.1.2-52　展示排出粪便中的肠坏死组织灰白色网状

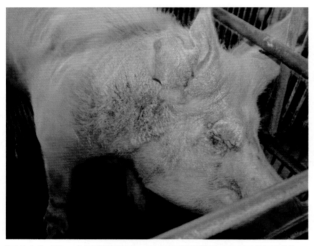

图 1.1.2-50　大母猪疥螨病，反应出猪场防疫系统工程不到位，无技术人员指导

图 1.1.2-53　猪瘟急性型初期患猪便秘，排干粪球状，附带血的黏液或伪膜

【粪尿性状】

注意粪便的颜色、形状、稠度，有无染血、泡沫、伪膜、寄生虫及其他混杂物（图1.1.2-51～图1.1.2-53）；尿液的颜色（图1.1.2-54）、透明度等。

图 1.1.2-54　尿液的颜色呈暗红色血样

【体温检查】

猪的正常体温为38～39.5℃。健康猪只的体温可因年龄因素的影响引起一定程度的生理性变动。检查体温是诊断猪病的重要手段，可以认识猪病的种类和性质。因此，测体温在诊断猪病方面很有价值。体温升高，称为发热。体温升高3℃以上称为高热，如猪丹毒；体温升高2℃称为中热，如肠炎；体温升高1℃以内、称为微热，常见支气管炎等。

图 1.1.2-51　仔猪白痢：病猪的白色稀粪

第三节　病理学诊断

病理学诊断是运用病理解剖学的理论、知识、技术，通过检查尸体的病理变化，获得诊断疾病的依据。兽医病理解剖学是一门形态学科，通过尸体剖检肉眼观察和病理组织学等方法作出病理学诊断。特点是方便快速、直接客观等，即使在生命科学技术和基础理论快速发展的今天，仍没有任何方法能取代病理学诊断技术价值。某些疾病通过病理剖检，根据所见病变，剖检现场即可作出相应的诊断，及时发现和确诊某些疾病，为防治措施提供依据，病理学诊断对动物疾病的诊断意义重大。临床上有些疾病症状很不明显；有些发病突然死亡，来不及临床检查；或者临床检查没有发现任何病症。这些可通过病猪死后尸体剖检，检查组织器官的病理变化，结合生前症状，作出正确的诊断。病理学诊断中尸体剖检可以进一步发现在疾病过程中临床上观察不到的动物机体内各系统器官出现病变信号，扩大了为疾病诊断所需资料的视野，对诊断提供更多的真实可靠科学数据，为诊断提供宝贵时间。尸体剖检诊断技术的关键是发掘病变，并对病变作出病理解剖学诊断，为疾病病原学诊断提供科学依据。病理学诊断是发现新的疫病的重要手段，如 SARS 疾病，最开始不知道病原的种类，但是发现它有不同于其他疾病的病理变化，发现这是一种新型疾病。新型疾病发生时往往没有成型的诊断试剂、诊断方法。往往是根据流行病学特点、出现的临床症状，病理变化首先提出诊断方向。在医学科学技术快速发展的现代，病理诊断仍然是发现新疾病的主要手段，第二篇将进行理论和实践方面的阐述。

第四节　实验室诊断

实验室检查是用各种仪器检查动物机体正常与疾病时解剖生理功能指标的方法。检验项目——血液学常规检验、细菌学检验、病毒学检验、寄生虫的检验、动物试验、免疫学试验、分子生物学诊断等。是疾病定性诊断的科学依据，实验室检测由专业部门完成。现场技术人员应当知晓各种检测技术意义，以便届时选择。血清学监测时，对注射疫苗相应抗体监测高低，不能表示机体抗感染水平，同时要增加抗原检查，确定是野毒抗原还是疫苗抗原。

第五节　治疗性诊断

使用药品治疗疾病，有的效果很好，非常理想；有的疗效不明显；有的无疗效，病情愈来愈严重。用抗生素和磺胺类药物对细菌类疾病疗效明显；对病毒类疾病无效果，是鉴别细菌类疾病与病毒类疾病一种手段。如使用青霉素治疗猪瘟，完全无效，而青霉素治疗猪丹毒却有特效。这也给鉴别诊断提供了依据。

第六节　综合诊断

临床和剖检诊断，还不是最后确诊，实验室检验对疾病的诊断、治疗、预后判断和健康评价等均有重要的意义；是临床诊断的重要组成部分，许多时候是确定性的诊断，检查结果必须结合临床情况辩证的综合分析，避免片面认为实验室检查作出诊断是绝对正确诊断的错误做法。在诊断时尽可能索取更多的资料，进行系统地、综合地分析，才能作出全面、正确的判断，提出切实可行的防治措施。

第二章　猪病症状学

疾病过程所引起的某些组织、器官的机能紊乱现象，一般称为症状；而所表现的形态、结构变化，则多称为体征。但在兽医临床中，通常将机能紊乱现象与形态、结构变化，习惯上统称为症状。症状是疾病时机体发生的第一反应、第一信息，是我们监测的信号，如果在此能作出诊断当即采取有效防控措施，可将疾病控制在疫源始发地，对本地猪场乃至乡、县、市、省或整个地区防控传染病发挥出决定性作用。

第一节　症状分类

一、共同症状

不是独立的疾病，而是多种疾病发生时共同出现的发热、水肿、脱水、休克、发绀、消瘦、黄疸、浅表淋巴结肿大等症状。症状是疾病发生时共同出现重要病理过程和临床表现，往往可以反映病情的变化。

二、伴随症状

是多种疾病发生共同症状时，同时出现的其他症状，诊断疾病时单凭共同症状是不可能建立诊断，必须结合出现的伴随症状才能作出正确诊断。两者是相辅相成的一个事物两个方面，例如许多感染性疾病都有发热症状，猪瘟发热时伴有皮肤出血斑点时可以作出诊断；猪肺疫时伴有咽喉水肿、张口气喘可作出诊断；由此可见，两者在诊断中的重要意义。

在诊断疾病时必须结合临床所有的资料综合分析，切忌仅凭某一个或几个症状而作出错误的判断。因此，了解常见症状的原因、发生机理、临床表现特点及其在疾病诊断中的作用，对判断病情、诊断疾病、评价疗效和估计预后，均有重要的参考价值。

此外尚有主要症状、次要症状、经常症状、暂时症状、典型症状、非典型症状、全身症状、局部症状、早期症状、晚期症状、濒死期症状、最急性型症状、急性型症状、亚急性型症状、慢性型的症状、传染病症状、寄生虫病症状、普通病（非传染性疾病）症状、特异性症状、潜伏期症状、前驱期症状、明显期症状、转归期症状之称。

第二节　症状术语

一般症状主要由全身疾病所致，如发热、水肿、消瘦、休克、脱水等，是多种疾病所表现的共同症状，是临床上进行诊断、鉴别诊断的重要线索和主要依据，也是反映病情的重要指标之一。这些症状在临床上通过一般检查即可获得，不能简单归类于任何器官或系统，但要确定引起这些症状的疾病性质和病因必须结合临床所有资料，进行综合分析。

一、发　热

是致热源直接作用于体温调节中枢，或体温调节中枢的功能紊乱，或各种原因引起的机体产热过多和散热过少，导致动物体温超过正常范围的一种临床症状。多见病毒、细菌、真菌、支原体、螺旋体、衣原体、寄生虫等引起的感染。主要是由于病原体的代谢产物或其毒素作用于白细胞而产生致热源，从而导致发热。

临床表现主要表现精神沉郁（图1.2.2-1）；食欲减退或废绝；呼吸和心跳频率增加，体温每升高1℃，心率增加4～8次，肠音减弱，消化紊乱，皮温增高，末梢冰凉，恶寒；尿量减少，腺体分泌减少。分微热、中热、高热和过高热4个级，热型有稽留热、弛张热、间歇热、不规则热发热。

图 1.2.2-1　猪体温 41.5℃，精神沉郁

二、水 肿

动物机体组织间隙内积聚过多液体，称为水肿，皮下水肿、全身性水肿、局部性水肿，发生于体腔内称积水，如胸腔积水、腹腔积水、心包积水。根据水肿的程度，通常将外观上无明显表现的水肿称为隐性水肿，将外观上有明显表现的水肿称为显性水肿。

临床表现隐性水肿没有明显的临床表现，显性水肿时组织的体积增大、紧张度增加，弹性降低，局部温度降低，颜色苍白。皮下水肿是皮肤紧张、弹性降低、有指压痕，除炎性水肿外一般无热痛感。心源性水肿（图 1.2.2-2）、肾源性水肿、肝源性水肿、血管神经性水肿、营养不良性水肿、妊娠性水肿。断奶仔猪头颈部水肿，尤其是眼睑和结膜，伴有共济失调、惊厥、麻痹、应考虑猪水肿病。

图 1.2.2-2　头颈部肿胀水肿

三、脱 水

是机体摄入水分不足或丢失过多，导致循环血量减少和组织脱水的综合病理过程。在脱水过程中，水分丢失的同时，都伴有不同程度的钠丧失。根据

水与钠丢失的比例不同，临床上可将其分为以丢失水分为主的高渗性脱水，以丢失钠为主的低渗性脱水以及水与钠都大量丢失的等渗性脱水（图 1.2.2-3）。脱水的一般临床表现皮肤干燥而皱缩，眼球凹陷，黏膜红或发绀，尿量减少或无尿，体重迅速减轻，肌肉无力，食欲缺乏．严重脱水时心率超过 100 次／分钟，体温升高。

图 1.2.2-3　因慢性腹泻皮肤干燥而皱褶，体重减轻

四、休 克

是各种强烈致病因子作用动物机体引起的急性循环衰竭，其特点是微循环障碍，生命重要器官血液灌流量不足导致细胞功能代谢障碍，由此引起的全身性危重病理过程。由于微循环有效灌流量不足而引起的各组织器官缺血、缺氧、代谢紊乱、细胞损伤；导致严重危及生命活动的全身性病理过程；临床主要表现病猪体温突然降低，血压下降，心跳加快，脉搏细弱，皮肤湿冷，可视黏膜苍白或发绀，静脉萎陷，尿量减少或无尿，反应迟钝，精神高度沉郁甚至昏迷；全身皮肤出血形式多样（点、斑）；尤以耳、鼻及四肢末端部位皮肤变化尤为严重（图 1.2.2-4 ～图 1.2.2-6）。

图 1.2.2-4　休克病猪全身皮肤发绀

图 1.2.2-5　猪高热稽留,昏睡集垛,休克早期症状

图 1.2.2-8　全身皮肤蓝紫色体温 42℃,急性猪丹毒

六、黄 疸

是由于血清胆红素含量升高所致皮肤、黏膜发黄的一种临床症状（图 1.2.2-9）。体内的胆红素主要来源于血液中衰老的红细胞经单核一巨噬细胞系统的破坏和分解,形成的胆红素占总胆红素的 80%～85%。另外,来源于骨髓幼稚红细胞的血红蛋白和肝脏内含有亚铁血红素的蛋白质（如过氧化氢酶、过氧化物酶及细胞色素氧化酶等）占总胆红素的 15%～20%。常见有溶血性黄疸、肝细胞性黄疸和阻塞性黄疸。

图 1.2.2-6　因下痢而发生脱水性休克,昏迷站立不起

五、发 绀

是指皮肤和黏膜呈蓝紫色的现象（图 1.2.2-7 和图 1.2.2-8）,主要是血液中还原血红蛋白增多或含有异常血红蛋白的结果。发绀是机体缺氧的结果,当动脉血液中氧饱和度低于 90% 时,即可出现发绀,如肺炎时气体交换面积减少,氧吸收大减,血中还原血红蛋白增多,出现发绀症状。

图 1.2.2-9　断奶仔猪皮肤呈淡黄色

七、消 瘦

是指机体因疾病或某些因素引起体重下降,一般认为应低于正常体重 20% 以上。消瘦的动物体重减轻,肌肉萎缩,骨骼外露,皮下脂肪减少,应掌握急性型与慢性型消瘦鉴别（图 1.2.2-10～图 1.2.2-11）。使机体抗病力降低,严重时出现恶病质,猪群中慢性亚临床感染者,是猪群中危险传染源。消瘦是营养不良或慢性疾病的标志;常继发一些疾病死亡;为了预防疫病的流行暴发,聪明的饲养者应及时淘汰并做无害化处理。

图 1.2.2-7　仔猪,消瘦尾尖端干性坏死四肢末梢发绀

图 1.2.2-10　重症病猪死亡,另二例为危症

图 1.2.2-11　消瘦猪皮肤干燥皱褶,体重减轻

八、浅表淋巴结肿大

淋巴结的体积增大称为淋巴结肿大(图1.2.2-12)。淋巴结的主要功能杀伤病原微生物,清除异物;各种抗原物质侵入机体后刺激淋巴细胞大量增殖,产生体液免疫和细胞免疫,引起局部淋巴结肿大。正常淋巴结质地柔软,光滑,无压痛,可以滑动。体表主要有下颌淋巴结、颈浅淋巴结、腹股沟浅淋巴结、乳房上淋巴结等。

图 1.2.2-12　浅表淋巴结肿大,正检查腹股沟浅淋巴结

第三节　系统症状

单列一节便于疾病临床诊断时应用,每种症状都可代表某一个系统发生了疾病过程,咳嗽、气喘、体温升高时,初步诊断可能是呼吸系统疾病,治疗时可用呼吸系统疾病常规用药。依此方法作为疾病诊断与治疗规律。

一、系统症状

依患病器官系统分类,可将疾病分为被皮系统疾病症状、消化系统疾病症状、呼吸系统疾病症状、心血管系统疾病症状、血液和造血系统疾病症状、泌尿系统疾病症状、呼吸系统疾病症状、神经系统疾病症状及运动器官系统疾病症状等;可称"症候群"。这种分类方法便于对疾病进行分析,但是,任何机体都是一个完整的统一体,当某一个系统或器官发生疾病时,其他系统或器官也往往会表现出不同程度的症状与病变。在临床诊断中掌握系统症状规律便于疾病治疗,例如消化系统疾病仔猪出现腹泻为特征的脱水酸中毒,治疗原则是消炎、补液、止泻、解除酸中毒,防止脱水性休克。

【被皮系统疾病症状】

被皮系统是构成动物类别形象的特征,猪的被毛和皮肤状态是其健康与否的标志,也是判定营养状况的依据。皮肤本身的疾病很多,同时,在许多疾病病程中可伴随着多种皮肤病变和反应。

皮肤是身体的被膜器官,具有坚固致密结缔组织纤维构成的,作为一种屏障保护着动物有机体的组织器官正常生命活动;维护其正常生理功能,即维持体液、电解质平衡并防御化学与物理因素、微生物的损害或侵入;直接感受外界环境的各种刺激,经皮下神经末梢可感受触觉、压觉、痛觉、痒觉以及温度的变化。皮肤通过体表被毛、调节皮肤血液供应以及汗腺的功能来维持体温,皮肤在免疫调节方面也起着重要作用,使机体产生复杂反射反应。与外界相通器官的口腔、肛门、鼻腔、眼睛、泌尿、生殖道与皮肤相连过渡部分是黏膜组织;另有运动器官蹄匣组织,皮肤具有持续再生能力,维护其正常功能。皮肤在解剖学、生理学、免疫学方面是构成动物有机体不可缺少的组织器官。俗称被皮系统。

器官种类——皮肤、被毛。功能种类——维持体液、电解质平衡、防御化学与物理因素、微生物的损害或侵入。

症状种类——充血、淤血、出血、黄染、苍白、水疱、痘疹、脓疱、痂片、鳞屑、裂纹、丘疹、过敏反应、蹄病变、皮肤外伤、水肿。

原发疾病与伴发疾病种类——猪口蹄疫、猪水疱病、钱癣与疥螨、渗出性皮炎与真菌性皮炎、猪链球菌病与猪瘟、猪繁殖呼吸综合征、圆环病毒、湿疹、附红细胞体、丹毒性疹块。

技巧——皮肤结构单一；功能终身不变，疾病产生症状与病变易认易辨，具有诊断价值。

【消化系统疾病症状】

症状——食欲、饮欲、呕吐、粪便颜色性状、腹泻、脱水、全身症状发展为中毒性休克。十二指肠、空肠、回肠；大肠分盲肠、结肠、直肠发生不同类型炎症。它们的解剖学不同，其功不同，对致病因子侵害免疫应答反应不同，都具有特异性，与此相伴功能形态学出现相应的特异性变化，为诊断提供了良好基础。例如，慢性猪瘟与猪传染性胃肠炎、仔猪梭菌性肠炎、猪副伤寒、猪增生性肠病、猪痢疾、猪食道口线虫病、仔猪黄痢、仔猪白痢鉴别时，慢性猪瘟的症状与病变具有特征性，为鉴别诊断提供依据。

【呼吸系统疾病症状】

解剖与功能——呼吸系统由鼻腔、喉、气管、支气管、肺和胸膜器官所构成，主要功能是进行体内外之间气体交换，排除体内二氧化碳摄取空气中的氧气。是动物机体唯一的与外界直接相通器官。空气中的各种微生物、变应原、毒素、粉尘以及其他有害的颗粒和分子不间断地与肺脏相接触，是猪呼吸系统疾病常见多发病的重要生理解剖基础。

症状为咳嗽、喘、异常鼻液、听诊啰音、体温升高；病变是支气管肺炎和胸腔的浆膜炎。

鉴别诊断难点是肺的炎症，形态学肺结构具有一致性，当病原微生物侵害肺器官构成的一致性，各种病原微生物虽有其各自特异性，但在混合感染时，各自病变相互交织在一起，给鉴别诊断制造了很大难度。

技巧之一是准确掌握肺充血、淤血、出血、实变、气肿、萎陷、大叶小性肺炎特征；然后能鉴别猪支原体肺炎和猪巴氏分枝杆菌病；最后才能根据剖检病变鉴别混合感染。

【生殖系统疾病症状】

1．解剖与功能　生殖器官由生殖腺及相关器官组成，公猪由睾丸、附睾、精索及阴囊、副性腺（包括输精管壶腹、精囊腺、前列腺和尿道球腺）和交配器官（包括阴茎、包皮和尿生殖道组成）。母猪生殖器官由子宫、卵巢、尿生殖前庭、阴唇和阴蒂组成。功能是产生生殖细胞、繁殖新个体、分泌性激素，影响生殖系统的生理活动。

2．症状与病变　母猪不育、不孕、空怀、流产、早产、死胎、木乃伊、畸形胎、少仔或产弱仔、滞后产等症状。公猪主要表现不育。

胎儿在母体子宫内生长发育，母体在妊娠期发生的疾病都可在子宫、胎衣和胎儿留下病痕，因此，胎衣和胎儿的病变可以反映母猪的疾病的病性，母猪患有的疾病常常对母猪生产性能未构成大的影响时，即可垂直感染胎儿从而引起胎儿病变，临床上可依胎儿、胎衣的病变诊断母猪的疾病，人们往往忽视了对正常分娩母猪的胎衣、胎儿观察，特别是对流产胎儿、死胎、弱仔、畸形等实施剖检。

3．原发疾病　猪繁殖与呼吸综合征、猪伪狂犬病、细小病毒病、猪乙型脑炎、猪布鲁氏菌病、猪衣原体病。

4．伴发疾病种类　猪瘟繁殖障碍型

【心血管器官系统疾病症状】

1．解剖与功能　心血管系统（血液循环系统）是由心脏、血管和调节血液循环的神经体液所共同组成的密闭管道系统。其主要功能是为全身组织器官运输血液，通过血液将氧、营养物质和激素等供给组织，并将组织代谢产物运送到排泄器官而排出体外，以保证机体正常新陈代谢的进行。

2．症状　临床上循环系统的常见症状是心律失常和心杂音，这些症状对诊断循环系统疾病多具有特异性。

3．原发疾病与伴发疾病种类　临床上心脏和血管的原发性疾病并不多见，但在许多疾病的发生过程中都会造成循环系统机能和结构的损伤，甚至发生心脏衰竭而危及动物的生命。病变有心包炎、心肌炎、心内膜炎。

4. 技巧　猪丹毒疣状内膜炎，副猪嗜血分枝杆菌病纤维素性心包炎，口蹄疫心肌炎。

【运动器官系统症状】

1. 解剖与功能　由骨骼、骨连结（纤维结缔组织、软骨、韧带等）和骨骼肌组成，骨骼是运动的杠杆，关节是运动的枢纽，骨骼肌则是运动的动力，运动是在神经系统的控制下进行。运动系统的任何部位损伤均可导致。

2. 症状与病变　症状姿势异常或运动障碍，表现玻行。病变关节炎、骨骼肌的变性和凝固性坏死，称白肌病。

3. 原发疾病与伴发疾病种类　引起关节肿胀的主要病原菌有猪链球菌、猪丹毒杆菌、猪鼻支原体、猪滑液囊支原体、棒状杆菌属、副猪嗜血杆菌等。

【泌尿器官系统疾病症状】

1. 解剖与功能　泌尿系统是机体的排泄器官，由肾脏、输尿管、膀胱、尿道组成。器官种类数量少，体积小，肾脏不仅是排泄器官，而且是一个重要的内分泌器官，对维持机体内环境的稳定起重要作用。

2. 症状　尿液颜色的异常（如血尿）和排尿障碍（如多尿和多饮、少尿和无尿、尿失禁、尿痛等），由于疾病发生的部位不同，临床表现有较大差异；即使相似的症状，但病因、发生机理及病理变化也不尽相同。另外，肌肉、血液疾病及支配尿路神经的损伤等也可发生尿液颜色异常及排尿障碍，临床上应仔细辨别。

3. 原发疾病与伴发疾病种类　泌尿器官疾病主要有肾衰竭、肾炎、肾病、肾盂肾炎、膀胱炎、膀胱麻痹、尿道炎、尿石症及尿毒症等。

4. 技巧　泌尿器官疾病多为某些传染病继发症出现，如猪瘟、猪丹毒、圆环病毒Ⅱ等传染病过程中泌尿器官疾病很严重。当肾脏受到侵害时机能发生障碍时，不仅使尿液和体内的有害代谢产物不能排出，同时，还能引起水盐代谢紊乱和酸碱平衡失调，导致尿毒症，严重的影响动物机体的生命活动。

【免疫系统疾病症状】

1. 解剖与功能　机体的免疫器官、免疫细胞和免疫分子构成免疫系统；免疫系统具有识别和排除抗原性异物，维持机体内环境稳定和生理平衡功能，是执行体液免疫和细胞免疫的物质基础。

2. 症状　变态反应分为Ⅰ型过敏反应；Ⅱ型细胞溶解反应或细胞毒型；Ⅲ型免疫复合物型；Ⅳ型迟发型变态反应四个型。

3. 原发疾病与伴发疾病种类　四型变态反应；淋巴结炎和脾炎。免疫抑制性疾病。

【神经系统疾病症状】

1. 解剖与功能　神经系统由中枢神经系统和周围神经系统组成，解剖学由大脑、小脑、脊髓及神经纤维构成，是机体的控制系统，也是整个机体的中枢。体内各系统，尽管功能各异，但都在神经系统的直接或间接调控下，统一协调地完成整体功能活动，并对体内外各种环境变化作出迅速而完善的适应性改变，维持正常的生命活动。

2. 症状症状　包括意识障碍、共济失调、强迫运动、抽搐、瘫痪、昏迷等，不同部位的损伤可致特征性的临床表现。

二、症候群

【症候群概念】

是疾病临床症状，疾病在临床上出现的各方面异常表现，如体温、呼吸、行为、血液学、生化学、血清抗体滴度等，许多疾病可出现一系列具有诊断价值的临床症状与亚临床症状，称为"症候群"。对疾病的诊断，要全面观察，综合分析，特别是要寻找症候群，一个病例往往代表该疾病的某一个侧面。多个病例才能够全面地、客观地、真实地反映出该疾病全部过程的临床症状特征，即所谓临床症候群。进一步说就是同一疾病的典型症状不一定在一个动物身上全部表现出来，只能表现典型临床症状中的某一个阶段，所以，很难从这个阶段去判定。又因为临床症状形成需要时间，所以某一个临床症状只能反映出时间上的某一阶段的变化；多检查一些病例才具有代表性，为诊断疾病提供依据。根据检查时所获得的资料，作出临床诊断。最后在全面观察和综合分析的基础上分析病因，探索死因作出疾病的诊断。

【症候群的本质】

症候群的本质是动物机体与致病因子相互斗争结局在临床上的反应；矛盾主要方面是致病因子，因为没有致病因子作用，动物机体则不会发生疾病，疾病种类的命名来源是致病因子（病原微生物、寄生虫、机械、理化学因素、微量元素与维生素缺乏等）。每种致病因子对动物机体都有其特异性，其出现的临床症状与病理变化具有特异性或特征性；具有诊断价值。以猪疾病临床症状的"症候群"与病理变化的"病变群"作为诊断基础，为猪重大疫病发生第一时间判断提供诊断依据。随着养猪事业的迅速增长，猪的疾病种类的增多，混合感染症状日益严重。对猪的疾病诊断由一种病到多种疾病，由一例到多例；即由点到面，由局部到全局，由分散到集中，由表及里，由感性上升到理性，由实践到理论的发展过程。为指导生产，控制疫情，为疾病确诊提供临床病理学诊断依据。因此，对传播速度快、发病率、死亡率高的疫病必须在短时间内快速作出确诊，并采取有效措施予以控制，才能把损失减少到最低限度，否则将造成惨重的损失，但疫病的诊断特别是病毒性疫病的诊断经常需要几天甚至一周以上的时间才能作出较为准确的诊断，如果等待实验室诊断结果再采取控制措施，将会造成极大的损失。因而根据流行病学，临床症状、剖检等方面的资料，及时作出较为准确的诊断很是重要。因此，像对猪瘟这样传播速度快、发病率、死亡率高的疾病必须在短时间内快速作出确诊，并采取有效措施予以控制，才能把损失减少到最低限度，否则将造成惨重的损失。

第三章　猪病诊断的建立

概　述

本章是运用猪的尸体剖检基本方法，教你从病理学角度诊断猪常见多发病的技巧。规模化猪场一旦发生传染病流行，猪场兽医师在根据临床流行病学和病理剖检和化验室检测结果，做诊断时，特别应找出本次传染病发生是内源性还是外源性的。自己未曾经历过疾病，不要轻易或立刻下结论，作出不切实的结论误导饲养者。

对猪病诊断特别是地域性大流行时不论用什么方法结果出来后，不要立刻下结论；首先应谨慎，依对社会、对自己、对饲养者、对消费者、对国家、对政府负责的态度，认真客观作出诊断，应经受同行专业人士的认可，特别是历史的考验。实验室检测是用先进高端仪器和试剂不以人意志为转移的，特别是分子生物学方法作为诊断依据时，实验室主管应用智慧与学识去分析判断，作出诊断并在控制疫情上取得立竿见影的效果，才是正确科学的诊断结论。对地域性大流行性传染病用分子生物学方法作出的诊断，必须做生物学毒力试验，才能最后作出疾病定性诊断，此为生命科学的基础理论！由当地防控中心发布，各种企业和个人的看法饲养者不能轻易相信。

第一节　诊断疾病的理论依据

各种传染病都有其相应的特异性病原体，由于不同病原体都具有其特有的生物学特性——DNA（RNA）复制和转录，因此，当其侵入机体后，就发挥其相应的生物学作用，在体内繁殖，释放其毒素，对机体发挥其损害作用。有的病原体对机体器官具有特异的选择性，如狂犬病等。当病原体侵入机体后，机体就要发挥其特异性和非特异性免疫反应，试图抑制和消灭病原体；与此同时，机体出现一系列代偿适应性的防御反应，如体温升高，心率加快，呼吸增强，白细胞增多，分泌增强等。上述反应过程是在中枢神经系统控制下进行的神经—体液反应。例如，血凝系统、激素系统、免疫系统等。由此可见，机体对各种病原体具有准确的识别能力和反应特性。如免疫淋巴细胞具有识别抗原的特性。机体通过上述一系列反应，首先出现了机体的增强，如果病原体未被消灭，则机体和病原体相互斗争过程中出现一系列的组织形态学变化，即为机体和病原体相互斗争的结局，在形态学的表现称之为病理变化。应注意免疫反应对病变形成的重要意义，每种疾病的病理变化都具有普遍性和特殊性，我们应当在普遍性的基础上，注意总结每种疾病的特殊性才有诊断意义。

第二节　猪病诊断流程与方法

进入猪场后首先深入猪场产房、育仔、育肥、后备种猪、妊前妊后空怀猪、种公猪、饲料库，最后剖检猪。在诊断过程中应用流行病学诊断、临床诊断、病理解剖学诊断进行综合分析不能作出诊断时，应采集病料做实验室诊断，最后作出定性诊断。

第三节　各种诊断方法评价选择与应用

目的是在了解各种诊断方法特点基础上；选择符合实际的诊断方法，防止走弯路，浪费人力和财力，尽早控制疫情。

一、病原学诊断

【病原学诊断方法】

细菌学方法：（1）培养分离；（2）化学颜色；（3）生化试验等。

病毒学方法：用细胞培养液。

分子生物学方法：PCR 或 RT-PCR。

动物接种试验：用本动物或特定敏感试验动物，小白鼠与鸽子等。

【病原学诊断结果在诊断中的意义】

（1）一旦在同一例器官分离两种以上病原体时，将给诊断带来许多不可知因素。单以此确定不了病原体侵入的先后，更不能作为原发病唯一根据，还必须与临床流行病学、病理学检查等进行分析判断作出诊断。

（2）新发现的传染病或地域上大流行损失严重传染病时，防疫部门组织多学科技术人员到发病现场。在做好临床流行病学调查研究分析基础上，提出可疑病种，采集病料做病原学工作。同时，做动物试验特别是本动物接种试验；不能因用分子生物学某一方法作出的结果即定论，否则会误导饲养者防控。

【对新发现的疾病的定性诊断】

除应用分子物学方法对毒株做基因片段分析之外；还必须做本动物攻毒试验，一次不科学，必须做重复试验，才符合生命科学的基本理论。

二、血清学诊断

【血清学检测结果在鉴别诊断中意义】

1. 抗体术语 （1）中和抗体和感染抗体的区分；（2）疫苗抗体和野毒抗体的区分。

2. 抗体评价 正确、科学地评价抗体不仅要关注抗体平均值、阳性率、离散度、保护率等主要指标，还要了解猪群不同生长阶段的应有的正常抗体水平，随着日龄变化抗体水平的消长规律，全盘考虑疾病之间相互作用对抗体的影响等。

3. 血清学检测 目前大部分抗体试剂合检测到的抗体无法区分感染抗体和中合抗体。对我们评价猪群免疫状态带来了较大干扰。野毒和疫苗毒株都可以刺激机体产生抗体，而这两种抗体一般情况下是难以区分的。这种情况导致了当存在高水平抗体时，无法判断是野毒感染还是疫苗免疫所致，除

非能用特殊的方法进行鉴定。比较成熟的鉴别方法有基因缺失抗体鉴别和非结构蛋白抗体鉴别，如伪狂犬病毒 gE 鉴别就利用野毒可以产生 gE 抗体，而 gE 基因缺失疫苗毒株不能产生 gE 抗体的原理；口蹄疫 3ABC-ELISA 就是口蹄疫野毒可以产生 3ABC 蛋白而灭活疫苗不能产生 3ABC 蛋白的原理；胸膜肺炎也是利用野毒可以产生 APP-W 毒素，而灭活疫苗不能产生 APP-W 毒素的原理。但是这些方法也只是鉴别而已，不能检测感染程度，这也是现有抗体检测的一个盲点：要么检测的抗体不能区分野毒和疫苗毒，要么做鉴别的只能定性判断而不能定量分析。

猪瘟、蓝耳病、圆环病毒病等所检测的抗体并没有成熟的方法进行野毒鉴别，检测到的抗体都是全毒抗体，给猪场的抗体评价带来了较大的干扰。据樊杰、吴斌、汤细彪等报告（2012）对两个大型猪场母猪进行猪瘟抗体检测，其抗体平均值均很高，用 IDEXX-CSFV 试剂盒检测抗体平均阻断率均为 92%，阳性率 100%，离散度 0.2 左右，但是通过病原学检测发现一个猪场感染了野毒，产生的抗体是野毒抗体；一个未发现感染产生的抗体是疫苗抗体。抗体检测结果一样，但是两个猪场的情况是截然不同的。所以单纯通过血清学检测来评价猪场的免疫情况还是不够全面的，不能区分野毒和疫苗抗体是干扰抗体评价的又一个重要因素。

（1）抗体对于病毒性疾病具有很重要的作用，抗体一般是在病毒感染的早期才有保护作用。可以了解疫苗注射效果，确定免疫剂量和时间；抗体水平只是免疫效果评价的功能指标之一，抗体检测具有局限性。

（2）抗体效价不一，当前一些疾病野毒与疫苗毒尚不能作出正确判定。

（3）所有检验结果与检验诊断必须回到临床验证，最佳结果二者统一，并能解释临床流行病学所出现的现象，否则应审视检验方法的准确性，是否为假阳性或假阴性以及操作失误。

（4）检验同一动物不同疾病抗体同时阳性时，判定不出病原体侵入先后。

（5）抗体检测与抗原检测。要想对猪疫情存在情况和发展趋势作出较为准确的预警，必须把抗体

检测和病原学检测结合起来：抗体检测有助于从整体上把握猪群免疫情况，抗原检测则可以对猪只个体携带的病原进行准确了解。只有把两者结起来，利用抗原检测来区分疫苗抗体和野毒抗体，用抗体检测来放大病原检测的效果，结合猪场流行病和临床症状，才能更全面、更准确地把握猪场疾病发生和发展动态，尽可能将不稳定因素消灭在萌芽状。

三、病理学诊断

【病理学方法】

1. 尸体剖检方法　依据各种疾病理变化特征作出诊断。

2. 组织学方法　依据各种疾病细胞学病理变化特征作出诊断。

3. 免疫组织化学方法　检查细胞学病理变化，同时，测出抗原定位。

4. 电子显微镜方法　检测细胞亚结构同时，可鉴别病毒与细菌形态。

【病理学诊断在混合感染鉴别诊断中意义】

（1）对一些疾病具有特异性，一刀定性。

（2）根据病变形态特征可以确定病原体侵入的先后；并能提出原发病、并发病、继发病。

（3）可以作出案例发病机制。

（4）风险大的疾病，应进一步做病原学检测。

四、临床诊断

（1）是疾病第一时间出现异常信号；存在局限性，必要时应用病理解剖学和病原学方法解决。

（2）许多临床症状具有特征性，例如，咳嗽、气喘是呼吸系统疾病共同症状，具体定性是哪一种呼吸道疾病；需做尸体剖检观察呼吸器官病变才可作出定性诊断。

（3）为化验室诊断提供方向，是诊断疾病的最基本方法。

五、综合诊断

宏观上诊断可包括临床诊断和实验室诊断，其诊断目标是一致；只是对象、时间早与晚、诊断场所、诊断方法、研究目标、目的均有差别；但是，它们又相互联系，具有互补性。临床诊断可为流行病学、病理剖检提供参考，病理学诊断为病原学提供方向和临床诊治提供理论依据。病原学、血清学诊断不同方法也存在互补性。综合诊断是依临床流行病学、微生物学诊断、免疫学诊断、毒物学诊断、病理组织学检查结合，进行综合分析判断最后作出诊断。在应用上注意各类方法特点同时，巧妙的补充各类方法局限性；去解决具体难题。饲养者应客观实事求是全面系统综合分析，才能作出临床正确诊断。为控制疾病措施提出理论根据。

第二篇
猪的病理学基础

概　述

　　病理学是一门研究疾病的病因、发病机制、病理改变和转归的动物医学基础学科，是介于基础医学和临床医学之间的桥梁。学习病理学的目的是认识疾病过程中出现的病理形态学变化、掌握疾病的本质和发生发展规律，为今后学习临床课打下坚实的理论基础。

　　在某种意义上病理学是兽医专业的哲学课，在各章节中充分体现了辩证唯物主义观点，从局部到全局，由简到繁，由点到面的认识事物变化规律去阐述，读者很自然理解辩证法是科学的理论。

　　因此，通过病理学的学习过程，加深了对唯物辩证法的认识。病理学基础主要阐述的是各种疾病的共同病变及其发生的共同规律；包括局部血液循环障碍、细胞和组织的损伤和修复、炎症、败血症等内容。学习时应遵循由低向高、局部到全局、由浅入深、由感性认识上升到理性认识客观事物发生发展的规律。本篇目的是为尸体剖检技术和疾病的病理剖检诊断提供病理学常用基本概念和术语，即病理学信号。

　　兽医临床工作者必须在学习动物解剖学与组织学、动物生理学、动物生物化学、兽医临床诊断学、兽医病理学、兽医微生物学、兽医免疫学等基础知识后，才能很好理解疾病的发生、发展规律，在此基础上才能胜任专业技术工作。在大疫情来临之际第一时间能提出疾病准确科学诊断。

　　病理学是兽医专业的一门重要专业基础课，包括病理生理学、病理解剖学和尸体剖检三门科程；是临床课程的入门，又是基础课向专业课程过渡的桥梁，其中，尸体剖检部分属于临床学科，要想作好猪病的尸体剖检诊断，首先学习病理学基本理论，熟练掌握病理学信号，并能运用病理学基本概念和术语信号去诊断疾病。

　　为了读者更好、更快掌握和应用病理学诊断技术。依猪生物学特性阐述猪病的病理学信号，用监测方法获得信号去诊断疾病。诊断是疾病防治的基础，尸体剖检是现场常用病理学信号监测方法之一，病理学是尸体剖检诊断的基础理论，为方便读者学习和掌握尸体剖检技术，特将病理学基础知识作为一篇分六章作简要阐述，为下一篇尸体剖检技术学习奠定理论基础。

第一章　血液循环障碍

血液循环系统由动脉、静脉、毛细血管和微循环的微动脉和微静脉构成，血液循环的障碍，是最常见的病理变化，包括充血、淤血、贫血、缺血、出血、血栓形成、栓塞、梗死。

第一节　充血信号

某些器官或组织，由于血管扩张，血液量增多的现象，称为充血。分动脉充血、静脉充血。

一、动脉充血

局部器官或组织小动脉和毛细血管扩张，输入血量增多的现象。

【生理性充血】

运动后的动脉充血，如采食后胃肠充血。

【病理性充血】

充血的局部组织体积肿大，血流速度加快，血量增多，色泽鲜红色，代谢旺盛，温度升高，机能增强，小动脉出现搏动增强，局部免疫功能也增强，（如腺体或黏膜的分泌增强等）小动脉血管扩张充血明显可见（图 2.1.1-1 ~ 图 2.1.1-4）。

图 2.1.1-2　全身皮肤潮红充血败血性休克初期

图 2.1.1-3　动脉充血：猪淋巴结切面毛细血管充血

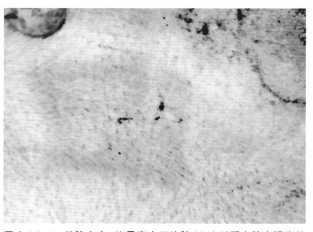

图 2.1.1-1　动脉充血：猪丹毒人工接种 33 小时后皮肤出现炎性充血的疹块

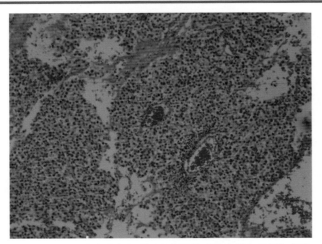

图2.1.1-4 动脉充血组织学：猪淋巴结毛细血管有多量红细胞（HE 中倍）

一般是有利的，可加强有氧物质和氧的供应以及代谢产物排除，增强局部的免疫功能。对消除病因和恢复局部功能有积极作用。但充血时间过长，由于血量增加，引起血管扩张，弹性下降而发生淤血使病理过程加重，如肺充血时间过长，引起换氧障碍，造成机体缺氧。

二、静脉性充血

静脉性充血是由于静脉血回流受阻，血液淤积在小静脉和毛细血管内，使局部组织或器官的静脉血含量增多的现象，又称被动性充血，简称淤血。

【局部性淤血原因】

1. 静脉回流受阻　如局部的静脉受压（绷带、肿瘤，静脉受压使其管腔狭窄或闭塞，血液回流受阻，导致器官和组织淤血。常见的有：肠扭转、肠套叠时，炎症肿块或绷带包扎过紧也可使静脉受压而引起相应组织淤血。

2. 静脉管腔阻塞　静脉内血栓形成、栓塞或因静脉炎而使静脉管壁增厚等，均可造成静脉管腔狭窄或阻塞，引起淤血。

【全身性淤血】

1. 心功能障碍　①左心衰竭→肺淤血。②右心衰竭→腹腔器官淤血，肝淤血明显。

2. 肺和胸膜的疾患　①如肺炎→左心室积血→全身各器官淤血。②胸膜炎→大量炎性渗出→静脉回流受阻发生全身性淤血。

【病理变化】

淤血器官组织体积增大，暗红色，局温降低，

功能减弱，出现淤血性水肿。淤血时，静脉系统和毛细血管内有多量静脉血液淤积，局部血流缓慢，血液中氧分压降低，而还原血红蛋白增多，组织得不到充足的氧及营养物，其代谢功能减弱，淤血组织局部缺氧，血管内积聚暗红色血液，严重时，局部组织呈蓝紫色，俗称发绀。

组织学变化：镜检淤血的器官、组织内小静脉及毛细血管扩张，内充盈大量血液。淤血时毛细血管壁受损，其通透性增强，局部静脉压增高，组织液回流受阻等因素，引起组织间液体增多，发生淤血性水肿。长期淤血的组织，因局部氧及营养物供应不足，代谢产物的蓄积，可引起器官、组织的实质部分发生萎缩、变性，甚至坏死，称为淤血性坏死。

1. 局部性淤血　常见肠扭转（图2.1.1-5）和肠套叠时，胃肠系膜静脉受压迫，造成相应的肠系膜和肠壁血管淤血；肿瘤、炎症肿块或绷带包扎过紧，也可使静脉受压而引起相应组织淤血。

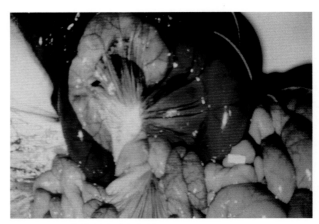

图2.1.1-5 静脉性充血肠扭转

2. 全身性淤血　常见体内几个器官的病理变化。

（1）肺淤血：主要由于左心机能不全，肺静脉血回流受阻所致。眼观肺淤血时，肺脏呈紫红色（图2.1.1-6），体积膨大小叶间明显增宽（图2.1.1-7），重量增加，胸膜紧张而光滑，从切面流出泡沫的液体（图2.1.1-8）。镜检肺小静脉及肺泡壁毛细血管扩张，其中，充满红细胞。伴有淤血性水肿时，可在肺泡腔内见有被伊红淡染的浆液（图2.1.1-9）。

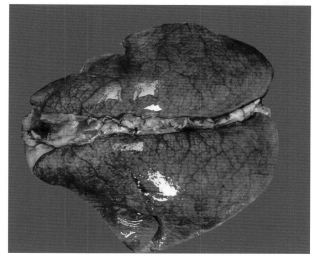

图 2.1.1-6 静脉性充血:因心包炎致心机能不全引起肺淤血水肿

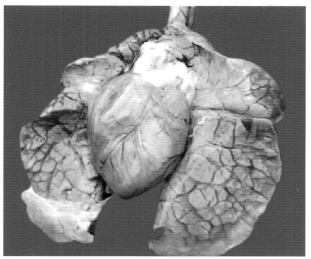

图 2.1.1-7 静脉性充血:因心机能不全引起肺淤血水肿小叶间变宽

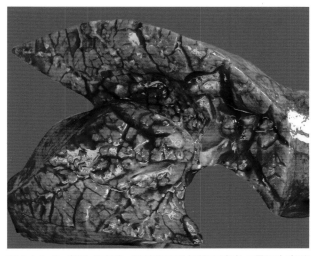

图 2.1.1-8 静脉性充血:猪肺切面从气管内流出大量混有泡沫的液体

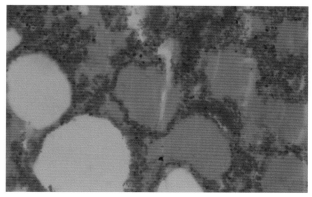

图 2.1.1-9 静脉性充血组织学:肺小静脉及肺泡壁毛细血管扩张其中充满红细胞。肺泡腔内见有被伊红淡染的浆液 HE×10

(2)肝淤血:当右心机能不全时,首先引起肝脏的淤血(图2.1.1-10),这是由于肝脏与后腔静脉直接相连,而肝静脉又缺乏瓣膜的缘故。

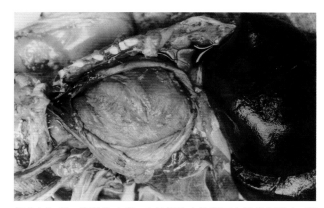

图 2.1.1-10 静脉性充血:心包炎致心机能不全引起肝淤血,整个肝呈暗红色

眼观急性肝淤血时,肝体积增大,中央静脉淤血呈暗紫红色,被膜紧张(图2.1.1-11),切面见静脉管扩张,并流出大量紫红色的血液。

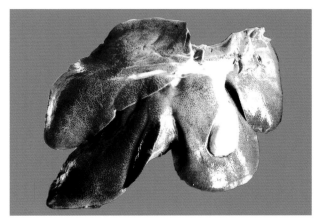

图 2.1.1-11 静脉性充血:肝被膜紧张,肝小叶中心暗紫红色明显可见

组织学镜检见肝小叶中心部的窦状隙及中央静脉扩张，其中，充满红细胞（图2.1.1-12）。

出多量的血液（图2.1.1-15）。

组织学镜检红髓静脉窦扩张有多量红细胞。

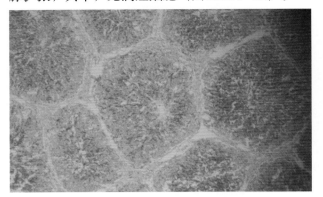

图2.1.1-12　组织学见多个肝小叶中心部的窦状隙及中央静脉扩张，其中充满红细胞（HE×5）

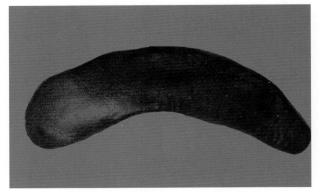

图2.1.1-15　静脉性充血：脾淤血，人工接种急性死亡猪脾体积肿大，颜色暗红，被膜紧张

（3）肾淤血：主要由于心机能不全。眼观肾体积肿大，颜色暗红，被膜紧张（图2.1.1-13），切面肾髓质和肾乳头暗红色与肾皮质部颜对比明显（图2.1.1-14）。

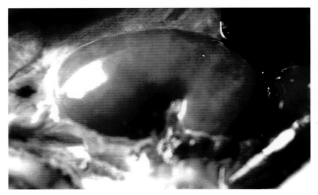

图2.1.1-13　静脉性充血：肾淤血，肾体积肿大，颜色暗红，被膜紧张，肾静脉因淤血明显可见

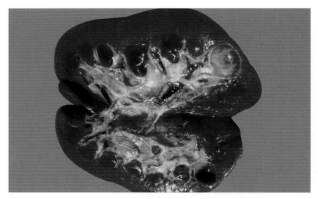

图2.1.1-14　静脉性充血：肾淤血，肾切面肾三界颜色对比明显

（4）脾淤血：主要由于心机能不全引起，眼观脾体积肿大，颜色暗红，被膜紧张，切面外翻，流

（5）皮肤淤血：主要由心机能不全引起，有的因休克后期微循环障碍而引起末梢部位皮肤各处呈暗红色（图2.1.1-16）；濒死期心功能衰弱而引起，皮肤各处呈暗紫红色，多出现腹下与末梢部位的皮肤。点评：充血和淤血是最常见的病变，几乎每例都出现，在分析和判断病变的性质时有一定的意义，在临床实践中往往不易鉴别，此为病理解剖学的基本功之一，希望注意本术语的认证，在实际工作中正确运用。淤血缺氧可引起局部组织功能。降低组织细胞的萎缩变性坏死，有时出现结缔组织的增生，引起硬化，又称淤血性硬化，在肺上出现又称褐色硬化。局部淤血的代谢产物可刺激组织增生，特别在创伤愈合的情况下出现慢性淤血。

环障碍而引起末梢部位皮肤各处呈暗红色。

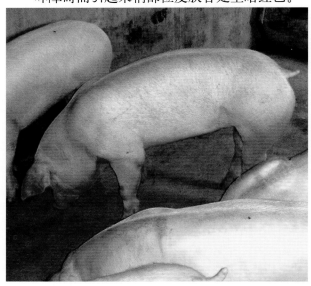

图2.1.1-16　静脉性充血：因肺炎与胸膜炎引起的气体交换障碍，机体缺氧时耳发绀的特征是全身性皮肤发绀

第二节　出血

血液流出到心或血管外就称出血，流出体外称外出血，血液流出到组织间称内出血，是诊断许多疾病的主要依据。

出血标志是红细胞流出或渗出到血管外，单纯有白细胞血浆等成分渗出，不称出血。人医病理学将出血点称淤点淤斑，兽医学无必要，人类有心理因素在内，突然一听出血之类术语有些惊慌，是一种应激不良刺激，因此，将出血点改为淤点。

一、破裂性出血

常因血管壁发生损伤、破裂而引起的出血，常见外伤、子弹创伤，压迫、切割如炎症性疾病（结核）消化性溃疡（胃溃疡）、肿瘤的侵蚀、血管壁的原发性病变、动脉肿瘤；脑及胸腔、腹腔内出血。

【血肿】

小血管破裂时若流出的血液蓄积在组织间隙和器官被膜下（图2.1.2-1）。

图2.1.2-1　破裂性出血：猪耳皮下血肿

【炎症性疾病出血】

如胃肠溃疡（图2.1.2-2）可引起出血。

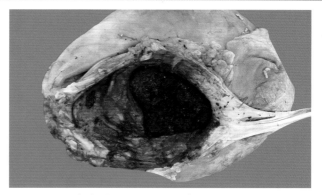

图2.1.2-2　破裂性出血：猪胃溃疡引起胃出血

二、渗出性出血

主要发生在传染病、中毒的疾病中。出血形态可分以下几种：

【点状出血】

点状出血、斑状出血、条纹状出血，特点是边缘不整，大小如针尖状、豆粒状（又称淤点、淤斑）。最小像针尖大，依次似高粱米粒等。分布一般呈散在或弥漫性。常见皮肤（图2.1.2-3）、皮下（图2.1.2-4）、浆膜（图2.1.2-5）、各种器官黏膜，如胃、肠以及脑、心（图2.1.2-6和图2.1.2-7）、肺（图2.1.2-8）肾（图2.1.2-9）、肝、脾等器官实质与被膜、膀胱、肺等器官出血。

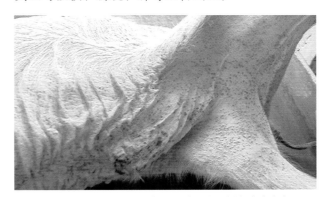

图2.1.2-3　渗出性出血：猪瘟急性型后肢内侧皮肤出血点

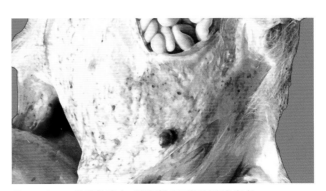

图2.1.2-4　渗出性出血：猪腹部皮下弥漫性出血点

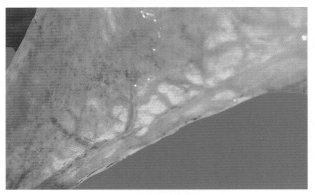

图 2.1.2-5　渗出性出血：猪大网膜弥漫性出血

图 2.1.2-6　渗出性出血：猪小肠系膜针尖状弥漫性出血

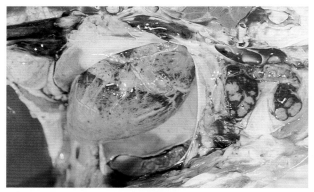

图 2.1.2-7　渗出性出血：心外膜弥漫性出血

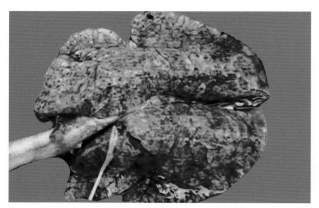

图 2.1.2-8　渗出性出血：猪肺弥漫性出血斑

图 2.1.2-9　渗出性出血：猪瘟肾被膜下皮质弥散出血点

【出血性浸润】

血液弥漫性浸透于组织间隙，使出血部位局部呈现暗红色（图 2.1.2-10 ～图 2.1.2-12）。

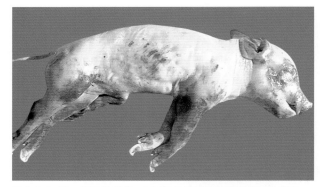

图 2.1.2-10　渗出性出血：衣原体流产，胎儿皮下弥漫性出血

图 2.1.2-11　渗出性出血：膀胱弥漫性出血

图 2.1.2-12　渗出性出血：膀胱及输尿管弥漫性出血

【出血性素质】

当全身有渗出性出血倾向，表现为全身皮肤、黏膜、浆膜、各内脏器官（图2.1.2-13）都可见出血点。出血性素质多见于急性传染病（如急性猪瘟、急性猪肺疫等）及弓形虫病，并且是这些疾病的特征性病理变化，有诊断价值。

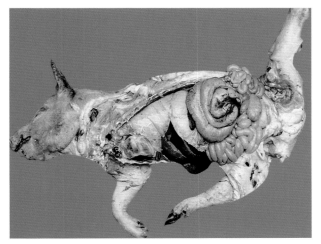

图 2.1.2-13　出血性素质：淋巴结肠浆膜肺等器官出血

三、外出血

外出血时血液常经自然管道排出体外。鼻黏膜出血经鼻腔排出体外称鼻衄（图2.1.2-14）；肺和支气管出血经口排出体外称咯血；上消化道出血（食管、胃出血）经口排出体外称呕血，经肛门排出体外称为黑粪，下消化道出血经肛门排出称便血；泌尿道出血经尿道排出称血尿；子宫的大量出血称血崩。溢血：外出的血液进入组织内称为溢血，如脑溢血。

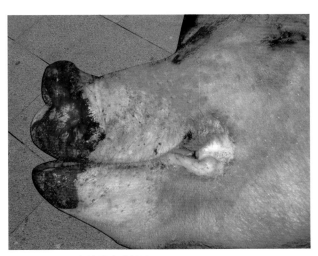

图 2.1.2-14　鼻腔外血液流出

第三节　血栓形成和栓塞

一、血栓形成

血栓形成是指在活体的心血管内血液成分发生凝固的过程，其形成的固体物称血栓。猪的血栓形成在兽医学科中与人的临床应用价值有所不同，但从事猪病科技工作者对于本节基本理论和常见现象应当了解。例如，微血栓形成机制和防治，在治疗高热性传染病时具有重要价值。

【形成条件与机理】

1．血管内皮细胞的损伤　当血管内膜发生损伤后胶原暴露释放组织因子。使血小板发生凝聚，激活凝血过程，构成了血栓形成的始动因素。

2．血流的改变　血流缓慢不规则，缓慢可使轴流变宽，为血小板和内膜接触创造条件。

3．血液性质的改变　血液凝固性增强，表现为凝血因子数量增多，如感染致微血管内皮损伤、凝血因子及血流速度缓慢等因素往往互为因果为血栓的形成创造了条件。

【形成过程与病理变化】

心脏和血管内血栓形成基本上是血小板凝集和血液凝固过程。

1．头部形成　（1）血液发生改变时，血小板在流动时，析出并沉积在损伤血管内膜上，形成多个小球（图2.1.3-1）和血小板凝集和丘部的形成：当血小管壁发生损伤（图2.1.3-2）。（2）小梁的形成：血小板凝集形成多个小球呈丘状，小丘形成后，血小板开始肿胀变圆而进一步促进黏着和凝集，小丘逐渐增大，相互黏结形成小梁。（3）血栓的起始部形成：血液经过小梁间隙时血流渐慢，所以，白细胞附着在小梁周围表面。同时，也有少量的纤维蛋白黏着，这样就形成了血栓的起始部，眼观灰白、质地坚实、称白色血栓。

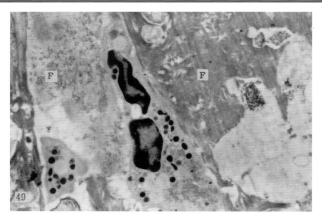

图 2.1.3-1 肺纤维素析出沉积在血管内膜上

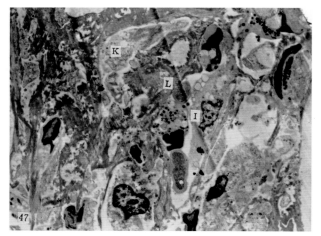

图 2.1.3-2 肺泡壁毛血管形成微血栓入肺泡壁毛细血管内微血栓,此为毛细血管基底膜,l为内皮细胞泡饮活跃,v为退变内皮细胞,f为纤维素,l为白细胞瘤细胞(电镜2 000)

2.体部形成 血栓头部形成后突于管腔,血液经流出时形成旋涡,流速减慢,使血小板和白细胞进一步析出,而形成了细网状的纤维蛋白(图2.1.3-3),而这些纤维蛋白网住血中的红细胞、白细胞而发生血液凝固,上述过程相互交替进行形成了红白相间的红白体部,又称红白血栓。

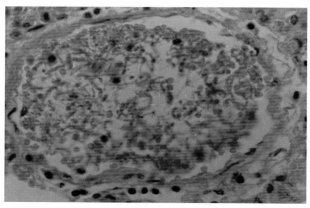

图 2.1.3-3 肺小静脉血小板黏结形成小梁及纤维素析出

3.尾部形成 体部形成后,逐渐增大,完全阻塞血管,血流停止发生血液凝固。形成血栓尾部(图2.1.3-4),主要是红细胞,又称红色血栓。

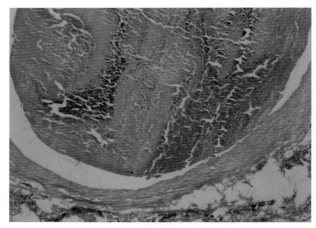

图 2.1.3-4 血栓形成体部形成后增大完全阻塞血管

综上所述血栓在活体的心内和器官各部血管内均可形成(图2.1.3-5~图2.1.3-14)。

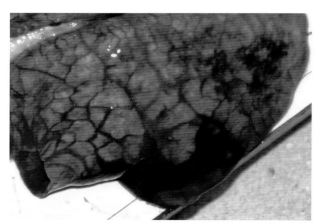

图 2.1.3-5 栓子脱落阻塞肺分支小动脉引起梗死

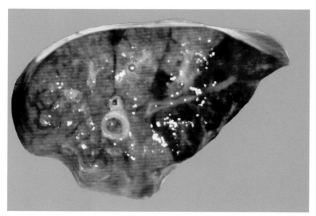

图 2.1.3-6 切面肺栓塞部分引起的梗死

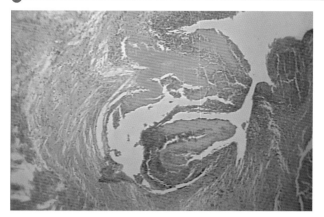

图 2.1.3-7　二尖瓣形成的疣状血栓全貌

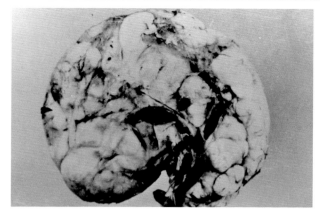

图 2.1.3-11　白血病淋巴结静脉血栓

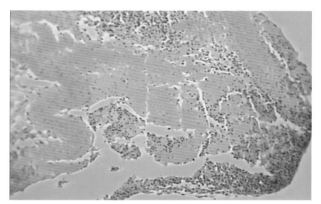

图 2.1.3-8　纤维素红细胞血小板的层状结构

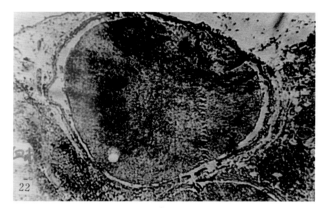

图 2.1.3-12　血栓形成组织学瘤细胞血小板与纤素

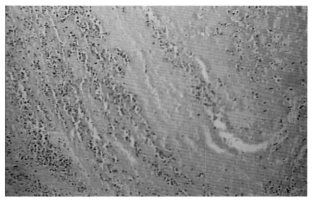

图 2.1.3-9　示血栓体部（HE×20）

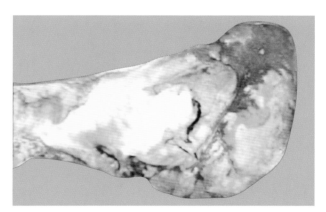

图 2.1.3-13　脾小动脉血栓其所属组织呈灰白色坏死

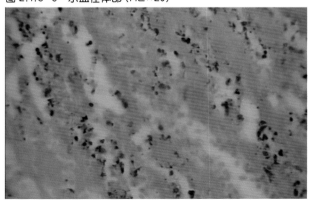

图 2.1.3-10　二尖瓣形成的白色血栓

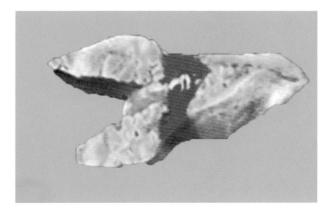

图 2.1.3-14　脾切面出血坏死灶被机化吸收

【血栓的结局和对机体的影响】

1.血栓的软化溶解和吸收　血栓形成后，其中性粒细胞可发生变性坏死，释放蛋白溶解酶，使血栓溶解，同时，由吞噬细胞吞噬经血行和淋巴循环排出。

2.血栓的机化和再通　①机化未被溶解和吸收的血栓，由损伤的毛细血管内皮细胞增殖，长出结缔组织细胞，而逐渐取代血栓，称之为血栓的机化。②再通已被机化的血栓，由于结缔组织收缩，最后在血栓内部或血管壁和血栓之间出现裂缝，同时，伴有血液的再通。

3.血栓的钙化　一些少量不能机化和软化的血栓可发生钙盐沉着而钙化，有时可形成结石。

4.对机体的影响　①止血，防止出血的作用。②炎症周围血栓可防止细菌毒素繁殖扩散。③动脉血栓形成后，若无足够的侧支循环的建立，可引起局部组织的缺血和坏死。④静脉血栓可使局部淤血和坏死。⑤心瓣膜形成血栓后，可使瓣膜肥厚变形造成心机能不全。⑥血栓形成的栓子可引起一些器官形成栓塞。⑦心脑出现的血栓对机体影响极大，甚至危及生命。

二、弥散性血管内凝血

指在某些致病因子作用下引起的以血液凝固性增高，微循环内有广泛的血栓形成特征的病理过程。在此过程中，首先激活机体的凝血系统，使血液凝固性增高，在微循环内广泛形成微血栓（DIC）；同时，由于血浆凝血因子和血小板的大量消耗和纤溶系统的激活，使血液由高凝状态转变为低凝状态，导致出血。DIC 不是一种独立性疾病，而是一个病理过程，它是很多疾病发生的一个中间机制。它很少以原发病的方式独立存在，常继发于其他疾患，一旦 DIC 形成，患猪可有出血、休克。

【微血栓形态】

网状的纤维素阻塞微循环内的血管，HE 染色纤维素染成粉红色（图2.1.3-15）；PTAH 染色纤维素染成天蓝色（图2.1.3-16）。

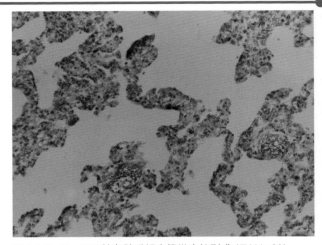

图 2.1.3-15　DIC 肺泡壁毛细血管微血栓形成（TAH×20）

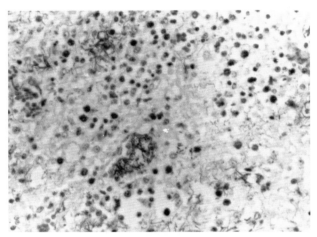

图 2.1.3-16　急性淋巴结炎微血栓（PTAH×20）

【微血栓形成】

由于凝血系统被激活，血中凝血酶含量增多，导致微血管内微血栓形成。微血栓可在脑（图2.1.3-17）、心（图2.1.3-18）、肺、肾、肝、脾、淋巴结、胃、肠、皮肤以及各种腺体等组织器官的微血管内形成。

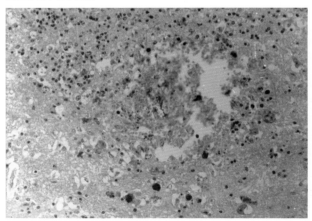

图 2.1.3-17　脑毛细血管微血栓形成（PTAH×20）

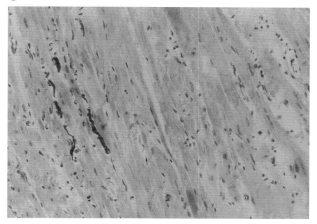

图 2.1.3-18　心肌 DIC 毛细血管微血栓形成 (PTAH×20)

【继发症】

　　出血与组织器官的细胞变性坏死，虽然 DIC 患猪典型的病理变化是微血栓形成，但出血是 DIC 时的一个重要而突出的表现，在临床上表现为许多组织器官的出血（图 2.1.3-19 ～图 2.1.3-22）。

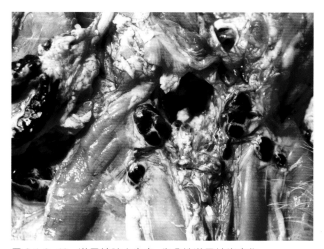

图 2.1.3-19　淋巴结肿大出血，为急性淋巴结炎变化

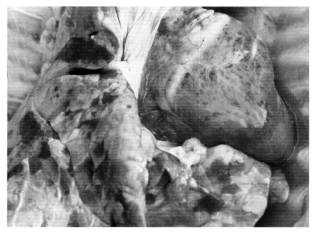

图 2.1.3-20　DIC 心外膜出血

图 2.1.3-21　DIC 肝脏肿大土黄色质度变软出血点

图 2.1.3-22　DIC 猪丹毒胃底部和十二指肠初段充出血

三、栓　塞

　　栓塞是异常物质或正常血液中不存在的物质随血流运行阻塞血管的过程引起栓塞的物质称栓子常见的有空气，脂肪瘤细胞，细菌团块、寄生虫等。

　　【栓塞运行的途径】

　　1. 静脉性栓塞　属小循环性栓塞，起源于大循环静脉系统的栓子。随血流回入经右心室进入肺动脉，在其分支部分形成栓塞。

　　2. 动脉性栓塞　属大循环性栓塞，起源于肺静脉左心室，大循环中动脉系统中的栓子，一般由大动脉到小静脉。最后在肾、脾、脑、肠等部位形成栓塞。

　　【栓塞的种类及对机体影响】

　　1. 血栓性栓塞　由于血栓的脱落而引起的栓塞常见。

　　2. 脂肪性栓塞　通常骨折时骨髓中脂肪被吸收入血，常在胰内。

　　3. 空气性栓塞　常见气胸和注射空气情况下。

4. 组织栓塞　常见肿瘤细胞的转移，其他如组织碎块也可形成（图 2.1.3-23）。

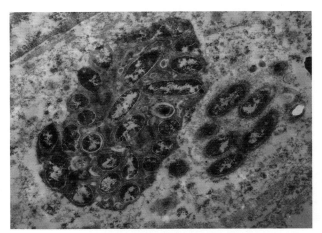

图 2.1.3-23　栓塞猪丹毒脑小动脉丹毒菌与纤维素构成的栓塞（电镜 1 500）

5. 细菌性栓塞　常引起败血症（图 2.1.3-24）。

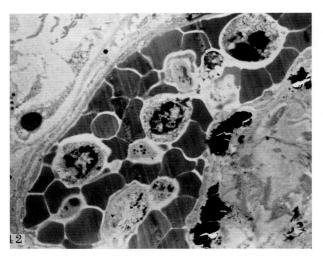

图 2.1.3-24　栓塞肿瘤细胞转移到肺微血管形成栓塞

第四节　梗死

梗死是指局部组织或器官因动脉血流断绝而引起的坏死。这种坏死的发生过程称为梗死形成。主要发生在肾、心、脑，侧支循环缺血和较少的情况下易出现，形态与健康组织有明显界限。任何可引起血管腔闭塞并导致局部缺血的原因，都可以引起梗死。

一、贫血性梗死

栓子进入肾弓形动脉后，阻塞血管使血流断绝，其所属部位的组织出现坏死，一般呈三角形的坏死灶，

病变初期当血管闭塞后局部高度缺血，由于被阻塞以下血管分支及吻合支血管发生反射性痉挛，收缩、原组织内血液完全被挤出，此时，也阻断了静脉血的逆流而引起梗死区的高度贫血而引起坏死，因此，外观出现黄白色，初期突出肾表面。坏死灶周围出现暗红色炎性反应带，随病程进展，炎性产物被吸收，组织萎缩。肾表面由凸变凹，最后形成一个与周围组织界限明显的坏死灶（图 2.1.4-1 ～图 2.1.4-2），组织学检查梗死灶组织结构消失（图 2.1.4-3）。

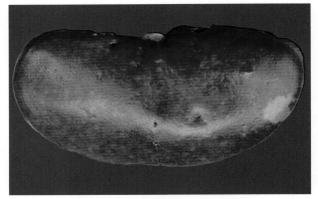

图 2.1.4-1　肾表面一个与周围界限明显白色坏死灶

图 2.1.4-2　肾切面呈三角形的灰白色坏死灶

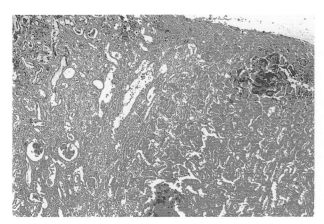

图 2.1.4-3　梗死肾贫血性梗死（组织学）

二、出血性梗死

多发生在肺侧支循环丰富的器官，如脾高度淤血而出现动脉闭塞时，由于闭塞下部的血管内血压低于周围血管。所以，一旦动脉血管闭塞而反射性引起的吻合支静脉血管痉挛，则血液逆流到梗死区，梗死区显著积血，大量红细胞渗入到梗死区的组织内，因此，形成出血性梗死，常见肺（图2.1.4-4）、脾（图2.1.4-5～图2.1.4-8）。

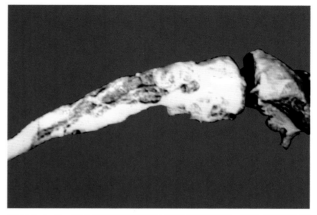

图 2.1.4-7 整个脾出血坏死灶被机化而萎缩，附有结缔组织包膜

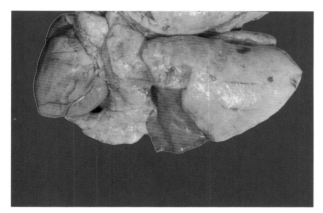

图 2.1.4-4 梗死：猪肺出血性梗死呈暗红色

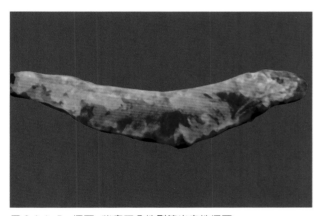

图 2.1.4-5 梗死：猪瘟亚急性型脾出血性梗死

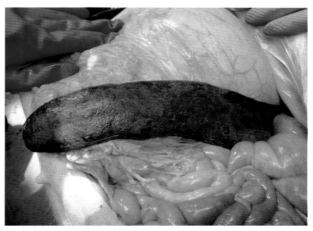

图 2.1.4-8 脾肿胀多发性出血性梗死灶，猪瘟与圆环病毒混合感染所致

三、梗死的结局和对机体的影响

梗死的结局有以下两种可能：一种是坏死组织经过酶解后发生自溶、软化和液化，然后吸收，多见于小梗死灶；另一种是梗死灶周围发生炎性反应，并有肉芽组织向坏死区生长，将坏死组织溶解、吸收，最后由结缔组织取代坏死组织，即机化，日后留下一灰白色瘢痕。若梗死灶过大不能完全被机化时，则可由结缔组织包裹形成包囊，日后水分被吸收便成为干涸的坏死块，坏死组织可发生钙化。

梗死组织机能完全丧失。梗死对机体的影响取决于梗死发生的部位和范围大小。一般器官发生的小范围梗死，通常对机体影响很小，但是心脏和大脑的梗死，即使梗死灶很小，也能引起严重的机能障碍，甚至导致动物死亡。

图 2.1.4-6 梗死：圆环病毒脾出血性梗死

第二章　组织与细胞损伤

细胞是动物生命活动的基本单位。细胞损伤时，开始发生代谢和机能的变化；一般是在致病因素继续作用或损伤较严重时，才出现细胞形态学的变化，并可进一步加重细胞代谢和机能障碍。细胞和组织的损伤可以分为萎缩、变性和细胞死亡。正常动物的组织亦有这种过程。微生物的感染和各种毒物以及各种异常理化因素均可引起，几乎所有死亡动物器官都出现程度不同的细胞损伤，是最常出现的病理形态学变化，是学习病理学最基础的理论知识。

第一节　萎缩

萎缩是指发育成熟的器官、组织或细胞，由于物质代谢障碍发生体积缩小和功能减退的过程。根据引起萎缩的原因，在生理情况下，动物体的某些组织器官随着机体生长发育到一定阶段时发生的萎缩现象，称为生理性萎缩，也称为退化，多与年龄有关。例如，幼龄动物的动脉导管及脐带血管的萎缩退化、动物性成熟后胸腺的逐步退化、妊娠分娩后子宫的复旧以及泌乳期后乳腺组织的复旧等均属生理性萎缩。在动物的老龄阶段，几乎一切器官和组织均不同程度地出现萎缩，即所谓的老龄性萎缩，如皮肤表皮变薄，脂肪组织减少或消失，毛囊皮脂腺萎缩以致皮肤干燥无弹性，尤以脑、心、肝、骨骼等的萎缩明显。

一、病理性萎缩类型和病理变化

由于某些致病因素的作用而引起的相应组织和器官的萎缩，称为病理性萎缩。

【全身性萎缩】

全身性萎缩见于长期营养不良，维生素缺乏，某些慢性消化道疾病所致的营养物质吸收障碍（营养不良性萎缩），长期饲料不足，消化道梗阻（饥饿性萎缩），严重的消耗性疾病，如慢性猪瘟继发副伤寒、寄生虫病及造血器官疾病等。临床上表现为精神委顿，行动迟缓，进行性消瘦，被毛粗乱（图2.2.1-1），严重贫血，常见由低蛋白血症引起的

全身性水肿，显现全身恶病质状态，故又称为恶病质性萎缩。各器官、组织的萎缩过程呈现出一定的规律，脂肪组织的萎缩发生得最早且最显著，其次是肌肉，再次是肝、肾、脾、淋巴结、胃、肠等器官，而脑、心、肾上腺、垂体、甲状腺的萎缩发生较晚，也较轻微。

图2.2.1-1　全身性萎缩：全身进行性消瘦

【局部性萎缩】

局部性萎缩指在某些局部性因素影响下发生的局部组织和器官的萎缩。实质器官，局部实质发生萎缩时，邻近健康的组织可发生代偿性肥大，间质发生增生，由于萎缩、肥大及增生的组织交错分布，使脏器呈现凹凸不平的外观。和全身性萎缩有所不同的是，局部性萎缩除可看到萎缩的病变外，还常看到引起萎缩的原始病变。按发生原因可分为：失用性萎缩、压迫性萎缩（图2.2.1-2～图2.2.1-4）、神经性萎缩、缺血性萎缩、内分泌性萎缩，某些理化因素如辐射、化学毒物等也可引起组织器官发生萎缩。

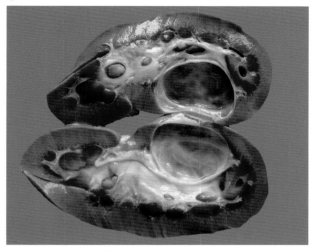

图2.2.1-2　局部性萎缩:肾囊泡压迫皮质部缩小消失

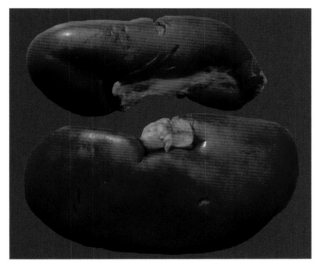

图2.2.1-3　局部性萎缩:同一猪左肾代偿性肥大

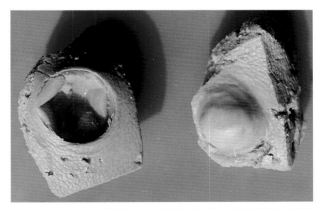

图2.2.1-4　寄生于猪肝脏的棘球蚴压迫肝脏而形成的凹陷病灶

二、萎缩的结局和对机体的影响

（1）当病因消除后，萎缩的器官、组织、细胞仍可逐渐恢复原状。但若病因不能及时消除，病变继续发展，则萎缩的细胞最后可消失。

（2）萎缩的组织器官的机能均下降，全身性萎缩严重时，对病原因子的抵抗力下降，随着病程的发展而不断恶化，常因并发其他疾病而死亡。

压迫使肝脏萎缩而凹陷。

第二节　变性

变性是指由于物质代谢障碍而在细胞内或细胞间质出现某些异常物质或正常物质蓄积过多的现象。变性是组织、细胞的机能和物质代谢障碍在形态学上的反映。一般是可逆的，当病因消除后，变性细胞的结构和功能仍可恢复。严重的变性则往往不能恢复而发展成为坏死。其病理形态学特点是细胞核不出现病变，细胞浆和间质出现病变，变性器官功能的降低。变性的物质可是过多的水分、糖蛋白、脂肪、异物，其物质来源于细胞物质代谢障碍重新形成的异常物质。可分以下几种的变性病变。

一、细胞肿胀

细胞肿胀是指细胞内水分增多，胞体增大，胞浆内出现微细颗粒或大小不等的水泡，多发生于肝细胞、肾小管上皮细胞和心肌细胞，皮肤和黏膜的被覆上皮细胞，是一种常见的细胞变性。引起细胞肿胀的原因有细菌及病毒感染、缺氧、缺血、电离辐射、中毒、脂肪过氧化、免疫反应、机械性损伤等。根据显微镜下的病变特点不同，细胞肿胀可分为颗粒变性和水泡变性。

【颗粒变性】

颗粒变性是组织细胞最轻微的极易发生的一种细胞变性。特征是变性细胞的体积增大，胞浆内出现微细的蛋白质颗粒，HE染色呈淡红色，胞核一般无明显变化或稍显淡染。在电镜下，线粒体肿大变短、减少、脊也出现变化，细胞膜常出现两种变化：表面结构孔隙增大；膜通透性增强。由于变性的器官肿胀混浊，失去原有光泽，呈土黄色，似沸水烫过一样，所以，又有混浊肿胀或"细胞肿胀"之称。又因为这种变性主要发生在器官的功能性实质细胞，因此，也称为实质变性。

1.肝脏颗粒变性　肝肿大，边缘钝圆，被膜紧张,肝小叶影像模糊不清,颜色暗淡(图2.2.2-1～图

2.2.2-2）严重时土黄色熟肉样外观（图2.2.2-
3），质地脆弱，切面外翻。肝小叶结构模糊不清（图
2.2.2-4），镜下细胞肿胀，胞浆出现大小不一的
颗粒（图2.2.2-5），窦状隙缩小，缺乏红细胞，
严重时细胞膜发生破裂而发展为渐进性坏死。此时，
肝细胞核出现破裂，成为均质一片的淡红色。

图2.2.2-4　肝切面肝脏变性灶，色淡小叶像模糊不清

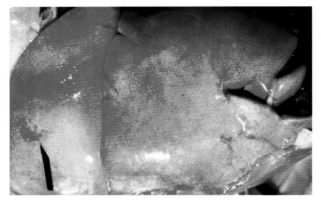

图2.2.2-1　肝脏色淡变性灶，肝小叶景像模糊不清

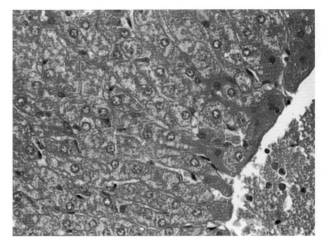

图2.2.2-5　镜下细胞肿胀

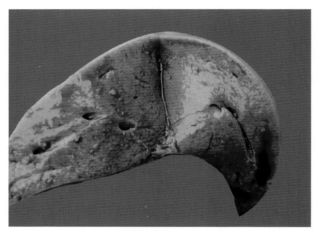

图2.2.2-2　颗粒变性肝色淡变性灶

2. 肾脏颗粒变性　肾肿大，被膜紧张，颜色
暗淡、严重时土黄色熟肉样外观（图2.2.2-6～图
2.2.2-7），质地脆弱，切面外翻。镜下主要发
生在肾小管，上皮细胞肿大，胞浆出现颗粒（图
2.2.2-8）、管腔缩小，呈现闭塞状态。有时在管
腔出现蛋白质颗粒的凝聚物而堵塞管腔。一般称蛋
白质管型（图2.2.2-9）。

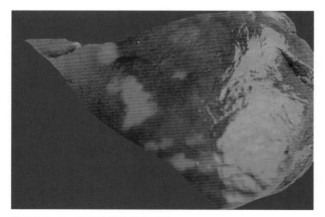

图2.2.2-3　猪肝脏局灶性变性灶

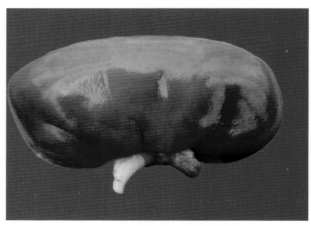

图2.2.2-6　肾肿大，颜色暗淡，土黄色熟肉样外观

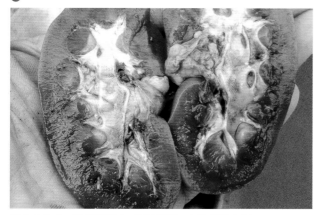

图 2.2.2-7　肾切面肿大,颜色暗淡,土黄色熟肉样

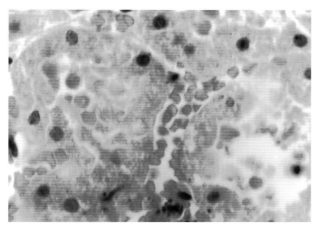

图 2.2.2-8　颗粒变性:组织学镜下肾小管上皮细胞肿大胞浆出现颗粒管腔缩小呈现闭塞状态 (HE×50)

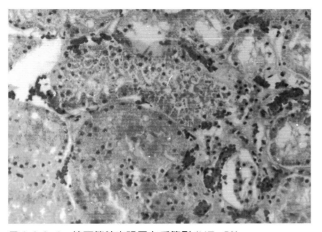

图 2.2.2-9　镜下管腔出现蛋白质管型 (HE×50)

　　3. 心肌颗粒变性　心肌外观色淡右心扩张(图2.2.2-10),镜下心肌纤维肿胀变圆,横纹模糊不清或消失 (图 2.2.2-11)。用 PTAH 染色横纹出现明显不清(图2.2.2-12)。在电镜下,线粒体肿大变短、减少、脊也出现变化,细胞膜常出现两种变化:表面结构孔隙增大;膜通透性增强。

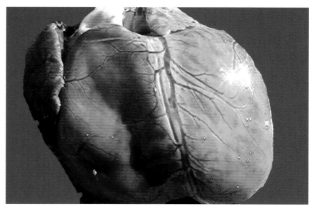

图 2.2.2-10　心肌轻度变性右心扩张

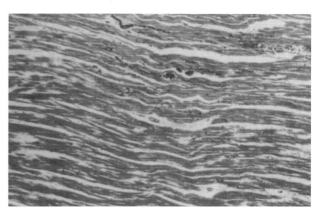

图 2.2.2-11　镜下心肌纤维横纹模糊不清或消失

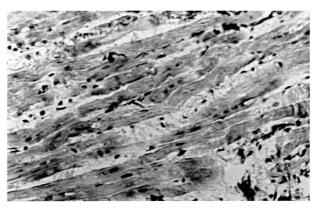

图 2.2.2-12　组织学镜下横纹出现明显不清 (PTAH×20)

【水泡变性】

　　水泡变性是细胞变性的另一种形式,主要由于细胞受到强烈刺激后而发生肿大,在细胞浆内出现大小不一的以水分为主的空泡,其中,还含有少量蛋白质,不含脂肪糖和黏液,一般学者认为是颗粒变性的进一步发展。但也有认为是由于病毒直接作用引起的。由于生物学和理化学因素而引起细胞代谢障碍,ATP 酶活性降低,钠泵障碍在细胞内蓄积过多水分形成的结局。

1.皮肤与黏膜水泡变性 皮肤发生水泡变性时,可见到明显的水泡,一般透明,内有大量液体突出皮肤黏膜表面呈球状。用针刺中可流出液体,通常称为痘疹常见猪水疱病(图2.2.2-13～图2.2.2-14)、猪传染性水疱病。

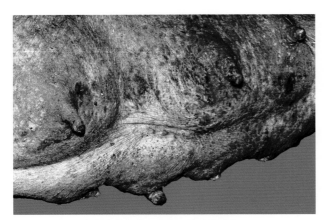

图2.2.2-13 水泡变性:猪口蹄疫乳头皮肤水泡

图2.2.2-14 水泡变性:猪口蹄疫鼻镜上端皮肤水泡

镜下在细胞质内可出现蜂窝状空泡,其中,有若干小格,往往与脂肪变性的在光镜下HE染色不易区别,必用组织化学方法加以鉴别。用苏丹染色,脂肪变性部位呈黄,水泡变性部位无色,锇酸染色,脂肪变性呈黑,水泡变性不着色。

2.肝气球变 在病毒性感染情况下,肝细胞发生水泡变性时,肝细胞过度膨胀呈球状,相互交错,似气球样。因此,称气球变。

【细胞肿胀的结局和对机体的影响】

1.细胞肿胀是一种可复性病变 当病因消除后,细胞的结构和功能即恢复正常,对机体影响不大。

2.病因持续存在 若病因持续存在,病变继续发展,可以引起实质细胞发生脂肪变性,特别是当胞核已发生破坏时,则细胞陷入坏死。器官、组织

发生细胞肿胀后,其生理功能通常降低。例如,心脏的收缩功能减弱,肝脏的合成和解毒功能降低,肾脏的再吸收和排泄功能障碍。当然,这些器官都具有强大的储备力,在发生轻度细胞肿胀时,其功能障碍常不明显。

二、脂肪变性

脂肪变性是指器官实质细胞的细胞质里有大小不等的游离脂肪小滴蓄积,简称脂变。特点是在光镜下可见细胞质内出现正常情况下看不见的脂肪滴,或胞浆内脂肪滴增多。是一种急性病理过程的细胞变性。在急性热性传染病中,中毒(如磷、砷、四氯化碳、氯仿和真菌毒素中毒等);败血症,各种可以导致缺氧的病理过程(如贫血、淤血等);饥饿,缺乏必需的营养物质等情况下,都可能出现这种变性。脂肪变性往往和颗粒变性同时或先后发生(一般先发生颗粒变性,后发生脂肪变性)在同一器官。脂肪变性常发生于代谢旺盛、耗氧多的器官,最常见于肝脏,也可以见于肾小管上皮及心肌等部位。在常规石蜡切片中,脂滴因被酒精、二甲苯等脂溶剂所溶解,故呈空泡状,为了与水泡变性的空泡区别,需制作冰冻切片用苏丹Ⅲ、油红、锇酸做脂肪染色:用锇酸固定的组织,在石蜡切片中,细胞内脂肪滴不被溶解,呈黑色。在冰冻切片中用苏丹Ⅲ或油红染色,细胞内的脂肪滴被染成黄红色。

【肝脏脂肪变性】

肝脏是脂肪中间代谢器官最易发生脂肪变性,且程度比其他器官严重得多,肝大,色变黄,质地柔软脆弱,器官纹理不清(图2.2.2-15),呈局灶性或弥漫性变化,刀背可出现脂肪样物质呈油腻感。肝脏病变形式分为周边性和中心性。

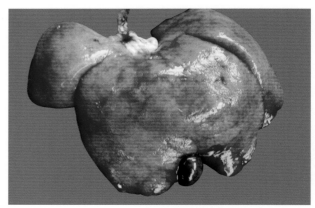

图2.2.2-15 脂肪变性:肝肿大土黄脆弱小叶模糊

1.中心性脂化　脂肪变性发生中央静脉及其周边区，多见缺氧因为中心部位氧供给比周边氧供给要低（图2.2.2-16）。

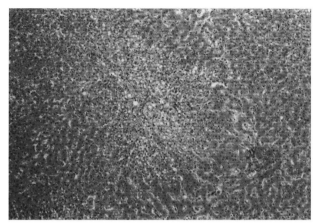

图2.2.2-16　中心性脂化脂肪变性发生中央静脉

2.周边性脂化　脂肪变性位于肝小叶周边，多见于中毒，如磷中毒（图2.2.2-17）。

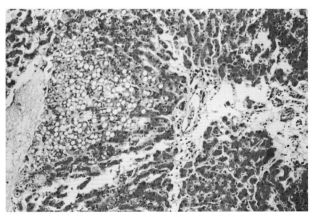

图2.2.2-17　周边性脂化脂肪变性位于肝小叶周边

3.脂肪肝　脂肪变性发生于整个肝小叶，使肝小叶失去正常结构，常见于严重中毒和急性传染病过程。槟榔肝：肝淤血时断发脂肪变性就称为槟榔肝。

【心肌脂肪变】

脂肪变性出现柔软无弹性，色淡土黄色，无弹性，可出现局灶性和弥漫性的，通常右心多发（图2.2.2-18）；光镜下，可见脂肪变性心肌纤维成串珠状改变，一般胞核呈不同程度的坏死变化（图2.2.2-19）。

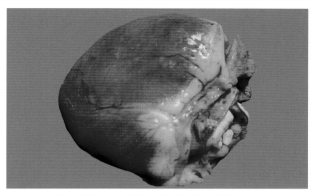

图2.2.2-18　脂肪变性：心肌柔软无弹性，色淡土黄色

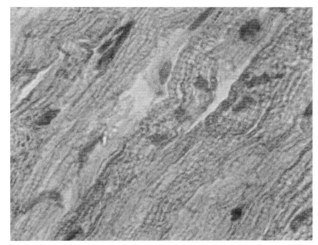

图2.2.2-19　心肌光镜下见心肌纤维成串珠状

【肾脂肪变性】

猪肾脏霉饲料中毒，肾脏主要发生在肾小管上皮细胞，眼观呈黄褐色肾，切面皮质增宽，如果呈局部灶性脂变，肾切面呈黄褐色的条纹状（图2.2.2-20和图2.2.2-21），镜下肾小管上皮细胞肿大，常见于脂变肾小管的基底膜部位（图2.2.2-22）。

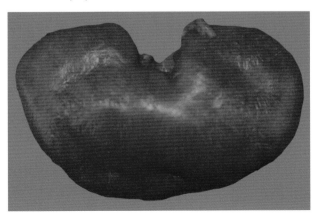

图2.2.2-20　肾脂肪变性：猪肾淡土黄褐色

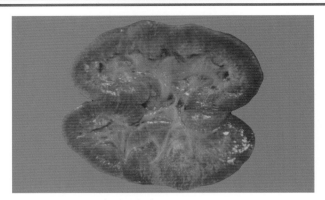

图 2.2.2-21　肾局部灶性脂变

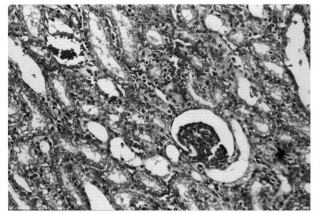

图 2.2.2-22　肾脂肪变性：镜下肾小管的基底膜部位有几处脂变（HE×10）

【肾脂肪变性的结局和对机体的影响】

（1）脂肪变性是一种可复性病理过程，其损伤虽较细胞颗粒变性重，但在病因消除后，细胞的功能和结构通常仍可恢复正常。严重的脂肪变性可发展为坏死。

（2）发生脂变的器官，其生理功能降低，如肝脏脂肪变性可导致糖原合成和解毒能力降低，严重的心肌脂肪变性，可使心肌收缩力减退，引起心力衰竭。

三、玻璃样变性

在间质或细胞内出现的一种光镜下形态学似玻璃样变化，同质性、半透明、致密、无结构的蛋白质样物质。

1. 血管内的玻璃样变　指动脉中膜的细胞膜破坏平滑肌变性而形成的透明样变。多发在脾（图 2.2.2-23）、肾、心、脑的部位。

2. 纤维组织的不良变性　该变性常发生在慢性炎症，瘢痕组织增厚的器官被膜、侵入肝、肌肉组织的寄生虫被机化形成透明变性（图 2.2.2-24）。

3. 细胞内的透明滴状变　肾小管上皮细胞内出现一种嗜伊红性小滴（图 2.2.2-25）。

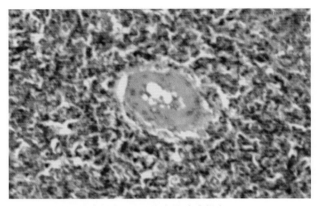

图 2.2.2-23　玻璃样变：脾动脉中膜玻璃样变

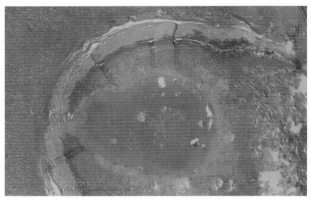

图 2.2.2-24　玻璃样变：细胞内的透明滴状变

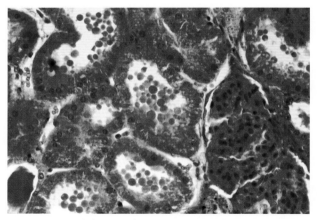

图 2.2.2-25　玻璃样变：细胞内的透明滴状变肾小管上皮细胞内嗜伊红性滴状物（HE×20）

四、黏液样变性

黏液样变性是指结缔组织中出现类黏液的积聚。类黏液是体内的一种黏液物质，由结缔组织细胞产生，为蛋白质与黏多糖的复合物，呈弱酸性，HE染色为淡蓝色。正常情况下，类黏液见于关节囊、腱鞘的滑囊和胎儿的脐带。黏液是由上皮细胞分泌的另一种黏液物质,其外观性状及上述染色反应均与类黏液相同,只是化学成分稍有不同。消化道和呼吸道黏膜上皮细胞和黏液腺上皮细胞分泌的黏液,具有保护黏膜的功能。当黏膜受刺激时,上皮细胞分泌黏液机能亢进,产生大量黏液被覆于黏膜表面,这是机体对致病因素损伤作用的一种生理性防御反应。

1. 黏膜上皮的黏液样变性　黏液样变性常发生于黏膜上皮及结缔组织。黏膜上皮的黏液样变性常见于胃(图2.2.2-26)、肠(图2.2.2-27~图2.2.2-28)黏膜、子宫黏膜的急性或慢性卡他性炎症过程中,眼观可见黏膜表现覆盖大量混浊、黏稠的灰白色黏液,光镜下可见黏液中混有大量坏死脱落的上皮细胞和渗出的白细胞,黏膜上皮间杯状细胞大量增生,上皮细胞胞浆含有很多黏液小滴,胞核和胞浆被挤向细胞的基底部,最后细胞破裂,黏液从细胞内排出并游离于黏膜表面。

2. 结缔组织黏液样变性　常见于全身营养不良的心冠状沟、皮下脂肪组织以及甲状腺功能低下时全身皮下黏液性水肿。

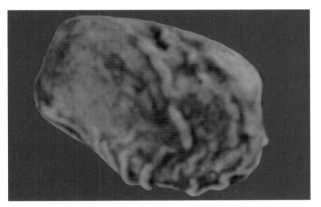

图2.2.2-26　黏液样变性:胃黏膜覆盖灰白色黏液

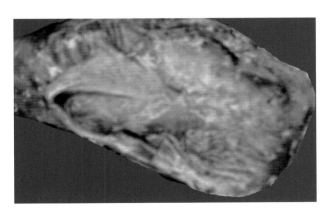

图2.2.2-27　卡他性肠炎黏膜,覆盖灰白色黏液

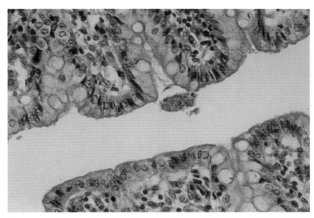

图2.2.2-28　卡他性肠炎光镜下黏膜浅层组织间有多量杯状细胞

3. 黏液样变性的结局和对机体的影响　黏液样变性是可复性过程,病因消除后黏液样变性可以逐渐消退,组织结构可以恢复正常,黏膜上皮可通过再生而修复。结缔组织的黏液样变性如果进一步发展,则可引起纤维组织增生,导致组织的硬化。

五、纤维素样变性

纤维素样变性是发生于间质胶原纤维及小血管壁的一种病理变化。特点是变性部位的组织结构逐渐消失,变为一堆境界不清晰的颗粒状、小条或团块状无结构的物质,呈强嗜酸性红染,类似纤维素,而且有时呈纤维素染色阳性,故称纤维素样变性。它实质上是组织坏死的一种表现,因而也称为纤维素样坏死。纤维素样变性主要发生于急性风湿病,与变态反应有关。某些病毒感染,如猪胶原病等引起的结节性动脉周围炎,即是典型的纤维素样坏死。

【病理变化】

肉眼不易鉴别,只有组织学检查才可定性。纤维素样变性主要发生于血管壁(图2.2.2-29~图22.2-30),胶原纤维的变性、膨化是纤维素样变性的主体,加上血浆、蛋白的渗出就形成了纤维素样变性。病变早期,结缔组织基质中呈PAS阳性的黏多糖增多,以后纤维崩解为碎片,从而失去原来的组织结构而变为纤维素样物质。此外,病变部还有免疫球蛋白沉着,有时还有纤维蛋白增多,这种变化可能是由于在抗原抗体反应时形成的生物活性物质,使间质受损、胶原纤维崩解所致。同时,附近的小血管也可受损,发生通透性升高、血浆蛋白渗出,并在组织凝血酶的作用下,使血浆纤维蛋白原转化为纤维蛋白。

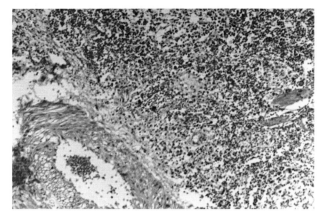

图2.2.2-29　纤维素样变性：脾小动脉血管壁崩解呈网状

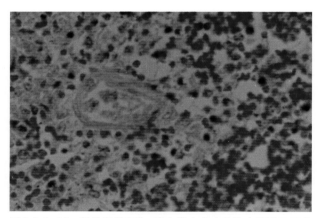

图2.2.2-30　纤维素样变性：脾白髓中央小动脉血管壁已呈溶解状态 (HE×40)

第三节　细胞死亡

细胞因受严重损伤而累及细胞核时，呈现代谢停止、结构破坏和功能丧失等不可逆性变化，即细胞死亡。动物体内局部组织、细胞的死亡，可以是病理性的，也可以在生理条件下发生。因此，细胞死亡可分为两类：细胞的病理性死亡——坏死和程序性细胞死亡——为细胞凋亡。

一、坏　死

活体局部组织或细胞的死亡称坏死。坏死组织的物质代谢完全停止，是不可逆的病理过程。器官组织细胞都可发生，肢体或器官的一部分都可发生，局部组织单个细胞也可发生，一般可出现生理性死亡。烧伤很快就可发生，病理学上是逐渐发生，又称渐进性坏死。它是在变性基础上发展来的也是量变到质变的过程。

坏死和死亡的概念，两者本质不同，动物死亡是生命活动的停止，但并不是所有器官组织同时死亡，脑5～8分钟后死亡，肾20分钟后死亡，因此，可肾移植。

【病因】

1. 局部缺血　缺氧使细胞有氧呼吸有氧磷酸化及ATP酶生成障碍，引起细胞坏死。

2. 物理性因素　机械性损伤，高温使蛋白质凝固。低温可使蛋白质冻结，放射线能破坏细胞内去氧核糖核酸和酶系统，使其合成发生破坏。

3. 化学因素　强酸强碱可使蛋白质性质发生改变，而破坏细胞的胶体状态。

4. 生物性因素　主要是细菌、病毒、寄生虫、外毒素能抑制细胞氧化过程和蛋白质合成。

5. 神经性因素　神经营养机能发生障碍，相应支配的肢体坏死。

6. 免疫反应　变态反应，往往出现组织的坏死。

7. 影响坏死组织发生的器官和组织细胞遗传因素　例如，大脑对缺氧最敏感，心肌间质对缺氧的送敏感程度低。各器官和组织细胞相比实质细胞往往易发生坏死，间质不易发生。

二、病理变化

【失活组织眼观特征】

与健康组织有明显界线，颜色呈灰白暗红或其他灰暗颜色，组织无光泽（图2.2.3-1～图2.2.3-6），鉴别失活组织临床上具有重要意义，例如，肠管手术时应将坏死段切除再做肠管缝合术手术才能成功。

图2.2.3-1　失活组织与健康组织有明显界线

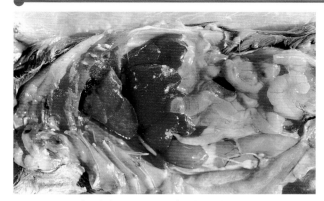

图 2.2.3-2　失活组织：猪伪狂犬病肝坏死灶

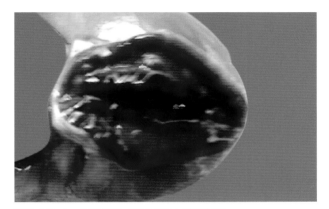

图 2.2.3-3　失活组织：伪狂犬肾上腺坏死灶

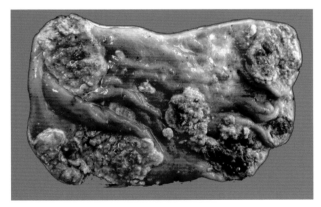

图 2.2.3-4　慢性型猪瘟结肠扣状肿

图 2.2.3-5　失活组织：肺炎灰色肝变期

图 2.2.3-6　肠变位病理变化小肠扭转

【组织学】

坏死组织发生发展过程：各种坏死组织局部变化主要细胞内各种成分在酶作用下分解或自溶。开始变化仅限于生化方面变化，表现为糖元减少和糖蛋白的分解异常，此时，在光镜下很难发现异常变化。光镜下所看到变化实质是后期变化或坏死。一般在细胞变性的基础上发展而来的通常细胞浆首先发生变化。坏死发生范围：细胞浆、细胞核、组织的实质、间质、所属血管、神经都要出现相应的坏死变化。

1. 细胞核变化　细胞核变化是坏死的变化本质或特征，细胞核主要表现以下变化。

（1）核浓缩：核染色质凝聚浓缩。核体积缩小，HE 染色加深。核液减少，这种变化可能是核蛋白质分解，产生游离核酸。所以呈嗜碱性染色加深（图2.2.3-7～图2.2.3-8）。

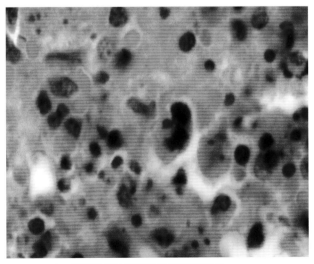

图 2.2.3-7　组织学核浓缩核染色质凝聚浓缩

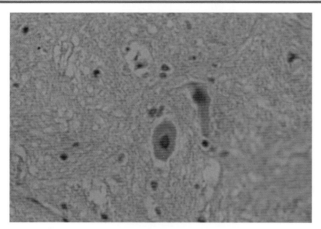

图 2.2.3-8　组织学脑神经细胞固缩嗜碱性染色加深

（2）核碎裂：两个步骤，第一核染色质先在核膜处积聚。

而后崩解成碎粒；第二核膜发生破裂，核染色质碎粒散在胞浆中（图 2.2.3-9 ～图 2.2.3-10）如果胞膜发生破裂，碎粒分散到细胞外。

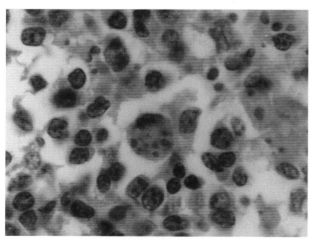

图 2.2.3-9　坏死组织学核碎裂核染色质积聚崩解

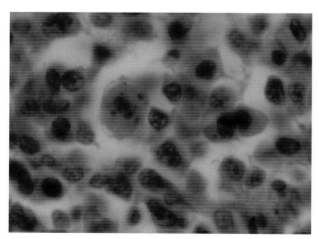

图 2.2.3-10　核染色质在核膜处积聚崩解成碎粒

（3）核溶解：核失去对碱性染料的着色反应，发生过程是在核发生水肿情况下首先胞核肿胀，然后核溶解（图 2.2.3-11 ～图 2.2.3-14）。

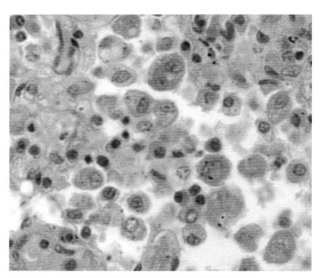

图 2.2.3-11　核溶解核失去对碱性染料的着色反应

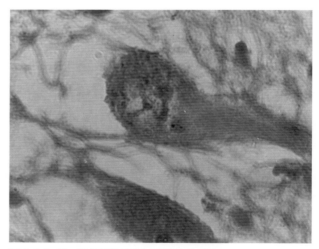

图 2.2.3-12　组织学核溶解神经细胞核溶解

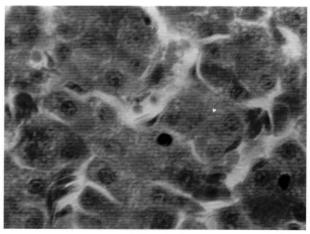

图 2.2.3-13　肝细胞坏死核大部分溶解

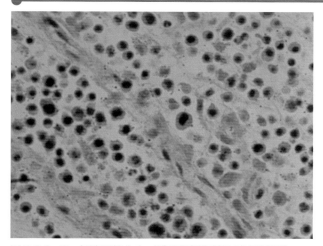

图 2.2.3-14　核溶解核失去对碱性染料的着色反应核溶解

2．细胞浆变化　坏死初期胞浆微细胞结构发生异常，如线粒体崩解，肌组织横纹消失，神经细胞的尼氏小体消失。由于线粒体崩解，线粒体的蛋白质以及磷脂的结合体崩解。胞浆内出现蛋白质和脂肪微粒（图 2.2.3-15），呈粉尘状、颗粒状，最后变为均质结构的凝固状态（图 2.2.3-16）。

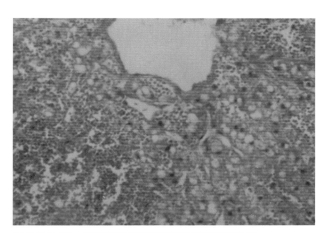

图 2.2.3-15　肝细胞浆内蛋白质和脂肪微粒呈粉尘

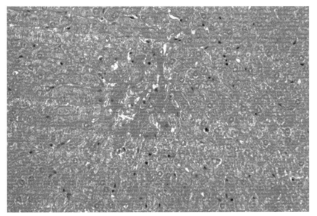

图 2.2.3-16　肝颗粒变性渐进坏死核溶解胞浆溶解

3．间质变化（结缔组织、纤维神经）　坏死时间质表现胶原纤维变性坏死。镜下主要是纤维结构不清晰崩解变化。HE 染色嗜碱性或两染色的着染物（图 2.2.3-17）。

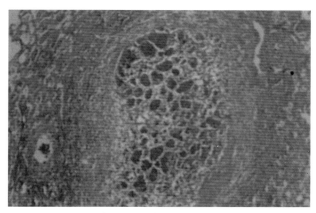

图 2.2.3-17　间质变化镜下纤维结构不清晰崩解变化

【类型】

由于引起坏死的原因、条件以及坏死组织本身的性质、结构和坏死过程中经历的具体变化等不同，坏死组织的形态变化也有不同，大致可以分成以下几种类型。

1．凝固性坏死　凝固性坏死以坏死组织发生凝固为特征。在蛋白凝固酶的作用下，坏死组织变成一种灰白或灰黄色，比较干燥而无光泽的凝固物质。坏死组织发生凝固的原理，一般认为是胞浆凝固的结果——细胞的溶酶体酶含量少或水解酶本身受到损害，不能分解坏死组织。也有人认为，坏死物质凝固类似分子变性，即和蛋白质受热凝固的原理相似。蛋白质变为不溶性，所以，能阻止溶酶体酶的分解作用而保持不溶解。坏死组织早期由于周围组织液的进入而显肿胀，质地干燥坚实，坏死区界限清楚，呈灰白或黄白色，无光泽，周围常有暗红色的充血和出血。显微镜下的主要特征是组织结构的轮廓尚存，但实质细胞的精细结构已消失，坏死细胞的核完全崩解消失或有部分核碎片残留，胞浆崩解融合为一片淡红色、均质无结构的颗粒状物质。

（1）贫血性梗死：贫血性梗死是一种典型的凝固性坏死，坏死区灰白色、干燥，早期肿胀，稍突出于脏器的表面，切面坏死区呈楔形，周界清楚。显微镜下，坏死初期，组织的结构轮廓仍保留，如肾小球和肾小管的形态依然隐约可见，但实质细胞的精细结构已破坏消失。坏死细胞的核完全崩解消失，或有部分碎片残留，胞浆崩解融合成为一片淡红色均质无结构的颗粒状物质。

（2）干酪样坏死：干酪样坏死也是一种凝固性坏死，其特征是坏死组织崩解彻底，常见于结核分枝杆菌引起的感染。除凝固的蛋白质外，坏死组织还含有多量脂类物质（来自结核分枝杆菌），故外观呈黄色或灰黄色，质地柔软致密，很像食用的干酪（奶酪），故称为干酪样坏死（图2.2.3-18）。

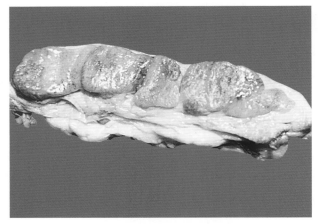

图2.2.3-18 结核病肠系膜淋巴结切面呈灰黄色干酪样坏死

（3）蜡样坏死：蜡样坏死是肌肉组织发生的凝固性坏死。眼观肌肉肿胀、混浊，无光泽，干燥坚实，呈灰红或灰白色，外观像石蜡一样，故称蜡样坏死，此种坏死常见于动物的白肌病（图2.2.3-19）、犊牛口蹄疫时的心肌和骨骼肌。显微镜下见肌纤维肿胀，胞核溶解，横纹消失，胞浆变成红染、均匀无结构的玻璃样物质，有的还可发生断裂（图2.2.3-20）。

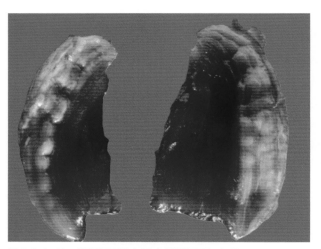

图2.2.3-19 蜡样坏死猪白肌病蜡样坏死灰白色

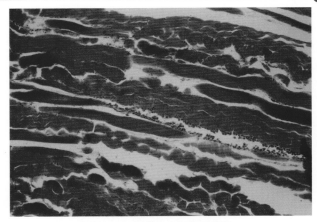

图2.2.3-20 蜡样坏死组织学猪白肌病骨骼肌

2. 液化性坏死　坏死组织因受蛋白分解酶作用，迅速溶解成液体状，称为液化性坏死。此种坏死主要发生于富含水分的组织（如神经组织），其他器官仅在因某种原因水分从周围组织进入坏死组织后方出现。脑组织蛋白质含量少，水分和磷脂类物质含量多，磷脂对凝固酶有抑制作用，脑组织坏死后很快液化，故又称脑软化。此外，化脓性炎时，大量中性粒细胞崩解，释放出大量的蛋白分解酶，使坏死组织迅速溶解，与渗出液等组成脓汁（图2.2.3-21）。光镜下见神经组织液化形成镂空筛网状软化灶或进一步分解为液体。硒缺乏症均可引起脑液化性坏死。

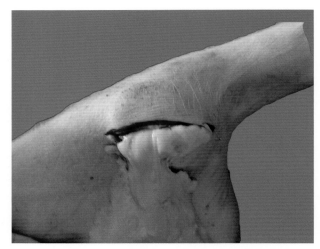

图2.2.3-21 液化性坏死皮下的化脓性炎切开后的脓汁

3. 坏疽组织　坏疽组织发生坏死后，受外界环境影响和不同程度的腐败菌感染而形成的特殊的病理学变化称为坏疽。病变部位眼观呈黑褐色或黑色，这是由于腐败菌分解坏死组织产生的硫化氢与血红蛋白中分解出来的铁结合，形成黑色的硫化铁的结果。坏疽常发生在容易受腐败菌感染的部位，如四肢、尾根及与外界相通的内脏器官（肺、肠、子宫）等。坏疽按其原因及病理变化可分为干性坏疽、湿性坏疽、气性坏疽3种类型。

（1）干性坏疽：干性坏疽多发生于体表皮肤，尤其是四肢末端、耳壳边缘和尾尖。其特点是坏死的皮肤干燥、变硬，呈褐色或黑色，与相邻健康组织之间有明显的炎症分界线。其发生是由于坏死组织暴露在空气中，水分逐渐蒸发而变得干燥，故腐败菌不易大量繁殖而腐败过程轻微，坏死组织的自溶分解也被阻抑。干性坏疽常发某些传染病（图2.2.3-22）、冻伤，如冻伤导致耳壳和尾尖皮肤坏疽。衰竭动物长期躺卧时发生的褥疮，即是皮肤的干性坏疽。

图 2.2.3-22　干性坏疽：慢性猪丹毒皮肤坏死

（2）湿性坏疽：湿性坏疽（腐败性坏疽）是指坏死物在腐败菌作用下发生液化。常见于与外界相通的内脏（如肺、肠、子宫）或皮肤（坏死同时伴有淤血、水肿），坏死组织含水多，适合腐败菌生长，从而使组织进一步液化而形成湿性坏疽。湿性坏疽的组织柔软、崩解，呈污灰色、绿色或黑色糊粥样。由于蛋白质分解产生叫噪、粪臭素等，使局部有恶臭气味。湿性坏疽发展较快并向周围组织蔓延，故坏疽区与健康组织之间的分界不明显。同时，一些腐败分解的毒性产物和细菌毒素被吸收，可引起严重的全身中毒，因此，湿性坏疽对机体的影响远比干性坏疽严重。湿性坏疽常见于动物的肠扭转、肠套叠以及异物性肺炎，坏疽性肺炎（图2.2.3-23），腐败性子宫内膜炎等，为炎症过程继发感染的结果。

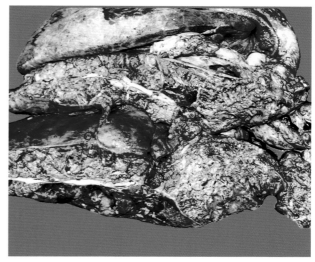

图 2.2.3-23　湿性坏疽：肺坏疽切面

（3）气性坏疽：气性坏疽为湿性坏疽的一种特殊类型，即在不同部位皮肤和肌肉中形成黑褐色肿胀，周围组织中见到气泡（图2.2.3-24）。主要见于严重的深部刺创（如阉割、枪伤等）和厌气性细菌（如恶性水肿梭菌、产气荚膜梭菌等）感染。组织分解同时产生大量气体，使坏死组织变成蜂窝样，呈污秽的暗棕黑色，用手按压有捻发音；切开流出大量具酸臭气味并混有气泡的混浊液体。气性坏疽发展迅速，其毒性产物吸收后可引起全身中毒，往往导致动物死亡。

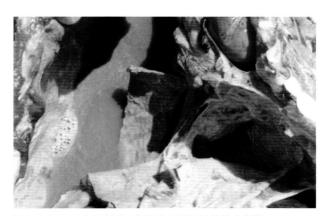

图 2.2.3-24　气性坏疽：胸腔内多量污浊液体有气泡

三、坏死组织的结局和对机体影响

坏死组织对机体是异常刺激物，一旦机体某一局部出现，必将引起周围健康组织反应，机体在长期进化过程中所获得的一些反应形式，对坏死组织清除搬运、替代等，其反应强度表现形式取决于机体的状态，坏死的类型发生的部位，坏死灶的大小以及有无感染而不同。

【反应的一般特征】

（1）年龄与体质：老龄体弱动物往往不明显或反应微弱。

（2）个别细胞坏死无明显反应。

（3）较大的坏死灶，其坏死灶周围出现明显反应带并出现分界线。

【结局】

1.崩解吸收再生　小的坏死灶和个别细胞坏死，通过细胞崩解而释放的酶可将坏死组织液化分解，其次也可被白细胞和一些吞噬细胞吞噬，随着淋巴流而走，缺损部分通过周围健康组织再生而修复。

2.机化　坏死组织被结缔组织取代的过程。坏死灶周围形成炎性反应是由大量新生的毛细血管和幼稚的结缔组织向坏死灶内伸展，并且逐渐取代坏死灶内的组织，最后完全结缔组织化形成结缔组织疤痕。

3.包裹形成　坏死灶特别大，而能被结缔组织完全取代或组织内存碎骨、寄生虫等异物情况下，首先由新生结缔组织将其包起来，使坏死灶和异物局限化，此过程称包裹，其中心存留坏死物发生钙化。

4.腐离脱落和化脓　由于坏死物周围形成了炎性反应带，其中，伴有大量中性白细胞的浸润或由于化脓感染而使坏死灶周围边缘溶解液化，最后坏死灶和健康组织完全分离脱落。

5.囊胞形成　在液化性坏死情况下出现，主要由于坏死组织完全液化而留下囊腔，囊腔中充满淡黄色液体，周围形成结缔组织膜，即为囊胞。

【对机体影响】

根据坏死的部位，发生器官坏死灶的大小及其坏死类型不同，而对机体不同影响。

（1）如果心脑有小的坏死灶，就危及生命，特别是心脏。

（2）如果发生感染情况，往往发生脓毒败血症。

四、细胞凋亡

1.定义　凋亡也可称程序性细胞死亡，是由体内外某些因素触发细胞内预存的死亡程序而导致的细胞主动性死亡方式，在形态和生化特征上都有别于坏死。

2.形态学特点　细胞皱缩，胞质致密，核染色质边集，而后胞核裂解，胞质芽突并脱落，形成含核碎片和（或）细胞器成分的膜包被凋亡小体，可被巨噬细胞和相邻其他实质细胞吞噬、降解。

3.特征　①凋亡细胞多为单个或数个，不引起周围炎症反应，也不诱发周围细胞的增生修复。病毒性肝炎时肝细胞内的嗜酸性小体即是肝细胞凋亡的体现（图 2.2.3-25）。②坏死特别是凝固性坏死与凋亡在细胞死亡的机制和形态学表现上也有一些重叠之处（图 2.2.3-26）。③核固缩、核碎裂和核染色质的边集除了是细胞坏死的表现外，均鉴于凋亡过程。

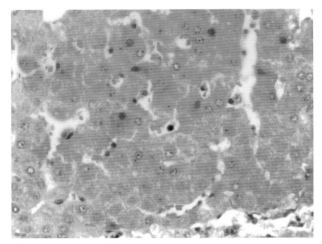

图 2.2.3-25　单个肝细胞凋亡

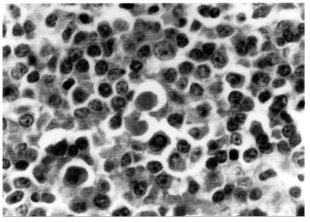

图 2.2.3-26　淋巴细胞凋亡：单个淋巴细胞凋亡与邻近细胞分离形成球形嗜酸性小体（HE×100）

第三章　病理性物质沉着

病理性物质沉着是指某些病理性物质沉积在器官、组织或细胞内的变化。机体细胞具有摄食、消化和储存等功能。这些功能的正常进行，需要溶酶体的参与，溶酶体内含多种水解酶，能够溶解、消化多种大分子物质，如蛋白质、核酸与糖类，但细胞的摄食和消化作用是有一定限度的，如果上述物质过多，不能被溶酶体酶所消化时，便会在细胞内沉积。外源性物质，如色素、无机粉尘和某些重金属等也可积聚在细胞浆中。

本章主要叙述病理性钙化、病理性色素沉着和结石的形成。

第一节　病理性钙化

钙是动物机体必需的重要矿物质之一。在血液和组织内钙以两种形式存在，一部分为钙离子；另一部分是和蛋白质结合的钙。在正常细胞、组织内，只有在骨和牙齿内的钙盐呈固体状态存在，称为钙化，而在其他细胞组织中，钙质一般均以离子状态出现。在病理情况下，钙盐析出呈固体状态，沉积于除骨和牙齿外的其他组织内，称为钙盐沉着或病理性钙化。沉着的钙盐主要是磷酸钙，其次是碳酸钙，还有少量其他钙盐。

病理变化

【营养不良性钙化】

营养不良性钙化是指钙盐沉着在变性组织。营养不良性钙化时，机体的血钙并不升高，即没有全身性的钙代谢障碍，而仅是钙盐在局部组织的析出和沉积。

眼观，钙化病变组织为白色、石灰样、坚硬的颗粒或团块，刀切时发出磨砂声，甚至不易切开。

各种类型的坏死组织均可发生钙化，如猪细小病毒胎盘钙化（图 2.3.1-1）、梗死、干酪的脓液等；玻璃样变或黏液样变的组织，如玻璃样变或黏液样变的结缔组织、白肌病时的肌纤维、血栓、死亡的寄生虫（虫体、虫卵）（图 2.3.1-2）、死亡的细菌团块以及其他异物等。镜下，在 HE 染色的切片中，

钙盐呈蓝色颗粒状（图 2.3.1-3），严重时，呈不规则的粗颗粒状或块状，钙盐颗粒粗细不一。

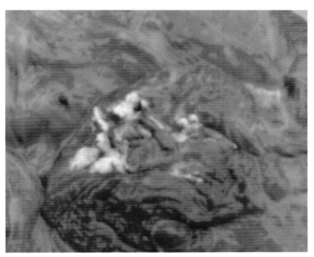

图 2.3.1-1　病理性钙化：猪细小病毒胎盘钙化灶

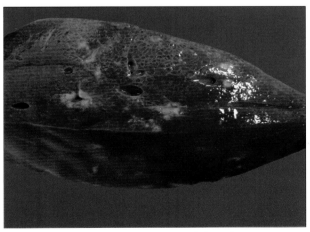

图 2.3.1-2　病理性钙化：肝切面蛔虫虫体钙化灶

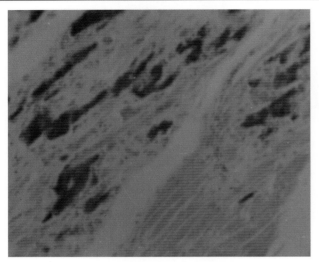

图 2.3.1-3　病理性钙化:镜下白肌病钙化灶钙盐呈蓝色颗粒状（HE×20）

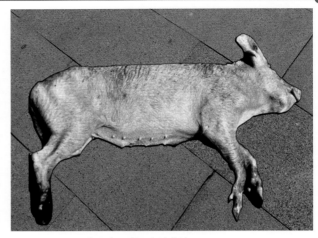

图 2.3.2-1　全身色素沉着,皮肤黄染

【结局和对机体的影响】

钙化的结局和对机体的影响,视具体情况而定。少量的钙化物,有时可被溶解吸收,如鼻疽结节和寄生虫结节的钙化。若钙化灶较大或钙化物较多时,则难以完全溶解、吸收,会使组织器官的机能降低。钙化灶对机体来说是一种异物,通过钙化及钙化后引起的纤维结缔组织增生和包囊形成,可以减少或消除钙化灶中的病原和坏死组织对机体的继续损害,因此,钙化对机体常常是有利的。

转移性钙化的危害性取决于原发病,常会给机体带来不良影响,其影响程度取决于钙化发生的部位和范围。例如,血管壁发生钙化,可导致管壁弹性减弱、变脆,影响血流,甚至出现血管破裂而出血;脑动脉壁发生钙化时血管则变硬、变脆,失去弹性,易发生破裂,引起脑出血。

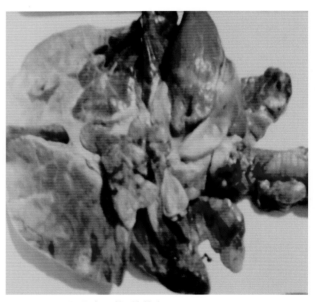

图 2.3.2-2　胆色素沉着,肺黄染

第二节　病理性色素沉着

色素是组织中有色物质,某种组织正常时就含色素,例如,卵巢黄体的脂色素,眼睛虹膜的黑色素等。病理性色素沉着指组织中的色素增多,或原来不含色素的组织中色素异常沉着,就称病理性色素沉着。

如血浆中胆红素含量过高,使肌体染成黄色,造成黄疸（图 2.3.2-1 ～ 图 2.3.2-2）。

第三节　结石形成

在腔状器官或排泄管、分泌管内,体液中的有机成分或无机盐类由溶解状态变成固体物质的过程,称为结石形成,形成的固体物质称为结石。

【病理变化】

结石的种类有多种,但最常见的有胃肠结石（图 2.3.3-1）、尿石（图 2.3.3-2 ～ 图 2.3.3-3）、胆石（图 2.3.3-4）、唾石和胰腺结石等。

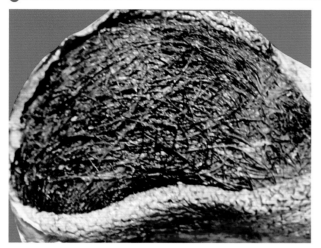

图 2.3.3-1　猪胃结石: 由猪毛植物纤维少量矿物质形成

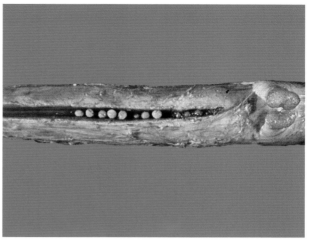

图 2.3.3-3　结石形成: 输尿管中形成的结石

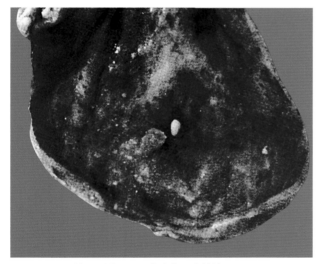

图 2.3.3-2　结石形成: 尿石膀胱中形成的结石

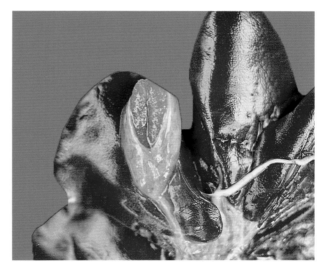

图 2.3.3-4　结石形成: 在胆囊形成的结石呈梨形

第四章　组织修复、代偿与适应

组织修复是器官组织的完整性受到破坏时，由新生的细胞组织来修补的过程。

适应是细胞组织改变其机能和形态结构以适应改变了的环境条件和新的机能要求的过程。适应修复是机体在进化过程中获得的适应性反应。

第一节　再生

再生是体内细胞组织死亡或损伤后由临近的健康细胞分裂增殖而修补的过程。分完全再生和不完全再生，完全再生：组织在结构和机能上与原来的组织完全相同；组织缺损后不能完全由结构和功能相同的组织来修补而是由肉芽组织来代替，最后形成瘢痕称为不完全再生。

一、类型

【生理性再生】

常见的皮肤黏膜器官经常不断地再生来补充已经衰老或消耗的细胞。

【病理性再生】

受损的组织器官经过再生过程得到修复。

1. 完全再生　再生的组织结构功能与原来的组织完全相同。条件：①再生能力较强的皮肤黏膜、结缔组织。②损伤程度轻，无感染，创口小，分化能力低的组织。

2. 不完全再生　损伤的组织部分恢复原组织的状态，而其他部分由增生的结缔组织修复机能比原组织低。条件：①多见再生能力弱的组织，如软骨、神经组织、肌肉组织。②损伤程度较大。

3. 再生的基础　是各种组织都有未分化带，往往存在表皮基底的柱状上皮细胞、血管周围的间质细胞、各种组织内的网状细胞。

4. 再生方式　为细胞的直接分裂和间接分裂。

二、影响再生的因素

年龄、与神经系统的机能和机体营养以及受损

组织的血液循环状态有关。分化低的组织再生能力强，分化能力高的脑心肌等再生能力弱。此外，在生理条件下，经常更新的器官再生能力强，如皮肤与黏膜上皮等。

三、各种组织的再生

【上皮组织的再生】

皮肤、黏膜的被覆上皮组织再生能力强，其过程是当皮肤和黏膜的复层鳞状上皮发生损伤时，首先创缘生发层细胞分裂增殖，而进行修复，最初长成单层扁平上皮细胞，随后逐渐成熟，而分化成复层上皮细胞。特点：上皮细胞常常进入黏膜固有层，损伤严重时，一般不能恢复，主要由结缔组织增生填补而形成疤痕。

【结缔组织再生】

新生结缔组织来源：主要是残留的结缔组织和临近组织的血管内膜细胞。

过程：首先成纤维细胞由长梭形变为圆形、椭圆形，星芒状而进行分裂增殖，此时细胞核大而色淡，以后细胞逐渐成熟化，逐渐变成菱形以及细胞核由大变小，色由淡变深。细胞质转变为原纤维，最初原纤维呈嗜银性，其后变成胶原纤维而形成结缔组织疤痕。

【血管的再生】

特点：再生能力强，往往伴随其他组织同时进行。

过程：是以生芽的方式进行，损伤后首先由残留的血管内皮细胞进行核内分裂增生，细胞肿大，形成向外突出的实心肾形幼芽，称为成血管细胞，芽状成纤维细胞继续分裂，增殖呈条索状向外伸展，

以后梭状物在血流冲击下，形成了具有管腔样的新生毛细血管，根据机能需要变为动脉、静脉、毛细血管。

【肌组织的再生】

再生能力很弱，轻微的可以完全再生，严重时由结缔组织的疤痕取代。方式：残留肌细胞核分裂来形成。

【神经组织的再生】

神经组织的再生能力极弱，一般缺损后由神经胶质细胞增生而修复，周围神经纤维断裂后，只要原来的神经细胞没受到损伤可完全再生。

【骨组织再生】

有很强的再生能力，其基础为骨外膜内膜细胞的增殖修补。过程如下：

（1）断端结合和纤维性骨痂的形成，一般需2～3天。

（2）骨样组织的转化，一般为9周。

（3）钙化，骨样组织是临时骨痂具有软骨的性状，当基质内钙盐逐渐沉时，才能变成致密的骨组织。

（4）新生骨组织的改建，新生骨组织特点是细胞排列不规则，以后由于骨的静力负重机能的锻炼，细胞排逐渐变成不规则的海绵状小梁及致密的骨质层。同时，骨断端部分过多，增多的骨痂逐渐被吸收而消失（2.4.1-1）。

图 2.4.1-1　骨组织再生：猪肋骨折再生骨样组织转化形态

第二节　肉芽组织与创伤愈合

一、肉芽组织

组织损伤后，都会出现以毛细血管内皮细胞和成纤维细胞分裂增殖而形成富有新生毛细血管的幼稚结缔组织为特征的形态学变化，称为肉芽组织。纤维性修复首先通过肉芽组织增生，溶解、吸收损伤局部的坏死组织以及其他异物，并填补组织缺损，以后肉芽组织转化成以胶原纤维为主要成分，通常称瘢痕组织，这种修复便告完成。

【肉芽组织成分】

有下述 4 种成分，即新生的丰富的毛细血管、幼稚的成纤维细胞、少量的胶原纤维和数量不等的炎性细胞。

形态特征，肉眼肉芽组织呈鲜红色，颗粒状，质地柔软湿润，形似鲜嫩的肉芽（图 2.4.2-1）。光镜下，可见大量由内皮细胞增生形成的实性细胞索及扩张的毛细血管，向创面垂直生长，并以小动脉为轴心，在周围形成袢状弯曲的毛细血管网。在毛细血管周围有许多新生的成纤维细胞，此外，常有大量渗出液及炎性细胞（图 2.4.2-2）。炎性细胞中常以巨噬细胞为主，也有多少不等的中性粒细胞及淋巴细胞。

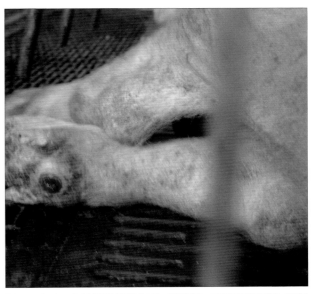

图 2.4.2-1　肉芽组织呈鲜红色，颗粒状，质地柔软湿润，形似鲜嫩的肉芽

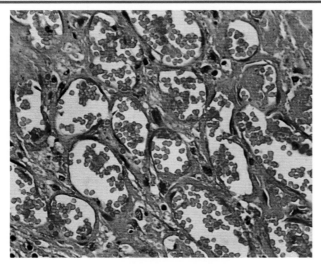

图 2.4.2-2　光由内皮细胞形成的细胞索毛细血管

【肉芽组织的结局】

一旦完成修复肉芽组织就停止生长，并全面向成熟化发展。此时，肉芽组织中液体成分逐渐减少，中性粒细胞和巨噬细胞逐渐消失，胶原纤维逐渐增多、变粗，成纤维细胞逐渐减少，残留的转变为纤维细胞。胶原纤维初期排列不规则，随后适应机能负荷的需要，按一个方向排列成束。与此同时，毛细血管也停止增殖，数量减少，并逐渐萎缩、闭合、消失。最后，肉芽组织转为瘢痕组织，瘢痕组织是肉芽组织逐渐纤维化的结果。纤维化的肉芽组织呈灰白色，质地较硬，称为瘢痕。

瘢痕形成宣告修复完成，然而瘢痕本身仍在缓慢变化，如常发生玻璃样变，有的瘢痕发生瘢痕收缩，这种现象不同于创口的早期收缩，它是在后期由于水分的显著减少所引起瘢痕的体积变小。由于瘢痕坚韧且缺乏弹性，加上瘢痕收缩可引起器官变形及功能障碍，如在消化道、泌尿道等腔室器官则引起管腔狭窄，在关节附近则引起运动障碍。在一般情况下，瘢痕中的胶原还会逐渐被分解、吸收，以至改建，因此，瘢痕会缓慢地变小变软；但偶尔也有的瘢痕因胶原形成过多，成为大而不规则的隆起硬块，称为瘢痕疙瘩。坏死组织、炎性渗出物、血凝块和血栓等病理性产物如不能完全溶解吸收或分离排出，则由周围新生的肉芽组织所取代，这一过程称为机化。如较大坏死灶或坏死物质难以溶解吸收，或不能完全机化，则常由周围新生的肉芽组织将其包裹，称为包囊形成。其中，坏死物质有时可发生钙化，如结核病灶的干酪样坏死常发生这种改变。

在纤维素性肺炎时，肺泡内的纤维素被机化使结缔组织充塞于肺泡，肺组织变实，质度如肉，称为肉变。

【肉芽组织的功能】

肉芽组织是组织损伤修复的基础，在创伤愈合中，有如下重要作用：抗感染和保护创面；机化血凝块、坏死组织及其他异物；填补伤口或其他损伤，使断裂组织接合起来。瘢痕组织的形成则使此种接合更加牢固，但瘢痕组织有时也会引起严重危害。因为它缺乏原来组织的功能，在老化过程中逐渐发生玻璃样变而丧失弹性，并可收缩，从而导致器官发生功能障碍，如关节附近的瘢痕可引起肢体收缩，肠壁的瘢痕可使肠管狭窄等。由于形成条件的不同，常有各种炎性细胞参加，它们的主要作用是抵御感染、消除坏死物质和填补组织缺损。

二、创伤愈合

创伤愈合是指创伤造成的组织缺损的修复过程。任何组织损伤的修复都是以病理性产物（坏死组织和炎性渗出物等）的清除和组织的再生为主要过程。

最轻度的创伤仅限于皮肤表皮层，稍重者皮肤和皮下组织断裂，并出现伤口，严重的创伤可有肌肉、肌腱、神经的断裂及骨折。

【创伤愈合的基本过程】

传统理论上将组织损伤后的愈合过程分为炎症与渗出、肉芽组织的增生以及瘢痕形成与重建 3 个主要阶段。

1. 伤口的早期变化　初期，伤口局部有不同程度的组织坏死和血管断裂出血，数小时内便出现炎症反应，创伤局部因发生炎症反应而出现红肿。创伤周围的小血管扩张充血，有浆液和白细胞（主要是中性粒细胞和巨噬细胞）从血管渗出，白细胞主要是吞噬和消化伤口内的细菌和坏死组织等。伤口中的血液和渗出液中的纤维蛋白原很快凝固形成凝块，有的凝块表面干燥形成痂皮，凝块及痂皮起着保护伤口的作用。

2. 伤口收缩　2～3 天后伤口边缘的整层皮肤及皮下组织向中心移动，于是伤口迅速缩小，直到 14 天左右停止。伤口收缩的意义在于缩小创面。

3. 肉芽组织增生和瘢痕形成　大约从第 3 天开始，从伤口底部及边缘长出肉芽组织，填平伤口。毛细血管以每天延长 0.1～0.6 毫米的速度增长，其方向大都垂直于创面，并呈袢状弯曲。肉芽组织中没有神经，故无感觉。第5～6天起，成纤维细胞产生胶原纤维，其后1周胶原纤维形成甚为活跃，以后逐渐缓慢下来。随着胶原纤维越来越多，出现瘢痕形成过程，大约在伤后1个月瘢痕完全形成。可能由于局部张力的作用，瘢痕中的胶原纤维最终与皮肤表面平行。

瘢痕可使创缘比较牢固地结合。伤口局部抗拉力强度于伤后不久就开始增加，在第3～5周抗拉力强度增加迅速，然后缓慢下来，至3个月左右抗拉力强度达到顶点，不再增加。但这时仍然只达到正常皮肤的70%～80%。伤口抗拉力强度可能主要由胶原纤维的量及其排列状态决定，此外，还与一些其他组织成分有关。腹壁切口愈合后，如果瘢痕形成薄弱，抗拉力强度较低，加之瘢痕组织本身缺乏弹性，由于腹腔内压的作用有时可使愈合口逐渐向外膨出，形成腹壁疝。类似情况还见于心肌及动脉壁较大的瘢痕处，可形成室壁瘤及动脉瘤。

4.表皮及其他组织再生　创伤发生24小时以内，伤口边缘的表皮基底层细胞增生，并在凝块下面向伤口中心移动，形成单层上皮，覆盖于肉芽组织的表面，当这些细胞彼此相遇时，则停止前进，并增生、分化成为鳞状上皮。健康的肉芽组织对表皮再生十分重要，因为它可提供上皮再生所需的营养及生长因子，如果肉芽组织长时间不能将伤口填平，并形成瘢痕，则上皮再生将延缓；在另一种情况下，由于异物及感染等刺激而过度生长的肉芽组织，高出于皮肤表面，也会阻止表皮再生，因此，临床常需将其切除。若伤口过大（一般认为直径超过20厘米时），则再生表皮很难将伤口完全覆盖，往往需要植皮。

皮肤附属器官（毛囊、汗腺及皮脂腺）如遭完全破坏，则不能完全再生，出现瘢痕修复。肌腱断裂后，初期也是瘢痕修复，但随着功能锻炼而不断改建，胶原纤维可按原来肌腱纤维方向排列，达到完全再生。

第三节　适　应

细胞和组织的适应性反应，是细胞组织改变其功能和形态结构以适应改变了的环境条件及新的功能要求的过程，在形态结构上常相应出现增生、肥大和化生等。

一、增　生

组织或器官由于其实质细胞数量增多，体积增大的过程，是细胞对增高的机能需要的应答，是细胞在应激因素或刺激作用下分裂增殖的结果。

【生理性增生】

在生理条件下，组织器官因生理机能增强而发生的增生。如妊娠后期与泌乳乳腺的增生。

【病理性增生】

在有害因素刺激下引起组织器官细胞的增生。

1.慢性刺激　胆管有肝片吸虫寄生时，胆管增生。

2.慢性感染与抗原刺激　免疫细胞病理性增生，多由慢性传染病与抗原刺激引起。慢性传染病或抗原刺激，网状内皮系统和淋巴组织增生，增生的脾脏和淋巴结均肿大，淋巴滤泡明显，生发中心扩大，细胞分裂相增多，网状细胞增生。例如，猪支原体肺炎时肺门淋巴结淋巴细胞的增生（图2.4.3-1和图2.4.3-2）。

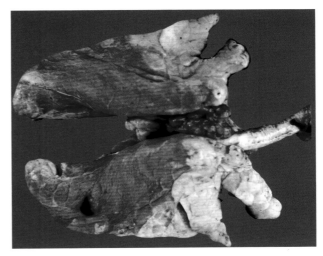

图 2.4.3-1　猪支原体肺炎肺门淋巴结增生肿大

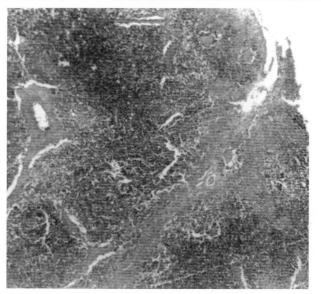

图2.4.3-2 支原体肺炎肺门淋巴结淋巴细胞大量增生

3.激素刺激 雌激素绝对或相对增多时，子宫腺上皮因受刺激引起子宫内膜囊肿和内膜增生。

4.营养物质缺乏 如碘缺乏引起甲状腺肿，同时引起痴呆。生物学特征：是个受控制过程，除去刺激后增生停止，与肿瘤增生有本质不同。

二、肥 大

肥大是组织或器官由于实质细胞体积增大，而使整个组织或器官的体积增大，称为肥大。机制：细胞内合成了许多细胞器，同时，肥大的组织器官功能增强，肥大增生常同时发生。但心肌和骨骼肌不伴有增生的肥大。

【生理性肥大】

妊娠的子宫肥大是激素刺激平滑肌受体造成的使平滑肌的合成肌蛋白增多，由于代谢活动增强，膜增厚，酶、ATP，肌丝增多，因而体积增大。

【病理性增大】

疾病过程中，为适应某种功能代偿，而引起相应组织或器官的肥大。

1.心肌肥大 如二尖瓣闭索不全，心室不能完全排空，心肌纤维伸长。

2.肾器官肥大 如一侧肾摘除,另一侧发生肥大。

三、化 生

化生是指分化成熟的组织细胞，为了适应生活环境的改变或理化刺激，在形态和机能上完全变为另一种成熟的组织细胞的过程。慢性支气管炎或支气管扩张症时，支气管的假复层柱状纤毛上皮化生为复层鳞状上皮。

第五章　炎症

炎症是机体在进化过程中所获得的防御性反应，是一种复杂的病理过程，也是全身防御反应的局部表现。是各种致炎因子引起的机体组织、细胞的损伤和机体以血管反应为中心的抗损伤防御性反应。包括损伤和抗损伤应答，进一步说明炎症过程包括致炎因素作用引起机体局部损伤以及由此而引起的修复性反应，炎症包括致炎因子引起的损伤、机体的防御性反应和组织损伤的修复3个方面，构成了炎症的基本概念。此外，机体在炎症的过程中，机体防御性反应发生过强的某些反应和产生的某些物质，也会造成机体不同程度的组织和细胞的损伤。而给机体带来严重的后果甚至危及生命。

炎症主要发生在损伤的局部，但有时也会伴有全身的反应，特别是在生物致炎因子引起的炎症中，发热、全身淋巴组织肿大、血液中白细胞数量增加等改变是常见的全身表现。

第一节　炎症的原因与症状

一、炎症的原因

能够引起机体细胞、组织损伤的因素都可以是炎症的原因，这些因素也可称为致炎因子。常见的致炎因子有以下几类：

【生物性因素】

细菌、病毒、立克次体、真菌、螺旋体、寄生虫等病原体，是导致炎症最常见的原因。不同的生物因子引起炎症的机制不尽相同。例如，细菌不仅可以通过它的内、外毒素造成机体的组织和细胞损伤，还可因其抗原性所诱发的免疫反应而引起炎症；某些病毒在机体细胞内生长繁殖最终可导致细胞破裂而引起炎症，也有一些病毒感染机体细胞后并不造成宿主细胞的破裂，而是由于病毒出胞时部分抗原成分遗留在寄生细胞的细胞膜上，机体的免疫反应不仅作用于出胞后的游离病毒，也造成了上述被病毒感染的细胞损伤，引起炎症反应。

【理化性因素】

高温、低温、射线、激光、微波以及机械性损伤等是导致炎症反应的常见物理性因子。化学性损伤除了常见的外源性强酸、强碱等，机体组织病理情况下所产生某些化学产物，如组织坏死的分解产物、异常增多的代谢产物都可以引起炎症反应。

【免疫反应】

异常的免疫反应可以造成组织损伤，引起炎症。例如，在护理工作中见到的注射青霉素过敏和临床上多见的花粉或药物过敏等，都是异常的免疫反应所致。各型变态反应和自身免疫性疾病也属于此类致炎因子引起的炎症。

二、炎症的症状

【炎症的外部表现】

炎症的外部表现为，红、肿、热、痛、机能障碍和全身性反应。红由炎症的局部血液循环障碍引起，特别炎症充血期尤为突出，淤血期暗红色；肿是局部发炎组织渗出物渗出，白细胞游出以及组织成分增生；热是发组织物质代谢增强，产热散热增多引起；痛是由于发炎组织神经末梢受到致痛作用和炎症代谢产物的刺激引起，可作为炎症预告的危险信号。因强烈持续的疼痛作用可引起明显不良作用，甚至可引起休克的发生。此外，它能防止器官继续受到损害，对机体来说是一种保护适应性反应。机能障碍：发炎器官机能降低消失，但也有时出现加强和反常。发炎器官机能降低，可使器官出现相对静止状态。有利于机体恢复健康。

【全身性反应】

有些炎症由于病因作用和炎症产物吸收，往往可引起发热和血液学变化。如发热和白细胞升高以及出现各器官、系统机能的一系列变化。意义：炎症的外部症状只有在炎症发生体表和黏膜时才能发现。内脏器官发炎时，症状往往不明显，甚至完全缺乏，所以，从外部现象并不能充分反应炎症的基本规律和它的本质。只有从炎症灶内物质代谢特点、理化学改变、形态学变化以及炎症对机体影响进行综合分析，才能揭示其炎症本质。

第二节　炎症的分类与病理变化

由于致炎因子的性质、强度和作用时间不同，机体的反应性和器官组织机能、结构的不同以及炎症发展阶段的不同，炎症的形态学变化是多种多样的。按过程分类：急性、慢性。按器官种类分：肝炎、肾炎、肺炎等。病理解剖学依据炎症局部的病变，将炎症分以下 3 种类型。

一、变质性炎

变质性炎的特征是发炎器官的实质细胞呈明显变性坏死，而渗出增生表现出一种轻微的炎症，变质性炎常由各种中毒或一些病原微生物的感染引起，常多发于心脏、肝脏、脑、脊髓等实质器官，所以又称变质性炎。

【心脏的变质性炎】

1. 眼观　心肌色彩不均，色泽变淡，质度柔软，失去固有光泽，煮肉样（图 2.5.2-1）。

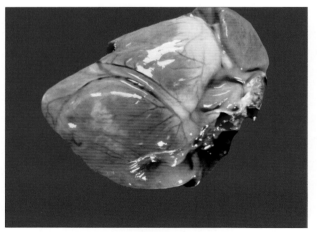

图 2.5.2-1　变质性炎症：仔猪口蹄疫心肌

2. 镜下　心肌纤维发生颗粒变性、脂肪变性和水泡变性，肌间结缔组织充血、水肿，有少量炎性细胞浸润，有时可见肌纤维断裂、崩解和坏死（图 2.5.2-2）。

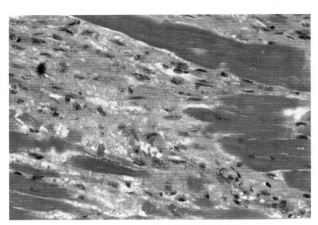

图 2.5.2-2　变质性炎：心肌纤维局灶性变性溶解

【肾脏的变质性炎】

1. 眼观　肾脏肿大，质脆易碎，灰黄色或黄褐色（图 2.5.2-3 ～图 2.5.2-4）。

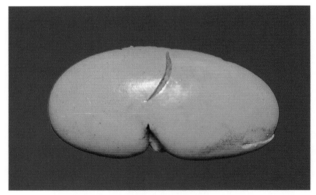

图 2.5.2-3　变质性炎症：肾脏肿大土黄色

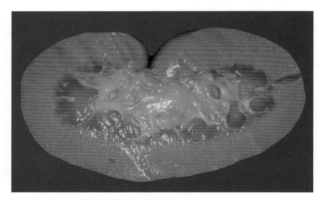

图 2.5.2-4　变质性炎：肾皮质淡灰黄色

2. 镜下　肾小管上皮细胞发生颗粒变性、水泡变性、脂肪变性，上皮细胞肿胀挤压管腔导致管腔变形，形成星芒状，甚至从基底膜上脱落、破裂，堵塞管腔，间质毛细血管充血，结缔组织水肿及炎性细胞浸润。肾小球毛细血管内皮细胞及间质细胞轻度增生（图2.5.2-5～图2.5.2-6）。

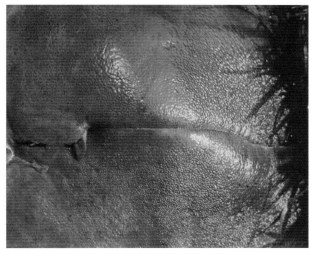
图2.5.2-7　肝脏肿大小叶模糊呈土黄色质脆

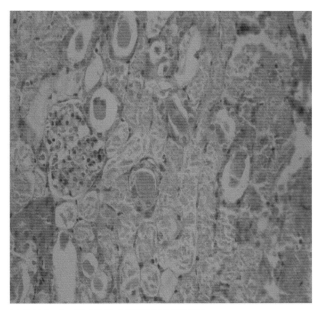
图2.5.2-5　肾小管上皮细胞变性和坏死

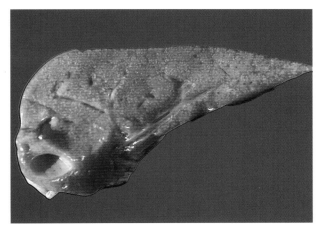
图2.5.2-8　肝脏切面黄白色变性坏死灶肝小叶模糊

2．镜下　肝细胞有不同程度的颗粒变性、水泡变性、脂肪变性和坏死，间质炎性细胞浸润，窦状隙单核巨噬细胞增多（图2.5.2-9和图2.5.2-10）。

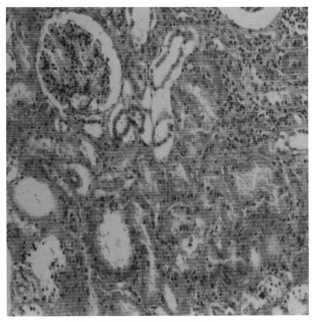
图2.5.2-6　肾小球毛细血管内皮细胞增生

【肝脏的变质性炎】

1．外观　肝脏肿大，肝小叶不清，黄褐色或土黄色，质地脆弱（图2.5.2-7～图2.5.2-8）。

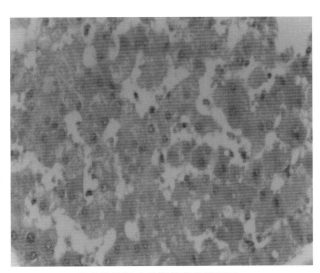
图2.5.2-9　肝细胞颗粒变性脂肪变性和坏死

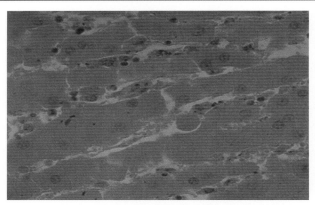

图 2.5.2-10 变质性炎组织学 肝细胞颗粒变性间质炎性细胞浸润窦状隙单核巨噬细胞（HE×40）

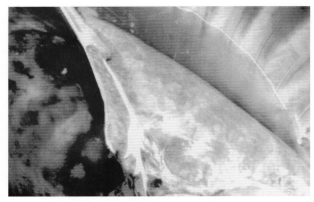

图 2.5.2-11 猪胸腔浆膜浆液性炎胸腔液增多

二、渗出性炎

渗出性炎是以渗出性变化为主，变质和增生轻微的一类炎症，多为急性炎症并在炎症灶内形成大量渗出液为特征。同时，也有不同程度的细胞与组织的变性坏死，而增生变化较轻微，此外，致炎因素和机体组织反映状态不同，血管壁损伤程度不同；则渗出液的成分、性状不同，因此，根据渗出液和病变特点，将渗出性炎依据渗出物的性质分为浆液性炎、卡他性炎、出血性炎、化脓性炎、纤维素性炎；浆液性炎、卡他性炎、病变较轻易治愈；而出血性炎、化脓性炎、纤维素性炎其黏膜组织损伤严重不易治愈，临床上应谨慎治疗。

图 2.5.2-12 猪腹腔浆膜浆液性炎淡黄色的透明液体

【浆液性炎】

1. 眼观 浆液性炎是许多炎症的早期变化，如纤维素炎和化脓性炎初期。发炎部位的浆膜血管充血、粗糙、失去固有光泽。①常发生于浆膜腔，如胸腔（图 2.5.2-11）、腹腔（图 2.5.2-12）、心包腔（图 2.5.2-13）、关节腔（图 2.5.2-14）等处；浆液积聚于体腔内，有多量淡黄色的透明或稍混浊液体。②皮肤与黏膜中的疏松结缔组织中也可发生浆液性炎，如猪水肿病时胃壁和结肠肠系膜的水肿（图 2.5.2-15 和图 2.5.2-16），如发生于表皮和真皮间结缔组织时可形成水泡（图 2.5.2-17），如口蹄疫时鼻端（图 2.5.2-18）、乳房等处形成的水疱。③肺可见浆液性炎（图 2.5.2-19）。④黏膜发生浆液性炎时多为卡他性炎的初期，表现黏膜充血肿胀；渗出的浆液常混有黏液从黏膜表面流出。剖检时注意观察和分析判断。

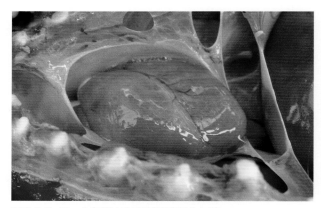

图 2.5.2-13 心包腔内有少量淡黄色心包液

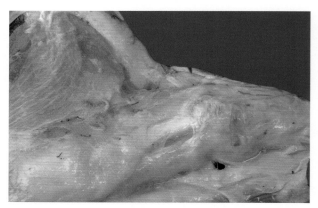

图 2.5.2-14 关节周围均可见淡绿色渗出物

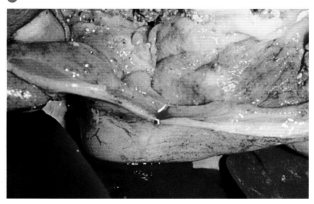

图 2.5.2-15　猪水肿病时胃壁的淡黄色渗出液

图 2.5.2-16　猪水肿病结肠肠系膜淡黄色渗出液

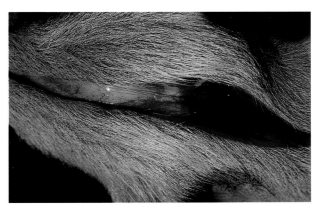

图 2.5.2-17　猪水肿病头部皮下淡黄色渗出液

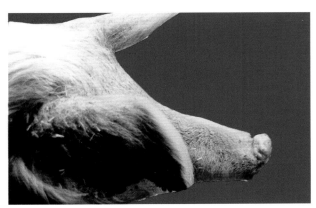

图 2.5.2-18　猪口蹄疫鼻端形成的水疱

图 2.5.2-19　浆液性炎猪肺浆液性炎,眼观肺肿大小叶间增宽

2. 光镜　浆液性炎是以渗出大量浆液为特征的炎症。渗出物中蛋白质含量为 3%～5%,主要是血浆中的白蛋白,球蛋白较少,并有一定量的白细胞和脱落的上皮细胞。

【卡他性炎】

卡他性炎是指黏膜发生的一种渗出性炎症。"卡他"一词来自拉丁语,意为"流溢"。黏膜组织发生渗出性炎症时,渗出物溢出于黏膜表面,故称卡他性炎。依据渗出物性质不同,卡他性炎又可分为多种类型。以浆液渗出为主的称为浆液性卡他;黏液分泌亢进,使得渗出物变得黏稠者称为黏液性卡他;黏膜的化脓性炎症称为脓性卡他。根据发生部位不同,如有口腔、胃卡他(图 2.5.2-20～图 2.5.2-21)、肠卡他(图 2.5.2-22～图 2.5.2-23)等。

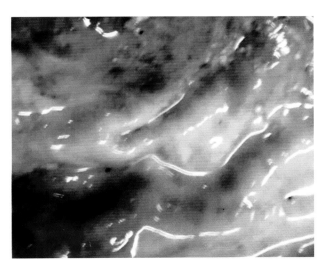

图 2.5.2-20　胃黏膜肿胀充血附有米粥样黏液

织坏死的程度，纤维素性炎可分为浮膜性炎和固膜性炎两种类型。

1. 浮膜性炎　浮膜性炎常发生在浆膜（胸膜、腹膜、心包膜）和肺脏等处。浆膜的纤维素性炎：初期纤维呈网状交织在一起（图2.5.2-24），进一步发展大量纤维素渗出，浆膜上被有一层灰白色的膜样物（图2.5.2-25），伪膜剥离后，浆膜肿胀粗糙充血、出血（图2.5.2-26）、浆膜腔内往往有多量混浊的黄色网状纤维蛋白渗出液。某些器官表面渗出的纤维素常形成一层白膜附着于器官的浆膜面，如猪圆环病毒PCV-2的脾（图2.5.2-27～图2.5.2-28）尤为典型。浮膜性炎因组织损伤轻微，发生在肠黏膜表面的这种炎症，可以在黏膜上形成一个管状物，后者可随粪便排出。而浆膜的机化则可使浆膜肥厚或与相邻器官发生粘连，如传染性胸膜肺炎时肺脏、胸膜和心包膜之间常常发生粘连（图2.5.2-29）。

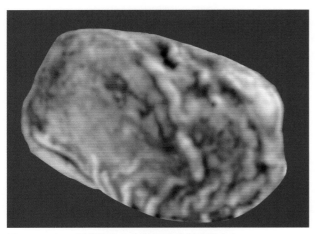

图2.5.2-21　胃黏膜发生卡他性炎黏膜肿胀充血

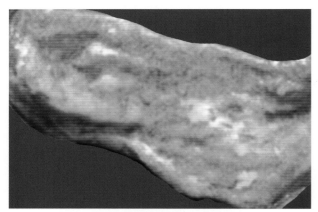

图2.5.2-22　空肠黏膜肿胀充血附有蛋清样黏液

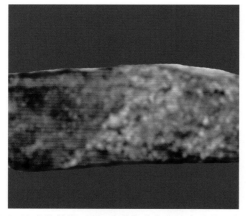

图2.5.2-23 卡他性炎：回肠黏膜发生卡他性炎黏膜肿胀充血附有蛋清样黏液

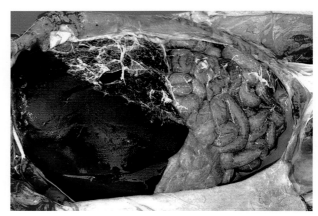

图2.5.2-24　猪腹腔浆膜纤维素炎

图2.5.2-25　腹腔浆膜上被有一层灰白色的膜样物

【纤维素性炎】

纤维素性炎以渗出液中含有大量纤维素为特征。纤维素来源于血浆中的纤维蛋白原，渗出后，单体的纤维蛋白原聚合成纤维素。常见一些由微生物如大肠杆菌、支原体感染等引起的疾病中。按炎灶组

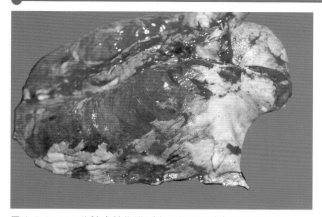

图 2.5.2-26　猪肺疫肺伪膜剥离后浆膜肿胀粗糙充血出血

图 2.5.2-27　脾表面纤维素形成一层黄白伪膜

图 2.5.2-28　脾表面形成纤维素膜

图 2.5.2-29　浆膜的纤维素性炎：猪传染性胸膜肺炎时肺脏、胸膜和心包膜之间粘连。

2. 固膜性炎　固膜性炎又称纤维素性坏死性炎。常见于黏膜，它的特征是渗出的纤维素与坏死的黏膜组织牢固地结合在一起，不易剥离，剥离后黏膜组织便形成溃疡。这种炎症常发生在仔猪副伤寒（图 2.5.2-30）、猪瘟（图 2.5.2-31）等肠黏膜上。固膜性炎损伤严重常需通过肉芽组织来修复，如猪瘟扣状肿纤维素性渗出物可以被白细胞释放的蛋白酶分解液化，从而被吸收。

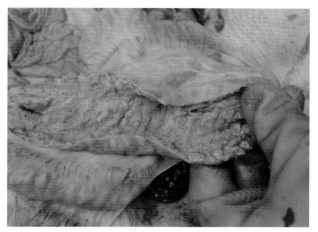

图 2.5.2-30　伪膜性炎：猪副伤寒慢性型纤维素性肠炎

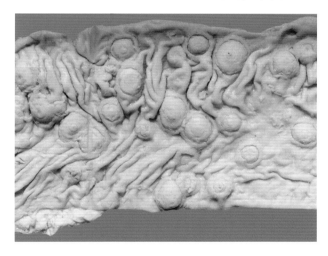

图 2.5.2-31　固膜性炎：猪瘟结肠黏膜上形成"扣状肿"

【化脓性炎】

化脓性炎以中性粒细胞大量渗出为特征，常伴有不同程度的组织坏死和脓液形成，常见于葡萄球菌、链球菌、绿脓杆菌、棒状杆菌等。

化脓性细菌感染，有3种主要的类型（图 2.5.2-32 ～图 2.5.2-41）。

图 2.5.2-32 化脓性炎:猪颈下单个脓肿外观呈囊状物

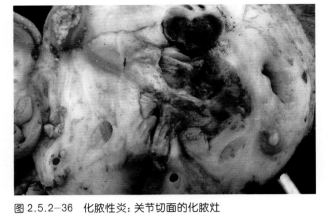

图 2.5.2-36 化脓性炎:关节切面的化脓灶

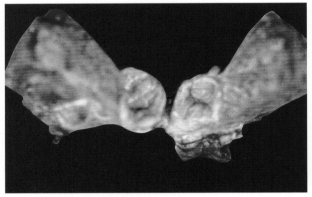

图 2.5.2-33 化脓性炎:脓肿膜

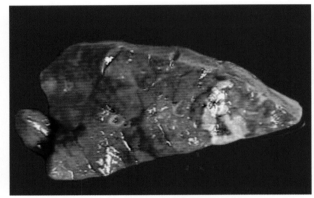

图 2.5.2-37 化脓性炎:肺切面的脓肿

图 2.5.2-34 化脓性炎:鼻腔流出的脓性分泌物

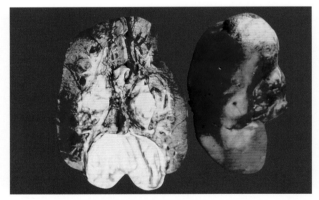

图 2.5.2-38 化脓性炎:肾脏脓肿

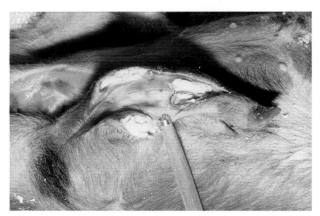

图 2.5.2-35 化脓性炎:皮肤化脓性炎症

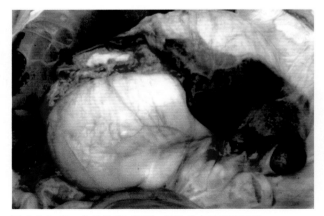

图 2.5.2-39 化脓性炎:脾尾一化脓灶由机化而萎缩

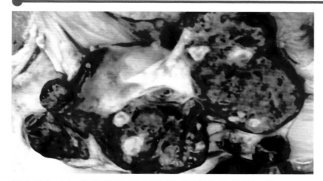

图 2.5.2-40　化脓性炎：淋巴结切面四处化脓灶呈灰黄

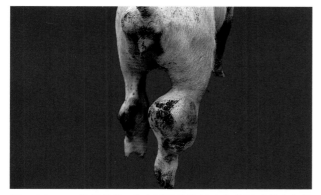

图 2.5.2-41　化脓性炎：猪右后肢弥散性肿胀由链球菌引起的化脓性蜂窝织炎

1. 脓肿　脓肿是组织内发生的局限性化脓性炎症。主要表现为组织溶解液化，形成充满脓液的囊腔。脓液是由变性坏死的中性粒细胞和坏死溶解的组织残屑组成的液体。炎灶中中性粒细胞大量渗出，并引起组织液化坏死，生成脓液的过程，称为化脓。脓肿的形成过程是：首先，局部有大量的中性粒细胞浸润，之后浸润的白细胞崩解，释放的蛋白水解酶将坏死组织液化，形成含有脓液的囊腔，即脓肿。经过一段时间后，脓肿周围有肉芽组织形成，即脓膜。早期的脓膜具有生脓作用。其次，结缔组织增生，巨噬细胞渗出，此时，脓膜具有了吸收脓液的作用。如果病原体被消灭，则渗出停止，脓肿内容物逐渐被吸收而愈合。深部脓肿可以向体表或自然管道穿破，形成窦道或瘘管。

2. 蜂窝织炎　蜂窝织炎是一种弥漫性化脓性炎症大量中性粒细胞在较疏松的组织间隙中弥漫浸润，使得病灶与周围正常组织分界不清。

蜂窝织炎的早期也可称为脓性浸润，主要由溶血性链球菌等引起。链球菌能分泌透明质酸酶，降解结缔组织基质中的透明质酸，还能分泌链激酶，溶解纤维素。因此，细菌易于通过组织间隙扩散，造成弥漫性化脓性炎症。

3. 表面化脓和积脓　表面化脓是指浆膜或黏膜组织的化脓性炎症。黏膜表面化脓性炎又称脓性卡他。此时，中性粒细胞主要向黏膜表面渗出，深部组织没有明显的炎性细胞浸润，如化脓性脑膜脑炎或化脓性支气管炎。当这种病变发生在浆膜或胆囊、输卵管的黏膜时，脓液在浆膜腔或胆囊、输卵管内蓄积，称为积脓。

【出血性炎】

当炎症灶内的血管壁损伤较重，以炎灶渗出物中有大量红细胞为特征的炎症，称为出血性炎。出血性炎不是一种独立的炎症类型，常与其他渗出性炎症混合存在，如纤维素出血性炎，浆液性出血炎。常见于毒性较强的病原微生物感染，如猪副伤寒（图 2.5.2-42）、猪丹毒（图 2.5.2-43～图 2.5.2-44）、猪血痢（图 2.5.2-45）、巴氏分枝杆菌病等（参考有关章节）。

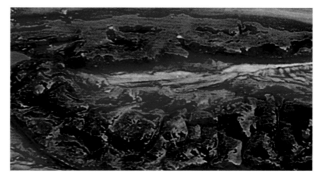

图 2.5.2-42　出血性炎：猪副伤寒回肠出血性炎

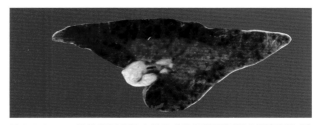

图 2.5.2-43　急性猪丹毒脾小体出血性炎眼观早期白髓周围红晕

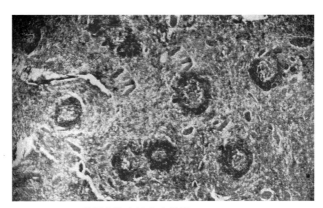

图 2.5.2-44　猪丹毒脾小体出血性炎

图2.5.2-45 出血性炎：猪血痢结肠出血肠炎

【坏疽性炎】

坏疽性炎又称腐败性炎是以发炎组织感染了腐败菌所引起的炎症。发炎组织坏死溶解成灰绿色有恶臭。常见胸腹腔，如肺脏（图2.5.2-46）、腹腔（图2.5.2-47）、子宫等。

图2.5.2-46 坏疽性炎：猪肺胸膜肋膜坏死性炎并形成黄白色的伪膜，胸腔中有大量混浊的液体

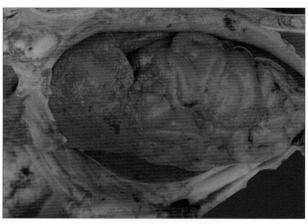

图2.5.2-47 坏疽性炎：猪坏疽性腹膜炎附有褐色伪膜腹腔中有大量褐混浊的液体

三、增生性炎

增生性炎是以组织、细胞的增生为主要特征的炎症。增生的细胞成分包括巨噬细胞、成纤维细胞等。与此同时，炎症灶内也有一定程度的变质和渗出。一般为慢性炎症，但也可呈急性经过。根据病变特点，一般可将增生性炎分为一般增生性炎症和特异性增生性炎两类。

【一般增生性炎症】

一般增生性炎症是指由非特异性病原体引起的相同组织增生的一种炎症，增生的组织不形成特殊的结构，通常也称为非特异性增生性炎，可分为急性和慢性两类。

1.急性增生性炎 急性增生性炎呈急性经过，增生的几乎都是同一种细胞。例如，仔猪副伤寒时肝小叶内枯否氏细胞增生所形成的"副伤寒结节"（图2.5.2-48～图2.5.2-49）。

图2.5.2-48 非特异性增生炎：副伤寒肝脏的灰白色结节

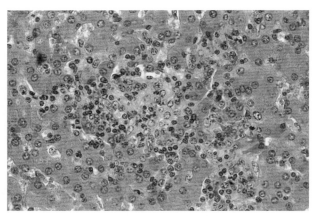

图2.5.2-49 非特异性增生炎：组织学肝脏的细胞结节

2.慢性增生性炎 慢性增生性炎呈慢性经过，以结缔组织的成纤维细胞、血管内皮细胞和巨噬细胞增生形成的非特异性肉芽组织为特征的炎症。慢

性增生性炎多从间质开始增生，因此，又称间质性炎。慢性间质性肝炎（图 2.5.2-50 ～图 2.5.2-51），多为损伤组织的修复过程，常导致器官组织硬化和体积缩小。

的肉芽肿常作为病理组织诊断中病原学判断的重要参考依据。

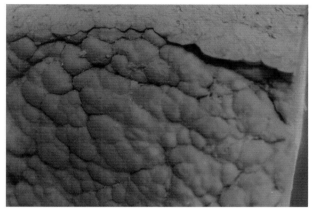

图 2.5.2-50　非特异性增生炎：慢性间质性肝炎眼观，体积缩小质地变硬、表面因结缔组织机化、收缩而高低不平。

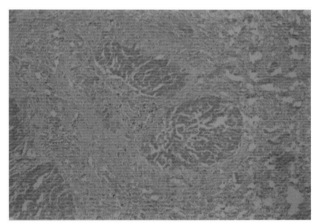

图 2.5.2-51　非特异性增生炎　慢性间质性肝炎

【特异性增生性炎】

特异性增生性炎是由某些特异性病原微生物引起的特异性肉芽组织增生性炎症，在炎症局部形成以巨噬细胞增生为主的具有特异性结构的肉芽肿，通常又称为肉芽肿性炎症。常见的引起肉芽肿性炎症的病原有结核分枝杆菌、放线菌等。这种特异性肉芽肿界限清楚（图 2.5.2-52），形态结构具有相对特异性，如典型的结核结节的中心是干酪样坏死（图 2.5.2-53），内含坏死的组织细胞和钙盐（图 2.5.2-53），还有结核分枝杆菌，周围即为巨噬细胞大量增生以及由巨噬细胞转化而来的上皮样细胞和多核巨细胞，在外围常有大量的淋巴细胞积聚，最外层是纤维结缔组织包膜。这种具有特异性结构

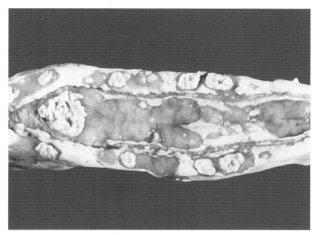

图 2.5.2-52　特异性增生性炎：猪肠淋巴结结核病灶

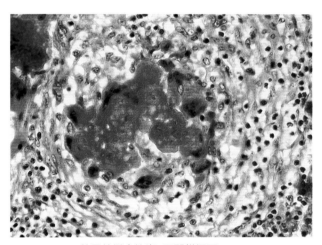

图 2.5.2-53　特异性增生性炎：干酪样坏死

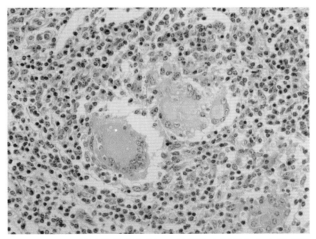

图 2.5.2-54　特异性增生性炎：巨噬细胞大量增生上皮样细胞和多核巨细胞

第六章　败血症

为读者循序渐进地认识疾病由点到面；由局部到全局；由器官组织的基本病变到系统病变；再由系统到全身的认识动物疾病发生发展规律，将败血症作为病理学总结篇向广大读者作一简介。败血症是由病原微生物引起急性全身性的病理过程，临床上主要表现机体的各器官系统的功能明显降低以及全身衰竭。血凝系统出现障碍；处于败血性休克状态。病理形态学生命重要器官的组织细胞出现变性坏死以及全身出血性素质变化。

败血症是许多传染病过程中出现的共同的病理过程，是感染后出现的共同结局。从病理学角度上看，属于非特异性病理变化；但与某一特定传染病的病理变化特征相连时，具有特异性。作为感染性疾病与非感染性疾病鉴别诊断的依据，从这个意义上看，具有特异性。

第一节　败血症分类

败血症常伴有菌血症、病毒血症、虫血症、毒血症的发生，但又与菌血症、病毒血症、虫血症、毒血症有所不同。

1. 菌血症　是指细菌从感染灶或创伤灶进入血液中的现象，它是败血症的重要标志之一，但是菌血症并不等于败血症，在机体抵抗力很强的时候侵入的病原菌很快被单核巨噬细胞系统的细胞所吞噬而消灭，只有在机体抵抗力较弱，病原菌大量繁殖、产生大量毒素，引起明显的全身性中毒症状时，才能成为败血症。

2. 病毒血症　指病毒粒子在血液中持续存在的现象，病毒性败血症是指病毒大量复制释放入血，并伴有明显的全身感染过程。

3. 虫血症　指寄生原虫大量进入血液的现象，同样败血性原虫病也是指原虫大量繁殖后释放入血，同时伴有明显的全身性病理过程。

4. 毒血症　是指细菌的毒素或其他毒性产物被吸收入血而引起机体中毒的现象。一方面是病原菌侵入机体后大量繁殖，产生大量崩解产物并吸收入血；另一方面由于机体的物质代谢障碍，肝、肾等器官的解毒和排毒机能障碍，从而引起毒血症。

第二节　原因和发生机理

引起败血症的主要病原微生物是细菌和病毒，少数原虫如弓形虫、可引起败血症。病原微生物经皮肤和黏膜侵入机体，特别是皮肤或黏膜有损伤时（如烧伤、烫伤），更易造成感染。病原微生物侵入机体的部位称为侵入门户。根据致病菌致病力的强弱可将败血症分为：感染创型败血症和传染病型败血症。

1. 感染创型败血症　是指由一些致病力较弱的病原菌（如坏死杆菌、气肿疽梭菌、恶性水肿梭菌等）或非传染性病原菌（腐败梭菌、绿脓杆菌、溶血性链球菌等）经创伤（如去势伤、烧伤、新生畜断脐、产后伤等）引起的。其特点是：具有明显的局部感染灶，不传染给其他动物或传染性较弱。这类败血症一般先引起侵入门户的局部感染性炎症，在机体抵抗力降低、治疗不及时的情况下，病原菌大量增殖，炎症加剧，侵害血管和淋巴管，病原菌经局部淋巴管和血管进入循环血液，扩散至全身，引起败血症。

2. 传染病型败血症　是指由一些致病力较强、具有很强的传染性的病原菌（如巴氏杆菌、猪丹毒菌、炭疽杆菌、沙门氏菌等）或病毒（猪瘟病毒）引起的。其特点是：致病菌侵入机体后可直接引起败血症，无明显的局部感染灶，具有明显的传染性，发病急，对动物危害大，可造成动物的突然死亡，经济损失大。

第三节　病理变化

死于败血症的动物的共同病理变化是：生命重要器官的组织细胞出现变性坏死以及全身出血性素质变化，临床上处于败血性休克状态。

【尸僵不全】

死于败血症的动物，由于尸体内存在大量的病原微生物和毒素，在其作用下，尸体极早就发生腐败和肌肉变性，所以尸僵往往不完全或不明显，严重者不出现尸僵现象（图2.6.3-1）。

图2.6.3-1　尸体变化:尸僵良好全身皮肤弥散发绀

【血液凝固不良】

在败血症的发生发展过程中，由于消耗了大量的凝血因子和血小板（广泛性微血栓形成）等凝血物质，使血液处于低凝状态，又由于细菌毒素的作用引起溶血，因此，在剖检死于败血症的动物时，从实质器官的切口和血管的断端流出大量暗褐色的黏稠血液，血液凝固不良（图2.6.3-2）。很多病例因发生溶血而使血管内膜和心内膜染成红色，黏膜和皮下组织黄染。

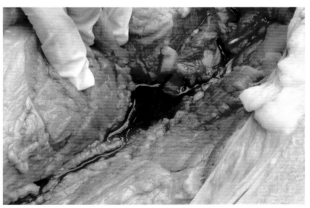

图2.6.3-2　血液凝固不全

【出血】

由于病原体及其毒素的作用，微血管内皮受损，通透性增大，微血管内凝血引起凝血因子和血小板缺乏，继发纤维蛋白溶解等，从而引起皮肤、浆膜、黏膜的多发性散在的出血点或出血斑，如在心包、心外膜、胸膜、腹膜、肠浆膜及许多实质器官被膜上有散在分布的出血斑点。黏膜下结缔组织常呈胶冻样浸润或出血性浸润。胸腔、腹腔、心包腔等体腔积液，内有少量纤维素（图2.6.3-3～图2.6.3-4）。

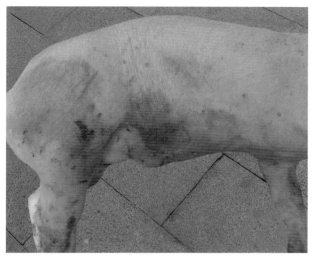

图2.6.3-3　皮肤发绀局部出血斑点

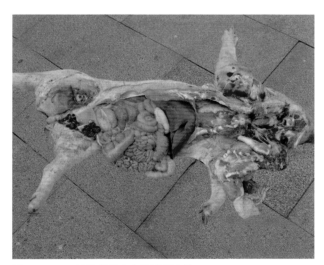

图2.6.3-4　急性猪瘟出血性素质变化

【淋巴结炎】

败血症时，淋巴结变化非常明显，全身淋巴结肿大、充血、出血，呈急性浆液性淋巴结炎或出血性淋巴结炎的变化，猪瘟时可形成大理石样变（图2.6.3-5～图2.6.3-6）。

图 2.6.3-5　猪瘟急性型淋巴结切面弥漫性出血

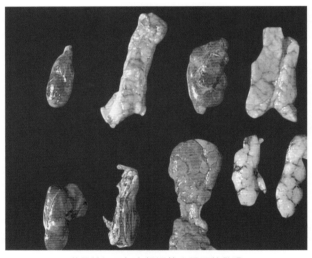

图 2.6.3-6　淋巴结切面红白相间的大理石状外观

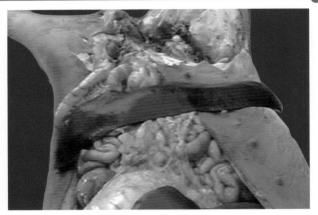

图 2.6.3-7　病理变化脾高度肿大长约 30 厘米

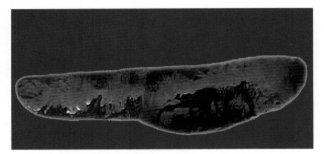

图 2.6.3-8　脾大紫红色猪丹毒病变

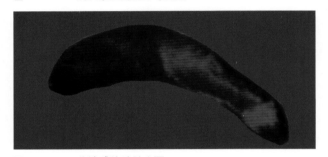

图 2.6.3-9　猪流感脾脏肿大不一

【脾】

急性炎性脾肿：多数脾脏呈现急性肿大，有时可达正常的 2 ～ 3 倍（图 2.6.3-7），质地柔软有波动感，表面青紫色，切面紫红色或紫黑色，固有结构模糊，易刮脱。病情特别严重时，容易发生脾破裂而引起急性内出血。一方面由于脾脏的轻度增生；另一方面由于脾小梁和被膜受病原体、毒素和酶的作用发生变性或坏死，收缩力减弱，脾脏高度淤血，脾脏肿大和软化，脾脏的这种变化通常称作急性炎性脾肿或"败血脾"（图 2.6.3-8）。但是某些急性型病例（猪瘟）（图 2.6.3-9）或患畜极度衰弱，往往不出现脾大。

【呼吸系统】

肺急性淤血、出血和水肿，有时伴有出血性支气管炎变化（图 2.6.3-10）。

图 2.6.3-10　休克肺呈花斑

【心血管系统】

心肌变性，松软易碎，灰黄色或土黄色，心内、外膜常有出血斑点（图2.6.3-11～图2.6.3-12），心腔多呈扩张状态，尤以右心明显，其内积有大量凝固不良的血液（参考器官检查）。

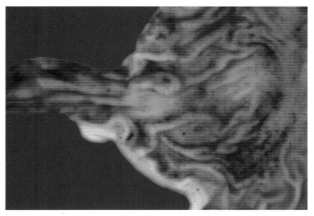

图2.6.3-13　猪瘟胃贲门部及十二指肠黏膜出血滤泡肿

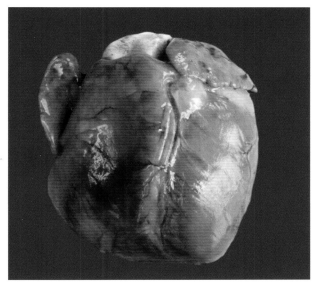

图2.6.3-11　心肌扩张变出血

【肝胆系统】

肝脏肿大（图2.6.3-14），灰黄色或土黄色，质地脆弱，切面可形成"槟榔肝"。胆囊肿大，黏膜出血。

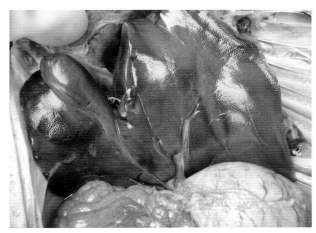

图2.6.3-14　肝脏变性淤血胆囊肿大

【泌尿系统】

肾被膜易剥离，皮质增厚，肿大变性（图2.6.3-15～图2.6.3-16）、出血（图2.6.3-17），皮质和髓质均见出血灶。膀胱与尿道黏膜出血。

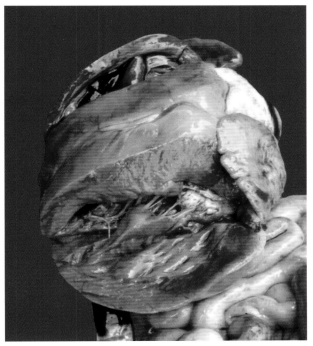

图2.6.3-12　左心室切面变性右心积有血凝块

【消化系统】

胃肠浆黏膜出血及急性浆液性、卡他性、出血性、纤维素性、化脓性、坏死性炎症（图2.6.3-13）。

图2.6.3-15　猪丹毒急性型，肾肿大变性

图 2.6.3-16　猪丹毒急性型，肾切面可见肿大肾小球呈串珠样

图 2.6.3-17　肿大贫血状土黄色变性弥散出血点

【神经系统】

脑淤血水肿出血（图 2.6.3-18）。软脑膜充血，镜下可见软脑膜和脑实质充血、水肿，毛细血管透明血栓形成，神经细胞不同程度变性等。

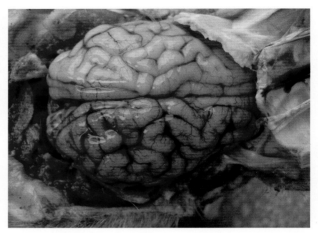

图 2.6.3-18　脑淤血水肿出血

第四节　败血病结局和对机体的影响

发生败血症时，由于机体抵抗力降低，病原体在体内大量繁殖及其毒素的作用，损害机体各个组织器官，造成生命重要器官机能不全，往往导致休克而引起动物死亡。败血症是病原微生物感染造成动物死亡的一个主要原因。发现败血症后，如能及时抢救，积极治疗，有可能治愈。

3 第三篇 猪的尸体剖检技术

概　述

　　尸体剖检是运用病理学及其他有关学科的理论、知识、技术、用解剖学的方法检查死亡动物尸体的病理形态学变化，诊断疾病的一种技术方法。方法方便、可行、快速；病变素材客观真实可信；典型病变便可直接确诊。尸体剖检诊断对动物疾病的诊断意义重大，可验证诊断与治疗的正确与否；既使在兽医技术和基础理论快速发展的今天，仍没有任何手段能取代病理学诊断技术所起的作用。兽医师除了掌握动物医学基本理论之外，还应运用动物的尸体剖检技术做好常见多发病的诊断。可分监测剖检和诊断剖检；前者为猪场日常对正常分娩、事故死亡猪进行剖检观察各器官组织有无异常改变，确定猪群健康状态，可反映猪群饲养管理水平，发现问题可及时改进，保障猪场正常生产。后者是发生疾病死亡以诊断为目的剖检。

　　本篇主要阐述尸体剖检枝术的基础知识，重点是动物死后出现尸体变化（尸冷、尸僵、尸斑、血液凝固，尸体自溶和腐败），是尸体剖检学的基础理论部分。尸体变化是动物死亡后出现的变化，一般情况下死后1～2小时剖检都会出现死后变化。特别是夏季死亡动物；常常干扰病理解剖学诊断，影响病变鉴别，影响疾病的诊断。在利用病理学基础知识用解剖学方法对尸体进行剖检、病变检查和鉴别时，剖检者应做系统的检查；否则几刀检查往往会漏检，作出错误的剖检结果。

第一章　尸体剖检概论

第一节　人员组成

剖检工作时，应有主检一人，助检两人，记录员一人，在场人可包括单位负责人以及有关人员，属法医学剖检应有司法公安人员以及纠纷双方法人资格代表参加。

主检人是剖检工作质量的重要保证，一般应具有较高的专业水平，通晓兽医专业理论、知识和技术，本单位缺乏这方面的技术人员，应聘请有关专业技术人员，只有这样才能迅速作出较为正确的诊断，及时采取有效措施，控制疾病流行和蔓延，可消除困扰疾病在猪场隐性流行，而造成潜在性缓慢流行而致难以根除的地步。其效果是可防止重大经济损失的出现。

第二节　尸体剖检时间

应尽早进行剖检为宜，在白天进行，因为白天自然光线才能正确地反映器官组织固有色泽，如夜间的人工光源可改变其颜色，有些病理变化不易辨认，如脂肪变性和黄疸，如紧急情况下，必须在夜间剖检时，光线要充足，对不能识别的病变，暂在低温下保存留待次日观察。动物死后体内将发生自溶和腐败，夏季尤为明显迅速，因死后自溶，腐败影响病变的辨认和剖检的效果，以致丧失剖检价值。冬季死亡的动物亦应尽快剖检，因为尸体冻结后再暖化时也可发生自溶腐败，又可因红细胞溶解而组织被血红素污染，亦影响检查效果。因此，动物死亡后争取时间尽快施行剖检。

第三节　剖检室设施和场地

高等院校、科研机构、兽医院等应设有室内剖检室，其场地应符合我国1989年颁布的环境保护法及兽医法的规定，应与畜舍、公共场所、住宅、水源地和交通要道有一定距离的地方。室内地面，墙壁适于刷洗消毒，并应设有剖检台或吊车等，阳光充足通风良好，必要时可设空调器。

野外进行剖检时，应符合上述法规要求，保证人畜安全，防止疾病扩散，选择距离畜群，居民区较远的地方。

第四节　尸体剖检器械和药品

1．刀类　剥皮刀、解剖刀、检查刀、软骨刀、脑刀、外科刀。

2．剪类　肠剪、骨剪、弯刃剪、尖头剪、圆头剪、外科剪。

3．锯类　弓锯、双刃锯、骨锯、电动多用锯。

4．其他　斧、凿子、金属尺、探针、镊子、量筒、量杯、磨刀棒、工作服、线手套、胶手套、口罩、防护眼镜、工作帽、胶靴、围裙、棉花、纱布、2%碘酒、70%酒精等。

5．记录工具　录像机、照相机、放大镜、计算机等。

第五节　剖检人员的防护

剖检人员在剖检过程中时刻警惕感染人畜共患传染病以及尚未被证实，而可能对人类健康有害的微生物，因此，剖检人员要尽可能的采取各种防护手段，保证剖检人员的健康，关键是防止感染微生物，寄生虫，因此，剖检者要穿工作服，戴胶手套和线手套以及工作帽、口罩，或防护眼镜，穿胶靴。剖检过程中要经常用低浓度的消毒液冲洗手套上和器械上的血液及其他分泌物渗出物等。剖检不慎而工作人员发生外伤时应立即停止剖检，妥善消毒包扎，如液体溅入眼内，就迅速用2%硼酸水冲洗，滴入抗生素，消炎杀菌的眼药水，剖检结束后，手套用消毒液浸泡洗后，剖检者用肥皂清洗手数次，再用0.1%新洁尔灭洗3分钟以上，为除手上的臭味，可用5%高锰酸钾清洗，再用3%草酸液脱色，口腔亦可用2%硼酸水漱口，面部亦可用香皂清洗，然后用70%酒精擦洗口腔附近面部。

第六节　尸体消毒和处理

剖检时，可疑传染病的尸体，用高浓度消毒液喷撒或浸泡，如运输时，应将天然孔用消毒液浸泡后的棉球堵塞，放入不漏水的运输工具中，可备有专用尸体车，必用塑料薄膜多层包扎进行运输。

剖检完毕后，据疾病的种类应妥善处理，基本原则是防止疾病扩散、蔓延和尸体成为疾病的传染源，最理想的是焚化。但结合我国实际，目前，有以下几种处理方法，可根据实际情况选择：

1. 焚化法　一般用焚尸炉，无此设备时可用木材和煤油柴油焚烧尸体。

2. 掩埋法　剖检前备一深1.5～2米深土坑，剖检完毕后将尸体和污染的土层一并投入坑内，并洒入消毒液，然后填满坑，其周围彻底消毒。

3. 生物热法　在剖检室附近或畜墓地可建生物热窖，用水泥、砖建成深9～12米，宽3～4米的窖，上有双层盖。剖检后将尸体投入窖内，盖的周围被污染时，应进行消毒，然后锁好。尸体在窖内腐败后产生生物热，使尸体内病原微生物死亡，变为无害。

第七节　尸体剖检文件

尸体剖检文件是一种宝贵的档案材料，应包括剖检记录，剖检报告和剖检诊断书。是疾病综合诊断的组成部分之一，是诊断疾病，病理学科研究的文献资料以及作为业务行政上的重要材料和法律依据资料，从学术上通称文献资料，而文件可具有法律效应，为规范尸体剖检文件，并引起重视，把剖检记录、剖检报告及诊断书称为尸体剖检文件较适宜。

一、尸体剖检记录

可分文字记录和图像记录。前者为尸体剖检记录，是人们用视觉、听觉、触觉器官所获得的各种异常现象全面如实地反映出来，可以用言语形象叙述，采用文字记录下来；后者是用录像机或照相机摄制病变的动或静的图像，比文字的记录更加逼真、客观、精确、可靠、一目了然。两者均属剖检的原始记录，是剖检报告的重要依据。剖检记录的原则与要求：记录的内容要如实地反映尸体病理变化，要真实可靠，不得弄虚作假，要求内容力求完整详细，重点详写，次点简写，文字记录简练并应在剖检当时进行，不可在事后凭记忆填写，记录的顺序与剖检术势的顺序相同。

二、剖检记录的内容

剖检记录的叙述部分，指将在剖检过程中主检者所观察到的一切异常现象真实的以口述的方式叙述，记录员用文字记录下来的部分，一般可含有下列内容：

1. 前言部分　包括畜主、动物种类、品种、编号、年龄、性别、毛色、特征、用途、ww营养、发病时期、死亡日期、剖检日期、剖检人员（含主检人、助检人、记录者）、现场人等。临床摘要：包括主诉，病史摘要，发病经过，主要症状，临床诊断，治疗经过，流行病学情况，实验室各项检查结果。

病理变化记录：包括外部视检和内部剖检以及各器官的检查。

实验室检查结果：细菌学，免疫学，寄生虫学，病理组织学和毒物学检查结果。

2. 总结部分　总结是在对动物进行系统尸体剖检的基础上，据所获得的各种资料观察的病理变化进行分析判断，由感性认识上升到理性认识的阶段，包括以下部分。

病理解剖学诊断：通常是剖检工作结束后，在现场主检者根据剖检所见的各器官病理变化进行综合分析，用学术术语对病变作出病理解剖学诊断，应按病变的主次及互相关系排列其顺序，即找出剖检所见病变中什么是主要的、什么是次要的、什么是原发的、什么是继发的，然后按照主次，原发，继发将病变的性质作出初步结论，即确定什么是本病例的主要疾病，再将由此主要病变所引起的一系列病变按先后排列，其次将与主要疾病无关的其他病变排列在后面，这样就得出了眼观病理解剖学诊断。讨论和总结通常包括以下三方面：首先，初步确定本病例的主要疾病；其次，分析各种病变的相互关系；最后，初步确定本病例的死亡原因。

上述工作完成后，如对剖检的病例以诊断为目的剖检，可确定疾病的诊断时，可作为正式的尸体剖检报告。但有许多情况，通过剖检不能作出诊断时，主检者应根据剖检结果，结合临床流行病学，微生物学，免疫学、病理组织学以及理化学的检验结果，作出诊断并提出防制措施的建议。

三、尸体剖检报告

尸体剖检报告是向上级业务行政主管部门上报材料，应为正式呈报文件，主检验人和单位主管领导都要签名，并盖单位公章，其主要内容与剖检记录相同，常用格式如表 3.1.7-1。

表 3.1.7-1　　猪尸体剖检报告

单　位		畜主姓名	畜种性别 品种	剖检号 No 营养特征

影像纪录：
临床摘要及临床诊断：
发病时间：　　　　　　　死亡时间：　　　　　　剖检时间：
剖检地点：
主检人：　　　　　　　　助检人：　　　　　记录人：
剖检摘要：
病理学检验：
微生物、免疫学、理化学检查：
病理解剖学诊断：
结　论：

　　　　　　　　　　　　　　　　主检人签字：
　　　　　　　　　　　　　　　　呈报单位公章：
　　　　　　　　　　　　　　　　年月日

第八节　尸体剖检记录法

尸体剖检工作是一项专业性很强的技术工作，要求从事剖检工作者除应具有较高的兽医专业理论基础外，还要有一定的临床工作经验，特别是通晓病理学科基本理论和基本技能，对基本病理过程，常见病理变化应熟练地掌握和运用。此外，还应具有一定的文学素养。

一、病变的描述

尽量以客观的方式，切忌用病理学术语或学术名词来代替病变的描述，例肝淤血引起的肝脂肪变性的描述为：肝体积肿大，被膜紧张，边缘钝圆，肝中央静脉呈暗红色，其周围为灰黄红色，切面流出较多量暗红血液，肝质度脆弱，刀刃上有油腻感。侧射光见有油脂样光泽，小叶中心呈暗红色并明显凹陷，不应简单地以"槟榔肝或肝淤血和脂肪变性"等病理术语代替。对每例剖检的尸体病变的描述关键是揭露其每一器官病变的特殊性，因此，剖检者不应简单从事，急于求成。

此外对所有的病变的发生，蔓延的途径及结局，都应在记录上反映出来。

对成对的器官可做一般描述然后对其中的特殊变化加以描述。对皮肤、消化道、肌肉等器官的病变描述，要指明其病变的位置所在，例如，颈部、头部的皮肤或皮下部位；再如，贲门部、幽门部、有腺部、无腺部，十二指肠的初段、中段、末段、淋巴结，说明哪个部位的淋巴结，颈下颌淋巴，颈前淋巴结等。总之病变的描述要具体，详细的说明所在的位置。

为了节省时间和不必要的烦琐，同样病变在一个器官的不同部位时，可用"同前记"的字样。当前应用数码录像机或相机能全面详尽记录剖检过程。

对无肉眼可见变化的器官一般用"无肉眼可见变化"或"未发现异常"等来描述，一般不用"正常"或"无变化"等名词，因无肉眼变化，不一定就说明该器官无病变。一般剖检记录与剖检同时进行，即随剖检者检查中的口述进行记录。所以，正确系统的剖检程序和方法是作好剖检记录的条件之一，这样可以避免发生漏检，确保尸体剖检记录的全面性和真实可靠性。

二、病变的记录方式

病变记录方式传统一直用文字描述，当前因信息化的发展，很少用绘图方法，已用录像机或照相机进行摄影与文字配合记录方式。影视方式可完全真实把病变传输到芯片上，许多国家应用电子病例记载资料长期保留；我国已完全具备用电子病例，只是观念问题。今后提倡通过网络可远程传播到专家系统进行诊治；可使传染病在发生第一时间得以控制。

第二章　尸体变化图

概　述

尸体变化概念：动物死亡后的躯体称为尸体，即动物机体生命活动先后停止，由于机体的细胞酶和肠道内的细菌作用和外界环境的影响，逐渐发生一系列的死后变化称为尸体变化。理论上尸体变化不能作为诊断依据，一旦出现尸体变化则干扰病变识别，特别是初学者在尸体剖检过程中遇到死后变化，往往作不出正确判断，妨碍疾病诊断。然而在临床剖检实践中，多数病例多少都出现尸体变化，一例中不同组织器官出现的尸体变化又不一致；作者认为许多病例出现的病变都存在两者相互交错，凭剖检者技术水平和剖检经验作出病理诊断。动物机体物质结构复杂多样，死亡后发生理化学变化，表现形态多样：常见尸体变化包括尸冷、尸僵、尸斑、血液凝固，尸体自溶和腐败。

学习目的与意义：除了急宰动物或死后立即剖检的尸体外，一般情况下死后1～2小时剖检都会出现死后变化。尸体变化是动物死亡后出现的变化，特别是夏季死亡动物。常常干扰病理解剖学诊断，妨碍病变鉴别，影响疾病的诊断。学习本章目的是为了作好病理解剖学诊断。尸体变化是动物死亡后的变化，虽然无诊断价值；但是剖检者应当了解、掌握、辨认动物死亡后出现一系列错综复杂的尸体变化现象；可以避免把某些死后变化误认为生前的病理变化，在进行尸体剖检时要注意辨认生前疾病的病理变化与死后变化，才能作出科学的诊断。

【影响尸体变化因素】

影响尸体变化因素主要是机体的细胞酶和肠道内的细菌作用和尸体所处环境的温度。细胞酶活性和细菌繁殖与温度密切相关；由于尸体处的环境温度不同可出现尸斑、尸体自溶和腐败。

1. 温度尸体变化　　主要是酶和胃肠道内细菌所致，温度是动物机体细胞内各种酶活性的必要条件，酶活性的最佳温度35～39℃。低温特别是0℃时酶性活和细菌繁殖停止；冻解的尸体一般不出现尸体变化；但因冻解时细胞组织中水分变化往往影响病变观察和定性，剖检者注意分析排除干扰。夏季动物死亡后出现尸体变化，最快最明显；其他季节与当时气温密切相关。消化道常是最早出现死后变化，正常胃有丰富胃蛋酶，动物死后不久胃黏膜即被胃蛋白酶作用而出现脱落。

2. 剖检时间　　尸体变化与尸体周围环境温度和死后时有密切关系，特别是外界温度25℃以上时尸体变化加速。因此，动物死亡后尽早实施剖检。生前出现败血症的动物，不出现血液凝固，而呈现血液凝不良，应与尸体自溶相鉴别。

常见的充血、出血、水肿、黄疸、脓疱以及各种变性、坏死、炎症等生前病变应注意鉴别；否则将死后变化误认为生前病变，影响疾病的诊断。特殊情况下，你到现场时没有当日死亡尸体，有死亡数日尸体，并已发生自溶腐败，理论上没有什么诊断价值；但剖检后应可找出生前病变痕迹；如慢性猪瘟胃肠等黏膜扣状肿，亦可作出诊断。

第一节　尸冷

尸冷概念　尸冷指动物死亡后，尸体温度逐渐降低并与外界环境的温度相等的现象（图3.2.1-1）。用手触摸尸体依感觉尸体温度是否降至当时环境温度为指标来判定。

尸冷过程　动物死亡后机体代谢停止，产热过程终止，而散热过程仍继续进行。则尸体的温度逐渐下降，其下降的速度通常在死后最初几小时较快，以后逐渐变慢，室温条件下，平均每小时下降1℃，尸冷的速度受季节的影响较大，冬季快夏季慢，尸温的检查对判定死亡的时间有一定意义（图3.2.1-1～图3.2.1-2）。

图3.2.1-1　尸冷指动物死亡后，尸体温度逐渐降低并与外界环境的温度相等的现象

图3.2.1-2　尸冷：哺乳仔猪群体死亡时间不一致，先者可见尸僵尸缓现象，但尸冷一致

第二节　尸僵

一、尸僵概念

动物死亡后肢体的肌肉即引起收缩变为僵硬，四肢各关节不能伸屈，使尸体固定于一定的姿势，这种现象称为尸僵。尸僵的特点是如果人为地破坏后，不能再出现。生前高热败血性疾病病程急性型和亚急性型因酸中毒导致败血性休克动物很少发生尸僵或尸僵不明显，在诊断疾病有一定参考价值。

二、尸僵出现的时间及发生过程

尸僵开始出现的时间，大中型动物在死后1～6小时开始出现。尸僵发生的次序：先从头部开始，依次发展到颈部，前肢、躯干至后肢。

三、尸僵判定

首先观察尸体各肌肉群及口腔四肢关节固定状态，其次在尸体内部检查时观察心肌、脾、胃肠平滑肌收缩状态。四肢关节不能活动或弯曲、伸展时以及口腔用手打不开时可判定为尸僵。

四、尸僵类型

1. 尸僵良好　尸僵动物死亡后，肢体由于肌肉收缩变硬，四肢各关节不能伸屈，使尸体固定于一定的姿势（图3.2.2-1～图3.2.2-2）。

图3.2.2-1　尸僵：尸僵良好，死亡后的猪肢体的肌肉收缩，变为僵硬，四肢各关节不能伸屈，使尸体固定于一定的姿势

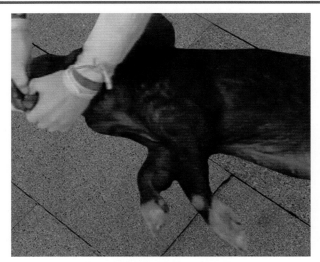

图 3.2.2-2　尸僵：尸僵良好，用手打不开口腔

2. 尸僵不全　死亡于败血症的伴有持有高热的动物常出现尸僵不全的现象，尸体外观松弛，四肢关节缺乏明显固定状态（图3.2.2-3～图3.2.2-4）。

图 3.2.2-3　尸僵：尸僵不全，皮肤广泛出血斑点，发生败血症的病猪肌组织变性而变软

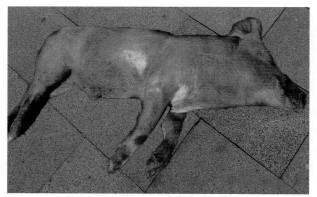

图 3.2.2-4　尸僵：尸僵不全，出现败血症的病猪发生肌组织变性而变软，死亡猪尸僵不全全身皮肤发绀

3. 心肌尸僵　心肌在死后数小时左右发生僵硬（图3.2.2-5），尸僵时心肌的收缩，可将心脏内

的血液驱出到大动脉血管去，左心室心肌尸僵最为明显（图3.2.2-6），心肌僵硬大约可持续24小时，以后就逐渐缓解。心肌变性时，通常心肌僵硬不明显，表现心脏质度柔软，充满血液，心腔扩张（图3.2.2-7）。

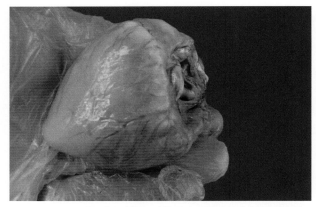

图 3.2.2-5　尸僵：心肌僵硬，动物死亡后不久肌组织僵硬收缩

图 3.2.2-6　尸僵：心肌僵硬，尸僵时心肌的收缩，可将心脏内的血液驱出，左心室最为明显

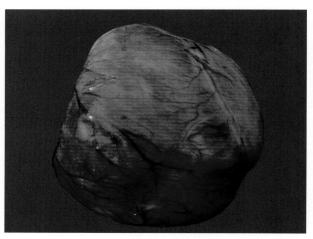

图 3.2.2-7　尸僵：心肌尸僵不良，心肌变性时通常心肌僵硬不明显，表现心脏质度柔软，充满血液，心腔扩张

4.平滑肌尸僵　富有平滑肌的器官,血管、胃(图3.2.2-8)、肠(图3.2.2-9)、脾(图3.2.2-10)等由于平滑肌僵硬收缩,可使管状器官缩小,组织质度变硬;当这些平滑肌变性时,尸僵亦不明显,例如败血症的脾脏(图3.2.2-11),胃肠炎时因平滑肌变性而变软(图3.2.2-12～图3.2.2-13)。

图3.2.2-8　尸僵:胃尸僵,胃黏膜因尸僵平滑肌收缩使胃表面黏膜呈皱褶状态

图3.2.2-9　尸僵:肠管尸僵,小肠因尸僵肠管收缩变细小状态

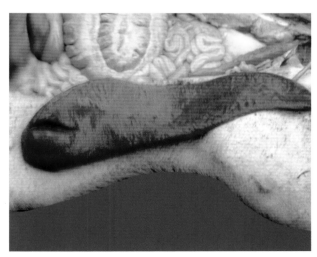

图3.2.2-10　尸僵:动物死亡后不久,脾由于平滑肌僵硬收缩变小

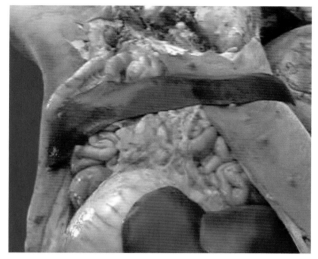

图3.2.2-11　尸僵:尸僵不全,脾高度肿大长约25厘米,因败血症脾平滑肌变性而尸僵不全

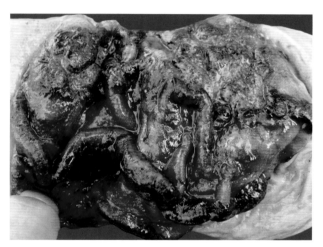

图3.2.2-12　尸僵:尸僵不全,出血性胃炎:胃黏膜呈深红色的弥漫性斑块状或点状出血

图3.2.2-13　尸僵:尸僵不全,小肠急性出血性炎

5.尸僵的缓解　一般经24～48小时后,按发生顺序开始缓解(图3.2.2-14～图3.2.2-16)。

图 3.2.2-14　尸僵：尸僵不全，出血性肠炎，呈血灌肠样腔内充满血样内容物，因肠平滑肌变性小肠管弛缓

图 3.2.2-15　尸僵：尸僵缓解剖检者用手打开口腔

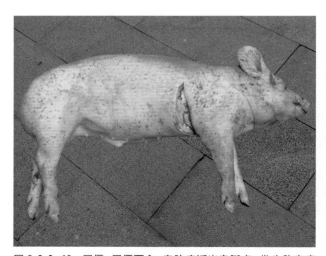

图 3.2.2-16　尸僵：尸僵不全：皮肤广泛出血斑点，发生败血症的病猪肌组织变性而变软

第三节　尸斑

一、尸斑概念

动物死亡后心脏活动停止，心、血管内的血液，由于心脏和大动脉血管的临终收缩与尸僵的发生，而将血液排挤到静脉系统内，在血液凝固之前，血液因重力作用，流到尸体低下部位的血管中，使血管内充盈血液，呈青紫色，种现象称坠积性淤血。尸体卧侧下部组织器官的坠积性淤血现象称为尸斑。这是尸斑的早期变化。外观上坠积部位组织呈暗红色，指压该部位可以消散，随着时间的推移，下沉的淋巴结部位，血浆经血管壁向组织浸润。出现时间为死亡后 24 小时左右。尸斑浸润的变化在改变尸体位置时也不会消失。

二、尸斑表现形式

【尸斑坠积】

尸斑坠积是动物死亡后血液尚未凝固时血液成分流动下沉过程中形成的现象。一般在死后 1～1.5 小时出现。形态特征为尸斑坠积部的组织呈暗红色。初期，用指按压该部可使红色消退，并且这种暗红色的斑可随尸体位置的变更而改变。尸斑出现的部位颜色比对侧部位深，但因有些动物的体表往往因有被毛的遮盖而难以观察，只有在剖检时，在皮下组织中才可明显看出，内脏器官尤其是成对器官肺和肾（图 3.2.3-1～图 3.2.3-8）对比度明显，卧侧器官比对侧的颜色要深，呈暗紫红色，在剖检时应与淤血、炎性充血，出血相鉴别；此外应注意肺和肾生前病变被死后的尸斑坠积掩盖，干扰病变的确认，腹股沟淋巴结也有变化（图 3.2.3-9）。

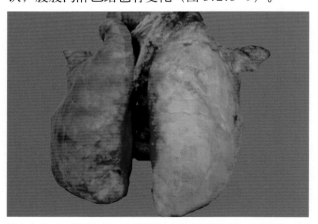

图 3.2.3-1　尸斑坠积：卧侧肺比对侧的颜色要深，呈暗紫红色

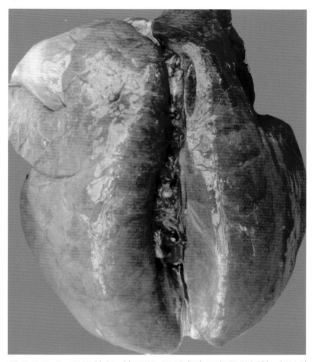

图 3.2.3-2 尸斑坠积：肺尸斑，死后血液沉积于卧侧肺，相比之下色深于对侧

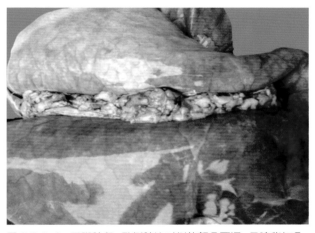

图 3.2.3-3 尸斑坠积：卧侧肺比对侧的颜色要深，呈暗紫红色

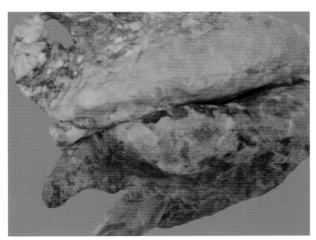

图 3.2.3-4 尸斑坠积：支原体肺炎两例病变不一致

图 3.2.3-5 尸斑坠积：虽然是病变肺，但有一隔叶肺颜色明显深于对侧

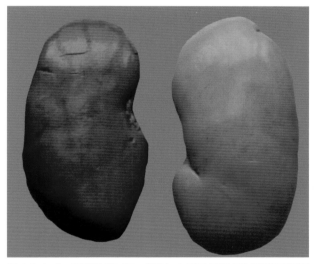

图 3.2.3-6 尸斑坠积：同一例肾，左侧因是卧侧肾血液死后沉积于肾卧侧，颜色深于对侧

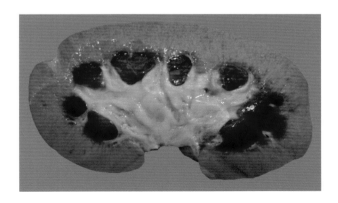

图 3.2.3-7 尸斑坠积：肾颜色切面明显浅于对侧

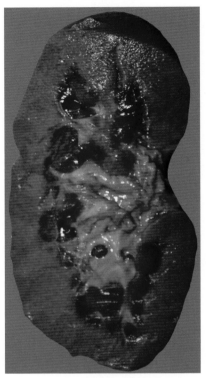

图 3.2.3-8　尸斑坠积: 肾颜色切面明显深于对侧

【尸斑浸润】

死后动物随着时间的延长, 红细胞发生崩解, 血红蛋白溶解在血浆内, 并通过血管壁向周围组织浸润, 结果使心内膜、血管内膜及血管周围组织染成紫红色 (图 3.2.3-10 和图 3.2.3-11), 这种现象称为尸斑浸润, 一般在死后24小时左右开始出现。改变尸体的位置, 尸斑浸润的变化也不会消失。

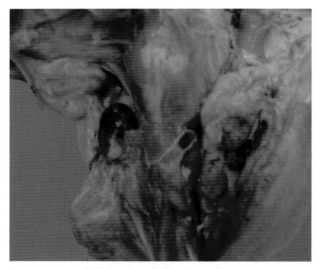

图 3.2.3-9　尸斑坠积: 腹股沟淋巴结两侧颜色不一, 左侧卧引起尸斑, 成对器官肺、肾常见多, 病毒性传染性疾病淋巴结炎时均为一致性变化, 细菌性则不一; 出现尸斑时, 应注意鉴别

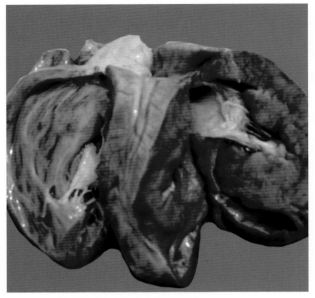

图 3.2.3-10　尸斑浸润: 右心内膜尸斑浸润

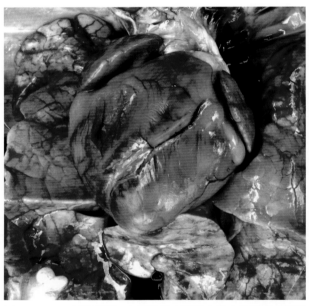

图 3.2.3-11　尸斑浸润: 自溶早期心冠状血管充盈明显血管周围有自溶的血红素浸透于周边组织间隙

【检查尸斑的意义】

对于死亡时间和死后尸体位置的判定有一定的参考意义。在剖检实践中应注意尸斑形态变化特征, 以防干扰病变的鉴别, 把死后变化误认为病变。剖检上应与淤血和炎性充血加以区别。淤血发生的部位和范围, 一般不受重力作用的影响, 如肺淤血或肾淤血时, 两侧的表现是一致的, 肺淤血时还伴有水肿和气肿。炎性充血可出现在身体的任何部位, 局部还伴有肿胀或其他损伤。而尸斑则仅出现于尸体的低下卧侧部位, 注意与濒死期较长时出现的发绀相区别。

第四节　血液凝固

一、血液凝固概念

血液凝固：动物死后不久还会出现血液凝固，即心脏和大血管内的血液凝固成血凝块。在死后血液凝固较快时，血凝块呈一致的暗红色。在血液凝固缓慢时，血凝块分成明显的两层，上层为主要含血浆成分的淡黄色鸡脂样凝血块，下层为主要含红细胞的暗红色血凝块，这是由于血液凝固前红细胞沉降所致。

二、形态特征

死后血凝块，形态为表面光滑，湿润，有光泽，质柔软，富有弹性，并与心内膜或血管分离（图3.2.4-1～图3.2.4-2），应与生前形成的血栓相区别。

图3.2.4-1　死亡后血凝块吸出的血浆成分呈鸡脂样

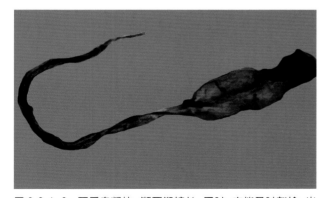

图3.2.4-2　死后血凝块：濒死期较长，同时，未能及时剖检，出现自溶现象，血凝块吸出的血浆成分与前图相比，暗淡无光但有鸡脂样外观

三、与血栓鉴别

动物生前血栓的表面粗糙，质脆而无弹性，并与血管壁有粘连，不易剥离，硬性剥离可损伤内膜。在静脉内的较大血栓，可同时见到黏着于血管壁上呈白色的头部（白色血栓）、红白相间的体部（混合血栓）和全为红色的游离的尾部（红色血栓即血凝块）。

四、血液凝固不良

血液凝固的快慢与死亡的原因有关，由于败血症、窒息及一氧化碳中毒等死亡的动物，往往血液凝固不良。血液凝固不良可分完全不凝固和不完全凝固。例如：死于窒息的尸体，因血液中含有大量的二氧化碳，死后血液不凝固（图3.2.4-3）；死于败血症的动物血液凝固也不完全（图3.2.4-4）。

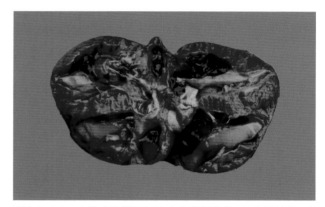

图3.2.4-3　变性心肌纵切面心室有凝固血块，呈扩张状态，心室下方灰白色鸡脂状物为凝固的血浆

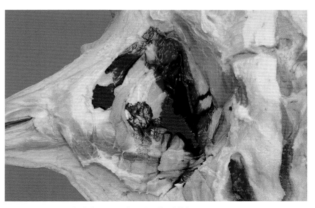

图3.2.4-4　血液凝固不良呈煤焦油样

第五节　尸体自溶

尸体自溶是指动物体内的溶酶体酶和消化酶如胃液、胰液中的蛋白分解酶，在动物死亡后，发挥

其作用而引起的自体消化过程。自溶过程中细胞组织发生溶解，表现最明显的是胃和胰腺。

一、尸体自溶概念

尸体自溶是指动物死后组织细胞失去生活机能后，组织细胞受到细胞自身的酶和消化液中酶的作用而引起的自体消化过程。生前体内有抗酶物质存在，死后抗酶物质消失而引起自溶作用。

二、尸体自溶类型

自溶出现最早明显的是胃和胰脏，胃黏膜自溶时表现为黏膜肿胀、变软、透明，极易剥离或自行脱落和露出黏膜下层（图3.2.5-1～图3.2.5-4），严重时自溶可波及肌层和浆膜层，甚至可出现死后穿孔；也应注意肠黏膜自溶（图3.2.5-5～图3.2.5-19），对剖检诊断有意义。其他表现还有：角膜混浊（图3.2.5-20）、皱缩、干燥无光泽。

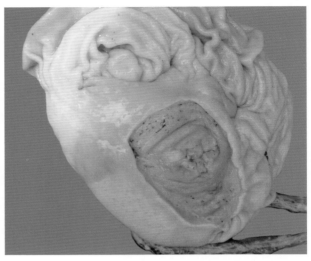

图3.2.5-3 尸体自溶：胃黏膜自溶，喷门黏膜弥漫性小溃疡灶

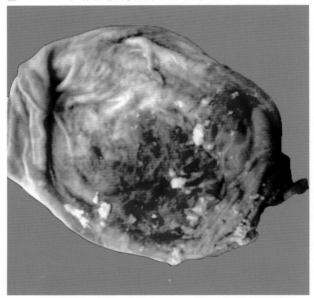

图3.2.5-4 尸体自溶：为尸斑自溶早期变化，胃黏膜残留少量凝乳块，胃底腺表层部分的黏膜脱落露出鲜红色调，而无腺部附有黏膜表层为灰白色一层黏液

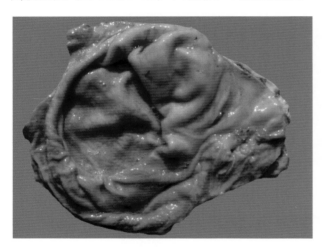

图3.2.5-1 尸体自溶：胃黏膜自溶

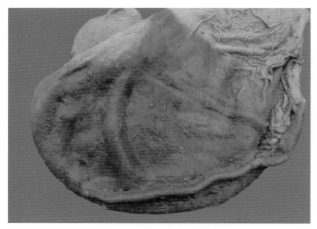

图3.2.5-2 尸体自溶：胃底腺黏膜上皮溶解消失露出黏膜下层，因死后血液自溶出现颜色暗淡无光泽，可判断为生前胃弥漫性充出血

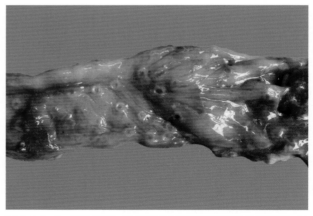

图3.2.5-5 尸体自溶：肠扣状肿初期淋巴滤泡肿胀呈凹状，因肠管自溶病灶形态没变但颜色鲜艳度不足，但对诊断无影响

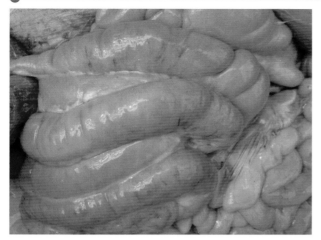

图 3.2.5-6　尸体自溶：结肠襻与小肠外观灰粉色，呈死后肠自溶现象

图 3.2.5-9　尸体自溶：慢性猪瘟大肠黏膜扣状肿病变因死后变化病灶炎症充血部分出现血溶现象

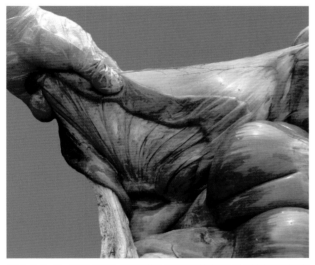

图 3.2.5-7　尸体自溶：肠系膜由正常透明灰白色因死后血液自溶转为弥漫性被污染暗红色粉尘样

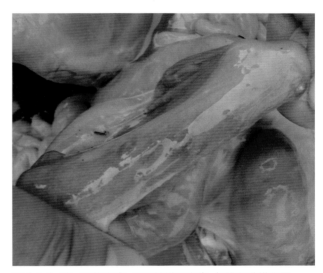

图 3.2.5-10　尸体自溶：小肠黏膜已自溶，仅残留黏膜下层

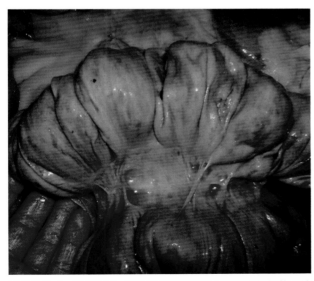

图 3.2.5-8　尸体自溶：结肠部分因自溶已失去固有组织的支撑作用，肠管外观塌陷状态

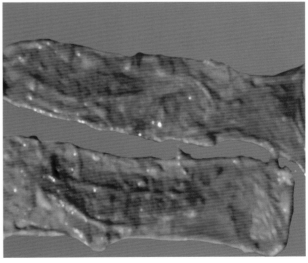

图 3.2.5-11　尸体自溶：展示十二指肠黏膜死后变化，本例死后即剖检可见肠黏膜附有多量淡黄红色肠液，但肠黏膜已变性脱落露出肠黏膜下层

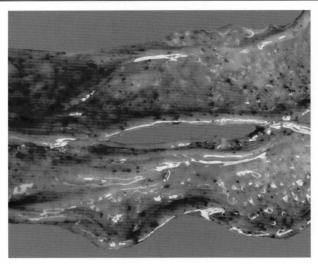

图 3.2.5-12　尸体自溶：小肠黏膜弥漫性出血斑点因血溶出血点与周边界限不清晰

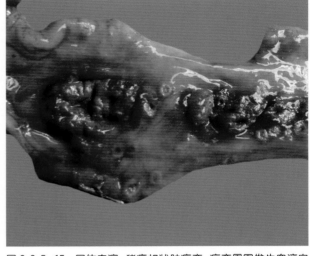

图 3.2.5-15　尸体自溶：猪瘟扣状肿病变，病变周围发生血液自溶而出现尸斑浸润使病变有些模糊不清，但不影响诊断

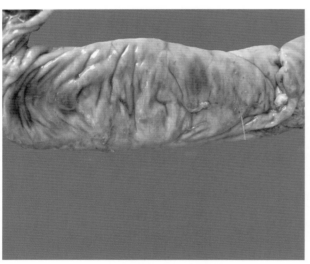

图 3.2.5-13　尸体自溶：结肠外观的出血坏死灶因死后变化失去原有颜色变为灰粉红色，肠外观灰暗无光

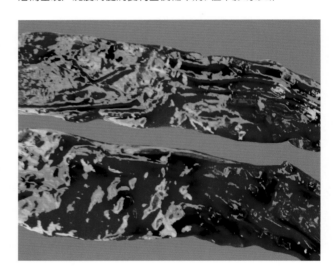

图 3.2.5-16　尸体自溶：小肠弥散性血溶

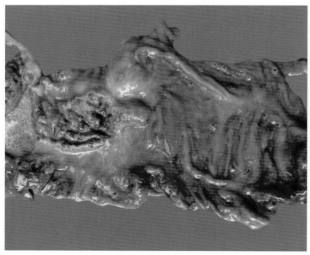

图 3.2.5-14　尸体自溶：肠黏膜虽自溶但慢性猪瘟大肠扣状肿病灶应用诊断价值

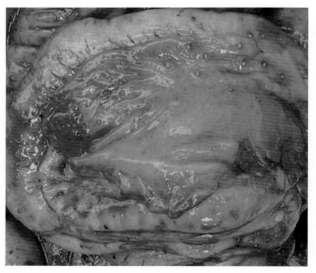

图 3.2.5-17　尸体自溶：结肠黏膜淋巴滤泡肿大周围充血部位出现尸僵浸润，表现陈旧样

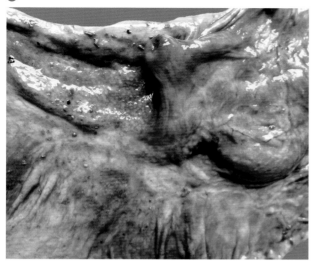

图 3.2.5-18　尸体自溶：猪瘟盲肠回盲口处黏膜淋巴滤泡肿胀出血，因尸僵浸润出现似弥漫性出血性浸润，往往干扰诊断

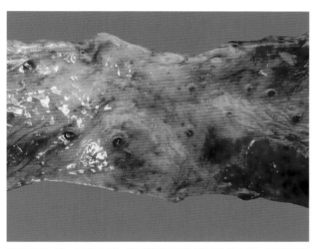

图 3.2.5-19　尸体自溶：淋巴滤泡肿胀周围炎性充血，肠黏膜出现自溶现象，但"扣状肿"病灶依然存在，可作出诊断：猪瘟慢性型："扣状肿"初期病变

图 3.2.5-20　尸体自溶：角膜混浊干燥无光泽

　　血溶及心血管内膜红染，动物死亡后部分红细胞崩解，血红蛋白溶于血浆中，称为血溶，血溶后血红蛋白浸染心内膜和血管内膜和血管周围组织，使其红染，呈弥漫性，按压不褪色。这是尸体浸润的一种表现（图 3.2.5-21）。动物死亡后实质器官的自溶，由于局部组织发生自溶，在肝、肾、脾、肺、膀胱、淋巴结等表面常出现大小不等的颜色变淡的斑块或片状区（图 3.2.5-22 ～图 3.2.5-38）。皮下肌肉常出现自溶现象（图 3.2.5-39），胎儿在母体子宫内死亡亦可见尸体自溶变化（图 3.2.5-40 ～图 3.2.5-42）。

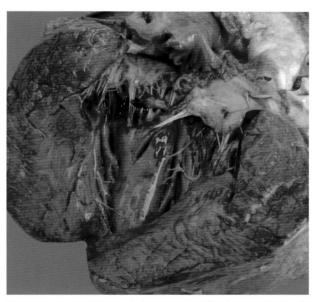

图 3.2.5-21　尸体自溶：心内膜中瓣膜腱索局部附凝固血液，有的腱索根部充血水肿，为心内炎症初期，可疑急性猪丹毒或链球菌病，应结合临床症状与病理解剖判断

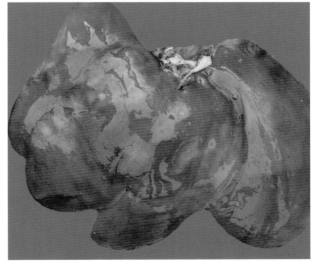

图 3.2.5-22　尸体自溶：肝死后自溶明显可见

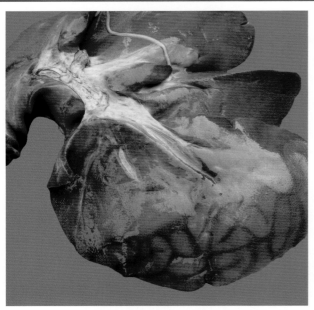

图 3.2.5-23 尸体自溶：肝呈网状花朵样此为死后肠管鼓气压迫肝脏所致，灰白色为肝细胞自溶小叶间结缔组织隐约可见

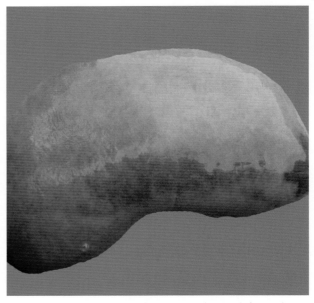

图 3.2.5-26 尸体自溶：肾被膜剥离后，皮质外观暗淡无光泽，基面土黄色其中下部局灶性暗红色条纹病灶,病变性质不易确定,待纵切后观察切面三界关系再推测其病变

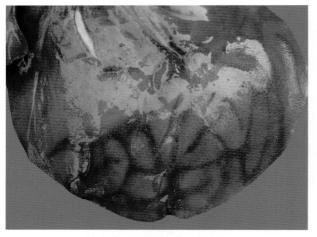

图 3.2.5-24 尸体自溶：肝呈网状花朵样此为死后肠管鼓气压迫肝脏所致，灰白色为肝细胞自溶小叶间结缔组织隐约可见

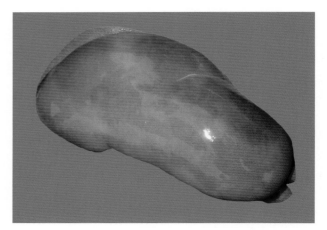

图 3.2.5-27 尸体自溶：死后肾变化，右侧暗褐色因肠管内死后产生硫化氢气体侵蚀所致, 土黄褐色部分已发生自溶

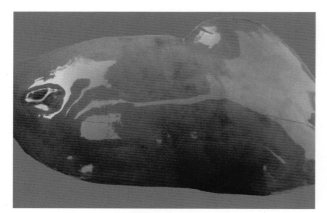

图 3.2.5-25 尸体自溶：肾纹理模糊不清，肾大部分基面呈土黄色，仅肾门对侧尚可见斑状暗红色局灶性纹理，死后变化明显不易确认病变性质

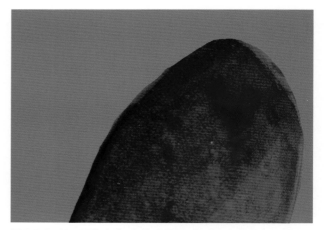

图 3.2.5-28 尸体自溶：肾纹理明显，肾肿大土黄色变性部分已自溶，暗红色鲜艳部分属于肾尸斑发生血溶

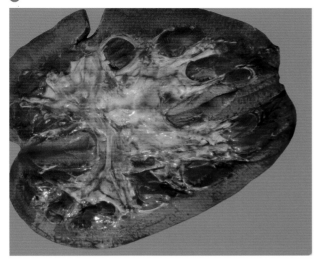

图 3.2.5-29　尸体自溶：前图肾切面皮质部与肾乳头颜色相近，肾盂出现血溶现象

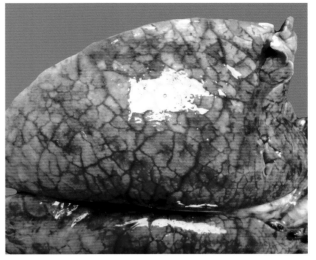

图 3.2.5-32　尸体自溶：肺水肿小叶间增宽，并有散在出血斑点因尸僵自溶血液经血管壁浸润周围组织而出现肺小叶深染呈花朵样，此例为急性猪瘟

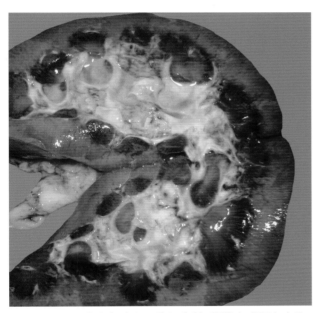

图 3.2.5-30　尸体自溶：肾切面清晰，肾髓质部淤血，肾盂灰白色

图 3.2.5-33　尸体自溶：肺纵切面大理石样外观气管内多量泡沫样液体，但肺炎病变因尸体自溶呈现出纹理和色调不够鲜艳，不影响诊断

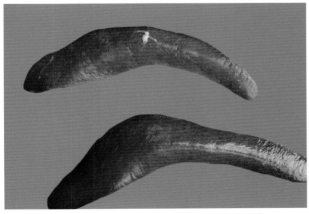

图 3.2.5-31　尸体自溶：两支脾周边均出现暗红色变化，不可认定脾出血性梗死变化

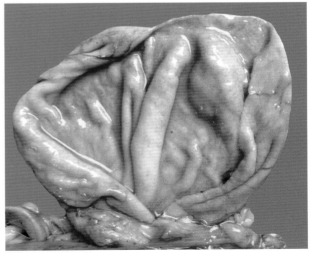

图 3.2.5-34　尸体自溶：膀胱因死后变化，黏膜上皮组织自溶犹如纤维化样。因血液自溶外模糊不清

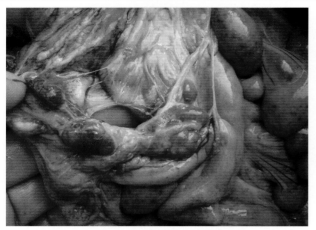

图 3.2.5-35　尸体自溶：左侧淋巴结出血因血溶呈暗红灰色，右上部肠管内充满气体和液体透视出血的血溶现象

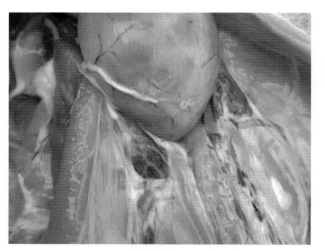

图 3.2.5-36　尸体自溶：出血性淋巴结炎外观暗紫红色，据颜色彩色变化为已发生自溶，判断时注意病变性质的认定

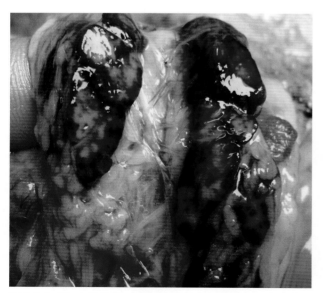

图 3.2.5-37　尸体自溶：是胃门淋巴结大理石样出血，但出血与非出血界线相互浸润而界限不清，鉴别后应可作出猪瘟淋巴结出血的诊断

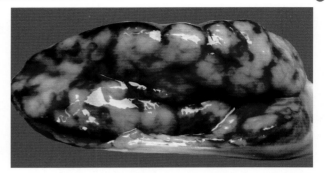

图 3.2.5-38　尸体自溶：肠系膜淋巴结大理石样出血，因尸僵浸润出现出血部位呈黑紫色

图 3.2.5-39　尸体自溶：全身皮下组织与肌肉色变暗淡无光泽，轻度自溶

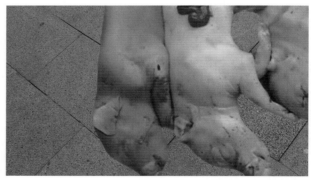

图 3.2.5-40　尸体自溶：中间两只皮肤脐带颜色不一，黑为母体内死亡数日，脐带腐败变绿黑，尸体皮肤淡粉红色

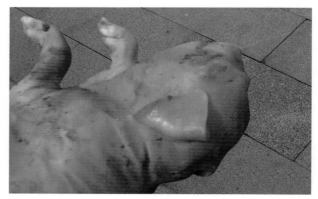

图 3.2.5-41　尸体自溶：在母体内死亡数日，皮肤淡灰黑色死胎外观水肿样

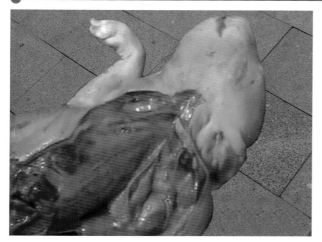

图 3.2.5-42　尸体自溶：剥皮后皮下水肿，肌肉血液自溶浸渍而呈暗红色污秽

第六节　尸体腐败

一、尸体腐败概念

尸体腐败，在尸体自溶或稍后，体内组织蛋白因受细菌的作用而分解的现象。腐败过程中由体内厌氧菌的大量繁殖，将复杂的化合物分解为简单的化合物，同时，产生大量气体，如氨、二氧化碳、甲烷、氮、氧、硫化氢等。因此，腐败的尸体内含有多量的气体，并有恶臭。

二、尸体腐败现象出现的意义

尸体腐败现象的出现可使生前的病理变化遭到破坏，对识别原有疾病的病变影像将有很大的影响，给尸体剖检工作的进行带来一定困难。动物死亡以后应尽早进行剖检，才能提高尸体剖检工作质量，以免死后变化与生前的病变发生混淆。通过尸体腐败现象的观察，对判定死亡过程的长短、死亡原因以及疾病的性质有一定的参考价值。

三、影响尸体腐败的因素

影响尸体腐败的因素主要是尸体所处外界环境的温度，温度 30 ～ 36℃和湿度大时，可以加速腐败的过程，温度降至0℃以下时腐败过程可以停止。死于细菌性败血症的尸体，因体内存有大量细菌，因而腐败过程发生较快。

四、尸体腐败类型

【死后鼓气】

这是因胃肠道内细菌大量繁殖，腐败发酵产生

大量气体的作用引起的，胃肠道最为明显，尸体的腹部高度膨胀，腹围加大，肛门突出并哆开，严重时腹壁肌层或膈肌都可以因受气体的高压而发生破裂。

【尸绿】

也是腐败的明显标志，尸绿的出现，是由于组织分解产生的硫化氢与血液中的血红蛋白和其中游离出来铁相结合，成为绿色的硫化铁所致，所以腐败脏器呈污绿色,外部视诊时,腹部尸绿出现最明显。

【尸臭】

是指尸体腐败过程中产生大量的恶臭气体，如硫化氢、氨等。因而腐败的尸体具有特殊难闻的恶臭味。

【尸体组织气肿】

尸体腐败时，皮下、肌间、实质器官（被膜和皮下器官内）、心脏与大血管的血液中出现气泡，同时散发出特殊的腐败臭味。如肝脏产生气体，结果体积增大，色污灰，肝包膜下出现小气泡，切面呈海绵状，从切面可挤压出大量混有泡沫的血样液体，临床上称为海绵肝或泡沫肝。其他各器官发生腐败时质度均变得柔软，肾脏、脾脏腐败时也有类似的变化（图3.2.6-1～图3.2.6-12）。

图 3.2.6-1　尸体腐败：鼓气、尸斑、尸绿

图 3.2.6-2　尸体腐败：黑龙江东北部杨树叶落地可见秋末季节,尸体在野外裸露十几天,全身皮肤呈灰绿色

图 3.2.6-3 尸体腐败：一侧前肢内侧面皮肤灰绿色，为尸体腐败初期

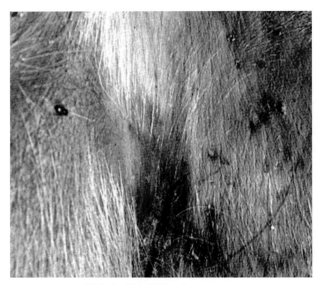

图 3.2.6-4 尸体腐败：展示局部尸绿

图 3.2.6-5 尸体腐败：下颌淋巴结虽因尸体淋巴结已自溶腐败其中切面病变界限不清，但猪瘟出血性淋巴结炎应可定性

图 3.2.6-6 尸体腐败：尸绿腹部皮肤呈绿灰色，尸僵尚未缓解

图 3.2.6-7 尸体鼓气：胃肠内产生大量气体使尸体膨胀明显

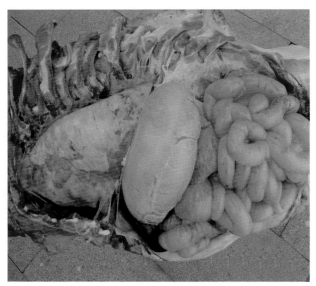

图 3.2.6-8 尸体鼓气：胃肠均因死后肠内细菌大量繁殖产生气体所致，肺心叶尖叶隔叶前下缘支原体肺炎病变明显可见，隔叶前部出血斑点也明显可见

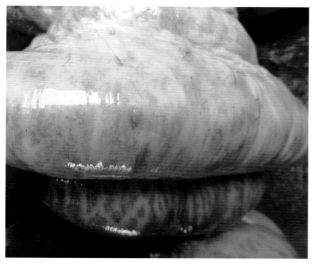

图 3.2.6-9　尸体腐败：猪瘟结肠因尸体腐败结肠充满气体膨胀，淋巴滤泡肿胀出血因尸僵浸润，原出血部位血液自溶扩散干扰病变确认

图 3.2.6-11　尸体腐败：死胎尸体变化展示：中间两只皮肤脐带颜色不一，黑为母体内死亡数日，脐带组织腐败变黑，尸体皮肤淡粉红色的脐带颜色质度正常

图 3.2.6-10　尸体腐败：死猪 30 日龄体重 4 千克断奶仔猪消瘦，腹部皮肤呈绿色出现尸绿

图 3.2.6-12　尸体腐败：夏季在野外绿地草丛中尸体内脏腐烂病变消失辨认不清，但皮肤出血性炎应有诊断价值

第三章 病理变化的描述

病理变化的描述是尸体剖检工作的关键之一，是一项专业性很强的工作，用文字描述或摄影和摄像方法，要求客观真实将肉眼看见的变化进行描述，不得主观臆断，必须实事求是。现代科技迅速发展，摄影工具非常普及，因此，除用文字描述之外，应提倡用录像机和照相机记录剖检过程全貌。非专业人员亦可用摄影工具完成病变纪实，然后用网络传输到专家系统网络协助诊断。但即使专业人员，若病理学基础理论知识熟练程度不足，也很难做好这项工作。

第一节 病变描述的基础

首先是观察病变，发现病变，识别病变，鉴别病变。然后是描述病变，同一病变不同人描述的不可能完全相同，但客观存在的病变只有一个，同一病变用词可有程度的不同，但在病理解剖诊断上结论应相同，病变的描述具有一定规范性、技巧性，需剖检者在剖检过程中积累，应善于综合分析、总结、创新水平才能不断提高。描述的哲理学概念应是认识客观事物的感性阶段，是诊断疾病的初期阶段。

第二节 器官病变的描述

对器官位置、体积、重量、色泽、外观形态、纹理、湿度、光洁度、切面状态质度，内容物的数量、性状、颜色、臭味等进行观察描述，最后经综合分析才能将所观察到客观出现的病变上升到理性认识，用科学术语概括为病理解剖学基本概念，即术语。如皮肤出血斑点，肺气肿、出血、肝变性等。

第三节 病灶的描述

病灶可认为是病变的基本单位。病灶在一些器官组织内和表面都可出现，虽然不同疾病中可出现各种各样的病灶，其形状大小、颜色等都有所不同，但应有一定规律可循。

病变

指某一种器官出现的基本病理过程，每种器官都可以有各种不同的病变，例如，变性有颗粒变性、脂肪变性、黏液变性等，所以，病变往往是病理变化的泛指，含义广泛，是指正常器官组织的异常变化，所以可认为是广义。

病灶

通常是指某一具体病变的特征，可认为是病变的狭义，例如，某一器官出血灶、坏死灶、炎症灶等。又如一个器官可同时存在大小不等形状不一，几个相同性质或不同性质的病灶。如同一个肾既可出现变性灶又可出现出血灶。肺可出现肺炎，肺充血水肿、气肿、出血、化脓纤维素肺炎等几种病灶。

第四节 病变的描述规范以及方法

一、计量标准用国家公布的计量标准计算度量

重量：克（g）、千克（kg）
长度：厘米（cm）、米（m）
容积：毫升（ml）、升（L）

二、重量与大小

凡容积可称量的器官，采样后首先称量，然后用尺量其大小，对病变一是可用尺测量大小；二亦可用常见的实物比喻，如鹅卵大、鸡卵大

（图 3.3.4-1）、鸽卵大、麻雀卵大、小点状（图 3.3.4-2）、针尖大（图 3.3.4-3）、帽头针大（图 3.3.4-4）、高粱米大、粟粒大、黄豆大、绿豆大、蚕豆大。

图 3.3.4-1 病变的描述：猪链球菌脓肿型，颌下淋巴结如鸡卵大

图 3.3.4-2 病变的描述：猪瘟急性型小肠系膜有小点状出血

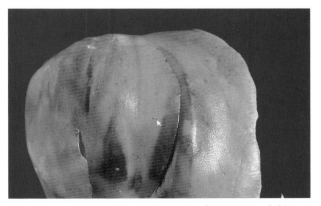

图 3.3.4-3 病变的描述：肝脏表面小叶尚清晰可见，有针尖大出血点散在，是急性病变

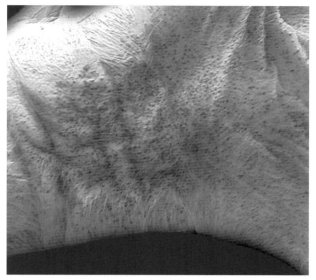

图 3.3.4-4 病变的描述：猪瘟急性型，颈下与胸前部皮肤帽头针大出血点，弥漫性均匀密集分布

三、颜色

不同器官颜色不一，肝、肾、脾、心等以红为主色，只是色调不一，消化器官为灰白色，淋巴结灰白，各种动物稍有差异。器官颜色如单色用鲜红、淡红、粉红（图 3.3.4-5）、白、苍白贫血状（图 3.3.4-6）描述，复杂色用暗红（图 3.3.4-7）、棕红、灰黄、土黄（图 3.3.4-8）、紫红（图 3.3.4-9）、黄绿等。胃、肠管内容物可用凝乳块状（图 3.3.4-10）、蛋清样、红小豆粥样（图 3.3.4-11）和米粥样（图 3.3.4-12）、葡萄酒样等词表示，通常前者表示次色，后者表示主色。

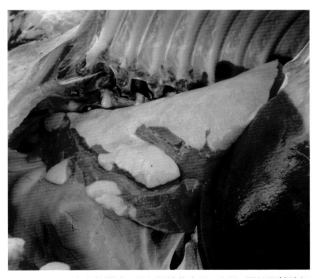

图 3.3.4-5 病变的描述：示左侧肺的心叶、尖叶、隔叶下部暗红色肉样变，是典型猪支原体肺炎病变，其余部位肺为粉红色

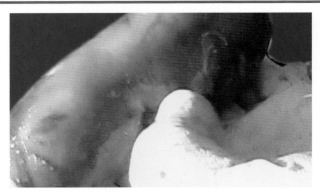

图 3.3.4-6　病变的描述：肾呈贫血状

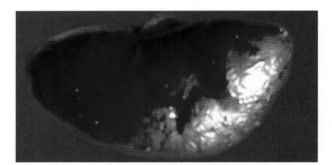

图 3.3.4-7　病变的描述：肾暗红色淤血肿胀

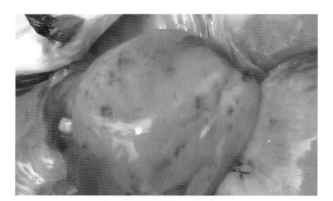

图 3.3.4-8　病变的描述：肝土黄色弥漫性变性坏死的基面上散在自行暗红色的正常肝组织，乙型脑炎

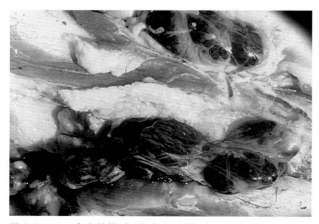

图 3.3.4-9　病变的描述：猪瘟急性型，病理变化，颌下淋巴结肿大出血

图 3.3.4-10　病变的描述：仔猪黄痢胃内乳黄色凝乳块和蛋清样胃分泌物

图 3.3.4-11　病变的描述：出血性肠炎空肠黏膜弥漫性暗红色肿胀，肠腔内容物呈红小豆粥样

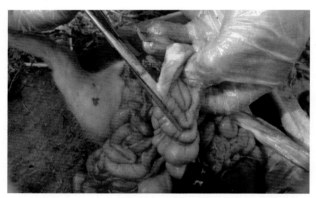

图 3.3.4-12　病变的描述：肠管剪开后肠黏膜肿胀，表面附有乳黄色粥样内容物

四、表面

指器官的表面被膜，浆膜的充血出血炎症等异常变化。表面可用光滑（图 3.3.4-13）、粗糙（图 3.3.4-14）、突出（图 3.3.4-15）、凹陷（图 3.3.4-16）、棉絮状（图 3.3.4-17）、绒毛样（图

3.3.4-18)、网状（图3.3.4-19）、条纹状（图
3.3.4-20）、斑状点状（图3.3.4-21）、花斑样（图
3.3.4-22）、麻雀卵样（图3.3.4-23）等描述。

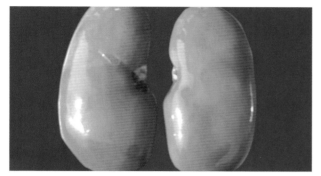

图3.3.4-13 病变的描述：病理变化，肾表面光滑色淡肿胀

图3.3.4-14 病变的描述：猪副伤寒，亚急性型，大肠黏膜表面
粗糙充血已消退，坏死肠黏膜凝结为糠麸样伪膜

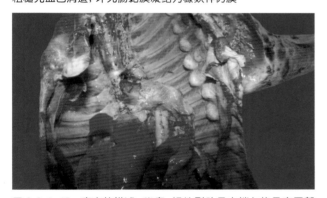

图3.3.4-15 病变的描述：猪瘟，慢性型肋骨末端与软骨交界部
位有半圆形突出于胸壁肋膜表面

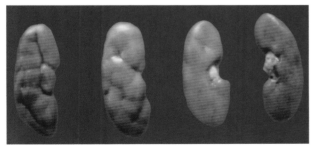

图3.3.4-16 病变的描述：猪瘟，繁殖障碍型死胎，肾畸形肾皮
质部有裂缝

图3.3.4-17 病变的描述：病理变化，肺、胸膜表面附有多量棉
絮状纤维素

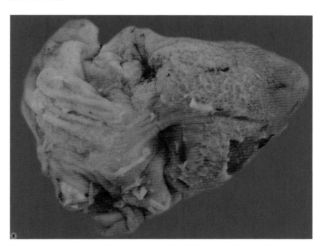

图3.3.4-18 病变的描述：心包纤维素性炎，心肌外膜附有纤维
素呈绒毛样，此为副猪嗜血杆菌所引起的浆膜的纤维素病变之一

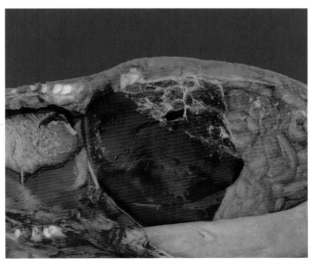

图3.3.4-19 病变的描述：胸腔积液淡红色，心包绒毛状，腹腔
肝肠管附有网状纤维素，此为副猪嗜血杆菌继发链球菌感染

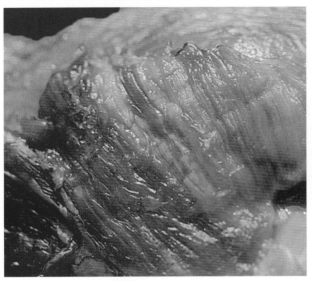

图 3.3.4-20　病变的描述：硒缺乏症，青年猪下锯肌条纹状坏死灶

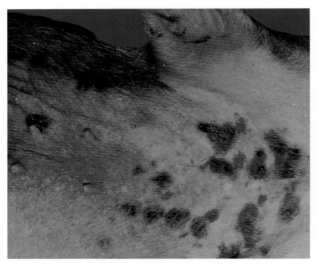

图 3.3.4-21　病变的描述：猪瘟急性型，病理变化，胸部皮肤出血斑

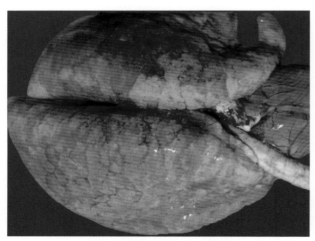

图 3.3.4-22　病变的描述：猪丹毒，急性型，病理变化，休克肺呈花斑样

图 3.3.4-23　病变的描述：急性型猪瘟，肾表面出血点分布如麻雀卵样

五、切面

　　器官切面常用平坦（图 3.3.4-24）、颗粒状（图 3.3.4-25）、肉样（图 3.3.4-26）、脑髓样（图 3.3.4-27）、结构清楚（图 3.3.4-28）或不清（图 3.3.4-29）、纹理不清（图 3.3.4-30）、影像模糊（图 3.3.4-31）、凝固不全血样物流出（图 3.3.4-32）等描述。

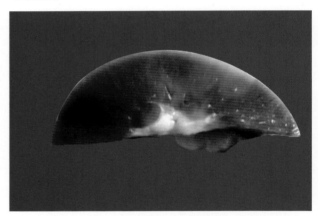

图 3.3.4-24　病变的描述：肾皮质部切面平坦，纹理清晰

图 3.3.4-25　病变的描述：肾外观土红色，表面粗糙呈颗粒状

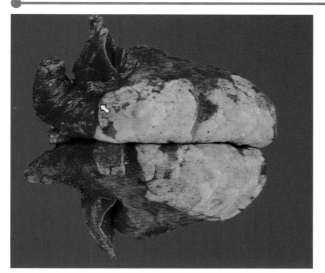

图 3.3.4-26　病变的描述：肉样

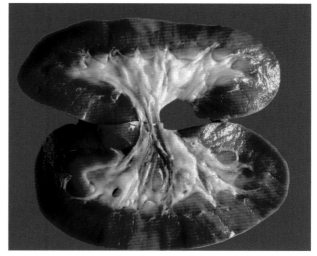

图 3.3.4-29　病变的描述：肾切面皮质部出现局灶性土黄色病灶，部分纹理不清，切面平坦，三界清晰

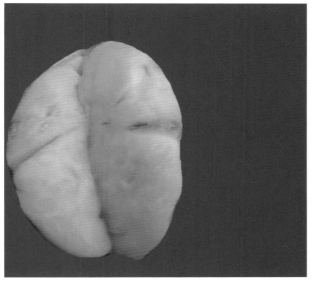

图 3.3.4-27　病变的描述：淋巴结切面灰白色，湿润，脑髓样

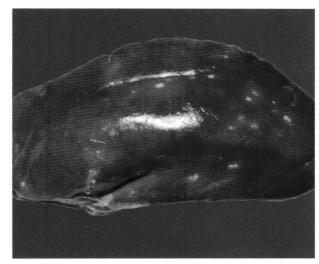

图 3.3.4-30　病变的描述：肝暗红色，营养不良，小叶影像模糊不清，有灰白色病灶散在分布

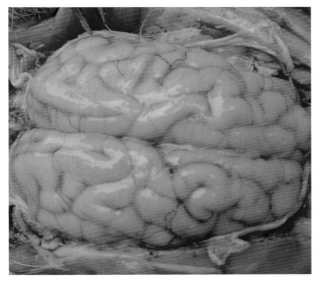

图 3.3.4-28　病变的描述：大脑外观脑回结构清楚

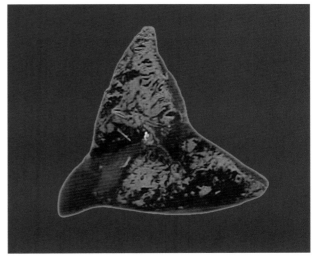

图 3.3.4-31　病变的描述：病理变化，脾切面紫红色，多血，模糊不清，是猪丹毒病变

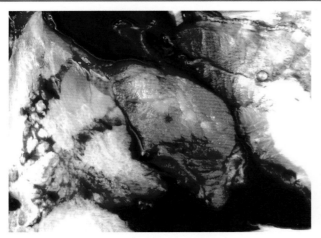

图 3.3.4-32　病变的描述：凝固不良血液流出

六、形状

器官都有固定的形状，病变或病灶多为圆形（图3.3.4-33）、菜花状（图3.3.4-34）、球形（图3.3.4-35）等。

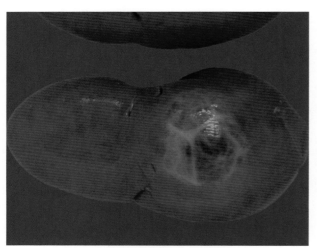

图 3.3.4-33　病变的描述：肾表面有一圆形囊肿

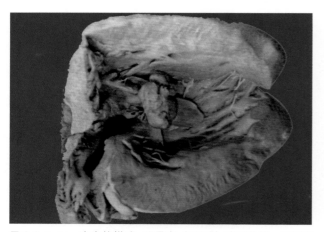

图 3.3.4-34　病变的描述：猪丹毒，慢性型，病理变化，二尖瓣疣状内膜炎

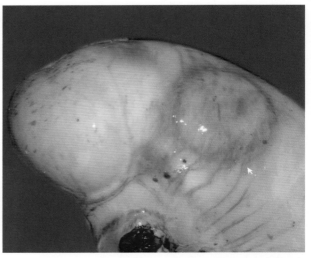

图 3.3.4-35　病变的描述：猪瘟，病理变化，慢性型胃壁表面有一圆形突起病灶是"扣状肿"外观变化

七、干湿度

用湿润（图3.3.4-36）和干燥（图3.3.4-37）描述。

图 3.3.4-36　心肌表面湿润，心包透明

图 3.3.4-37　病变的描述：病变部肺切面干燥，慢性猪肺疫的病灶反复吸收形成的干酪样坏死灶

八、透明度

用透明（图 3.3.4—38）、半透明（图 3.3.4—39）、混浊（图 3.3.4—40）、清亮描述。

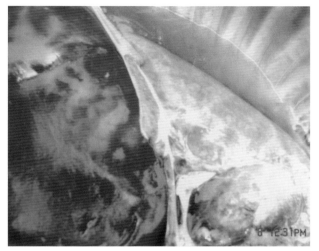

图 3.3.4—38 病变的描述：猪链球菌病最急性型病理变化，胸腔内有多量淡黄色透明液体

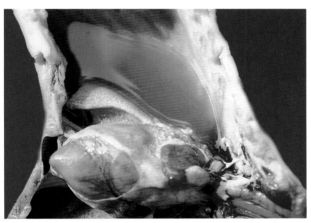

图 3.3.4—39 病变的描述：副猪嗜血杆菌，心包液半透明，心肌表面附有纤维素，为纤维素性心包炎

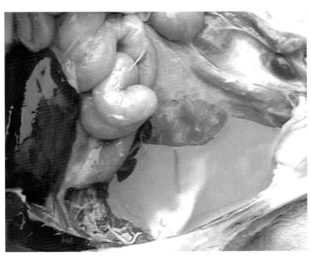

图 3.3.4—40 病变的描述：腹腔因化脓性腹膜炎腹水混浊

九、质度和结构

用弹性（图 3.3.4—41）、脆弱（图 3.3.4—42）、坚硬（图 3.3.4—43）、柔软描述。

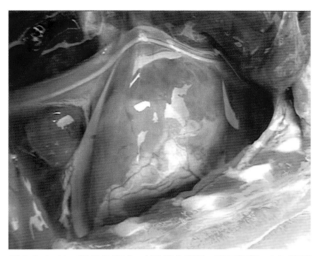

图 3.3.4—41 病变的描述：心肌富有弹性，表面湿润，心包液透明胸腔透亮的液体

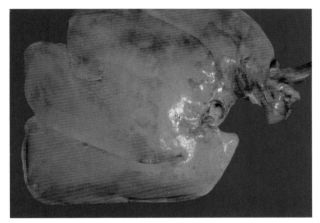

图 3.3.4—42 病变的描述：肝中毒性营养不良，色淡小叶不清质度脆弱

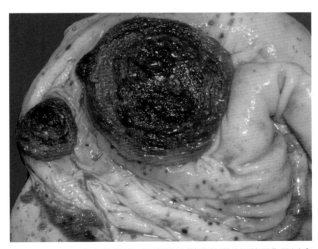

图 3.3.4—43 病变的描述：猪瘟慢性型胃黏膜"扣状肿"呈树木年轮样同心轮层样突出，胃黏膜表面坚硬

十、气味

用恶臭、腥味和腐败味来描述。

十一、黏膜器官

用黏膜易剥离、不易剥离、肿胀来描述。

十二、管状器官

常用扩张（图 3.3.4—44）和狭窄（图 3.3.4—45）来描述。

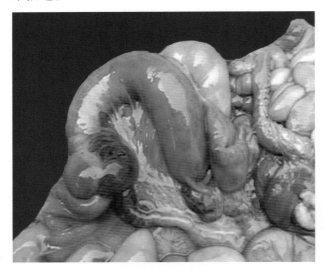

图 3.3.4—44　病变的描述：盲肠因扭转而扩张

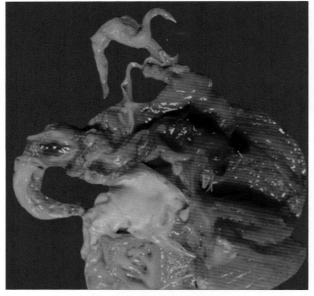

图 3.3.4—45　病变的描述：右心室瓣膜炎形成血栓而致瓣膜狭窄阻碍血流

十三、位置

指各器官的正常位置是否有异常变化。肠变位（图 3.3.4—46），扭转 180°、扭转 360° 来表示。

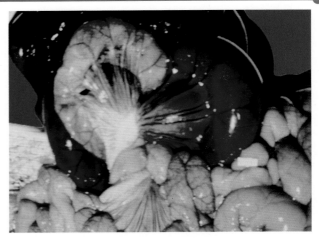

图 3.3.4—46　病变的描述：肠变位，小肠扭转

十四、病变和颜色分布情况

常用局部性（图 3.3.4—47）、弥散性（图 3.3.4—48）、点状、散在（图 3.3.4—50 ～ 图 3.3.4—52）等描述。

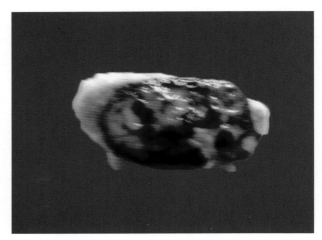

图 3.3.4—47　病变的描述：大理石样

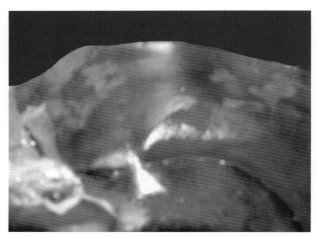

图 3.3.4—48　病变的描述：肝营养不良，脂肪变性局灶性分布，肝小叶分布均匀，中央静脉淤血分布不一

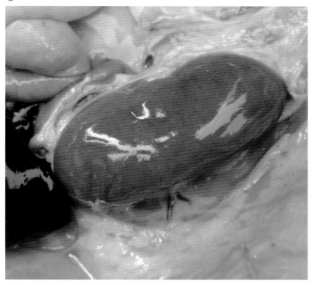

图 3.3.4-49　病变的描述：肾，皮质表面光滑有弥漫性陈旧性大小不一样的由针尖到帽头针大出血点，为猪瘟病变

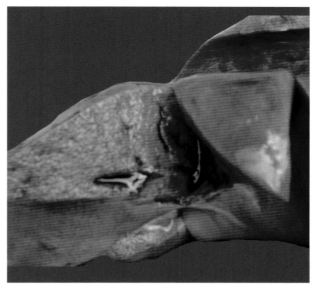

图 3.3.4-51　病变的描述：肝切面颗粒状

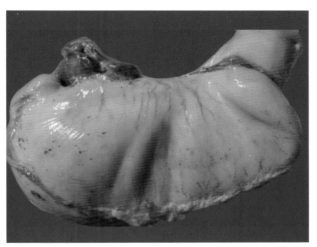

图 3.3.4-50　病变的描述：猪瘟急性型，病理变化，胃浆膜表面散在出血斑，胃门淋巴结肿大出血

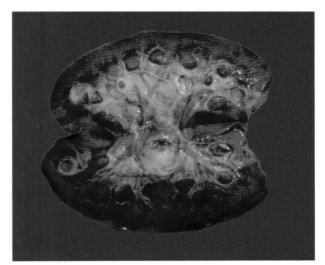

图 3.3.4-52　病变的描述：肾切面纹理清楚

第四章 尸体剖检技术

概 述

常规尸体剖检技术应在全面、系统的基础上，按正规程序有步骤操作。第一步首先作好尸体外部检查，然后进行剥皮，剥皮同时检查皮下组织有无病变。第二步右侧卧位一次性将胸腹壁切开，进行胸腹腔器官视检并摄像。第三步依次摘出各器官。剖检过程中特别禁忌剥皮和切离前后肢时切断血管流失的血液污染周围组织器官而影响病变识别，在没有视检主要脏器时不能切断胸腹部大血管以防影响病变检查和确认，尤其是摘出心肺和肝脏之前。通常剖检过程中切开皮肤及体腔时，操作和视检同时进行；但为了叙述完整操作程序，使读者更好地学习理解掌握尸体剖检技术，而将各种细节分别用文字说明。总之，剖检方法和检查顺序应服从于检查目的，既不应墨守成规，又不应主观臆断，重要的是掌握基本术式。检查中要细致搜索和观察可能存在的或意想不到的病变，又要照顾到全身一般性检查。

第一节 尸体外部检查

一、尸体剖检的步骤

剖检的步骤是尸体剖检工作程序，只有依据程序进行操作，才会有系统化，即第一步做什么，第二步做什么依次进行才能高质量完成诊断疾病任务。

【尸体外部检查】

尸体外部检查是尚未切开皮肤之前检查尸体姿势、状态、尸僵、尸斑、全身皮肤、四肢以及耳部尸体皮肤的颜色变化，以及是否有出血斑点、异物或损伤。

【尸体外部检查诊断价值】

1. 检查目的 为了发现异常变化（专业上称为病理变化）。动物机体是完整统一的，疾病是动物机体全身性反应，病理形态学不仅在内脏器官出现变化，而且可在皮肤和皮下组织出现。许多疾病皮肤可出现一些病理变化，有的具有特异性，如猪瘟皮肤出血、圆环病毒皮炎以及猪瘟皮肤扣状肿等。

2. 皮肤病变特征 剖检者应当熟悉并能确认一些疾病出现的病变特征。

3. 濒死期出现的皮肤变化鉴别 例如，疾病后期心功能衰竭而致微循环障碍全身性淤血出现皮肤发绀现象，误认为严重的疾病现象往往会作出错误诊断。

4. 皮肤颜色变化 对判定疾病的预后具有重要价值。临床上皮肤出现症状与病变复杂多样，往往给诊断带来许多麻烦，应当仔细按程序系统观察认真分析判断才能做出正确诊断。许多疾病依据尸体外观变化即可推断其尸体内部主要变化，是主检者充分展示智慧的大好时机，可为疾病现场诊断提示方向，为剖检工作人员树立诊断信心。

5. 皮肤与黏膜 其变化往往是机体器官功能障碍在皮肤与黏膜上的必然反应，血液循环变化直接反应在皮肤和黏膜的颜色变化，特别是微循环的变化、呼吸系统疾病时肺的气体交换障碍，缺氧时皮肤出现发绀。

6. 皮肤病变诊断价值 本章列举图片均可作为疾病诊断依据，但应辩证应用。

二、皮肤常见典型病变

皮肤常见的病变有皮肤的充血（图 3.4.1-

1)、淤血（图3.4.1-2）、出血（图3.4.1-3）、黄疸（图3.4.1-4）、苍白（图3.4.1-5）、水疱（图3.4.1-6）、痘疹（图3.4.1-7）、脓疱（图3.4.1-8）、痂片（图3.4.1-9）、鳞屑（图3.4.1-10）、裂纹（图3.4.1-11）、丘疹（图3.4.1-12）、过敏反应（图3.4.1-13）、玫瑰糠疹（图3.4.1-14）、耳病变（图3.4.1-15）、眼病变（图3.4.1-16）。除头、颈侧、胸腹侧外，还应仔细检查其会阴（图3.4.1-17）、乳房（图3.4.1-18）甚至蹄（图3.4.1-19）、趾间（图3.4.1-20）等部位。临床上除全面检查外，还应对特定部位进行重点检查，如猪的鼻盘。被毛和皮肤检查主要通过视诊和触诊，有时需要穿刺检查和显微镜检查相配合。皮肤的病变既可反映慢性病理过程（图3.4.1-21），又可反映急性病理过程（图3.4.1-22）。

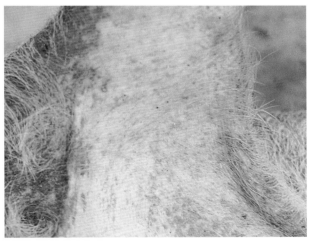

图3.4.1-1　皮肤充血

图3.4.1-2　皮肤淤血：为静脉性充血，死亡猪全身性皮肤呈暗紫红色，又称发绀

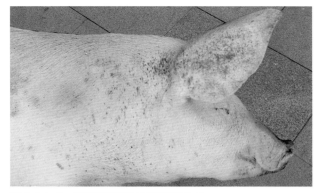

图3.4.1-3　猪瘟耳颈部新旧交替出血点

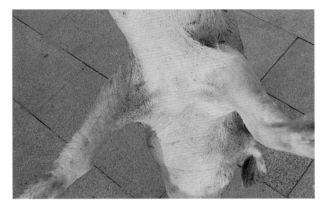

图3.4.1-4　皮肤轻度黄染，皮肤出血

图3.4.1-5　全身性苍白

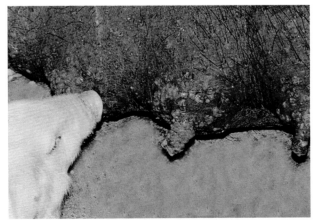

图3.4.1-6　水疱：猪口蹄疫母猪乳头水疱

图 3.4.1-7　猪痘是由病毒引起的一种急性热性接触性传染病，其特征是皮肤和黏膜上发生特殊的红斑、丘疹和结痂，展示耳部皮肤的表面痘疹

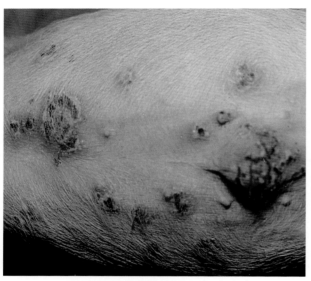

图 3.4.1-8　猪痘胸部皮肤的表面脓疱

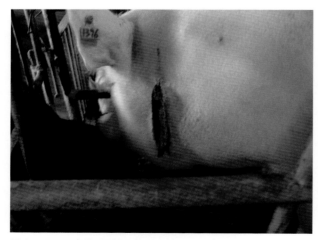

图 3.4.1-9　痂片：颈部外伤形成的黑褐色痂皮

图 3.4.1-10　鳞屑：被毛干燥、粗短与皮屑增多、皮有硬皱

图 3.4.1-11　裂纹：断奶仔猪背部皮肤粗糙，鳞片及鳞屑增多，干燥，皱褶裂纹

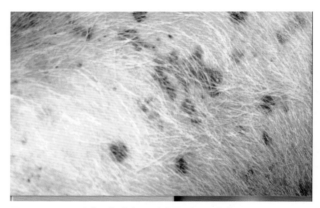

图 3.4.1-12　丘疹：皮肤表面形成圆形小丘状物

图 3.4.1-13　过敏反应：I型过敏反应注口蹄疫苗后15分钟皮肤弥散性红疹

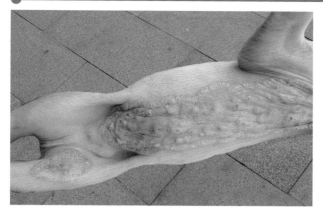

图 3.4.1-14　玫瑰糠疹

图 3.4.1-18　乳房：慢性猪瘟在皮肤上形成的纽扣状

图 3.4.1-15　耳病变：耳部皮肤潮红充血

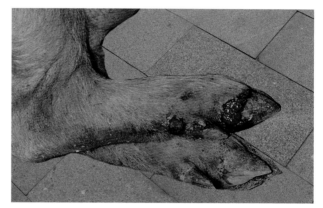

图 3.4.1-19　蹄：猪口蹄疫蹄冠的溃疡出血

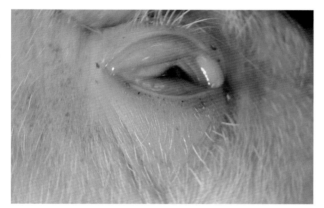

图 3.4.1-16　眼病变

图 3.4.1-20　趾间：猪口蹄疫蹄冠部出血

图 3.4.1-17　检查其会阴

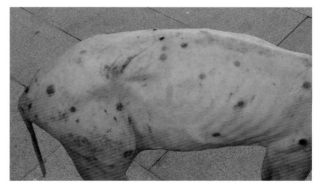

图 3.4.1-21　慢性病理过程：慢性猪瘟皮肤扣状肿

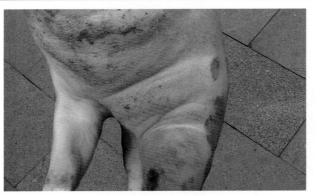

图 3.4.1-22　急性病理过程：皮肤局部潮红充血肿胀蜂窝质炎

图 3.4.1-25　渗出性皮炎：断乳不久仔猪渗出性皮炎

三、皮肤常见疾病典型病变

皮肤常有钱癣（图 3.4.1-23）、（图 3.4.1-24 疥螨）、渗出性皮炎（图 3.4.1-25）、真菌性皮炎（图 3.4.1-26）、猪瘟（图 3.4.1-27）、附红细胞体病（图 3.4.1-28）、猪瘟皮肤出血（图 3.4.1-29）、圆环病毒（图 3.4.1-30）、湿疹（图 3.4.1-31）、猪繁殖呼吸综合征（图 3.4.1-32）、丹毒性疹块（图 3.4.1-33）、皮肤坏死（图 3.4.1-34）、疝（图 3.4.1-35）、霉菌毒素（图 4.1.1-36）等疾病。

图 3.4.1-26　真菌性皮炎：猪的皮肤真菌环状或多环状病变

图 3.4.1-23　钱癣：皮肤近似圆形钱癣

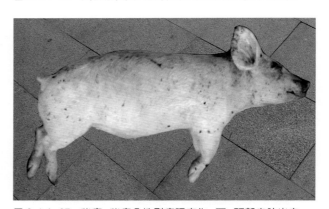

图 3.4.1-27　猪瘟：猪瘟急性型病理变化，耳、颈部皮肤出血

图 3.4.1-24　疥螨：断奶仔猪全身皮肤疥螨病变

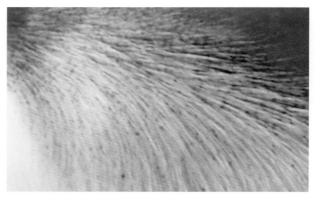

图 3.4.1-28　附红细胞体病猪：附红细胞体，颈背皮肤毛孔处弥漫性渗血

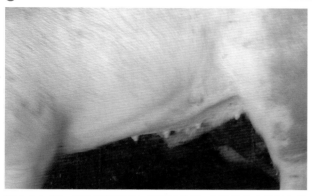

图 3.4.1-29　猪瘟皮肤出血：猪瘟急性型，在猪包皮内常积有尿液，皮肤出血

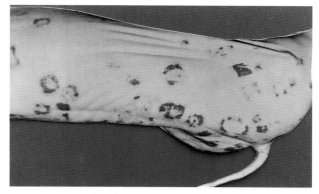

图 3.4.1-33　丹毒性疹块：猪丹毒，亚急性型，病理变化，皮肤疹块

图 3.4.1-30　圆环病毒

图 3.4.1-34　皮肤坏死：坏死杆菌病，临床症状坏死性皮炎，左侧臀部的皮肤坏死后形成的痂皮

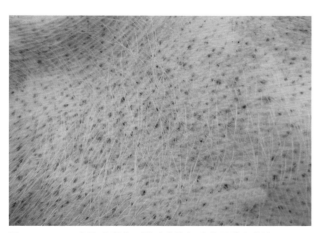

图 3.4.1-31　皮肤毛囊表面孔分布均匀渗血后残留血迹

图 3.4.1-35　疝：脐疝，脐部有一疝囊

图 3.4.1-32　猪繁殖呼吸综合征蓝耳病，双耳皮肤呈蓝紫色

图 3.4.1-36　霉菌毒素中毒：外阴唇肿胀潮红，应与小母猪发情鉴别

【可视黏膜检查】

从眼结膜开始，至鼻腔黏膜、口腔黏膜、肛门黏膜、外阴黏膜及公猪尿道黏膜。

第二节 尸体卧位类型

卧位各有各自特点，目的是方便操作，便于器官视检和摘出，剖检实践中根据剖检目的可选择一种方便、快捷的方法进行操作。卧位的选择服从剖检目的，生前呼吸症状明显的动物应作右侧卧位剖开术式。

【侧卧位】

为观察肺的病变选择右侧卧位，但应迅速剖开胸腔，在真空环境内肺病变颜色处于原始病变状态，极易鉴别病变性质，特别是判定正常肺的颜色状态粉红色，时间拖长因与空气接触氧化而发生颜色变化后，不易鉴别病变性质。尸体的左侧卧位，左侧在下或右侧卧位，右侧在下。

【仰卧位】

尸体的背脊部与地面呈平行状态。猪因肠管既长又复杂，通常采取背卧位，即使尸体仰卧，通常把四肢与躯体分离，但又要保持一定的联系，这样可以借四肢固定尸体，是目前常规剖检术式（图3.4.2-1～图3.4.2-8）。

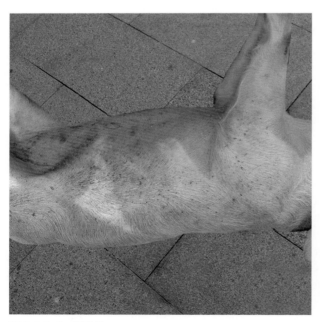

图 3.4.2-1　仰卧位

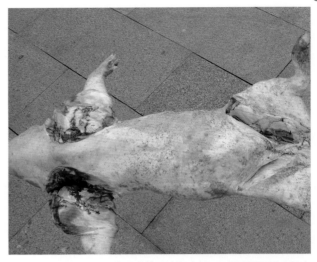

图 3.4.2-2　仰卧式切线切断前后肢肌肉后，尸体即可呈固定状态

图 3.4.2-3　仰位卧式：切断前后肢肌肉后，固定体位，再切开下颌部皮肤检查下颌淋巴结，继续切开颈胸腹部皮肤直至会阴部，检查腹股沟淋巴结，切离肋软骨处胸腔，即完成剖开胸腹腔的操作

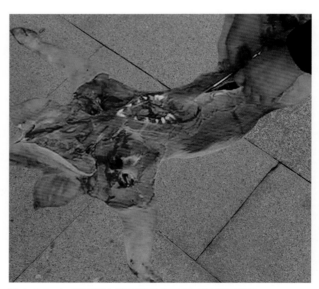

图 3.4.2-4　于腹部白线侧部用剪刀剪开腹壁打开腹

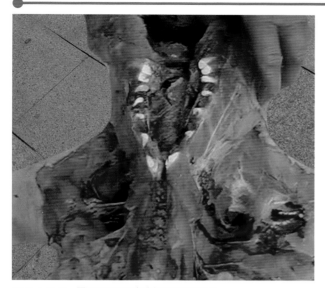

图 3.4.2-5　展示切开胸壁肋软骨处的画面

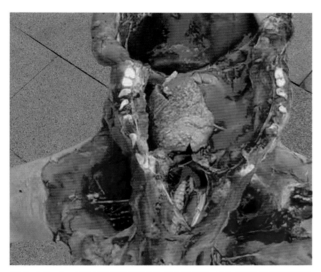

图 3.4.2-6　展示切开胸壁后心包的画面，此为化脓性纤维素性心包炎

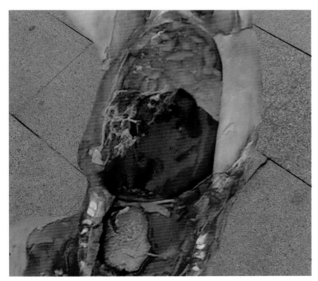

图 3.4.2-7　仰卧位切开腹腔展示腹膜的纤维素性炎

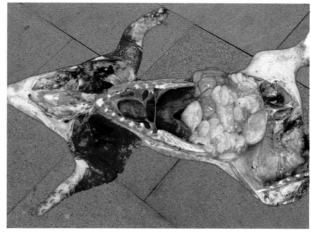

图 3.4.2-8　仰卧术式胸腹腔一次性剖开后展示整体各器官外观

第三节　剥皮

剥皮窍门是刀锐手巧。尸体剖检剥皮目的是观察皮下组织，在疾病过程中出现的形态学变化对疾病诊断和分析病变形成提供依据。在实施过程中根据需要和目的而定，是几处局部或全部还是剥皮。临床诊断剖检时作一般性观察到皮下组织，根据有无病变灵活运用。

一、切线与方法

1. 切线　1 条纵切线，4 条横切线。

2. 剥皮方法　剥皮时要拉紧皮肤，刀刃切向皮肤与皮下组织结合处，只切离皮下组织，切忌使过多的皮肌、皮肤脂肪残留在皮肤上，也不应割破皮肤，而降低利用价值。有剖检室设备的场地，可设有活动吊车电动剥皮机，省力省时。

二、剥皮顺序

首先使尸体仰卧，第一条纵切线是猪腹侧正中线，从下颌间隙开始沿气管、胸骨、再沿腹壁白线侧方直至尾根部，作一切线切开皮肤。切线在脐部、生殖器、乳房、肛门等时，应使切线在其前方左右分为两切线绕其周围切开，然后又会合为一线，尾部一般不剥皮，仅在尾根部切开腹侧皮肤，于 3 ～ 4 尾椎部切断椎间软骨，使尾部连于皮肤上。四条横线，即每肢一条横切线，在四肢内侧与正中线成直角切开皮肤，止于球节作环状切线。

头部剥皮，从口角后方和眼睑周围作环状切开，然后沿下颌间隙正中线向两侧剥开皮肤,切断耳壳,外耳部连在皮肤上一并剥离以后沿上述各切线逐渐把全身皮肤剥下(图3.4.3-1 ~ 图3.4.3-12)。

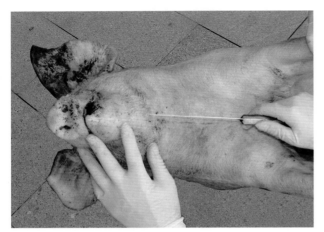

图 3.4.3-1 从下颌间隙开始切开皮肤

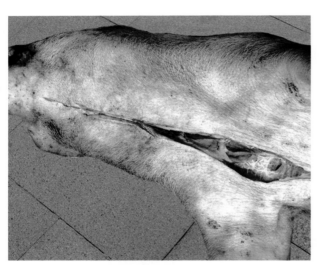

图 3.4.3-2 沿气管处切开皮肤

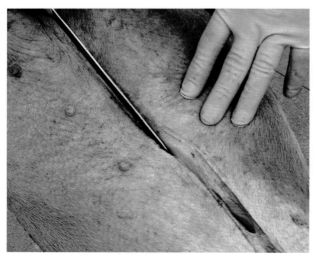

图 3.4.3-3 沿腹中线切开皮肤

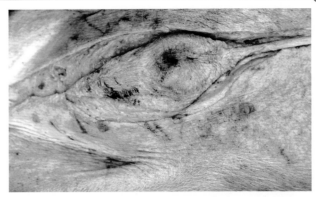

图 3.4.3-4 切线在脐部等时,应使切线在其前方左右分为两切线绕其周围切开,然后又会合为一线

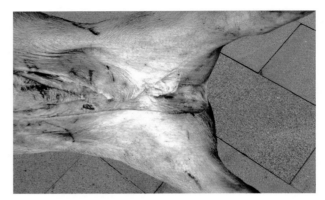

图 3.4.3-5 直至尾根部

图 3.4.3-6 展示后肢剥皮进行状态

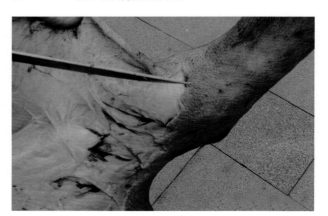

图 3.4.3-7 展示后肢剥皮进行状态

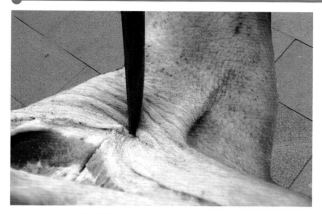

图 3.4.3-8　展示前肢剥皮切线状态

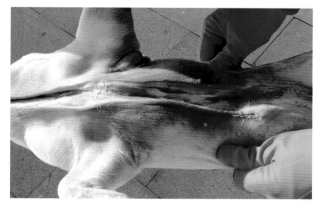

图 3.4.3-9　由前向后直切至尾部切线

图 3.4.3-10　展示剥皮完毕后状态

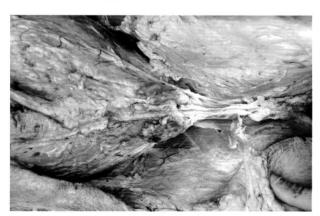

图 3.4.3-11　剥皮时注意检查腹股沟淋巴结状态

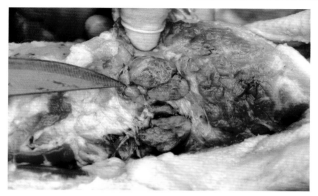

图 3.4.3-12　剥皮时注意检查下颌淋巴结状态

第四节　皮下组织和体表淋巴结检查

一、皮下组织检查

　　剥皮同时应注意检查皮下组织的含水程度，皮下血管的充盈量，血管断端流出血液的颜色、性状、黏稠度，有无水肿、气肿和出血性浸润、胶样浸润等。此外还要检查皮下有无肠管、溃疡、肿瘤、炎症、出血（图 3.4.4-1）等病变，同时，要检查皮下脂肪沉积量、色泽和性状（图 3.4.4-2～图 3.4.4-8）。

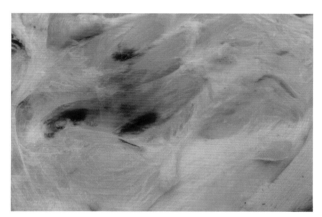

图 3.4.4-1　展示皮下组织色淡，皮肌局灶性出血斑

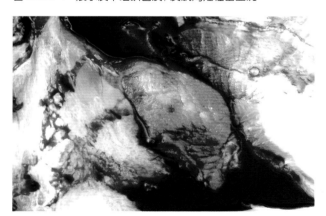

图 3.4.4-2　血管断端流出血液凝固不良

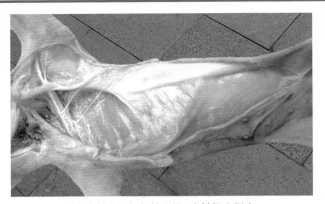

图 3.4.4-3　胸腹部皮下组织较干燥,生前轻度脱水

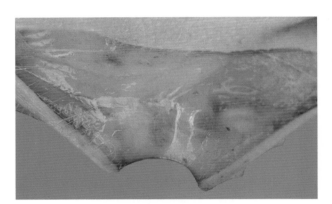

图 3.4.4-4　皮下组织轻度水肿黄染

图 3.4.4-5　下颌部皮下组织黄染胶冻浸润,淋巴结充血水肿

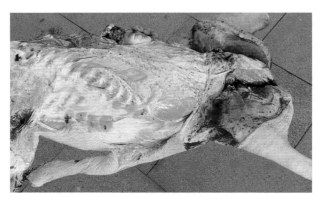

图 3.4.4-6　皮下组织弥漫性出血点

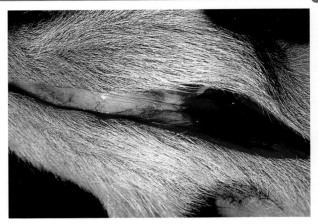

图 3.4.4-7　猪水肿头顶部皮下炎性水肿,猪水肿病

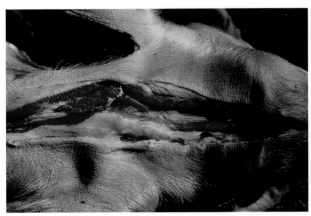

图 3.4.4-8　颈胸前部皮下组织胶冻样水肿,猪水肿病病理变化

二、体表淋巴结检查

检查以下几种淋巴结:①下颌淋巴结(图3.4.4-9)、②咽后外侧淋巴结、③腮腺淋巴结、④肩前淋巴结(图3.4.4-10)、⑤腹股沟淋巴结(图3.4.4-11)、⑥腘淋巴结(图3.4.4-12)。切离四肢检查四肢骨、各关节、肌肉有无异常变化。在产后不久的仔猪,应注意检查脐带有无异常变化。

图 3.4.4-9　下颌淋巴结:肿胀明显紫红色出血性淋巴结炎,猪瘟病毒所致

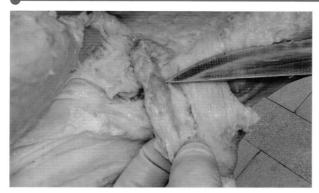

图 3.4.4-10 肩前淋巴结

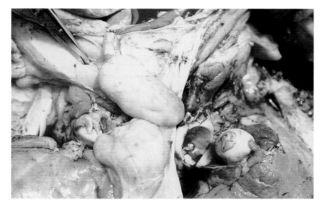

图 3.4.4-11 腹股沟淋巴结肿大，鸽卵大，灰白色

图 3.4.4-12 腘淋巴结为出血性淋巴结炎，猪瘟病毒所致

第五节 腹腔剖开与器官摘出

一、腹腔剖开

【腹腔剖开】

第一切线沿肋弓后缘切开整个腹侧壁与腹膜，边切边观察，切开腹肌，刺破腹膜观察有无气体窜出，有无异常气味；沿腹中线小心剪开腹膜，暴露腹腔，首次窥视腹腔脏器浆膜。

剥皮完毕后，从剑状软骨后方开始直切到耻骨联合。第二和第三切线，于剑状软骨左右两侧沿肋骨后缘开始切到腰椎横突，然后向两侧翻开

切离的腹壁后即可露出腹腔器官（图 3.4.5-1 ～ 图 3.4.5-8）。

图 3.4.5-1 腹腔剖开术：右侧卧腹腔剖开画线

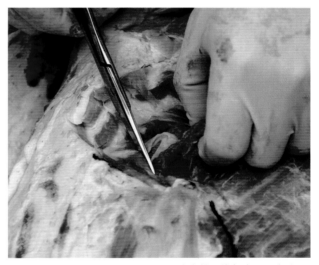

图 3.4.5-2 腹腔剖开术：右侧卧于腋窝处画线起点切口术式

图 3.4.5-3 腹腔剖开术：右侧卧于腋窝处向前用剪刀剪开腹壁后，沿肋骨弓剪开腹壁肌肉

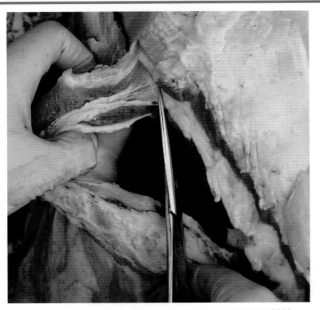

图 3.4.5-4　腹腔剖开术：沿肋骨弓直剪过程，到胸骨柄前端

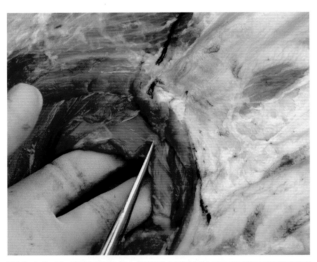

图 3.4.5-5　腹腔剖开术：右侧卧于腋窝处向后用剪刀剪开腹壁进行过程中

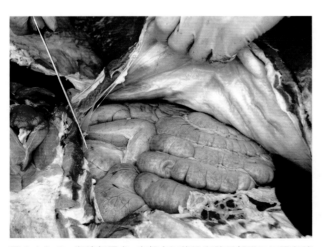

图 3.4.5-6　腹腔剖开术：由起点切线沿腹壁后部用刀切开腹壁直至腹腔中间部，此时，将切离腹壁掀开即暴露腹腔器官

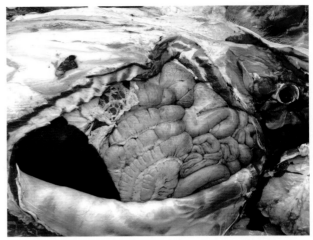

图 3.4.5-7　腹腔剖开术：由起点切线沿腹壁后部用刀切开腹壁直至腹腔中间部，此时，将切离腹壁掀开即暴露腹腔器官

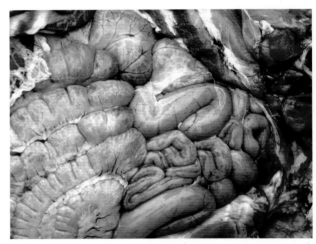

图 3.4.5-8　腹腔剖开术：视检腹腔中器官大小肠等状态

二、腹腔器官的位置和器官状态视诊

　　器官的检查应遵循一定的规范，必须对所有器官的位置、体积、容积、外观、色泽、形态、质度、光泽度以及被膜状态进行检查，才能发现其病变，视诊亦是诊断过程，是一瞬间获得疾病信号的过程，往往通过视诊即可作出诊断，视诊是应当充分利用的诊断方法。

　　【腹腔视诊】

　　1. 检查腹腔　首先观察腹腔液体色泽与性状、透明度、有无纤维素。

　　2. 检查腹腔有无异物　如饲料、粪便、血液、脓汁、寄生虫，并确定异物的数量、种类、性状等（图3.4.5-9 ~ 图3.4.5-11）。

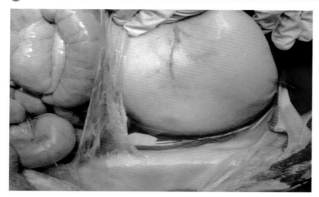

图 3.4.5-9 腹腔内视诊：腹腔积水，腹腔剖开后见腹腔内清亮淡黄色液体

图 3.4.5-10 腹腔内视诊：腹腔剖开后用手移动肠管观察肠管的各部状态

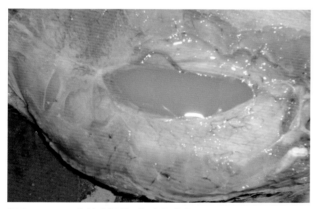

图 3.4.5-11 腹腔内视诊：化脓腹膜炎

给读者；对类症鉴别特别有实际价值，应牢记才好（图 3.4.5-13～图 3.4.5-34）。待腹腔器官全部摘出后，检查腹膜的光泽度、颜色、有无出血、纤维素粘连等。

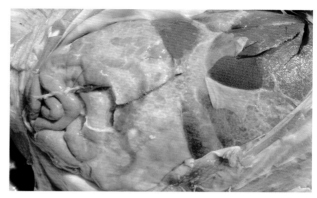

图 3.4.5-12 腹腔器官视诊：腹腔剖开后肝脾胃肠表面附有黄色网络状纤维素薄膜

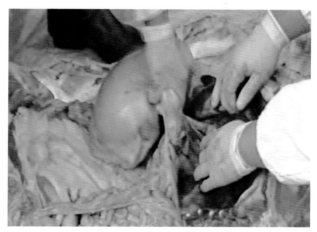

图 3.4.5.3-13 摘出胃：先左手握住胃食管喷门处

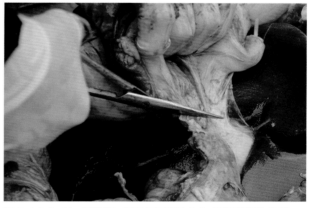

图 3.4.5.3-14 摘出胃：切离十二指肠术式，顶端右侧为食管

【腹腔器官视诊】

对大网膜、肠系膜、胃、肠、脾、肝等脏器浆膜及腹膜进行视诊，观察色泽、性状、透明度、附有无纤维素。同时检查有无出血、充血、炎症、寄生虫结节、胃肠破裂、肝脾破裂等。

检查腹腔器官的位置之后，用手移动肠管观察肠管的各部状态，肠管内容物数量，肠系膜的光泽度，有无出血，纤维素附着，肠系膜的厚度，肠系膜脂肪蓄积量，血管淋巴管充盈程度，肠系膜淋巴结及其他器官所属淋巴结的变化等。现将收藏图片展示

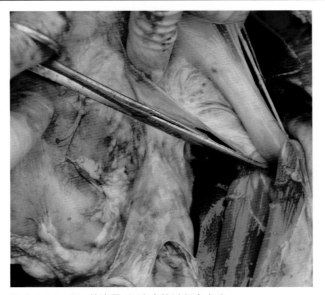

图 3.4.5.3－15　摘出胃：切离食管过程中术式

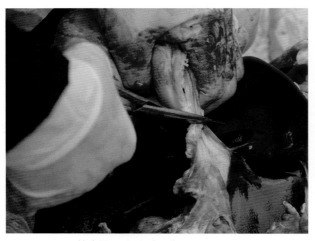

图 3.4.5.3－16 摘出胃：已切断十二指肠

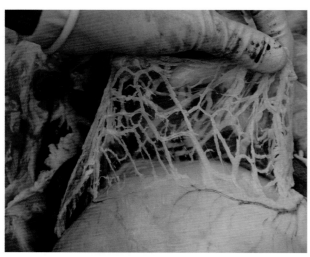

图 3.4.5－17　腹腔器官视诊：大网膜

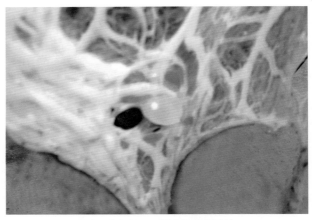

图 3.4.5－18　腹腔器官视诊：大网膜细颈囊尾幼

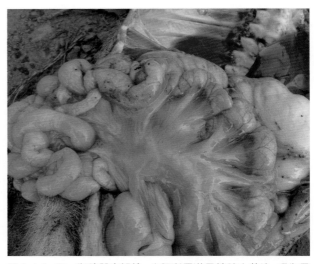

图 3.4.5－19　腹腔器官视诊：小肠所属淋巴结肿大黄染，多为圆环病毒感染

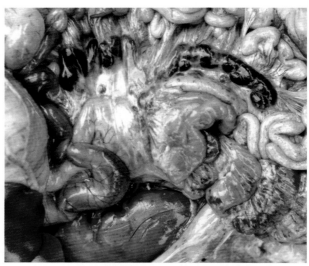

图 3.4.5－20　腹腔器官视诊：示小肠系膜淋巴结肿大出血及小肠浆膜出血点

图 3.4.5-21　腹腔器官视诊：示小肠所属淋巴结肿大黄染

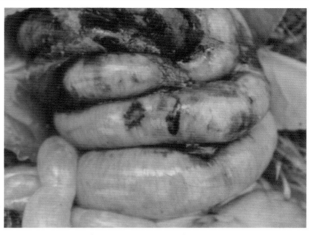

图 3.4.5-24　腹腔器官视诊：猪瘟，病理变化，慢性型，剪开肠管后肠表面的扣状肿病变

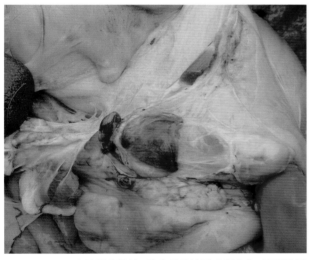

图 3.4.5-22　腹腔器官视诊：猪瘟最急性型病理变化，胃门淋巴结变化

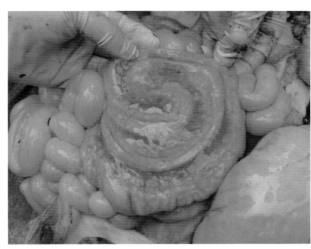

图 3.4.5-25　腹腔器官视诊：结肠系膜炎性水肿

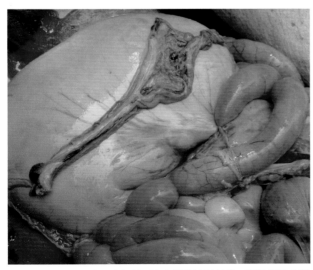

图 3.4.5-23　腹腔器官视诊：脾全部萎缩被机化，脾组织基本消失，仅残留被膜，为猪圆环病毒所致

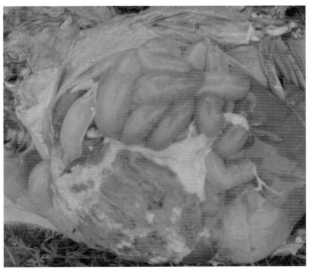

图 3.4.5-26　腹腔器官视诊：化脓性纤维素性腹膜炎

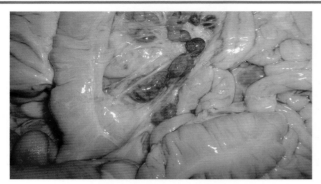

图 3.4.5-27 腹腔器官视诊：结肠所属淋巴结急性浆液性出血性淋巴结炎，急性型猪瘟

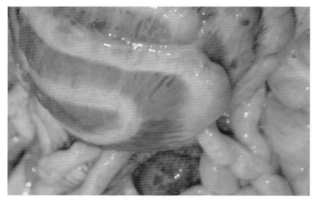

图 3.4.5-28 腹腔器官视诊：结肠系膜水肿，因慢性心肌衰弱引起

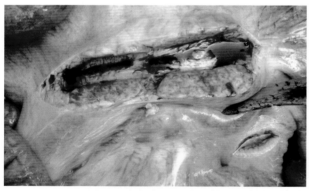

图 3.4.5-29 腹腔器官视诊：增生性肠炎，小肠系膜淋巴结肿大增生，切面灰白色

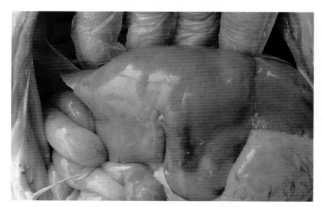

图 3.4.5-30 腹腔器官视诊：肝表面灰白色小病灶，为纤维素结节

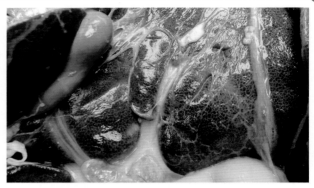

图 3.4.5-31 腹腔器官视诊：肝表面附有网状纤维素

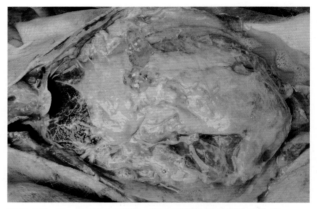

图 3.4.5-32 腹腔器官视诊：肝表面附有絮状纤维素伪膜

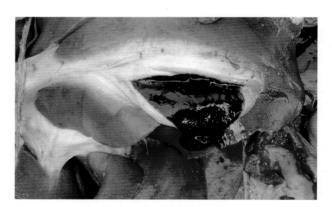

图 3.4.5-33 腹腔器官视诊：胆囊内浓稠胆汁

图 3.4.5-34 腹腔器官视诊：膀胱出血

三、腹腔器官的摘出

【脾与网膜的摘出】

将胃推向右侧，显露脾脏，分离网膜即可取出脾脏（图3.4.5-35～图3.4.5-38）。

图3.4.5-35 摘出脾术式:腹腔剖开后脾附于胃大弯部一般视检，即时拍照后即左手握住脾头用剪刀切离胃脾韧带，同时，检查所属淋巴结及脾其他部位有无出血梗死灶

图3.4.5-36 摘出脾术式:用剪刀剪离脾系膜

图3.4.5-37 摘出脾术式:用剪刀剪离脾系膜

图3.4.5-38 摘出脾术式:摘出后及时检查脾所属淋巴结是否肿大出血等变化

【肠管的摘出】

1. 摘出空肠和回肠　将结肠攀向右，盲肠向左牵引，即可见回盲韧带和回肠（图3.4.5-39），在距盲肠入口处15cm处结扎并剪断回肠（图3.4.5-40），一手握住回肠断端，一手用刀分离回肠、空肠的肠系膜（图3.4.5-41），直至十二指肠与空肠曲部再结扎剪断（图3.4.5-42），即可取出空肠和回肠（图3.4.5-43）。

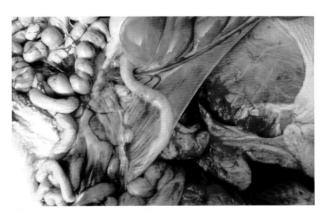

图3.4.5-39 小肠摘出:首先找到回盲肠韧带，用刀沿回肠切离直至回肠3cm处剪一作双重结扎，然后切断回肠，再左手握住断端切离肠系膜至十二指肠处即可切断小肠，即可摘出小肠

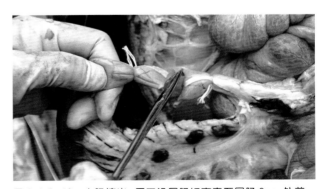

图3.4.5-40 小肠摘出:用刀沿回肠切离直至回肠3cm处剪一作双重结扎，然后切断回肠，再左手握住断端切离肠系膜至十二指肠处即可切断小肠，即可摘出小肠

图 3.4.5-41　小肠摘出：切离肠系膜

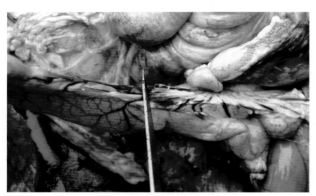

图 3.4.5-42　小肠摘出：切断小肠即可摘出小肠

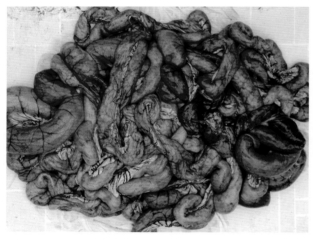

图 3.4.5-43　小肠摘出：小肠采取后展示，十二指肠有出血性卡他性炎症，空肠充气，没有明显回肠现象

　　2.摘出大肠　一手进入盆腔，挤出直肠宿粪，切断直肠，从断端向前分离肠系膜，至腹腔背脊部将结肠与十二指肠、胰腺之间的联系分离，切断大肠与背部的联系即可取出大肠（图 3.4.5-44～图 3.4.5-46）。

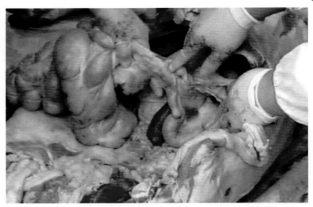

图 3.4.5-44　摘出大肠：首先找到肠系膜动脉根，用左手握住，再用刀切断之即可摘出大肠。切离肠系膜根部血管和韧带

图 3.4.5-45　摘出大肠：切离肠系膜根部血管和韧带

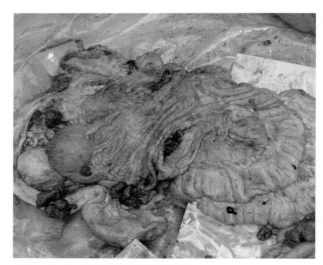

图 3.4.5-46　切离后大肠放置待检查

　　3.胃、十二指肠、肾、肾上腺、胰、肝脏可相继摘出　摘出肝脏应相继切离左右三角韧带和左右冠状韧带以及肝门，即可摘出肝（图 3.4.5-47～图 3.4.5-58）。

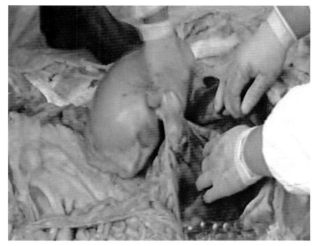

图 3.4.5-47　摘出胃：先左手握住胃食管贲门处

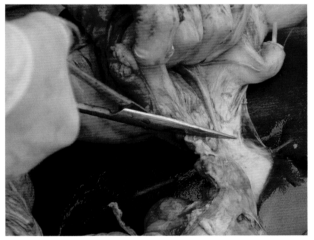

图 3.4.5-48　摘出胃：切离十二指肠术式，顶端右侧为食管

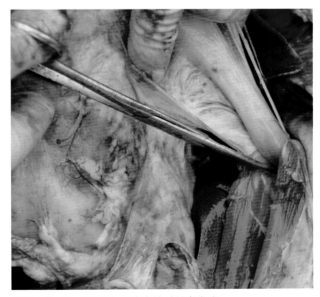

图 3.4.5-49　摘出胃：切离食管过程中术式

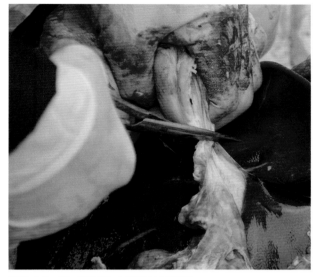

图 3.4.5-50　摘出胃：已切断十二指肠

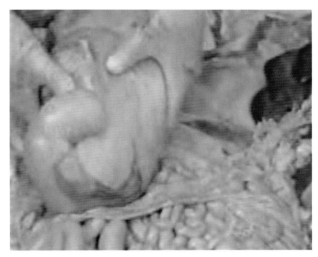

图 3.4.5-51　摘出胃

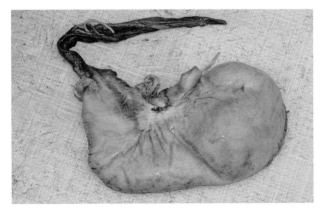

图 3.4.5-52　摘出胃展示

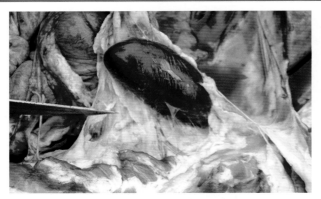

图 3.4.5-53 肾摘出术式：在腹腔腰部找到肾脏，剥离肾脂肪囊后切离周围结缔组织和血管、输尿管与肾，即可摘出肾脏和膀胱

图 3.4.5-54 肾摘出术式：肾视检同时找到肾上腺一并摘出

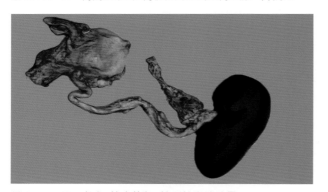

图 3.4.5-55 术式：摘出的肾、输尿管和膀胱展示

图 3.4.5-56 肝脏摘出：摘出肝脏应相继切离左右三角韧带和左右冠状韧带以及肝门，即可摘出肝，本图展示用刀切离肝韧带操作过程

图 3.4.5-57 肝脏摘出：用刀切离肝门，即将摘出肝

图 3.4.5-58 肝脏摘出：切离肝后隔膜及腹膜展示

第六节 胸腔剖开与器官摘出

一、胸腔剖开与视诊

【侧卧式胸腔剖开方法】

胸腔剖开前应检查胸腔是否真空。胸腔剖开有 2 种方法，首先切除胸骨及肋骨上附着的肌肉等软组织，再切断与胸壁相连的膈肌。现场通常用分离肋骨的方法；另外一种方法是锯除半侧胸壁，即用骨锯锯断与胸骨相连的肋软骨，最后在肋骨与脊椎处自后往前依次将肋骨锯断，然后将锯断的胸壁取下，从而暴露出胸腔（图 3.4.6-1 ～图 3.4.6-5）。

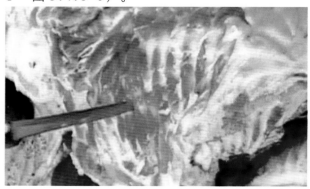

图 3.4.6-1 剖开胸腔之前检查胸腔是否真空：于 6 ～ 7 肋骨间用刀刺透胸壁观察是否真空，有嘶鸣声为真空

在第7肋软骨与胸骨连接处仔细剪断心包韧带，掀开胸骨柄便可窥视胸腔，观察心包大小，有无积液，有无胸水肺与有无胸壁粘连。

【胸腔视检】

1. 沿肋骨与肋软骨处剪开胸壁　即可观察胸膜光滑度，有无出血、黄疸，肋骨与肋软骨结合处有无串珠状肿(串珠状肿见于慢性猪瘟，软骨症以及其他钙代谢失调(图3.4.6-6)。

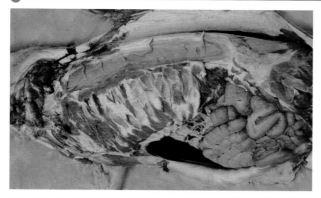

图3.4.6-2　胸腔剖开：首先切除胸骨及肋骨上附着的肌肉等软组织，再切断与胸壁相连的膈肌

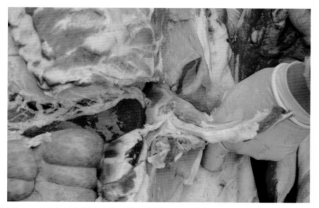

图3.4.6-3　胸腔剖开：现场通常用分离肋骨的方法

图3.4.6-6　肋骨与肋软骨结合处串珠状肿，猪瘟慢性型

2. 检查胸腔内容物　有无异常如血液、脓汁、腐败坏死物、寄生虫等(图3.4.6-7～图3.4.6-9)。

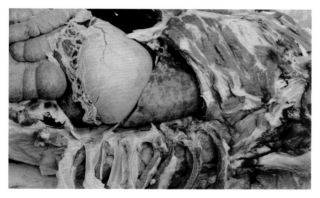

图3.4.6-4　胸腔剖开：用刀切离最后一根肋骨与相接肋骨间肌肉后，再用力扭转即可折断肋骨，依次相继割断之，完成此操作

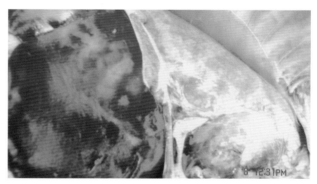

图3.4.6-7　胸腔剖开后见胸腔内积有多量淡黄色渗出液

图3.4.6-5　胸腔剖开：依次相继割断肋骨完成此操作

图3.4.6-8　肋膜纤维素：胸腔液呈淡黄红色，胸膜肺炎病变

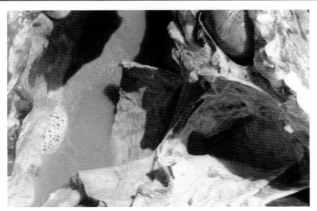

图 3.4.6-9　气性坏疽：产气荚膜梭菌引发的胸膜肺炎，胸腔内多量污浊液体，有气泡

3. 检查肋膜的性状　注意检查肋膜有无充血、出血、炎症、肥厚、机化、粘连等。（图 3.4.6-10～图3.4.6-12）。

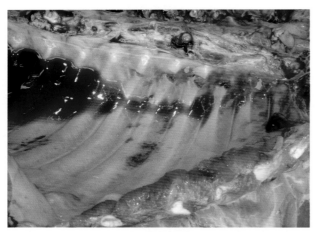

图 3.4.6-10　肋膜局灶性渗出性出血，为急性出血性病变

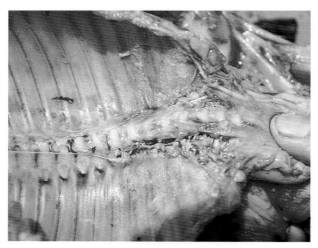

图 3.4.6-11　肋膜附有灰黄色纤维素呈弥漫性分布，为纤维素性肋膜炎

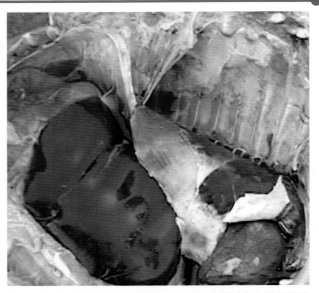

图 3.4.6-12　肋膜和肺表面附有一层灰黄色纤维素机化膜状伪膜

4. 检查骨的质度和脆性　用手弯曲肋骨或用刀刺胸骨来确定。

二、胸腔器官的摘出

【咽喉气管肺和心摘出】

分离咽喉部周围组织，切断咽喉与口腔的联系，将咽喉和气管一块分离到胸腔入口处，先把食道切断分离打结，即可分离到咽喉、颈部食道与气管、肺和心（图 3.4.6-13～图 3.4.6-20）。

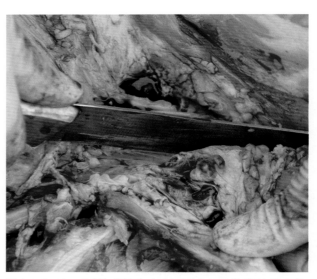

图 3.4.6-13　咽喉气管摘出：切断咽喉与口腔的联系，将咽喉、气管、一块分离到胸腔入口处，先把食道切断分离打结，即可分离到咽喉、颈部食道与气管

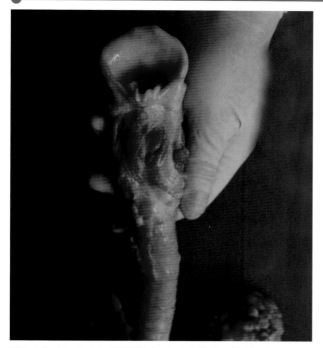

图 3.4.6-14　分离气管周围组织，切断气管周围的联系结果展示

图 3.4.6-15　心肺摘出：展示摘出肺时切离胸前壁联结的周围结缔组织术式操作过程

图 3.4.6-16　肺和心摘出：从胸腔入口向后牵引气管，分离肺脏附着于脊背的组织，即可取出心肺

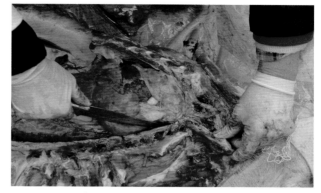

图 3.4.6-17　肺和心摘出：展示胸前淋巴结

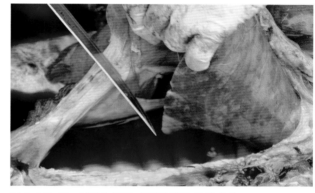

图 3.4.6-18　肺和心摘出：切离气管与食管术式

图 3.4.6-19　肺和心摘出：切离肺纵隔结缔组织术

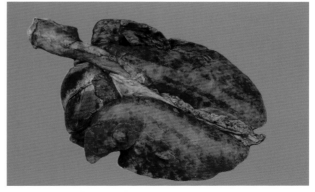

图 3.4.6-20　肺和心摘出：心肺摘出

第七节 盆腔脏器摘出

1.膀胱的摘出 若膀胱充满尿液,应在膀胱顶穿刺抽出尿液并计量,再将空虚的膀胱从顶部提起,在膀胱颈远端切断摘出(图3.4.7-1)。

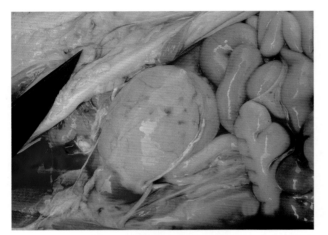

图3.4.7-1 盆腔中膀胱充满尿液,并有出血斑点,为猪瘟病毒所致

2.母猪生殖器摘出 从阴门两侧切开皮肤,分离阴门、阴道、子宫颈与周围组织的联系,并将它们拉回腹腔,再切断子宫韧带即可将母猪生殖器摘出(图3.4.7-2～图3.4.7-8)。

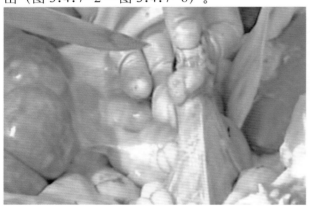

图3.4.7-2 准备摘出子宫时展示卵巢状态

图3.4.7-3 准备摘出子宫时展示子宫系膜状态

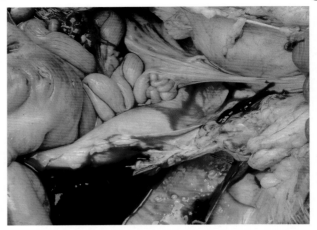

图3.4.7-4 骨盆腔中子宫角及卵巢视诊,卵巢暗紫红色出血明显,为猪瘟病毒所致

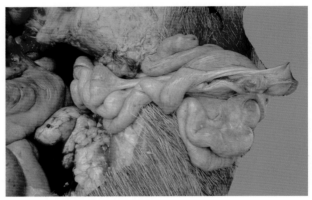

图3.4.7-5 视检子宫角和子宫体

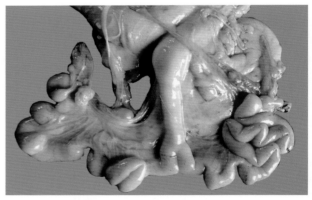

图3.4.7-6 摘出的子宫角及卵巢浆膜出血

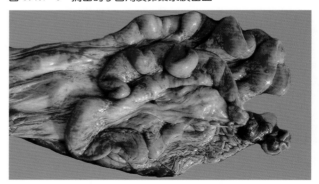

图3.4.7-7 展示卵巢出血

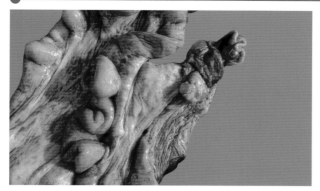

图3.4.7-8　摘出母猪生殖器官展示，图可见有子宫角与卵巢中发育的卵泡

3.公猪生殖器摘出　切开鼠蹊孔，把睾丸、附睾丸、输精管引入腹腔；从包皮囊处切开皮肤，沿阴茎直切到盆腔入口。剥离周围组织，将阴茎附着在腹壁上的部分拉回到腹腔，切去它们与肛门、盆腔联系即可摘出。要注意在切除时要保留附着在阴茎上的精囊、前列腺、尿道球腺。

第八节　开颅与颅腔视检

对生前有神经症状的病尸或剖检中认为有开颅必要时才做开颅检查。正规开颅较复杂，现实临床上难以实施。简易开颅检查如下：

1.开离颅腔锯线　将病尸匍卧，摆正头部，在额部顶端横切皮肤，直到骨膜，再从横切线两端分别向对侧两眼眶前缘连线与颅中线交点处做一皮肤切口。使皮瓣呈倒三角形，剥离皮瓣、筋膜，在靠三角形边缘处用钢锯做同样的三角形锯线，仔细锯断额骨，将手术刀刀柄插入锯缝，掀开额骨，便可见到大脑组织（图3.4.8-1～图3.4.8-2）。

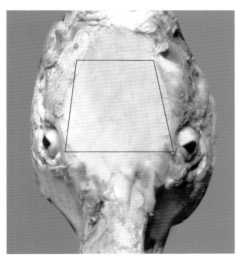

图3.4.8-1　*颅腔剖开术式：锯线模式图*

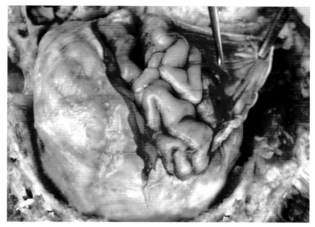

图3.4.8-2　*颅腔剖开术式：用镊子和剪刀操作剪开脑膜术式*

2.取脑　将锯下的额骨翻转可见硬膜（图3.4.8-3），观察硬膜有无充血、出血、炎症，与软脑膜有无粘连。正常硬脑膜内表面灰白色、平滑、湿润、有光泽。观察软脑膜血管充盈度，有无出血、混浊及附着物。正常大脑有明显的脑回与脑回沟（图3.4.8-4）。

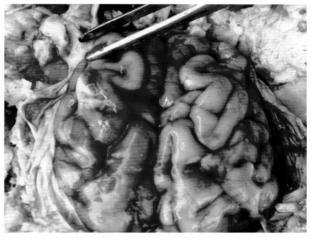

图3.4.8-3　*颅腔剖开术式：用镊子和剪刀操作剪开硬脑膜露出大脑术式*

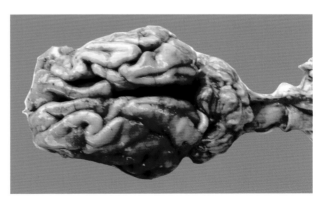

图3.4.8-4　*颅腔剖开术式：摘出后大脑正面外观*

第五章　尸体内部检查技术

【器官检查的重要意义】

器官检查：一是尸体剖检核心部分；二是病理解剖学诊断基础资料；三是病理学诊断的科学依据；四是注意机体器官共性和个性，例如"出血"在皮肤、胃肠黏膜、浆膜、肺、心、肾、膀胱、肝、脑、淋巴结等都有不同表现形式，"炎症"在胃肠、肺、心、肾、肝、脑、脾、淋巴结等亦有不同表现特征，胃、肠、肺为渗出性炎，肝、肾、心等器官为实质性炎，淋巴结和脾可出现渗出性炎和增生性炎；五是检查关键是发现每种器官特殊性的基础上出现的病变特征。应当明确剖检术式与检查的关系，术式是手段，为检查创造方便，有利检查顺利进行；检查是发现辨认病变过程，是结果。检查是病理专业工作者技术工作的专业技能基本素质的综合体现。

【器官检查步骤】

检查时应把器官放在备好的检查台上。器官的检查顺序除特殊情况外，一般先检查颈部和胸腔器官，然后依次检查腹腔、骨盆腔器官，胃肠通常最后进行。脏器的检查最好在采出的当时进行，同时拍照和录像，因为此时脏器还保持着原有的病变状态，易判定病变性质。如果时间过久，受环境温湿度影响，器官湿润度和色泽发生很大变化，检查时会有困难。

但是边采出边检查的方法，在实际工作中也常感不便，因在对胸腹腔脏器的概况了解不够的情况下进行检查，特别是对大小肠的检查，往往会花很多时间，而且又会影响重点的检查。所谓重点检查是指与病猪发病和致死原因有关的病变，通常腹腔、胸腔和颈部各器官和病猪发病致死等问题的关系最密切。

【器官检查规范】

对器官的位置、体积、容积、外观、色泽、形态、质度、光泽度以及被膜状态进行检查，才能发现其病变。一般先检查颈部和胸腔器官，然后依次检查腹腔和骨盆腔器官，胃肠通常最后进行，以防弄脏器械，手和剖检台等设备，影响检查效果。总之，检查顺序要服从于检查目的，不应墨守成规，检查中已有重点，要细致搜索和观察病变，又要照顾到全身一般性检查。脏器的检查前要注意保持其原有的湿润程度和色彩，尽量缩短其在外界环境中暴露的时间。

【器官外观和整体检查】

器官的检查应遵循一定的规范，对器官的位置、体积、容积、外观、色泽、形态、质度、光泽度以及被膜状态进行检查，才能发现其病变。器官的检查对器官病理解剖学诊断具有重要意义。

【器官内容物检查】

胃、肠、子宫、膀胱、心脏等器官内容物数量、性状、颜色等的检查对诊断亦然有价值。

【器官切面检查】

器官外观和整体检查是尸体剖检过程的一方面，有时无法判定病变性质，必须做切面检查才能作出正确诊断。作者特在此提示作尸体剖检时，剖检者必须对每一例的器官作切面检查，否则所做的病理解剖学诊断即使是正确的，其科学依据也不充分。尤其是肺，必须做纵切和横切才能确切病变性质，切面检查是鉴别肺充血、出血、大叶性肺炎、小叶性肺炎等关键技术。否则只见森林不见树木，结果流于形式而作不出任何诊断。对肝、肾、脾、淋巴结应作切面检查。胃肠等管状器官也要进行切开检查，同时，对其黏膜变化仔细检查，尤其是肠黏膜淋巴滤泡检查对判定猪瘟有重要意义，心脏还应作心内膜检查。

【检查技巧】

技巧概念字典意为表现在艺术、工艺等方面的巧妙的技能，灵活运用解决客观存在的事物过程。

在兽医病理解剖学应理解如下：用哲学、生物学、兽医学、运筹学的基本理论指导；以疾病的临床流行学、病理学的特征，用综合分析的方法作出疾病的判断：①是辩证法在专业技术方面的科学应用。②是专业工作者智慧充分发挥的创新过程体现。③是兽医学各学科理论综合灵活运筹过程。④是本专业系统工程应用过程，与专业基础、阅历、资料贮备量、经验多少有关。⑤第一快速反应，要求准确、迅速作出诊断，提出制订有效防控措施，了解疾病始终。⑥在全面系统观察和综合分析的基础上，探索死因并作出疾病的诊断。⑦动物体是由许多系统及器官构成的一个完整的统一体。各系统之间相互联系、相互影响、相互制约和相互依存，彼此协调。这些系统及器官在神经体液调节下共同完成统一的生命活动。⑧防止主观臆断，见到猪瘟典型病变即作出猪瘟诊断，当即停止继续剖检检查工作，而实际上原发病尚未发现。网络上基层同行常发来电子照片，对心肌未做切面检查将恶性口蹄疫虎斑心漏检了，这是国家一类疫病却未能检出，是一项重大失误。因此，对当前混合感染诊断应引起关注，一定要尽职尽责要做系统检查。

技巧概念结论：观察－综合－分析－技术创新过程。

第一节　口腔、舌检查

检查口腔、舌黏膜的外观状态，特别舌下黏膜是否有出血、疱疹、溃疡等变化，然后沿舌体正中线作一纵切和数个横切口，检查肌层黏膜色泽、质度等，是看是否有变性坏死等变化。白肌病时，舌肌层常有变化，常见病变如图3.5.1-1～图3.5.1-8所示。

图 3.5.1-3　舌检查：检查舌背面形态、颜色状态

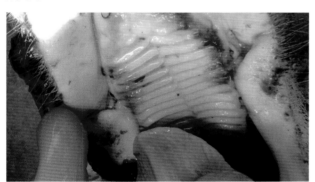

图 3.5.1-1　猪上颚黏膜出血性浸润，为猪瘟病毒所致

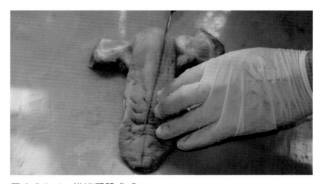

图 3.5.1-4　纵切舌肌术式

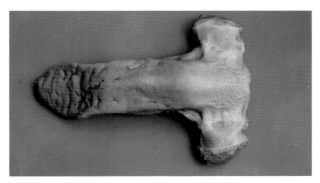

图 3.5.1-2　舌检查：检查舌表面有无水泡、溃疡、出血、炎症等病变

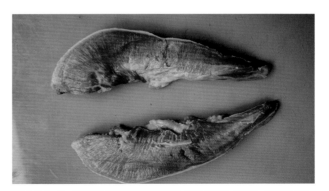

图 3.5.1-5　观察纵切舌肌切面状态，有否出血、变性、坏死灶等

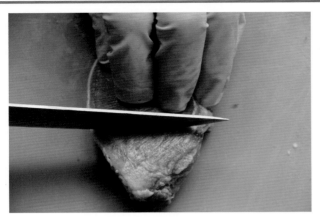

图 3.5.1-6　横切舌肌术式

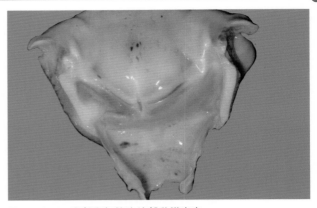

图 3.5.2-1　喉部和气管连接部黏膜出血

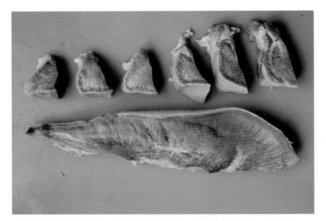

图 3.5.1-7　观察舌肌切面状态，有否出血、变性、坏死灶等

图 3.5.2-2　会压黏膜出血点

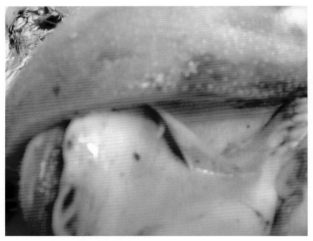

图 3.5.1-8　表面溃疡面

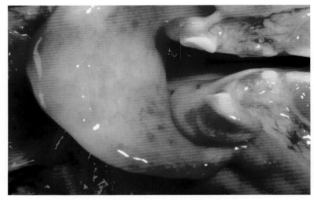

图 3.5.2-3　喉部会压黏膜炎性充血水肿

第二节　咽和喉头及扁桃体检查

　　首先视检咽和喉头黏膜状态，色泽，有无充血、出血。重点检查扁桃体黏膜有否肿胀、化脓、坏死等变化，常见病变见图 3.5.2-1 ～图 3.5.2-6。

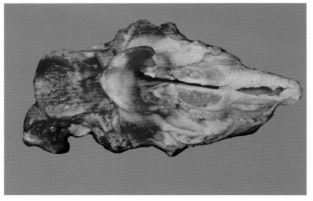

图 3.5.2-4　展示咽部与喉头会压及气管前部炎性充血水肿变化

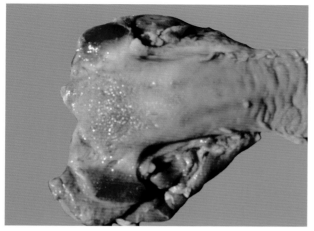

图 3.5.2-5　扁桃体隐窝明显出血坏死,黏膜轻度肿胀

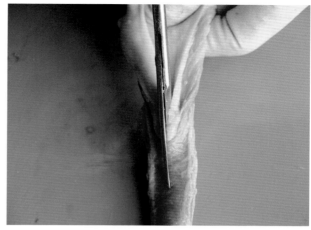

图 3.5.3-2　食管检查:用剪刀剪离食管壁术式操作过程中展示

图 3.5.2-6　扁桃体病变:眼观黏膜肿胀弥漫性出血

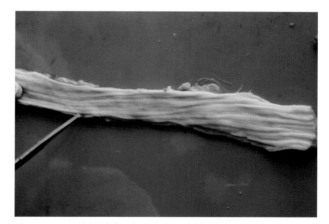

图 3.5.3-3　食管检查:术式完成后食管黏膜状态展示

第三节　食道检查

用剪刀剪开食道,并观察食道黏膜状态,有无损伤、扩张及憩室或狭窄等变化,常见病变见图 3.5.3-1 ～图 3.5.3-4。

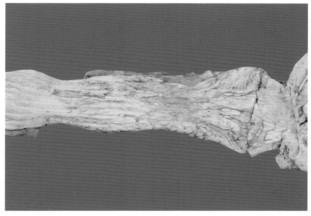

图 3.5.3-4　食管检查:末端食管黏膜溃疡灶

图 3.5.3-1　食管检查:左手握住食管前端用剪刀剪离食管壁术式展示

第四节　甲状腺、副甲状腺、唾液腺、胸腺检查

观察它们的体积大小、形状、颜色和质度,然后切开,从切面上可观察实质与间质有无异常变化,见图 3.5.4-1 ～图 3.5.4-4。

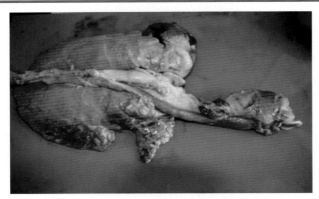

图 3.5.4-1 猪甲状腺位于胸前口处气管腹侧面,其侧叶和腺峡结合为一体,呈深红色

图 3.5.4-2 放大图可见侧叶和腺峡叶形态,外观呈深红色

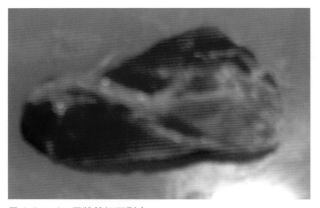

图 3.5.4-3 甲状腺切面形态

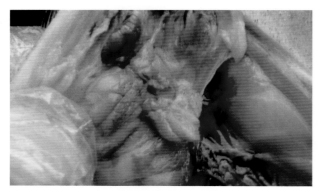

图 3.5.4-4 猪下颌腺切面腺体小叶形态

第五节 心包检查

心包是一个浆膜囊,由内外两层构成,包在心脏外和大血管的基部,内层密着在心脏分出血管的基部,称心外膜,在心脏及在血管的基部向外侧翻转的另外一层包在心脏外面的膜称外层,即通常所谓的心包,内外两层之间称为心包腔,内有少量淋巴液,用手或镊子提起心尖部心包,用剪刀剪开一切口,观察其心包液的数量、性状、色泽、透明度以及有无纤绒毛机化灶、粘连等。

心包主要病变是心包炎,为心包壁层和脏层浆膜的炎症。心包蓄积大量炎性渗透出物,按渗出物性质分浆液性、化脓性、纤维素性、腐败性,是许多疾病过程中常出现的病理过程。一般急性经过,开始为浆液性,随后发展为纤维素性,最后形成浆液性纤维素性或腐败性心包炎。眼观:初期心包浆膜的毛细血管充血,进而有大量浆液性渗出物,则心包腔内有大量淡黄色炎性渗出物,随炎症发展间皮细胞肿大、脱落和白细胞游出,由于纤维素的渗出,在心包的内面和心外膜表面出现绒毛状纤维素条索交织成网,外观成绒毛状,所以又称绒毛心。随病程进展,纤维素被机化可发生心包和心外膜粘连。此外常见有纤维素呈膜状,绒毛状附着在心外膜上,严重的纤维素心包炎,心外膜与心包外层相互粘连,有时难以剥离。

发现心包炎时,应仔细观察记录。常见病变见图图 3.5.5-1 ～图 3.5.5-14。

图 3.5.5-1 心包检查:胸腔剖开时心包状态,隐约可见心包腔内多量淡黄色心包液,心包外膜附有少量沉积的脂肪

图 3.5.5-2 心包检查：剪开心包术式

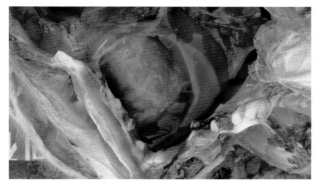

图 3.5.5-3 心包检查：心包腔内多量淡黄色炎性渗出液，内有纤维素呈丝纹样，表面附薄雾状纤维素条索

图 3.5.5-4 心包检查：心包腔内多量心包液凝固呈胶冻样，多为急性心包炎渗出阶段病理过程出现，可致心肌急性衰竭而突然因心源性休克死亡

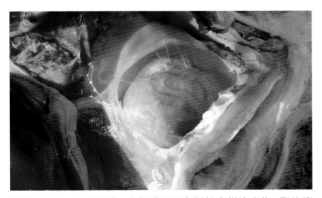

图 3.5.5-5 心包检查：心包液性状有纤维素样渗出物，副猪嗜血分枝杆菌病心包的浆膜纤维素炎

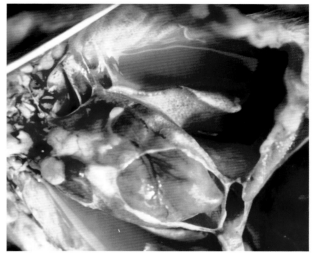

图 3.5.5-6 心包检查：心包液淡黄红色，外膜表面出现少量绒毛状纤维素条索

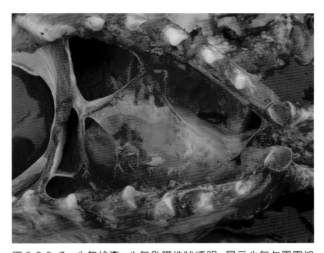

图 3.5.5-7 心包检查：心包外膜性状透明，展示心包与周围组织有纤维素粘连

图 3.5.5-8 心包检查：慢性纤维素性心包炎，纤维素被机化心包和心外膜粘连

图 3.5.5-9　心包检查：心包剪开后少量心包液，心肌表面有条纹状灰白色病灶，注意与纤维素条块鉴别，条块应凸出心肌表面

图 3.5.5-10　心包检查：化脓性纤维素性心包炎

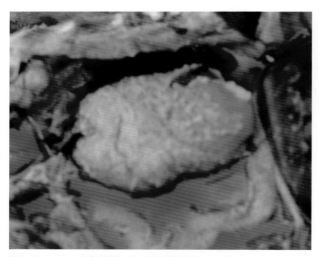

图 3.5.5-11　心包检查：化脓性纤维素性心包炎

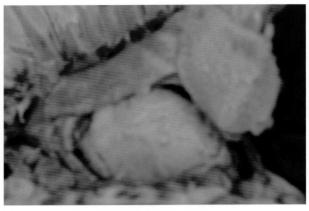

图 3.5.5-12　心包检查：绿脓杆菌类心包炎

图 3.5.5-13　心包检查：心表面附一层灰黄色纤维素薄膜，心包腔内积有灰白色胶冻样液状物

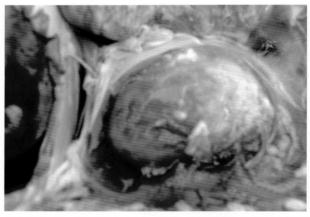

图 3.5.5-14　心包检查：心包剪开后展示急性纤维素性心包炎形态特征

第六节　心脏外部检查

【心肌表面检查】

　　首先视检心脏外观形态，心脏充盈状况，确定心冠纵沟脂肪量和性状，出血点，条纹状的出血斑，

检查心肌表面有无白色条纹状的变性死灶，观察心房心室大小，心肌表面有无出血变性坏死灶等（图3.5.6-1～图3.5.6-7）。

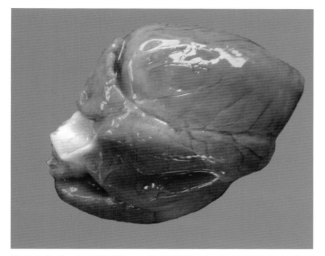

图3.5.6-1 心外部检查：心外部检查示心脏冠纵沟处黄色胶冻样浸润

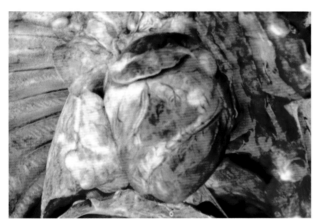

图3.5.6-2 心外部检查：心肌变性扩张状态，纵沟处心肌出血明显，冠状血管充盈，其分支小血管明显

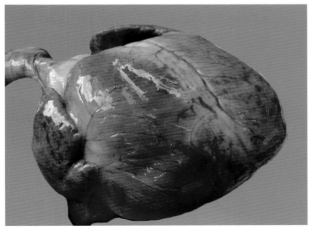

图3.5.6-3 心外部检查：心肌外观扩张状态，多因急性心肌纤维变性收缩力减弱而血液积留于心内所致

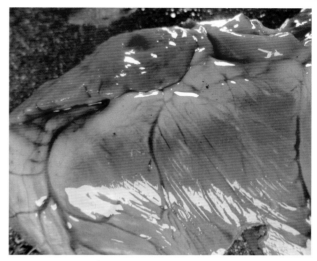

图3.5.6-4 心外部检查：心室肌表面弥漫性多个灰白色变性坏死灶

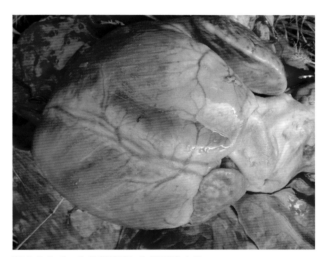

图3.5.6-5 心外部检查：心肌纵沟水肿

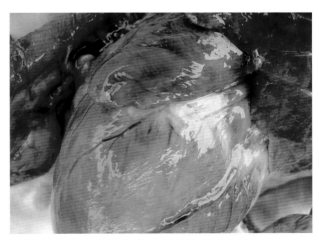

图3.5.6-6 心外部检查：展示心肌表面弥漫性出血

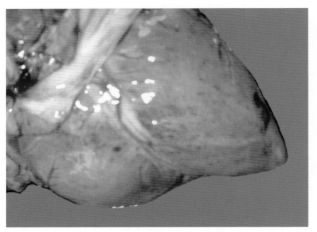

图 3.5.6-7　心外部检查：心肌外观土黄色无光泽，灰黄与土黄条纹互相交替形成变性灶

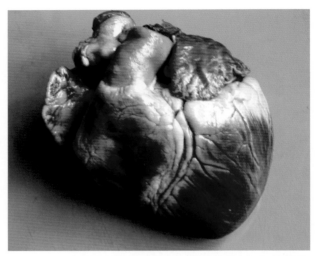

图 3.5.7-1　心脏前面观：依前面冠状沟为界左侧上为右心耳下为右心室，与之相连的血管是肺动脉，右侧上为左心耳下为左心室

【心脏血管检查】

首先视检冠状血管，冠状动脉在主动脉出口处开始，用眼科剪刀，剪开冠状动脉及其分支，观察有无血栓形成等。对大动脉要检查其动脉内膜有无异常斑点、粗糙、肥厚、钙化灶等，此外还应检查胸主动脉，腹主动脉的外膜有无出血等变化，内膜主要观察色泽，性状有无变化（图 3.5.6-8）。

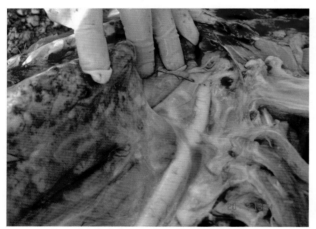

图 3.5.6-8　胸主动脉展示

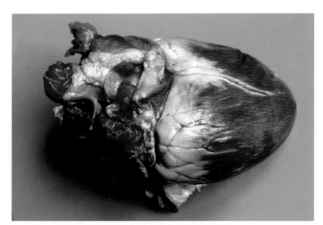

图 3.5.7-2　展示心脏血管，红色为动脉血，蓝色为静脉血。分别为左心室射出到主动脉弓的含氧的鲜红色血液，右心室射出到肺动脉的含二氧化碳的暗红色血液

第七节　心脏内部检查

心脏内部检查，首先观察心脏形态同时确认心脏血管种类（图 3.5.7-1 ～图 3.5.7-3）。心脏的切开一般顺血流方向先从后腔静脉将右心房剪开（图 3.5.7-4 ～图 3.5.7-7），然后用肠剪沿右心室缘剪至心尖部（图 3.5.7-8 ～图 3.5.7-10），再从心尖部，距心室中隔约 1cm 将右心室前壁及肺动脉剪开，检查右心各部分（图 3.5.7-11）。

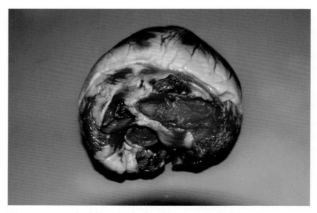

图 3.5.7-3　心脏的切开方法：展示心脏相连血管，红色为动脉血其中有肺静脉和主动脉，蓝色为静脉血其中有后腔静脉和肺动脉

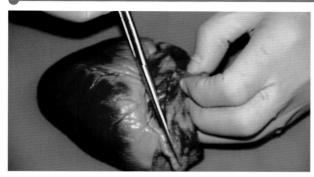

图 3.5.7-4　心脏的切开方法：心脏的切开一般顺血流方向先从后腔静脉将右心房剪开

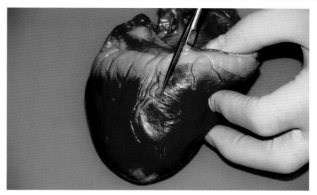

图 3.5.7-8　心脏的切开方法：然后用肠剪沿右心室缘剪开右心室

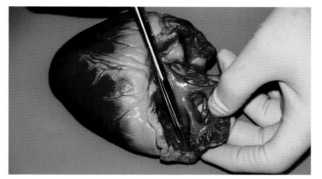

图 3.5.7-5　心脏的切开方法：展示正在剪开右心房操作术式

图 3.5.7-9　心脏的切开方法：用肠剪沿右心室缘剪至心尖部的第一切口

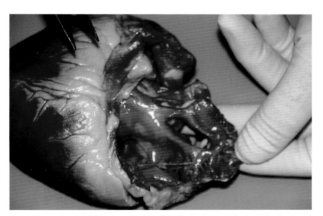

图 3.5.7-6　心脏的切开方法：剪开右心房后观察心内膜状态

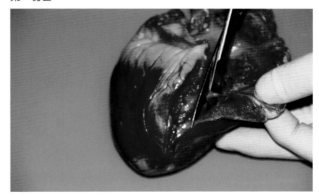

图 3.5.7-10　心脏的切开方法：剪至心尖部

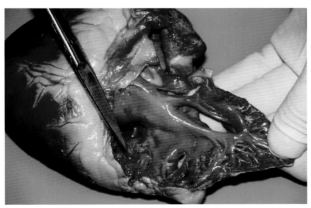

图 3.5.7-7　心脏的切开方法：进一步观察三尖瓣状

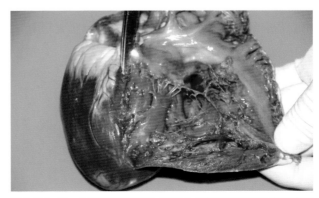

图 3.5.7-11　心脏的切开方法：剪至心尖部后展开右心室观察三尖瓣心内膜等

左心切开从左右心肺静脉之间剪开左心房（图3.5.7-12），检查二尖瓣口有无狭窄（图3.5.7-13～图3.5.7-18），再沿左心室左缘剪至心尖部，从心尖部沿心室中隔左缘向上剪开左心室（图3.5.7-19），直至靠近肺动脉根部时（图3.5.7-19～图3.5.7-20），尽量避免剪断左冠状动脉回旋支，在左冠状动脉主干左缘，即在肺动脉干与左心房间剪开动脉。

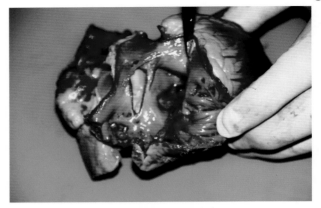

图 3.5.7-15 剪开左心耳后展示心内膜状态

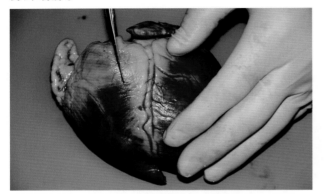

图 3.5.7-12 心脏的切开方法：左心剖开时首先用剪刀剪开左心耳

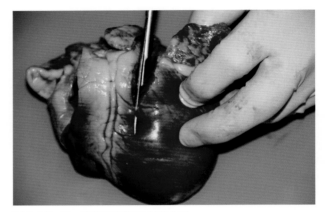

图 3.5.7-16 用剪刀剪开左心室术式

图 3.5.7-13 心脏切开法：左心剖开时首先用剪刀剪开左心耳操作过程中

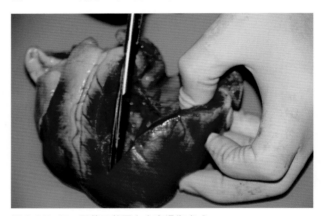

图 3.5.7-17 用剪刀剪开左心室操作术式

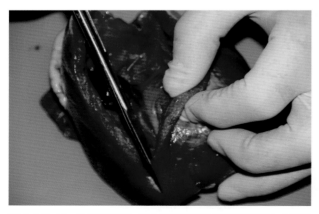

图 3.5.7-14 心脏切开法：左心剖开时首先用剪刀剪开左心耳操作过程中

图 3.5.7-18 左心室内膜状态

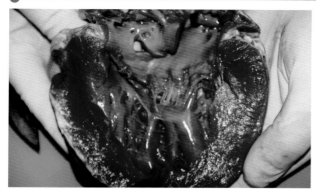

图 3.5.7－19　心脏切开法：展示心膜状态

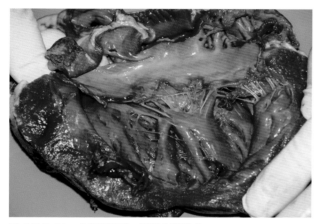

图 3.5.7－20　心脏切开法：展示心膜状态

心腔切开过程应检查心脏内血液数量性状以及心内膜，光泽度，有无出血，同时，要注意观察心瓣膜有无肥厚或缺损，瓣孔有无狭窄或扩张，血栓形成等。检查腱索的粗细，有无断裂情况，对心肌的检查，根据要求可测定心室壁的厚度，正常左室为右室壁厚的 3 倍（3 : 1），同时，观察心肌质、色泽、肌僵程度、有无变性、坏死、出血、瘢痕、检查心肌变化时，可沿室中隔横切开心脏，然后进行观察（图 5.4.7－21 ～图 5.4.7－32）。

图 3.5.7－21　心脏切开方法：于心冠纵沟处 1cm 纵切心肌后切面可观察左右心耳心室状态

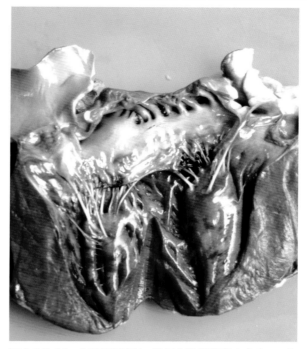

图 3.5.7－22　心脏切开方法：纵切心肌后观察左心室、二尖瓣及乳头肌和左心耳

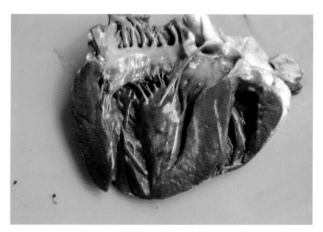

图 3.5.7－23　展示左心耳和左心室二尖瓣及乳头肌、心内膜

图 3.5.7－24　展示左心室肌纵切面及主动脉血管内膜及右心室部分状态

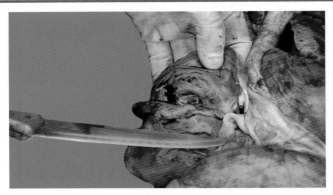

图 3.5.7−25 单独纵切右心室，观察心内膜及肺动脉内膜情况

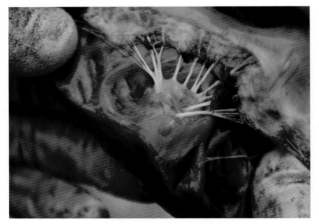

图 3.5.7−26 单独纵切左心室，观察心内膜情况

图 3.5.7−27 横切心肌观察是否有病变出现可防止漏检，如心肌型口蹄疫

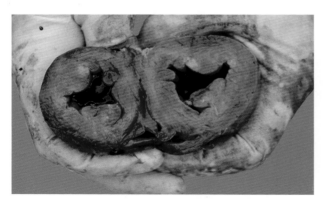

图 3.5.7−28 横切心肌切面出现灰白色坏死灶是心肌型口蹄疫

图 3.5.7−29 心脏内部检查：右心内膜出血性浸润

图 3.5.7−30 心脏内部检查：心半月瓣出血点和心肌灰白色坏死灶

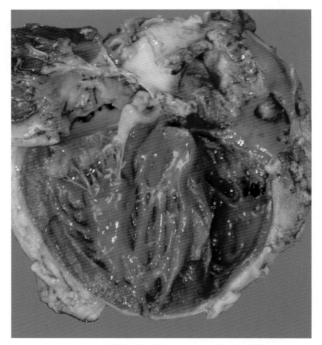

图 3.5.7−31 心脏内部检查：展示有心包炎的心脏纵切面，可见外层增厚是心包因纤维素性炎所致

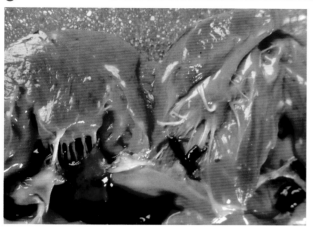

图 3.5.7-32　心脏内部检查：左心室内膜灰白色变性坏死灶

第八节　喉、气管及支气管检查

【喉和气管检查】

首先对喉、气管外部进行一般检查，然后用剪刀剖开喉部后角。继续沿气管背侧剪开主气管及两侧基础支气管干，然后观察喉、气管及支气管干黏膜，有无充血、出血、肿胀、伪膜、溃疡、瘢痕、寄生虫等变化，与此同时，要检查黏膜色泽，管腔内容物的数量、性状色泽以及有无泡沫（图 3.5.8-1～图 3.5.8-8）。

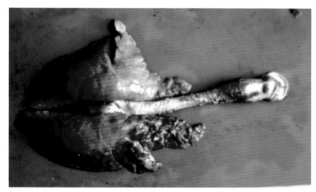

图 3.5.8-1　待检的喉部气管及肺的外观形态展示

图 3.5.8-2　观察喉咽部的勺状软骨和会压软骨黏膜状态

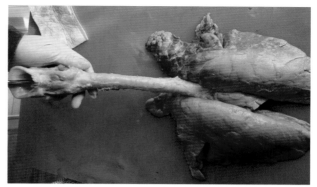

图 3.5.8-3　用剪刀剖开喉部后角

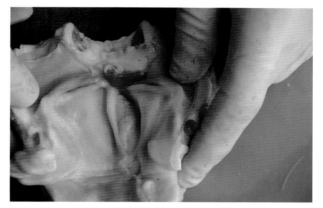

图 3.5.8-4　用剪刀剖开喉部后角，观察黏膜情况

图 3.5.8-5　用剪刀剪开气管术式

图 3.5.8-6　剪开气管后观察气管及黏膜状态。管腔内有多量泡沫样物

图 3.5.8-7　剪开气管后观察气管及黏膜状态。管腔内有大量泡沫样物

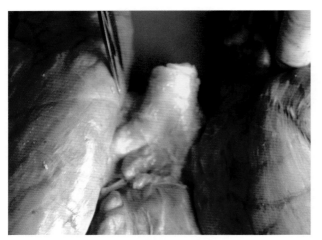

图 3.5.8-8　正常猪气管所属淋巴结灰白色呈圆形

【支气管检查】

支气管检查的同时要注意检查支气管纵隔、淋巴结的变化（图 3.5.8-9～图 3.5.8-16）。

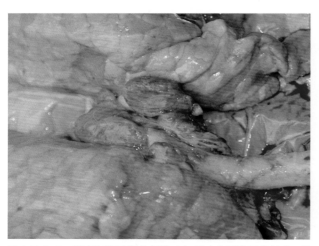

图 3.5.8-9　检查气管基部左侧肺支气管分支部淋巴结状态，淋巴结肿大出血，并有肺表面出血点均为猪瘟病变

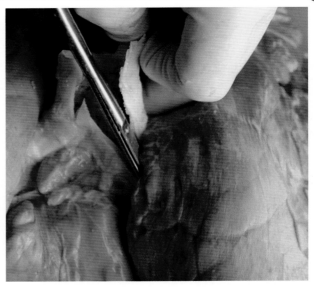

图 3.5.8-10　检查支气管：首先用剪刀剪开气管，左侧或右侧支气管，然后继续向支气管前端剪至肉眼不可识时为止

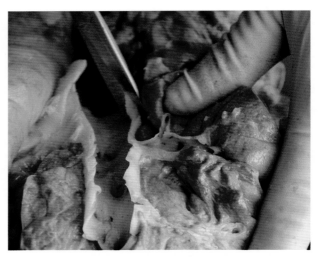

图 3.5.8-11　检查气管黏膜：用剪刀剪开气管展示

图 3.5.8-12　肺检查：展示纵切面

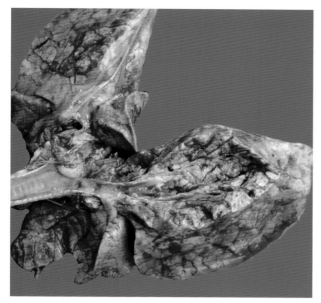

图 3.5.8-13　检查支气管：进一步展示左侧肺支气管腔和黏膜状态

图 3.5.8-14　检查支气管：展示支原体肺炎肉色样纵切面

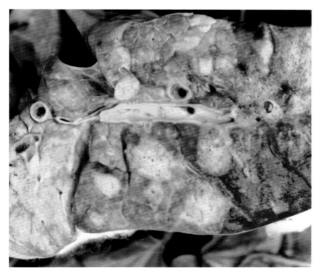

图 3.5.8-15　检查支气管：检查支气管纵切面全貌状态

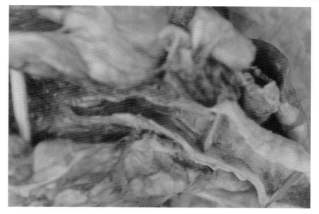

图 3.5.8-16　甲醛固定标本支气管纵切面

第九节　肺检查

【肺外观表面检查】

　　检查之前先将肺脏的背面向上放置，检查肺小叶硬度和含气量，肺表面是否平坦有无气肿，然后检查肺的体积形态以及肺胸膜颜色、光泽度、萎陷、出血、纤维素、炎症灶等。外部检查之后对已发现的异常部分，要确定其体积、形态、色泽、质度，然后对其病灶作切面检查，判定其病变的性质（图3.5.9-1～图3.5.9-4）。

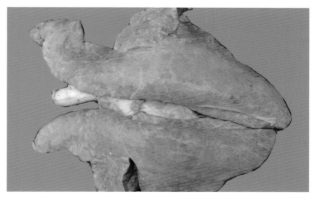

图 3.5.9-1　肺检查：将肺背面向上，检查肺脏体积形态，肺胸膜色泽，肺表面

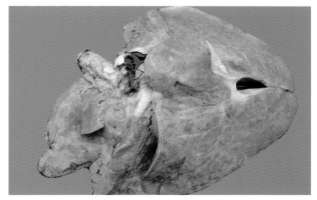

图 3.5.9-2　肺检查：将肺脏腹面向上做同样检查

图 3.5.9-3　肺检查：检查肺门淋巴结。肺门淋巴结高度肿胀淡黄色，肺隔叶肿大黄粉红色呈实变样，右隔叶散在肺炎症灶，淋巴结与肺为圆环病毒病变

图 3.5.9-4　肺检查：肺隔叶表面密集出血斑点是猪瘟病变，右侧部浆膜面出血灶散在

图 3.5.9-5　肺检查：肺切面，亦有出血，此症全肺组织出血，非单纯性肺浆膜出血，对诊断时定病性时提供参考

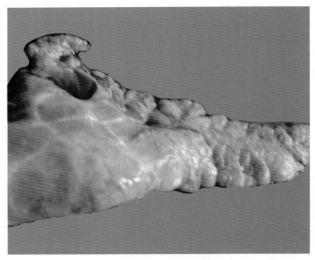

图 3.5.9-6　肺检查：展示另一例肺支原体肺炎，心叶严重，肺萎陷病变，萎陷部条纹状凹陷，其周边为代偿性肺气

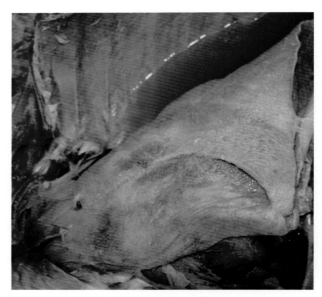

图 3.5.9-7　肺检查：展示肺表面附有网状灰白色纤维素

【肺内部检查】

外部检查之后，检查肺内部变化，最好用先纵后横切法，检查肺时，将左右两肺叶分别各做纵切和横切观察肺组织的血液含量、色泽、间质的宽度、色泽以及血管充盈程度和有无血栓等，再检查支气管内的状态，腔内有无内容物，如食物、药物、寄生虫、脓性分泌物、干酪样物，同时，观察支气管黏膜的颜色，有无充血、出血。对肺各部遇有异常病灶，切开病灶，将病灶切成小方块，投入清水中，如含气体则浮于水面上，若沉入水底，则为肺炎或无气肺。肺常见为肺淤血、水肿、气肿、其次为肺炎、肺膨胀不全、肺纤维化、肺脓肿、肺坏疽等，为便于读者学习，本节将外部与内部检查结合叙述（图3.5.9-5 ～图 3.5.9-20）。

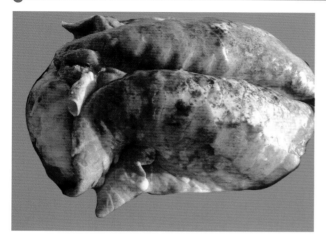

图 3.5.9-8　肺检查：示心叶与尖叶胰样变

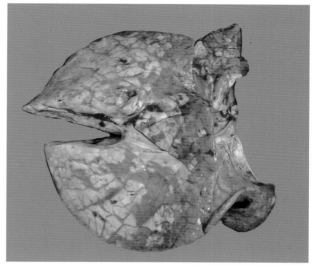

图 3.5.9-11　肺检查：肺支原体肺炎病灶呈肉样变，隔叶小叶间增宽，有块状肺炎灶散在分布，混合感染

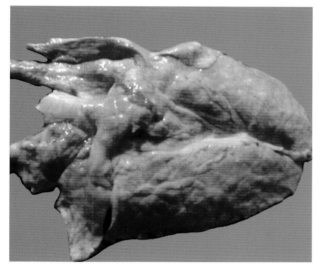

图 3.5.9-9　肺检查：支原体肺炎，心叶尖叶病变分布不一，呈岛屿状，肺气肿灶呈凸面见有肺炎充血灶，为蓝耳病继发的间质性肺炎灶

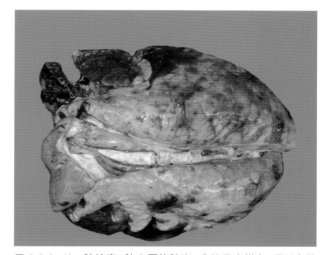

图 3.5.9-12　肺检查：肺支原体肺炎，病灶呈肉样变，隔叶有块状出血性肺炎灶散在分布，混合感染

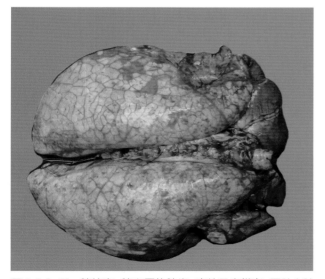

图 3.5.9-10　肺检查：肺支原体肺炎，病灶呈肉样变，隔叶小叶间增宽，有块状肺炎灶散在分布，混合感染

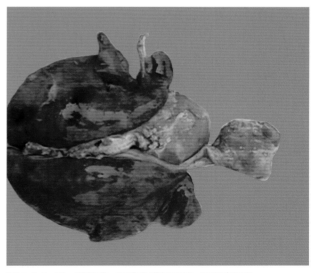

图 3.5.9-13　肺检查：死胎没通气死肺，外观暗红色

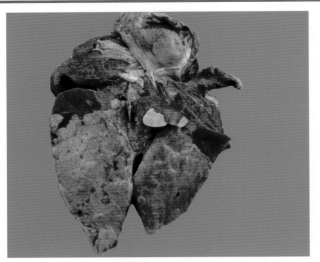

图3.5.9-14　肺检查：肺隔叶面支原体肺炎肉样变明显，隔叶变化不显著

图3.5.9-17　肺检查：一侧肺支气管剪开后管腔内有灰白色泡沫状分泌物

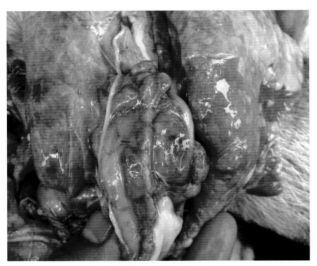

图3.5.9-15　肺检查：肺门淋巴结肿胀呈灰白色水肿样，各淋巴结间有黄色　冻样浸润，为支原体肺炎与圆环病毒混合感染

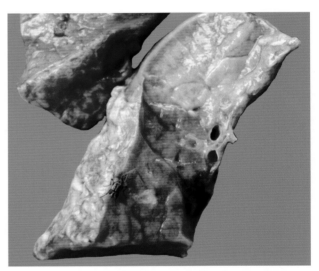

图3.5.9-18　肺检查：肺横切面，中下部为实变区，上部为代偿性肺气肿，左上部肺叶为病变区

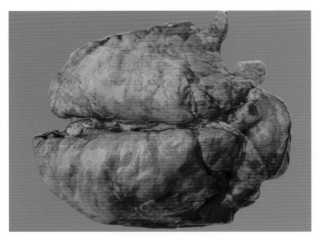

图3.5.9-16　肺检查：支原体肺炎心叶尖叶病变分布不一，呈岛屿状，气肿灶呈凸面，有肺炎充血灶，为蓝耳病继发的间质性肺炎灶

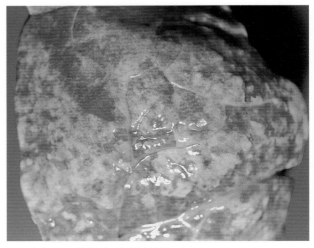

图3.5.9-19　肺检查：肺霉菌结节

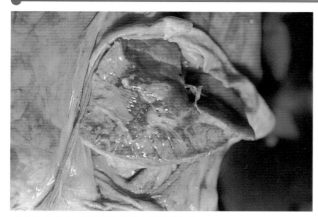

图 3.5.9-20　肺检查：肺切面霉菌结节

第十节　脾脏检查

【脾外观表面检查】

首先将网膜剥离，检查脾门血管和所属淋巴结，然后将脾脏面向上放置好，测量脾的长、宽、厚，再观察其形态，被膜的色彩，是否有出血、瘢痕及结节等变化，此外，还应检查脾头、脾尾、边缘有无坏死或梗死、出血等。再用手触摸以判断其质度（坚硬、柔软或脆弱）及有无病灶。

【脾切面检查】

脾实质的检查，于最凸处向脾门部位作一纵切口，再于脾头、脾尾作数个横切口，观察脾切面的色泽、血量、质度，检查脾髓滤泡和小梁的状态和比例关系，观察白髓的大小、数量和辨认的难易程度，必要时可用放大镜进行观察，同时，注意脾切面变化，可出现切面外翻，呈暗红色颗粒状突起、平坦、干燥、结节和模糊不清等。再用刀背轻轻刮切面，检查刮取物的数量（所谓擦过量），以验证脾髓的质和量。正常时脾组织可刮下少量脾组织和血液，脾萎缩时擦过量极少，当脾髓增生和充血时擦过量多而浓稠。

脾白髓，如针尖大小不易辨清，应仔细观察，特急性型猪丹毒，脾白髓可见在白髓周边有红晕，此外细胞增生性脾炎，白髓明显可见呈颗粒状。脾萎缩时，小梁的纹理粗大明显，被膜肥厚而皱缩，还应注意切面颜色变化，有无结核、脓肿、梗死灶等。败血症脾脏，常见显著肿大，脾髓软化，呈泥状，切面流出凝固不良的血液。脾脏淤血时，也可显著肿大变软。增生性炎，充血和渗出不显著时，

质度坚实。此时，外形虽肿大，但切面平坦滑泽，滤泡显著增生，滤泡轮廓明显可见（图 3.5.10-1～图 3.5.10-10）。

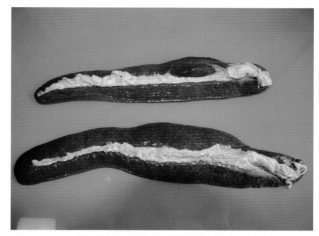

图 3.5.10-1　脾脏检查：首先将网膜剥离，检查脾门血管和所属淋巴结

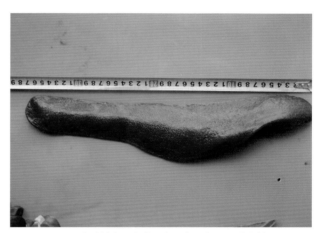

图 3.5.10-2　脾脏检查：脾脏面向上放置好，测量脾的长度

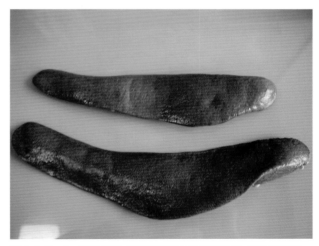

图 3.5.10-3　脾脏检查：观察其形态，被膜的色彩，是否有出血、瘢痕及结节等变化

图 3.5.10-4 脾脏检查：脾实质的检查，于最凸处向脾门部位作一纵切口

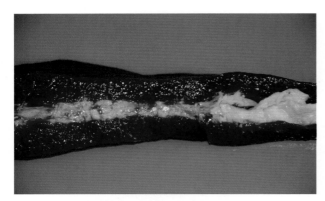

图 3.5.10-5 脾脏检查：观察纵切面变化

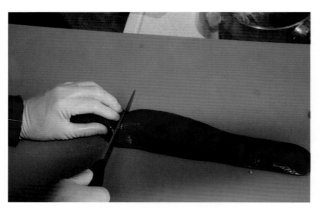

图 3.5.10-6 脾脏检查：于脾头、脾尾作数个横切口

图 3.5.10-7 脾脏检查：用刀背轻轻刮切面，检查刮取物的数量（所谓擦过量），以验证脾髓的质和量

图 3.5.10-8 脾脏检查：必要时可用放大镜进行观察

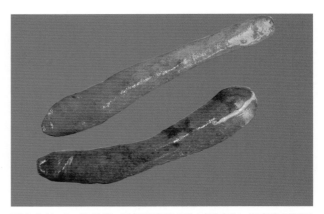

图 3.5.10-9 脾检查：两例脾色淡多为死后变化，但出血梗死灶尚存，可作为猪瘟诊断依据

图 3.5.10-10 脾检查：两例脾色淡多为死后变化，但出血梗死灶尚存，可作为猪瘟诊断依据

第十一节 肝脏、胆囊与胆管检查

【肝脏外观表面检查】

正常的肝脏是酱紫色，色调均匀而有光泽，肝小叶的纹理鲜明，触摸时有弹性，不易破碎。

肝脏的检查，首先称重，然后放置于解剖台检查肝脏的形态、大小、颜色，包膜紧张情况。再用尺测量肝脏的长、宽、厚以及肝脏的叶数，然后再在肝门处检查肝动脉、静脉，胆管和肝门淋巴结。

【肝脏切面检查】

用刀横切或纵切肝左叶、右叶，观察自血管断端流出的血液数量、颜色、性状以及血管内膜，胆管的内膜状态，有无血栓、结石和寄生虫及其他异物。

根据肝的颜色和质度可以判定肝出血、淤血、颗粒变性、脂肪变性、坏死、肝硬化等。

急性营养不良时，肝表面、切面肝小叶混浊不清，质度柔软脆弱，颜色变黄色，肝肿胀。肝组织发生坏死时，上述病变更为严重，坏死灶与周边界限明显，黄白色、干燥，肝质度如泥状，指压即碎裂，可出现菊花样、点状、斑状等形态不一的坏死灶，也有出血。肝淤血可分急性与慢性淤血，前者静脉怒张，肝组织含血量多，呈暗紫红色，肝小叶中央静脉明显可见呈现暗红色；后者是槟榔肝影像，肝还可出现脂肪浸润，胆汁色素沉着；含铁血黄素沉着，肝脏在结缔组织增多时，质度坚硬呈橡皮样，肝表面凸凹不平，呈大小不等的颗粒状、岛屿状，严重时肝整个形态发生改变。

寄生虫结节和结核以及其他损伤，常转变为机化。钙化灶，切割肝脏时，有沙沙声。肝脓肿、肝破裂、肝肿瘤时应注意检查形态大小分布见图图3.5.11-1 ～图3.5.11-20。

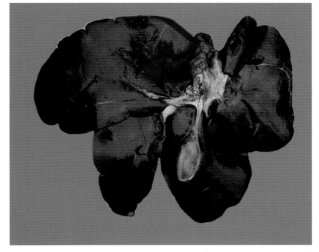

图3.5.11-2　肝脏检查：观察肝脏脏面，主要观察肝所属淋巴结和胆囊与胆管

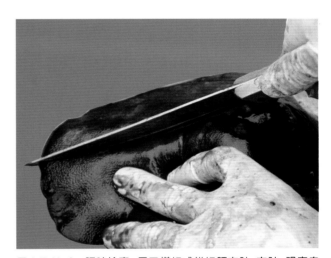

图3.5.11-3　肝脏检查：用刀横切或纵切肝左叶、右叶，观察自血管断端流出的血液数量、颜色、性状以及血管内膜，胆管的内膜术式

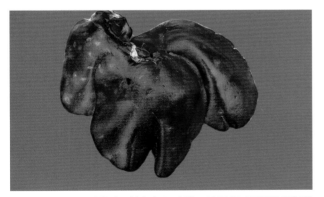

图3.5.11-1　肝脏检查：首先将肝脏壁面放置好，同时观察肝脏的形态、大小、颜色、包膜紧张情况

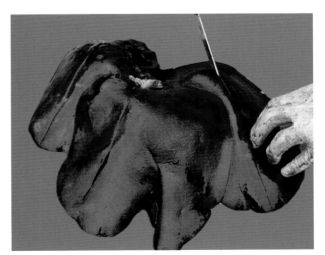

图3.5.11-4　肝脏检查：用刀横切肝左外叶、左内叶、右内叶、右外叶状态

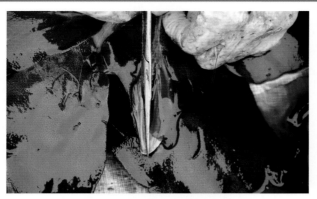

图 3.5.11-5　肝脏检查：用剪刀剪开胆囊和胆管术式

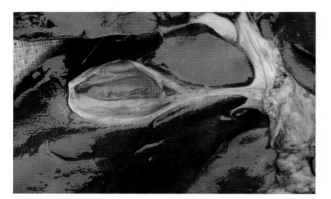

图 3.5.11-6　肝脏检查

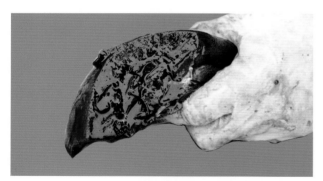

图 3.5.11-7　肝脏检查：用刀横切肝脏，切面血管流出凝固不良血液

图 3.5.11-8　肝脏检查：刀背轻轻刮切面，检查刮取物的数量（所谓擦过量），以验证肝脏质和量

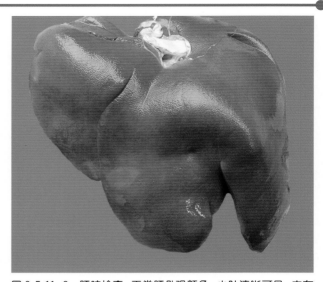

图 3.5.11-9　肝脏检查：正常肝外观颜色，小叶清晰可见，未有可见明显改变

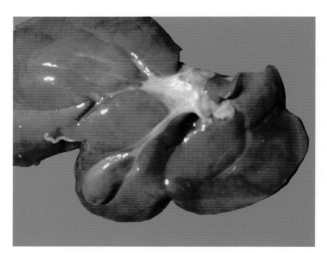

图 3.5.11-10　肝脏检查：肝脏面闪光透明样

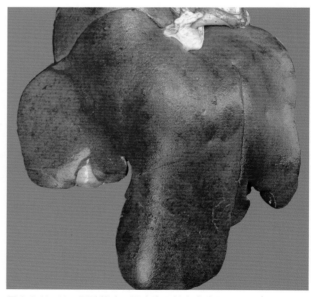

图 3.5.11-11　肝脏检查：肝脏陈旧性出血点斑

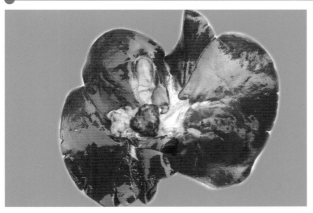

图 3.5.11－12　肝脏检查：肝脏面小叶较清晰，斑块状出血呈散在分布，淋巴结肿大，紫红色出血，是猪瘟病毒所致

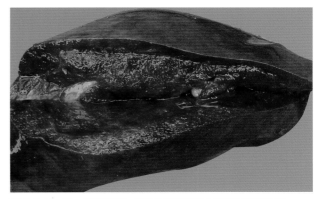

图 3.5.11－15　肝脏检查：肝切面明显可见出血灶散在分布

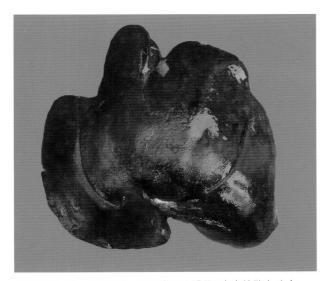

图 3.5.11－13　肝脏检查：肝肿胀小叶明显，出血灶散在分布

图 3.5.11－16　肝脏检查：肝颜色稍淡，肝小叶淤血隐约可见

图 3.5.11－17　肝脏检查：肝切面小叶淤血性出血

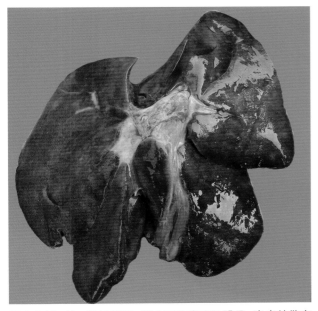

图 3.5.11－14　肝脏检查：肝内面肿胀小叶明显，出血灶散在分布

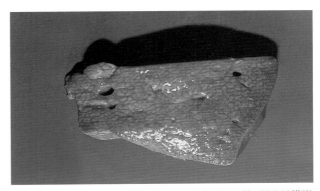

图 3.5.11－18　肝脏检查：肝脏切面黄白色变性坏死灶，肝小叶模糊

图 3.5.11-19　肝脏检查：肝呈古铜色，仔细观察见有灰白色小点状病灶弥漫性分布，为寄生虫性肝硬化，小叶间结缔组织增生

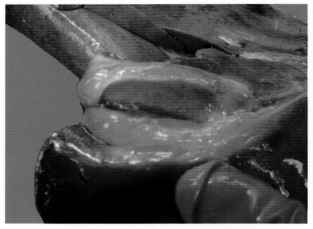

图 2.5.11-22　胆囊检查：胆囊肿胀切开后呈胶冻样胆栓形成

第十二节　胰脏检查

检查胰脏形态、颜色以及所属淋巴结等有无异常改变，然后做切面检查，必要时用探针插入胰管，并沿之切开，检查管腔内膜状态和管壁的性状及管腔内容物有无异常变化（图 3.5.12-1 ～图 3.5.12-2）。胰脏最早出现死后变化，此时，胰呈红褐色、绿色或墨色，质度极度柔软，甚至呈泥状。

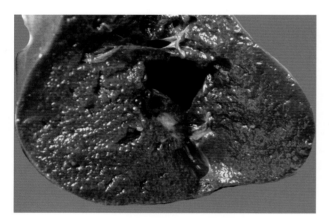

图 3.5.11-20　肝脏检查：肝切面，可见肝小叶明显，呈颗粒状

【胆囊与胆管检查】

首先观察胆囊和胆管大小颜色，充盈程度，可测量胆汁数量，用剪刀剪开胆囊，再观察胆汁颜色，黏稠度以及胆囊有无出血、溃疡、结石等，对胆管检查应注意观察胆管内有无结石、寄生虫（图 3.5.11-21 ～图 3.5.11-22）等。

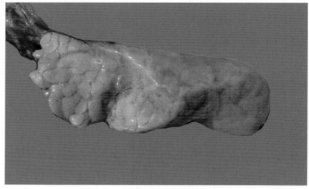

图 3.5.12-1　胰脏检查：首先观察胰脏形态、颜色以及所属淋巴结等有无异常改变

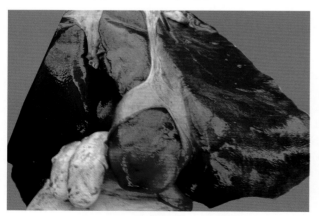

图 3.5.11-21　胆囊检查：胆囊剪开后见胆囊内胆汁浓缩形成胆栓

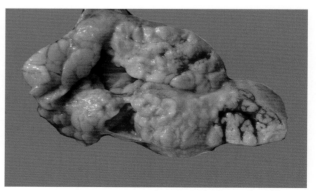

图 3.5.12-2　胰脏检查：切面观察胰小叶导管形态、颜色等变化

第十三节 肾及肾上腺检查

【肾外观表面检查】

一般先检查左肾,检查肾脂肪囊的脂肪沉积量,然后将脂肪囊剥离。

【肾脏切面检查】

再将肾门向检查者平放于桌上或盘上,用左手固定,以长锐刀沿肾的外缘将肾切割成两等分,位于肾门外应保留部分柔组织相连。用镊子挟住切部的纤维膜进行剥离,此时,要注意剥离的难易程度,肾组织是否有在剥离被膜时易被撕裂现象,并注意肾表面的细微病变。正常时肾被膜易剥离,表面光滑湿润,纹理清晰,淡暗红色。肾皮质因损伤有结缔组织增生机化时,则剥离不易。同时要检查肾表面的光泽、质度,是否平坦滑润、表状不等或颗粒状、有无出血和囊肿、梗死、脓肿、瘢痕等病变。

检查切面时,首先观察皮质、髓质和中间带之界限是否清楚,各层的色泽和比例。特别要注意皮质部的厚度,是增宽还是变薄,血管断端情况和组织结构的纹理,正常时皮质部呈红色,肾小球在日光下呈灰色球形小体,病变情况下,淤血呈紫红色,小球充血,出血呈现较大的红点,发炎时肿大小球,视炎症充血程度,可呈现灰色或红色颗粒状。有脂肪变性时呈黄色有光泽,颗粒变性呈污灰色,组织似煮熟肉样。髓质要检查其色泽、质度,组织影像和肾椎体的形状,乳头大小以及有无盐类(白垩质、尿酸盐)沉着。最后用剪刀剪开肾盂,检查其内容物的性状、数量和黏膜的状态(图 3.5.13-1 ~ 图 3.5.13-12)。

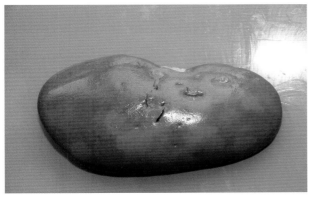

图 3.5.13-1　肾脏检查:待检肾平放于桌上或盘上。然后将脂肪囊剥离,称重量测量体积

图 3.5.13-2　肾脏检查:用左手固定,以长锐刀沿肾的外缘将肾切割成两等分

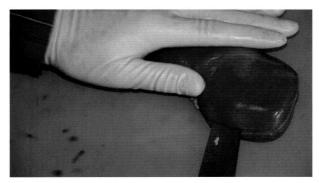

图 3.5.13-3　肾脏检查:用左手固定,以长锐刀沿肾的外缘将肾切割成两等分

图 3.5.13-4　肾脏检查:左肾切面用左手固定,以长锐刀沿肾的外缘将肾切割成两等分

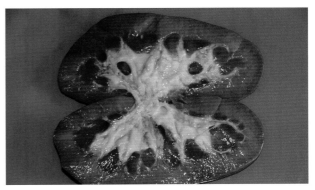

图 3.5.13-5　肾脏检查:右肾切面,检查切面时,首先观察皮质、髓质和中间带之界是否清楚

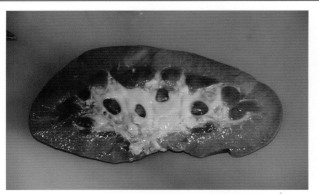

图 3.5.13-6　肾脏检查：肾切面，根据实际情况决定切部位

图 3.5.13-7　肾脏检查：肾横切面，根据实际情况决定横切部位，对外观出现病变部位作切面可判定病变性

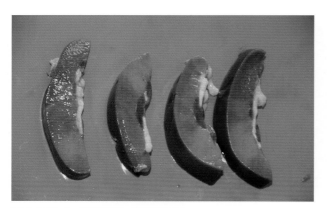

图 3.5.13-8　肾脏检查：横切面展示

图 3.5.13-9　肾表面出现凹陷病灶，很难确定病变性质，应于病灶切开判定

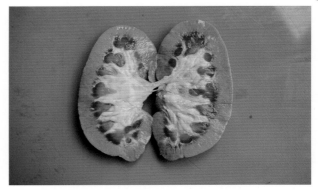

图 3.5.13-10　纵切面没有发现与凹陷相关的病变

图 3.5.13-11　对肾凹陷处直接横切只见肾皮质部色淡，没有可定性的病变，应继续纵切一刀，再进行观察结果发现囊肿

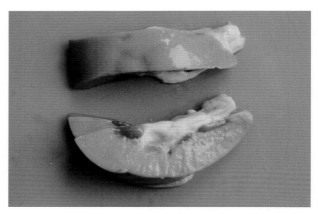

图 3.5.13-12　于凹陷病灶中间部横切面发现有囊泡，因囊肿内液体压迫使肾局部发生萎缩之故

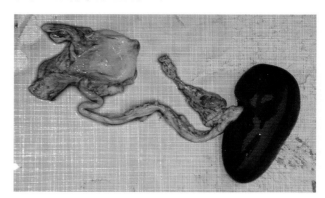

图 3.5.13-13　摘出的肾、输尿管和膀胱展示

【肾上腺检查】

正常时,仔猪皮质呈灰蔷薇色,成年猪混浊黄色、淡黄色。首先确定肾上腺外形、大小、重量,然后纵切,检查皮质与髓质的厚度比例关系,再检查有无出血变化(图3.5.13-14)。

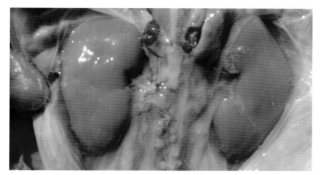

图3.5.13-14 肾检查:展示无发生病变的肾上腺与两侧肾颜色一致

第十四节　膀胱和输尿管检查

【膀胱】

首先检查膀胱的体积大小,内容物的数量,以及膀胱浆膜有无出血等变化。然后自膀胱基部剪开至尿道口上端,检查膀胱内尿液数量、色泽、性状、有无结石,再翻开膀胱内腔,检查黏膜的状态,有无出血、溃疡等变化(图3.5.14-1～图3.5.14-7)。

【输尿管】

最后剪开输尿管检查黏膜状态和内容物性状(图3.5.14-8)。

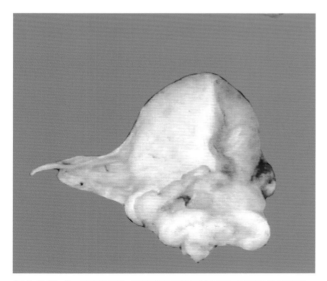

图3.5.14-1 膀胱检查:摘出的膀胱外观无明显肉眼可见变化

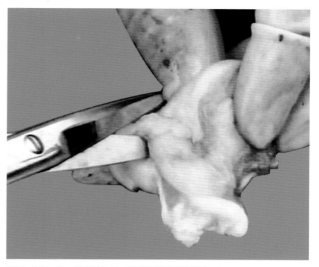

图3.5.14-2 膀胱检查:用剪刀剪开膀胱术式

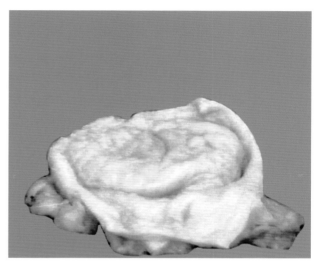

图3.5.14-3 膀胱检查:剪开膀胱后展示膀胱黏膜状态

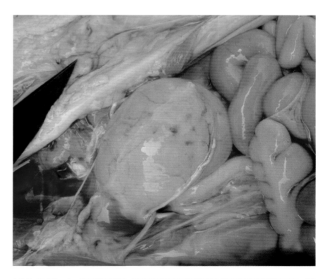

图3.5.14-4 膀胱检查:腹腔剖开后视检时观察膀胱状态时,膀胱充满尿液,可见有几个出血斑,多为猪瘟病毒所致

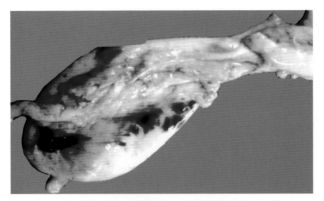

图 3.5.14-5 膀胱检查：摘出的膀胱外观，浆膜有出血斑，猪瘟病毒所致

图 3.5.14-6 膀胱检查：膀胱浆膜与脂肪浆膜出血性浸润

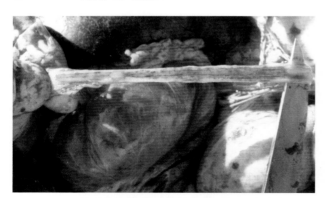

图 3.5.14-7 膀胱检查：膀胱出血

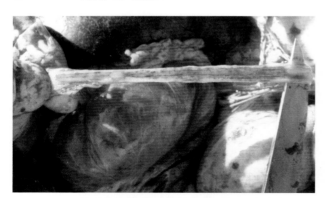

图 3.5.14-8 输尿管检查：输尿管剪开后黏膜可见出血灶，猪瘟病毒所致

第十五节 母猪生殖器官检查

【输卵管和卵巢】

输卵管的检查，先触摸，然后切开，检查有无阻塞，管壁厚度，黏膜状态。然后再检查卵巢形状、大小等，然后纵切，检查黄体和卵泡的状态（图3.5.15-1 ~ 图3.5.15-5）。

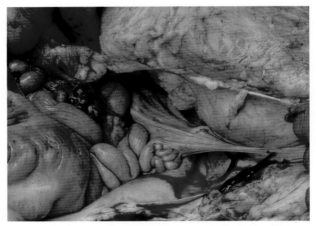

图 3.5.15-1 展示卵巢在骨盆腔中状态，卵巢有卵泡多个呈弥漫性出血状态，子宫系膜无肉眼可见变化

图 3.5.15-2 卵巢摘出后单独展示病变，为卵巢出血

图 3.5.15-3 摘出子宫过程中视检子宫角、卵巢及系膜展示

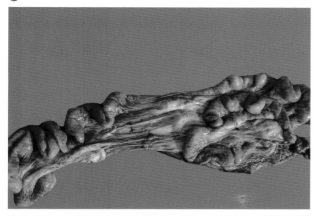

图 3.5.15-4　摘出的子宫角及卵巢,外观因血液污染各部位附有血液影响病变观察,图右侧卵巢浆膜出血

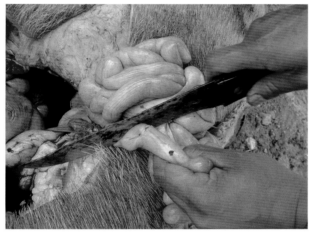

图 3.5.15-5　展示检查子宫各部术式,可用剪刀或解剖刀做纵切或横切检查子宫壁和子宫黏膜变化

【胎儿检查】

妊娠期流产,应注意检查胎儿状态是否发育正常,死胎,木乃伊胎,同时,检查羊水数量、胎膜、包衣、脐带等,必要时剖检胎儿进行检查(图3.5.15-6)。

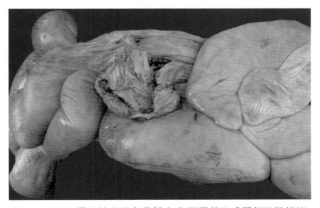

图 3.5.15-6　展示检查子宫各部术式,可用剪刀或解剖刀做纵切,本例为死亡于母体子宫内被母体吸收后胎儿液化残留骨骼

【阴道子宫检查】

阴道和子宫检查用肠剪刀沿阴道上部正中线剪开阴道,依次再沿正中线剪开子宫颈和子宫体的大部分,然后斜向两侧剪开子宫角部。依次检查各部的内腔的容积,内容物的性状、黏膜色泽、硬度、湿润、干燥,有无出血、溃疡、破裂、瘢痕等(图3.5.15-7～图3.5.15-8)。

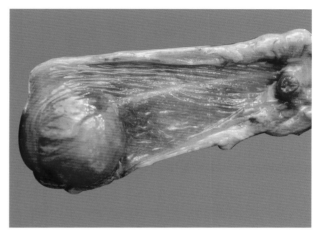

图 3.5.15-7　子宫体黏膜弥漫性潮红充血

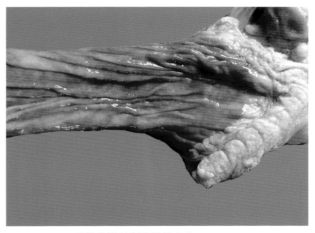

图 3.5.15-8　阴道黏膜肿胀弥漫性充血

第十六节　公猪生殖器官检查

对公猪生殖器官外部形态做一次检查,再检查包皮,有无肿胀、溃疡、瘢痕,用剪刀由尿道口沿阴茎腹侧中线剪至尿道骨盆部,剪开后观察尿道黏膜性状,有无出血等异常变化,可做整个横切口检查阴茎海绵体,最后检查前列腺、精囊和尿道球腺,确定其外形、大小和质度,切开后检查切面状态和内容物性状(图3.5.16-1～图3.5.16-4)。

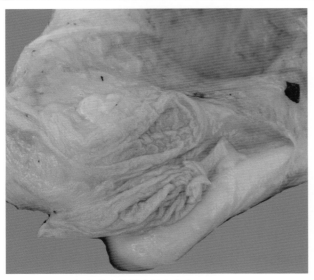

图 3.5.16-1　包皮憩室黏膜少量出血点

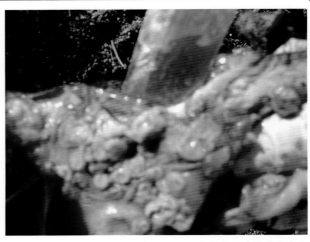

图 3.5.16-4　包皮憩室黏膜有大小不一圆形不同阶段猪瘟病毒所致扣状肿

图 3.5.16-2　公猪阴茎末端黏膜暗红色肿胀

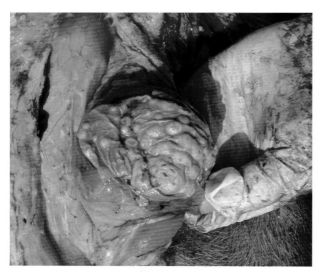

图 3.5.16-3　公猪包皮憩室黏膜有大小不一圆形，不同阶段猪瘟病毒所致扣状肿

第十七节　脑检查

【颅腔检查】

打开颅腔后，检查硬脑膜和软脑膜的状态，脑膜的血管充盈状态，有无充血、出血等变化。

【脑检查】

取出脑后先将脑底向上放在方盘内，视检脑底，注意观察视神经交叉、嗅神经、脑底血管状态以及各部分的形态，正常时脑膜透明湿润、平滑而有光泽。除此之外还应检查脑回和脑沟的状态。病理情况下常见脑膜充血、出血，脑膜浑浊等病理变化。若有脑水肿、积水、脑肿瘤等病变时，脑沟内有渗出物蓄积，脑沟变浅，脑回变平。

脑的内部检查：剖开脑时所用的脑刀，每切一次都要选用酒精或水冲洗刀面，以免脑质粘着刀面致切面不平滑。脑切开方法有多种，现介绍如下方法，即用脑刀纵切脑成为相等的两半的中线作矢状切口，切口必须经过穹窿松果体、四叠体、小脑蚓突、延脑，将脑切成两半，即可检查第三脑室、导水管、第四脑室的状态以及脉络丛的性状和侧脑室有无积水。再横切脑组织，每隔 2～3cm 切一刀，注意检查脑质的湿度、灰质和白质的色泽和质度，有无出血、血肿、坏死、包囊、脓肿、肿瘤等病变。最后检查垂体，观察大小，再行中线纵切检查切面的色泽、质度、光泽度和湿润度（图 3.5.17-1～图 3.5.17-16）。

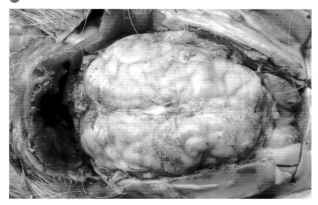

图 3.5.17-1　脑检查：脑膜未剥离，仔细观察有散在出血点

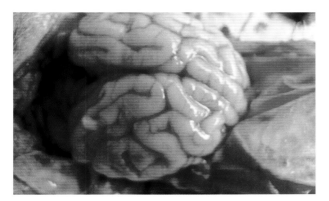

图 3.5.17-2　脑检查：脑回稍平，显示脑水肿

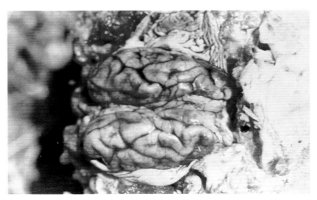

图 3.5.17-3　脑检查：脑小动脉树枝状扩张

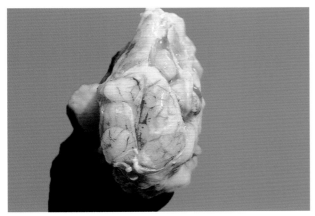

图 3.5.17-4　脑检查：动脉性充血，小动脉毛细血管扩张

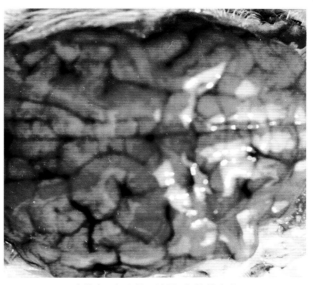

图 3.5.17-5　脑检查：血液循环障碍，静脉性充血

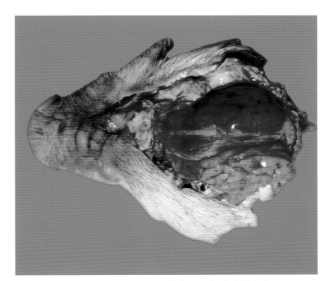

图 3.5.17-6　脑检查：非化脓性脑炎，猪瘟时脑膜出血

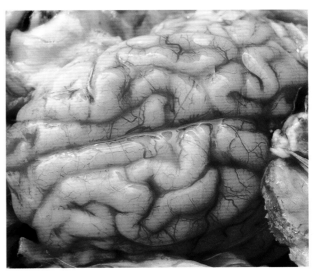

图 3.5.17-7　脑检查：微血管扩张充血水肿

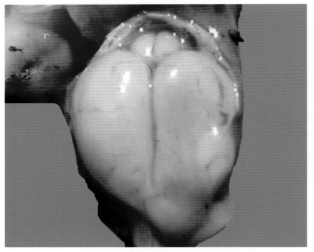

图 3.5.17-8　脑检查：流产胎儿脑水肿，颅腔内积液

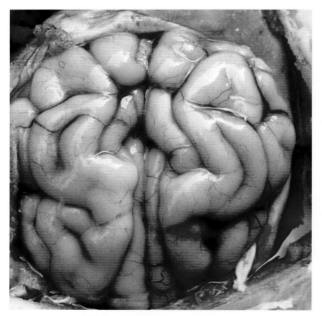

图 3.5.17-9　脑检查：脑回明显，微血管扩张不明显，脑组织有些灰暗

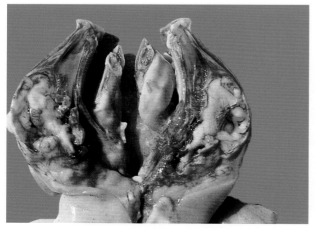

图 3.5.17-10　脑检查：猪乙型脑炎，仔猪脑切面颅腔和脑室内脑脊液增量

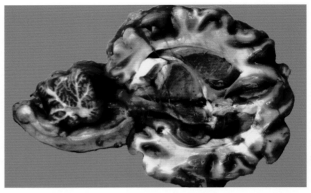

图 3.5.17-11　脑检查：脑纵切面，脉络丛有凝血，丘脑切面有散在出血点

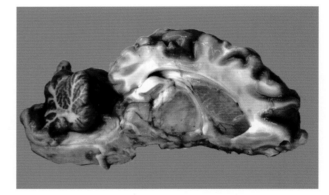

图 3.5.17-12　脑检查：脑纵切面，丘脑切面有散在出血点

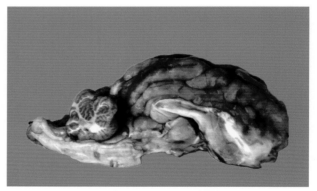

图 3.5.17-13　脑检查：脑纵切面，观察侧脑室状态

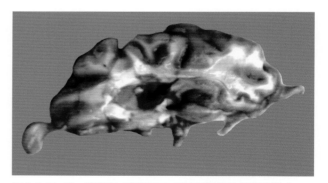

图 3.5.17-14　脑检查：脑纵切面，观察侧脑室边缘部位状态

图 3.5.17-15　脑检查：脑室部位纵切面出血点

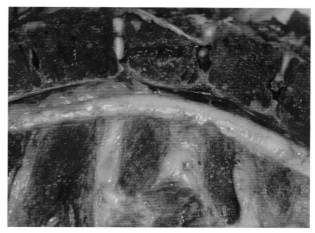

图 3.5.18-2　纵切脊椎管后暴露出脊髓在管腔中状态，此为胸椎部

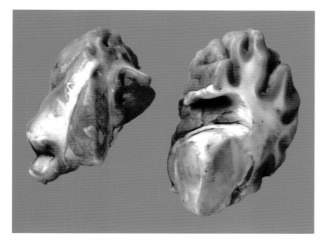

图 3.5.17-16　脑检查：脑横切面，丘脑血管淤血

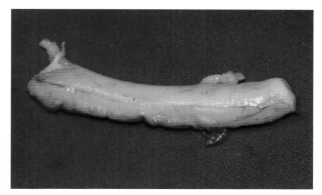

图 3.5.18-3　脊髓从椎管中剥离取出后状态，被膜外微血管轻度充盈

第十八节　脊髓检查

取出脊髓后，沿脊髓前后正中线剪开硬脊膜，在脊髓上做多处横切，观察有无出血、寄生虫等病变（图 3.5.18-1 ~ 图 3.5.18-4）。

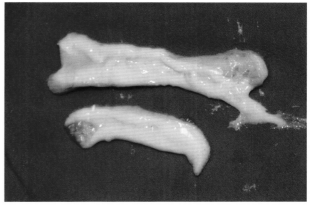

图 3.5.18-4　脊髓纵切面灰白色

第十九节　鼻腔和副鼻窦检查

首先检查鼻中隔，注意血液充满程度、黏膜状态，再检查鼻道、筛骨、迷路、蝶窦、齿龈、牙齿及鼻甲骨等各部的形态、内容物的量和性状等（图 3.5.19-1 ~ 图 3.5.19-4）。

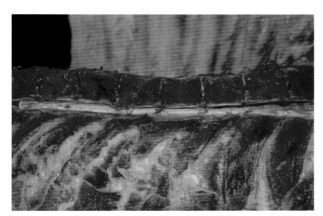

图 3.5.18-1　纵切脊椎管后暴露出脊髓在管腔中状态，此为胸腰椎部

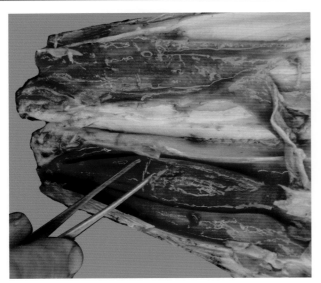

图 3.5.19-1　鼻中隔纵切面黏膜弥漫性深红色轻度肿胀,鼻道畅通

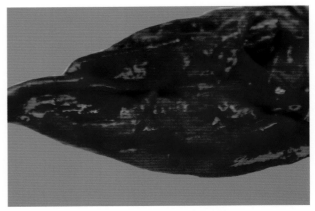

图 3.5.19-4　剥离下的鼻腔黏膜稍水肿呈暗红色,未见明显肉眼异常变化

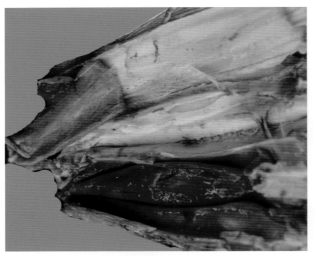

图 3.5.19-2　鼻中隔黏膜剥离后鼻骨无变形

第二十节　肌肉、关节、腱鞘和腱检查

【肌肉】

纵切或横切各部肌肉,注意外观颜色、光泽度、有无出血、血肿、脓肿、肿瘤等病变,应注意检查旋毛虫和住肉胞子虫(图 3.5.20-1~图 3.5.20-8)。

图 3.5.20-1　肌肉检查:肌肉散在出血

图 3.5.19-3　鼻腔纵切面观察鼻中隔、上颌黏膜、鼻腔、牙齿状态等

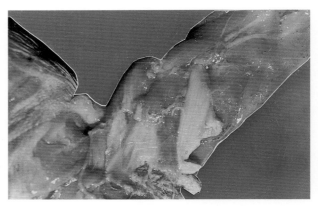

图 3.5.20-2　肌肉检查:硒缺乏症,哺乳仔猪大圆肌、肩胛下肌、冈上肌病变

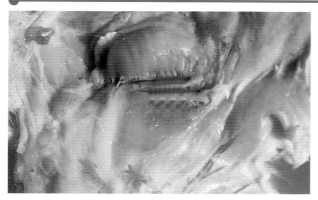

图 3.5.20-3　肌肉检查：硒缺乏症，哺乳仔猪前肢内侧肌肉群病变

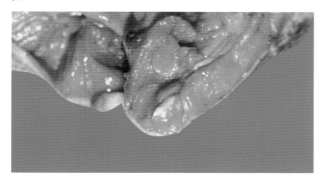

图 3.5.20-4　肌肉检查：硒缺乏症，哺乳仔猪半腱肌灰白色病变

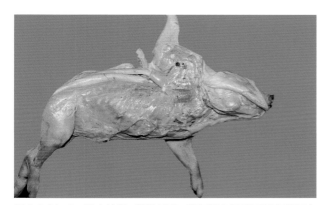

图 3.5.20-5　肌肉检查：硒缺乏症，青年猪皮下表面各皮肌灰白色条纹状病变

图 3.5.20-6　肌肉检查：青年猪冈下肌肉块密集的灰白色变性坏死灶与钙化灶

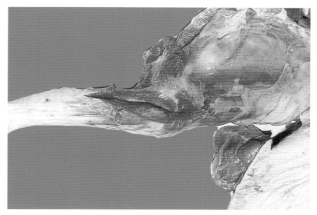

图 3.5.20-7　肌肉检查：硒缺乏症，青年猪前肢伸指总肌灰白色变性坏死灶

图 3.5.20-8　肌肉检查：后肢腓肠肌纵切面，可见肌肉纤维呈鱼肉样，缺硒所致

【关节】

着重检查关节液量和性状，关节囊、关节有无病变、有无脓性渗出物，关节面有无增生和机化物等（图 3.5.20-9 ～图 3.5.20-12）。

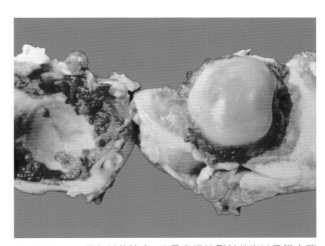

图 3.5.20-9　骨与关节检查：猪丹毒慢性型关节炎时骨膜血管花边病灶

和全身性变化有所了解，对损伤局部，除去肌肉进一步观察骨质病变的程度，必要时可锯开观察切面情况。除对全身性骨质变化，并对骨的外形和骨质做一般检查外，必要时可取一小块骨做组织学检查。

【骨髓检查】

通常取四肢的长管状骨髓，除去附着在骨上的肌肉，切断关节后，沿骨正中线轴剪开，检查色泽、性状，特别是红色骨髓与黄色骨髓的分布比例、性状、色泽，必要时采一小块骨髓做组织学检查（图3.5.21-1～图3.5.21-4）。

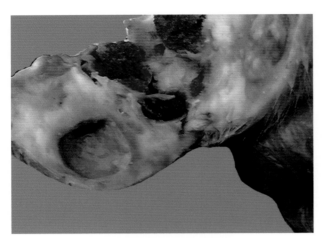

图 3.5.20-10　骨与关节检查：化脓坏死性关节炎

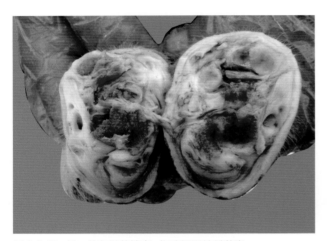

图 3.5.20-11　骨与关节检查：化脓坏死性关节炎

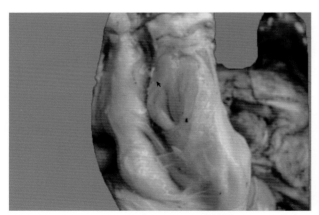

图 3.5.20-12　骨与关节检查：关节横切，周围组织的炎性浸润皮下水肿蛋清样

第二十一节　骨和骨髓检查

【骨检查】

在外部检查和剖检过程中，对骨骼的局部损伤

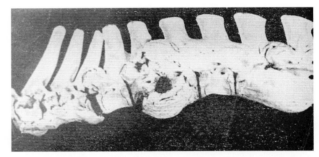

图 3.5.21-1　骨和骨髓检查：猪布氏杆菌病，病猪胸椎和腰椎变形有一瘘管

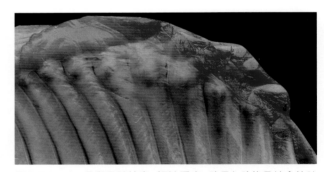

图 3.5.21-2　骨和骨髓检查：钙缺乏症，肋骨与肋软骨结合处肿大成串珠样

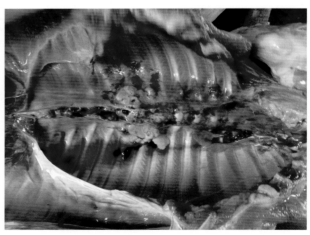

图 3.5.21-3　骨和骨髓检查：显示小脓肿，切开后流出脓汁

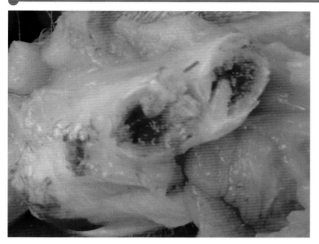
图 3.5.21-4 骨和骨髓检查：掌骨横断后见骨髓呈红色

第二十二节 乳腺检查

先做外形检查，然后检查所属淋巴结有无病变，用手触摸乳房硬度，注意有无硬节、脓肿等（图 3.5.22-1 ～图 3.5.22-2）。

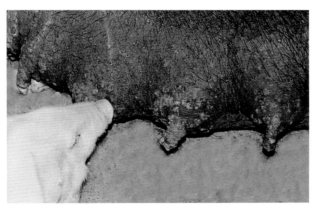
图 3.5.22-1 乳腺检查：猪口蹄疫，母猪乳头水疱

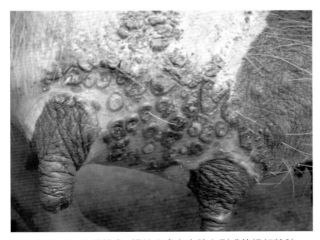
图 3.5.22-2 乳腺检查：慢性猪瘟在皮肤上形成的纽扣状肿

第二十三节 胃和十二指肠检查

【十二指肠检查】

十二指肠应检查内容物的数量、性状、黏膜是否肿胀、充血、出血程度，以识别变化性质。

【胃外部检查】

首先观察胃的容积、形态、胃壁的硬度和浆膜有无出血变化以及所属淋巴结变化（图 3.5.23-1）。

图 3.5.23-1 展示食管和气管在横膈膜食管口处正在剪断食管术式，胃所属淋巴结轻度肿大、红紫色

【胃内部检查】

用肠剪从贲门到幽门沿大弯（或小）剪开，并断续沿肠系膜附着处对侧剪开十二指肠，则可观察胃内容物的数量，鉴别食物种类、性状（液状、半流动状、干固状），注意其中有无血液、胆汁、药物及其他异物。同时检查胃黏膜色泽、充血程度、性状，注意有无出血、溃疡等，特别是应检查黏膜上所附黏液的质和量，鉴别是浆液性、黏液性、脓性、纤维素性、出血性等（图 3.5.23-2 ～图 3.5.23-20）。

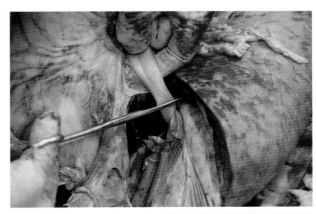
图 3.5.23-2 胃摘出术式，左手握住食管末端用剪刀剪断食管过程

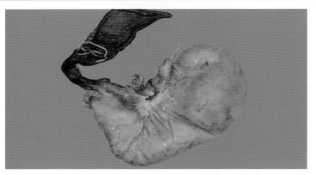

图 3.5.23-3　胃摘出后放置状态,同时,检查胃各部位和浆膜以及所属淋巴结有无出血炎症等变化

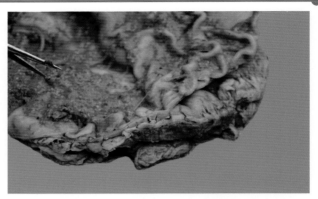

图 3.5.23-7　胃检查:从贲门食管处沿胃大弯剪开胃壁过程,展示胃底部黏膜状态

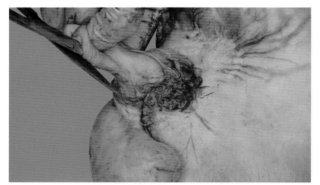

图 3.5.23-4　胃检查:首先从贲门食管处沿胃大弯剪开胃壁

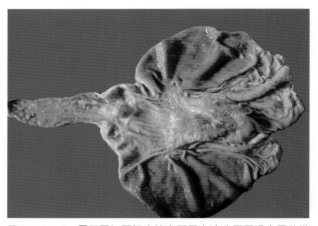

图 3.5.23-8　展示胃切开初步检查后用水冲洗便于观察胃黏膜各部变化

图 3.5.23-5　胃检查:从贲门食管处沿胃大弯剪开胃壁过程展示

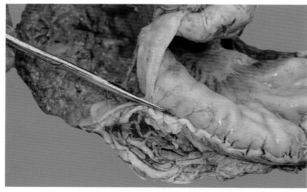

图 3.5.23-6　胃检查:从贲门食管处沿胃大弯剪开胃壁过程展示

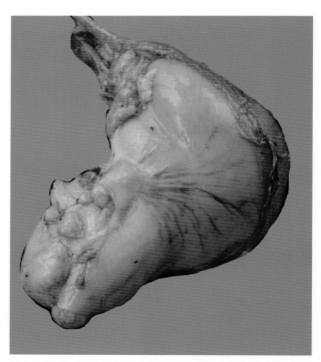

图 3.5.23-9　胃外部检查:胃所属淋巴结肿大灰白色,圆环病毒所致

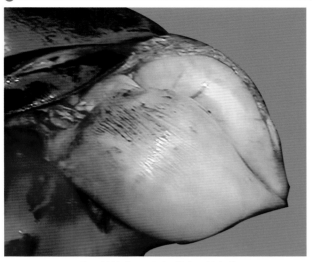

图 3.5.23-10 胃外部检查：示胃浆膜弥漫性出血

图 3.5.23-13 胃外部检查：胃壁有一鹅卵大病灶，为胃扣状肿

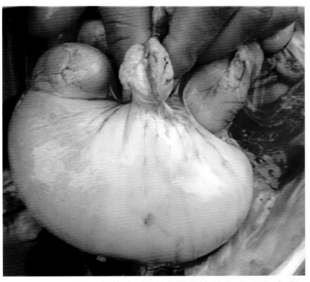

图 3.5.23-11 胃外部检查：胃所属淋巴结肿大，切面灰白色，圆环病毒所致

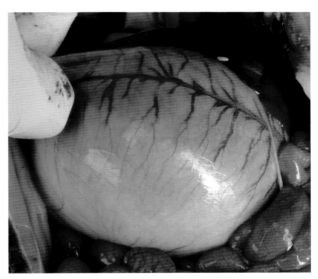

图 3.5.23-14 胃外部检查：胃大弯血管充血明显，胃体积增大，内充有食物

图 3.5.23-12 胃外部检查：胃浆膜弥漫性黄染与所属淋巴结肿胀

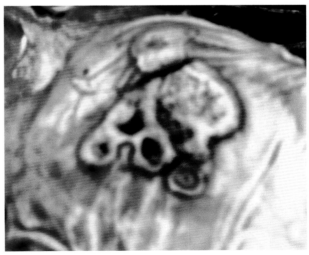

图 3.5.23-15 胃内部检查：猪瘟，病理变化，慢性型胃黏膜"扣状肿"

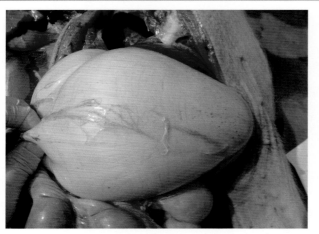

图 3.5.23－16　胃外部检查：胃盲囊部浆膜散在出血点，所属血管未见充血

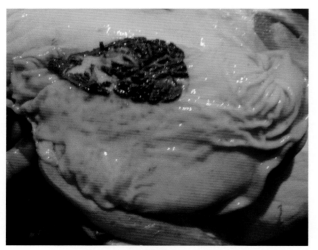

图 3.5.23－17　胃内部检查：霉菌病变，胃黏膜寄生的霉菌菌丝形成的菌落

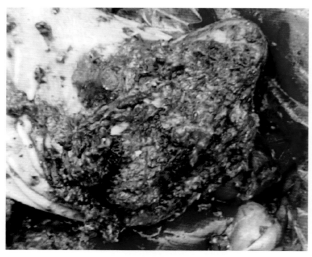

图 3.5.23－18　胃内部检查：猪念珠菌病，在严重感染猪的胃底部形成

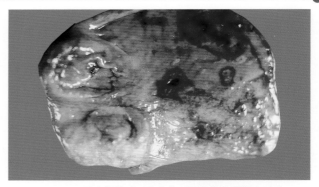

图 3.5.23－19　胃内部检查：胃溃疡，胃底腺黏膜较大溃疡

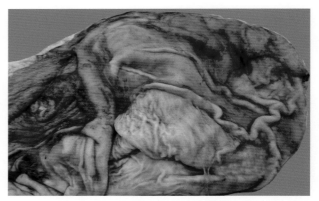

图 3.5.23－20　因胃溃疡出血致死后，剖检切开胃后，除去血凝块后，胃幽门黏膜及胃底腺黏膜溃疡灶

第二十四节　小肠检查

首先检查肠管浆膜及肠系膜有无出血、水肿以及肠系膜淋巴结的状态。

拉直空肠肠管，自空肠开始沿肠系膜附着部剪开，至回肠末端，在剪开肠管过程中，注意肠各段内容物的数量、性状、黏膜状态，遇有病理变化，即暂停剪开进行检查（图 3.5.24－1～图 3.5.24－8）。

图 3.5.24－1　小肠外部检查：空肠段外观肠管内充满淡血样内容物，为急性卡他性出血性肠炎

图 3.5.24—2　小肠外部检查：空肠段外观肠管内充满淡血样内容物，为急性卡他性出血性肠炎，多为急性猪瘟

图 3.5.24—3　小肠外部检查：小肠系膜淋巴结切面肿大出血，进一步证实为出血性淋巴结炎

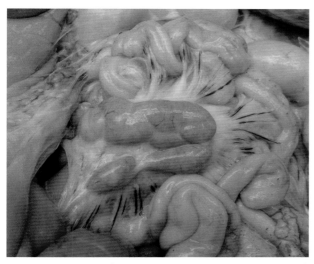

图 3.5.24—4　小肠外部检查：小肠系膜淋巴结肿大灰白红色，被膜毛细血管树枝状充血，呈急性淋巴结炎

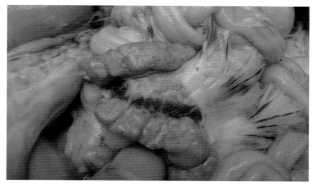

图 3.5.24—5　小肠外部检查：淋巴结切面肿胀外翻，淋巴结间血管充血增生，急性增生性淋巴结炎

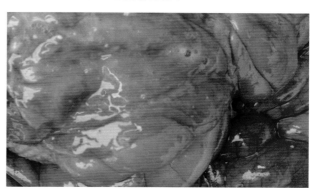

图 3.5.24—6　急性卡他性肠炎：肠黏膜潮红充血肿胀

图 3.5.24—7　小肠内部检查：肠黏膜肿胀轻度充血，附有灰白色粥状分泌物，急性卡他性肠炎

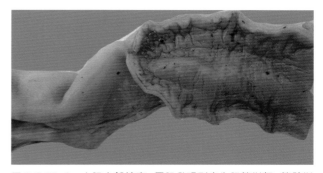

图 3.5.24—8　小肠内部检查：回肠外观形态为肠管增粗、管壁增厚富有弹性，断面可见黏膜呈脑回样、有皱褶，为慢性增生性回肠，属于增生性回肠炎

第二十五节　大肠检查

一、大肠外部检查

【肠系膜和淋巴结检查】

猪的结肠剪开之前，首先切开肠襟与肠系膜的联系，并检查肠系膜和淋巴结的状态（图3.5.25－1～图3.5.25－16）。

图3.5.25－1　大肠外部检查：腹腔剖开后展示结肠属正常状态

图3.5.25－2　大肠外部检查：结肠襟浆膜弥漫性散在分布的出血斑点，可诊断为猪瘟病毒所致

图3.5.25－3　猪瘟急性型病理变化，结肠浆膜出血点

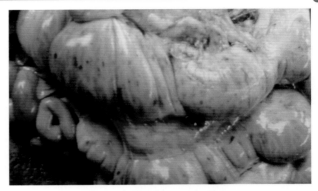

图3.5.25－4　大肠外部检查：猪瘟急性型病理变化，结肠浆膜出血点

图3.5.25－5　大肠外部检查：慢性型，结肠浆膜与肠管局灶性出血坏死灶

图3.5.25－6　大肠外部检查：猪瘟断奶仔猪结肠出血

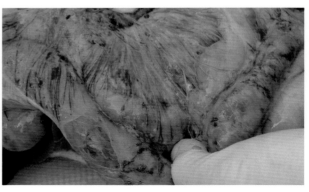

图3.5.25－7　大肠外部检查：结肠所属淋巴结肿大出血，猪瘟病毒所致

图 3.5.25-8 大肠外部检查：结肠壁散在圆形坏死灶，慢性猪瘟肠扣状肿所致

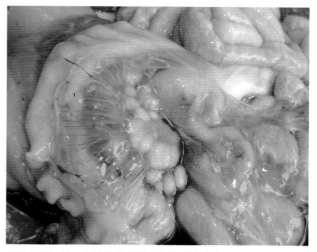

图 3.5.25-11 大肠外部检查：结肠系膜水肿，所属淋巴结肿大灰白色水肿样

图 3.5.25-9 大肠外部检查：猪瘟慢性型，结肠浆膜与肠管局灶性出血坏死灶

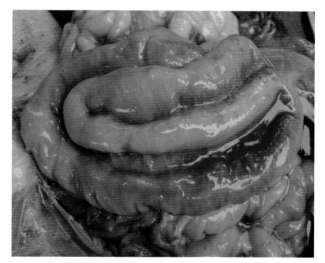

图 3.5.25-12 大肠外部检查：大结肠系膜胶冻样出血性浸润，肠壁有隐约可见灰白色虫体包裹病灶，为肠结节虫所致

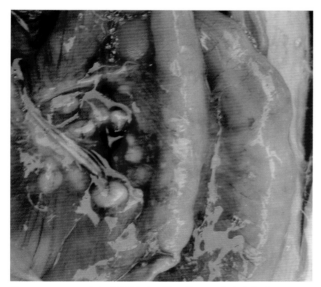

图 3.5.25-10 大肠外部检查：展示结肠系膜胶冻样水肿，所属淋巴结肿大灰黄色，肠壁散在灰白色寄生虫结节

图 3.5.25-13 大肠外部检查：结肠系膜之间积有淡黄色水肿液，为非炎性水肿，因无出血性病变出现

干湿度、硬度、黏膜有无肿胀、出血、肥厚或变薄、有无纤维素渗出、溃疡。

注意检查集合淋巴滤泡和孤立淋巴滤泡的状态。然后拉直肠管进行剖开检查，用同样的方法剖检结肠和直肠。然后自结肠结扎端插入肠剪，并沿肠管系膜附着部剪开大结肠，继续剪开（图3.5.25－17～图3.5.25－18）。

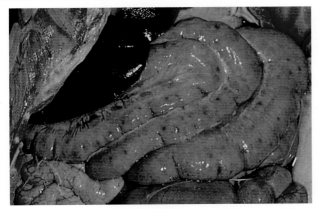

图3.5.25－14 大肠外部检查：腹腔剖开后，见有几束纤维蛋白，结肠散在多量斑点样出血坏死灶，小肠血管充血

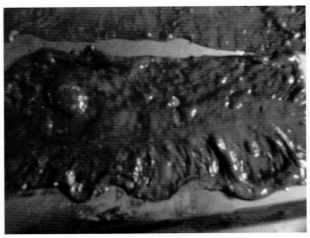

图3.5.25－17 大肠内部检查：结肠黏膜弥漫性出血，大肠出血性坏死性肠炎

图3.5.25－15 大肠外部检查：展示结肠有大小不等的圆形的出血坏死灶，此为慢性猪瘟扣状肿在肠管的外部表现

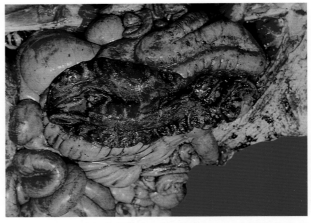

图3.5.25－18 大肠内部检查：猪副伤寒，急性型，病理变化结肠全段急性卡他性出血性肠炎，黏膜附有多量纤维蛋白

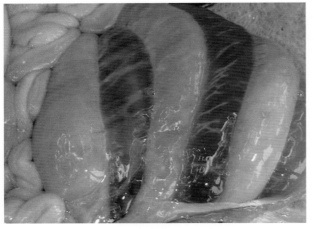

图3.5.25－16 大肠外部检查结肠系膜水肿，呈胶冻样明显可见，多为慢性心包炎或心肌扩张所致心衰引起

二、大肠内部检查

【盲肠检查】

检查盲肠直至结肠。检查肠内容物数量、性状、

第二十六节 淋巴结检查

淋巴结变化是反应生物学因子侵入机体的信号。是鉴别感染性疾病与非感染性疾病的重要指标。淋巴结形态学变化在一些疾病诊断中具有特异性意义，在鉴别诊断中起决定作用。学习目的要求读者在掌握淋巴结基本病变的基础上了解免疫系统疾病

第四篇
猪病单一感染的疾病诊断与防治

概　述

　　本篇是在运用一、二、三篇所讲的临床诊断学和病理解剖学的理论基础上，阐述如何应用基础学科理论和方法诊治疾病，从而为读者分析病例，解决疾病诊治技术，提高诊治水平提供范例。对每种疾病的定性是以病原学、流行病学、临床学、病理学、诊断学、治疗学、预防医学等学科基本理论与方法进行阐述。本篇图片均是猪传染病单一病原体所致疾病临床症状和病理变化的典型信号。每种疾病典型症状与病变是混合感染鉴别诊断和预防疾病的基础。书中展示的图片与各种疾病症状和病变的特征构成了每种疾病信号组合，可作为疾病诊断依据。

　　目前猪流行病学发生了新的变化，除了猪瘟病毒可引起单一传染病之外，单一病原体引起的传染病几乎很少发生，但不等于学习和掌握它们无用了。单一病原体引起的传染病的病原学、流行病学、临床症状、病理变化、诊断标准、治疗与防治特点是兽医技术人员必须首先学习和掌握的知识，是诊治混合感染疾病的基础。例如：有猪瘟野毒参与混合感染时，第一时间考虑是否紧急接种猪瘟疫苗。当有弓形虫参与的混合感染时，在治疗时首选磺胺六甲嘧啶；依此类推。提示大家牢记单一病原体引起的传染病的特点。它是我们兽医技术人员的技术核心及诊治创新思维灵魂。

　　本篇增加了每种疾病的风险评估，可提高对每种疫病危害程度的认识；可在规模化猪场权衡各种疫病风险，把各种病危害性降低到最小，为防制疫病奠定新理念。本篇分别对病毒性和细菌性传染病、寄生虫病等猪常见多发、危害严重的疾病的诊断与防治作简要阐述。其目的是看如何用一、二、三篇所阐述的兽医学基础理论的基本概念和方法作出疾病诊断。

第一章　病毒性传染病

第一节　猪瘟

猪瘟(Swinefever,SE)，又称猪霍乱(hogcholera,HC)，是由猪瘟病毒引起猪的一种急性、热性、接触性传染病。以发病急、高热稽留和细小血管壁变性引起广泛出血、梗死和坏死等变化为特征。OIE 将其列为 A 类传染病。据联合国粮农组织和国际兽疫局1982 年《动物健康年鉴》记载，北美、北欧已有 21个国家宣布消灭了猪瘟。

当前单一发生猪瘟流行除因未曾接种猪瘟疫苗断奶仔猪外，发生猪瘟群体多为混合感染。自2002 ～ 2012 年以来，作者曾到近 20 个疫点进行病理剖检全为混合感染，其中每个疫点都有猪瘟病毒参与。

一、病原

猪瘟病毒，属黄病毒科，瘟病毒属，基因组为单股 RNA，有囊膜的病毒粒子。猪瘟病毒保守性强，只有一个血清型，免疫原性好，毒力有强、中、弱毒株。病毒分布于病猪机体内各种组织器官和体液，其中以血液、淋巴结、脾含量最高。对碱性消毒药物最为敏感，如苛性钠、生石灰等。对死于猪瘟的尸体一定要进行无害化处理。

二、流行病学

【易感性】

各种品种年龄的猪都易感。当前主要是当年猪断奶后幼龄猪最易感。

【传染源】

病猪和病毒携带猪。

【传播途径】

消化道、呼吸道、生殖道、破损的皮肤、黏膜、眼结膜、人工输精，都可直接或间接性的传播。病毒可通过母体胎盘垂直感染胎儿，其仔代成为免疫

耐受猪，接种猪瘟疫苗无免疫应答，血清学监测无可靠抗体反应，是当前免疫监测一大难题。

【流行季节】

一年四季均可发生流行。

【传播方式】

水平传播、垂直传播，大型猪场常常为母猪流产，出现弱仔、死胎、木乃伊胎或仔猪发病等。

【传染媒介】

被猪瘟病毒污染的饲料、饮水，蚊虫叮咬也可传播。

【流行新的特点】

范围广、规模小、散发、强度轻、无季节性、病情复杂、没有大规模暴发流行，多为局部地区散发流行趋势。多发生 10 日龄及断奶前后仔猪。目前，猪瘟"非典型化"问题的严重性是已逐步发展到具有普遍性的地步！出现持续感染和隐性感染，诊断难度增大。因饲养量大，所造成经济损失也大。

三、临床症状

【临床诊断标准】

主要症状：高烧稽留和出血性素质，二者缺一不可。

伴随症状：出现精神沉郁，全身衰弱等异常现象外，必有皮肤和可视黏膜出血，诊断才为成立。

猪瘟临床症状是及时控制传播流行最早信号之一。在此阶段如能作出判断，应即早紧急接种猪瘟兔化弱毒疫苗。因此，作者将收集的有关照片介绍给读者，科技工作者不应忽视或藐视临床症状在疾病诊断中的学术价值。任何传染病的发生首先是临床症状出现，然后才是流行病学的表现。

【猪瘟临床诊断核心技术】

典型猪瘟出现稽留热型伴有败血症的症状，全身皮肤各部都可发生出血性变化，口腔、眼、阴道、肛门、阴茎等可视黏膜有出血点。

典型猪瘟潜伏期短的 2 日，一般为 5～10 日，最长达 21 日。经过可分最急性型、急性型、亚急性型、慢性型。前二型可称败血型。目前，又出现温和性的非典型猪瘟，长达数月。

【最急性型】

多见于新疫区流行初期，常无任何症状多发生急性败血性休克突然死亡。稍慢者体温高达 41℃ 以上稽留，精神高度沉郁，可视黏膜和腹下及四肢皮肤发绀，有针尖大密发出血斑点（图 4.1.1-1～图 4.1.1-4），病程 1～4 日。

图 4.1.1-1　最急性型猪瘟，体温 41℃，全身皮肤发绀，耳肿胀出血性浸润

图 4.1.1-2　最急性型猪瘟，发病群体全身皮肤有局灶性出血性浸润，耳肿胀出血

图 4.1.1-3　最急性型猪瘟，展示发病群体皮肤有局灶性出血性浸润

图 4.1.1-4　最急性型猪瘟，展示发病群体腹部皮肤有局灶性出血性浸润

【急性型】

1. 体温　41℃ 以上稽留不退。

2. 精神　发病时精神极度沉郁，两眼无神（图 4.1.1-5），伏卧嗜睡（图 4.1.1-6），全身无力，行动迟缓（图 4.1.1-7～图 4.1.1-9）。

图 4.1.1-5　猪瘟急性型，发病猪两眼无神、精神极度沉郁

图 4.1.1-6　猪瘟急性型，发病猪伏卧嗜睡

图 4.1.1-7　猪瘟急性型，发病猪全身无力站立时腰背拱起

图 4.1.1-8　猪瘟急性型行动迟缓四肢软弱无力，步态不稳

图 4.1.1-9　猪瘟急性型，发病猪全身震颤，发抖，常挤卧在一起

图 4.1.1-10　猪瘟急性型，眼出现结膜炎，分泌物呈褐色而黏着眼角

3. 可视黏膜　初期眼结膜潮红或出血，后期苍白，眼角处初期有多量黏液，后期转为脓性分泌物，呈褐色而黏着两眼（图 4.1.1-10），口腔黏膜可见有出血点。

4. 食欲与饮欲　病初减食或停食，饲喂时，缓慢走近食槽，食数口后（图 4.1.1-11），即退槽回床卧下，死前有的猪还可吃几口，有时可见呕吐。

5. 粪便与尿液　初期患猪便秘，附带血的黏液（图 4.1.1-12）或伪膜，有的病猪可出现便秘和腹泻交替（图 4.1.1-13）。

6. 皮肤特异性症状　可出现各种形式皮肤出血点或出血斑，病程长的互相融合形成较大的出血坏死区（图 4.1.1-14 ～ 图 4.1.1-20）。

7. 神经症状　见图 4.1.1-21。

8. 白细胞数　患猪随着体温升高白细胞数减少。

图 4.1.1-11　猪瘟急性型，常喜钻入草堆，呈怕冷状

图 4.1.1-12　猪瘟急性型，初期患猪便秘，排干粪球状，附带血的黏液或伪膜

图 4.1.1-13　猪瘟急性型，病猪可出现腹泻

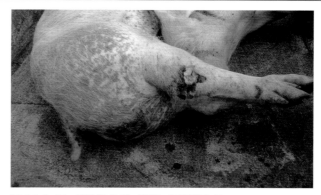

图 4.1.1-17　猪瘟急性型，臀部、皮肤出血点

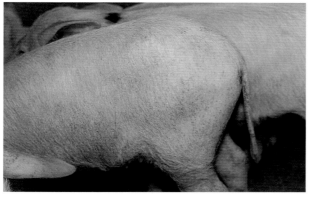

图 4.1.1-14　猪瘟急性型，鼻梁处皮肤出血斑

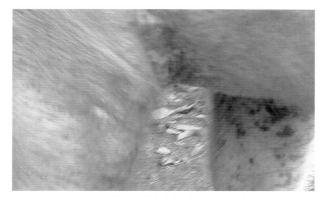

图 4.1.1-18　猪瘟急性型，前肢内侧腋下皮肤出血点

图 4.1.1-15　猪瘟急性型，耳部皮肤出血点

图 4.1.1-19　猪瘟急性型，病程长的互相融合形成较大的出血斑

图 4.1.1-16　猪瘟急性型，背部皮肤出血点

图 4.1.1-20　猪瘟急性型，病理变化部皮肤出血，圆形出血灶

图 4.1.1-21　猪瘟急性型，病猪神经症状，惊厥，肌肉僵直倒地

【亚急性型】

1．病程　长达 21 ～ 30 日，症状与急性相似，病猪消瘦，体重逐日下降，体温先升高后下降，然后又升高，直到死亡。

2．皮肤　有明显的新旧交替出血点。耳、腹下、四肢、臀部或会阴等处皮肤出血或坏死。仔细观察可见扁桃体肿胀溃疡，舌、唇、齿龈结膜有时也可见到。

3．行为　病猪日渐消瘦衰竭，行走摇晃，后驱无力，站立困难，转归死亡（图 4.1.1-22 ～ 图 4.1.1-23）。本型多见流行中后期或老疫区。

图 4.1.1-22　猪瘟亚急性型：临床症状病猪消瘦，精神沉郁，不断有死亡发生

图 4.1.1-23　猪瘟亚急性型：病猪日渐消瘦衰竭，神经症状，转归死亡

【慢性型】

1．病程　1 个月以上。

2．体温　时高时低。

3．行为　便秘与腹泻交替。

4．营养　病猪消瘦、贫血，全身衰弱，精神不振，食欲不佳。

5．皮肤　皮肤扣状肿，耳部皮肤有陈旧性出血斑或坏死痂（图 4.1.1-24 ～ 图 4.1.1-30）。

图 4.1.1-24　猪瘟慢性型：病猪消瘦被毛干枯

图 4.1.1-25　猪瘟慢性型：病猪消瘦，耳部皮肤有陈旧性坏死痂

图 4.1.1-26　猪瘟温和型：育肥猪感染后末梢皮肤仅出现轻微出血性变化，精神食欲正常

图 4.1.1-27　猪瘟慢性型：临床症状母猪乳房处皮肤扣状肿

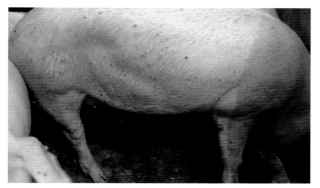

图 4.1.1-28　猪瘟慢性型：临床症状猪瘟左侧腹部皮肤密集扣状肿

图 4.1.1-29　猪瘟慢性型：临床症状猪瘟左侧散在较大皮肤扣状肿

图 4.1.1-30　猪瘟慢性型：临床症状，断奶仔猪两耳、眼部、鼻部皮肤有陈旧性坏死痂，后身麻痹起立困难

四、病理变化

猪瘟的病理变化，因病毒毒力强弱和机体的免疫状态，感染后的经过长短及继发细菌感染情况不同，其病理变化也各不相同。

【最急性型】

常见于本病流行早期，由于感染病毒的毒力过强，突发高热而无明显症状并且迅速死亡，常见不到病理变化，偶尔可在浆膜、黏膜和肾脏、心脏的包膜或外膜下及膀胱黏膜上见到一至几个细小点状出血。淋巴结轻度肿胀、潮红或出血（图 4.1.1-31～图 4.1.1-52）。

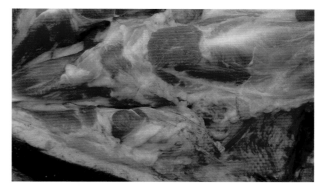

图 4.1.1-31　猪瘟最急性型病理变化，淋巴结肿胀紫红色

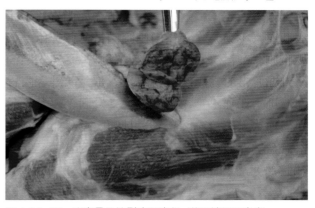

图 4.1.1-32　猪瘟最急性型病理变化，淋巴结切面出血

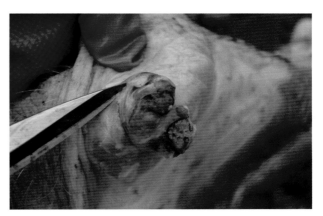

图 4.1.1-33　猪瘟最急性型病理变化，淋巴结出血变化

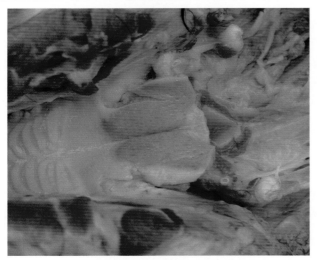

图 4.1.1−34　猪瘟最急性型病理变化，扁桃体黏膜早期充血肿胀

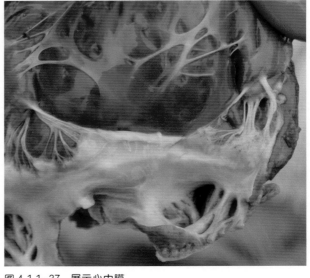

图 4.1.1−37　展示心内膜

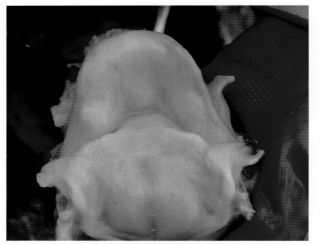

图 4.1.1−35　猪瘟最急性型病理变化，喉和会厌软骨黏膜出血点

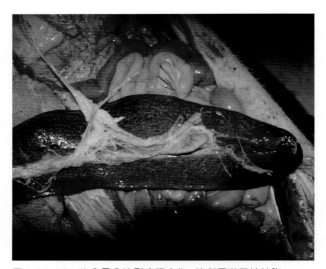

图 4.1.1−38　猪瘟最急性型病理变化，脾所属淋巴结肿胀

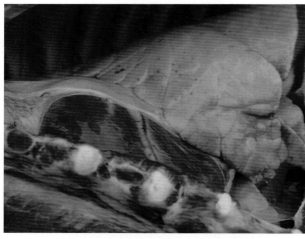

图 4.1.1−36　猪瘟最急性型病理变化，胸腔剖开后肺隔叶表面有散在弥漫性出血斑点

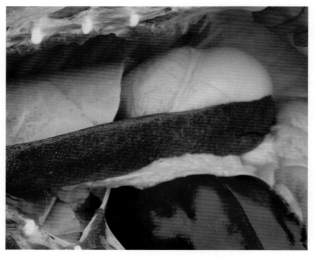

图 4.1.1−39　猪瘟最急性型病理变化，脾一般不肿胀

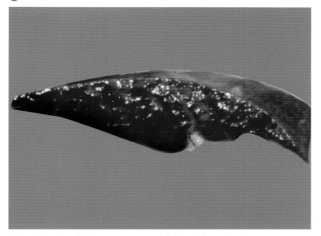

图 4.1.1-40　猪瘟最急性型病理变化,脾切面不肿胀

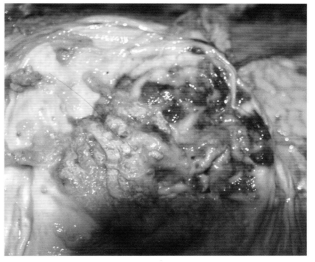

图 4.1.1-43　猪瘟最急性型病理变化,胃底腺部黏膜出血

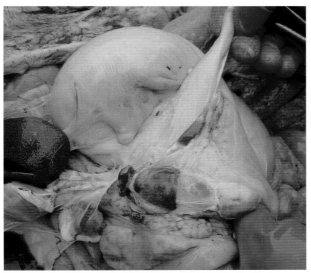

图 4.1.1-41　猪瘟最急性型病理变化,胃门淋巴结变化

图 4.1.1-44　猪瘟最急性型病理变化,小肠系膜淋巴结出血变化

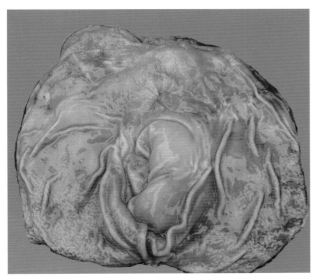

图 4.1.1-42　猪瘟最急性型病理变化,因胆汁逆流胃内致胃黏膜呈淡黄色,局灶性出血

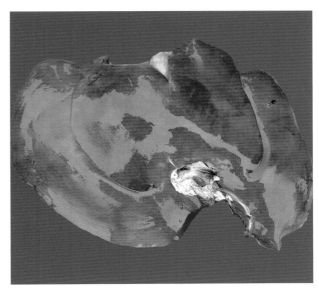

图 4.1.1-45　肝肿大暗红色散在变性坏死灶

图 4.1.1—46 肝切面暗红色，肝小叶模糊不清，中央静脉淤血散

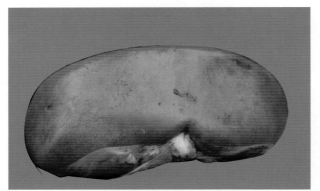

图 4.1.1—47 猪瘟最急性型病理变化，肾贫血状，放大后有几个出血点

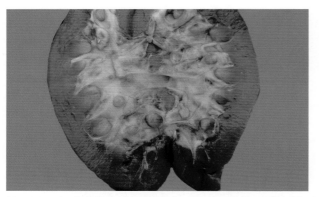

图 4.1.1—48 猪瘟最急性型病理变化，肾纵切面肾皮质和髓质肾乳头出血

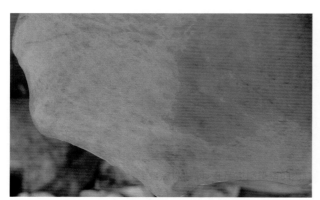

图 4.1.1—49 猪瘟最急性型病理变化，膀胱黏膜处有出血

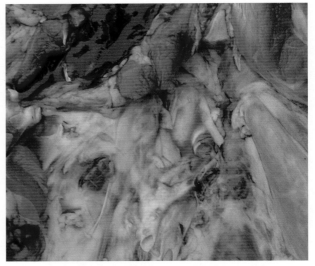

图 4.1.1—50 猪瘟最急性型病理变化，颌内淋巴结出血变化

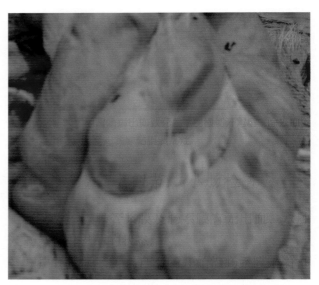

图 4.1.1—51 猪瘟最急性型病理变化，结肠浆膜少量出血点

图 4.1.1—52 猪瘟最急性型展示，阴鞘皮肤出血性浸润

【急性型】

具有典型的败血症变化，又称败血型猪瘟。血液凝固不良，呈煤焦油样。皮肤、黏膜、浆膜和实质器官可见大小不等的出血变化。一般为细小点状出血，有的散在，有的密布，以肾及淋巴结出血最为常见。

1. 皮肤出血　皮肤出血具有重要诊断价值，特别是出血性质、形状大小、表现形式是本病特有的。主要见于耳根、颈、胸、腹部、臀部、腹股沟部、四肢外侧。初期可见淡红色充血区，以后红色加深，有明显的小出血点。病程稍久，出血点可相互融合形成扁豆大的紫红色斑块。2005年，在某地区规模化猪场的育仔车间暴发猪瘟，皮肤出现圆形出血灶，几十年来首次见到。切开皮下后发现皮下组织、脂肪及肌肉也均可见到出血。病程久者，出血部组织常继发坏死形成黑褐色干固痂皮（图4.1.1-53～图4.1.1-56）。

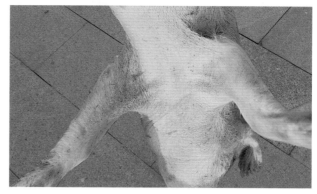

图4.1.1-55　猪瘟急性型病理变化，前肢内侧部皮肤出血

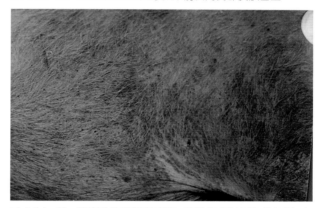

图4.1.1-56　猪瘟急性型病理变化，皮肤出血以后红色加深，有明显的小出血点

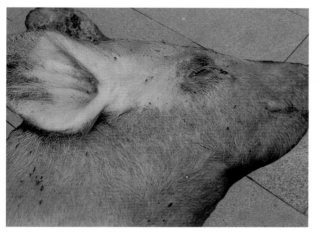

图4.1.1-53　猪瘟急性型病理变化，耳根、颈部皮肤出血

2. 淋巴结　淋巴结具有特征性，全身淋巴结呈现急性淋巴结炎变化。几乎全身淋巴结都具有出血性淋巴结炎的变化。主要表现淋巴结肿胀，外观呈深红色，被膜暗红色并有出血点乃至紫红色，切面有弥漫性出血点或出血斑，呈红白相间的大理石状外观，尤以颌下、咽背、耳下、腹股沟、肺门、胃门、肾门、肝门、胰门、小肠系膜、大肠系膜、直肠、颌内、腘淋巴结等淋巴结的病变最明显。淋巴结病变出现的最早、最明显，具有早期诊断价值（图4.1.1-57～图4.1.1-71）。

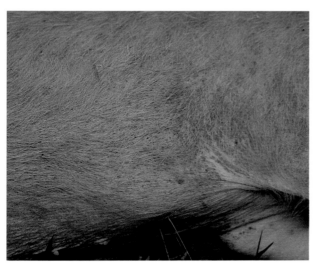

图4.1.1-54　猪瘟急性型病理变化，胸部皮肤出血

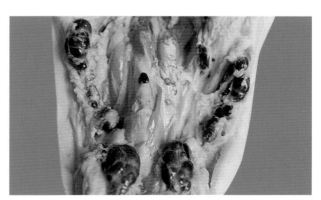

图4.1.1-57　猪瘟急性型病理变化，淋巴结肿胀紫红色

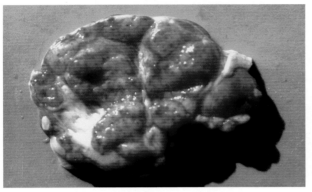

图 4.1.1-58　猪瘟急性型病理变化,淋巴结切面有弥漫性出血点斑

图 4.1.1-62　猪瘟急性型病理变化,颌下淋巴结变化

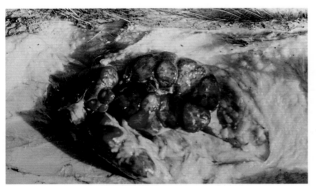

图 4.1.1-59　猪瘟急性型病理变化,淋巴结切面弥漫性出血点斑

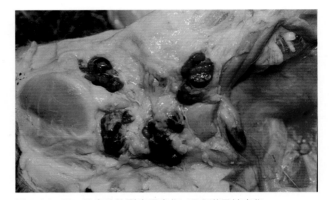

图 4.1.1-63　猪瘟急性型病理变化,咽背淋巴结变化

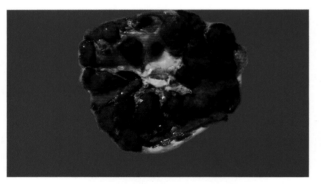

图 4.1.1-60　猪瘟急性型病理变化,淋巴结切面弥漫性出血

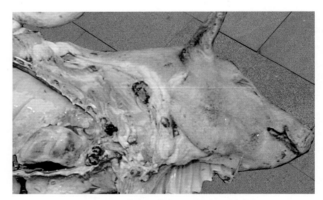

图 4.1.1-64　猪瘟急性型病理变化,耳下淋巴结变化

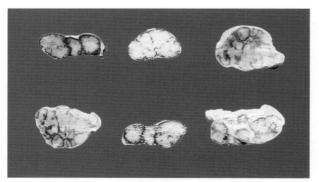

图 4.1.1-61　猪瘟急性型病理变化,淋巴结切面呈红白相间的大理石状外观

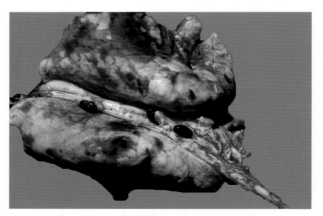

图 4.1.1-65　猪瘟急性型病理变化,肺门淋巴结变化

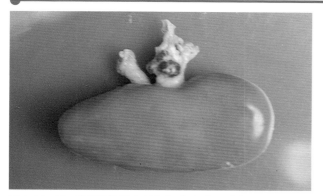

图 4.1.1-66　猪瘟急性型病理变化，肾门淋巴结变化

图 4.1.1-67　猪瘟急性型病理变化，肝门淋巴结变化

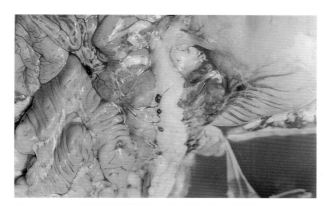

图 4.1.1-68　猪瘟急性型病理变化，胰门淋巴结变化

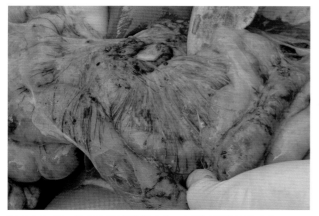

图 4.1.1-69　猪瘟急性型病理变化，大肠系膜淋巴结变化

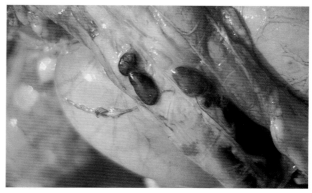

图 4.1.1-70　猪瘟急性型病理变化，直肠淋巴结变化

图 4.1.1-71　猪瘟急性型病理变化，颌内淋巴结变化

3. 脾脏　脾脏一般不肿胀，脾脏边缘出现出血性梗死病灶，此变化具有诊断意义。病灶位于脾边缘呈粟粒至黄豆模样，病灶大小不一，颜色深于脾，呈紫红色隆起的出血性梗死灶，呈结节状，表面稍膨隆，切面多呈楔形，有时多数梗死灶连接成带状，一个脾可出现几个或十几个梗死灶，有的互相融合在一起，形成凹凸不平的带状，其检出率30%～60%。有的病例脾脏包膜下有时可见小丘状出血（图 4.1.1-72 ～图 4.1.1-73）。

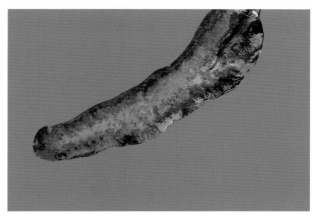

图 4.1.1-72　脾检查：猪瘟病理变化，脾多发性出血性梗死

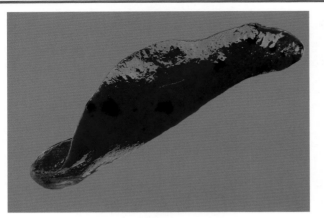

图 4.1.1-73　脾检查：猪瘟脾多发性出血性梗死

4.肾脏　肾病变极其明显和常见，也是建立诊断的指标之一。肾脏实质变性，包膜下有暗紫红色小点状出血，数量不等。量少时可见出血点散在，特别是新生仔猪如不仔细检查容易忽略。量多时密布整个肾脏表面，密如麻雀卵样，纵切开肾脏时，可见肾皮质和髓质均有点状和线状出血，肾乳头、肾盂常见有出血，输尿管、膀胱浆膜处有出血，膀胱黏膜有出血（图 4.1.1-74 ～图 4.1.1-76）。

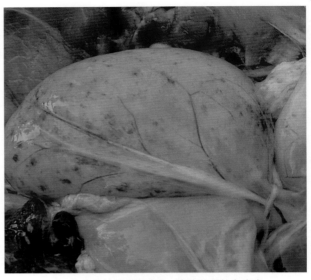

图 4.1.1-76　猪瘟急性型病理变化，膀胱黏膜处有出血

5.消化道　消化道病变表现为口角、齿龈、颊部和舌面黏膜有出血点或坏死灶，舌底部偶见梗死灶。腹膜脂肪有出血点或出血斑。腹水混浊，混有黄白色纤维。网膜和消化道浆膜有小点状出血。小肠系膜、大网膜和小肠浆膜、结肠浆膜常见有小点状出血。胃底部黏膜可见出血溃疡灶，十二指肠、空肠、回肠、盲肠、结肠和直肠黏膜也常有出血点。随病程进展淋巴滤泡溃疡，也常见有大量出血点，小肠和大肠孤立和集合淋巴滤泡肿胀，现场剖检时如见此病变时，可为诊断建立信心。病灶周围可见炎性反应，此为慢性猪瘟扣状肿形成的基础。回盲瓣口的淋巴滤泡常肿大出血和坏死。总之胃肠黏膜具有卡他性、出血性炎性病变（图 4.1.1-77 ～图 4.1.1-85）。

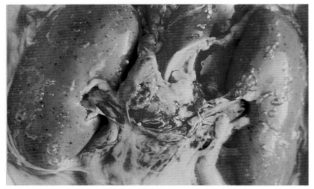

图 4.1.1-74　猪瘟急性型病理变化，肾包膜下有暗紫红色小点状出血

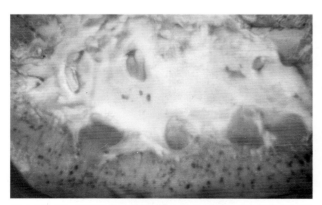

图 4.1.1-75　猪瘟急性型病理变化，肾纵切面肾皮质和髓质肾乳头出血

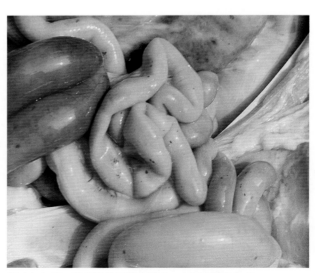

图 4.1.1-77　猪瘟急性型病理变化，小肠浆膜出血点

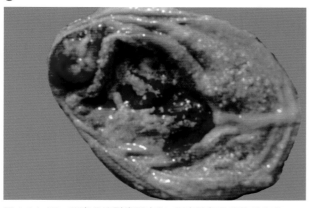

图 4.1.1-78 猪瘟急性型病理变化,胃底腺部黏膜弥散出血

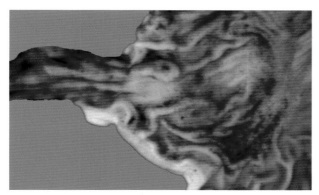

图 4.1.1-79 猪瘟急性型病理变化,胃贲门及十二指肠黏膜出血与滤泡肿胀

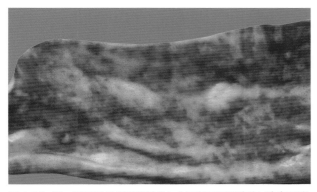

图 4.1.1-80 猪瘟急性型病理变化,十二指肠黏膜出血,滤泡肿胀

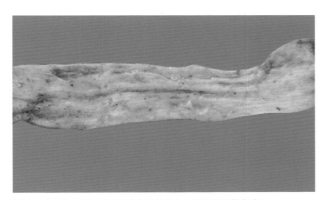

图 4.1.1-81 猪瘟急性型病理变化,回肠黏膜出血点

图 4.1.1-82 猪瘟急性型病理变化,盲肠黏膜出血点

图 4.1.1-83 猪瘟急性型病理变化,结肠黏膜出血点

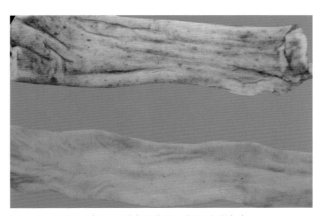

图 4.1.1-84 猪瘟急性型病理变化,直肠黏膜出血

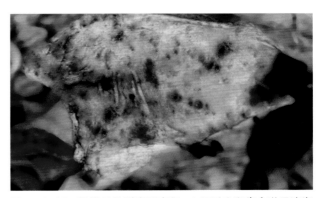

图 4.1.1-85 猪瘟急性型病理变化,大肠孤立和集合淋巴滤泡肿胀,病灶周围可见炎性反应

6.肝脏 肝脏变性质脆，包膜下和实质中有时有出血点斑（图4.1.1-86）。胆囊浆膜有出血斑，黏膜有小点状出血，有时可见到溃疡，胰脏间质水肿，有出血。

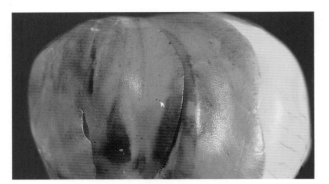

图4.1.1-86 病变的描述：肝脏表面小叶尚清晰可见，有针尖大出血点散在，是急性病变

7.呼吸系统 呼吸系统在鼻腔、喉和会厌软骨黏膜常有出血斑点，扁桃体常见有出血或坏死，胸肋膜有点状出血，胸腔液增量，淡黄红色，膈肌常见有出血变化，肺实质有局灶性出血斑块（图4.1.1-87～图4.1.1-90）。

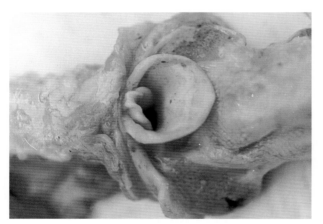

图4.1.1-87 猪瘟急性型病理变化，扁桃体出血与坏死

图4.1.1-88 猪瘟急性型病理变化，肋胸膜有点状出血

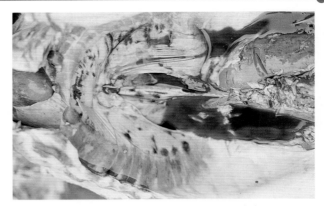

图4.1.1-89 猪瘟急性型病理变化，膈肌弥散性出血斑

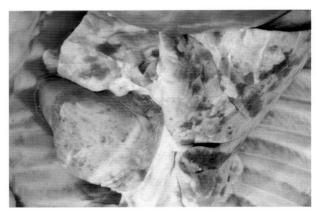

图4.1.1-90 猪瘟急性型病理变化，肺有局灶性出血斑

8.心血管 心血管心包积液，心肌松软，心外膜、冠状沟和两侧纵沟及心内膜均见有出血斑点，数量和分布不等，胸主动脉弓浆膜有时见有出血点斑（图4.1.1-91）。

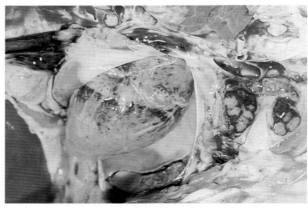

图4.1.1-91 猪瘟急性型病理变化，心外膜出血斑点

9.中枢神经系统 中枢神经系统主要见于脑膜和脑实质有针尖大小的出血点（图4.1.1-92）。

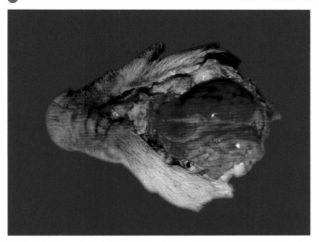

图 4.1.1-92　猪瘟急性型病理变化,脑软膜和脑实质出血斑点

【亚急性型】

常见在本病经常流行地区及流行的中期,病程2 ～ 4周,败血性病变轻微,有新旧交替的出血点。主要病变在皮肤、淋巴结、肾、膀胱等器官,均可出现大小不一陈旧性出血斑点。(图 4.1.1-93 ～图 4.1.1-96)

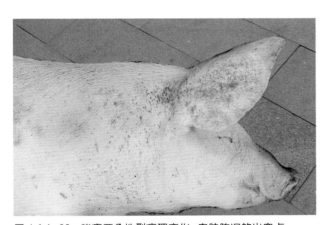

图 4.1.1-93　猪瘟亚急性型病理变化,皮肤陈旧的出血点

图 4.1.1-94　猪瘟亚急性型病理变化,淋巴结陈旧的出血点斑

图 4.1.1-95　猪瘟亚急性型病理变化,肾陈旧出血点

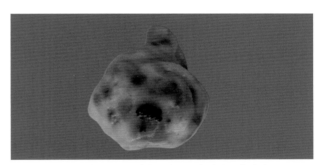

图 4.1.1-96　猪瘟亚急性型病理变化,膀胱陈旧的出血斑

【慢性型】

败血症的变化较轻微,皮肤和各器官均可见有陈旧性出血斑点和出血吸收灶;有时可见新旧交替出血斑点。本型特征性病变为"扣状肿"。当前慢性型病例增多,剖检时注意发现黏膜器官是扣状肿常在多发部位。如在阴茎包皮和胃黏膜的"扣状肿"。"扣状肿"具有特异性,是国内外兽医科技工作者一致公认的具有一锤定音性质的诊断特点。慢性型断奶仔猪肋骨末端与软骨交界部位发生钙化,黄色骨化线是一个经常可见的变化,这在慢性猪瘟诊断上有一定价值(图 4.1.1-97 ～图 4.1.1-104)。

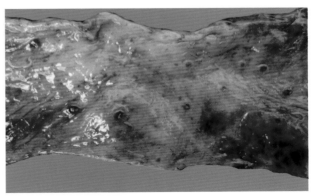

图 4.1.1-97　结肠黏膜弧立,淋巴滤泡肿胀,周围充血,此为扣状肿早期病变

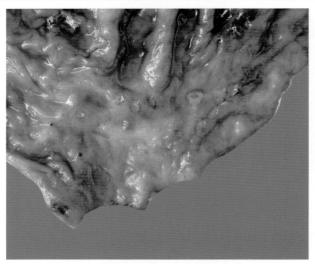

图 4.1.1-98　猪结肠孤立，淋巴滤泡肿胀，周围充血呈红晕形态，由猪瘟病引起的增生性淋巴结炎，是特异性病，当即可诊断为猪瘟

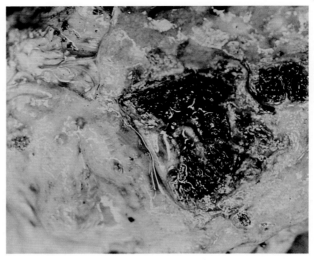

图 4.1.1-101　猪瘟病理变化，慢性型：回盲口处形成一个较大的扣状肿病变

图 4.1.1-99　猪瘟病理变化，慢性型：结肠浆膜与结肠弥漫性出血坏死灶

图 4.1.1-102　猪瘟慢性型，结肠表面形成多个中等大小表面附有粪便残渣粗糙的扣状肿病变

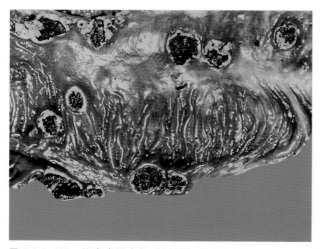

图 4.1.1-100　猪瘟病理变化，慢性型：剪开肠管后肠表面的扣状肿病变

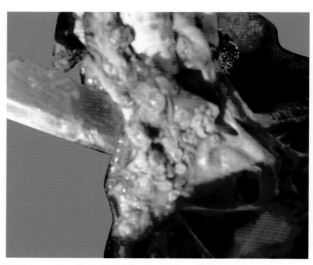

图 4.1.1-103　猪瘟病理变化，慢性型：阴茎包皮黏膜扣状肿病变

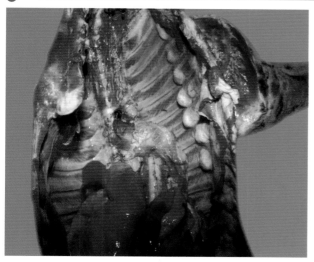

图 4.1.1-104　猪瘟病理变化,慢性型:肋骨末端与软骨交界部位有骨化线

【胸型】

感染巴氏杆菌而引起的,其病变除有猪瘟特有的病理变化外,尚有猪巴氏分枝杆菌病的病理变化。因猪瘟病毒的感染,使病猪机体免疫功能下降,特别是呼吸道局部免疫功能降低,常在巴氏杆菌大量繁殖,毒力增强,而引起肺的纤维素性肺炎,并有坏死灶的形成,肺间质水肿,有时可见出血性浸润,病初胸膜有浆液性－出血性渗出物,以后混有纤维素渗出物,形成纤维素性胸膜肺炎,同时,可见纤维素性心包炎。本型一般有急性和亚急性型的猪瘟所特有的败血症变化,大理石样的淋巴结、脾出血性梗死、胃黏膜出血溃疡及肠出血性卡他性炎症都有明显的表现。(图 4.1.1-105 ~ 图 4.1.1-106)

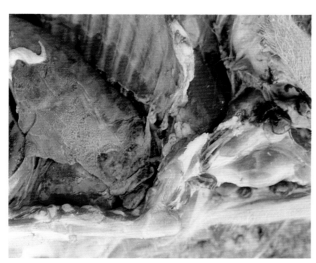

图 4.1.1-105　猪瘟胸型病理变化,猪瘟时感染巴氏杆菌而引起的纤维素性胸膜肺炎

图 4.1.1-106　猪瘟胸型病理变化,猪瘟时感染巴氏杆菌而引起的纤维素性胸膜肺炎与心包炎

【肠型】

一般为慢性经过,本型由感染猪霍乱沙门氏菌引起。病变在盲结肠发生固膜性肠炎。有 2 种形式:一是以慢性猪瘟的局灶性固膜性肠炎特有的大肠扣状肿形式出现;另一种以仔猪慢性副伤寒的弥漫性固膜性肠炎形式出现。两种病变同在大肠,相互交错存在(图 4.1.1-107 ~ 图 4.1.1-108)。

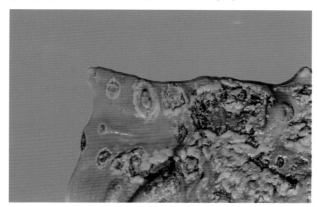

图 4.1.1-107　猪瘟肠型病理变化,猪瘟时感染沙门氏杆菌而引起的纤维素坏死性肠炎

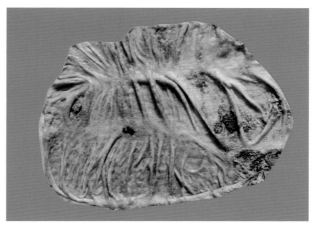

图 4.1.1-108　猪瘟肠型病理变化,肠扣状肿修复病理变化

【繁殖障碍型猪瘟】

繁殖障碍型猪瘟，是"带毒母猪"在妊娠不同阶段感染猪瘟病毒而发生病毒血症，通过母体胎盘将病毒传递到胎儿。由此引起胚胎感染，因侵入病毒毒力不一，可引起胚胎死亡、发育不良、畸形、木乃伊胎、死胎、弱仔；发育良好胚胎产出后可幸存终身，并成为免疫耐受猪，可持续不断向体外排毒成为猪场危险传染来源。通过剖检仔代的病理变化，可反映母猪存在的疾病，从另一个侧面诊断猪场存在的疫病。验证母猪携带的病原种类如下。

1. 畸形胎儿　表现水牛头样胎（图4.1.1-109）、肾（图4.1.1-110）、肺（图4.1.1-111）。

2. 产死胎　全身皮下水肿（图4.1.1-112），体腔积液，皮肤有点状出血（图4.1.1-113），胸腺出血萎缩（图4.1.1-114），淋巴结肿大出血（图4.1.1-115～图4.1.1-116），各器官黏膜、浆膜（图4.1.1-117）可见出血点，肝、脾、肺、肾（图4.1.1-118～图4.1.1-120）等实质脏器有出血性素质变化（图4.1.1-121）。

3. 产胎儿病理变化　弱仔（图4.1.1-122）、障碍仔猪（图4.1.1-123）、死胎和木乃伊胎（图4.1.1-124）。

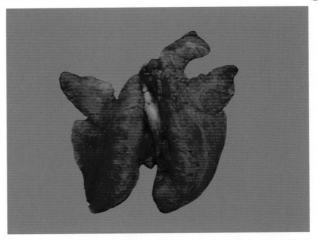

图4.1.1-111　繁殖障碍型病理变化，畸形胎展示，两叶肺大小不一

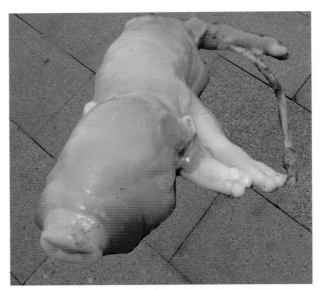

图4.1.1-112　繁殖障碍型病理变化，畸形胎。统产胎儿全身水肿，头大，前颌部两侧呈球状

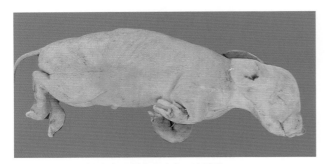

图4.1.1-109　繁殖障碍型病理变化，畸形胎

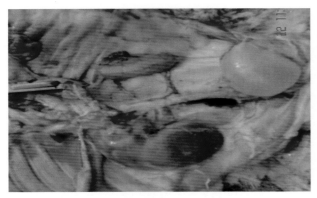

图4.1.1-110　繁殖障碍型病理变化，畸形胎，胎儿肾大小不一呈畸形

图4.1.1-113　繁殖障碍型病理变化，畸形胎。展示一个胎儿的皮肤有散在的出血斑

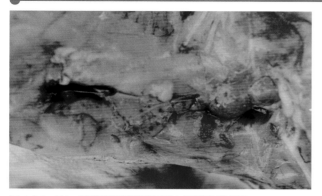

图 4.1.1-114 繁殖障碍型病理变化, 死胎胸腺出血

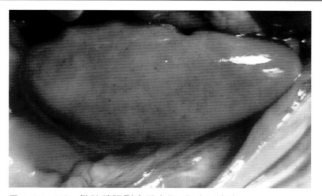

图 4.1.1-118 繁殖障碍型病理变化, 肾皮质出血

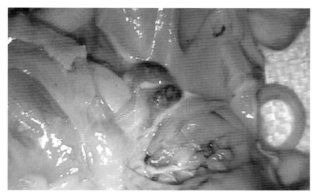

图 4.1.1-115 繁殖障碍型病理变化, 淋巴结肿大出血明显

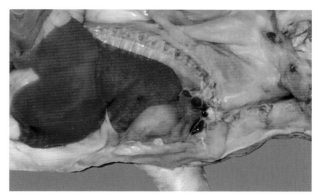

图 4.1.1-119 繁殖障碍型病理变化, 胸前淋巴结肿胀出血, 肺、心均有出血

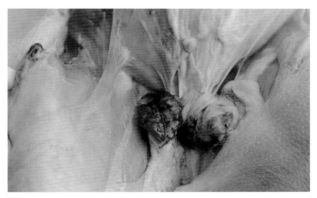

图 4.1.1-116 繁殖障碍型病理变化, 猪瘟死胎腹股沟淋巴结肿大出血

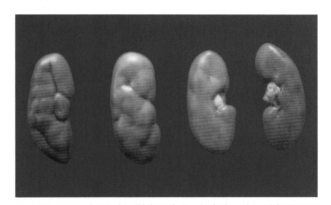

图 4.1.1-120 繁殖障碍型病理变化, 肾发育不良, 形态凸凹不平

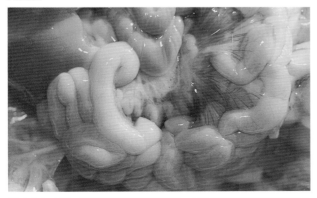

图 4.1.1-117 繁殖障碍型病理变化, 小肠系膜所属淋巴结肿大和浆膜出血

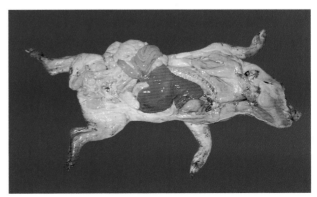

图 4.1.1-121 繁殖障碍型病理变化, 实质脏器有出血性素质变化

图 4.1.1-122 繁殖障碍型病理变化，某规模化猪瘟阳性场，哺乳仔猪发育不良大小不一

图 4.1.1-123 繁殖障碍型病理变化，哺乳仔猪

图 4.1.1-124 繁殖障碍型病理变化，猪瘟温和型母猪繁殖障碍型、产死胎、木乃伊胎

五、诊断

猪场一旦发生猪瘟应迅速作出早期诊断，具有重大实际意义。因猪瘟的扑灭有效方法是在猪群中尚未大批感染时，早期紧急接种大剂量猪瘟弱毒苗，使猪群又获得一次免疫应答，可抵抗猪瘟强毒的攻击，及时控制猪瘟的发生和流行。虽然猪瘟的病情

复杂，病变多种多样，而且多与其他传染病混合感染，特别是非典型猪瘟的出现，给诊断增加许多困难，但是如果掌握了猪瘟的发病规律，就可及时作出正确诊断。

理论上任何传染病诊断都应依据病原的生物学特性，受侵机体出现的机能、形态及抗体变化反应特征，作为诊断疾病依据。每种疾病的流行病学、临床症状、病理变化、免疫反应；都有各自特征，诊断价值不同，尤其是猪瘟病理变化具有特异性，猪瘟是我国当前控治的首选疫病，其诊断与防制且非常具有价值。

【流行病学诊断】

缺乏规律性新的特点。（1）流行初期多出现亚急性型和非典型猪瘟，流行速度缓和，范围局限化，规模化猪场多限于一个车间，多在母源抗体消退临界时期，即 20～30 天龄发病。流行病学调查分析时发现母猪产出死胎、木乃伊胎、早产、产出弱仔率增加。猪瘟流行特点是，一般流行初期猪群中仅有一至数头猪发病，经 1 周左右，同群猪相继大批发病。还注意要调查免疫预防注射，抗体监测，饲料来源，新猪引进情况，邻近猪群有无疫病发生，治疗效果，发病年龄和季节以及发病，病死率等，应注意当前非典型流行病学特点。

【临床诊断】

体温 41℃以上高热稽留不退，伴有皮肤出血及精神沉郁食欲下降等"症候群"。

【治疗性诊断】

用抗菌类药物治疗无效，应用解热镇痛药物半衰期后又继续发热，反弹。

【病理学诊断】

典型猪瘟病理解剖学变化，在现场即可作出正确诊断。具有出血性素质的典型的败血症变化，皮肤、淋巴结、浆膜、黏膜出血；黏膜和皮肤的扣状肿，脾边缘有出血性梗死灶，肾、心肌、肺、胰、输尿管、膀胱出血点或出血性浸润。目前猪瘟病变多样，即便是非典型和混合型，以淋巴结出血变化为主要矛盾方面，在现场多剖检几例，综合多数病猪剖检结果，以观察猪瘟病变的"病变群"及早作出正确诊断。

【实验室诊断】

免疫荧光试验、免疫酶组化染色法、琼脂扩

散试验、新城疫病毒强化试验、动物接种试验等。每一种诊断方法的应用时机和诊断价值都有所不同，实践中应结合实际情况选择应用。用 ELISA 和 RT-PCR 方法对猪瘟可一次性完成猪瘟强毒抗原和病毒的检测。

【鉴别诊断】

在临床上急性败血型猪瘟与急性猪丹毒、最急性猪巴氏分枝杆菌病、仔猪副伤寒和猪败血性链球菌病等，在临床上表现极为相似。因此，临床表现只供参考，还必须从病理变化、流行病学等多方面综合判断，作鉴别诊断。

繁殖障碍型猪瘟和猪繁殖与呼吸综合征、猪伪狂犬病、猪日本乙型脑炎、猪细小病毒病、猪布鲁菌病、猪衣原体病等，在临床上也容易混淆，应该予以鉴别。

慢性猪瘟在临床上以腹泻为主要特点，病理特征是大肠的纤维素性坏死性肠炎，应与慢性猪副伤寒、猪痢疾及其他的腹泻性疫病进行鉴别，下面将其鉴别要点加以分述。

1. 猪繁殖与呼吸综合征（蓝耳病）　当前临床上鉴别诊断难点，两者互为因果，都以潜伏带毒亚临床状态存在于猪群中，时而由应激因素为猪群暴发传染病的原发病。发病猪体温一时性增高，不出现稽留热，很少有败血症的出血性素质变化，皮肤呈蓝紫色，耳部有蓝耳病变，无神经、皮肤出血、血便、腹泻、眼结膜炎等症状。剖检病变蓝耳病无猪瘟特有的病变。与繁殖障碍型猪瘟鉴别是，蓝耳病流产多在妊娠 100 天前后，呈暴发性，猪瘟多在正常分娩时期，多为散发。

2. 急性猪丹毒　多发生于夏天，病程短，体温多在 41～42℃稽留，有一定食欲。皮肤上的红斑，指压退色。病程较长时，皮肤上有紫红色疹块。眼睛清亮有神，步态僵硬，发病率和病死率比猪瘟低。死后剖检，胃和小肠有严重的充血、出血，脾大，无梗死灶，呈樱桃红色，淋巴结和肾淤血肿大，呈特有的大红肾变化，肺花斑样呈休克肺病变。青霉素等治疗有特效。

3. 最急性猪巴氏分枝杆菌病　气候和饲养条件剧变时多发，发病率和病死率比猪瘟低，咽喉部急性肿胀，呼吸困难，口鼻流泡沫，皮肤蓝紫或有少数出血点。剖检时，咽喉部肿胀出血，肺充血水肿，

颌下淋巴结出血，切面呈红色，脾不肿大，抗菌药治疗有一定效果。

4. 败血性链球菌病　本病多见于仔猪。除有败血症状外，常伴有多发性关节炎和脑膜炎症状，病程短，抗菌药物治疗有效，剖检见各器官充血、出血明显，心包液增量，脾大。有神经症状的病例，脑和脑膜充血、出血，脑脊髓液增量、浑浊，脑实质有化脓性脑炎变化。

5. 急性猪副伤寒　多见于 2～4 月龄的猪，在阴雨连绵季节多发，一般呈散发。先便秘后下痢，有时粪便带血，耳部、尾部及胸腹部皮肤呈蓝紫色。剖检肠系膜淋巴结显著肿大，肝可见黄色或灰色小点状坏死，大肠有溃疡，脾大。

6. 慢性猪副伤寒　易于慢性猪瘟混淆，慢性副伤寒呈顽固性下痢，体温不高，皮肤无出血点，有时咳嗽。剖检时，大肠有弥漫性坏死性肠炎变化，脾增生肿大，肝、肠系膜淋巴结有灰黄色坏死灶或灰白色结节，有时肺有卡他性炎症。

7. 猪黏膜病病毒感染　黏膜病病毒与猪瘟病毒同属瘟病毒属，主要侵害牛，猪感染后，多数没有明显症状或无症状。部分猪可出现类似温和型猪瘟的症状，难以区别，需采取脾、淋巴结做实验室检查。

8. 弓形虫病　弓形虫病也有持续高热 41～42℃，皮肤紫斑和出血点，大便干燥，剖检时淋巴结肿大，有的出现坏死灶，肺充血肿大，小叶间明显增宽，仔细观察有小的炎症灶，淋巴结涂片瑞氏染色可检出虫体。

六、猪瘟防制

【预制工作的基本原则】

猪瘟是一种毁灭性疾病，有很高的发病率和病死率。

1. 加强卫生　要加强饲养管理和卫生工作，舍内定期大消毒，粪肥指定地点做生物热处理，出入猪场猪舍应进行消毒，一般情况下杜绝进舍内参观。

2. 引种　引进种猪时，对将要购入的种猪采血制备血清后，应用单克隆抗体鉴别诊断，猪瘟强毒阴性猪应就地注射猪瘟兔化弱毒苗，待产生免疫后，才可引入，进场后应单独饲养在隔离舍 5～6 周。

3. 定期做猪瘟免疫抗体监测　种猪场应每月或每季采猪群总数的 10%血样，可应用中和试验、猪

瘟间接血凝试验、抗猪瘟兔化弱毒单克隆抗体酶联免疫吸附试验,然后根据每种方法要求的抗体水平,及时进行适时的疫苗接种。

【免疫防制】

在免疫监测的基础上,确定免疫时间、免疫日龄、免疫次数、免疫剂量,制订出一个既能抵抗猪瘟临床感染又能防止亚临床感染和阻止强毒在体内复制和散毒的一种防病措施。针对肉猪可疑猪群可采用紧急接种猪瘟兔化弱毒方法保护大多数猪只。

1. 疫苗种类 猪瘟兔化弱毒,有细胞苗和组织苗,可任选,接种后4～6日产生免疫力,免疫期1年以上。我国许多农户应用猪瘟、猪丹毒二联弱毒冻干苗。种用猪最好选用单苗,育肥猪不可用联苗。据调查用联苗的猪暴发猪瘟时有发生!

2. 疫苗使用注意事项 严格贯彻疫苗使用操作规程,切实执行农业部6号令,即由各级兽医站实施直线供应。保证疫苗出厂、运输、保存及使用各个环节贯彻"冷链系统"工程。必须注意疫苗生产日期,过期和失效的绝对禁止使用,在有效期内使用时,要疫苗运输、保存的温度,不能一概而论、机械地认为疫苗有效期内可靠,要灵活掌握,时刻注意疫苗使用后,在免疫期内定期做血清学监测,及时确定该疫苗的使用价值。

3. 疫苗的稀释 稀释液以生理盐水最佳,稀释液的酸碱度以中性为合格,过酸过碱的稀释液可使疫苗效价降低而影响免疫效果,甚至失败。稀释时要注意对每瓶疫苗进行鉴定,疫苗使用要现用现配,即用完一瓶再稀释另一瓶疫苗,大批疫苗接种时,禁止一次性将疫苗稀释完。不论任何季节,稀释的疫苗都应2小时内用完,夏季应在冷藏保温下进行。一猪一针头,防止人工交叉感染,当前猪瘟病毒源头存在许多不确定因素,因此,凡是打针注射,必须一猪一针头。针头粗细长短要适宜,大小猪应选择各自适宜针头,以防疫苗有效剂量的减少及疫苗的漏出。乳前免疫时,每窝仔猪可共用一支注射器,但不能共用一支针头,一定一猪一针头,其理由是如果母猪感染了猪瘟,猪瘟病毒可以通过胎盘屏障传给胎儿,而感染母猪所产的同窝仔猪不是每头均先天感染,仔猪感染比例与母猪感染程度有关,如同窝仔猪共用一支针头会造成人工交叉感染。注射局部消毒,大批注射时,应选择专职消毒员,用0.5%

碘酊先涂擦临时固定的右或左侧耳根后部皮肤,然后用70%酒精脱碘,待3～5分钟后注射疫苗,注射时剂量一定要确实。免疫前后7～10日禁止应用抗生素和磺胺类等免疫抑制药物。

4. 免疫剂量 据杜念兴(1998)报道,免疫剂量不足是当前猪瘟出现持续感染、繁殖障碍型猪瘟、生长肥猪免疫失败的主要因素。因此,提高猪瘟兔化苗的免疫剂量成为当前猪瘟免疫成败的关键。根据高瑞文(1991)实验结果为4头份(600个兔体反应量)。近年据资料报道,各地根据猪瘟流行及发病特点的变化,增加免疫剂量都取得了好的效果。据此下述免疫程序是目前多数专业工作者倡导的,种公猪每年进行两次,每次每头猪注4头份,哺乳仔猪为了排除母源抗体干扰,21～24日龄时一律注4头份,55～60日龄时二免同样剂量。繁殖母猪和后备母猪配种前30日注4头份。此外,也可根据猪瘟疫苗种类和质量以及流行情况确定剂量。

【规模化猪场的防治措施】

可采用乳前免疫1～2头剂猪瘟兔化疫苗(细胞苗),70日龄左右再注射2～4头剂的同类疫苗,以后不再做猪瘟免疫,直到出栏。留作后备种猪,则在配种前再进行一次免疫接种,以后按种猪免疫程序进行。

【猪瘟污染场的防制治措施】

应用35～70日龄3次的免疫程序进行,注射猪瘟兔化弱毒疫苗(细胞苗),乳前免疫1～2头剂后,于35和70日龄左右再分别注射同类疫苗(细胞苗)4头份。

1. 暴发疫点的扑灭措施

(1)检疫隔离封锁:一旦强毒株侵入猪群内暴发流行,及时把猪群划分病猪群、可疑感染和假定健康猪群,前者集中做无害化处理。

(2)紧急接种疫苗和强化免疫:对猪场的可疑猪群和假定健康猪群,在舍内彻底大消毒和猪体消毒后,再用新出厂的猪瘟兔化弱毒苗进行接种,注射时局部彻底消毒,一猪换一针头。

(3)接种剂量:根据实际情况进行接种,首次大剂量,10～12日后,再接种一次,其剂量比第一次高2～4倍为好。

(4)初生仔猪的主动免疫(乳前免疫):其方法为仔猪产出处理后,当即接种猪瘟疫苗2～4头份,放保温护仔箱内 1.5 ～ 2 小时后哺乳，断奶后 3 ～ 5 天二免 4 头份，70 日龄三免 4 头份。

2. 繁殖障碍型猪场的净化措施

（1）检测措施：每两个月检测一次种猪的强毒抗体，阳性猪再用荧光抗体技术，活体穿刺取扁桃体或股前淋巴，做冰冻切片，抗原阳性猪坚决淘汰，一般连检 3 ～ 4 次，直至被检猪全部为阴性时为止。

（2）免疫程序：种公猪每年 2 次每次 4 头份，母猪在配种前 30 天接种 4 ～ 8 头份。

（3）平时消毒：定期做好舍内消毒工作。

（4）新生仔猪被动免疫：自制高免猪瘟血清，生后 1 天龄仔猪股内侧皮下注射 2 ～ 5ml，20 天龄首免 2 ～ 4 头份，65 ～ 75 天龄二免 4 头份。也可采用初生仔猪的主动免疫。

第二节　口蹄疫

口蹄疫是由口蹄疫病毒引起的偶蹄动物共患的一种急性、热性、高度传染性疫病。患病动物的特征是在舌、口唇、鼻、乳房、蹄等部位发生水疱，破溃后形成溃疡烂斑。

一、病原

口 蹄 疫 病 毒（FMDV）为 小 DNA 病 毒 科（picornaviridae），口蹄疫病毒属（aphthavirus）。

有 7 个血清型，为 O 型、A 型、C 型、SAT1（南非 1 型）、SAT2（南非 2 型）、SAT3（南非 3 型）和 Asia1（亚洲 I 型）。由于本病传染性强、传播速度快、不易控制和消灭，世界动物卫生组织（OIE）将其列为 A 类动物疾病名单之首。

本病毒生物学最大特点是病毒具有多型性与易变异性，给根除本病带来极大困难。血清型间无血清学交叉反应和交叉免疫现象。同一血清型内不同病毒间抗原性亦有变化。目前，已发现增至 67 个亚型。各型之间无交叉免疫，同型内各亚型间交叉免疫力不同，不能保证都有完全的交叉免疫。我国分布的口蹄疫病毒型为 O 型、A 型和亚洲 I 型。

口蹄疫病毒对酸非常敏感，在 pH 值 6.5 的缓冲液中，在 4℃ 条件下 14h 可灭活 90%，pH 值 5.5 时，1min 可灭活 90%，pH 值 5.0 时 1s 即可灭活 90%，所以根据此特点，肉品可用酸化处理，利用肌肉后作用时产生的微量乳酸来杀死病毒。

本病毒对碱亦十分敏感，1% NaOH　1min，可杀死病毒。畜舍的消毒常应用 2% NaOH 或 KOH 或 4% Na_2CO_3 或 1 ～ 2% 甲醛溶液，30% 草本灰水在野外条件下，2%NaOH 氢氧化钠溶液 2min 内可破坏病毒，过氧乙酸消毒冷库可杀灭口蹄疫病毒。

二、流行病学

1. 易感动物　偶蹄动物对本病敏感，单蹄动物不发病。

2. 传染源　病猪、带毒猪是最主要的直接传染源，尤以发病初期的病畜是最危险的传染源。另外，病猪的尿、粪、乳、呼出的气、唾液、污染的精液、肉、毛、内脏以及污染的猪舍、饲料、水、饲养用具都可有病毒存活，成为间接传染源，牛、羊、猪、骆驼可互相传染，但也有牛、羊感染而猪不感染或猪感染而牛、羊不感染的情况报道。

3. 传播途径　本病主要通过消化道、呼吸道、破损的皮肤、黏膜、眼结膜、人工输精来进行直接或间接性的传播。另外，鸟类、鼠类、昆虫等野生动物也能机械性地传播本病。病毒能随风传播到 100 千米以外的地方，所以，有人认为气源性传播在口蹄疫流行上起着决定性的作用。

4. 流行方式　水平传播。

5. 流行形式　大流行、流行性和地方性流行。

6. 流行季节　以冬春、秋季，气候比较寒冷时多发。

7. 流行特点　传染性极强，一般猪场防疫设施不佳，一旦发生本病，如没采取有效而果断措施，猪群无一幸免，经济损失惨重。常呈大流行性。

8. 流行历史与现状　历史上欧洲在 14 世纪有记载，20 世纪 50 年代以前呈全球性大流行，当前一些国家已消灭和控制了口蹄疫。

三、临床症状与病理变化

病初体温上升至 40 ～ 41℃，行走起立时疼痛，呈明显的跛行（图 4.1.2-1），在蹄冠（图 4.1.2-2）、蹄踵、蹄叉、口腔的唇、鼻镜（图 4.1.2-3）、齿龈、舌面、口、乳头（图 4.1.2-4）等部位出现几个或更多的米粒大小的水疱，小水疱可相互融合呈豆粒至蚕豆大或更大。水疱自行破裂后形成鲜红色烂斑，表面渗出一层淡黄色渗出物，干燥后形成黄色痂皮，当继发细菌感染时，严重时造成蹄壳脱落（图 4.1.2-5）。

图 4.1.2-1 猪口蹄疫临床症状, 精神不振、依墙呆立、蹄部发炎疼痛致起卧困难

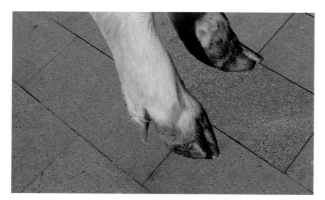

图 4.1.2-2 猪口蹄疫临床症状, 驱赶病猪致蹄冠部皮肤的角质和基部出血

图 4.1.2-3 猪口蹄疫临床症状, 育肥猪鼻镜水疱

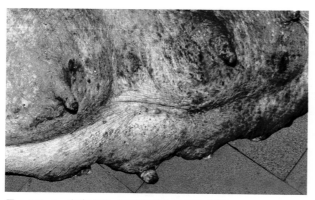

图 4.1.2-4 水疱变性: 猪口蹄疫乳头皮肤水疱

图 4.1.2-5 猪口蹄疫临床症状, 哺乳仔猪蹄壳脱落

哺乳母猪泌乳下降。但初生仔猪和哺乳仔猪通常呈急性肠炎和心肌炎而突然死亡(图 4.1.2-6)。病死率可达 60% ~ 80%。10 天龄以内的仔猪由于疾病呈急性经过, 可见琥珀斑心、心肌扩张、色淡(图 4.1.2-7)、质变柔软, 弹性下降。组织学出现红白相间的条纹状的变性坏死灶(图 4.1.2-8)。

本病一般呈良性经过。大猪很少死亡。如无继发感染, 一般 3 ~ 5 周可痊愈。

图 4.1.2-6 猪口蹄疫临床症状, 哺乳仔猪因心肌炎突然死亡

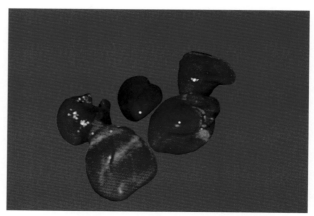

图 4.1.2-7 口蹄疫病理变化, 因心肌炎死亡心肌病变展示

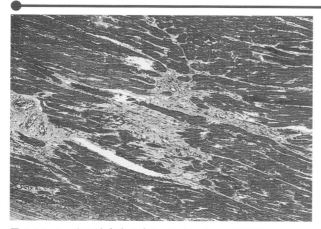

图 4.1.2-8　猪口蹄疫病理变化，猪心肌炎，肌纤维变性炎灶性细胞浸润

四、诊断

据病畜口腔黏膜、舌、鼻等处出现典型的口蹄疫特有水疱，群体几乎在几天内发病，可初步作出诊断。确诊需进一步做实验室诊断。由于口蹄疫具有多型性，所以在诊断本病时，应了解当地流行的口蹄疫病毒型。具体方法为：取病猪水疱皮或水疱液，置 50%甘油生理盐水中，迅速送往能检验的有关单位做补体结合试验或微量补体结合试验来鉴定病毒型或送检恢复期的病猪血清进行中和试验来鉴定毒型。确定毒型的目的在于正确使用口蹄疫疫苗。因为目前使用的口蹄疫疫苗多为单价苗，如果不测毒型，疫苗与毒型不符合，就不能收到预期的预防效果。我国《口蹄疫防治技术规范》中指定的病原学检测方法包括间接夹心酶联免疫吸附试验、反向间接血凝试验、RT-PCR 试验和病毒分离鉴定试验。

鉴别诊断：猪口蹄疫一般与猪水疱性口炎、猪水疱病、猪水疱性疹、猪痘等在临床症状上非常相似，水疱上很难区别，所以，鉴别本病与其他病时一定要紧密结合流行病学、临床症状和实验室诊断，才能很好地把握本病，不致造成大的危害。

五、防治

口蹄疫的预防接种可用灭活苗或弱毒苗，接种疫苗前应注意先测定发生的口蹄疫型，然后再进行接种。现在生产的牛、猪 O 型口蹄疫，BEI（二乙烯亚脂）灭活油佐剂苗，免疫效力很好，免疫保护期可达 6 个月，因我国部分地区发生

亚洲 I 型牛口蹄疫，现有该苗已在疫区进行预防接种。

猪口蹄疫传染性极强，我国由农业部主管部门发布对口蹄疫实行强制免疫，同时，应加强综合性防治措施。

1. 免疫预防　应选用与当地流行的病毒型或亚型相匹配的口蹄疫疫苗进行免疫预防，加强猪群流行病学与免疫学监测，加强流通环节的监督检查，严格进行猪及其他偶蹄动物及其产品的异地调运检疫，平时保持畜舍清洁和通风，适宜温度和湿度，经常消毒。

（1）疫苗免疫：实行春、秋两次集中免疫，月月补针的免疫程序，免疫密度要求达 100%。规模养殖场应根据当地疫病的流行情况、本场猪群的免疫状况制订免疫程序。猪一般进行 O 型口蹄疫的免疫接种，接种量按产品说明书规定，接种途径为肌内注射。建议免疫程序：种猪每隔 3 个月免疫 1 次；妊娠母猪在怀孕初期和分娩前 1 个月各接种 1 次；仔猪在 35～40 天龄首免，100～105 天龄育成猪加强免疫 1 次（二免），育肥猪在出栏前 15～20 天进行三免；对跨省调运的种用或非屠宰猪，距最后一次免疫超过 3 个月的，要在调运 2 周前进行一次强化免疫。

（2）免疫监测：免疫 21 天后进行免疫效果监测，猪的 O 型口蹄疫抗体正向间接血凝试验的抗体效价 25 判为合格，液相阻断 ELISA 的抗体效价 26 判为合格，存栏猪群免疫抗体合格率必须）80%。

2. 紧急措施　一旦暴发口蹄疫，应该严格按照《中华人民共和国动物防疫法》《重大动物疫情应急条例》《国家突发重大动物疫情应急预案》《口蹄疫防治技术规范》等法律法规进行处理，应急处理方案包括迅速通报疫情，立即实行封锁、隔离、扑杀病畜与同群易感畜、消毒、检疫、对疑似健康群进行紧急接种等。当疑有本病发生时，除及时诊断外，应于当日向上级主管兽医防疫部门提出报告。与疫区临近的非疫区，应在交通要道处设消毒站，对来往车辆进行消毒，在疫区未解除封锁前，严禁由外地购入猪只，同时，对非疫区内猪群进行紧急疫苗接种。疫区与受威胁地区的猪群进行紧急疫苗接种。

在国际贸易中指定检测方法有酶联免疫吸附试验、病毒中和试验。

本病尚无特效药物，一般在做好护理的基础上采取对症治疗。可促进病猪及早自愈，缩短病程，防止并发症和减少死亡。但应依《动物法》规定处理疫区内的动物。

我国由中国农业科学院兰州兽医研究所研制各种血清型的疫苗。目前有弱毒苗、灭活苗、工程苗，因为各国流行的口蹄疫血清型不同，各国根据自己地区流行特制成相应的疫苗，定期疫苗接种。

第三节　猪繁殖与呼吸障碍综合征
（蓝耳病）

猪繁殖与呼吸障碍综合征（PRRS）是1987年新发现的一种接触性传染病。主要危害繁殖母猪和仔猪，而育肥猪的呼吸道症状较为缓和。美国称为"猪神秘病"，英国称为蓝耳病，西欧国家都有此病发生，该病还被称为神秘繁殖综合征等。感染猪场在没有继发感染的情况下，猪群一般不会出现临床症状。PRRS病毒一旦侵入猪机体发病时，必需伴有其他病原参与，发生流行时经济损失严重，因此，称为综合征。

一、病原

猪繁殖与呼吸综合征病毒（PRRSV）属于动脉炎病毒科，动脉炎病毒属，是一种有囊膜的RNA病毒。

【病毒靶器官】

目前发现该病毒只能在猪肺泡巨噬细胞培养物上生长繁殖，并产生有规律的细胞病变。在病猪的细支气管上皮、肺泡上皮、肺泡巨噬细胞、脾脏红髓及边缘区巨噬细胞内部都有该病毒抗原存在，从死胎、腹水和肺与脾可分离到该病毒。

【血清型】

有美洲型和欧洲型两个血清型。

【病毒有很强的免疫抑制作用】

对猪瘟疫苗接种具有干扰机体免疫应答反应，特别是本病流行病学明显阶段带毒猪处于病毒血症时期，往往是猪瘟免疫失败因素之一。从而使感染猪可继发感染其他传染病，亦可恶化慢性传染性病。病毒和循环性抗体在血液中同时存在。吸吮免疫母

猪初乳的仔猪可免受感染，但当母源抗体消失后，仔猪仍易受感染并出现严重的临床症状。

二、流行病学

【易感动物】

各种年龄和种类的猪均可感染，但以妊娠母猪和仔猪最易感，并表现该综合征典型的临床症状。

【传染源】

病猪和带毒猪是传染源，感染猪的各种分泌物、鼻汁、尿液、粪便及呼出的气体均含有病毒，耐过猪可长期向外排毒。

【传播途径】

是一种经呼吸道传播的高度接触性传染病，通过空气有时能传播20千米之远，也可垂直传播与精液传播。怀孕早期可垂直感染胎儿，中期病毒很难通过胎盘感染胎儿。

【流行特点】

本病的特点是抗原变异性强；初次侵入阴性猪群呈暴发性，经济损失大；传播速度快，猪场内波及各种猪群实行场内大流行。阴性猪群暴发后呈持续性感染，阳性猪群呈不稳定性生产。本病传播迅速、污染严重，一旦发生很难净化。发病后经过几个月或数年可能出现重复暴发。

【猪繁殖与呼吸障碍综合征命名由来】

传统传染病命名本身应当是分离单一病原微生物名称来命名，但是本病是把继发病分离到的微生物集中一类，可引起支气管肺炎的微生物归类于呼吸系统疾病的病源，最后定名，实质上是一种混合感染产物。

三、临床症状

自然感染潜伏期一般为3～30天。病猪临床症状与饲养管理条件、机体免疫状况、病毒毒力强弱等因素有关，不同年龄的猪，临床表现不一。

【母猪】

感染母猪表现一时性的体温升高，猪的双耳、腹部、尾部及外阴皮肤呈现青紫色或蓝紫色斑块（图4.1.3-1～图4.1.3-2）或有肢体麻痹性神经症状。怀孕母猪感染，病初精神委顿，厌食，体温升高（39.6～40℃），或达40℃以上，可发生流产。母猪流产多发生于怀孕100天以后，延迟生产时一般比正常生产时间推迟7～10天。

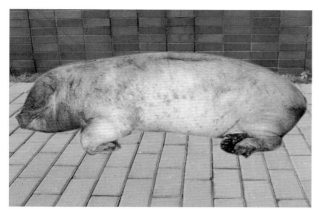

图 4.1.3-1 猪繁殖与呼吸综合征临床症状：发病母猪双耳.腹部、尾部蓝紫色

图 4.1.3-2 猪繁殖与呼吸综合征临床症状：断奶仔猪多数发病，猪双耳皮肤都呈现程度不同蓝紫色

1. 母猪流产　母猪流产、早产或延迟生产，产死胎（图 4.1.3-3）、弱仔（图 4.1.3-4）等。

图 4.1.3-3 猪繁殖与呼吸综合征临床症状：病母猪产死胎

图 4.1.3-4 猪繁殖与呼吸综合征临床症状：病母猪早产弱仔，张口呼吸，仔猪奄奄一息

2. 母猪繁殖障碍　产后精神状况好转，但无乳，康复后再次配种时受精率可降低 50%，间情期延长或不孕。

【新生仔猪】

垂直感染部分仔猪（图 4.1.3-5）表现呼吸困难、运动失调及轻瘫等症状，产后 1 周内死亡率 40% ～ 80%。

图 4.1.3-5 猪繁殖与呼吸综合征临床症状：新生仔猪呼吸困难，运动失调及轻瘫

【哺乳仔猪和断奶仔猪】

最易感，体温升高达 40℃以上，双耳背面、边缘皮肤青紫色（图 4.1.3-6 ～图 4.1.3-7），腹式呼吸，食欲减退或废绝，腹泻，被毛粗乱，后腿及肌肉震颤，共济失调，渐进消瘦，眼睑水肿。

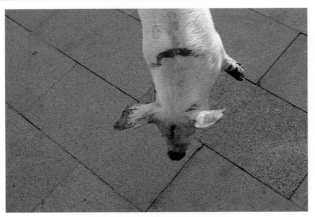

图 4.1.3-6　猪繁殖与呼吸综合征临床症状：断奶仔猪耳部蓝紫色

图 4.1.3-7　猪繁殖与呼吸综合征临床症状：群体断奶仔猪耳部蓝紫色

【耐过仔猪】

长期消瘦，生长缓慢。

【育肥猪】

临床表现轻度的类流感症状，呈现暂时性的厌食及轻度呼吸困难。有的病例表现咳嗽及双耳背面、边缘及尾部皮肤出现深青紫色斑块（图4.1.3-8～图4.1.3-9）。

图 4.1.3-8　猪繁殖与呼吸综合征临床症状：青年猪耳部、腹部、臀部蓝紫色

图 4.1.3-9　猪繁殖与呼吸综合征临床症状：群体育肥猪耳部、腹部蓝紫色

【公猪】

发病率低，精液质量明显下降，一般无发热现象，极少数公猪出现双耳皮肤变色。

四、发病机理

发病机理特点为病毒主要侵害猪的巨噬细胞，致使机体免疫功能降低，患病猪极易继发感染各种疾病；若没有发生继发感染时本病不会出现临床症状；发生持续性感染，而呈亚临床状态。人工感染猪繁殖与呼吸综合征病毒后，出现病毒血症，7天达到高峰。急性期1～6周，持续感染6～12周。急性期后，中和抗体水平上升，T细胞分泌干扰素上升，中和抗体抵抗急性感染，干扰素解决持续感染。病毒在血液中存活28～90天，在淋巴组织中还要长，肺组织小于28天，精液4～12周。猪繁殖与呼吸综合征病毒可通过血行侵入胎盘而使胎儿感染，从而引起妊娠后期母猪流产。虽然在母猪的整个妊娠期间，胎儿对猪繁殖与呼吸综合征都是易感的，但猪繁殖与呼吸综合征感染妊娠早期的母猪较难引起流产，这可能与早期胎猪对病毒的致死作用有较强的抵抗力和病毒难以通过妊娠早期的胎盘有关。猪繁殖与呼吸综合征是猪呼吸道疾病的重要病原，感染猪的肺脏、淋巴结、心脏和血管均可见到组织病理学变化。血清学阴性的健康猪通过接触猪繁殖与呼吸综合征病毒或暴露于含病毒的空气中，均可经口和鼻自然感染，或经肌肉、静脉、腹腔、子宫内人工接种感染。

发病特点：本病毒特异性靶细胞是肺巨噬细胞，一旦感染致机体呼吸系统免疫功能降低而继发嗜呼吸道黏膜微生物侵入肺部发生炎症，本病命名之源。在猪PRRS病例中，已分离到各种病原有：猪链球菌、肾脏钩端螺旋体、衣原体、牛病毒性腹泻病毒、伪狂犬病病毒、细小病毒、猪肠道病毒、脑心肌炎病毒、猪瘟病毒和猪流感病毒株。霉菌毒素和维生素 E、硒缺乏也是本病的起初发病原因。继发感染是 PRRS 暴发中必然出现的一个显著特点。病毒感染后，降低机体对已经存在的其他病原体的抵抗力，所以才可能发生呼吸综合征、胸膜肺炎、萎缩性鼻炎、关节炎、断奶前或后腹泻、肠炎、腺瘤病、眼感染、肾盂肾炎、膀胱炎、皮炎、螨病等疾病。

五、病理变化

本病毒与其他病原混合感染时，可以产生多种明显病理变化。剖检病变主要为各种年龄的猪淋巴结肿大、灰白色（图4.1.3-10～图4.1.3-13），肌肉灰白、水肿（图4.1.3-14），肺弥漫性间质性肺炎，并伴有细胞浸润和卡他性肺炎区（图4.1.3-15～图4.1.3-17）。组织学变化，支气管上皮细胞纤毛的套管样脱落（图4.1.3-18），肺间质性肺炎（图4.1.3-19），肺巨噬细胞的活化增生（图4.1.3-20）。母猪可见脑内灶性血管炎，脑髓质可见单核淋巴细胞性血管套。动脉周围淋巴鞘的淋巴细胞减少，细胞核破裂和空泡化。

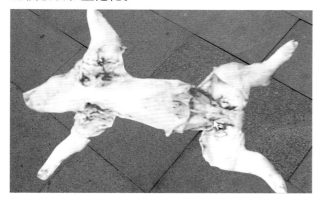

图 4.1.3-10　猪繁殖与呼吸综合征病理变化：新生仔猪鼠蹊淋巴结肿大灰白色

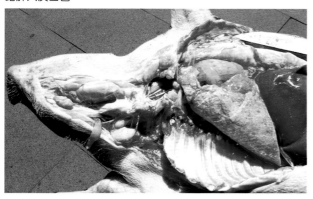

图 4.1.3-11　猪繁殖与呼吸综合征病理变化：断奶仔猪淋巴结肿大、灰白色

图 4.1.3-12　猪繁殖与呼吸综合征病理变化：青年猪颌下淋巴结肿大、灰白色

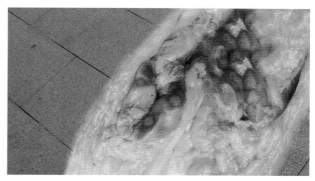

图 4.1.3-13　猪繁殖与呼吸综合征病理变化：青年猪鼠蹊淋巴结肿大、灰白色、周边炎性充血

图 4.1.3-14　猪繁殖与呼吸综合征病理变化：新生仔猪肌肉灰白、水肿

图 4.1.3-15　猪繁殖与呼吸综合征病理变化：断奶仔猪肠系膜淋巴结肿大、灰白色，局灶性肺炎灶

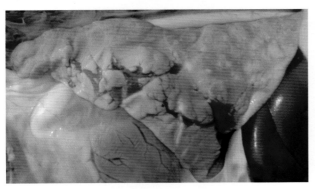

图 4.1.3-16 猪繁殖与呼吸综合征病理变化：断奶仔猪局灶性间质性肺炎灶

图 4.1.3-17 猪繁殖与呼吸综合征病理变化：断奶仔猪局灶性间质性肺炎灶（另一例）

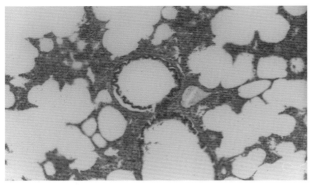

图 4.1.3-18 猪繁殖与呼吸综合征病理变化：肺小支气管黏膜纤毛上皮呈环状分离与即将脱落

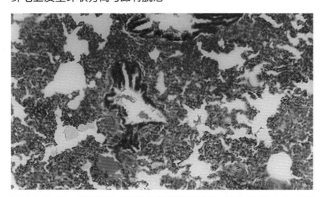

图 4.1.3-19 猪繁殖与呼吸综合征病理变化：青年猪肺小支气管黏膜假复层柱状纤毛上皮呈环状

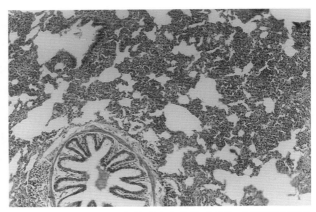

图 4.1.3-20 病猪细支气管腔内有炎性分泌物，肺间隔血管充血淋巴细胞和巨噬细胞增生

六、诊断

仅根据临床表现、流行病学特点和剖检病变很难作出诊断，应结合实验室诊断技术来确诊。

1. 用配对血清学检查法进行鉴别诊断　排除与该病类似的呼吸及生殖疾病，如伪狂犬病、非洲猪瘟、猪流感、脑心肌炎等。

2. 根据妊娠母猪及断奶前仔猪的临床症状鉴定　荷兰规定的标准是符合下列 3 个诊断标准中的 2 个即判为发病：死产 20% 以上，母猪流产至少为 8%，断奶前仔猪死亡率 26% 以上。

3. 检测感染猪抗 PRRSV 抗体水平的上升　这些抗体产生较慢，配对血清至少应间隔 3 周采集。这种检查法无假阳性，但有 25% 的明显感染猪血清学试验为阴性。

4. 实验室诊断　血清学诊断、病原分离鉴定、RT-PCR 检测等方法。

5. 鉴别诊断　本病最明显症状之一是猪的耳朵发紫，称为"蓝耳病"，与"蓝耳"症状相似的一些传染性疾病在出现败血症时耳朵都可出现发紫的症状，如附红细胞体病、猪的链球菌病、附猪嗜血分枝杆菌病、仔猪副伤寒都能引起耳朵发紫。皮肤出现蓝紫色又称发绀，病理学上凡是能够引起败血症变化的都能引起耳朵发紫，特别应注意与濒死期耳皮肤出现的发绀相区别，前述几种病耳发紫仔细观察与蓝耳病耳发紫症状不同，可以鉴别的（参考本书有关章节）。此外，在繁殖障碍上是与猪细小病毒病、伪狂犬病、猪流感、乙型脑炎、猪瘟等都有很多相似临床症状，应注意鉴别。

七、防治与风险评估

猪繁殖与呼吸综合征是全球猪病防控焦点，血清学阳性猪场风险具有不确定性，关键是生物安全体系贯彻与否有关。

目前，本病流行广，导致猪群中出现免疫抑制、持续感染和继发感染，控制难点较多。如认识不清，决心不大，因管理不善，技术措施不力出现各种各类的呼吸综合征，造成猪场经济效益不佳。特别是具有血清学监测阳性带毒猪普遍存在，老疫点饲养管理正常时生产较稳定，各类场家在防治上不知所措，问题是对种猪群是否进行免疫接种，选择灭活苗或是弱毒苗，是国外苗或是国内苗。国内专家学者看法不一，所以，用苗与否由场家自定，因为猪都是各场家的。作者将收集资料简要介绍如下：PIC 美国兽医师 JerGeiger 博士（2012.5.17），关于"蓝耳病防控问题"，回答猪业科学杂志社张金辉采访时说："蓝耳病是一个非常昂贵的病，在美国每年要损失 5 亿美元的费用。蓝耳病虽然投入了大量的钱和精力，但依旧不知如何能够很好地控制，目前，还是通过基础的养殖模式来控制。蓝耳病重在预防，一旦发病是很难控制的，我们希望一打疫苗就 OK 了，但实际上达不到预想的效果。例如，猪蓝耳病和猪圆环病毒感染，美国花了 25 年来研究蓝耳病，但仍然没有研究出真正有效的疫苗来控制蓝耳病。现在基本上不谈圆环了，因圆环太简单了，充其量也就出现了一两年的时间，那时损失很大，但疫苗一出来后就马上控制住了，就像猪丹毒一用抗生素就控制住了一样。蓝耳病就像一个狡猾聪明的敌人，我们人类也非常聪明但仍无法研究出有效的控制方法"。

1. 控制措施　严格全方位贯彻执行动物防疫法。进行猪的饲养管理与防病的普及科学知识的教育。

（1）建立稳定的种猪群：坚持自繁自养的原则，除特殊育种需要外，一般情况下不引种。如必须引种，首先要搞清所引猪场的疫情，此外，还应进行血清学检测，阴性猪方可引入，禁防引入带毒猪。引入后必须建立隔离区，做好监测工作，一般需隔离检疫 3～4 周，健康者方可混群饲养。

（2）建立健全规模化猪场的生物安全体系：实行封闭式管理，生产流程实现全进全出，特别应做到产房和保育阶段的全进全出。

（3）科学饲养管理：科学管理的基础上做好饲养、环境控制、卫生防疫、检疫、隔离、消毒等工作。在此基础上，应做好各阶段猪群的饲养管理，猪群的全价营养水平定保持久，以提高猪群对其他病原微生物的抵抗力，从而降低继发感染的发生率和由此造成的损失。保证各阶段猪群所需温度标准，特别是断奶育仔车间的温度。

（4）做好其他疫病的免疫接种：控制好其他疫病，特别是猪瘟、猪伪狂犬病和猪气喘病的控制。在猪繁殖与呼吸综合征病毒感染猪场，应尽最大努力把猪瘟控制好，否则会造成猪群的高死亡率；同时，应竭力推行猪气喘病疫苗的免疫接种，以减轻猪肺炎支原体对肺脏的侵害，从而提高猪群肺脏对呼吸道病原体感染的抵抗力。

（5）定期对猪舍和环境进行消毒：保持猪舍、饲养管理用具及环境的清洁卫生。一方面，可防止外面疫病的传入；另一方面，通过严格的卫生消毒措施把猪场内的病原微生物的污染降低到最低，可以最大限度地控制和降低 PRRSV 感染猪群的继发感染机会。

（6）做好药物控制猪群的细菌性继发感染的敏感阶段：PRRS 的危害主要表现在感染猪群的继发感染。PRRSV 感染猪群由于免疫功能的损害，易引起一些细菌性的继发感染，因此，建议在妊娠母猪产前和产后阶段、哺乳仔猪断奶前和断奶后、转群等阶段按预防量适当在饲料中添加一些抗菌药物（如泰妙菌素、土霉素、金霉素、阿莫西林、利高霉素等），以防止猪群的细菌性（如肺炎支原体、副猪嗜血杆菌、链球菌、沙门菌、巴氏杆菌、附红细胞体等）继发感染。

（7）定期监测：定期对猪群中猪繁殖与呼吸综合征病毒的感染状况进行监测，以了解该病在猪场的活动状况。一般而言，每季度监测一次，对各个阶段的猪群进行采样，用 ELISA 试剂盒进行抗体监测。如果 4 次监测抗体阳性率没有显著变化，则表明该病在猪场是稳定的。相反，如果在某一季度抗体阳性率有所升高，说明猪场在管理与卫生消毒方面存在问题，应加以改善。

（8）对发病猪场要严密封锁：对发病猪场周围的猪场也要采取一定的防范措施，避免疫病扩散。

对流产的胎衣、死胎及死猪做好无害化处理，产房彻底消毒；隔离病猪，对症治疗，改善饲喂条件等。

2．免疫预防　目前，已有常规疫苗或高致病性蓝耳病疫苗，两者又可分弱毒活疫苗和灭活苗。一般认为弱毒苗效果较佳，多半在受污染猪场使用。灭活苗是很安全的，可以单独使用或与弱毒疫苗联合使用。应认真负责地选择疫苗。各地区根据血清学监测结果选择常规疫苗或高致病性蓝耳病疫苗。

（1）蓝耳病灭活疫苗：国内有商品化的蓝耳病灭活疫苗，母猪配种前进行2次免疫，间隔20天，每次4ml。灭活疫苗免疫的确可减少感染猪的排毒和持续感染时间。

（2）蓝耳病弱毒活疫苗：一般认为弱毒苗效果较佳，能保护猪不出现临床症状，但不能阻止强毒感染。后备母猪在配种前进行2次免疫，首免在配种前2个月，间隔1个月进行二免。小猪在母源抗体消失前首免，母源抗体消失后进行二免。使用弱毒疫苗时应注意：疫苗毒在猪体内能持续数周至数月；接种疫苗猪能散毒感染健康猪；疫苗毒能跨越胎盘导致先天感染；有的毒株保护性抗体产生较慢；有的免疫猪不产生抗体；疫苗毒持续在公猪体内可通过精液散毒；成年母猪接种效果较佳。

高致病性猪蓝耳病疫苗应用注意事项如下。

方案一

①23～25天龄仔猪使用高致病性猪蓝耳病灭活疫苗进行免疫接种，作后备种猪使用时，于配种前再免疫接种1次。仔猪每头每次加入猪用转移因子0.25ml，与疫苗分别肌内注射。可有效地促进抗体形成，提高抗体滴度和机体免疫力，减少免疫麻痹、免疫耐受的发生。

②后备母猪在配种前进行2次免疫，首免在配种前2个月，间隔1个月进行二免。小猪在母源抗体消失前首免；母源抗体消失后进行二免。公猪和妊娠母猪不能接种。

方案二

①后备种公猪：一般，后备种公猪在配种前30天免疫一次"经典蓝耳病"疫苗，间隔10～15天，免疫"高致病性蓝耳病"灭活疫苗一次。种公猪每6个月免疫一次，两种疫苗都要防疫，间隔10～15天。

②后备母猪：后备母猪配种前30天免疫一次"经

典蓝耳病，灭活疫苗，间隔10天～15天，免疫"高致病性蓝耳病灭活疫苗一次。

③经产母猪：产后20天免疫"经典蓝耳病，灭活疫苗，间隔10天～15天，免疫"高致病性蓝耳病灭活疫苗。

④断奶仔猪：断奶后注射"经典蓝耳病，灭活疫苗一次，间隔10～15天，注射"高致病性蓝耳病，灭活疫苗一次。

第四节　猪流行性感冒

猪流行性感冒（简称猪流感），是由猪流行性感冒病毒引起的猪的急性、高度接触性传染病，以传播迅速、发热和伴有不同程度的呼吸道症状为特征。经常有副猪嗜血杆菌或巴氏杆菌混合或继发感染，使病情加重。猪的流行性感冒病毒株随时都有可能出现某一特定毒株，它具有在人之间传播和对人有毒力的异常性能，并引起人的流行性感冒的大流行。

【风险评估】

属于免疫抑制性疾病，一旦暴发即早作出诊断，加强护理，预防继发感染。否则风险多，损失增大。

一、病原

猪流行性感冒病毒属于正黏病毒科，流感病毒属。典型的病毒粒子呈球状，单股ＲＮＡ，有囊膜，囊膜表面有突出的糖蛋白，是病毒主要的表面抗原，有血凝素（HA）和神经氨酸酶（NA）两种。它们是Ａ型流感病毒血清型划分的主要依据。迄今已发现15种血凝素和9种神经氨酸酶。我国流行的猪流感病毒主要为H1N1和H3N2亚型，具有血凝素。患流行性感冒后完全康复的猪可对流行性感冒病毒产生免疫力，能够抵抗以后的感染。

二、流行病学

各种年龄、性别和品种的猪对猪流行性感冒病毒都有易感性。病猪和带毒猪是传染源。患病痊愈后猪带毒6～8周。病毒存在于病猪或带毒猪的呼吸道，猪或人经由呼吸道感染。天气多变的秋末，早春和寒冷的冬季易发生，具有明显的季节性。猪群中常突然发生，全群猪几乎同时发病并出现临床症状。本病传播迅速，常呈地方性流行或大流行。虽然本病具有极高的发病率，但死亡率低于4%。

三、临床症状与病理变化

典型的猪流感属于暴发式群发性疾病，即在气温剧变又突然降温时猪群开始有50%～70%发病，3～5天迅速波及全群，此为猪流感诊断重要指征，可以认为在猪病临床症状出现该症候是唯一的，是其他所有疾病没有的症候。

病初时表现上呼吸道黏膜的浆液性、卡他性、化脓性炎症，这一过程当前往往被忽视，因此，开始流行时应注意观察。潜伏期很短，全群猪几乎同时突然发病。体温突然升高达40～42℃，精神极度委顿，常卧地一处（图4.1.4-1和图4.1.4-2）。初期病猪出现鼻炎症状，流水样鼻液（图4.1.4-3），4～5天后流黏稠鼻液（图4.1.4-4～图4.1.4-5），严重者可出现脓性带血鼻液。同时，相继出现结膜炎，眼结膜潮红（图4.1.4-6），眼有浆液性及黏性分泌物，眼睑水肿。鼻镜无露珠、干燥潮红（图4.1.4-5）。腹式呼吸、阵发性咳嗽。如病猪体况良好，多数6～7天后康复。有继发感染时，发生肺炎或肠炎而死亡。病理变化主要在呼吸器官。鼻、咽、喉、气管和支气管的黏膜充血、肿胀，覆有黏稠的液体（图4.1.4-7～图4.1.4-8），胸腔蓄积大量浆液、纵隔淋巴结、支气管淋巴结肿大。肺病变常发生于尖叶、心叶、中间叶、隔叶的背部与基底部，与周围组织有明显的界线，肺的间质增宽并出现炎症变化（图4.1.4-9～图4.1.4-10）。胃肠发生卡他性炎，胃黏膜充血严重。

图 4.1.4-1　猪流感临床症状：全群猪因感冒体温升高，皮肤潮红，精神委顿，常挤卧在一起，全身皮肤潮红

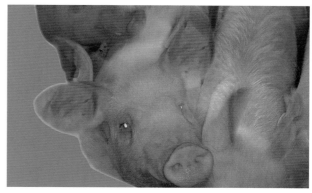

图 4.1.4-4　猪流感临床症状：发病4～5天后流黏稠鼻液

图 4.1.4-5　猪流感临床症状：鼻孔黏性分泌物

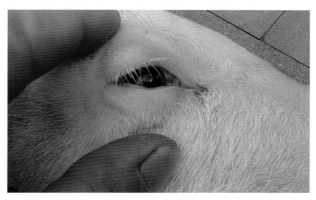

图 4.1.4-6　猪流感临床症状：结膜炎初期眼结膜潮红

图 4.1.4-3　猪流感临床症状：病初时猪可出现鼻炎症状初期流水样鼻液

图 4.1.4-2　猪流感临床症状：个体常卧地全身皮肤潮红，此类感冒猪经用解热镇痛药不久可治愈康复

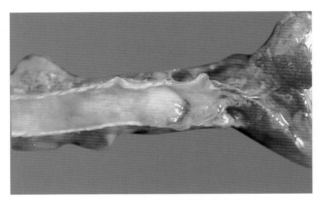

图 4.1.4-7　猪流感病理变化：气管内有多量分泌物

图 4.1.4-8　猪流感病理变化：支气管炎性充血，内有多量分泌物

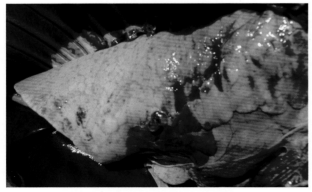

图 4.1.4-9　猪流感病理变化：早期肺炎灶呈长条状

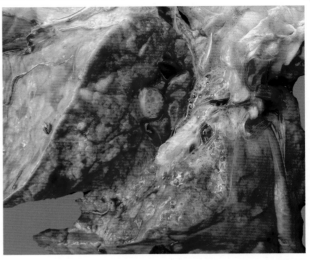

图 4.1.4-10　猪流感病理变化：小支气管和细支气管内充满泡沫样渗出液

四、诊断

以群体发病急、发病率高而死亡率低，传播迅猛为特征，各种年龄、性别、品种的猪都可感染，气候骤变时暴发流行，2 ～ 3 天内全群感染发病，病程短。

临床可见上呼吸道炎症，群体出现结膜炎、打喷嚏、咳嗽、流鼻涕，初期浆液性，2 ～ 3 天后发展为卡他性或化脓性；支气管肺炎症状除表现有前述症状外相继出现严重疼痛性咳嗽、气喘、体温持续上升，咳嗽时有痰排出，肺部听诊有湿性啰音。可以将本病与猪的其他上呼吸道疾病区别开，如暴发猪群无猪瘟、蓝耳病、圆环病毒持续性感染时，及时治疗预后良好，否则将出现继发性感染而造成严重后果。应与猪巴氏分枝杆菌病、猪支原体肺炎、猪传染性萎缩性鼻炎等呼吸道疾病区别。猪巴氏分枝杆菌病最急性期咽喉黏膜和周围结缔组织出血性、浆液性、炎性浸润，喉头气管内充满白色或淡黄色胶冻样分泌物；猪支原体肺炎主要病变为肺、肺门淋巴结及纵隔淋巴结高度肿大，肺病变部位呈淡红色或灰红色、半透明，像鲜嫩的肌肉，即"肉样变"；猪传染性萎缩性鼻炎主要是鼻腔软骨和鼻甲骨软化萎缩。

预后：与一些病原微生物是否存在、猪群持续感染率高低有关；特别是断奶仔猪、架子猪猪群中原发有支原体肺炎或有呼吸综合征时，死亡率增加。猪场一旦发生流感应迅速采取以护理为主的措施，保证猪舍保温、通风良好，用药要求准确、剂量足，多用药效快的药物。

五、防治

1. 无有效疫苗，无特效药　可用解热镇痛药对症治疗，复方板蓝根注射液、复方大青叶注射液、复方柴胡注射液、30%安乃近注射液按说明使用。

2. 控制继发感染　业主自选本地区的特效药物，应用抗生素防止并发症，可以降低死亡率。可以给予全群猪抗生素和磺胺类药物。可肌注30%安乃近3~5ml或复方奎宁，复方氨基比林5~10ml。

3. 中药疗法　一方：柴胡6g、防风18g、藁本12g、茯苓皮12g、枳壳12g、陈皮18g、薄荷18g、菊花15g、紫苏16g、生姜为引，煎服。二方：柴胡、知母、连翘、双花、莱菔子各10g煎汤拌料喂服，早、晚2次，每天1剂。三方：金银花、连翘、黄芩、柴胡、牛蒡子、陈皮、甘草各10~15g，煎水内服。此外可用板蓝根、蒲公英各100g煎水拌料喂服；大蒜100g、生姜50g煎水拌料喂服，每天2次，连用2天。

4. 护理病猪　提供舒适避风的猪舍和清洁、干燥、无尘土的垫草。病猪食欲不佳时可饲喂青草、菜叶和胡萝卜等可口的青绿饲料，有助于康复。应供给充足的清洁饮水，水中放一些祛痰剂，可减轻症状，缩短病程。

5. 防应激　在猪发病初的急性期内不应移动或运输猪只，以减少应激死亡。预防本病主要依靠加强饲养管理，保持畜舍清洁卫生，增强猪只的抵抗力。此外，要严格执行兽医防疫管理制度，避免病原因人为因素进入猪场。

第五节　伪狂犬病

伪狂犬病是由伪狂犬病病毒引起的猪和其他动物共患的一种急性传染病，以发热、奇痒、脑脊髓炎为主要症状。但成年猪常为隐性感染，可有流产、死胎及呼吸症状，哺乳仔猪除呈脑脊髓炎和败血症与综合症状外，还可侵害消化系统。本病有时感染人，但不引起死亡，所以兽医人员在剖检时必须小心，防止通过破损的皮肤感染。本病广泛分布于世界各地，我国于1947年首先在家猫中发现本病，以后在猪、牛等动物中流行，造成了一定的危害。近年来，猪伪狂犬病在我国部分地区发生。

一、病原

伪狂犬病病毒属疱疹病毒科，甲疱疹病毒亚科，猪疱疹病毒属，双股DNA，有囊膜。病毒粒子呈圆形或椭圆形，大小为150~180nm。

二、流行病学

猪、牛（黄牛、水牛）、羊、犬、猫、兔、鼠等多种动物都可自然感染本病。野生动物如水貂、貉、北极熊、银狐、蓝狐等也可感染发病，马属动物对本病有较强的抵抗力。人偶尔也可感染发病。病猪、带毒猪及带毒鼠类是本病重要的传染源。病毒主要从病猪的鼻分泌物、唾液、乳汁和尿中排出。有的带毒猪可持续排毒1年。猪可经直接接触或间接接触发生传染，本病还可经呼吸道黏膜、破损的皮肤和配种等发生感染。妊娠母猪感染本病时可经胎盘垂直感染胎儿。泌乳母猪感染本病后1周左右乳中有病毒出现，可持续3~5天，此时仔猪可因哺乳而感染本病。

三、临床症状

【潜伏期】

3~6天。

【共同症状】

神经症状、发热、奇痒，猪表现不典型呕吐及腹泻，母猪表现不孕、流产、早产、死胎等繁殖障碍。

【不同年龄段的猪症状】

不同年龄的猪对伪狂犬病病毒的敏感性不同。

1. 乳猪　乳猪产下后都很健壮，1~3天龄仔猪都很正常。翌日发现有的乳猪眼眶发红，闭目昏睡，体温升高达41~41.5℃，精神沉郁，口角有大量泡沫或流出唾液，有的病猪呕吐或腹泻，其内容物为黄色。病猪两耳后竖，遇到声音刺激表现兴奋和鸣叫。病猪眼睑和嘴角水肿，腹部几乎都有粟粒大小的紫色斑点，有的甚至全身呈紫色。病初站立不稳或步履蹒跚，有的只能向后退行，步态和姿势异常，容易跌倒，进一步发展为四肢麻痹，完全不能站立，头向后仰，四肢划游或出现两肢开张和交叉（图4.1.5-1）。几乎所有病猪都有神经症状，初期以神经紊乱为主，后期以麻痹为特征，常见而又突出的是间歇性抽搐（图4.1.5-2~图4.1.5-3），痉挛性收缩，癫痫发作，角弓反张，仰头歪颈，一般持续 4 ~ 10min，症状缓解后病猪又站起来，盲目行走或转圈。有的则呆立不动，头触地或头抵墙，持续几分钟至 10min 左右才缓解。间歇 10 ~ 30min 后，上述症状可重复出现。病程最短 4 ~ 6 小时，最长为 5 天，大多数为 2 ~ 3 天，发病 24h 以后表现为耳朵发紫，出现神经症状的乳猪几乎 100% 死亡，发病的仔猪耐过后往往发育不良或成为僵猪。

图 4.1.5-4 伪狂犬病临床症状：青年母猪发病后视力消失

图 4.1.5-1 伪狂犬病临床症状：2 个新生仔猪两肢张开

2. 20 天龄以上的仔猪到断奶前后的小猪 症状轻微，体温 41℃ 以上，呼吸短促，被毛粗乱，不食或食欲减少，耳尖发紫，发病率和死亡率都低于 15 天龄以内的哺乳仔猪。但断奶前后的仔猪若拉黄色水样粪便，这样的仔猪 100% 死亡。4 月龄左右的猪，发病后只有轻微症状，有数天的轻热，呼吸困难，流鼻汁，咳嗽，精神沉郁，食欲缺乏，有的呈"犬坐姿势"，有时呕吐和腹泻，几天内可完全恢复，严重者可延至半个月以上，这样的猪表现为四肢僵直（尤其是后肢）、震颤、惊厥等，行走相当困难，也有部分猪出现神经症状而往往预后不良。

3. 成年猪 多为隐性感染，有时出现厌食、便秘、震颤、惊厥、视力消失（图 4.1.5-4）或眼结膜炎，多呈一过性或亚临床感染，很少死亡。

4. 母猪 分娩延迟或提前，有的产下死胎、木乃伊胎或流产，产下的仔猪生命力低下，2 ~ 3 天死亡。流产发生率约 50%。

图 4.1.5-2 伪狂犬病临床症状：3 个弱小新生仔猪爬行

四、病理变化

扁桃体可出现化脓坏死灶（图 4.1.5-5），肾出血（图 4.1.5-6），肾上腺坏死（图 4.1.5-7）、肝（图 4.1.5-8）、肾等实质器官可见灰白色或黄白色坏死灶。脑出血（图 4.1.5-9 和图 4.1.5-10）。肺常见卡他性、卡他化脓性及出血性炎症或肺散在小叶性肺炎和小的出血灶。

组织学：非化脓性脑炎（图 4.1.5-11 ~ 图 4.1.5-12），肝、脾的出血坏死以及炎性细胞浸润和吞噬细胞增生（图 4.1.5-13 ~ 图 4.1.5-16）。

图 4.1.5-3 伪狂犬病临床症状：仔猪四肢僵直、震颤、惊厥、神经紧张、眼发直

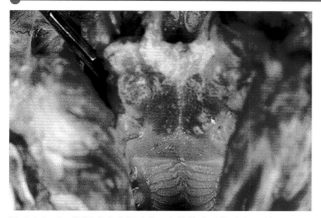

图 4.1.5-5　伪狂犬病病理变化：扁桃体出现化脓坏死灶

图 4.1.5-6　伪狂犬病病理变化：肾弥漫性瘀点

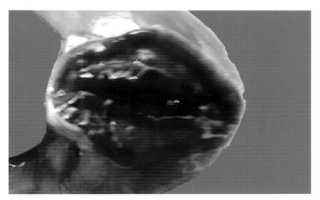

图 4.1.5-7　伪狂犬病肾上腺切面坏死点

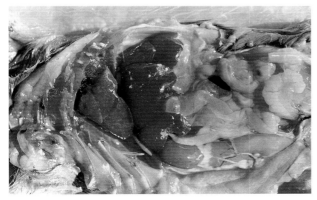

图 4.1.5-8　伪狂犬病肝坏死灶

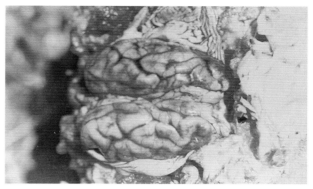

图 4.1.5-9　伪狂犬病脑实质出现针尖大小出血点

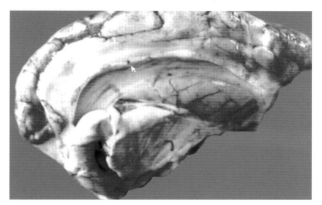

图 4.1.5-10　伪狂犬病病理变化：脑实质出现针尖大小出血点

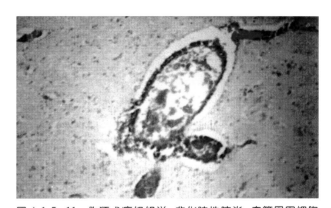

图 4.1.5-11　伪狂犬病组织学：非化脓性脑炎，血管周围细胞浸润

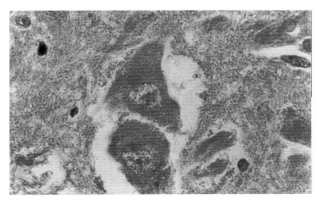

图 4.1.5-12　伪狂犬病组织学：脑神经细胞包涵体

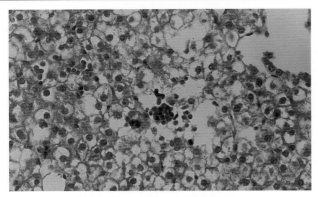

图 4.1.5-13 肝细胞坏死，有淋巴样细胞浸润灶

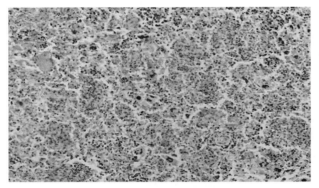

图 4.1.5-14 脾局灶性充出血坏死、炎性细胞浸润和巨核样巨噬细胞

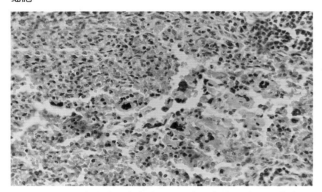

图 4.1.5-15 脾局灶性充出血坏死、炎性细胞浸润和巨核样巨噬细胞

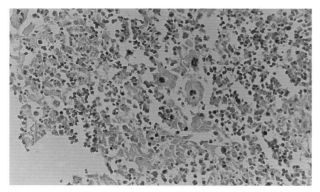

图 4.1.5-16 脾局灶性充血、出血坏死、炎性细胞浸润和巨核样巨噬细胞

五、诊断

根据临床症状以及流行病学资料分析，可作出初步的诊断，要确诊本病则必需结合病理组织学变化或其他实验室诊断。

1. 动物接种实验　取病猪脑组织磨碎后，加生理盐水制成10%悬浮液，同时，每毫升加青霉素、链霉素各1000单位，离心、沉淀，上清液备用。取健康家兔2只，于后腿内侧皮下注射上述组织上清液2ml，家兔于24h后表现精神沉郁、发热、呼吸加快（98～100次／分）、脉搏加快，家兔开始先舔接种部位，以后逐渐变成用力撕咬接种点，严重者可出现角弓反张，在地上翻滚，仔细观察患部可发现有出血性皮炎、局部脱毛、皮肤破损出血，家兔表现局部奇痒症状，4～6h后病兔衰竭，倒卧于一侧，痉挛、呼吸困难而死。

2. 血清学诊断　可直接用免疫荧光法、间接血凝抑制试验、琼脂扩散试验、补体结合试验、酶联免疫吸附试验检查。

3. 鉴别诊断　需要与类似的疾病如猪繁殖与呼吸综合征、猪细小病毒感染、猪乙型脑炎和猪瘟等区别开来。猪繁殖与呼吸综合征引起的繁殖障碍以怀孕后期流产和早产为特征；细小病毒病则为头胎母猪发生流产，以产木乃伊胎为主；乙型脑炎在临床上有明显季节性，与蚊虫传播有关；繁殖障碍型猪瘟在临床上可见到猪瘟的相关症状，如发热、出血等。确诊应作实验室诊断。

六、伪狂犬病防治

【预防】

从无病猪场引进种猪和精液，对引进猪采血做血清学监测，确认为阴性方可购入，回场后进行隔离观察1个月。平时定期消毒。捕灭猪舍鼠类及野生动物。原种猪场每季采血检查1次。

【免疫预防】

1. 免疫学特点

（1）在流行地区使用能有效地控制猪伪狂犬病出现临床症状，但由于伪狂犬病病毒属于疱疹病毒，具有潜伏感染和长期带毒等特性，免疫主要是防止其发病，难以阻止其感染。

（2）免疫所产生的中和抗体水平维持时间较短，因此，在免疫时应对所有的猪群进行免疫，种母猪应隔3～4个月免疫一次。仔猪母源抗体半衰期18

天左右，因此，仔猪免疫常在6～7周龄进行首免，于4周后加强免疫一次，对新生仔猪也可于1天龄采用多基因缺失疫苗进行滴鼻，建立局部黏膜免疫保护。

（3）研究证明，当猪同时接种两种不同的基因缺失疫苗后，病毒会发生基因重组现象。因此，同一头猪只准使用一种基因缺失苗，以避免疫苗毒株间的重组。由此可见，一个猪场只准使用一种基因缺失苗。

2.疫苗种类

（1）弱毒苗：①天然基因缺失减毒活疫苗②人工基因缺失活疫苗（缺失gE糖蛋白的基因工程苗已成为世界首选使用的疫苗）。

（2）灭活苗：又分全病毒和基因缺失灭活疫苗。种猪场一般不宜用弱毒疫苗，而使用灭活苗。其他猪场可采用基因缺失疫苗，以便使用gE蛋白抗体鉴别诊断ELISA试剂盒区分疫苗免疫抗体和野毒猪感染抗体而进行本病的净化。

3.疫苗应用方法

（1）灭活苗：种公猪和母猪每半年注射一次，母猪于产前1个月再加强免疫一次，可获得很好的免疫效果，并可使哺乳仔猪保护到断奶；种用仔猪断奶时注射一次，间隔4～5周加强免疫一次，以后每半年注射一次，然后按种猪免疫程序进行；育肥猪只需在断乳时免疫一次即可。

（2）弱毒疫苗：种猪第一次注射后，间隔4～5周加强免疫一次，以后每半年注射一次。育肥猪只需在断乳时免疫1次即可。

4.血清学监测　种猪场对猪群进行伪狂犬的血清学检测，检出阳性猪进行隔离，然后淘汰。这种检疫间隔3～4周反复进行，直到两次检疫全部阴性为止。另外一种方式，培育健康幼猪，在断奶后尽快分开隔离饲养，到16周龄进行血清学检查（此时母源抗体转阴），所有阳性猪淘汰，把阴性猪集中饲养，最终建立新的无病猪群。

5.免疫程序　据刘显煜报道：生长猪10周龄首免,4周后二免；后备公母猪配种前3～4周免疫1次；公猪每年免疫2次；母猪产前4周注苗1次。当猪群发生疫情时，通常的做法是及时给全场未病猪只（尤其是母猪）进行紧急免疫接种。在疫情平息后，按上述免疫程序执行常规免疫接种。实践证明，紧急免疫接种可明显减少猪场经济损失。

仔猪6～8周龄首免，有条件的猪场可以先检测再确定免疫时间。母源抗体水平可持续至25～60天。在未发生本病的地区及种猪场，不主张使用弱毒苗。

【流行时的防治措施】

1.被动免疫　对疫点，用有保护作用的免疫血清可减轻疫情，降低死亡率。据高跃（1998）报道，利用淘汰母猪制备抗血清，3天龄仔猪每头注射5ml有较好的预防效果。

2.感染猪场净化措施　最彻底的方法是将感染猪群淘汰更新。本病最适用的方法是注射伪狂犬病油乳剂灭活苗，首次暴发点要增加免疫剂量，4～6周后再加免1次。据赵建山（1999）报道，用哈尔滨研究所生产的伪狂犬病弱毒冻干苗，种猪每头4ml，仔猪每头2ml，4周后再注1次，疫情控制后，种公猪每年免疫2次，母猪临产前20～30天加免1次，所产仔猪在2周后再免1次。另外，培育健康仔猪，将阴性母猪产仔断奶后，隔离饲养，用血清学方法检查，淘汰阳性，间隔1个月后再复检，将阴性猪混群，即可得到无本病的猪群。

3.轻度污染猪场的净化　猪场可不使用疫苗接种，在每吨饲料中加入黄芪素200g，金美康500g，每月连续投喂7～10天。每年至少进行2次血清学检查，发现阳性猪及时扑杀淘汰。

4.中度污染猪场的净化

（1）每隔4个月注射一次伪狂犬基因缺失苗，每年至少2次进行病原学监测，阳性猪扑杀淘汰。

（2）免疫种猪所生仔猪，100天龄进行一次血清学检查，免疫前抗体阴性留作种用，阳性者淘汰。

（3）后备种猪配种前、后一个月各进行一次免疫接种，以后按种猪程序免疫。

每6个月进行一次血清学检查，发现野毒感染及时扑杀淘汰。

（4）引进猪时隔离7天以上，血清学检测阴性方可混群。

每6个月进行一次血清学检查，对检出的野毒感染猪及时淘汰。

5.重度污染猪场的净化

（1）停止向外出售种猪。

（2）每4个月使用基因缺失苗进行一次普免，每次免疫后抽查抗体，免疫水平不达标要进行补免。

持续2年。

③每年进行2次血清学检测，扑杀淘汰阳性猪。

6．综合措施　严格进行猪舍和环境消毒，认真实施灭鼠措施，禁止在场内饲养牛、羊、兔、鸡、鸭、鹅、猫等易感动物。

第六节　猪细小病毒病

猪细小病毒病是以引起初产母猪胚胎和胎儿感染及死亡而母体本身不显症状的一种母猪繁殖障碍性传染病。在我国，本病已广泛分布存在，所以，一定要引起足够的重视，以免造成大的经济损失。

一、病原

本病病原属细小病毒科，细小病毒属，单股RNA，无囊膜，有血凝性。本病毒在几乎所有猪的原代细胞（如猪肾、猪睾丸细胞等）、传代细胞上生长繁殖。受感染的细胞表现为变圆、固缩和裂解等病变，并可用免疫荧光技术查出胞浆中的病毒抗原，病毒可在细胞中产生核内包涵体，包涵体通常散在分布。

二、流行病学

猪是唯一的已知宿主，不同年龄、性别的家猪、野猪都可感染。病猪和隐性感染猪是本病的主要传染源。本病感染的母猪所产的死胎、活胎、仔猪及子宫内分泌物均含有高滴度的病毒。垂直感染的仔猪至少可带毒9周以上。某些具有免疫耐受性的仔猪可能终身带毒和排毒。被感染公猪的精细胞、精索、附睾、副性腺都可带毒，在交配时很容易传给易感母猪。急性感染期猪的分泌物和排泄物，其病毒的感染力可保持几个月，所以，病猪污染过的猪舍，在空舍4～5个月后仍可感染猪。本病可经胎盘垂直感染和交配感染。公猪、育肥猪、母猪主要通过被污染的食物、环境经呼吸道、消化道感染。

本病常见于初产母猪。一般呈地方流行性或散发。一旦发生本病后，可持续多年，病毒主要侵害胚胎、胎猪、新生仔猪。母猪怀孕早期（1～70天）感染时，其胚胎、胎猪死亡率可高达80%～100%。多数初产母猪感染后，可获得坚强的免疫力，甚至可持续终生。

三、临床症状

母猪的急性感染通常表现为亚临床症状。感染

的母猪症状与怀孕天数有关，母猪配种前10天至配种之后30天期间感染时，病毒通过胎盘感染使胎儿致死。一般不是全部胎儿感染，开始一两个胎儿感染，然后，陆续传播给同窝胎儿，胎儿间互相感染的过程很长，所以只有少数胎儿能够存活至出生。

当怀孕中期感染时，胎儿死亡，死胎连同其内的胎液均被吸收时，唯一可见的外表症候是母猪的腹围减小。怀孕50～60天感染时多出现死产和流产症状，而怀孕70天以后感染的母猪则多能正常产仔，但这些仔猪常常有抗体和病毒。此外，本病还可引起产仔瘦小、弱胎、母猪发情不正常、久配不孕等症状。

图4.1.6-1　病理变化：死亡胎儿黑化

图4.1.6-2　病理变化：胎儿木乃伊化

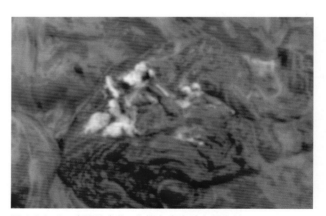

图4.1.6-3　病理性变化：猪细小病毒胎盘钙化灶

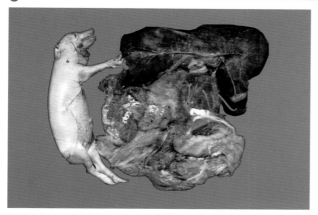

图 4.1.6-4　病理变化：死产胎儿体腔积液而膨大

四、病理变化

妊娠初期（1～70天）胎盘组织最适于本病毒复制，是猪细小病毒增殖的最佳时期，此阶段一旦被猪细小病毒感染，胎儿出现死亡、黑化（图4.1.6-1）、木乃伊化（图4.1.6-2）、骨质溶解、腐败等病理变化。母猪流产，肉眼可见轻度子宫内膜炎变化，胎盘部分钙化（图4.1.6-3），胎儿在子宫内有被溶解和被吸收的现象。大多数死胎、死仔或弱仔皮肤、皮下充血或水肿（图4.1.6-4），胸、腹腔积有淡红或淡黄色渗出液。肝、脾、肾有时肿大脆弱或萎缩变暗。

五、诊断

一般诊断依据初产母猪流产，胎儿出现死亡、木乃伊化、骨质溶解、腐败、黑化等病理变化。母猪流产，子宫内膜炎症变化，胎盘部分钙化。确诊必须依靠实验室诊断，送检材料小于70天龄木乃伊化胎儿或这些胎儿的肺，用荧光抗体技术测猪细小病毒抗原。但大于70天龄的木乃伊胎儿、死产仔猪和初生仔猪则应采取心血或体腔液体，测定抗体的血凝抑制度。应与伪狂犬病、猪乙型脑炎、布氏杆菌病鉴别诊断。

六、防治

目前，我国已研制出灭活疫苗，所以无本病的各猪场在引进种猪时应进行猪细小病毒的血凝抑制试验（HI）。当HI滴定在1：256以下或阴性时，方准许引进。初产母猪在其配种前可通过人工免疫接种获得主动免疫。最佳接种疫苗时期是母源抗体消失时，即9月龄母猪，配种前2个月左右注射疫苗可预防本病发生，仔猪母源抗体的持续期可达

14～24周，在抗体效价大于1：80时可抵抗猪细小病毒的感染。因此，在断奶时，将仔猪从污染猪群移到无病污染的地方饲养，可培育出血清阴性猪群，这有利于本病常发区猪场的净化。

第七节　猪乙型脑炎

乙型脑炎又称流行性乙型脑炎，是由日本乙型脑炎病毒引起的一种人畜共患传染病，母猪表现为流产、死胎，公猪发生睾丸炎。乙型脑炎疫区分布在亚洲东部地区的日本、朝鲜、菲律宾、印度尼西亚、印度等国。本病的发生和流行给人畜健康和国民经济造成了较为严重的损失。

一、病原

乙脑病毒属于黄病毒科，黄病毒属，单股RNA，有囊膜。病毒粒子呈球形，病毒对外界环境抵抗力不强。

二、流行病学

人、哺乳类、禽鸟类、爬虫类和两栖类动物60余种均可被感染，隐性感染甚多。乙脑病毒必须依靠吸血雌蚊作媒介才能进行传播，三带吻库蚊是本病的主要媒介。流行环节是猪—蚊—猪，带毒越冬蚊能成为次年感染人和动物的传染来源。每年流行高峰期为蚊虫滋生繁殖和猖狂活动的季节，即每年7月、8月、9月一直延续至10月底。人和家畜感染乙脑病毒后，通常病毒不能突破"血脑屏障"入脑。因此，不出现临床症状，多表现"隐性感染"，本病疫区人畜隐性感染的现象很普遍，从血清抗体流行病学调查结果看，猪的感染率为90%～100%，30岁以上的成年人为80%以上。猪感染是经蚊的叮咬吸血排毒这一专一性方式引起的，因此本病具有严格的季节性。

三、临床症状与病理变化

母猪、妊娠母猪感染乙脑病毒后，首先出现病毒血症。母猪流产后，不影响下一次配种。病毒随血流经胎盘侵入胎儿，致胎儿发病，而发生死胎、畸形胎或木乃伊胎，同一胎的仔猪，在大小及病变上都有很大差别（图4.1.7-1～图4.1.7-2）。

出生后存活的仔猪，高度衰弱，并有震颤（图4.1.7-3）、抽搐、癫痫等神经症状，皮下水肿（图

4.1.7-4），剖检多见皮下组织水肿与出血性浸润（图4.1.7-5），脑内水肿，颅腔和脑室内脑脊液增量（图4.1.7-6），体腔积液，肝脏、脾脏、肾脏等器官可见有多发性坏死灶（图4.1.7-7）。组织学可见脑水肿，神经细胞变性（图4.1.7-8～图4.1.7-9）。流产母猪子宫内膜显著充血、水肿、黏膜糜烂和小点状出血，黏膜下层和肌层水肿，胎盘呈炎性反应。公猪常发生睾丸炎，多为单侧性（图4.1.7-10）。

图 4.1.7-4 猪乙型脑炎临床症状：仔猪头膨大、皮下水肿、震颤

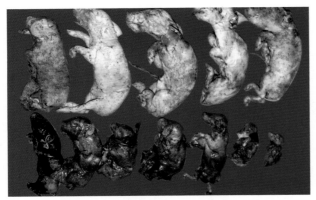

图 4.1.7-1 猪乙型脑炎临床症状：胎儿呈大小不一及出现各种木乃伊胎

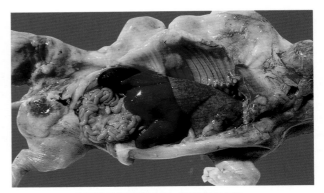

图 4.1.7-5 猪乙型脑炎病理变化：仔猪皮下水肿

图 4.1.7-2 猪乙型脑炎临床症状：死胎、木乃伊胎，同一窝的死胎大小不一

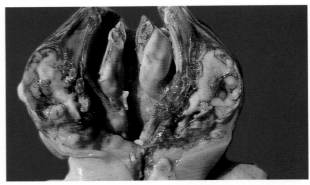

图 4.1.7-6 猪乙型脑炎病理变化：仔猪脑切面，脑内水肿，颅腔和脑室内脑脊液增量

图 4.1.7-3 猪乙型脑炎临床症状：新生仔猪衰弱、震颤、抽搐、站立不稳等神经症状

图 4.1.7-7 猪乙型脑炎病理变化：肝脏多发性坏死灶

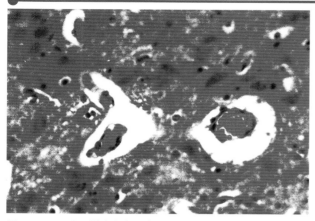

图 4.1.7-8　猪乙型脑炎病理变化：组织学脑水肿，神经细胞变性

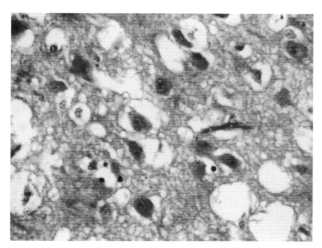

图 4.1.7-9　猪乙型脑炎病理变化：组织学神经细胞变性

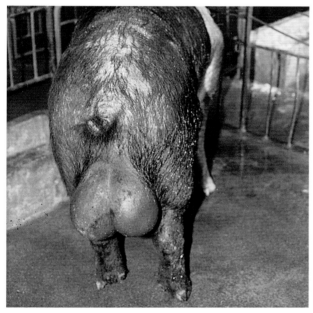

图 4.1.7-10　猪乙型脑炎临床症状：猪常发生睾丸炎，多为单侧性

四、诊断

根据本病发生有明显的季节性及母猪发生流产、

死胎、木乃伊胎，公猪睾丸一侧性肿大的现象，可作出初步诊断。确诊必须进行实验室诊断，做病毒分离、荧光抗体试验、补体结合试验、中和试验、血凝抑制试验等。鉴别诊断，本病易与布鲁菌病混淆，但布鲁菌病无明显季节性，体温不高，流产主要是死胎，很少木乃伊化，而且没有非化脓性脑炎变化，公猪有睾丸肿胀，但多为两侧性，且是化脓性炎症，附睾也肿，还有关节炎，淋巴结脓肿等，与本病不同。

五、防治

按本病流行病学的特点，消灭蚊虫是消灭乙型脑炎的根本办法。但由于灭蚊技术措施尚不完善，目前，采用疫苗接种可控制并减少猪乙型脑炎的危害。

猪用乙脑弱毒疫苗预防。据报道，本病有明显的季节性，流行高峰一般多在夏季至初秋，每年的 7～9 月份，这与蚊的生长有密切关系，该病 6 月龄猪多发，妊娠母猪表现为流产、产死胎、木乃伊等，公猪表现为睾丸炎等。因此，不可只免新母猪，同时，对于后备猪只宜在 5 月龄时开始免疫接种，间隔 2 周后加强免疫一次。经产猪及成年公猪宜在每年蚊子出来前进行免疫，即 3 月底至 4 月初，采用弱毒苗效果好。同时，由于公猪最易感染，宜间隔 2 周再加强免疫一次。

疫苗使用的注意事项如下。

（1）疫苗必须在乙脑流行季节前使用，一般要求 4 月份进行疫苗接种，最迟不宜超过 5 月中旬。

（2）因有母源抗体干扰，5 月龄以下注射无效。因此，接种对象必须是 5 月龄以上的种猪，免疫孕猪无不良反应，一般注射一次即可。如间隔 2 周后做第二次注射，可进一步增强免疫效果。

（3）注射部位用酒精或新洁尔灭消毒，忌用碘酊。

（4）湿苗置 2～8℃保存，忌 0℃以下冰冻保存，冻干疫苗可按湿苗保存外，更适宜 0℃以下低温保存。

（5）疫苗使用前要检查疫苗玻璃瓶有无破损、污染等异常现象，否则废弃。疫苗打开后限 2h 内用完。

第八节 猪传染性胃肠炎

由猪传染性胃肠炎病毒引起的一种高度接触性肠道传染病。临床症状以引起2周龄以下仔猪呕吐、严重腹泻、脱水和高死亡率为特征。虽然不同年龄的猪对这种病毒均易感，但5周龄以上猪的死亡率很低，较大或成年猪几乎没有死亡。

一、病原

猪传染性胃肠炎病毒属冠状病毒科，冠状病毒属，只有一个血清型。

二、流行病学

【易感动物】

各种年龄的猪均有易感性，10天龄以内仔猪的发病率和死亡率很高，而断奶猪、育肥猪和成年猪的症状较轻，大多能自然康复，其他动物对本病无易感性。

【传染源】

病猪和带毒猪是主要的传染源。它们从粪便、乳汁、鼻分泌物、呕吐物、呼出的气体中排出病毒，污染饲料、饮水、空气、土壤、用具等。

【传播途径】

主要经消化道、呼吸道传染给易感猪。健康猪群的发病多由于带毒猪或处于潜伏期的感染猪引入所致。猫、犬、狐狸和燕子、八哥等也可以携带病毒，间接地引起本病的发生。

【流行季节】

本病的发生有季节性，从每年12月至次年的4月发病最多，夏季也有发病。

【流行速度】

传播迅速，几天内全群猪几乎都发病，成年猪病程短，几天不治而愈。

【流行形式】

本病的流行形式有3种：在新疫区主要呈流行性发生，老疫区则呈地方流行性或间歇性的地方流行性发生。在新疫区，几乎所有的猪都发病，10天龄以内的猪死亡率很高，几乎达100%，但断乳猪、育肥猪和成年猪发病后取良性经过。几周以后流行终止，青年猪、成年猪产生主动免疫，50%的康复猪带毒，排毒可达2~8周，最长可达104天之久。

在老疫区，由于病毒和病猪持续存在，使得母猪大都具有抗体，所以哺乳仔猪10天龄以后发病率和死亡率均很低，甚至没有发病与死亡。但仔猪断奶后切断了补充抗体的来源，重新成为了易感猪，把本病延续下去。

【流行情况】

1945年，在美国发现，呈全球性分布。1956年，在我国广东省发生，目前，国内各地均有流行。

【流行动态】

近几年在南方各地发生的传染性流行性腹泻多数是混合感染，病原学结果有本病毒和流行性腹泻病毒，多在生后3天即发病，高发病率和死亡率。今后应注意多种病原的混合感染和流行防治。

三、临床症状

【潜伏期】

一般为15~18h，有的为2~3天。

产房中母猪和哺乳仔猪同时发病，母猪首次感染体温升高40℃左右，停食，泌乳减少或停止，一周左右腹泻停止而康复（图4.1.8-1）。

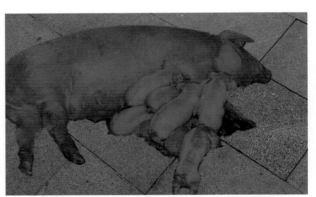

图4.1.8-1 临床症状：母猪体温升高无奶，仔猪腹泻，粪便黄绿色或白色，脱水、消瘦

【哺乳仔猪】

典型症状是呕吐，伴有或继而发生水样腹泻，呈黄绿色（图4.1.8-2），病猪脱水消瘦（图4.1.8-3），体重迅速减轻，日龄越小，病程越短，病死率越高。如母猪感染后体温升高而泌乳减少，其仔猪伴随饥饿病死率更高。10天龄以内的仔猪大都于2~7天死亡。随着日龄的增长，如断乳猪病死率逐渐降低，病愈仔猪生长发育不良（图4.1.8-4）。

图 4.1.8-2 临床症状：病仔猪腹泻时的黄绿色粪便

图 4.1.8-3 临床症状：仔猪腹泻，黄绿色粪便污染全身，明显脱水，消瘦

图 4.1.8-4 临床症状：病愈仔猪生长发育不良

【架子猪、肥猪和成年猪】

症状较轻，一至数日的食欲缺乏，然后发生水样腹泻，呈喷射状（图 4.1.8-5）。体重迅速减轻。

图 4.1.8-5 临床症状：架子猪水样腹泻，呈喷射状

四、病理变化

剖检观察病变主要在胃和小肠。胃底黏膜潮红充血，并有黏液覆盖，亦可见有小点状或斑状及弥散出血（图 4.1.8-6），胃内容物呈鲜黄色并混有大量乳白色凝乳块。整个小肠，肠管扩张充满气体，呈半透明状，肠壁菲薄，缺乏弹性；肠管内充满白色或黄绿色液体。空肠伴有卡他性炎症（图 4.1.8-7），内容物稀薄，呈黄色，泡沫状，肠壁弛缓，变薄有透明感（图 4.1.8-8），患病的小肠绒毛变短，粗细不均，甚至大面积绒毛仅留有痕迹或消失（图 4.1.8-9）。并有充出血变化（图 4.1.8-10），肠系膜血管扩张，淋巴结肿大（图 4.1.8-11），组织学为肠黏膜上皮纤毛脱落，毛细血管充血（图 4.1.8-12）。

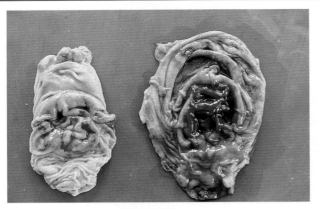

图 4.1.8-6　病理变化：胃底黏膜潮红、充血、点状或斑状出血

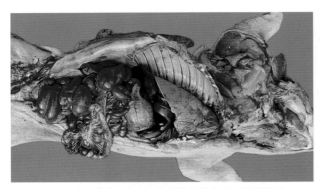

图 4.1.8-7　病理变化：大小肠弥漫性炎性充血，肠管扩张

图 4.1.8-8　病理变化：肠壁弛缓，变薄有透明感，大面积绒毛消失

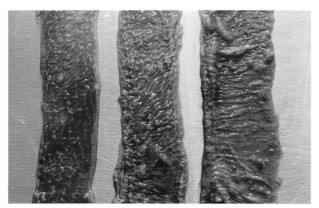

图 4.1.8-9　病理变化：小肠绒毛变短，大面积绒毛消失

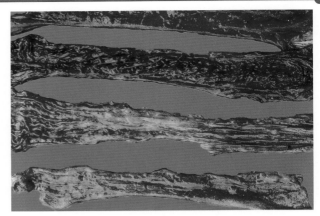

图 4.1.8-10　病理变化：肠黏膜潮红、充血及弥散出血

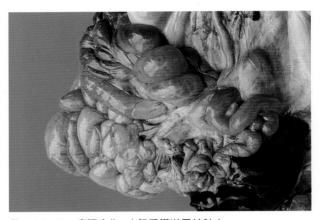

图 4.1.8-11　病理变化：小肠系膜淋巴结肿大

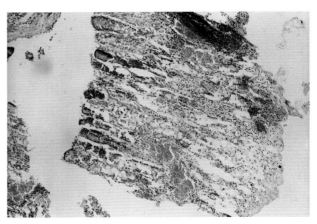

图 4.1.8-12　组织学为肠黏膜上皮纤毛脱落，毛细血管充血

五、诊断

本病多发生于寒冷季节，不同年龄的猪相继或同时发病，出现黄绿色水样腹泻和呕吐，1～10天龄猪病死率很高，较大的或成年猪经5～7天康复。病死仔猪空肠呈卡他性炎症变化，肠绒毛萎缩。最常用的是免疫荧光染色、免疫酶技术检测、琼脂扩

散试验和对流免疫电泳检查小肠浸出液中的病毒抗原。根据发病的季节、年龄及临床症状，可作出初步诊断，确诊要进行实验室检查。

【空肠绒毛检查】

空肠绒毛观察对本病的现场诊断具有重要意义。检查时取一段空肠，用生理盐水轻轻洗去肠内容物，放在平皿中，加入少量生理盐水，用解剖镜观察。健康猪空肠绒毛呈棒状，均匀，密集，随着水的振动来回摆动；患病猪的空肠绒毛变短，粗细不均，甚至大面积绒毛消失，两者对比差别明显。

【血清学诊断】

常用间接血凝试验和 ELISA 等检测病猪的抗体。

【病毒分离和鉴定】

取病猪的粪、肠内容物或空肠、回肠段为病料，经口感染 5 天龄健仔猪，进行动物感染试验，或将病料处理后接种猪肾原代细胞进行分离培养，对分离的病毒用已知标准抗猪传染性胃肠炎阳性血清做病毒中和试验进行鉴定。

【荧光抗体检查】

病毒抗原取腹泻早期病猪空肠和回肠的刮削物作涂片或以这段肠管制作冰冻切片，进行直接或间接荧光染色，观察肠绒毛或上皮细胞，出现特异性荧光者为阳性。

【鉴别诊断】

本病应注意病毒性腹泻发病特点：是母仔双方同时或先后发病，而细菌性腹泻仅仔猪发病；是鉴别诊断第一步骤；然后依据各自特征可作出与猪流行性腹泻、猪轮状病毒感染等疾病区别。临床上传染性胃肠炎母仔同时发病，母猪体温升高，无奶，依此可与流行性腹泻及轮状病毒相区别。一般来说，这些疾病没有绒毛萎缩现象或很轻微，不像猪传染性胃肠炎那样严重，而且结合发病年龄、治疗试验等也可以区别。

1. 猪流行性腹泻　与猪传染性胃肠炎在流行病学、症状和病理变化上无显著差别，但其发病率比猪传染性胃肠炎低、症状轻、缓，病死率也稍低，传播速度较缓慢。通过病毒学检查和血清学试验，可以鉴别。

2. 仔猪黄痢　发生于 1 周龄以内的新生仔猪，死亡率高，排出黄色粥样便，肠道病变仅限于小肠，呈急性卡他性炎症变化。

3. 仔猪白痢　多发于 10 ~ 20 天龄仔猪，小肠卡他性炎症病变，一般取良性经过。

4. 猪梭菌性肠炎　发生于 1 周龄以内的新生仔猪，排血痢，小肠可见出血性坏死性病变，死亡率很高。

5. 猪副伤寒（肠炎型）　多发于 2 ~ 4 月龄断奶仔猪，排出灰黄色或灰绿色水样便，内含坏死组织和血液；肠道病变主要限于盲肠和结肠，黏膜上覆盖一层弥漫性坏死性腐乳状物质，剥开后底部呈红色，见有边缘不整的溃疡面。

6. 猪痢疾　发生于各种年龄的猪，但主要是 2 ~ 3 月龄仔猪多发，腹泻粪中含大量黏液和血液，病变限于大肠，见出血性、坏死性肠炎变化，剥离坏死性假膜后仅见薄膜表层糜烂，以区别猪副伤寒肠炎型。

7. 猪轮状病毒病　症状和病理变化很难与猪传染性胃肠炎及猪流行性腹泻相区别，但该病多发于 8 周龄以内的仔猪。

六、防治

【免疫】

猪传染性胃肠炎和流行性腹泻二联弱毒疫苗，给妊娠母猪产前 20 ~ 30 天接种后，则对其 3 天龄哺乳仔猪的被动免疫保护率达 95% 以上。

【治疗】

用高免血清和康复猪的抗凝血给新生仔猪皮下注射 5 ~ 10ml，口服 10ml，有一定的预防和治疗作用。此外可采用对症疗法，发病猪采用抗菌补液，防止继发感染。应用鸡新城疫 Ⅰ 系苗诱导干扰素的原理治疗猪传染胃肠炎有较好的疗效。

粗制全血干扰素制备方法：健康肥猪血放入加有抗凝剂的无菌瓶中，每 500ml 加入 1000 支份鸡新城疫 Ⅰ 系苗，摇匀，同时，加入 100 万单位硫酸卡那霉素，置 37℃ 恒温箱中诱导 20h，期间摇 3 ~ 5 次，使诱导剂充分与白细胞接触，即制全血干扰素。置 4 ~ 6℃ 冰箱中备用，可保存半个月。本制剂对 30kg 体重左右的猪有较好的效果。第一次每头猪腹腔注射 30ml，加氯霉素 2.5ml，10h 后再肌内注射 10ml，次日肌注 10ml，注后第二天痊愈。中猪

5～10ml；大猪 10～15ml。

【预防性治疗】

用 5% 的葡萄糖生理盐水、5% 的碳酸氢钠溶液对脱水严重的大猪进行静脉注射，每天 1～2 次，连用 5 天；脱水严重的仔猪可以腹腔注射；同时肌内注射硫酸庆大霉素，每天 2 次，连用 3 天。肌内注射山莨菪碱 10mg，维生素 B_1 50mg，两侧三里穴注射，每天 1 次，连用 3 天。并按 20kg 体重一次量肌内注射病毒唑 200mg，地塞米松 2～5mg，每天 2 次，连续注射 3 天。按每 60kg 饲料中添加亚硒酸钠维生素 E 粉一包（含亚硒酸钠 40mg，维生素 E1000mg）。对所有发病猪只饮用口服补液盐，让其自由饮服。

1000 鸡新城疫 I 系苗用灭菌生理盐水 50 倍稀释，皮下注射 3～5ml，1 天 1 次，连用 2 天。对新生仔猪有一定的预防性治疗效果。治疗可参考仔猪黄痢章节。

刘朝明，吴彩霞，李和平（2007）报道，猪的传染性胃肠炎采取中西医结合的综合防治措施，病情得到控制。

【中药治疗】

中药配合治疗以益气滋阴、止泻收敛、保护胃肠黏膜为原则。组方：当参 50g、黄芪 50g、升麻 45g、陈皮 40g、麦冬 50g、玄参 50g、槐花炭 150g、柯子 50g、黄连 35g、大枣 25 枚、甘草 50g 混合加水适量，水煎 3 次，3 次所煎药液总量 500～1000ml（本药方为哺乳仔猪 10 头或大猪 1 头 1 天的剂量），口服每天 1 剂，连用 5 天。中西医结合治疗不仅能缩短病程，增强治疗效果，而且能有效降低死亡率。

【康复猪全血疗法】

应用康复猪全血给刚出生乳猪口服，每天每头 10ml，连用 3 天。

【消毒隔离】

发生猪传染性胃肠炎的猪场应立即隔离病猪，用 2%～3% 火碱消毒猪舍、运动场、用具、车辆等。发病猪与健康猪严格隔离，将损失控制在最小范围内。

据报道，使用法国"密斯陀"环境调节剂，洒在发病哺乳仔猪的粪便上，既能吸附粪便臭味，净化猪舍环境，又能防止病原扩散。

第九节　猪流行性腹泻

猪流行性腹泻是由猪流行性腹泻病毒引起的一种急性高度接触性肠道性传染病。其特征为呕吐、腹泻和脱水，各种年龄的猪均易感。其流行特点、临诊症状和病理变化都与猪传染性胃肠炎十分相似，但哺乳仔猪死亡率较低，在猪群中的传播速度相对缓慢。

一、病原

猪流行性腹泻病毒属于冠状病毒科、冠状病毒属的成员。

经免疫荧光和免疫电镜试验证明，本病毒与猪传染性胃肠炎病毒、猪血球凝集性脑脊髓炎病毒、新生犊牛腹泻病毒、犬肠道冠状病毒、猫传染性腹膜炎病毒无抗原关系。与猪传染性胃肠炎病毒没有共同的抗原性。病毒对外界环境和消毒药抵抗力不强，一般消毒药都可将其杀死。

二、流行病学

【易感性】

各种年龄猪对病毒都很敏感，都能感染发病。

【传染源】

病猪是主要传染源，随粪便排出，污染周围环境和饲养用具，以散播传染。

【传播途径】

本病主要经消化道传染，病毒多经发病猪的粪便排出，运输车辆、饲养员的鞋子或其他带病毒的动物，都可作为传播媒介。

【季节性】

有一定的季节性，多发于冬季，我国多在每年 12 月至翌年 2 月寒冬季节发生流行。

【流行特点】

哺乳仔猪，断奶仔猪和育肥猪感染发病率 100%，成年母猪为 15%～90%，体内可产生短时间（几个月）的免疫记忆。它常常使一头猪发病后，同圈或邻圈的猪在 1 周内相继发病，2～3 周后症状可缓解。

三、临床症状

临床表现与典型的猪传染性胃肠炎十分相似。症状与日龄相关，年龄越小其症状越重。

【潜伏期】

口服人工感染，新生仔猪为 15～30h，肥育猪为 2 天。在自然流行中可能更长。

【哺乳仔猪】

哺乳仔猪一旦感染，症状明显，表现呕吐、腹泻、脱水、运动僵硬等症状，呕吐多发生于哺乳和吃食之后。体温正常或稍偏高，少数病猪出现体温升高 1～2℃。人工接种仔猪后 12～20h 出现腹泻、呕吐于接种病毒后 12～80h 出现。腹水和运动僵硬见于接毒后 20～30h，最晚见于 90h。腹泻开始时排黄色黏稠便，以后变成水样便并混杂有黄白色的凝乳块，腹泻最严重时（腹泻 10h 左右）排出的粪便几乎全部为水分。呕吐、腹泻的同时患猪伴有精神沉郁、厌食、消瘦及衰竭（图 4.1.9-1～图 4.1.9-3）。一周以内的哺乳仔猪常于腹泻后 2～4 天内因脱水死亡，病死率 50% 以上，仔猪出生后 2～3 天感染本病其死亡率更高。

【断奶猪、育成猪】

症状较轻，出现精神沉郁、食欲不佳，腹泻可持续 4～7 天，逐渐恢复正常。成年猪仅发生呕吐和厌食。如果没有继发其他疾病且护理得当，猪很少发生死亡。与猪传染性胃肠炎相似，但程度较轻、传播稍慢。

四、病理变化

猪体消瘦脱水，皮下干燥，胃内有多量黄白色的凝乳块，小肠病变具有特征性，通常肠管膨满扩张、充满黄色液体，肠壁变薄（图 4.1.9-4）、肠系膜充血，个别小肠黏膜有出血点，肠系膜淋巴结水肿。镜下小肠绒毛缩短，上皮细胞核浓缩，破碎，胞浆呈强嗜酸性变性、坏死性变化，致肠绒毛显著萎缩，甚至消失。至腹泻 12h，绒毛变得最短，绒毛长度与隐窝深度的比值由正常 7∶1 降为 3∶1。胃经常是空的，或充满胆汁样的黄色液体。其他实质性器官无明显病变。

图 4.1.9-1　临床症状：5 日龄仔猪全窝发病，虽哺乳但因持续腹泻、脱水，极度消瘦

图 4.1.9-2　生后不久发病死亡 7 头，7 日龄时有 2 头仔猪康复哺乳，被毛光泽、皮肤红润，显完全康复

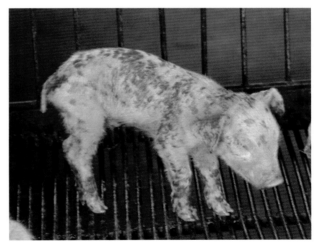

图 4.1.9-3　临床症状：产 9 头仔猪全部发病，腹泻严重，35 日死亡，仅有一头存活，全身被腹泻物黏附呈斑驳状

图 4.1.9-4 病理变化：空肠充满水样液和未能乳化的奶块

五、诊断

本病的流行病学、临床症状、病理变化基本上与猪传染性胃肠炎相似，只是病死率比猪传染性胃肠炎稍低，在猪群中传播速度也比较缓慢一些。因此，临床综合诊断方法，确诊是比较困难的，主要依靠血清学诊断，常用诊断方法有免疫电镜、免疫荧光、间接血凝试验、ELISA、RT-PCR、中和试验等，其中免疫荧光和 ELISA 是较常用的。人工感染试验选用 2～3 天龄不喂初乳的仔猪，喂以消毒牛乳，将病猪小肠组织及肠内容物做成悬液。每毫升加青霉素 2000IU 和链霉素 2000μg，在室温放置 1h，再接种实验仔猪，如果试验猪发病，再取小肠组织做免疫荧光检查。

六、防制

疫苗的研制及应用取得重要成果．王明等以猪流行性腹泻病毒沪毒株作种毒，用感染猪小肠黏膜及肠内容物制备猪流行性腹泻病毒氢氧化铝灭活疫苗，主动免疫后保护率为 85%～97.6%。吴国栋等在宁彼市经过几年的应用，用哈尔滨兽医研究所研制的上述猪流行性腹泻氢氧化铝灭活疫苗，证明有较高的保护率，是预防猪流行性腹泻的最好的疫苗。

【预防措施】

平时特别是冬季要加强防疫工作，防止本病传入，禁止从疫区购入仔猪，防止狗、猫等进入猪场，应严格执行进出猪场的消毒制度。一旦发生本病，应立即封锁，限制人员参观，严格消毒猪舍用具、车轮及通道。

【免疫预防】

1. 疫苗　中国农业科学院哈尔滨兽医研究所研制成了猪腹泻氢氧化铝灭活苗。目前有猪传染性胃肠炎与猪流行性腹泻病毒二联灭活苗，妊娠母猪于产仔前 20～30 天接种，仔猪通过母乳就获得保护。可选择应用。

2. 免疫程序　①怀孕母猪：将未感染的预产期 20 天以内的怀孕母猪和哺乳母猪连同仔猪隔离到安全地区饲养。紧急接种疫苗，对妊娠母猪于产前 30 天接种 3ml。②仔猪 10～25kg 体重接种 1ml，25～50kg 体重接种 3ml，接种后 15 天产生免疫力，免疫期母猪为一个产期，其他猪 6 个月。

【疾病暴发后控制措施】

(1) 主要是通过包括隔离、消毒、加强饲养管理、减少人员流动、采用全进全出制等措施进行预防和控制。为发病猪群随时提供足够的清洁饮水。

(2) 患病母猪常出现乳汁缺乏，应为初生仔猪提供代乳品。

(3) 隔离所有 14 天内将分娩的母猪。用病猪的粪便或小肠内容物人工感染分娩前 3 周的怀孕母猪，使其产生母源抗体，以保护新生仔猪，缩短本病在猪场中的流行，但该方法存在扩散其他病原的危险。

(4) 吴国栋等根据干扰素防治原理，在本病流行时可以应用。

【治疗】

1. 本病应用抗生素治疗无效　猪干扰素可以降低体重损失，与单克隆抗体配合使用可以保护仔猪。

2. 对症疗法　可以减少仔猪死亡率，促进康复。①病猪群每日补口服盐溶液（常用处方：氯化钠 3.5g，氯化钾 1.55g，碳酸氢钠 2.5g，葡萄糖 20g，常水 1000ml）。猪舍应保持清洁、干燥。对 2～5 周龄病猪可用抗生素治疗，以防止继发感染。② 5% 糖盐水 50～150ml 腹部皮下或腹腔内注射。③必要时皮下注射，治疗小猪可利用葡萄糖和甘氨酸等电解质溶液。④阿托平肌内注射，仔猪 0.1～1mg/次，可缓解肠蠕动，改善微循环和中枢兴奋作用。

3. 可试用康复母猪抗凝血或高免血清　每日口服 10ml，连用 3 天，对新生仔猪有一定治疗和预防作用。

第十节　猪圆环病毒Ⅱ型感染

本病是由猪圆环病毒引起的猪的一种新的传染病。是由猪圆环病毒Ⅱ型（PCVⅡ）引起的一系列疾病的统称。主要感染 8 ～ 13 周龄猪，其特征为体质下降、消瘦、腹泻、呼吸道症状及黄疸，造成患猪免疫机能下降，生产性能降低，给养猪业带来了很大的经济损失。可以认为猪圆环病毒病是指以Ⅱ型圆环病毒为主要病原、单独或继发（混合）感染其他致病微生物的一系列疾病的总称。

一、病原

猪圆环病毒（PCV）属于圆环病毒科，圆环病毒属。它是动物病毒中最小的一员。对猪有致病性的为 PCVⅡ型，没有致病性的细胞的毒株为 PCVⅠ型。猪断奶后多系统衰竭综合征可能是 PCVⅡ与细小病毒（PPV）或猪繁殖与呼吸综合征病毒（PRRSV）共同感染的结果。

二、流行病学

【易感性】

本病主要感染断奶后仔猪，哺乳猪很少发病。如果采取早期断奶的猪场，10 ～ 14 天龄断奶猪也可发病。感染年龄段明显，一般本病集中于断奶后 2 ～ 3 周和 5 ～ 8 周的仔猪，依此发病规律可实施预防性投药。

【传染源】

PCV 分布很广，猪群中血清阳性率常高达 20% ～ 80%。因此，本病传染来源广泛，在猪群中存在。病毒可随粪便、鼻腔分泌物排出体外。

【传播途径】

通过消化道感染，胎盘垂直感染。

【流行经过】

一般情况下发展缓慢，可持续 12 ～ 18 个月。

【流行特征】

PCVⅡ病毒在猪群中存在的长期性，与猪繁殖与呼吸综合征病毒、细小病毒、猪瘟、猪伪狂犬等混合感染，促进了本病的发生流行。

【流行动态】

根据法国报道，在肥育猪场，发病期间平均死亡率为 18%，高达 35%，有的国家报道，死亡率可高达 50%。朗洪武等（2000 年）报道，自北京、河北、山东、天津、江西、吉林、河南等 7 省（市）22 个猪群的 559 份血清用 ELISA 方法检测，总阳性率为 43.9%。王文军等（2003 年）报道，黑龙江省血清学流行病调查结果，总阳性率 43.9%。

三、临床症状

临床症状，目前与 PCV 感染所致的疫病有两种，即传染性先天性震颤和猪断奶后多系统衰竭综合征（PMWS）。猪圆环病毒感染后潜伏期均较长，多在断奶后才陆续出现症状，可引起以下多种病症。

【断奶仔猪多系统衰竭综合征】

主要侵害 6 ～ 12 周龄仔猪，病毒侵害淋巴系统使患猪免疫机能下降、生产性能降低。主要的临床症状有消瘦、呼吸困难、淋巴结肿大、腹泻、皮肤苍白和黄疸。一般于断奶后 2 ～ 3 天或 1 周开始发病，发病率和死亡率取决于猪场的猪舍、饲养管理、卫生防疫条件，在 4% ～ 30% 和 50% ～ 90%，但常常由于并发或继发细菌或病毒感染而使死亡率大大增加。

【皮炎肾衰型】

2 ～ 14 周龄为易感猪群。最早在英国报道，病猪耳部、背部、胸部、前后肢内侧、腹部等处都可出现皮肤炎症，突然广泛出现各种形状的大小不一的稍微突起的红紫色丘状斑点，大小为 4 ～ 10mm，四肢和眼睑周围水肿。随病程的进展，紫色斑点病灶被黑色痂覆盖，然后渐渐消失，留下疤痕。

常见症状表现为断奶猪消瘦、呼吸急促、咳喘、黄疸、腹泻、贫血等。发病率一般为同期仔猪的 10% ～ 20%，仔猪死亡率较高，不死猪的发育明显受阻，变成僵猪、呆猪，失去经济价值（图 4.1.10-1 ～ 图 4.1.10-10）。

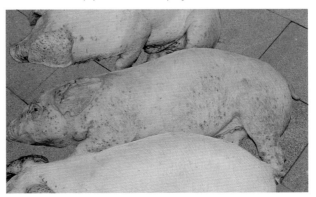

图 4.1.10-1　猪圆环病毒感染临床症状：病猪耳、胸腹、臀部皮肤出现红紫色丘状斑点

图4.1.10-2 猪圆环病毒感染临床症状：病猪营养良好，耳、胸腹、臀部皮肤出现红紫色丘状斑点

图4.1.10-5猪圆环病毒感染临床症状:病猪皮肤红紫色丘状斑点，病灶扩散吸收，腹腔内大量腹水使腹围增大

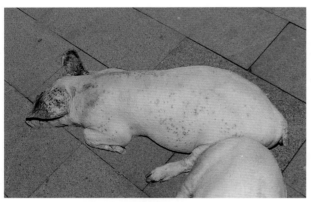

图4.1.10-3 猪圆环病毒感染临床症状：病猪全身皮肤出现散在的红紫色丘状斑点

图4.1.10-6 猪圆环病毒感染临床症状：病猪后期消瘦，皮肤红紫色丘状斑点，病灶扩散吸收，继发多系统衰竭综合征

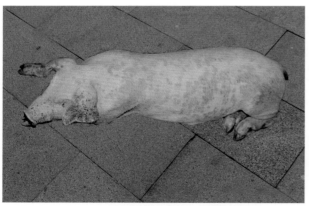

图4.1.10-4 猪圆环病毒感染临床症状：病猪皮肤红紫色丘状斑点，病灶扩散吸收

图4.1.10-7 猪圆环病毒感染临床症状：病猪后期极度消瘦，病变消散，皮肤苍白，继发多系统衰竭综合征

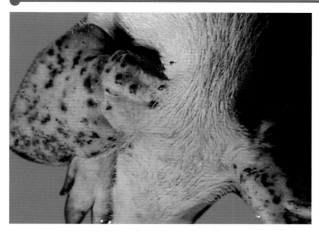

图 4.1.10-8 猪圆环病毒感染临床症状：耳部红紫色丘状斑点

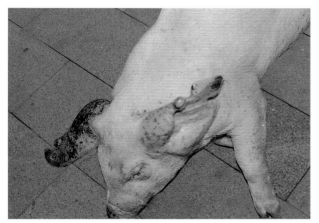

图 4.1.10-9 猪圆环病毒感染临床症状：病猪营养良好,耳、胸腹、臀部皮肤出现红紫色丘状斑点

图 4.1.10-10 猪圆环病毒感染临床症状：康复病猪皮炎修复,规模化猪场有完整科学饲养管理制度和免疫程序,全年仅出现几只发病猪均康复出栏

四、病理变化

病死猪的尸体耳部、腹部、四肢内侧皮肤出现不同程度皮炎变化（图 4.1.10-11）

图 4.1.10-11 病死猪耳部、腹部、四肢内侧皮肤出现不同程度皮炎变化

免疫器官——淋巴结不同程度肿大,外观灰白色或深线不一的暗红色,切面外翻多汁,灰白色脑髓样（图 4.1.10-12）。

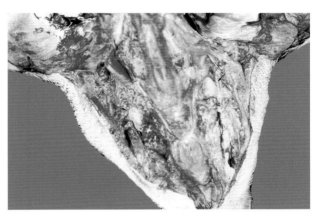

图 4.1.10-12 淋巴结肿大灰白色

脾肿大、边缘有丘状突起以及出血性梗死灶,也有高度肿大弥漫性出血的,有 20% ~ 30% 的脾大面积出血,坏死灶被机化吸收,仅残存 1/2 或 1/3,脾切面出血,坏死灶被机化吸收,脾头和脾尾出血,坏死灶被机化吸收,有的病程较久的病例整个脾出血,坏死灶被机化吸收而萎缩,被有结缔组织包膜（图 4.1.10-13 ~ 图 4.1.10-19）。

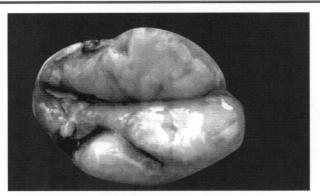

图 4.1.10-13　淋巴结切面灰白色，部分周边有出血

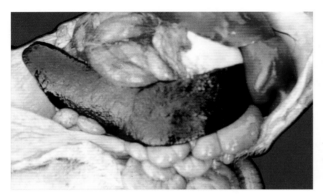

图 4.1.10-14　脾约 1/2 部分肿大、弥漫性出血

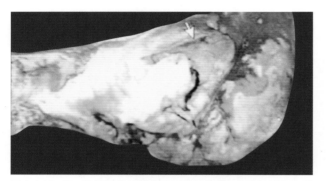

图 4.1.10-15　脾坏死灶被吸收后呈淡红砖样，仅脾头残存少部分正常组织颜色

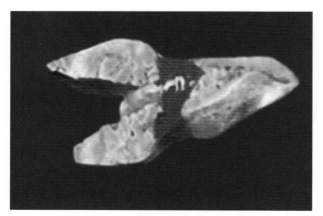

图 4.1.10-16　脾切面出血、坏死灶被机化吸收

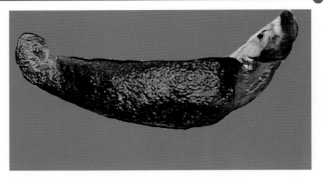

图 4.1.10-17　脾头和脾尾出血、坏死灶被机化吸收

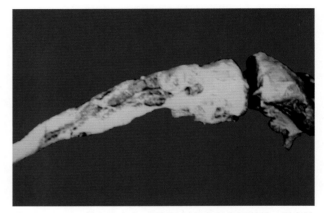

图 4.1.10-18　整个脾出血、坏死灶被机化吸收而萎缩，附有结缔组织包膜

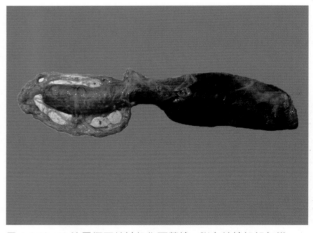

图 4.1.10-19 脾尾坏死灶被机化而萎缩，附有结缔组织包膜

　　泌尿器官——肾不同程度的肿大，表面有弥漫性细小出血点，有大小不等的灰白色的病灶，色彩多样，构成花斑状外观，肾切面外翻三界无明显，可见条纹状变性出血灶，肾盂有时出现出血点。肾上腺，肿大，切面可见皮质部坏死（图 8.4.1-20～图 8.4.1-23）。肝不同程度变性（图 4.1.10-24），质度脆弱，表面时有灰白色散在病灶，胆汁较浓凋豆油状不同程度的浓录色，内有尘埃样残渣（图 4.1.10-25）。

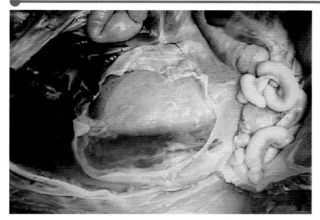

图 4.1.10－20　肾包膜腔隙内积有大量淡黄色液体，肾肿大

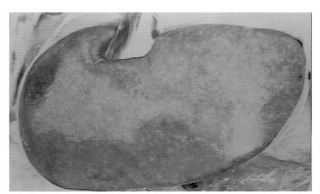

图 4.1.10－21　肾外观暗灰红色，肿大，表面有弥漫性灰白色斑点，花斑状外观

图 4.1.10－22　肾外观暗灰红色、肿大，表面有弥漫性小出血点，花斑状外观

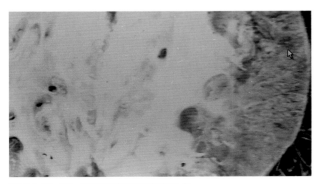

图 4.1.10－23　肾切面有散在出血斑点

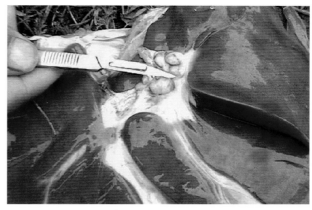

图 4.1.10－24　肝肿大变性，所属淋巴结肿胀

图 4.1.10－25　胆囊内胆汁浓稠成杆状

呼吸系统——肺多弥漫性间质性肺炎或纤维素性胸膜肺炎的病变，多伴有气喘病、副嗜血杆菌病、巴氏杆菌等疾病的病变。肺的病理变化多种多样，往往不易判定病变的性质，心肌发育不良，缺乏弹性，柔软，右心扩张色淡，有的有条纹状变性灶，心包液增量，淡黄色，有的病例心包液内有纤维蛋白索状物，心腔内血液凝固性不一（图 4.1.10－26～图 4.1.10－31）。

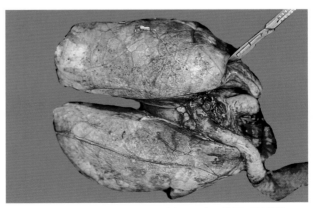

图 4.1.10－26　肺门淋巴结肿大、暗红色，弥漫性间质性肺炎

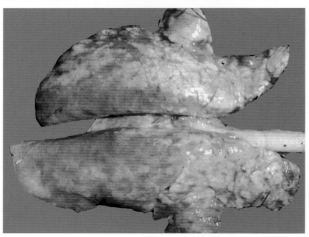

图 4.1.10-27　肺肿大暗红色，小叶间增宽，各叶均可见红色肝变期

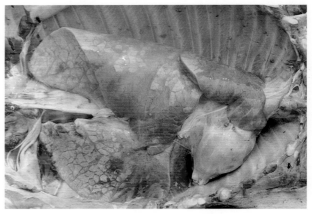

图 4.1.10-30　心包积液与肺小叶间增宽以及肺小叶实变、气肿

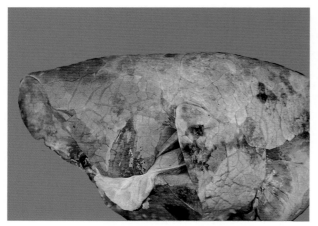

图 4.1.10-28　肺肿大暗红色，小叶间增宽，明显可见，有散在出血灶

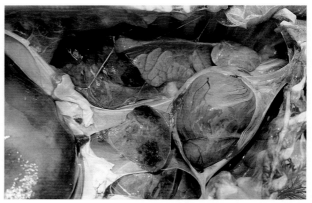

图 4.1.10-31　心肌发育不良，缺乏弹性，柔软，右心扩张与纤维素性胸膜肺炎的病变

消化器官——不同程度的卡他性炎症，胃发育不良，表现胃壁缺乏弹性、菲薄。各肠段都可出现不同程度的衰竭现象。

有的可见胃的食管部黏膜水肿和非出血性溃疡（图 4.1.10-32 ~ 图 4.1.10-34）。

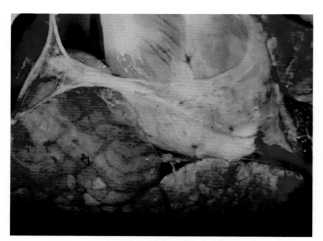

图 4.1.10-29　小叶间增宽，肺小叶实变、肉变、气肿

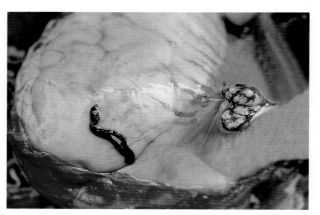

图 4.1.10-32　胃发育不良，表现胃壁缺乏弹性、菲薄，胃门淋巴结肿大

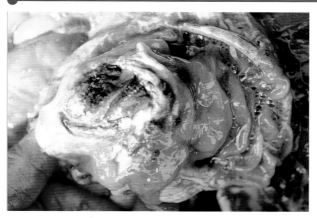

图4.1.10-33　胃黏膜污浊,缺乏黏膜固有的光泽

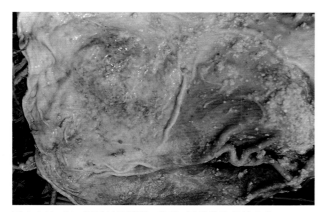

图4.1.10-34　胃壁缺乏弹性、菲薄,胃黏膜弥漫性瘀血

五、诊断

根据临床症状和淋巴组织、肺、肝、肾的特征性病变和组织学变化,可以作出初步诊断。

1. 病毒分离鉴定　从暴发猪场的急性死亡猪采脾、淋巴结制成悬液,接种PK-15等细胞,PCV Ⅱ在细胞培养物中不产生细胞病变,需用病毒特异性抗体才能证实病毒复制。可检测病毒的特异性抗体或特异性DNA。

2. 免疫学方法　间接荧光抗体技术、ELISA方法检测。

六、防治

关于此病的预防,到目前为止还没有有效的疫苗和比较有效的方法,大多强调加强卫生和饲养管理,倡导全进全出的饲养模式。

【预防的基本原则】

——本病发生的特点是猪群一旦侵入PCV Ⅱ就可能增加了其他病原协同感染的概率,并最终导致临床发病。因此,对其他传染病的控制尤为重要。

及早发现和有效的隔离,尽可能控制此病的横向传播也是非常重要的。主要是加强饲养管理和兽医防疫卫生措施。全进全出,严格执行生物安全措施,实行封闭性管理,谢绝参观,外进货物和车辆要消毒,防止疫病传入,控制并发和继发感染。猪场一旦感染本病,控制和净化消灭本病是很困难的,发现可疑病猪应及时隔离,并加强消毒,切断传播途径,杜绝疫情传播。目前,主要采取控制继发感染,减少猪只死亡、降低经济损失的控制策略。

1. 建立猪场完善的生物安全体系　将消毒卫生工作贯穿于养猪生产的各个环节,最大限度地消灭场内污染的病原微生物,减少或杜绝猪群继发感染的概率。

2. 科学的饲养与管理　良好的舍内环境,保证各种猪群的舍温和空气质量,做到养猪各生产阶段的全进全出,避免将不同日龄的猪混群。

【免疫预防】

在做好猪瘟、猪伪狂犬病、猪细小病毒病、气喘病、猪肺疫等疫苗的免疫接种的基础上,提高猪群整体免疫力,减少呼吸道病原体的继发感染,增强肺脏对PCV Ⅱ的抵抗力。

目前,已有猪圆环病毒Ⅱ型灭活疫苗(LG株),用于预防猪圆环病毒Ⅱ型感染所引起的相关疾病,适用于3周龄以上仔猪和成年猪。用法与用量:颈部肌内注射。新生仔猪:3～4周龄首免,间隔3周加强免疫1次,1ml/头;后备母猪:配种前做基础免疫2次,间隔3周,产前1个月加强免疫1次,2ml/头;经产母猪跟胎免疫,产前1个月接种1次,2ml/头;其他成年猪实施普免,做基础免疫2次,间隔3周,以后每半年免疫1次,2ml/头。一般无可见的不良反应。

注意事项:①本品仅用于接种健康猪群。②消瘦、体温或食欲不正常的猪只不宜注射疫苗。③疫苗冷藏运输和保存,切勿冻结,发生破瓶、变色现象应废弃。④疫苗使用前温度升至室温,充分振摇,严格消毒,开封后应当日用完。⑤注苗后猪只出现一过性体温升高、减食现象,一般可在2日内自行恢复。⑥如有个别猪只发生过敏反应,可用肾上腺素救治。贮藏与有效期:2～8℃避光保存,有效期为18个月。

【药物防治】

1. 药物预防　制订群体药物预防方案,控制猪群的细菌性继发感染，是目前规模化猪场的常规技术。常用药物有氟苯尼考、支原净、金霉素、强力霉素、阿莫西林、头孢噻呋等。母猪在产前和产后一周、仔猪在断奶前和哺乳阶段用药。

2. 药物治疗 对临床症状明显患猪进行个体治疗是必要的，用氟苯尼考、丁胺卡那霉素、庆大－小诺霉素、克林霉素、磺胺类药物等进行治疗，减少并发感染，同时，应用促进肾脏排泄和缓解类药物进行肾脏的恢复治疗。用黄芪多糖注射液并配合维生素肌内注射，也可以使用电解多维饮水或者拌料，增进和调整病猪的免疫器官的功能，增强病猪的体质，以使病猪快速恢复。

选用新型的抗病毒制剂，如干扰素、白细胞介素、免疫球蛋白、转移因子等进行治疗，同时，配合中草药抗病毒制剂会取得非常明显的治疗效果。一旦大批发病应用脉冲式投药，增加药物剂量，特别是对本场猪群敏感的药物。对出现症状的病猪，应隔离单独按疗程治疗。

本病防制关键是在猪场控制和消灭猪瘟、猪繁殖与呼吸综合征、伪狂犬病、气喘病、细小病毒病等疾病。

第十一节　狂犬病

狂犬病是人和动物的一种急性接触性传染病。临床上主要特征是神经机能失常，表现为各种形式的兴奋和麻痹。狂犬病是一种古老的自然疫源性疾病。1881年巴斯德（pasteur）在兽脑中发现了狂犬病毒包涵体，称为内基氏小体。狂犬病呈世界性分布，造成人畜死亡，近年来，多采取疫苗接种及综合防制措施。

一、病原

狂犬病病毒（Rabiesvirus）属RNA型的弹状病毒科（Rhabdoviridae）狂犬病病毒属（Lyssavirus），病毒的核酸为单股RNA，病毒含有一种糖蛋白（GP）、一种核蛋白（NP）和两种膜蛋白（M1和M2）。NP是诱导狂犬病细胞免疫的主要成分，常用于狂犬病的诊断、分类和流行病学研究。

病毒能在脊椎动物及昆虫体内增殖。从自然病例分离的病毒称为"街毒"（StreetVirus）。将街毒连续几代通过家兔脑内接种后，对家兔的毒力增强，潜伏期可缩短5天，发病后1～2天死亡。但可使毒力趋于稳定，称为固定毒（FiredVirus）。固定毒可用于制狂犬病疫苗。狂犬病病毒能在脊椎动物、昆虫、禽胚以及多种实验动物体内增殖。病毒对酸、碱、福尔马林、石炭酸、升汞等消毒药敏感，1%～2%肥皂水、43%～70%酒精、2%～3%碘酊、丙酮、乙醚都能使之灭活。病毒不耐湿热，50℃加热15min，60℃数秒，100℃ 2min以及紫外线和X射线均能灭活，但在冷冻和冻干状态下可长期保存，在50%甘油缓冲液中或4℃下可存活数月到一年。

二、流行病学

【易感性】

所有的哺乳动物和鸟类对狂犬病病毒都易感。自然界中主要的易感动物是犬科和猫科动物以及翼手类（蝙蝠）和某些啮齿动物。野生动物是主要自然储存宿主，如啮齿动物中的野鼠、松鼠、鼬鼠等对本病均易感。据河南南阳地区调查（1990年）捕捉野鼠的抗体阳性率可达20.8%，并从阳性鼠中分离到狂犬病病毒，在一定条件下，可成为本病的疫源。

【传染源】

患病动物的唾液中带有病毒，也有隐性感染而携带病毒的动物可起传染源的作用。患病犬是使人感染的主要传染源，其次是患病猫。

【传播途径】

病毒主要通过咬伤感染，也有经消化道、呼吸道和胎盘感染的病例。

【流行特点】

由于本病多数由疯犬咬伤引起，所以流行呈连锁性，以一个接一个的顺序呈散发形式出现，一般春季较秋季多发，伤口越靠头部或伤口越深，其发病率越高。

三、临床症状

狂犬病潜伏期的变化很大，各种动物都不一样，猪一般为20～60天，猪狂犬病的典型过程是突然发作，兴奋不安，横冲直撞，声音嘶哑，攻击人畜，流涎，反复用鼻掘地面（图4.1.11-1）。在发作间歇期间常隐藏在垫草中，一听到声响便一跃而起，无目的乱跑，最后麻痹，经2～4天死亡。

图 4.1.11-1　猪狂犬病临床症状：病猪被犬咬伤后 40 日后发病，狂躁不安，攻击障碍物，啃咬木棍

四、病理变化

眼观无特征性变化，一般表现尸体消瘦，血液浓稠、凝固不良，口腔黏膜和舌黏膜常见糜烂和溃疡。胃内常有石块、泥土、毛发等异物，胃黏膜充血、出血或溃疡，脑水肿，脑膜和脑实质的小血管充血，并常见点状出血。

病理组织学检查呈弥漫性非化脓性脑脊髓炎，表现为脑血管扩张充血、出血和轻度水肿，血管周围淋巴间隙有淋巴细胞和单核细胞浸润，构成了明显的脑血管套，脑神经元细胞变性、坏死。在变性坏死的神经元周围主要见有小胶质细胞积聚，并取代神经原，称之为狂犬病结节，这些变化以脑干、海马角部位最明显。狂犬病最明显的特征病变是在神经细胞浆内出现包涵体（内基氏小体），直径 $2 \sim 10 \mu m$（图 4.1.11-2），内含有小的嗜酸颗粒，这些内部的小颗粒以及整个包涵体，在中枢神经系统内以及海马部的大神经细胞出现最多，其次是大脑皮质、延髓、小脑、丘脑等。

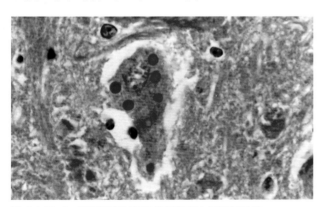

图 4.1.11-2　组织学变化在神经细胞浆内出现包涵体

五、诊断

【临床诊断】

根据临床症状作出诊断比较困难，如果患病动物出现典型的病程，即各个病期的临床症状非常明显，出现脑炎的症状，则结合病史可以作出早期诊断，但因狂犬病患犬早在出现症状前 1 ～ 2 周即已从唾液中排出病毒，同时，本病的潜伏期长短不定，因此，当动物或人被可疑患犬咬伤后，应立即注射狂犬疫苗，将可疑病犬隔离观察至少 2 周或捕杀送实验室检查。

【病理学诊断】

脑组织学检查有非化脓性脑炎变化，在海马角、大脑、小脑、延脑的神经细胞浆内有嗜酸性包涵体（内基氏小体）。新鲜脑组织可用下列方法检查：切取海马角置吸水纸上，切面向上、载玻片轻压切面，制成压印标本，室温自然干燥后，用复红美蓝液（4%碱性复红饱和无水甲醇溶液 3.5ml，2%美蓝饱和无水甲醇溶液 15ml，加无水甲醇 35ml 即成。）染色 8 ～ 10s，流水冲洗后，待干镜检。包涵体呈椭圆形，直径 3 ～ 20μm，呈鲜红色，间质呈粉红色，红细胞呈橘红色，检出内基氏小体，即可确诊。但并非所有发病动物脑内都能找到包涵体。在检查犬大脑时还应注意与犬瘟热病毒引起的包涵体相区别。

【血清学检查】

可用于病毒鉴定、狂犬病疫苗效价检测和患病动物及人的诊断。常用的方法有中和试验、补体结合试验、交叉保护试验和血凝抑制试验。近年来，应用免疫荧光试验、酶联免疫吸附试验、用辣根过氧化物酶标记葡萄球菌 A 蛋白（HRP-SPA）作为第二抗体的间接免疫酶法等检测狂犬病病毒抗原和抗体，可达到特异、敏感、快速、简便的要求，值得推荐使用。

六、防治

【控制和消灭】

带毒犬是人类和其他家畜狂犬病的主要传染源，因此，对家犬进行大规模免疫接种和消灭野犬，是预防狂犬病的最有效措施，在流行地区给家犬和家猫普遍接种疫苗，对患猪和患狂犬病死亡的猪一般不剖检，应将病尸焚毁或深埋。

【咬伤后防止发病的措施】

猪被可疑动物咬伤后，首先，要妥善处理伤口，用大量肥皂水或0.1%新洁尔灭溶液冲洗，再用75%酒精或2%～3%碘酒消毒。局部处理越早越好；其次被咬伤后要迅速注射狂犬病疫苗，使被咬动物在病的潜伏期内就产生免疫，可免于发病。

第十二节　猪痘

猪痘是由病毒引起的一种急性、热性、接触性传染病，其特征是皮肤和黏膜上发生特殊的红斑、丘疹和结痂。

一、病原

本病病原体有两种：一种是猪痘病毒，另一种是痘苗病毒，两者抗原性不同，但可引起类似的痘病变，猪痘病毒是目前猪痘的主要病原。它们均属痘病毒科，脊椎动物痘病毒亚科，猪痘病毒属成员。DNA型，是最大型病毒。本病毒抵抗力不强，35℃ 20min或37℃ 24h丧失感染力，冻干至少保存3年以上，在干燥的痂皮中病毒可存活几个月，在正常条件下的土壤中可生存几周。在pH值为3的环境中病毒可逐渐丧失感染力，直射阳光或紫外线可迅速灭活病毒。0.5%福尔马林、0.01%碘溶液均可在数分钟内杀死病毒，1%～3%火碱和70%酒精10min即可杀灭病毒。

二、流行病学

【易感性】

猪痘病毒只能使猪感染发病，其他动物不发病。以4～6周龄的哺乳仔猪多发，断乳仔猪亦敏感，成年猪有抵抗力。还可引起乳牛、兔、豚鼠、猴等动物感染。

【传染源】

病猪与带毒猪。

【传播途径】

本病的传播方式一般认为不能由猪直接传染给猪，而主要由猪血虱、蚊、蝇等体外寄生虫传播。

【流行特征】

呈地方流行性。本病可发生于任何季节，尤在春秋天气阴雨寒冷、猪舍潮湿污秽以及卫生差、营养不良等情况下，流行比较严重，发病率很高，致死率不高。

三、临床症状与病理变化

潜伏期平均4～7天，病猪体温升高到41.3～41.8℃，精神沉郁、食欲缺乏、喜卧、寒战。痘疹主要发生于躯干的下腹部和四肢内侧、鼻镜、眼皮、耳部（图4.1.12-1）、面部皱褶等无毛或少毛部位，也有发生于身体两侧和背部的，典型的猪痘病灶开始为深红色的硬结节，突出于皮肤的表面，略于半球状表面平整，直径达8mm左右，临床观察中见不到水疱阶段即转为脓疱（图4.1.12-2）。病变部位中间凹陷，局部贫血呈黄色，病变中心高度下降，而周围组织膨胀，脓疱很快结痂，呈棕黄色痂块，痂块脱落后变成无色的小白斑并痊愈。在口咽、气管、支气管等处若发生痘疹时，特别是仔猪常引起败血症而最终引起死亡。

图4.1.12-1　猪痘：鼻部皮肤的表面痘疹

图4.1.12-2　猪痘：耳部皮肤的表面痘疹

四、诊断

根据流行病学，临床症状一般不难诊断，本病可见皮肤痘疹，病情严重的或有并发病的可在气管、肺、肠管处发现痘疹。确定本病是由猪痘病毒还是由痘苗病毒引起的,则必须进行病毒的分离和鉴定。临床上注意本病与口蹄疫、水疱疹、水疱性口炎,水疱病等皮肤病变区别。

五、防治

目前,本病尚无有效疫苗,而且发病后一般治疗也并不能改变本病的病程,患本病时只要加强饲养管理,改善畜舍环境,增强猪本身抵抗力,一般不会引起损失。发病动物康复后可获得坚强的免疫力,对个别重病例可试用康复猪血清或全血治疗,同时,结合进行局部治疗和对症治疗。

第十三节　猪水疱病

猪水疱病是由猪水疱病病毒引起的一种急性传染病。它的主要临床特征是在蹄部、口腔、鼻部、母猪的乳头周围产生水疱。此病在临床上很难与口蹄疫、水疱性口炎、水疱疹相区别,但牛、羊等家畜不发生本病。

本病于1966年首先发现于意大利,随后在欧洲和亚洲的许多国家也相继报道了此病,日本、中国台湾、中国香港也有本病发生的报道。

【病原】

猪水疱病病毒属小RNA病毒科肠道病毒属。病毒粒子呈球形,直径22～32nm,无类脂质囊膜。病毒粒子在细胞质内呈晶格排列,在病变细胞质的空泡内凹陷处呈环形串珠状排列,衣壳二十面体对称,核心为单股RNA。

本病毒对乙醚和酸稳定,在污染的猪舍内可存活8周以上,在病猪粪便内12～17℃贮存130天,病猪腌肉3个月仍可分离出病毒,在低温下可保存2年以上。本病毒不耐热,60℃ 30min和80℃ 1min即可灭活。

本病毒对消毒药抵抗力较强,常用消毒药在常规浓度下短时间内不能杀死本病毒。pH值在2～12.5都不能使病毒灭活。常用消毒药3%来苏尔、0.1%新洁尔灭、10%生石灰乳消毒效果均不佳。消毒药中以福尔马林和氨水的效果最好,其次是火碱、漂白粉、生石灰和冰醋酸等。

【流行病学】

1. 易感性　各种年龄品种的猪均可感染发病,而其他动物不发病,人类有一定的易感性。

2. 传染源　发病猪是主要传染源,病猪与健猪同居24～45h,即可在鼻黏膜、咽、直肠检出病毒,经3天可在血清中出现病毒。

3. 传播途径　病毒主要经破损的皮肤、消化道、呼吸道侵入猪体,感染主要是通过接触,饲喂含病毒而未经消毒的泔水和屠宰下脚料、牲畜交易、运输工具(被污染的车辆)。被病毒污染的饲料、垫草、运动场、用具及饲养员等往往造成本病的传播。

4. 流行特点　本病一年四季均可发生。在猪群高度密集、调运频繁的猪场,传播较快,发病率亦高,可达70%～80%,但死亡率很低,在密度小、地面干燥、阳光充足、分散饲养的情况下,很少引起流行。

【临床症状】

潜伏期,自然感染一般为2～5天,有的延至7～8天或更长,人工感染最早为36h。临床上一般将本病分为典型、轻型和隐性型3种。各种年龄品种的猪均可感染发病,典型水疱病,其特征性的水疱常见于主趾和附趾的蹄冠上(图1.13-1)。有一部分猪体温升高至40～42℃,上皮苍白肿胀,在蹄冠和蹄踵的角质与皮肤结合处首先见到。在36～48h,小疱明显凸出,大小为黄豆至蚕豆大不等,里面充满水疱液,继而水疱融合,很快发生破裂,形成溃疡,水疱有时也见于鼻盘、舌、唇(图4.1.13-2)和母猪的乳头上。仔猪多数病例在鼻盘上发生水疱。一般情况下,如无并发其他疾病不易引起死亡,病猪康复较快,病愈后两周创面

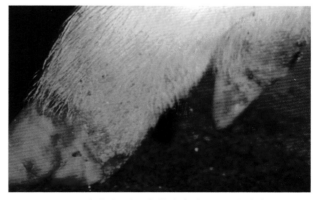

图4.1.13-1　猪水疱病:蹄冠部的水疱破溃后形成溃疡

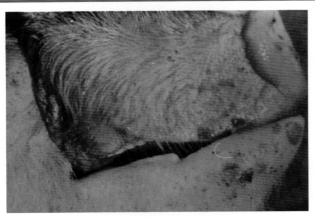
图 4.1.13-2　猪水疱病：上下唇水疱和溃疡

可痊愈，如蹄壳脱落，则相当长的时间才能恢复。初生仔猪发生本病可引起死亡。有的病猪偶尔出现中枢神经系统紊乱症状，表现为前冲、转圈、用鼻摩擦或用牙齿咬用具，眼球转动，个别出现强直性痉挛。

【病理变化】

本病的肉眼病变主要在蹄部，约有 10% 的病猪口腔、鼻端亦有病变，口部水疱通常比蹄部出现晚。病理剖检通常内脏器官无明显病变，仅见局部淋巴结出血和偶见心内膜有条纹状出血。

猪水疱病病毒也能侵袭黏膜组织，病猪的肾盂及膀胱黏膜上皮发生水疱变性，膀胱黏膜下水肿，小血管充血，有时胆囊黏膜亦可发生炎症变化。

【诊断】

本病一般与猪口蹄疫、猪水疱性口炎、猪水疱性疹、猪痘等病在临床症状极为相似，从水疱形态上很难鉴别，诊断上一定要紧密结合流行病学、临床症状和实验室检验，才能很好地确诊本病。

【防制】

控制本病的重要措施是防止将病带到非疫区。不从疫区调入猪只和猪肉产品。运猪和饲料的交通工具应彻底消毒。屠宰的下脚料和泔水等要经煮沸后方可喂猪，猪舍内应保持清洁、干燥，平时加强饲养管理，减少应激，加强猪只的抗病力。

加强检疫、隔离、封锁制度：检疫时应做到两看（看食欲和跛行），三查（查蹄、口、体温），隔离应至少 7 天未发现本病，方可并入或调出，发现病猪就地处理，对同群猪同时注射高免血清，并上报、封锁疫区。封锁期限一般以最后一头病猪恢复后 20 天才能解除，解除前应彻底消毒一次。

免疫预防：我国目前制成的猪水疱病 BEI 灭活疫苗，平均保护率达 96.15%，免疫期 5 个月以上。对受威胁区和疫区定期预防能产生良好效果，对发病猪可采用猪水疱病高免血清预防接种，剂量为每千克体重 0.1 ~ 0.3ml，保护率达 90% 以上。免疫期一个月。在商品猪中应用，可控制疫情，减少发病，避免大的损失。

常用消毒药：0.5% 农福、0.5% 菌毒敌、5% 氨水、0.5% 的次氯酸钠等均有良好消毒效果。国外有人认为氧化剂、酸、去垢剂混合应用，碘化物、酸、去垢剂适当混和消毒也有效。对于畜舍消毒还可用高锰酸钾、去垢剂的混和液。

第十四节　非洲猪瘟
(Africanswinefever，ASF)

非洲猪瘟是猪的一种病毒病，其特征是死亡率高，皮肤有变红的区域和内脏器官严重出血。其病型可分为最急性、急性、亚急性、慢性和隐性型。临诊症状与古典型猪瘟十分相似，只有用实验室方法才能进行可靠的鉴别诊断。非洲猪瘟是世界动物卫生组织（OIE）规定的 15 种 A 类疾病之一。

非洲猪瘟 1909 年在东非肯尼亚首次在欧洲移民带来的家猪群中被发现后，从 1909 ~ 1912 年共暴发了 15 次，死亡率高达 98.9%。至今非洲猪瘟在西班牙、葡萄牙和意大利及非洲一些国家仍然时有发生。该病给一些国家的养猪业带来了巨大的经济损失，有些国家的养猪业甚至受到了毁灭性的打击。

风景评估：我国是世界上养猪最多的国家，虽然至今尚未发生该病，但在国际贸易和旅游活动日益频繁的今天，应对该病的传入保持高度警惕，必须严加防范。

一、病原

非洲猪瘟病毒属非洲猪瘟病毒类病毒属，双股 DNA，成熟病毒粒子具有囊膜。病毒复制：病毒主要在单核吞噬细胞系统的细胞内复制，在非洲已分出几个血清型。病毒在鸡胚卵黄囊、猪骨髓组织和白细胞内培养。

病毒在低温下稳定，不耐高温，在室温 60℃ 20min 很快失去活性，对强碱有抵抗力，病毒对甲醛及次亚氯酸钠都敏感。2% 苛性钠 24h 灭活病毒，最有效的消毒药是 10% 苯基苯酚。

病毒广泛分布于病猪体内各器官组织、体液、分泌物和排泄物中。血液内病毒室温下可存活数周，病料中室温干燥或冰冻下经数年不死；土壤中的病毒在23℃下经120天仍存活。

二、流行病学

1. 易感动物　猪是自然感染本病的唯一家畜。疣猪、壕猪和森林野猪是病毒的储存宿主。

2. 传染源　病猪和带毒猪是主要传染源。猪和钝缘蜱属可自然感染非洲猪瘟病毒，非洲疣猪和野猪是非洲猪瘟带毒者。往往是由呈隐性感染带毒野猪，于晚间闯入猪舍偷食，而在家猪群中引起暴发流行。

3. 传播途径　主要是通过消化道感染，被污染的饲料、饮水、饲养用具、猪舍等是本病传播的重要因素。吸血昆虫、非洲的鸟软壁虱（Argasd）和隐嘴蜱是传播媒介，病猪的各种分泌物、排泄物、器官均含有病毒，是危险的传染源。

4. 流行特征　病猪不产生中和抗体，疫苗试制还未成功，极少数存活猪仅对原毒株感染具有一定的抵抗力，急性发作而存活的猪，可转变成慢性的稳性带毒猪，存活猪终身带毒传播本病，各病毒株的毒力和抗原性也各不相同。

三、症状与病理变化

潜伏期5～15天，人工感染2～5天，猪一旦被感染，体温突然升高达40.5℃，高热持续4天，饮食活动不见异常，随后体温下降，才开始出现全身衰弱、腹泻、便血（图4.1.14-1）、耳、背部皮肤紫绀区（图4.1.14-2），鼻孔出血（图4.1.14-3），白细胞常减少。眼观病理变化：淋巴结严重出血，尤以胃（图4.1.14-4）、肝、肾、肠等所属淋巴结最为严重，脾严重充血肿大，可达正常脾的5倍以上，呈黑紫色、质地柔软（图4.1.14-5），肺水肿及充血有实变（图4.1.14-6），心包腔中积有大量液体。喉头黏膜发绀，会厌软骨见出血斑点、偶见水肿，气管前部的黏膜散在小出血点，气管、支气管腔中积有不等的泡沫。心肌柔软，心外膜及心内膜下散在小出血点，有时可见广泛出血，心肌常见出血（图4.1.14-7）。胃和肠黏膜有炎症和斑点状或弥漫性出血变化（图4.1.14-8），或有溃疡。肝脏瘀血，实质变性，与胆囊接触部间质水肿。胆囊肿大，充

满胆汁，胆囊壁因水肿而明显增厚，其浆膜和黏膜有出血斑点。肾脏出血一般比猪瘟轻（图4.1.14-9），约30%病例的膀胱黏膜有出血点（图4.1.14-10），脑膜充血、出血。组织学变化，镜下单核细胞的核破碎，是非洲猪瘟组织炎症变化特征，淋巴结触片可见单核细胞严重核破碎。

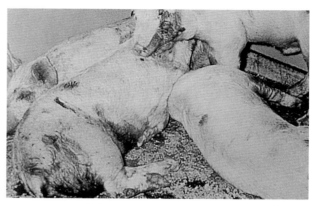

图4.1.14-1　全身衰弱，腹泻，便血

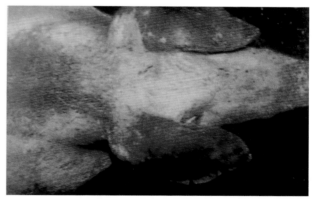

图4.1.14-2　耳、背部皮肤紫绀区

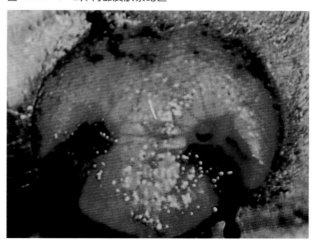

图4.1.14-3　鼻孔出血

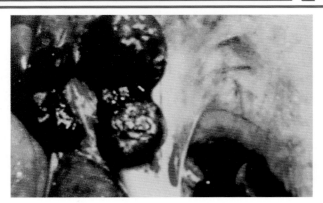

图 4.1.14-4　胃门淋巴结严重出血

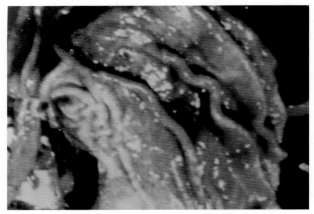

图 4.1.14-8　胃肠黏膜有炎症和斑点状或弥漫性出血变化

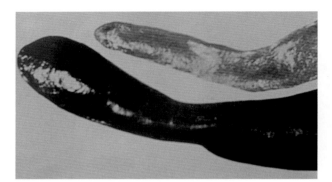

图 4.1.14-5　脾严重充血肿大，呈黑紫色、质地柔软

图 4.1.14-9　肾脏出血点

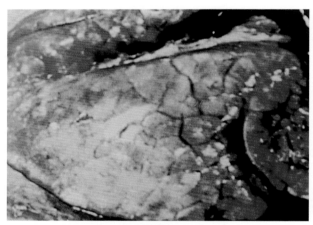

图 4.1.14-6　肺水肿及充血有实变

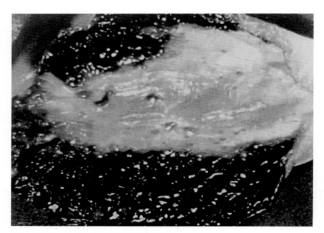

图 4.1.14-10　膀胱黏膜有严重出血

四、诊断

非洲猪瘟诊断的一般程序：疑似非洲猪瘟的样品送到实验室后，通常是用直接免疫荧光试验来检测病毒抗原和用间接免疫荧光试验检测血清中或组织浸出液中的抗体。

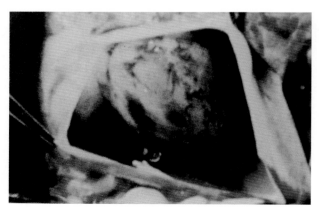

图 4.1.14-7　心肌出血

做这两种试验只需数小时，且此两种方法联用的检出率可达 95%～98%。样品量很大时，可用酶联免疫吸附试验来检测抗体。检测出阳性结果后，如样品来自非疫区，还必须做动物接种试验。在任何情况下必须以两种或两种以上不同方法的结果为依据才能确诊。为此，送实验室的样品必须有足够的量。初诊要送检肝、脾、淋巴结、全血和血清，并要妥善保存。无非洲猪瘟的国家，其检验结果还应设法得到国际公认的非洲猪瘟咨询实验室的确诊。

PCR 技术：ASFV-DNA 的检测用来自病毒基因组的高度保守区基因片段作为引物，利用 PCR 技术对分离到的 ASFV 毒株进行检测是可行的。人们已经用 PCR 技术从所有已知的病毒基因型中鉴定 ASFV 分离株，其中，包括那些低毒力毒株以及不能产生红细胞吸附现象的毒株。此法特别对那些不适用其他诊断试验的样品（例如存在于腐败组织中已灭活的或已降解的 ASFV）中的 DNA 鉴定有应用价值。其阳性对照使用克隆的病毒 DNA 来代替活病毒，所以更为安全。在 ASF 诊断技术中，这是一种既快速又准确的新方法。

五、防治

对来自病区的车、船、飞机卸下的肉食品废料、废水，应就地进行严格的无害化处理，不可用作饲料。不能从有病地区进口猪和猪的产品，对进口的猪和猪的产品应进行严格检疫，以预防病的传入。猪群中发现有可疑病猪时，应立即封锁；确定诊断之后，全群扑杀、销毁，彻底消灭传染源；场舍、用具彻底消毒，该场地暂不养猪，改作他用，以杜绝传染。

六、防制措施

目前，尚无有效的疫苗可供应用。灭活苗对猪没有任何保护作用。弱毒疫苗虽然可以保护部分猪对同源毒株的攻击，但这些猪成为带毒猪或可出现慢性病变。西班牙和葡萄牙的成功经验证明，在扑灭本病的方案中，疫苗不是主要的，在流行地区疫苗的作用也很有限。特异性抗体似乎不能中和病毒。核苷酸全序列分析研究有可能找到与保护性免疫有关的某些基因。

由于上述原因，在无本病的地区或国家要极力阻止 ASFV 的侵入，在港口和国际机场等场所要严加防范。我国尚未发现本病，要严禁从疫区进口活猪及其产品。加强血清学检查，检出带毒猪，应认识到感染低毒株的猪不会显示病状或病变。确诊为感染本病猪场的猪群必须全部扑杀。凡无本病的国家怀疑发生本病，由于诊断需时较长，可不必等待实验室诊断结果，扑杀被怀疑猪场的全部猪群，并采取适当的兽医卫生措施，防止疫情扩散。消毒剂可使用热氢氧化钠液（80～85℃）喷洒，或用 1.5% 甲醛溶液或含有 5% 活性氯的消毒剂喷洒，每平方米表面用药液 1000ml，并保持 3h。

点评：我国尚未发生非洲猪瘟，应十分重视可疑病猪的诊断工作，特别是从国外引进种猪或精液和胚胎时要注意检疫。一旦发生可疑情况，应当迅速上报政府的防疫机构。

第二章　细菌性传染病

第一节　猪链球菌病

猪链球菌病是由多种链球菌感染引起的急性、热性疾病，以急性败血性链球菌病的传染病危害最大。包括猪败血性链球菌病和猪淋巴结脓肿。特征：败血症、化脓性淋巴结炎、脑膜炎及关节炎。

一、病原

【分类属性】

链球菌属病原多为 C 群的兽疫链球菌（*S.zooepidemicus*）和似马链球菌（*S.equisimilis*），D 群的猪链球菌（*S.suis*）以及 E、L、S、R 等群的链球菌。

【生物学基本特性】

本菌不形成芽孢，一般无运动性（D 群某些菌株除外），呈长链状。有些种在组织内或在含血清的培养基内发育时能形成荚膜（图 4.2.1-1）。多数链球菌为革兰阳性，老龄培养物有时出现阴性。

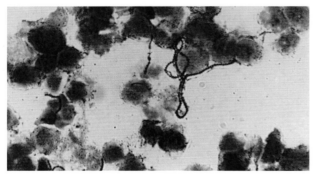

图 4.2.1-1　细菌形态

【抗原性】

本菌有三类抗原成分。按血清学分类，有 20 个血清群。

【致病特性】

链球菌致病特性之一是某些致病株能产生多种毒素和酶，迅速破坏组织而引起严重病理变化，如链球菌溶血素能溶解红细胞，破坏白细胞、巨噬细胞、神经细胞和血小板等，还对心肌有较强的毒性作用。链激酶即溶纤维蛋白酶能溶解纤维蛋白；透明质酸酶可使结缔组织的基质成分透明质酸发生溶解，故能增加血管壁的通透性，降低组织间质的黏性或凝胶状态，因此，可促使病菌扩散、蔓延。链球菌能破坏细胞壁上的磷脂壁酸等。

【抵抗力】

本菌在 29 ～ 33℃场地上存活 5 ～ 7 天。对干燥有一定的抵抗力，在脓汁中和渗出物中可存活数周。对热比较敏感，除少数肠链球菌、粪链球菌外，60℃ 30min 均可杀死，煮沸立即致死。一般消毒药能迅速将其杀死。

【耐药性】

对青霉素、金霉素、红霉素、四环素和磺胺类药物均很敏感。能够有效抑杀链球菌的药物较多，但是近年来发现链球菌的耐药问题非常严重，尤其是耐广谱头孢菌素肺炎链球菌的出现，给临床抗感染治疗对抗生素的选择增加了难度。

二、流行病学

各种年龄的猪都有易感性。架子猪多发，但败血型和脑膜炎型多见于仔猪，化脓性淋巴结炎型多发于中猪。病猪和病愈带菌猪是本病自然流行的主要传染源。病猪的鼻液、尿、粪、唾液、血液、肌肉、内脏、肿胀的关节内均可检出病原体。本病多经呼吸道和消化道感染。病猪与健康猪接触，或由病猪排泄物污染的饲料、饮水以及物体可引起猪只大批发病而造成流行。一年四季均可发生，春、秋多发，呈地方性流行。

三、临床症状

猪链球菌病可分为以下四种类型。潜伏期多为 1 ～ 5 天或稍长。往往混合存在或先后发生，病程一般 2 ～ 8 天，以 3 ～ 5 天死亡较多。

【败血型】

病猪体温升高达 41.5 ～ 42.5℃，而大多数病例呈稽留热，少数病例呈间歇热。病猪精神委顿，极度衰竭，口鼻黏膜潮红，颈下、腹下及四肢下端皮肤呈现弥散性发绀（图4.2.1-2），结膜发绀，卧地不起，呼吸急促，震颤，食欲减退或废绝，呆立，喜卧，爱喝冷水，小便赤褐色（图4.2.1-3）。头面部发红，时有水肿，眼结膜充血、潮红、流泪或有脓性分泌物流出（图4.2.1-4）。鼻镜干燥，流灰白色的浆液性、脓性鼻汁。病猪迅速消瘦，被毛粗乱，皮肤苍白或有紫红色出血斑。濒死期可从鼻孔流出暗红色血液（图4.2.1-5）。

图 4.2.1-2　临床症状：末梢发绀

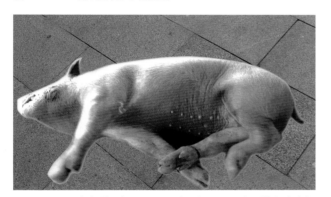

图 4.2.1-3　败血型：病猪耳、颈、胸、腹下及四肢下端皮肤弥散性发绀

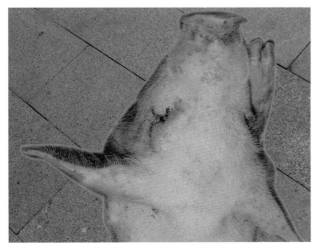

图 4.2.1-4　病猪眼结膜潮红、流泪或有脓性分泌物流出

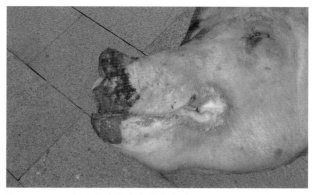

图 4.2.1-5　猪链球菌病败血型临床症状：濒死期病猪鼻孔流出暗红色血液

【脑膜炎型】

病初体温升高，不食，便秘，有浆液性或黏液性鼻液。病程1～2天，长的可达5～6天。多见于哺乳仔猪和断奶小猪。病猪出现神经症状时，四肢共济失调，转圈，空嚼，磨牙，仰卧，直至后躯麻痹（图4.2.1-6），侧卧于地，四肢作游泳状划动，甚至昏迷不醒。

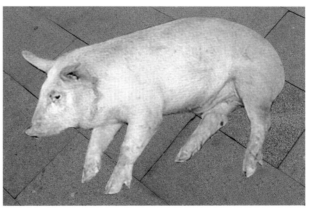

图 4.2.1-6　猪链球菌病脑膜炎型临床症状：病猪神经症状，颈部强直，抽搐，共济失调，后躯麻痹

【关节炎型】

病猪关节肿胀，消瘦，食欲不佳，呈明显的一肢或四肢关节炎（图4.2.1-7～图4.2.1-8），可发生于全身各处关节。病猪疼痛、悬蹄、高度跛行，严重时后躯瘫痪，部分猪只因体质极度衰竭而死亡，或耐过成为僵猪。上述三型很少单独发生，常常混合存在或者先后发生。

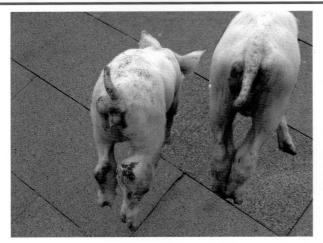

图 4.2.1-7　猪链球菌病关节炎型临床症状：病猪右后肢关节肿胀

图 4.2.1-8　猪链球菌病关节炎型临床症状：病猪前后肢关节肿胀

【淋巴结脓肿型】

多见于颌下淋巴结，其次为咽部和颈部淋巴结。局部淋巴结肿胀、坚硬，局部温度升高，触摸有痛感，采食、咀嚼、吞咽和呼吸困难，部分有咳嗽、流鼻液症状，后期化脓成熟，肿胀变软，皮肤坏死。病程 3 ~ 5 周，多数可痊愈。

四、病理变化

【败血型】

最急性死亡的猪，剖检常无明显的病理变化。急性病例主要是以败血症为主的特征变化。可见颈下、腹下及四肢末端等处皮肤有紫红色病灶（图4.2.1-9），胸主动脉浆膜弥散性出血（图4.2.1-10）。心外膜有点状或条纹状出血（图4.2.1-11），心肌常与心包粘连（图4.2.1-12），心肌扩张，心室内积有呈煤焦油样的血块（图4.2.1-13），发生心内

膜炎时其内膜可见有赘生物（图4.2.1-14）。肾脏暗红色肿胀，被膜下有时可见小点状出血，肾切面皮质和髓质界限不明显并有斑点状出血（图4.2.1-15）。膀胱积尿，黏膜有出血点或充血带。

图 4.2.1-9　猪链球菌病败血型：颈下、腹下及四肢末端皮肤有紫红色病灶

图 4.2.1-10　猪链球菌病败血型：胸主动脉浆膜弥散性出血

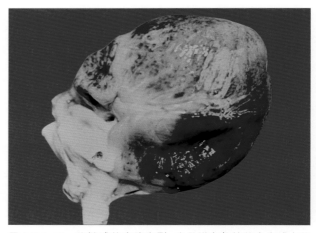

图 4.2.1-11　猪链球菌病败血型：心外膜有条纹状出血或点状出血

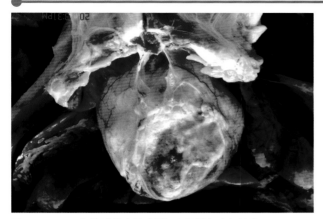

图 4.2.1-12 猪链球菌病败血型：心肌常与心包粘连

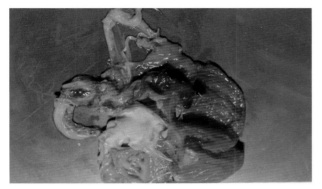

图 4.2.1-13 猪链球菌病败血型：心瓣膜炎形成的血栓

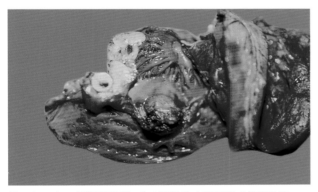

图 4.2.1-14 猪链球菌病：心内膜发生内膜炎形成的赘生物

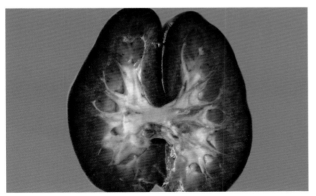

图 4.2.1-15 猪链球菌病败血型：皮质和髓质切面界限不清并有斑点状出血

胃底部黏膜脱落呈弥漫性出血，附有多量黏液（图 4.2.1-16），肠呈轻重不一的卡他性出血性炎症。出血性败血症病变伴发纤维素浆膜炎的病例，除一般败血症的变化之外，胸、腹腔内有多量淡黄色微混浊液体，内有纤维素絮条，脾（图 4.2.1-17）、肺（图 4.2.1-18）浆膜常被覆一层纤维素性炎性渗出物。肺胸膜附着有纤维素或与肋胸膜发生粘连，常有肺脓肿（图 4.2.1-19～图 4.2.1-20）。关节炎型则表现为关节周围肿胀充血，滑液混浊（图 4.2.1-21），重者可见关节软骨坏死，关节周围组织有多发性化脓灶。

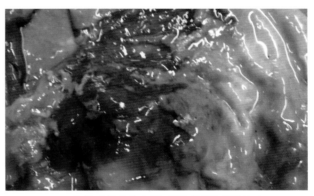

图 4.2.1-16 猪链球菌病败血型：胃底部呈弥漫性出血

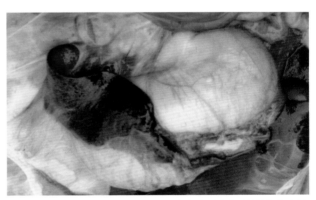

图 4.2.1-17 败血型：脾被膜覆有一层纤维素渗出物，尾部有化脓灶

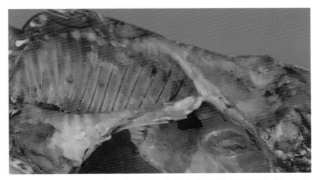

图 4.2.1-18 猪链球菌病：肺胸膜附着有纤维素渗出物或与肋胸膜发生粘连

图 4.2.1-19　猪链球菌病：肺可见转移性脓肿

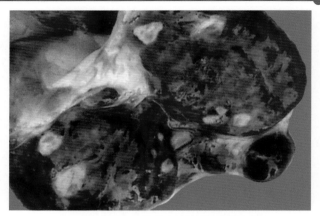

图 4.2.1-22　猪链球菌化脓性淋巴结炎型：淋巴结脓肿

【脑膜炎型】

多呈脑膜炎病变，脑膜增厚，脑实质有化脓性脑炎变化。

【组织学检查】

见肾小球囊肿胀、出血，部分肾小球坏死、崩解，呈急性增生性肾小球肾炎和嗜中性白细胞浸润，形成小的化脓灶（图 4.2.1-23）。脑可见由嗜中性白细胞和单核细胞等围绕而呈现的"管套"现象（图4.2.1-24）。

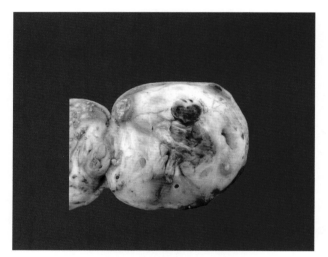

图 4.2.1-20　猪链球菌病：化脓性肺炎切面的脓肿

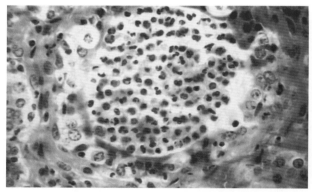

图 4.2.1-23　猪链球菌病败血型：肾小球囊肿胀，嗜中性白细胞浸润

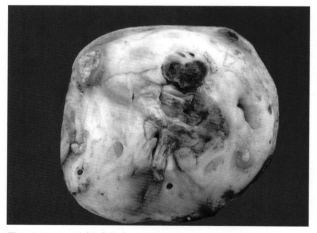

图 4.2.1-21　猪链球菌病：关节周围组织有多发性化脓灶

【淋巴结脓肿型】

化脓性淋巴结炎，多见于颌下淋巴结，其次是咽部、耳下和颈部淋巴结。当机体抵抗力降低时，可出现脓毒败血症，肺可见转移性脓肿（图4.2.1-22）。

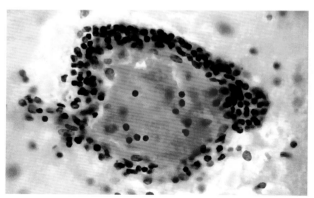

图 4.2.1-24　脑组织中小血管可见由嗜中性白细胞和单核细胞等围绕而呈现的"管套"现象

鉴别诊断：在临床上常见猪瘟、猪伪狂犬病、猪肺疫、蓝耳病与猪链球菌病混合感染或继发感染，这不仅使病情复杂化，而且增大了病死率和防治的难度。

五、诊断

本病的症状和剖检变化比较复杂，容易与多种疾病混淆，必须进行实验室检查才能确诊。

【细菌学检查】

病料制成涂片，用碱性美蓝染色或革兰染色法染色后镜检，如见有多数散在的或成双排列的短链圆形或椭圆形球菌，无芽孢，有时可见到带荚膜的革兰阳性球菌，可作初步诊断。

【药物治疗性诊断】

对抗生素和磺胺类药物均很敏感。能够有效抑杀链球菌的药物较多。但首次用药剂量应足，按疗程用药，一般 4 ～ 5 天为一疗程。

【鉴别诊断】

败血症型注意与猪丹毒、李氏杆菌病、猪瘟等鉴别。

六、防治

【预防原则】

加强管理，注意平时的卫生消毒工作，病猪尸体及其排泄物等作无害化处理。发病猪群立即将病猪隔离，严格消毒，病猪及可疑病猪立即隔离治疗。

【免疫预防】

病原分离后可作灭活菌苗，用福尔马林灭活后加氢氧化铝振荡，制成油乳剂灭活菌，另外，链球菌明矾结晶紫菌苗和猪链球菌ST171弱毒冻干菌也可试用。

【治疗】

初发病猪每头每次用青霉素80万～180万单位，链霉素1g混合肌注，连用 3 ～ 5 天。氨苄青霉素可按 10 ～ 30mg/kg 体重，每天 2 次，肌注。庆大霉素 1 ～ 2mg/kg 体重，每天 2 次，肌注。对淋巴结脓肿，可将肿胀部位切开，排除脓汁，用 3% 双氧水或 0.1% 高锰酸钾冲洗。

第二节　猪丹毒 (Swineerysipelas)

猪丹毒是猪丹毒杆菌引起的一种急性热性传染病。其临床与剖检特征为高热、急性败血症、皮肤疹块（亚急性）、慢性疣状心内膜炎，皮肤坏死与多发性非化脓性关节炎（慢性）。

一、病原

【分类属性】

丹毒杆菌唯一代表种。

【生物学基本特性】

猪丹毒杆菌是一种革兰阳性菌，为丹毒菌丝。本菌为平直或微弯杆菌（图 4.2.2-1），在病料内的细菌，单个（图 4.2.2-2）、成对或成丛排列，在白细胞内一般成丛存在（图 4.2.2-3）。

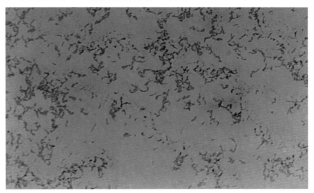

图 4.2.2-1　猪丹毒菌形态：光镜下为纤细小杆菌（革兰氏染色 ×100）

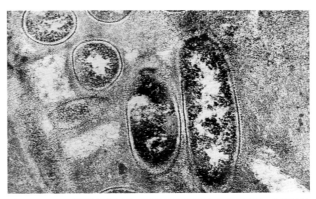

图 4.2.2-2　猪丹毒菌形态：电镜下丹毒菌的超微结构（×150000）

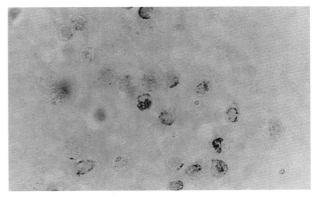

图 4.2.2-3　猪丹毒菌在白血球内一般成丛存在（革兰氏染色 ×100）

【抗原性】

有 29 个血清型，迄今分为 1、1a、2a、2b 等多个亚型，大多数猪丹毒杆菌为 1 型和 2 型。

【致病性】

在自然条件下，丹毒杆菌使猪（主要是 3 ~ 12 个月龄）发病。3 ~ 4 周哺乳仔猪亦可发病。

【抵抗力】

猪丹毒杆菌表面有一层蜡样物质，对各种外界因素抵抗力很强，本菌的液体培养物封闭在安瓿中，可保持活力 17 ~ 35 年之久。尸体内细菌可活 288 天，阳光下 10 天还存活，腌肉和熏制之后能存活 3 ~ 4 个月。猪丹毒杆菌在体外对磺胺类药无敏感性，抗生素中对青霉素极为敏感。

二、流行病学

【易感性】

本病主要发生于猪，3 ~ 12 个月龄最为敏感，哺乳猪亦可发生。除猪外至少有 50 种野生哺乳动物和 30 种野禽中分离出丹毒杆菌。

【传染源】

病猪和带菌猪是本病的主要传染源，无论病猪场和没发生过猪丹毒的猪场，都有一定比例的带菌猪（30% ~ 50%）。

【传播途径】

通过饮食经消化道传染给易感猪。此外，本病亦可通过损伤皮肤及蚊、蝇、虱等吸血昆虫传播。

【流行特点】

一年四季均可发生，北方地区以炎热、多雨季节流行最盛，而在南方地区，往往冬、春季节也可形成流行高潮，本病常为散发性或地方流行传染，有时也发生暴发流行。

据陶钧等（2003 年）报道湖南省某猪场于 2002 年 1 月初发生猪丹毒，大小猪都发病。

三、临床症状

【潜伏期】

人工感染实验，最短 24h，长的可达 9 天，一般 3 ~ 5 天。

【特急性型】

发病 12h 后精神沉郁（图 4.2.2-4），颈下、胸腹、背侧出现丹毒性红斑，往往发生急性败血性休克，突然死亡。

图 4.2.2-4　猪丹毒临床症状：人工接种 33h 后体温升至 41.5℃，病猪精神沉郁

【急性型】

急性败血型体温升高 42℃ 以上，72h 后在耳后颈下、胸前腹侧、四肢内侧等处皮肤发生疹块。

【亚急性型】

亚急性型（疹块型）在颈部胸侧、背部、腹侧、四肢等处出现方块型、菱形或圆形疹块，稍凸起于皮肤表面（图 4.2.2-5）。

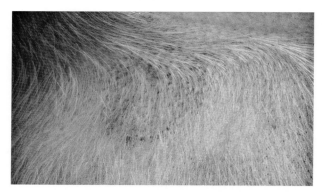

图 4.2.2-5　猪丹毒临床症状：急性型初期皮肤出现的充血疹块

【慢性型】

有皮肤坏死型（图 4.2.2-6）、疣状心内膜炎型和关节炎型。

图 4.2.2-6　猪丹毒临床症状：急性型发病猪体温 42℃，全身皮肤蓝紫色，俗称皮肤发绀

四、病理变化

【特急性型】

流程初期第一批发病突然死亡的猪，全身皮肤发绀（图4.2.2-7～图4.2.2-9）。脾切面出现白髓，周围"红晕"（图4.2.2-10～图4.2.2-13）。

【急性败血型】

病程4～7天，败血症变化明显，全身皮肤发绀。肾肿大，被膜易剥离，有出血点，呈花斑样（图4.2.2-14～图4.2.2-16）。

心肌出血（图4.2.2-17、18）。胃肠：所有病例胃内蓄有中等量食物，胃底黏膜脱落，呈弥漫性潮红，十二指肠前段多数为出血性、卡他性炎症（图4.2.2-19）。脾肿大，樱桃红色，被膜紧张，边缘钝圆，切面外翻，凹凸不平，质地柔软，白髓暗红而易刮下（图4.2.2-20）。肺脏外观肿大，肺水肿，小叶间增宽，肺表面斑点状出血，局灶性气肿，颜色为暗红、粉红、蓝紫色，构成花斑样外观（图4.2.2-21～图4.2.2-22）。

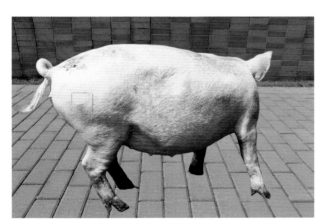

图4.2.2-7 猪丹毒临床症状：亚急性型皮肤出现的疹块

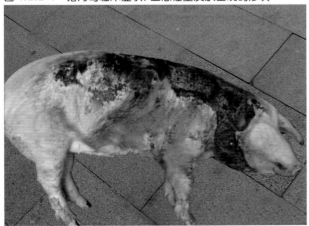

图4.2.2-8 猪丹毒慢性型：皮肤坏死呈龟甲板状

图4.2.2-9 猪丹毒特急性型病理变化：病死猪全身皮肤呈紫红色

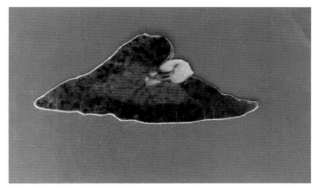

图4.2.2-10 猪丹毒特急性型病理变化：脾脏白髓周围"红晕"

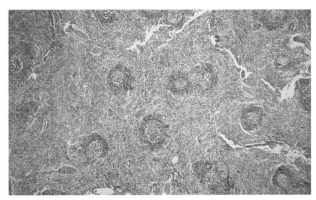

图4.2.2-11 猪丹毒特急性型组织学：脾脏白髓周围"红晕"（HE ×10）

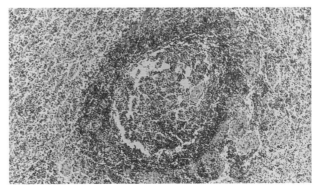

图4.2.2-12 猪丹毒特急性型组织学：脾脏白髓周围"红晕"（HE ×20）

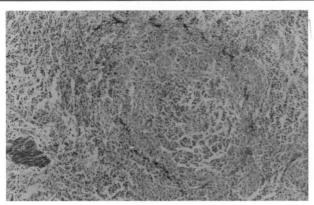

图 4.2.2—13 猪丹毒特急性型组织学：脾脏白髓边缘区出血与纤维素性微血栓（PTAH×20）

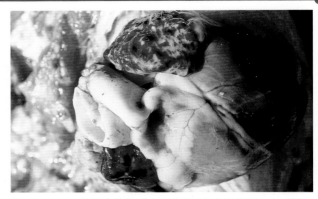

图 4.2.2—17 猪丹毒急性型病理变化：心房出血斑与心冠周围脂肪小出血点

图 4.2.2—14 猪丹毒急性型病理变化：肾肿大，紫红色，有暗灰色斑

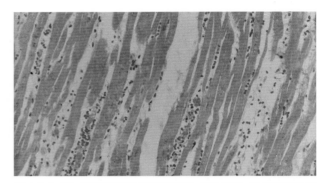

图 4.2.2—18 猪丹毒急性型病理变化：心肌出血，肌纤维间多量红细胞

图 4.2.2—15 猪丹毒急性型病理变化：肾切面可见肿大，肾小球呈串珠样

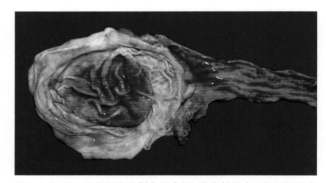

图 4.2.2—19 猪丹毒急性型病理变化：胃底部和十二指肠初段充出血

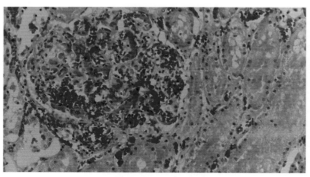

图 4.2.2—16 猪丹毒急性型组织学：肾出血性肾小球肾炎（HE×20）

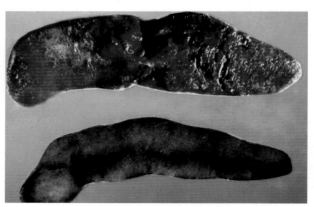

图 4.2.2—20 猪丹毒急性型病理变化：脾充血肿大

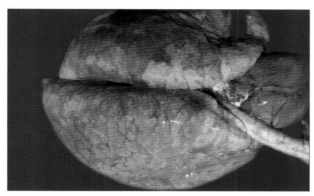

图 4.2.2-21　猪丹毒急性型病理变化：休克肺呈花斑样

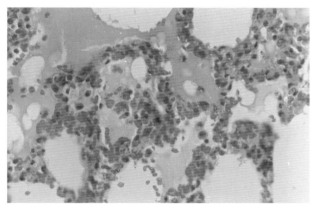

图 4.2.2-22　猪丹毒急性型组织学：肺泡毛细血管有纤维素与红细胞，小叶间毛细血管有多量纤维素网罗红细胞，并有一些炎症细胞与透明膜形成（HE×20）

【亚急性型】

特征是皮肤上发生疹块，形状呈方形、菱形或不规则形。

【慢性型】

1.猪丹毒心内膜炎型，主要发生在二尖瓣。2.肾贫血性梗死型。3.关节炎型，主要侵害四肢关节，因肉芽组织增生，渗出的纤维素被机化，致滑液膜呈绒毛状。4.皮肤坏死型，坏死部逐渐干燥变为干性坏疽，色黑褐而坚硬，其后随分界性化脓而脱落，损伤部可由肉芽组织增生而瘢痕治愈。

急性猪丹毒发病环节中有 DIC 病理过程，组织学检查，肺、肾、心、肝、脾等器官有微血栓。

五、诊断

猪丹毒的诊断，根据流行病学、临床症状、病理解剖变化一般可作出诊断。

【细菌学检查】

临床上怀疑猪丹毒病的，可从耳静脉采血或切开疹块挤出血液和渗出液做涂片，对急性死亡病例的尸体，可做血、脾、肝、肾及淋巴结等脏器的涂片，用姬姆萨或瑞氏染色，镜检，猪丹毒菌多数在血细胞之间，也有成丛的，常发现中性白细胞吞噬丹毒菌的现象。

【血清试验】

1．凝集反应诊断法　郑庆端（1979）应用反向间接血凝试验，对人工发病试验进行检测，其中，耳血的检出率为 85.7%，发病死亡猪脾脏的检出率为 100%。

2．免疫荧光诊断法　宣华（1982）、刘一平（1987）等用该法诊断，具有准、敏、快的特点，可代替常规法用于污染材料的检测。

3．补体结合反应诊断法　Bercorich 等（1981）改进了抗原的制法，建立了一种在 V 形微量滴定板上进行的补体结合试验。此法可以区分临床感染猪与预防接种猪，并在数小时内得出结果，此生长抑制试验具有更高的敏感性和特异性。

【动物实验】

将病料加少量灭菌生理盐水，制成乳剂直接注射，也可用培养 24h 的肉汤培养物注射，鸽子肌注 1ml，如所注料是猪丹毒，鸽子均在接种后 72h 内死亡，并可从死亡动物的心血及脾、肝、肾等脏器中分离到猪丹毒杆菌。

六、防治

【预防】

没有发病的猪场或地区，平时应坚持做好防疫工作，定期消毒，杀灭病原体。

【免疫程序】

仔猪在 45～60 天龄第一次注苗，常发地区 3 月龄进行第二次注苗。种猪每间隔 6 个月注苗 1 次，通常于春秋两季定期免疫注射。在接种前 7 天和接种后 10 天内，应避免使用抗生素。

【治疗】

1．青霉素疗法　青霉素治疗有特效，其次是土霉素和四环素。急性型每千克体重 10000 单位青霉素静脉注射，同时，肌注常规剂量的青霉素，以后每天二次肌注，以防复发或转慢性，不宜过早停药，待食欲、体温恢复正常后，再持续 2～3 天。近年有报道磺胺嘧啶钠治疗效果更好。

2.血清疗法　剂量为仔猪5～10ml，3～10个月龄猪30～50ml，成年猪50～70ml，皮下或静脉注射，经24h再注射1次，如青霉素与抗血清同时应用效果更佳。对病情较重的病例可用5%葡萄糖加维生素C或右旋糖酐以及增加氢化可的松和地塞米松等静脉注射，疗效更佳。

第三节　副猪嗜血杆菌病

副猪嗜血杆菌病是由猪副嗜血杆菌引起猪的多发性浆膜炎和关节炎的细菌性传染病，主要引起肺的浆膜、心包以及腹腔浆膜和四肢关节浆膜的纤维素性炎为特征的呼吸道综合征。

一、病原

【分类属性】

副嗜血杆菌目前暂定为巴氏杆菌科嗜血杆菌属。

【生物学基本特性】

镜下本菌有多种不同形态，从单个的球杆菌到长的、细长的以及丝状菌体。无鞭毛，无芽孢，新分离的致病菌株有荚膜。美蓝染色呈两极，革兰染色阴性。本菌需氧或兼性厌氧，最适生长温度37℃，pH值7.6～7.8。初次分离培养时供给5%～10%CO_2可促进生长。本菌生长时需要X因子和V因子。血液培养基上该菌落不出现溶血现象。

【抗原性】

本菌存在大量的异源基因型，天然存在各种血清型，有15种血清型，4型、5型和13型最常见。用限制性内切酶分析法可将61个菌株分为29个型。但各型毒力差别很大，某些血清型致病力较强。本菌已在猪群中存在，时而侵入猪群中，可能导致猪群高发病率和死亡率的全身性疾病。

【抵抗力】

本菌对外界的抵抗力不强。干燥环境中易死亡，60℃ 5～20min被杀死，4℃存活7～10天。常用消毒药可将其杀死。本菌对阿莫西林、泰农、红霉素、林可霉素、土霉素、卡那霉素、磺胺类等药物敏感。

二、流行病学

【易感性】

仔猪敏感，尤其断乳后10天左右多易发病。

【传染源】

患猪或带菌猪，该细菌寄生在鼻腔等上呼吸道内。

【传播途径】

主要通过空气直接接触感染，其他传染途径如消化道等亦可感染。

【流行特点】

在一个猪群中，副嗜血杆菌的致病作用是影响其他许多全身性疾病严重程度和发生发展的因素，这与支原体肺炎日趋流行有关，也与病毒性呼吸道病原体有关，其中，有繁殖与呼吸综合征（PRRS）病毒、猪流感病毒和呼吸道冠状病毒。副猪嗜血杆菌与支原体结合在一起，患PRRS猪肺的检出率为51.2%（Kobayashi等，1996），应引起注意。

三、临床症状

本病多因被PRRSV等病毒类和支原体感染后在猪场的仔猪发生和流行，多呈继发和混合感染，其临床症状缺乏特征性。

【潜伏期】

人工接种试验2～5天，一般几天内发病。

【症状】

出现体温升高40℃以上，食欲不佳，精神沉郁，有的四肢关节出现炎症，可见关节肿胀、疼痛，起立困难（图4.2.3-1），一侧性跛行。驱赶时患猪发出尖叫声，侧卧或颤抖、共济失调。患猪逐渐消瘦，被毛粗糙，起立采食或饮水时频频咳嗽，咳出气管内的分泌物吞入胃内，鼻孔周围附有脓性分泌物，同时，并有呼吸困难症状，出现腹式呼吸，而且呼吸频率加快，心跳加快，节律不齐，可视黏膜发绀，最后因窒息和心衰死亡。如出现急性败血病时，不出现典型浆膜炎而发生急性休克肺死亡，剖检为急性肺水肿。

图 4.2.3-1 副猪嗜血杆菌病临床症状：病猪关节发炎，站立不起

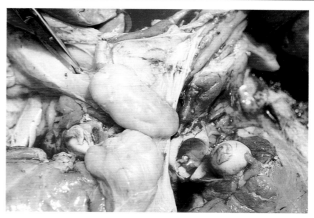

图 4.2.3-3 副猪嗜血杆菌病病理变化：腹股沟淋巴结肿大，灰白色

四、病理变化

全身淋巴结肿大，如下颌淋巴（图 4.2.3-2）、股前淋巴（图 4.2.3-3）、胸前淋巴（图 4.2.3-4）、肺门淋巴、胃门淋巴、肝门淋巴，切面颜色一致为灰白色。胸膜、腹膜、心包膜以及关节的浆膜出现纤维素性炎。表现为单个或多个浆膜的浆液性或化脓性的纤维蛋白渗出物，外观淡黄色蛋皮样的薄膜状的伪膜附着在肺胸膜（图 4.2.3-5）、肋胸膜、心包膜（图 4.2.3-6）、脾、肝与腹膜（图 4.2.3-7）、肠（图 4.2.3-8）以及关节（图 4.2.3-9）等器官表面，亦有条索状纤维素性膜。一般情况下肺和心包的纤维素性炎同时存在。组织学显微镜下观察渗出物为纤维蛋白、中性粒细胞和少量巨噬细胞（图 4.2.3-10）。

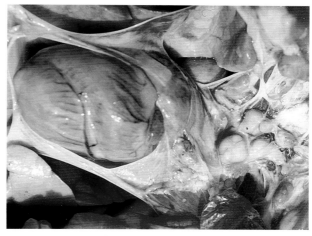

图 4.2.3-4 副猪嗜血杆菌病病理变化：胸前淋巴结肿大，灰白色

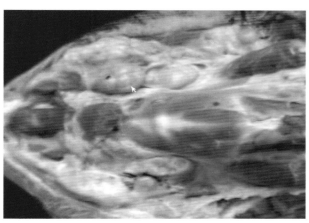

图 4.2.3-2 副猪嗜血杆菌病病理变化：下颌淋巴结肿大，灰白色

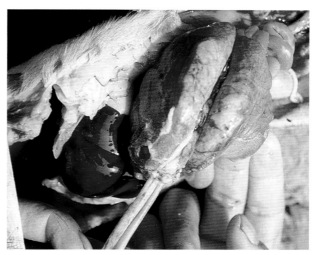

图 4.2.3-5 副猪嗜血杆菌病病理变化：肺浆膜的纤维素伪膜

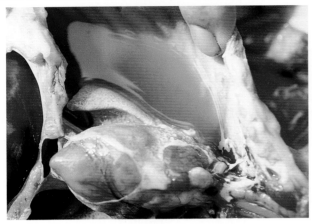

图 4.2.3-6 副猪嗜血杆菌病病理变化：心包的纤维素性炎症

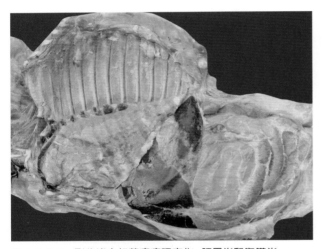

图 4.2.3-7 副猪嗜血杆菌病病理变化：肝周炎和腹膜炎

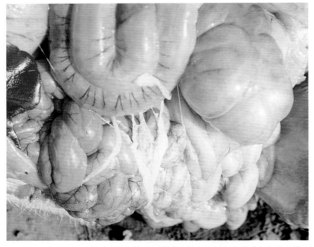

图 4.2.3-8 副猪嗜血杆菌病病理变化：肠管及腹腔内的纤维素条索

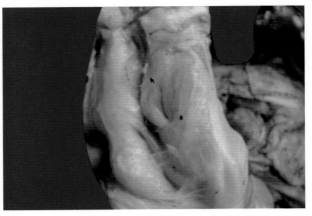

图 4.2.3-9 骨与关节检查：关节横切周围组织的炎性浸润，皮下水肿，蛋清样

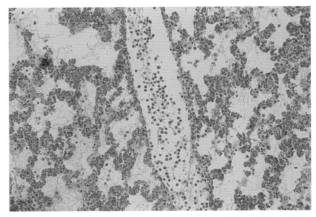

图 4.2.3-10 副猪嗜血杆菌病组织学:肺泡壁毛细血管强度扩张，充满红细胞，肺泡内有纤维素浆液和炎性细胞，小叶间多量炎性细胞（HE×20）

五、诊断

本病根据流行病学和临床症状以及尸体剖检为基础，以细菌培养做诊断是必要的。但细菌培养往往不易成功。因嗜血杆菌非常娇嫩，在采集的病料中可能出现其他杂菌，培养基难以满足副猪嗜血杆菌生长的营养需要。培养分离本菌成功技术之一，首先，采病料必须在没有应用抗生素之前，其次必须要采浆膜表面的物质或渗出的脑脊液及心血。同时，做血清型鉴别。

鉴别诊断首先要与链球菌、放线杆菌、猪霍乱沙门菌、埃希大肠杆菌等引起败血性疾病相区别。同时，还应与 3～10 周龄患支原体多性浆膜炎和关节炎相区别，因为与副猪嗜血杆菌有相似病变。所以只有确认了其他病毒和细菌病原之后，才能认清副猪嗜血杆菌在支气管肺炎的作用。这些病原体可能作为多因子在疾病的发病全过程中起作用。

六、防制

【治疗原则】

本病多为群发，在治疗时应全群投药，如应用针剂时，应按疗程用药。推荐以下药物。

1. 泰安　由泰乐菌素＋磺胺＋增效剂研制成功，产生 8 ～ 20 倍强力协同杀菌作用，吸收迅速，药效持久，水溶性好，可饮水和拌料使用。

2. 抗喘灵　多种中药配制而成，清肺平喘，化痰止咳，减少应邀，有效杀灭呼吸道病原体。使用方法：250g 加入 50kg 饲料中，连用 3 ～ 5 天。预防：250g 加入饲料 100kg，连用 3 ～ 5 天。

3. 病菌消　是最新喹喏酮类抗生素复合剂。其特点是安全性高，不产生耐药性，无毒。用法与用量：按 1 ：1000 溶于水，每天 2 次，连用 3 ～ 5 天或 1 ：1000 拌料，连用 3 ～ 5 天。

4. 利康宁　强力抗菌，消除肾肿，解毒，水溶性好，安全范围大，可长期使用。100g 溶于 100kg 水中，自由饮用，连用 3 ～ 5 天。

【预防与免疫】

因副猪嗜血杆菌生物学特性研究得尚不充分，因各种菌株致病力和血清型的不同以及对保护性抗原和毒性因子还缺乏了解，不可能有一种灭活疫苗同时对猪所有的致病菌株产生交叉免疫力。

疫苗：有副猪嗜血杆菌病灭活疫苗，可以保护血清 4 型、5 型和血清 1 型、6 型。氢氧化铝佐剂 2ml。注射部位：颈部肌内注射，剂量：各种体重年龄的猪均为 2ml，10 ～ 15 天再用同样剂量进行二免。

第四节　猪传染性胸膜肺炎

猪传染性胸膜肺炎又称猪胸膜肺炎，是由胸膜肺炎放线杆菌引起的猪呼吸系统的一种严重的接触性传染病。本病以急性出血性纤维素性胸膜肺炎和慢性纤维素性、坏死性胸膜肺炎为特征。本病是我国近几年才确诊的一种新的细菌性传染病。

一、病原

【分类属性】

本病病原为胸膜肺炎放线杆菌，为革兰染色阴性小球杆菌，并具有多形性，菌体表面被覆荚膜，无运动性，不形成芽孢。

【血清型】

根据荚膜多糖及 LPS 的抗原性差异分类，目前，将本菌分为 2 种生物型和 14 个血清型，我国主要以血清 7 型为主，2 型、4 型、5 型、10 型也存在。

【致病力】

胸膜肺炎放线杆菌的毒力与其所产毒素的毒性有关。这些毒素能杀灭宿主肺内的巨噬细胞和损害红细胞，是引起肺严重病理损害的主要原因。胸膜肺炎放线杆菌对肺泡上皮细胞有很强的亲和性，这种亲和性有利于诱导毒素从胸膜肺炎放线杆菌进入宿主细胞，进而导致靶细胞受损。

【抵抗力】

本菌抵抗力不强，易被一般消毒药杀灭，但对结晶紫、杆菌肽、林可霉素、大观霉素有一定抵抗力。

二、流行病学

【易感性】

各种年龄的猪均易感。以断奶后的 1.5 ～ 6 月龄猪多发。重症病例多发生于育肥晚期，死亡率 20% ～ 100%，这可能与饲养管理和气候条件有关。

【传染源】

病猪和带菌猪是本病的传染源。猪场或猪群之间的传播，多数由于引进或混入带菌猪、慢性感染猪所致。

【传播途径】

病菌主要存在于患猪的支气管、肺脏和鼻汁中，病菌从鼻腔排出后形成飞沫，通过直接接触而经呼吸道传播。

【流行特点】

具有明显的季节性，多在 4 ～ 5 月和 9 ～ 11 月发生。饲养环境突然改变、密集饲养、通风不良、气候突变及长途运输等诱因可引起本病发生，因此，又称为"运输病"。

三、临床症状

【潜伏期】

人工接种的为 1 ～ 7 天。

【最急性型】

猪突然发病，开始体温 41.5℃以上，精神沉郁，不食，短时地轻度腹泻和呕吐，无明显的呼吸系统症状。后期呼吸高度困难，常呈犬坐姿势，张口伸舌，从口鼻流出泡沫样淡血色的分泌物，脉搏增速，心衰，耳、鼻、四肢皮肤呈蓝紫色（图4.2.4-1），在24～36h死亡，个别幼猪死前见不到症状。病死率高达80%～100%。

图4.2.4-1　猪传染性胸膜肺炎临床症状：精神沉郁，不食，呼吸高度困难，心衰，耳、鼻、四肢皮肤呈蓝紫色

【急性型】

同舍或不同舍的许多猪患病，体温40.5～41℃，拒食，呼吸困难，咳嗽，心衰。由于饲养管理及气候条件的影响，病程长短不定，可能转为亚急性或慢性。

【亚急性和慢性型】

多由前者转来，不自觉地咳嗽或间歇性咳嗽，生长迟缓，异常呼吸，经过几日乃至1周，或治愈或症状进一步恶化。在慢性猪群中常存在隐性感染的猪，一旦有其他病原体经呼吸道感染，可使症状加重。最初暴发本病时，可见到流产，个别猪可发生关节炎、心内膜炎和不同部位的脓肿。

四、病理变化

【最急性型】

主要变化是纤维素性肺炎和胸膜炎，可见患猪流血色鼻液，气管和支气管充满泡沫样血色黏液性分泌物。肺炎病变多发于肺的前下部，而在肺的后上部，特别是靠近肺门的主支气管周围，常出现界线清晰的出血性实变区或坏死区（图4.2.4-2）。其早期病变颇似内毒素休克病变，表现为肺泡与间质水肿，淋巴管扩张，肺充血、出血和血管内有纤维素性血栓形成（图4.2.4-3）。

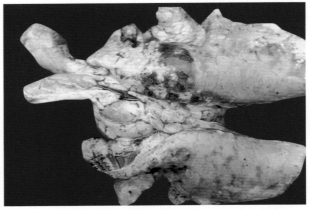

图4.2.4-2　猪传染性胸膜肺炎病理变化：肺门的主支气管周围界线清晰的出血性实变区或坏死区

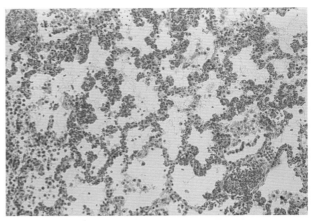

图4.2.4-3　猪传染性胸膜肺炎组织学：肺泡毛细血管充血、血管内有纤维素性血栓形成，肺泡腔有纤维素网罗少量炎性细胞（HE×20）

【急性型】

肺炎多为两侧性，常发生于尖叶、心叶和隔叶的一部分，病灶区呈紫红色，坚实，轮廓清晰，间质积留血色胶样液体，纤维素性胸膜炎明显（图4.2.4-4～图4.2.4-6）。

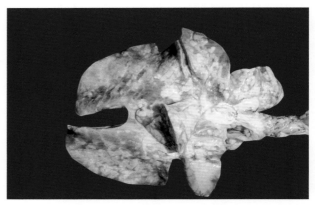

图4.2.4-4　猪传染性胸膜肺炎病理变化：肺脏面病灶局灶性分布，纤维素性胸膜炎明显

图4.2.4-5 猪传染性胸膜肺炎病理变化:病灶区呈紫红色,坚实,胸膜表面附有绒毛样纤维素

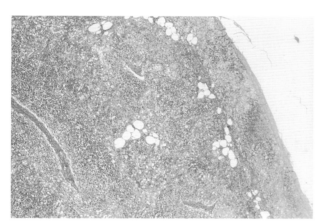

图4.2.4-6 猪传染性胸膜肺炎组织学:肺胸膜纤维结缔组织大量增生

【亚急性型】

肺脏可能发现大的干酪性病灶或含有坏死碎屑的空洞。由于继发其他细菌感染,致使肺炎病灶转变为脓肿(图4.2.4-7),后者常与肋胸膜发生纤维性粘连(图4.2.4-8)。

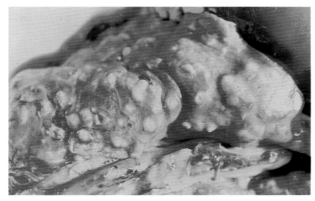

图4.2.4-7 猪传染性胸膜肺炎病理变化:肺炎病灶转变为脓肿

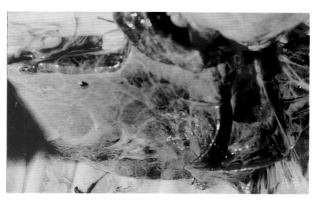

图4.2.4-8 猪传染性胸膜肺炎病理变化:肺常与肋胸膜发生纤维性粘连

【慢性型】

常于隔叶见到大小不等的结节(图4.2.4-9),其周围有较厚的结缔组织环绕。

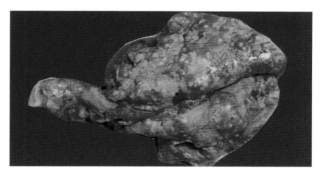

图4.2.4-9 猪传染性胸膜肺炎病理变化:常于隔叶见到大小不等的结节

五、诊断

本病发生突然与传播迅速,伴发高热和严重呼吸困难,死亡率高。死后剖检见肺脏和胸膜有特征性的纤维素性坏死灶和出血性肺炎、纤维素性胸膜炎,以此可作出初步诊断。确诊需进行细菌学检查和血清学检查。

六、防治

【预防原则】

搞好猪舍的日常环境卫生,加强饲养管理,减少各种应激因素,创造良好的环境。无病场引猪时要进行检疫,感染猪场可用血清学方法监测淘汰阳性猪,或结合药物防治控制本病。使用土霉素制剂混饲料0.6g/kg,连用3天,可预防新病出现。

【免疫预防】

目前已研制出猪传染性胸膜肺炎油佐剂灭活疫苗,应用同血清型菌株制备的疫苗免疫2～3天龄仔猪，可获得良好的效果。

【治疗】

泰乐菌素、氨苄西林素和增效磺胺甲基异噁唑可作首选药物。治疗剂量宜大一些。首次治疗必须采用注射方法，应用特效米先治疗病猪，效果较好。每头0.1ml/kg体重，深部肌内注射。

第五节　猪巴氏杆菌病

猪巴氏杆菌病（猪肺疫）是由多杀性巴氏杆菌引起。病的特征是最急性型呈败血症变化，咽喉部急性肿胀，高度呼吸困难；急性型呈纤维素性胸膜肺炎症状，均由Fg（相当于A型）引起；慢性型症状不明显，逐渐消瘦，有时伴发关节炎，多由Fo型（相当于D型）引起。

一、病原

【分类属性】

巴氏杆菌科巴氏杆菌属。

【生物学基本特性】

多杀性巴氏杆菌（*Pasteurellamultocida*）为两端钝圆、中央微凸的短杆菌，单个存在，无鞭毛，无芽孢，产毒株则有明显的荚膜。革兰氏阴性。

【抗原性】

多杀性巴氏杆菌分为16个血清型，各型之间不能交叉保护。

【抵抗力】

在自然界中生长的时间不长，浅层的土壤中可存活7～8天，粪便中可活14天。一般消毒药在数分钟内均可将其杀死。对青霉素、链霉素、四环素、土霉素、磺胺类及许多新的抗菌药物敏感。

二、流行病学

【易感性】

多种动物和人均有致病性，以猪、牛、兔、鸡、鸭、火鸡最为易感；绵羊、山羊、鹿和鹅次之；马偶尔发生。

【传染源】

病猪和带菌动物是主要传染源，健康畜禽的带菌现象非常普遍。

【传播途径】

经消化道和呼吸道传染。

【传播方式】

水平传播。

【流行季节】

一般无明显的季节性，但以冷热交替、气候剧变、闷热、潮湿、多雨时期发生较多；一些诱发因素如营养不良、寄生虫、长途运输、饲养管理条件不良等可促进本病发生。

【流行特点】

本病一般为散发，有时可呈地方性流行。

三、临床症状与病理变化

【潜伏期】

1～3天，有时5～12天。

【最急性型】

常突然发病，迅速死亡。颈下咽喉红肿，呼吸极度困难，伸长头颈呼吸，口鼻流出泡沫，可视黏膜发绀，腹侧、耳根和四肢内侧皮肤出现红斑，很快窒息死亡。

【急性型】

其特征表现为呼吸系统症状，呼吸极度困难，呈犬坐姿势（图4.2.5−1）。病情严重后，皮肤有紫斑或小出血点。肌体消瘦无力，卧地不起，多窒息而死。剖检呈急性咽喉炎。咽喉黏膜下组织呈急性出血性炎性水肿，颌下、咽后及颈部淋巴结呈急性淋巴结炎变化；全身浆膜和黏膜往往见有点状出血。胸、腹腔和心包腔内液体量增多，见有纤维蛋白渗出。肺多数表现瘀血、水肿，肺组织内存有散在局灶性红色肝变病灶。

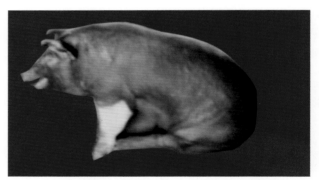

图4.2.5−1　猪巴氏杆菌病临床症状：病猪呼吸极度困难，呈犬坐姿势

【散发性猪肺疫】

胸腔病变特别显著，表现不同发展阶段的纤维素性胸膜肺炎变化，病灶部周围组织一般表现炎性

充血、水肿或气肿，呈大理石样外观（图 4.2.5-2）。胸膜和心外膜也往往同时发生纤维素性炎（图 4.2.5-3），表现胸膜粗糙，附有数量不等的纤维蛋白，常发生肺、肋胸膜粘连，胸腔内常积有多量黄色浑浊液体（图 4.2.5-4）。心包多发维素性炎俗称绒毛心（图 4.2.5-5）。组织学为纤维素性肺炎（图 4.2.5-6）。

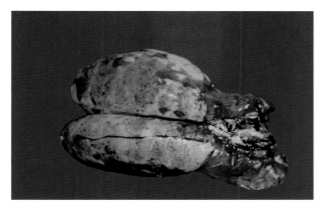

图 4.2.5-2　猪巴氏杆菌病病理变化：肺隔叶不同阶段的纤维素性炎症，呈大理石样外观

图 4.2.5-3　猪巴氏杆菌病病理变化：肺、心外膜的纤维素性炎，肋胸膜粘连

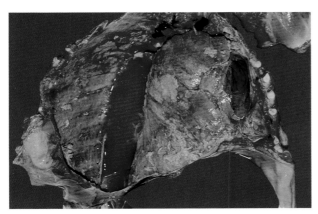

图 4.2.5-4　猪巴氏杆菌病病理变化：肺的纤维素性坏死性炎，胸腔内的黄红色浑浊液体

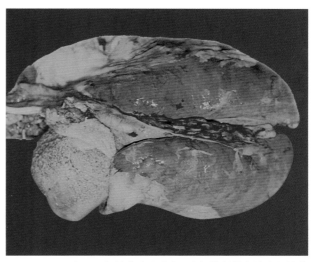

图 4.2.5-5　猪巴氏杆菌病病理变化：心包的纤维素性炎与肺的纤维素性炎

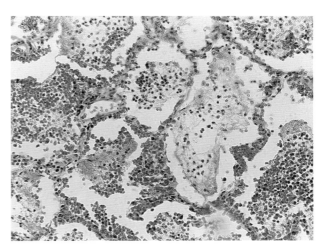

图 4.2.5-6　猪巴氏杆菌病组织学：肺泡毛细血管扩张充血，肺泡腔内多量红细胞与少量中性粒细胞以及纤维素和渗出液（HE×20）

四、诊断

据本病的多发季节，发病以中、小猪较多，高热，咽喉部红肿，呼吸困难，剖检见败血症变化或纤维素性肺炎变化，可诊断为猪肺疫；确诊时要做细菌学检查：无菌采取水肿液、胸（腹）腔液、心血、肝、脾、淋巴结等组织，病料涂片，以碱性亚甲蓝染色法或瑞氏法染色，也可用革兰染色法。镜检如见有卵圆形短杆菌、两极呈明显浓染、革兰阴性小球杆菌时，即可初步判定为巴氏杆菌病。

五、防治

【预防原则】

加强饲养管理，定期消毒，消除应激因素。新引进猪要隔离观察1个月后再合群并圈。选择与当地常见血清型相同的菌株制成的疫苗进行免疫。按疫苗使用说明书使用。

【免疫预防】

一般春秋两季，定期接种疫苗。仔猪在45～60天龄首免，90天龄左右再免1次。接种疫苗前几天和后7天内，禁用抗菌药物。

【治疗】

临床发病时，早期用高免血清治疗，效果较好。青霉素、阿莫西林、氨苄西林、链霉素、四环素等药物有一定的疗效。高免血清抗生素联用，疗效更佳。

第六节　猪传染性萎缩性鼻炎

猪传染性萎缩性鼻炎是一种由支气管败血波氏杆菌（简称Bb）和产毒素多杀性巴氏杆菌（简称Pm）引起的猪的一种慢性呼吸道传染病。该病是以鼻炎猪鼻甲骨萎缩、鼻部变形及生长迟滞为主要特征。

一、病原

产毒素多杀性巴氏杆菌是本病的主要病原，可诱发典型的猪萎缩性鼻炎。

【分类属性】

波氏杆菌支气管败血波氏杆菌。

【生物学基本特性】

根据特异性荚膜抗原，可将多杀性巴氏杆菌分为A、B、D、E 4个血清型，诱发AR的产毒多杀性巴氏杆菌绝大多数属于D型，而且毒力较强。少数属于A型，多为弱毒株，来自不同型毒株的毒素具有抗原交叉性，因而它们的抗毒素之间有交叉保护性。

【抵抗力】

本菌的抵抗力不强，常用消毒剂均可将其杀死。56℃ 30min可使其灭活。在体外，在玻片上可存活4～5天，在纸片上存活几个小时，在土壤中存活6～7周。

二、流行病学

【易感性】

任何年龄的猪都有易感性，但以幼猪易感性最强。

【传染源】

病猪和带菌猪是本病的传染源，鼠类可能成为本病的自然宿主。

【传播途径】

主要经飞沫传播，病猪、带菌猪通过接触经呼吸道将病传给仔猪。

【传播方式】

水平传播。

【流行特点】

本病在猪群内传播比较缓慢，多为散发或地方流行性。不同年龄的猪都有易感性，但只有生后几天至几周的仔猪感染后才能发生鼻甲骨萎缩。较大的猪可能只发生卡他性鼻炎、咽炎和轻度的鼻甲骨萎缩。成猪感染后看不到症状而成为带菌者。

三、临床症状与病理变化

该病是以鼻炎猪鼻甲骨萎缩、鼻部变形（图4.2.6-1）为主要特征。

感染猪打喷嚏、流鼻涕，同时有浆液性、脓性分泌物流出（图4.2.6-2）。打喷嚏可损伤鼻黏膜的血管，流出鼻血（图4.2.6-3），鼻甲骨在发病后3～4周后开始萎缩，鼻腔阻塞，呼吸困难、急促，可能有明显的脸变形。上腭、上颌骨变短以致出现脸部"上撅"（图4.2.6-4）。鼻背上皮肤和皮下组织形成皱褶。有时可见嘴向一侧偏斜的症状。由于鼻泪管阻塞，流出的眼泪与灰尘粘在一起，在猪内眼角下皮肤上形成月牙形放射状条纹，称为泪斑（图4.2.6-5）。但只有生后几天至几周的仔猪感染后才能发生鼻甲骨萎缩（图4.2.6-6）。

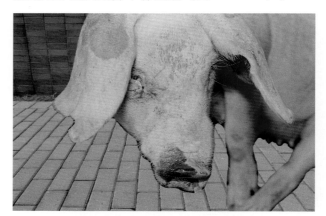

图4.2.6-1　猪传染性萎缩性鼻炎：病猪鼻梁弯曲

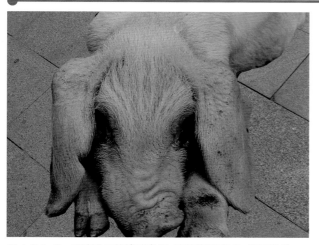

图 4.2.6-2　猪传染性萎缩性鼻炎：病猪鼻梁弯曲,流出鼻涕

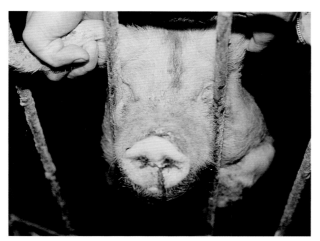

图 4.2.6-3　猪传染性萎缩性鼻炎：病猪鼻梁弯曲,流出鼻血

图 4.2.6-4　猪传染性萎缩性鼻炎：病猪鼻梁弯曲致脸部"上撅"

图 4.2.6-5　猪传染性萎缩性鼻炎：临床症状鼻梁弯曲,眼角出现泪斑

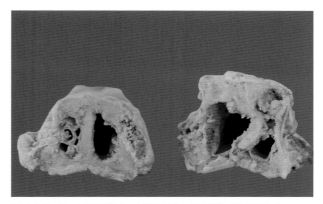

图 4.2.6-6　鼻甲骨消失,鼻腔变成一个鼻道,鼻中隔偏曲

四、诊断

由临床症状、病理变化和微生物检查,可作出诊断。有条件者,可用 X 射线作早期诊断。用鼻腔镜检也是一种辅助性诊断方法。

应注意与传染性坏死性鼻炎、骨软病、猪传染性鼻炎、猪细胞巨化病毒感染等相鉴别。

五、防治

【预防原则】

以含药添加剂饲喂,同时改善环境卫生,消除应激因素,猪舍每周消毒 2 次。引进猪时作好检疫、隔离,淘汰阳性猪。

【免疫防治】

常发区,可应用萎鼻油佐剂二联灭活菌苗,妊娠母猪应产前 25 ~ 49 天 1 次颈部皮下注射 2ml,仔猪于 4 周龄及 8 周龄各注射 0.5ml,在注苗前 7 天投预防量,泰农 40 每吨饲料 1kg,磺胺二甲嘧啶每吨饲料 110 ~ 150g。

【治疗】

可选用青霉素、链霉素、氨苄西林、磺胺嘧啶钠等药物。

阳性母猪在产前2周开始喂给含有0.02%泰灭净的饲料，至仔猪28天龄离乳为止。仔猪出生后连续两天肌注20%泰灭净注射液，剂量为0.5ml/kg，每天1次，18天龄起又连续肌注3天，剂量为0.4ml/kg。从28天龄离乳之日起，仔猪连续8周（56天）喂饲含0.02%泰灭净的饲料。

第七节　猪梭菌性胃肠炎

猪梭菌性胃肠炎又称仔猪传染性坏死性肠炎，俗称仔猪红痢，是由C型产气荚膜梭菌所引起的1周龄仔猪高度致死性的肠毒血症。特征是出血性下痢、小肠后段的弥漫性出血或坏死性变化，病程短，病死率高。

一、病原

【分类属性】

主要是C型产气荚膜梭菌，A型、B型产气荚膜梭菌也可引起相类似的疾病。C型产气荚膜梭菌为革兰阳性、有荚膜、不运动的厌氧大肠杆菌。

【血清型】

根据产生毒素分为A、B、C、D、E 5个血清型，C型菌株主要产生α和β毒素。

【致病力】

α和β毒素引起仔猪肠毒血症、坏死性肠炎，致使感染仔猪迅速死亡。

【抵抗力】

一般消毒药均易杀死本菌繁殖体，但芽孢抵抗力较强，在90℃ 30min或100℃ 5min死亡，食物中毒型菌株的芽孢可耐煮沸1～3h。

二、流行病学

【易感性】

本病主要侵害1～3天龄初生仔猪。1周龄以上的仔猪很少发病。

【传染途径】

经消化道传染。

【流行特点】

在同一猪群内各窝仔猪的发病率相差很大，病死率一般为20%～70%，最高可达100%。病猪群的母猪肠道可随粪便排出体外，污染猪圈。本菌的芽孢对外界抵抗力很强，猪场一旦有此病发生，常持久地在猪场存在。

三、临床症状与病理变化

【最急性型】

仔猪出生后第1天发病，初生仔猪突然排血便，后躯沾满血样稀粪，病猪衰弱无力，1～2天死亡。

【急性型】

病猪排出含有灰色坏死组织碎片的红褐色液体粪便。表现日益消瘦，衰弱无力，于第3天死亡。亚急性型：病猪呈现持续的腹泻，病初排黄色软粪，其后变成液状，内含灰色坏死组织碎片，极度消瘦和脱水，5～7天死亡。

【慢性型】

病猪在一周以上时间呈现间歇性或持续性腹泻，粪便呈黄灰色，带黏液，会阴部和尾部附有粪痂，病猪逐渐消瘦，生长停滞（图4.2.7-1），几周后死亡。

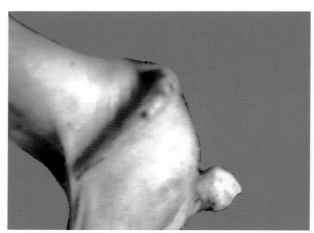

图4.2.7-1　猪梭菌性胃肠炎病猪

【病变】

主要在消化道，可见胃肠黏膜及黏膜下层有广泛性出血（图4.2.7-2和图4.2.7-3），胃黏膜弥漫性出血，肠内容物暗红色液状，肠系膜淋巴结深红色。稍长病例，以坏死性肠炎变化为主要特征（图4.2.7-4），可见黏膜表面附着灰黄色坏死性假膜，易剥离，肠内容物暗红色，坏死肠段浆膜下可见小米粒大数量不等的小气泡。心肌苍白、心外膜点状出血。肾灰白色，皮质部有小点状出血，膀胱黏膜也见有小点状出血。

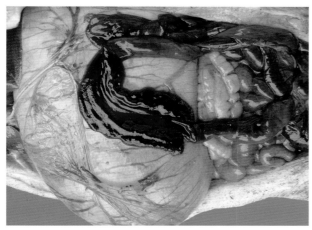

图 4.2.7-2　小肠外观血灌肠样

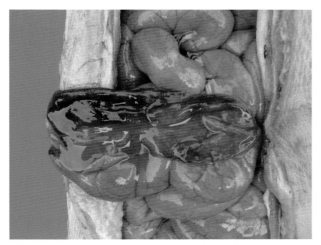

图 4.2.7-3　猪梭菌性胃肠炎：小肠出血性炎的病变

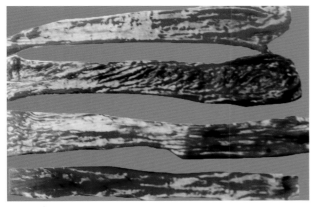

图 4.2.7-4　猪梭菌性胃肠炎病理变化：小肠各段出血性炎的病变

四、诊断

根据本病主要发生在 3 天龄以内仔猪，下痢为红色液体，病程短，死亡率高，病变肠段为深红色

或土黄色，界限分明，肠黏膜坏死，肠系膜和肠系膜淋巴结有小气泡形成等特点，一般可作出诊断。如有必要，送检做细菌学检查和毒素试验以进一步确诊。

五、防治

【免疫预防】

可用 C 型产气荚膜梭菌培养物制成的仔猪红痢菌苗，对第一和第二胎的怀孕母猪，各肌内注射本菌苗两次，第一次在分娩前 1 个月，第二次在分娩前半个月左右，剂量均为 5 ～ 10ml。前两胎已注射过菌苗的母猪，第三胎可在分娩前半个月左右注射 1 次菌苗，剂量为 3 ～ 5ml，即可产生足够的免疫力，使仔猪通过哺乳获得被动免疫。

【治疗】

1. 预防性保健投药　常发生本病的猪场，在仔猪未吃初乳前及其以后的 3 天内，投服阿莫西林或与链霉素并用，用量：预防 8 万单位 /kg 体重，起到一定的防治作用。可选用氨苄西林 70 ～ 90mg/头口服。

2. 治疗　阿莫西林或与链霉素 10 万单位 /kg 体重，每天 2 次，连服 3 天。

3. 补液疗法　5% 糖盐水 20ml 加 2.5% 恩诺沙星 20mg，腹腔或皮下注射有较好疗效。

第八节　猪大肠杆菌病

猪大肠杆菌病由于猪的生长期和病原菌血清型的差异，引起的疾病可分为以下 3 种。

一、仔猪黄痢

仔猪黄痢是出生后几小时到 1 周龄仔猪的一种急性高度致死性肠道传染病，以剧烈腹泻、排出黄色或黄白色水样粪便以及迅速脱水死亡为特征。传染源是带菌母猪。经消化道感染，带菌母猪由粪便排出病原菌，污染母猪的乳头和皮肤。仔猪吮乳或舐母猪皮肤时感染。

仔猪出生时体况正常，12 天后，一窝仔猪中突然有一二头表现全身衰弱（图 4.2.8-1），以后其他仔猪相继发生腹泻，粪便呈黄色浆状（图 4.2.8-2），含有凝乳小片。根据 5 天龄以内的初生仔猪大批发病，腹泻黄色稀粪，就可作出初步诊断。剖检为急性卡他性出血性胃肠炎的变化(图4.2.8-3~图4.2.8-5)。

图4.2.8-1 仔猪黄痢：发病仔猪全身衰弱脱水

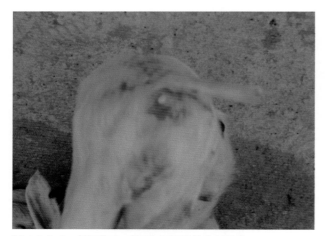

图4.2.8-2 仔猪黄痢：病猪肛门周围的黄色稀粪

图4.2.8-3 仔猪黄痢：病猪粪便呈黄色浆状

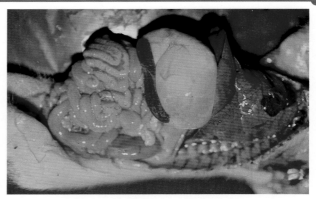

图4.2.8-4 胃积有凝固不良的乳块，肠管内充多量液体

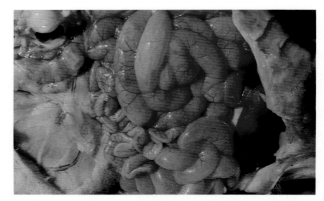

图4.2.8-5 仔猪黄痢：病猪结肠管扩张，内有黄色粥状内容物

二、仔猪白痢

仔猪白痢是10~30天龄仔猪多发的一种急性肠道传染病，病猪突然发生腹泻，排出浆状、糊状的粪便，灰白或黄白色（图4.2.8-6），具腥臭，体温和食欲无明显改变。病猪逐渐消瘦，发育迟缓，拱背，行动迟缓，皮毛粗糙无光、不洁，病程3~7日多数能自行康复。

图4.2.8-6 仔猪白痢临床症状：病猪的白色稀粪

三、猪水肿病

猪水肿病是断奶后不久仔猪多发的一种急性肠毒血症。体格健壮、生长快的仔猪最为常见。本病的特殊症状是脸部、眼睑水肿（图4.2.8-7），以突然发病，头部水肿，共济失调，惊厥和麻痹（图4.2.8-8）为特征。剖检为溶血性大肠杆菌急性肠内毒性中毒性休克病变，尸体营养良好（图4.2.8-9），头颈部皮下炎性水肿（图4.2.8-10 ~ 图4.2.8-12），淋巴结急性浆液性出血性炎性肿胀（图4.2.8-13 ~ 图4.2.8-15），腹腔（图4.2.8-16）有腹膜炎，肠所属淋巴结肿胀（图4.2.8-17），急性卡他性出血性胃肠炎（图4.2.8-18 ~ 图4.2.8-19）、胃壁（图4.2.8-20）和结肠系膜显著炎性水肿（图4.2.8-21）为特征。肺呈休克肺病变（图4.2.8-22 ~ 图4.2.8-23），心肌变性与出血（图4.2.8-24），肝与肾瘀血和营养不良（图4.2.8-25 ~ 图4.2.8-26)本病发病率不高,病死率很高(90%以上）。组织学肾有DIC（图4.2.8-27），出现神经症状的有非化脓性脑炎变化（图4.2.8-28 ~ 图4.2.8-30）。

图4.2.8-7　猪水肿病临床症状：眼睑水肿

图4.2.8-8　猪水肿病临床症状：病猪惊厥和麻痹

图4.2.8-9　猪水肿病病理变化：尸体营养良好

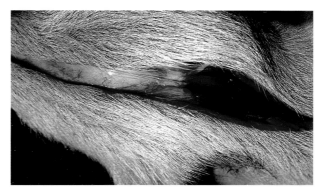

图4.2.8-10　猪水肿病头颈部皮下炎性水肿

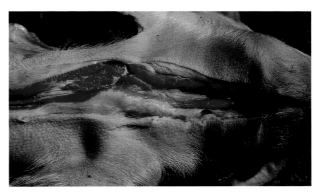

图4.2.8-11　猪水肿病病理变化：下颌部皮下炎性水肿

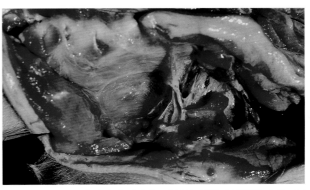

图4.2.8-12　猪水肿病病理变化：颈部与前肢皮下炎性水肿，呈黄色胶冻样浸润

图 4.2.8-13　猪水肿病病理变化：下颌淋巴结急性浆液性出血性炎性肿胀

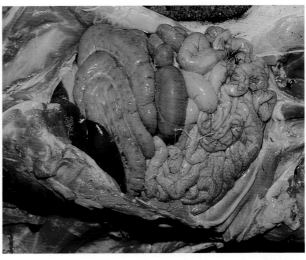

图 4.2.8-16　猪水肿病病理变化：腹腔剖开后，见有几束纤维蛋白，结肠散在多量红色斑点，小肠血管充血

图 4.2.8-14　猪水肿病病理变化：腹股沟淋巴结急性浆液性出血性炎性肿胀

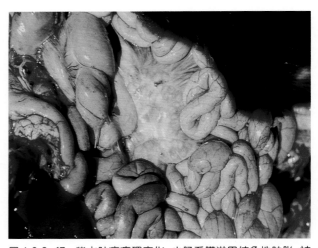

图 4.2.8-17　猪水肿病病理变化：小肠系膜淋巴结急性肿胀，被膜血管充血，小肠急性卡他性炎，浆膜血管充血，呈淡黄色米汤样

图 4.2.8-15　猪水肿病病理变化：纵隔前淋巴结急性浆液性出血性炎性肿胀

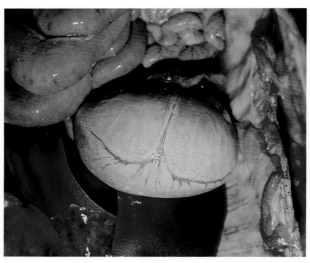

图 4.2.8-18　猪水肿病病理变化：胃外观肿胀，浆膜血管炎性充血

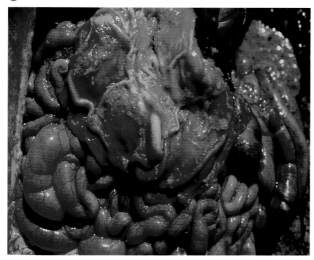

图 4.2.8-19　猪水肿病病理变化: 胃黏膜弥漫性炎性充血, 胃急性卡他性炎

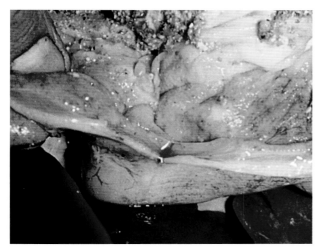

图 4.2.8-20　猪水肿病病理变化: 胃壁水肿, 小肠急性卡他性出血性炎

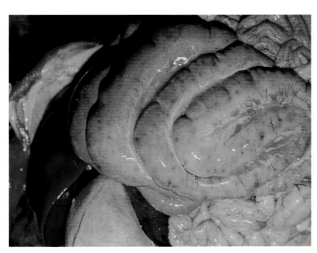

图 4.2.8-21　猪水肿病病理变化: 结肠系膜显著水肿, 大肠肠浆膜散在出血点, 急性卡他性出血性炎

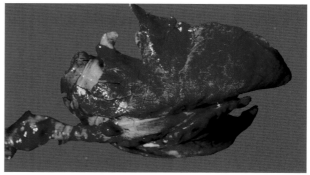

图 4.2.8-22　猪水肿病病理变化: 肺呈休克肺病变, 肺瘀血水肿, 小叶间增宽

图 4.2.8-23　猪水肿病病理变化: 肺门淋巴肿大充血

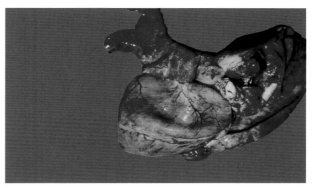

图 4.2.8-24　猪水肿病病理变化: 心肌变性与条纹状出血, 右心室扩张

图 4.2.8-25　猪水肿病病理变化: 肝瘀血与小肠浆膜散在出血点

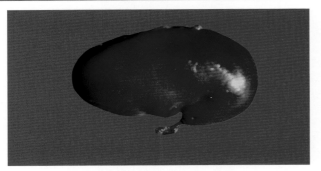

图 4.2.8-26　猪水肿病病理变化: 肾瘀血, 营养不良

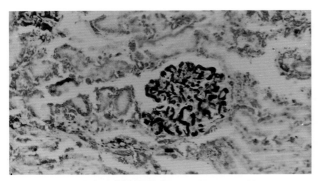

图 4.2.8-27　猪水肿病组织学: 肾 DIC (PTAH×40)

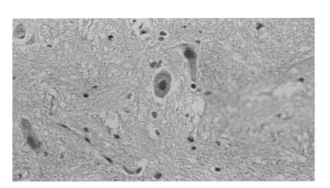

图 4.2.8-28　猪水肿病组织学: 脑水肿, 脑神经细胞固缩 (HE×40)

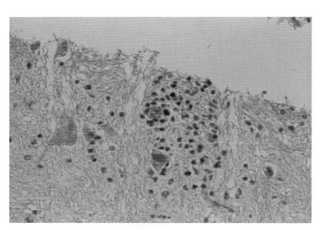

图 4.2.8-29　猪水肿病组织学: 脑膜血管充血, 周围有炎性细胞浸润, 神经细胞固缩 (HE×40)

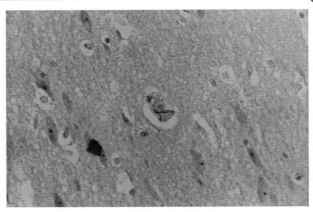

图 4.2.8-30　猪水肿病组织学: 脑天 ICPTAH×40

四、诊断与防治

根据发病猪的日龄, 断奶不久仔猪最易发, 特征的临床症状及病理变化, 一般可作出论断。确诊须由小肠内容物分离病原性大肠杆菌, 鉴定其血清型。改善母畜的饲料质量和搭配, 临产母畜进产房时淋浴消毒。接产时用 0.1% 高锰酸钾擦拭乳头和乳房, 并挤掉每个乳头中的乳汁少许。应使新生动物尽早吃上初乳。应用疫苗进行预防。大肠杆菌双价基因工程等菌苗, 动物微生态制剂如止痢宁、调痢生、抗痢宝及非致病性大肠杆菌 (如 NY-10 菌株、SY-30 菌株等) 制剂等在吃奶前投服, 都有较好的预防效果。治疗时, 应全窝给药, 最好两种药物同时应用。有条件的作药敏试验, 选用敏感药物。常用药有阿莫西林、氟哌酸、恩诺沙星、土霉素、新霉素、磺胺类药物等。

第九节　猪副伤寒

猪副伤寒即猪沙门菌病, 是由沙门菌属细菌引起仔猪的一种传染病。急性型表现为败血症, 亚急性和慢性型以顽固性腹泻和回肠及大肠发生固膜性肠炎为特征。

一、病原

【分类属性】

肠杆菌科沙门菌属。

【生物学基本特性】

革兰染色阴性。本菌需氧或兼性厌氧, 最适生长温度为 35 ~ 37℃, 最适 pH 值 6.8 ~ 7.8。

【抗原性】

沙门菌抗原分为菌体抗原（O抗原）、鞭毛抗原（H抗原）、表面抗原（K抗原，即荚膜或包膜抗原，又称为Vi抗原）和菌毛抗原四种。

【血清型】

引起猪沙门菌病的沙门菌血清型相当复杂。猪霍乱沙门菌是主要的病原菌，可引起败血性传染和肠炎。

【致病因子】

许多类型的沙门氏菌具有产生毒素的能力，尤其是肠炎沙门菌、鼠伤寒沙门菌和猪霍乱沙门菌。毒素有耐热能力，75℃经1h仍有毒力，可使人发生食物中毒。

【抵抗力】

本菌对干燥、腐败、日光等因素具有一定的抵抗力，在外界环境中可生存数周或数月。在60℃经1h，70℃经20min，75℃经5min死亡。对化学消毒剂的抵抗力不强，常用的消毒药均能将其杀死。

二、流行病学

【易感性】

人、各种畜禽及其他动物对沙门氏菌属中的许多血清型都有易感性，猪多发生于断奶后的仔猪。

【传染源】

病猪和带菌者,健康畜禽的带菌现象非常普遍,病菌可潜藏于消化道、淋巴组织和胆囊内。

【传播途径】

病菌污染饲料和饮水，经消化道感染健畜。

【流行季节】

一年四季均可发生。猪在多雨潮湿季节发病较多。

【传播方式】

水平传播。

【应激因素】

当外界不良因素使动物抵抗力降低时，病菌可变为活动化而发生内源感染。如环境污染、潮湿、猪舍拥挤、饲料和饮水供应不良、长途运输中气候恶劣、疲劳和饥饿、断奶过早等，均可促进本病的发生。

【流行特点】

一般呈散发性或地方性流行。

三、临床症状与病理变化

【潜伏期】

由两天至数周不等。

【共同症状】

临诊上较多见体温升高（40.5～41.5℃），精神不振，食欲减退，寒战，常堆叠一起，病初便秘后下痢，粪便淡黄色或灰绿色，恶臭。混有血液、坏死组织或纤维絮片，有时排几天干粪后又下痢，可以反复多次。由于下痢、失水，很快消瘦（图4.2.9-1），最后衰竭死亡，病死率25%～50%。

图4.2.9-1　猪副伤寒临床症状：病猪消瘦、耳部皮肤发绀

【急性型】

败血型多见于断奶前后的仔猪，临诊表现为体温升高41～42℃，精神不振，食欲废绝。后期间有下痢，呼吸困难，耳根、后躯及腹下部皮肤有紫红色斑点，有时出现症状后24h内死亡，但多数病程2～4天，病死率很高。

病死猪的头部、耳朵和腹部等处皮肤出现大面积蓝紫斑，各内脏器官具有一般败血症的共同变化，主要变化在消化道，胃黏膜严重瘀血和梗死而呈黑红色和浅表性糜烂。肠道通常有卡他性出血性纤维素性肠炎（图4.2.9-2～图4.2.9-6）。

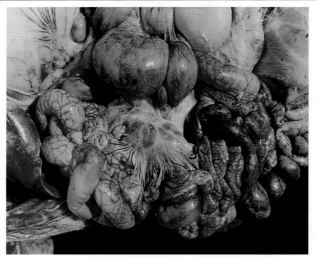

图 4.2.9-2 猪副伤寒急性型病理变化: 肠系膜淋巴结轻度肿大

图 4.2.9-3 猪副伤寒急性型病理变化: 结肠盲肠内有多量暗红色液体, 急性卡他性出血性肠炎

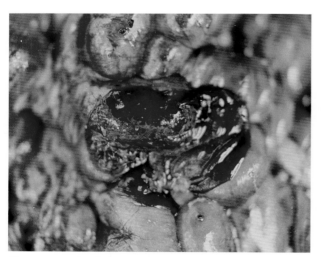

图 4.2.9-4 猪副伤寒急性型病理变化: 结肠肠黏膜急性出血性炎

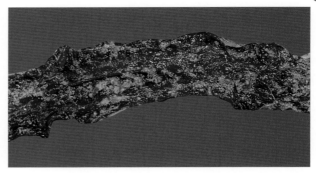

图 4.2.9-5 猪副伤寒急性型病理变化: 结肠急性出血性纤维素性肠炎

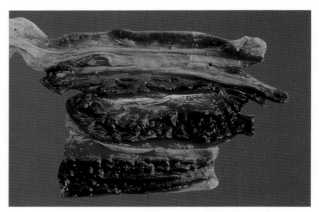

图 4.2.9-6 猪副伤寒急性型病理变化: 回肠后段急性出血性炎

【亚急性型与慢性型】

结肠炎型较多见。病变在大肠各段发生固膜性炎症, 病变是坏死肠黏膜凝结为糠麸样的假膜 (图 4.2.9-7 ~ 图 4.2.9-9), 肠系膜淋巴结明显增大, 有时增大几倍, 切面呈灰白色脑髓样 (图 4.2.9-10)。扁桃体隐窝内充满黄灰色坏死物 (图 4.2.9-11)。胆囊肿大壁增厚, 其黏膜溃疡与坏死 (图 4.2.9-12)。肝肿大, 有结节性小坏死灶 (图 4.2.9-13), 组织学肝出现细胞结节 (图 4.2.9-14)。

图 4.2.9-7 猪副伤寒亚急性型病理变化: 大肠黏膜炎性充血, 渗出的纤维蛋白与脱落上皮细胞凝结为糠麸样伪膜

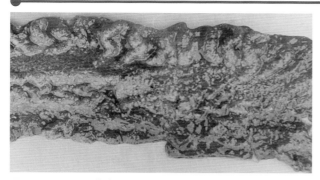

图 4.2.9-8 猪副伤寒亚急性型病理变化:大肠黏膜充血已消退,坏死肠黏膜凝结为糠麸样伪膜

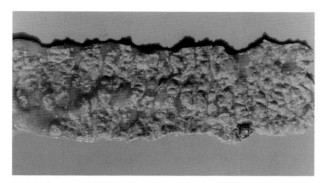

图 4.2.9-9 猪副伤寒慢性型病理变化:大肠黏膜充血全部消退,坏死肠黏膜凝结为糠麸样伪膜

图 4.2.9-10 猪副伤寒慢性型病理变化肠系膜淋巴结呈索样肿,切面灰白色

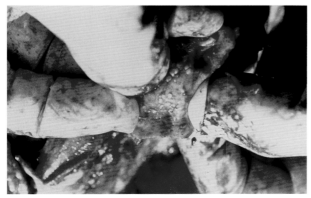

图 4.2.9-11 猪副伤寒慢性型病理变化:扁桃体隐窝内充满黄灰色坏死物

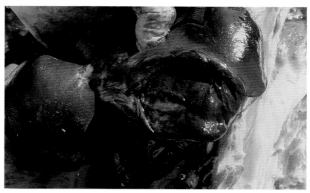

图 4.2.9-12 猪副伤寒慢性型病理变化:胆囊肿大壁增厚,其黏膜溃疡与坏死

图 4.2.9-13 猪副伤寒慢性型病理变化:肝肿大,有几个小坏死灶

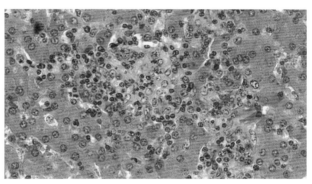

图 4.2.9-14 猪副伤寒组织学:肝结节(HE×20)

四、诊断

依据流行病学,临诊症状,病理变化,可作出初步诊断。1 ~ 4 月龄的仔猪多发,病猪表现慢性下痢,生长发育不良;剖检可见大肠发生弥漫性纤维素性坏死性肠炎变化,肝、脾及淋巴结有小坏死灶或灰白色结节。

五、防治

【预防原则】

加强饲养管理,消除发病诱因。当发现本病时,立即进行隔离、消毒。死病畜应严格执行无害化处理,以防止病菌散播和人的食物中毒。

【免疫预防】

常发生本病的猪群可考虑注射猪副伤寒菌苗，断奶前15天进行免疫。在本病常发猪场或地区，在断奶前仔猪用仔猪副伤寒冻干弱毒菌苗预防，用20%氢氧化铝稀释，肌内注射1ml，免疫期9个月。口服时，按瓶签说明，服前用冷开水稀释成每头分5～10ml，掺入料中喂服，半个月内禁用抗菌类药物。

【药物保健】

采用添加抗生素饲料，如土霉素添加剂，有防病和促进仔猪生长发育作用。但要注意耐药菌株的出现。

【发病后的技术措施】

1. 隔离病猪，及时治疗　常用抗生素药物有土霉素、卡那霉素、新霉素等。剂量为土霉素每日50～100mg/kg体重，新霉素每日5～15mg/kg体重，分2～3次口服，连用3～5天后，剂量减半，继续用药4～7天。磺胺类疗法：磺胺甲基异噁唑（SMZ）或磺胺嘧啶（SD）20～40mg/kg体重，加甲氧苄氨嘧啶（TMP）2～4mg/kg体重，混合后分2次口服，连用1周。或用复方新诺明（SMZ-TMP）70mg/kg体重，首次加倍，连用3～7天。无论采用何法，都必须坚持改善饲养管理及卫生条件相结合，才能收到满意效果。

2. 圈舍要定期清扫、消毒　特别是饲槽要经常刷洗干净。粪便堆积发酵后利用。

3. 药物预防　根据当时疫情的具体情况，必要时，对假定健康猪可在饲料中加入抗生素饲料进行预防。

4. 死猪处理　死猪应深埋，切不可食用，防止人发生中毒事故。治疗应与改善饲养管理同时进行，用药时剂量要足，维持时间宜长。

第十节　猪增生性肠炎

猪增生性肠炎是以回肠至盲肠的黏膜呈现腺瘤样增生为主要特征的肠道疾病，俗称猪回肠炎、猪增生性肠道病、猪肠腺瘤样病等，是由专性胞内劳森氏菌引起猪的接触性传染病，以回肠和结肠隐窝内未成熟的肠细胞发生根瘤样增生为特征。目前，在世界各地呈地方性流行，在现代集约化生产条件下，本病的发生有上升趋势，虽然死亡率不高，但严重影响猪的生长。

一、病原

胞内劳森氏菌，其分类地位尚未定论，专性细胞内寄生，多呈弯曲形、豆点形，革兰氏染色阴性，抗酸染色阳性。

二、流行病学

1. 易感性　除猪易感外，仓鼠、大鼠、兔、雪貂、狐、马、鹿、鸵鸟等亦可感染，均表现为肠炎及感染部位肠道的肠壁增厚。育成猪最易感染，2月龄以内和1周岁以上的猪不易发病。在疫场的猪群中，母源抗体的效价在3周龄时仍然较高，6周龄以后即无特异抵抗力，6～16周龄生长育肥猪最易感，发病率为5%～25%，偶尔高达40%，病死率一般为1%～10%，有时达40%～50%。

2. 传染源　病猪和带菌猪。

3. 传播途径　粪便污染饲料、饮水经口腔传染。

4. 应激因素　如并群、运输、拥挤、气温骤变以及抗生素类添加剂使用不当等因素，对本病的暴发和流行起着重要的作用。

5 流行情况　据澳大利亚和美国的调查研究，在屠宰时有30%～40%的猪有病变。据报道，在受感染的农场，易感猪的感染率可达12%～50%。

三、临床症状

人工发病时潜伏期2～3周。在不同年龄以及不同饲养条件下，猪的潜伏期和临床症状有一定的差异。

1. 急性型　急性出血性猪增生性肠炎，4～12月龄的青年成长猪多发，表现为急性出血性贫血、严重腹泻，排出黑色柏油状稀粪便，而有的动物没有出现粪便异常即发生死亡，仅表现为苍白，精神萎靡不振，喜卧扎堆，有半数感染动物最终会死亡，有的突然死亡。其余动物逐渐恢复健康，不表现明显的体重下降。怀孕动物在出现临床症状后6天内，多数会发生流产现象。

2. 慢性型　慢性猪增生性肠炎最常见为6～20周龄猪，表现为瘦小，精神沉郁，食欲减退或废绝。粪便变软、变稀，有的腹泻或间歇性下痢，粪便颜色较深，有的混有血液或呈焦油状粪便。病猪饲料转化率降低，消瘦，弓背弯腰，站立不稳，生长停滞、体重下降，病程长的可达一年。有的猪表现为一定程度的贫血，营养状况不良（图4.2.10-1）。

图4.2.10-1　猪增生性肠炎临床症状：生长停滞，体重下降，消瘦

四、病理变化

尸体剖检发现病猪回肠、盲肠及结肠壁变厚，有坏死性结肠炎以及肠系膜淋巴结及体表腹股沟淋巴结肿大等症状。

1. 慢性猪增生性肠炎病变部位　主要见于小肠后部、结肠前部和盲肠，最常见于邻近回盲瓣的末端回肠。病变位于小肠末端50cm处以及邻近结肠上1/3处。

2. 肠管外观形态　肠管增粗，直径增加，似胶管硬化状（图4.2.10-2），横切后见病变部肠壁增厚明显，肠壁呈现不同程度的增生变化。黏膜肥厚，表面湿润但无黏液，呈脑回样皱褶。

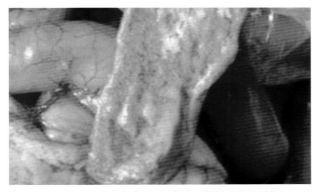

图4.2.10-2　猪增生性肠炎：回肠黏膜呈颗粒状炎性肿胀

3. 坏死性肠炎　一些炎性渗出物形成灰黄色干酪样物，紧密地与下层组织相连，牢固地附着在肠壁上（图4.2.10-3～图4.2.10-4）。

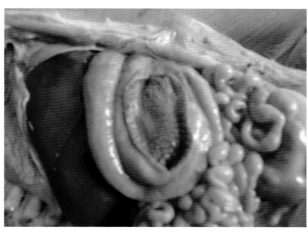

图4.2.10-3　猪增生性肠炎：结肠壁明显变厚

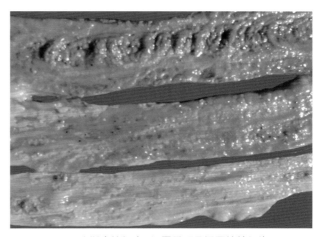

图4.2.10-4　猪增生性肠炎：切开后可见坏死性结肠炎

五、诊断

1. 一般诊断　本病根据流行病学、临床症状和病理变化可作出初步确诊。在生产第一线，有经验的肉眼判断，均有相当的可靠性，可根据临床症状和剖检变化作出初步诊断来指导生产。

2. 实验室诊断　本菌难于人工培养，常规方法不适于活体检查。确诊需依靠更加灵敏特异的病原检测方法，如免疫组化法、免疫荧光法、核酸探针杂交法及PCR法等。

3. 鉴别诊断　猪增生性肠炎很容易与其他疾病相混淆，特别应注意与猪沙门氏菌病、猪螺旋体病、猪痢疾等其他肠道疾病的鉴别诊断。因此，在对病猪进行诊疗时，应根据发病猪的年龄和种类采用不同的检查方法和治疗方法。

六、防治

【预防原则】

预防本病发生是杜绝本病的传入，切断传播途径，坚持对猪群隔离饲养，实行全进全出和早期断奶隔离方式饲养。搞好猪舍清洁卫生和消毒工作。

【药物预防性保健】

各猪场可根据实际发病情况，采用间歇给药方法。目前常用的药物有硫黏菌素、红霉素、青霉素、泰妙菌素、泰农（Tylan）等。另外，也可采用添加剂的方法防制本病，如选用泰农（或泰妙菌素）按110g/t饲料的剂量添加，连用21天。林可霉素在饲料中添加21g/t及大观霉素添加42g/t，连用7～14天等。硫黏霉素120mg/kg，泰乐菌素100mg/kg，林可霉素110mg/kg或金霉素（或土霉素）400mg/kg，连续用药2～3周。可将药物溶于水中或预混到饲料中口服，均可有效防制本病。

【免疫预防】

国外已研制出猪增生性肠炎疫苗，我国已经进口使用。疫苗接种3周龄或以上的猪，有较好免疫效果。

【治疗】

目前林可霉素＋大观霉素、头孢噻呋钠、硫黏菌素、泰妙菌素和泰农等均有一定治疗效果，可以选择使用。

第十一节　猪痢疾

猪痢疾又称血痢、黑痢、黏液出血性下痢等，是由猪痢疾密螺旋体引起的以消瘦、腹泻、黏液性或黏液出血性下痢为特征的一种肠道传染病。

一、病原

【分类属性】

病原体为猪痢疾蛇形螺旋体，蛇形螺旋体属成员。

【生物学基本特性】

$(0.3～0.4)$μm×$(7～9)$μm。本菌呈较缓的螺旋形状，多为2～4个弯曲，形如双雁翅状，用相差或暗视野显微镜检查，可见活泼的屈曲和旋转的蛇状运动。

【血清型】

有8个。

【抵抗力】

猪痢疾蛇形螺旋体对外界环境抵抗力较强，在密闭猪舍粪尿沟中可存活30天，在粪中5℃时存活61天，25℃时7天，37℃时很快死亡。在土壤中4℃时存活102天，粪堆中3天，在潮湿污秽环境和堆肥中可生存7个月或更长。在沼泽或污水池中，可以生长繁殖而长期存在。一般80℃存活10年以上。对一般的消毒药敏感，如过氧乙酸、克辽林、来苏尔，1%苛性钠溶液在2～30min均死亡。对热、氧、干燥也敏感。

二、流行病学

【易感性】

不同年龄、品种的猪均有易感性，以1.5～4个月龄最为常见，哺乳仔猪发病较少。仅猪感染，其他动物未见发生。

【传染源】

主要是病猪和带菌猪。康复猪的带菌率很高，带菌时间可达数月。病猪和康复猪经常随粪便排出大量病菌，污染饲料、饮水、猪圈、饲槽、用具、周围环境及母猪躯体。

【传播途径】

主要为消化道，其他传染途径尚未证实。

【流行季节】　发病季节不明显，四季均有发生，但4～5月和9～10月发病较多。

【流行特点】

流行缓慢，持续期长，最初在一部分猪中发病，继则同群猪陆续发病。断奶后的发病率常为90%，死亡率在50%左右。

三、临床症状与病理变化

急性病猪以血性下痢为主要症状，粪便中含有血液和血凝块（图4.2.11-1～图4.2.11-2）、咖啡色或黑红色的脱落黏膜组织碎片。迅速消瘦，有的死亡，有的转为亚急性和慢性型。病变主要是大肠的卡他性或出血性肠炎，结肠及盲肠黏膜肿胀（图4.2.11-3～图4.2.11-4），皱褶明显（图4.2.11-5），上附黏液，黏膜有出血，混有黏液及血液而呈酱色或巧克力色（图4.2.11-6）。组织学结肠为出血性坏死性炎症（图4.2.11-7），用直肠黏膜涂片瑞氏染色可检出猪痢疾密螺旋体（图4.2.11-8）。

图 4.2.11-1　猪痢疾临床症状：病猪消瘦、下痢、便血

图 4.2.11-2　猪痢疾：粪便中可见有血便

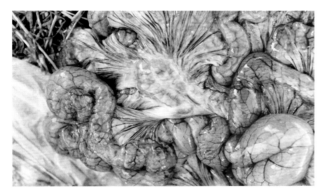

图 4.2.11-3　猪痢疾：肠系膜淋巴结肿胀

图 4.2.11-4　猪痢疾病理变化：结肠黏膜暗红色，肠管中有血凝块

图 4.2.11-5　猪痢疾病理变化：结肠及盲肠黏膜皱褶明显呈卡他性炎变化

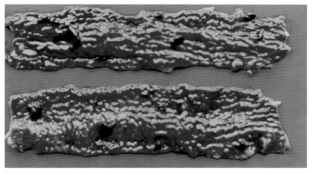

图 4.2.11-6　猪痢疾病理变化：结肠黏膜肿胀，呈脑回样弥散性暗红色附有散在的出血凝块

图 4.2.11-7　猪痢疾组织学：大肠黏膜绒毛脱落坏死，黏膜中腺管间充血、出血，与炎性细胞浸润（HE×20）

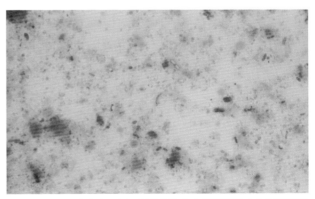

图 4.2.11-8　猪痢疾：直肠黏膜涂片中心部可见猪痢疾密螺旋体（瑞氏染色 ×100　HE×20）

四、诊断

本病发生无季节性，流行比较缓慢，初以急性病例为主，3周后以慢性为主。各种年龄的猪都可发病，但以2～3月龄仔猪发病多，死亡率高。临诊上体温基本正常，以血性下痢为主要症状。剖检时，急性病例为大肠黏膜性和出血性炎症，慢性病例为坏死性大肠炎。其他脏器常无明显变化，据上可作出初步诊断，确诊尚需进行细菌学检查。

鉴别诊断，应与仔猪副伤寒，仔猪白痢、黄痢、红痢及猪传染性胃肠炎等进行鉴别。还应注意和肠炭疽、鞭虫病、沙门菌病、猪肠腺瘤、肠道溃疡、霉菌性中毒等疾病区别。

五、防治

【预防原则】

禁止从疫区引进种猪，外地引进的带菌猪必须隔离观察1个月以上。在无本病的地区或猪场，一旦发现本病，最好全群淘汰，对猪场彻底清扫和消毒，并空圈2～3个月，粪便用1%的火碱消毒，堆积处理，猪舍用1%来苏尔消毒。1：800稀释臭药水可有效地消除环境中的病原。

【预防投药】

应用0.5%痢菌净肌内注射，每千克体重2～5mg。一般仔猪注射5ml，壳郎猪注射10ml，育肥猪注射20ml，每天注两次，连注2～3天。应用少剂量的"血痢净"（内主要含痢菌净），每千克干饲料加药物1g，混合连服30天，奶猪灌服0.5%痢菌净溶液，每千克体重0.25ml，每天1次，可有效消除猪体内的Ｔh。

【治疗】

发病猪群可用庆大霉素每日按2000单位/kg，肌注，一天2次；连用5天后应用预防药物。对发病群同栏无症状可疑病猪可用预防药物：①硫酸新霉素每日按0.1g/kg体重口服，②三甲氧苄氨嘧啶（TMP）每日按0.02g/kg体重口服。将上述两种药物压碎混于饲料内喂给，5天为一个疗程，共用两个疗程。对假定健康群可用：①痢菌净每日按5mg/kg混于饲料内喂服。其疗程为5天，用2个疗程可交替使用。

应用白石汤防治猪痢疾。处方：白矾1g，白头翁15g，石榴皮10g，此为1头25～35kg体重病猪

的日用量。用法：先把白头翁、石榴皮加水适量煎到完全出味，将药液滤于盆中，加入白矾使之溶解。然后分2次拌入少量饲料中喂给或直接灌服。每天1剂。连服3～5天，预防量减半，每天1次，连服3天。

第十二节　李氏杆菌病

李氏杆菌病是由单核细胞增多性李氏杆菌引起畜、禽、啮齿动物和人的一种散发性传染病。家畜和人患后主要表现为脑膜炎、败血症和妊畜流产；家禽和啮齿动物则表现为坏死性肝炎和心肌炎。此外，还能引起单核细胞的增多。

一、病原

单核细胞增多性李氏杆菌是李氏杆菌病最常见的病原菌，为革兰阳性菌。本菌的菌体抗原及鞭毛抗原不同，可将其分为7个血清型和12个亚型，抗原结构与毒力无关。

本菌的生存力较强，可在低温下生长，一般消毒药可使之灭活，2.5%石炭酸，70%的酒精5min，2.5%氢氧化钠、2.5%甲醛20min可杀死此菌。对链霉素、四环素和磺胺类药物敏感。

二、流行病学

1易感性　本菌可使多种畜、禽致病，引起神经症状，人也可以感染发病。

2传染源　患病动物和带菌动物是本病的传染源。

3传播途径　主要经消化道感染，也可能通过呼吸道、眼结膜及受损伤的皮肤感染。污染的饲料和饮水可能是主要的传播媒介，吸血昆虫也起着媒介的作用。

4流行特点　散发性，偶尔呈暴发流行，病死率很高。各种年龄猪都可感染发病，以幼龄较易感染，发病较急，妊娠母猪也较易感染。主要发生于冬季或早春。天气骤变，有内寄生虫或沙门菌感染时均可为本病发生的诱因。

三、临床症状与病理变化

败血型：多发生于仔猪，表现体温升高，精神沉郁，食欲减少或废绝，口渴；有的表现全身衰弱、僵硬、咳嗽、腹泻、皮疹、呼吸困难、耳部和腹部

皮肤发绀，病程 1 ～ 3 天，病死率高，妊娠母猪常发生流产。

脑膜脑炎型：多发生于断奶后的猪，表现初期兴奋，共济失调，步态不稳，肌肉震颤，无目的地乱跑，在圈舍内转圈跳动，有的头颈后仰，两前肢或四肢张开呈典型的观星姿势（图4.2.12-1），病程 1 ～ 3 日，长的可达 4 ～ 9 天。剖检可见脑膜和脑实质充血、发炎和水肿（图4.2.12-2），脑髓液增量，稍显浑浊。脑干，特别是脑桥、延髓和脊髓变软，有小的化脓灶。镜检见脑软膜、脑干后部，特别是脑桥、延髓和脊髓的血管充血，血管周围有以单核细胞为主的细胞浸润（图4.2.12-3）。

混合型：多发生于哺乳仔猪，常突然发病，病初体温高达 41 ～ 42℃，吮乳减少或不吃，粪干尿少，中、后期体温降到常温或常温以下。多数病猪表现脑膜脑炎症状。

图 4.2.12-1　李氏杆菌病临床症状：四肢张开呈观星姿势

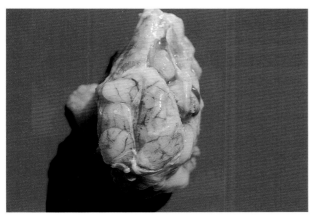

图 4.2.12-2　李氏杆菌病病理变化：脑膜和脑实质充血与水肿

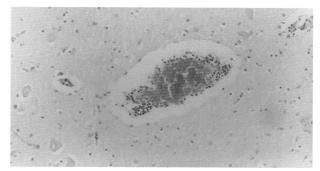

图 4.2.12-3　李氏杆菌病病理变化：脑血管周围有以单核细胞为主的细胞浸润

四、诊断

根据临床症状、病理变化和细菌学检查即可作出初步诊断。有脑膜脑炎的神经症状，血液中单核细胞增多，母猪流产，剖检见脑及脑膜充血、水肿，肝有小坏死灶，脑组织切片可见有以单核细胞浸润为主的血管套和微细的化脓灶等病变，可作初步诊断。确诊需作菌体分离培养和动物接种试验。

鉴别诊断时，应注意与猪伪狂犬病、猪传染性脑脊髓炎等进行鉴别。

五、防治

治疗以链霉素较好，但易引起耐药性。大剂量的抗生素或磺胺类药物可取得一定疗效，氨苄西林加庆大霉素效果较好。

第十三节　衣原体病

猪衣原体病又称鹦鹉热或鸟疫，是由鹦鹉热衣原体引起的一种接触性传染病。可引起肺炎、肠炎、胸膜炎、心包炎、关节炎、睾丸炎和子宫感染等多种病型，后两种感染常导致流产。常因菌株毒力、猪性别、年龄、生理状况和环境因素的变化而出现不同的征候群。

一、病原

【分类属性】

衣原体科衣原体属的微生物。衣原体是一种介于细菌和病毒之间，类似于立克次体的一类微生物。

【生物学基本特性】

革兰染色阴性。鹦鹉热衣原体目前认为衣原体属有 3 个种，即沙眼衣原体、鹦鹉热衣原体和肺炎衣原体。

【抵抗力】

鹦鹉热亲衣原体在 100℃ 15min、70℃ 5min、56℃ 25min、37℃ 7 天、室温下 10 天失活，紫外线对衣原体有很强的杀灭作用。2% 的来苏尔、2% 的苛性钠或苛性钾、1% 盐酸及 75% 酒精溶液可用于衣原体消毒。猪衣原体对四环素族抗生素、红霉素、夹竹桃霉素、氯霉素及螺旋霉素敏感。对庆大霉素、卡那霉素、新霉素、链霉素（均为 1000μg/胚）和磺胺嘧啶钠（1mg/胚）均不敏感，都不能阻止其在鸡胚中的生长和对鸡胚的致死作用。

二、流行病学

【易感性】

不同品种及年龄结构的猪群都可感染，但以妊娠母猪和幼龄仔猪最易感。其他动物也有易感性。

【传染源】

主要是病猪及隐性带菌猪，几乎所有的鸟粪都可能携带该菌。有些哺乳动物，如绵羊、牛和啮齿类动物都可受到感染，这些动物都可能成为猪感染衣原体的疫源。

【传播途径】

病原体可由粪便、尿、乳汁、流产胎儿、胎衣和羊水排出，污染水源和饲料等，经消化道感染猪；亦可由飞沫或污染的尘埃经呼吸道感染。交配也能传播感染，母猪感染后引起流产、死胎或产下弱仔猪。厩蝇、蜱可起传播媒介作用。

【流行特点】

常呈地方性流行，不安全场引入健康敏感猪或安全场输入病猪后常暴发本病，康复猪长期带菌。在饲养密度高的集约化猪场感染率更高，本病多表现持续的潜伏性感染。李英才等（1990）、易奇珍等（1994）对一些常发生流产和死产的养猪场进行了血清学调查，发现其衣原体抗体阳性率高达 30% 以上。

三、临床症状与病理变化

【潜伏期】

自然感染的为 3 ~ 15 天，有的长达 1 年。实验感染为 6 天 ~ 6 个月。

【共同症状】

鹦鹉热衣原体引起怀孕母猪早产、死胎、流产胎儿皮肤的出血斑点（图 4.2.13-1 ~ 图 4.2.13-3）、

胎衣不下、不孕症及产下弱仔（图 4.2.13-4）或木乃伊胎儿。初产母猪发病率可高达 40% ~ 90%，流产多在临产前几星期发生。流产前无任何表现，体温正常，很少拒食或产后有不良病症。产出仔猪有部分或全部死亡。活仔体弱，初生重量小（450 ~ 700g），拱奶无力，多数在生后数小时至 1 ~ 2 日死亡，死亡率有时高达 70%。公猪生殖系统感染后，出现睾丸炎、附睾炎、尿道炎、龟头包皮炎及附属腺体的炎症。

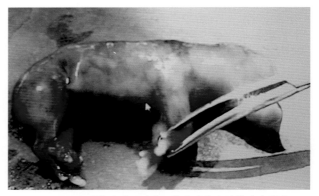

图 4.2.13-1　衣原体病病理变化：流产胎儿皮肤的出血斑点

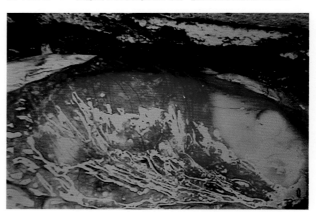

图 4.2.13-2　衣原体病病理变化：流产胎儿胎衣的弥漫性出血斑点

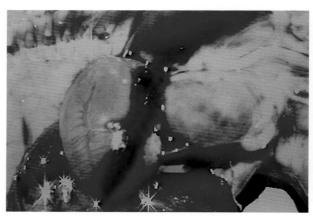

图 4.2.13-3　衣原体病理变化：流产胎儿心脾出血

图 4.2.13-4　衣原体病临床症状：产下弱仔

【流产型】

母猪子宫内膜出血、水肿，并伴有坏死灶（图 4.2.13-5）。流产或早产胎儿（图 4.2.13-6 ～图 4.2.13-7）和死亡的新生仔猪的头、胸及肩胛等部皮肤与皮下结缔组织水肿（图 4.2.13-8 和图 4.2.13-9），有的有凝胶样浸润。心脏（图 4.2.13-10）和脾脏常有出血，肺常有瘀血水肿（图 4.2.13-11）与卡他性炎症。肾充血及点状出血、肝充血（图 4.2.13-12）。

【支气管炎肺炎型】

肺水肿，表面有大量的小出血点和出血斑，肺门周围有分散的小黑红色斑，尖叶和心叶呈灰色，变得坚实和僵硬，肺泡膨胀不全，并含有大量渗出液，纵隔淋巴结水肿和膨胀，细支气管有大量出血点，有时出现坏死区，坏死区有化脓样物质。

【肠炎型】

多出现于流产胎儿和死亡的新生仔猪，胃肠道有急性局灶性卡他及回肠的出血性变化。肠黏膜发炎而潮红，小肠和结肠浆膜面有灰白色浆液性纤维素性覆盖物，小肠淋巴结肿胀，脾脏有出血点，轻度肿大，肝质脆，表面有灰白色斑点。

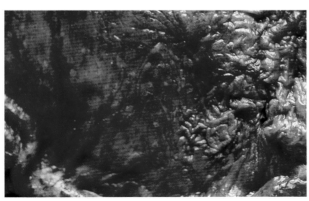

图 4.2.13-5　衣原体病病理变化：母猪子宫内膜出血、水肿

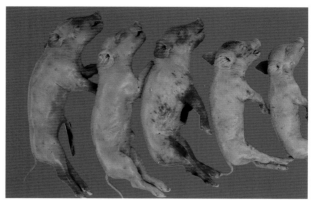

图 4.2.13-6　衣原体病病理变化：早产死胎儿

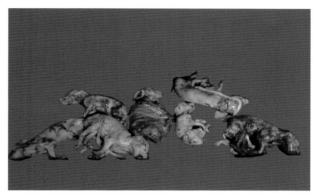

图 4.2.13-7　衣原体病临床症状：产下死胎、弱仔

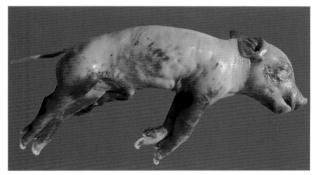

图 4.2.13-8　衣原体病病理变化：早产死胎皮肤出血

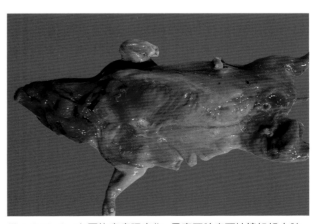

图 4.2.13-9　衣原体病病理变化：早产死胎皮下结缔组织水肿

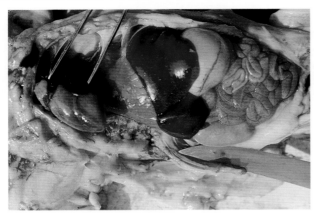

图 4.2.13-10　衣原体病病理变化：早产死胎心脏出血

图 4.2.13-11　衣原体病病理变化：早产死胎肺常有瘀血水肿

图 4.2.13-12　衣原体病病理变化：早产死胎肝、肾充血及点状出血

四、诊断

可根据该病的流行病学、临床特点和病理变化等作出初步诊断，确诊需作实验室检查。可进行病原体分离培养、血清学试验等进行确诊，血清学方法最常用的是补体结合反应。也可进行血清中和试验、毒素中和试验和空斑减数试验。另外，间接血凝试验、免疫荧光试验、ELISA 等近年来已用于本病的诊断。

五、防治

【预防原则】

（1）引进种猪时须严格检疫（包括临床及血清学检查）。

（2）将病猪隔离治疗，对猪舍、产房严格消毒。及时清除流产胎猪、死胎、胎膜及其他病料，深埋或火化。

（3）猪群进行定期观察，随时淘汰疑似病猪及血清学阳性猪，培育健康猪群。

（4）实行人工授精，或公猪在配种、采精前一个月，母猪在配种前及怀孕后期投给四环素。

【免疫预防】

应用疫苗进行预防。中国农业科学院兰州兽医研究所研制成功了猪衣原体性流产灭活苗。

【治疗】

四环素为治疗首选药物，也可用金霉素、土霉素、阿莫西林、红霉素、螺旋霉素等。公猪、母猪配种前 1～2 周及产前 2～3 周随饲料给予四环素类制剂，按 0.02%～0.04% 的比例混于饲料中，连用 1～2 周。也可注射缓释型制剂，可提高受胎率，增加活仔数及降低新生仔猪的病死率。

给新生仔猪肌内注射 1% 土霉素，1ml/ 体重，连用 5 天，每日 1 次。从 10 天龄开始随饲料投予四环素类药物，1g/10kg 体重，直到体重达到 25kg 为止。仔猪断奶或患病时，注射含 5% 葡萄糖的 5% 土霉素溶液，1ml/5kg 体重，连用 5 天。

第十四节　支原体肺炎

支原体肺炎（气喘病）是由猪肺炎支原体引起的呼吸道接触性传染病，也称猪地方流行性肺炎或猪支原体性肺炎。特征为咳嗽和气喘。病变一般只限于肺，而以心叶及尖叶最为常见。本病发病率高，遍布全球，在猪的呼吸道疾病中，猪支原体肺炎已成为养猪生产中的主要问题之一。在呼吸系统疾病中具有重要的流行病学意义，是当前呼吸综合征的主要的原发因素的基础疾病，可以认为没有本病的猪场一般不会发生呼吸综合征。对养猪发展带来严重危害，造成养猪业巨大的经济损失。

一、病原

【分类属性】

病原体为猪肺炎支原体。

【生物学基本特性】

是多形态微生物，呈球状、环状、两极形等，大小为 110 ～ 225nm。猪肺炎霉形体能在细胞培养基上生长。

【抵抗力】

该病原对外界抵抗力低，在外界环境中存活不超过 36 小时，病肺悬液在 15 ～ 25℃ 36h 失去致病力。病肺在 1 ～ 4℃存活 7 天，－ 15℃保存 45 天。常用消毒药可杀死病原体。

二、流行病学

【易感性】

自然病例只有猪和野猪，其他动物不发病。

【传染源】

病猪和隐性病猪是本病的传染源。

【传播途径】

感染的途径是呼吸道，病猪和隐性带菌猪咳嗽、喷嚏时，随飞沫及分泌物排出大量病原，与其接触的健康猪吸入而受到感染。

【传播方式】

具有专一性，只有通过呼吸道途径传播方式才能成功感染发病。

【流行特点】

该病初次流行多为暴发。多数因引种，又没隔离观察，而直接与健康猪混群。怀孕后期母猪常急性发作，多为重症。急性期后转为慢性。

【重视流行病学意义】

猪场一旦发生本病，病猪症状消失后，可长期带有病原体。猪群中病猪缠绵不断，很难消除。一年四季均可发生，饲养管理和卫生条件对本病的发生和流行有重要影响。条件好时，病势缓和，有利于病猪康复；否则病情加重，并可引起继发感染，发生呼吸道综合征，病程延长，死亡率增加。

三、临床症状与病理变化

【潜伏期】

为 4 ～ 12 天。

【症状】

本病的主要临诊症状为咳嗽与喘气（图 4.2.14-1）。首次传入本病时，病猪和隐性带菌猪咳嗽、喷嚏时排出大量病原，健康猪吸入而受到感染，可长期带有病原体。急性型后转为较常见的慢性型，病猪表现咳嗽，特别是早晨活动后和喂食时，发生连续咳嗽，随着病情的发展恶化而出现明显的腹式呼吸困难，常继发感染巴氏杆菌，衰竭而死亡。种猪群一旦感染本病，病猪缠绵不断，很难消除。

【病变】

由肺的心叶开始，逐渐扩展到间叶、中间叶和隔叶下部，病变呈对称性与健康组织界限明显，外观似肉样（图 4.2.14-2）、胰样（图 4.2.14-3），切面组织致密，从小支气管挤压出灰白色、浑浊黏稠的液体，支气管淋巴结和纵隔淋巴结肿大十几倍，切面灰白色（图 4.2.14-4），组织学观察，小血管和细支气管周围有淋巴细胞增生，呈管套样。

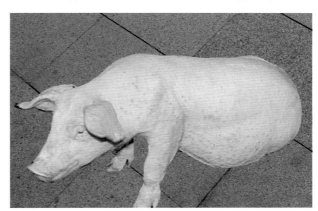

图 4.2.14-1　猪支原体肺炎临床症状：病猪明显的腹式呼吸，似犬坐而缓解呼吸困难

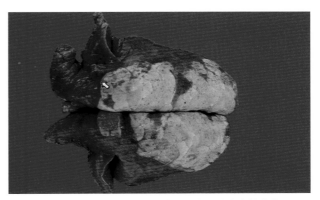

图 4.2.14-2　猪支原体肺炎病理变化：肺对称性肉样病变

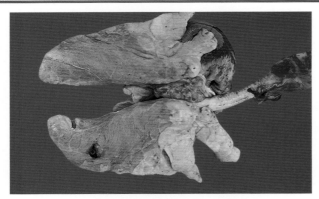

图 4.2.14-3　猪支原体肺炎病理变化：肺对称性胰样病变

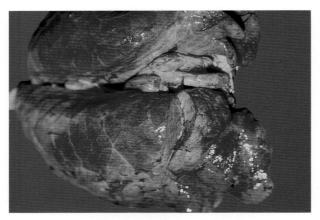

图 4.2.14-4　猪支原体肺炎病理变化：肺门淋巴结肿大十几倍

四、诊断

本病临床诊断急为重要，一般根据临床症状，剖检时病变限于肺和所属淋巴结的变化来确诊，对慢性和急性病猪可做肺部的 X 线透视检查或做血清学试验。

五、防治

【免疫预防】

猪气喘病乳兔弱毒菌苗，适用疫点（区）断奶后仔猪，后备架子猪，种猪及怀孕 2 个月以内的母猪，免疫期 8 个月。猪气喘病安宁 168 株弱毒苗，该苗对杂种猪较安全，免疫期 9 个月。

【治疗】

药物治疗关键是早期用药。

（1）土霉素碱油剂、土霉素碱粉 70g，花生油 100ml，混合均匀，每千克体重 0.2ml。肩背间或颈部等两侧深部肌肉分点轮流注射，每 5 天注射 1 次，连用 2 ～ 3 次。

（2）盐酸土霉素每日每千克体重 30 ～ 40mg，用 40% 硼酸溶液稀释后一次性肌内注射，连用 5 ～ 7

日为一疗程。

（3）硫酸卡那霉素每日每千克体重 5 万 ～ 7 万单位肌内注射，每日 2 次，连用 5 ～ 6 天。

（4）泰乐菌素按每千克体重 50mg 为预防量，100mg 为治疗量，2 周一个疗程，拌料中喂猪。

（5）泰妙霉素（支原净）饮水中加 0.004% 的颗粒剂，45g 溶于 50kg 水中，连用 10 天，有较好的预防效果。

（6）盐酸洁霉素注射液按每千克体重 50mg 肌内注射，5 天为一个疗程。

【预防原则】

引种时从外地购入种猪时，对于购入种猪进行血清学检查，认定阴性合格时，进场后应隔离观察 3 个月，并用 X 射线透视 2 ～ 3 次，确认未病时方可混群。有本病猪场，可利用康复母猪或培育无特定病原猪建立健康猪群，逐步清除病猪，以最终彻底消灭本病。

【风险评估】

本病流行很普遍，是目前仔猪呼吸综合征原发病，由于本病在猪群中存在，可增加其他疾病的发病率和死亡率，猪场经济效益降低。

第十五节　钩端螺旋体病

钩端螺旋体病是螺旋体引起的一种人、畜共患病和自然疫源性传染病。临诊表现形式多样，大多数呈隐性感染，少数急性病例表现发热、血红蛋白尿、贫血、水肿、流产、黄疸、出血性素质、皮肤和黏膜坏死等特征。猪感染时习惯称钩体病。

一、病原

【分类属性】

钩端螺旋体。

【生物学基本特性】

革兰阴性，在暗视野或相差显微镜下，钩体呈细长的丝状、圆柱形，螺纹细密而规则，菌体两端弯曲成钩状，通常呈"C"或"S"形弯曲，运动活泼并沿其长轴旋转。

【抗原性】

目前，全世界已发现 26 种血清群和至少 200 种不同的血清型。

【抵抗力】

钩体对干燥、冰冻、加热（50℃ 10min）、胆盐、消毒剂、腐败或酸性环境敏感，能在潮湿、温暖的中性或稍偏碱性的环境中生存。

二、流行病学

【易感性】

以猪、水牛、牛和鸭的感染率较高。

【传染源】

病畜和带菌动物是本病的传染源。猪感染非常普遍；鼠类繁殖快，带菌率高，排菌时间长，可能终身带菌；冷血动物蛙不但带菌，而且还能排菌，可作为一种储存宿主和传染源。

【传播途径】

各种带菌动物主要通过尿液排菌，污染水、土壤、植物、食物及用具等，接触这些污染物就可感染，特别是水的污染更为重要。主要通过皮肤、黏膜感染，特别是破损皮肤的感染率高，也可经消化道食入或交配而感染。

【流行特点】

我国南方各地区多发，散发性或地方流行性。一年四季均可发生，其中，以夏秋为流行高峰季节。

三、临床症状

【潜伏期】

2～6天。

【急性型】

黄疸型急性型病例短期发热，体温39.5～41℃，病猪精神沉郁，食欲不佳，尿液呈浓茶样（图4.2.15-1），粪便红褐色（图4.2.15-2），病程进一步发展，食欲大减，出现结膜炎，仔细观察可视黏膜发黄（图4.2.15-3）、苍白，头部、颈部水肿，皮肤黄白色。仔猪可出现抽搐、肌肉痉挛（图4.2.15-4）、四肢摇摆等神经症状。

此外，尚有亚临床型、慢性型和妊娠后期的母猪出现流产死胎的繁殖障碍型。

图4.2.15-1 钩端螺旋体病临床症状：发病猪尿液呈浓茶样

图4.2.15-2 钩端螺旋体病：发病猪排红色粪便

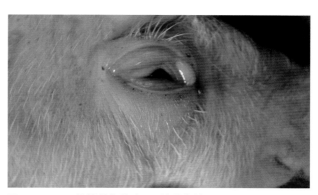

图4.2.15-3 钩端螺旋体病：眼结膜发黄

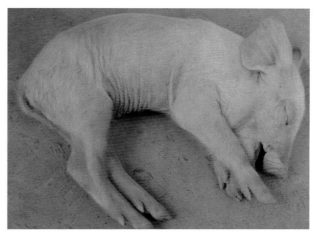

图4.2.15-4 钩端螺旋体病：皮肤黄染，出现神经症状，阵发性痉挛，闭眼张口，四肢强直性痉挛

四、病理变化

【急性型】

败血症、全身性黄疸（图4.2.15-5）与可视黏膜、皮肤、皮下组织（图4.2.15-6）、肺脏（图4.2.15-7）、肝（图4.2.15-8）以及膀胱等组织

303

黄染和肾脏（图4.2.15-9）具有不同程度的出血。胸腔、心包腔积有少量黄色液体。组织学为各器官、组织广泛性出血以及肝细胞、肾小管弥漫性坏死为突出的特征。

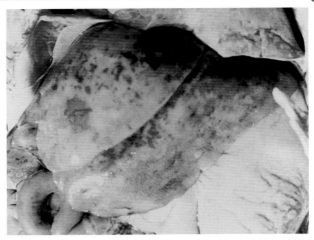

图4.2.15-8 钩端螺旋体病病理变化：肝黄色及出血灶

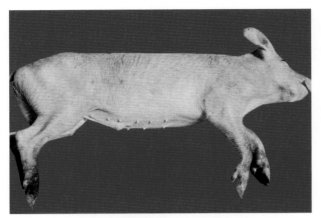

图4.2.15-5 钩端螺旋体病病理变化：黄疸型，全身皮肤黄染

图4.2.15-9 钩端螺旋体病病理变化：肾皮质与肾盂周围出血

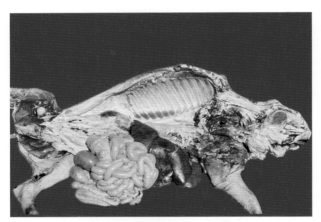

图4.2.15-6 钩端螺旋体病病理变化：皮下与各浆膜组织等黄染

【亚急性与慢性型】

以损害生殖系统为特征。母猪发热、流产、无乳，怀孕后期母猪感染则产出弱仔猪，这些仔猪不能站立，移动时呈游泳状，不会吸乳，经1～2天即死亡。成年猪的慢性钩体病，以肾脏的眼观病变最为显著，肾皮质出现大小为1～3mm的散在性灰白色病灶（图4.2.15-10）。

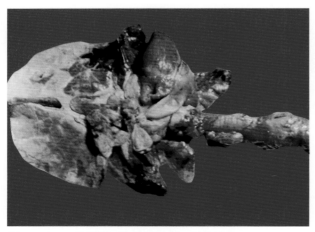

图4.2.15-7 钩端螺旋体病病理变化：肺黄染

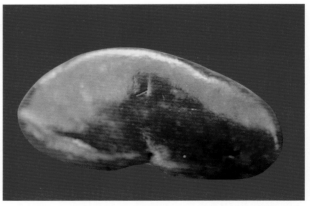

图4.2.15-10 钩端螺旋体病病理变化：肾皮质部表面散在灰白色病灶

五、诊断

母猪怀孕后期流产、产下弱仔、死胎，仔猪黄疸、发热以及有较大仔猪与断奶仔猪死亡可提示为猪钩体病。尸体剖检与组织学检查，尤其是肾脏的病变具有诊断意义。要确诊可进一步做病原学检查和免疫学诊断，进行综合分析。

【鉴别诊断】

应注意与黄脂病、猪附红细胞体病、猪蛔虫病相区别。黄脂病除脂肪黄染外，其他器官与组织不黄染，易与猪钩体病相区别；猪附红细胞体病血液压片检出猪附红细胞体；猪蛔虫病的肝脏病变严重，胆道被蛔虫阻塞而引起全身性黄疸，但尸体剖检与组织学检查具有特征性，也易与猪钩体病相鉴别。

六、防治

【预防原则】

采取综合性防治措施，及时隔离病畜和可疑病畜。开展群众性的捕鼠、灭鼠工作，防止草、饲料、水源被鼠类粪尿污染。消毒和清理被污染的水源、污水、淤泥、饲料、场舍、用具等防止传染和散播。

【免疫预防】

应用灭活普通菌苗和浓缩菌苗进行预防接种，获得了良好效果，但灭活菌苗存在接种量大，接种次数多，感染后不能阻止肾脏排菌等缺点。1978年我国研制了外膜菌苗。猪应用波摩那型弱毒的L18株制成的活菌苗，能产生很强的保护力，尿中不排菌。

【治疗】

一般认为链霉素和土霉素等四环素族抗生素有一定疗效。每千克饲料加入土霉素0.75～1.5g，连喂7天，可以减轻症状和解除带菌状态。怀孕母猪在产前1个月连续饲喂上述土霉素饲料可以防止流产。治疗时应全群治疗。在病因疗法的同时结合对症疗法是非常必要的，其中，葡萄糖维生素C静脉注射及强心利尿剂的应用对提高治愈率有重要作用。

第十六节　附红细胞体病

附红细胞体病（简称附红体病）是由附红细胞体引起的一种人畜共患传染病，以贫血、黄疸和发热为特征。

一、病原

附红细胞体是一种多形态微生物，多数为环形、球形和卵圆形，少数呈顿号形和杆状（图4.2.15-1）。附红体多在红细胞表面单个或成团寄生，呈链状或鳞片状，姬姆萨染色呈紫红色，瑞氏染色为淡蓝色。在红细胞上以二分裂方式进行增殖。

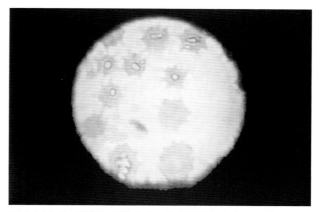

图4.2.16-1　猪附红细胞体病：血液压片红细胞周围的附红细胞体（特技）

二、流行病学

【易感性】

附红体寄生的宿主有鼠类、绵羊、山羊、牛、猪、狗、猫、鸟类、骆马（美洲驼）和人等。在我国也查到了马、驴、骡、猪、牛、羊、奶山羊、兔、鸡、鼠和骆驼等感染附红体。

【传染源】

病猪及隐性感染猪是主要传染源。免疫防御功能健全的猪，附红细胞体和猪之间能保持一种平衡，附红细胞体在血液中的数量保持相当低的水平，猪受到强烈应激时才表现出明显的临床症状。但血清学阴性的猪仍可能携带猪附红细胞体并传给其他动物。

【传播途径】

有接触性传播、血源性传播、垂直传播及媒介昆虫传播等。动物之间、人与动物之间长期或短期接触可发生直接传播。用被附红体污染的注射器、外科手术器械、针头等器具进行人、畜注射，或因打耳标、阉割、剪毛、人工授精等可经血液传播。垂直传播主要指母猪经子宫感染仔猪。

【流行特点】

本病多发生于各种吸血昆虫活动频繁的高峰时

期，如虱子、蚊、螫蝇等可能是传播本病的重要媒介。对一个被感染的猪群来说，附红细胞体病只会发生于那些抵抗力下降的猪，许多应激因素可引起猪抵抗力下降，尤其是分娩后易发病。如同时发生其他慢性传染病时，猪群可能暴发本病。

三、临床症状与病理变化

【症状】

动物感染，多数呈隐性经过，受应激因素刺激可出现临诊症状。猪常以"红皮"为特征，仔细观察可见毛孔处有点状的微细红色点状斑（图4.2.16-2），尤以耳部（图4.2.16-3）、肩背部（图4.2.16-4）、臀部皮肤明显，以后出现贫血和黄染。

【病变】

猪可见皮下组织弥漫性黄染（图4.2.16-5）、全身淋巴结肿大黄染（图4.2.16-6）、喉头黏膜、气管外浆膜（图4.2.16-7）、心包浆膜、肺浆膜（图4.2.16-8～图4.2.16-9）、胸腔浆膜（图4.2.16-10）、胃浆膜、肠浆膜（图4.2.16-11～图4.2.16-12）黄染。胃黏膜黄染有散在的出血斑（图4.2.16-13）。消化道内有程度不同的卡他性出血炎症，脾肿大（图4.2.16-14），肝肿大有脂肪变性（图4.2.16-15），胆汁浓稠有的可见结石样物质，肝有实质性炎性变化和坏死，脾被膜有结节，结构模糊。肾黄染（图4.2.16-16）。

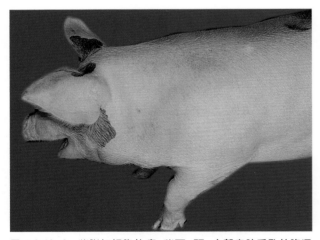

图4.2.16-2 猪附红细胞体病：猪耳、颈、肩部皮肤毛孔处弥漫性渗血

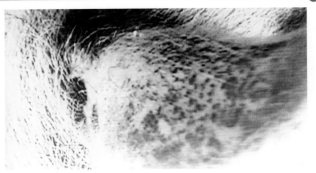

图4.2.16-3 猪附红细胞体病临床症状：病猪耳部皮肤毛孔处弥漫性渗血（特技）

图4.2.16-4 猪附红细胞体病临床症状：病猪颈背皮肤毛孔处弥漫性渗血（特技）

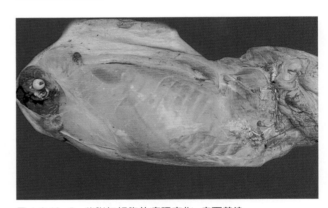

图4.2.16-5 猪附红细胞体病理变化：皮下黄染

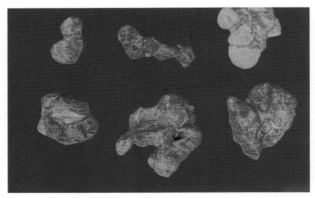

图4.2.16-6 猪附红细胞体病淋巴结的展示：有程度不同的肿大充血和黄染

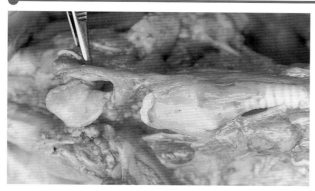

图 4.2.16－7 猪附红细胞体病病理变化：喉头黏膜和气管外膜黄染

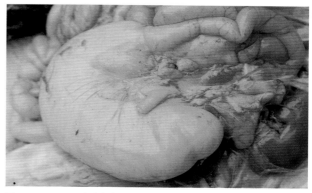

图 4.2.16－11 猪附红细胞体病病理变化：胃浆膜弥漫性黄染与所属淋巴结肿胀

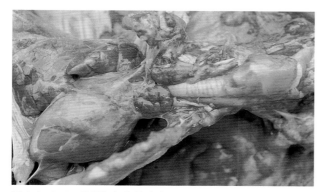

图 4.2.16－8 猪附红细胞体病病理变化：心包浆膜黄染

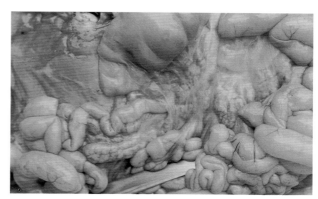

图 4.2.16－12 猪附红细胞体病病理变化：小肠与肠系膜弥漫性黄染

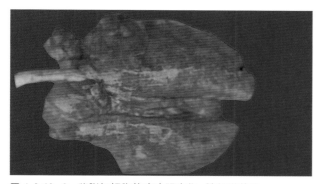

图 4.2.16－9 猪附红细胞体病病理变化：肺浆膜黄染

图 4.2.16－13 猪附红细胞体病病理变化：胃黏膜弥漫性黄染与散在出血斑

图 4.2.16－10 猪附红细胞体病病理变化：胸肋膜弥漫性黄染

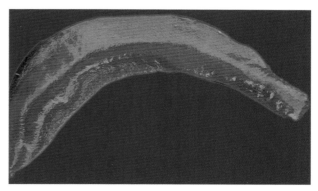

图 4.2.16－14 猪附红细胞体病病理变化：脾肿大黄染

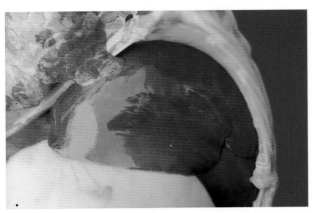

图 4.2.16-15 猪附红细胞体病病理变化：肝脏有局灶性的坏死灶

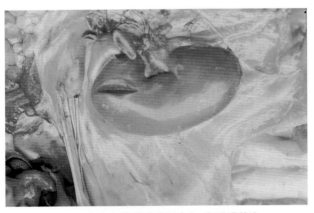

图 4.2.16-16 猪附红细胞体病病理变化：肾外观黄染

四、诊断

根据临诊症状，确诊需依靠实验室检查。直接镜检在血浆中及红细胞上观察到不同形态的附红体可作出诊断。

可选用补体结合试验、间接血凝试验、荧光抗体试验、酶联免疫吸附试验、DNA 技术等方法诊断本病。由于本病在流行病学、临诊症状、病原体形态等方面与焦虫病、无浆体病等类似，需注意鉴别。

五、防治

治疗可选用以下各种药物，如四环素、卡那霉素、强力霉素、土霉素、血虫净（贝尼尔）、氯苯胍、914、含砷类药物（尼可苏、阿散酸、洛霉碇）等。

预防本病要采取综合性措施，尤其要驱除媒介昆虫，做好针头、注射器的消毒。科学的饲养管理和消除应激因素是最重要的。将四环素族类等抗生素药物混于饲料中，可预防猪发生本病。

第十七节　猪布鲁菌病

布鲁菌病是由布鲁菌属细菌引起的急性或慢性的人畜共患传染病。特征：妊娠子宫和胎膜发生化脓性炎、睾丸炎、巨噬细胞系统增生与肉芽肿形成。

一、病原

【分类属性】

布鲁菌（Brucella），革兰阴性类，布鲁菌属，该属分 6 个生物种，20 个生物型。6 个生物种是马耳他布鲁菌（羊布鲁菌）、猪布鲁菌、流产布鲁菌、犬布鲁菌、沙林鼠布鲁菌和绵羊布鲁菌。

【致病力】

布鲁菌属中各生物种及生物型的毒力有所差异，其致病力也不相同，沙林鼠布鲁菌主要感染啮齿动物，对人、畜基本无致病作用；绵羊布鲁菌只感染绵羊；羊布鲁菌主要感染绵羊、山羊，也能感染牛、猪、鹿、骆驼等；犬布鲁菌主要感染犬，对人、畜的侵袭力很低；牛布鲁菌主要感染牛、马、犬，也能感染水牛、羊和鹿；猪布鲁菌主要感染猪，也能感染鹿、牛和羊。人的感染菌型以羊型最常见，其次猪型，牛型最少。

【抵抗力】

本菌为细胞内寄生菌，本菌对外界因素的抵抗力较强，热和消毒药的抵抗力不强，一般在直射阳光作用下死亡；在污染的土壤、水、粪尿及饲料中可生存一至数月，如在粪便中可存活 8 ~ 25 天；土壤中可存活 2 ~ 25 天；在奶中存活 3 ~ 15 天；胎儿体内可存活 6 个月；在腐败的尸体中很快死亡；冰冻状态下能存活数月。对消毒药比较敏感，常用消毒药能迅速将其杀死。如用 2% ~ 3% 克辽林、3% 有效氯的漂白粉溶液、1% 来苏尔、2% 甲醛或 5% 生石灰乳等进行消毒有效。本菌对四环素最敏感，其次是链霉素和土霉素，但对林可霉素有很强的抵抗力。

二、流行病学

【易感性】

可感染多种动物，家畜中以羊、牛、猪、绵羊易感性较高，其他动物如水牛、牦牛、羚羊、鹿、骆驼、猫、狼、犬、马、野兔、鸡、鸭及一些啮齿类等都可以自然感染。

【传染源】

主要是病畜和带菌动物。尤其是受感染的妊娠母畜。病原菌可随感染动物的精液、乳汁、脓液，特别是流产胎儿、胎衣、羊水以及子宫渗出物等排出体外，通过污染饮水、饲料、用具和草场的媒介而造成动物感染。

【传播途径】

主要是通过消化道感染，也可通过结膜、阴道、损伤或未损伤的皮肤感染。

【传播方式】

水平传播和垂直传播。

【流行特点】

一般为散发，接近性成熟年龄的动物较易感。母畜感染后一般只发生一次流产，流产两次的少见。

【流行历史】

1887 年首先在马耳他岛发现以来，该病呈世界性分布，目前，发达国家基本控制或消灭了家畜的布氏杆菌病。

三、临床症状与病理变化

母猪流产，多发生在初次妊娠后第四至第十二周。一般产后 8 ～ 10 天可以自愈。少数情况因胎衣滞留，引起子宫炎和不育。可见有皮下脓肿（图 4.2.17-1）、关节炎（图 4.2.17-2）、肾脓肿（图 4.2.17-3）等，如椎骨中有病变时，还可能发生后肢跛行（图 4.2.17-4）和麻痹，胎衣有充血、出血和水肿（图 4.2.17-5）。流产或正产胎儿皮下水肿出血（图 4.2.17-6），在脐带周围尤为明显（图 4.2.17-7）。子宫黏膜上散在分布着很多呈淡黄色的小结节，结节质地硬实，切开有少量干酪样物质，通常称其为粟粒性子宫布氏杆菌病。

图 4.2.17-2　猪布氏杆菌病：膝关节因感染布氏杆菌而肿胀

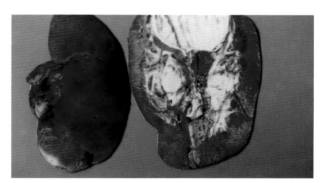

图 4.2.17-3　猪布氏杆菌病：肾脓肿

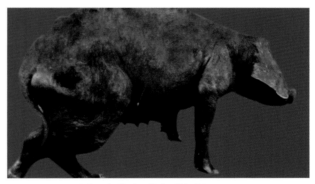

图 4.2.17-4　猪布氏杆菌病：发生后肢跛行

图 4.2.17-1　猪布氏杆菌病：皮下脓肿

图 4.2.17-5　猪布氏杆菌病：胎衣水肿出血

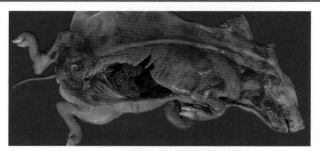

图 4.2.17-6　猪布氏杆菌病：胎儿皮下水肿

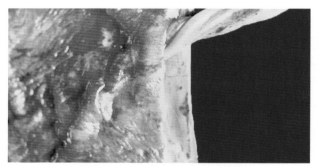

图 4.2.17-7　猪布氏杆菌病：脐带水肿出血

四、诊断

结合临床症状、流行病学、病理变化以及细菌分离、鉴定和血清学试验等方法可以作出诊断。

五、防治

患本病的动物一般不予治疗，采用定期检疫，阳性动物淘汰处理、深埋和火化，按时消毒，防止疾病传入和免疫接种等综合性防疫措施。

【风险评估】

布鲁菌病是人畜共患传染病。本病感染与职业有关，凡从事动物饲养医疗的工作者平时接触动物时应注意被感染的可能性，特别是接产或诊疗母畜生殖道疾病时要严格防范。职业院校学生实验实习时也应时刻预防被感染的可能性，作者在入学学习基础课程时，各学科老师都强调学畜牧兽医专业的应注意预防人畜共患传染病，特强调布氏杆菌病的预防！

第十八节　仔猪渗出性皮炎

猪渗出性皮炎主要是由金黄色葡萄球菌(*Staphylococcusaureus*) 和猪葡萄球菌 (*Staphylococcushyicus*) 引起猪的一种接触性传染病。金黄色葡萄球菌感染可造成猪的急性、亚急性或慢性乳腺炎、坏死性葡萄球菌皮炎及乳房的脓疱病；猪葡萄球菌主要引起猪的渗出性皮炎，又称仔猪油皮病，是最常见的葡萄球菌感染。此外，感染猪还可能出现败血性多发性关节炎。常见 1～4 周龄和断奶后至 6 周龄的仔猪多发，呈急性全身性渗出性皮炎，死亡率较高。而较大龄或成年猪感染后多呈慢性型。

一、病原

【分类属性】

金黄色葡萄球菌和猪葡萄球菌。

【生物学基本特性】

为兼性厌氧菌。革兰染色阳性，无鞭毛，不运动。一般不形成荚膜和芽孢。

【毒素与致病力】

致病力取决于其产生毒素和酶的能力。致病性菌株能产生血浆凝固酶、肠毒素、皮肤坏死毒素、透明质酸酶、溶血素、杀白细胞素等多种毒素和酶。多数致病性菌株能产生血浆凝固酶，进入机体后，使感染局限，易于形成血栓、疖、痈和脓肿。或经血液循环引起菌血症，散布至各脏器及骨髓中，引起多发性脓肿。金黄色葡萄球菌还能产生多种蛋白质性肠毒素，引起急性胃肠炎。

【抵抗力】

本菌对外界环境的抵抗力较强。在尘埃、干燥的脓汁和血液中能存活几个月。但对消毒药如酚类、升汞、次氯酸溶液敏感，能很快杀死。在 70% 酒精，3% 石炭酸中几分钟即可死亡。

二、流行病学

【易感性】

是人和动物体表及呼吸道常在菌。多种动物及人均有易感性。

【传染源】

葡萄球菌在自然环境中分布极为广泛，空气、尘埃、污水以及土壤中都存在。

【传播途径】

多种途径均可感染，破裂和损伤的皮肤及黏膜是主要的入侵门户，甚至可经汗腺、毛囊进入机体组织，引起毛囊炎、疖、痈、蜂窝织炎、脓肿、伤口化脓以及坏死性皮炎等。经消化道感染可引起食物中毒和胃肠炎；经呼吸道感染可引起气管炎、肺炎以及脓胸。

【传播方式】

很难找到特有的传播方式。

【流行季节】

不明显，一年四季均可流行。

【流行特点】

常成为其他传染病的混合或继发感染的病原。宿主的动物，除了种属间对葡萄球菌的易感性存在差异外，即使同一种属，其本身抵抗力的强弱及所处的环境，也都是引起葡萄球菌病流行的重要因素。

三、临床症状及病理变化

【潜伏期】

潜伏期的长短取决于菌株产生肠毒素的能力、感染菌数和环境温度。高度产毒株使猪几小时即在感染局部出现水疱。

【急性型】

病猪皮肤发红，出现红褐色斑点，3～4mm大小的微黄色水疱，皮肤表面排出油状渗出物，多呈褐红色、湿润、油腻。有的病变部皮肤渗出物与舍内的尘埃结成结痂，外观呈斑驳状。随着病程的发展，红斑扩展到全身各处，斑点变大，可发展为水疱或脓疱。常见于额头、耳后、眼周围、鼻（图4.2.18-1）、唇和颈（图4.2.18-2）、脊背部（图4.2.18-3～图4.2.18-4）、腹部的皮肤乃至全身皮肤出现病变（图4.2.18-5～图4.2.18-6）。皮肤表面渗出的脂溢性物量多而浓稠，使病变皮肤较干燥，严重的病猪常有明显的酸败臭味。当痂皮脱落后，露出红肿的缺损。

图4.2.18-1　猪渗出性皮炎：病猪额头、耳后、眼周围、鼻出现红褐色斑点

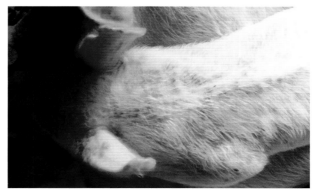

图4.2.18-2　猪渗出性皮炎：病猪皮肤发红，颈后出现红褐色斑点

图4.2.18-3　猪渗出性皮炎：病猪脊背部出现红褐色斑点

图4.2.18-4　猪渗出性皮炎：病猪脊背部出现红褐色近似圆形病灶

图4.2.18-5　猪渗出性皮炎：病猪体侧部出现红褐色近似圆形病灶

图 4.2.18-6 猪渗出性皮炎：病猪全身出现弥散性病变

【慢性型】

病例多见于成年猪和 10 周龄至 5 个月龄的猪。通常于 24 ～ 48h 蔓延至全身表皮。患病仔猪食欲减退，饮欲增加，并迅速消瘦。一般经 30 ～ 40 天可康复，但影响发育。严重病例于发病后 4 ～ 7 天死亡。本病也可发生在较大仔猪、育成猪或者是母猪乳房上，但病变轻微，无全身症状。

四、诊断

本病的诊断一般可根据病猪的发病年龄及初期的特征性病变、渗出性皮炎进行确诊，但在诊断中应与营养不良所致的皮疹、接触性湿疹和病毒性皮炎区别。为此，可采取渗出液或痂皮下组织微生物学检查，即可区别。

1. 涂片镜检 于病初仔猪丘疹处取病料，做成触片，瑞氏染色，发现大量散在、成对或短链状排列的圆形或卵圆形细菌；血液琼脂平板上单个菌落制成的细菌涂片，革兰染色，发现大量葡萄球串状阳性球菌。

2. 分离培养 将无菌采取的病料，接种于血液琼脂平面培养基上，37℃培养 24h，细菌生长旺盛，菌落周围有明显的溶血环，菌落呈灰白色，40℃保存数天后，菌落呈淡黄色。

3. 血清学检查 由于抗菌药物的广泛应用，培养常出现阴性结果。因此，通过检查葡萄球菌抗体或抗原，可作出早期诊断。

4. 动物接种试验 用分离的葡萄球菌培养物经肌肉接种于 40 ～ 50 天龄健康鸡大胸肌，经 20h 可见注射部位出现炎性肿胀，破溃后流出大量渗出液。24h 开始死亡。症状与病理变化大体与自然病例相似（陈德威，1984），可作出诊断。

五、防治

【防制措施】

1. 免疫防治 可用分离到的金黄色葡萄球菌，经灭活后制成灭活苗进行免疫接种，有一定的预防效果。

2. 预防投药 也可选用抗生素，混合在饲料或饮水中给予，作预防给药。

3. 加强生物安全保健措施 在注意保温的同时，适当通风。改善环境卫生和加强消毒的同时，保持舍内的干燥，同时保持设备完好无损，防止皮肤、黏膜损伤是预防本病的关键。

葡萄球菌是猪皮肤、呼吸道和消化道薄膜上的常在菌群，当猪的抵抗力降低时，可通过损伤的皮肤和黏膜，或消化道、呼吸道而发生感染。特别是圈舍卫生条件不好，管理制度不健全，缺乏完善的消毒措施，尤其是在注射时不消毒，一针注到底，更易引发本病。

关于葡萄球菌病的治疗，临床上有效的药物虽然是抗生素和磺胺类药物，但由于有些药物使用过于频繁，加之使用不当，而且葡萄球菌又很容易产生耐药性，因此，在治疗时，有条件的最好能先进行药敏试验，有针对性地应用抗菌药物，以免贻误治疗时机。

【治疗】

金黄色葡萄球菌对多种抗生素的耐药性很强，培养阴性时很可能是已经用过某种抗生素治疗。最好在治疗前对分离到的致病菌株作药敏试验，找出敏感药物。据报道，金黄色葡萄球菌对新型青霉素耐药性低，特别是异唔哇类青霉素，极少产生耐药性，应列为首选治疗药物。其他如氯霉素、红霉素、庆大霉素和卡那霉素等也可考虑合用或单用。经注射或口服对治疗全身性感染有疗效。对皮肤或皮下组织的脓创、脓肿、皮肤坏死等可施以外科治疗。治疗方面，可采用内外结合用药的办法进行治疗。

主要是采用敏感药物的庆大霉素及氧氟沙星对初生的仔猪和所有发病的仔猪进行肌内注射，2 ～ 3 次／天，同时，外用凡士林加恩诺沙星的自制软膏涂擦患部的皮肤。对已发病的仔猪，给予肌内注射 1% 菌杀星注射液，用量为 0．25ml/kg 体重，每天 2 次。

第十九节　霉饲料中毒

霉饲料中毒就是动物采食了发霉的饲料而引起的中毒性疾病。动物真菌毒素中毒是由真菌的有毒代谢产物所致的中毒疾病，毒素通常在机体之外，当有适宜于真菌发育的环境条件时，主要在植物性食品和饲料中生长、收获或者贮藏过程中产生。动物随着营养物摄入这些有毒物质后便发生真菌中毒。动物真菌毒素中毒是指真菌毒素导致动物体机能性或器质性病理损害，包括致癌性、致突变性和致畸性在内的中毒性疾病群。

自然环境中，霉菌种类甚多，常寄生于玉米、大麦、小麦、稻米、棉子、糠麸及豆类制品中，如果温度（28℃左右）和湿度（80%～100%）适宜，就会大量生长繁殖，有些霉菌在生长繁殖过程中，能产生有毒物质。目前，已知的霉菌毒素有百种以上，最常见的有黄曲霉毒素、镰刀菌毒素和赤霉菌毒素，含有这些毒素的饲料被猪采食后可引起中毒，造成大批发病和死亡。已鉴定的致病性真菌毒素已达百种之多，主要由镰刀菌属、青霉属、曲霉属中的产毒菌株产生。真菌毒素的致病作用分为毒素直接致病和毒素进入机体内代谢后分解产物致病两大类。后者特别具有致癌性毒素，它与化学致癌剂一样，进入机体内经活化呈现致病作用。按真菌毒素作用的靶组织或靶器官不同，将其分为肝脏毒、肾脏毒、神经毒、造血组织毒、感光过敏性皮炎毒等。

【病因】

在曲霉属真菌产生的真菌毒素中，最重要的是黄曲霉毒素。它是由黄曲霉和寄生曲霉等产生。可分为黄曲霉毒素 B1、B2、G1、G2、M1 等 18 种之多，其中以黄曲霉毒素 B1 的毒性最强。除黄曲霉毒素外，还有杂色曲霉素。在中毒病例的肝脏、肾脏、肌肉和脂肪组织中多有毒素的残留。黄曲霉存在于约 70% 的所有植物性饲料中。最易感染黄曲霉菌的是一些植物种子，其中，包括花生、玉米、黄豆、棉子等。黄曲霉毒素是在菌丝体中产生的，大部分释出于环境中，孢子只含少量的毒素，迄今分离出的黄曲霉菌株约有 20% 证明为产毒者。黄曲霉菌最适宜的繁殖温度为 24～30℃，在 2～5℃以下和 40～50℃以上均不能繁殖，最适宜的繁殖相对湿度为 80% 以上。

【流行病学】

黄曲霉和寄生曲霉广泛存在于自然界中，各种谷物及其副产品极易污染，特别是梅雨季节及温度（24～30℃）和湿度适宜的时期，若收割、脱粒、贮藏保管不当，则更为严重，产生的黄曲霉毒素量也最多。黄曲霉是黄曲霉毒素的主要产生者，它的分布无所不在。在家畜中，对黄曲霉毒素的易感性由最大至最小，其顺序是 3～4 周龄小猪＞育肥猪。

【临床症状】

临床上以神经症状为特征，各种猪都可能发生，仔猪及妊娠母猪较敏感。临床上霉饲料中毒的一般性症状是，仔猪和妊娠母猪较为敏感，中毒仔猪常呈急性发作，出现中枢神经症状，数天内死亡；大猪病程较长，一般体温正常，初期食欲减退，精神沉郁，消瘦，嘴、耳、四肢内侧和腹侧皮肤出现红斑（图 4.2.19-1），后期停食、腹痛、下痢、被毛粗乱，迅速消瘦，生长迟缓等；妊娠母猪常引起流产及死胎。

1．仔猪　由于母猪乳中含黄曲霉毒素，使仔猪表现甲状腺机能障碍，高色素性贫血，营养不良和卡他性胃肠炎。有时还见有体重下降，可视黏膜及皮肤黄染，尿呈深黄色，后期黄疸严重并直肠出血。

2．最急性中毒　因喂霉败面粉和残羹剩饭而致，临床表现口吐白沫，口、鼻出血，肌肉震颤，随之全身衰竭，多在几小时内死亡，最快者在出现症状后 10min 即死亡。急性中毒，全身皮下脂肪呈现不同程度的黄紫色，表现严重腹泻、呕吐和流产，多在 12h 内死亡。

3．亚急性和慢性中毒　病初减食，后期拒食。患猪喜饮水，精神沉郁，低头以嘴触地，呆立，有的猪起卧不安或不断走动，呻吟，叫声嘶哑，步态蹒跚，有少数前期呕吐；体温升高达 40.0～41.7℃，呼吸加快、气喘，甚至口吐白沫，鼻流脓性分泌液，耳后缘、前后肢内侧及胸、腹侧皮肤严重充血和出血，病重者呈蓝紫色，指压不褪色；大便干硬呈小球粒状，表面附有黏膜，偶见表面带血丝，个别排出淡黄色粥样粪便和黄色尿液，病程稍长者可视黏膜充血和轻度黄染，部分猪关节肿胀和站立时有痛感表现，怀孕母猪流产。亚急性中毒多在 3 周后死亡。

【病理变化】

主要是肝脏严重变性、坏死、肿大、色黄、质脆，小叶中心出血和间质明显增生（图4.2.19-2～图4.2.19-3），全身黏膜、皮下、肌肉可见有出血点和出血斑，淋巴结水肿，肾弥漫性出血，肾质变脆弱色淡呈土黄色（图4.2.19-4）。肺瘀血水肿，间质增宽，有霉菌结节（图4.2.19-5～图4.2.19-6）。胸腹腔积液，胃肠道可见不同程度的卡他性出血性炎症的变化（图4.2.19-7～图4.2.19-11）。大脑实质出血、水肿，神经细胞变性，脑实质和脑膜血管明显扩张。脑膜轻度充血，脑血管明显怒张；膀胱积尿，色如浓茶，内积有深黄色尿和胆色素沉淀，肾脏呈淡黄色；全身淋巴结水肿，黄白色，切面多汁；腰肌严重出血。组织学可见霉菌孢子（图4.2.19-12）。

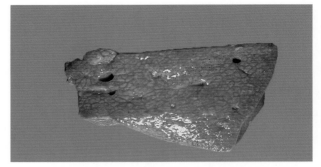

图 4.2.19-3　霉饲料中毒病理变化：肝切面肝小叶肿大变性

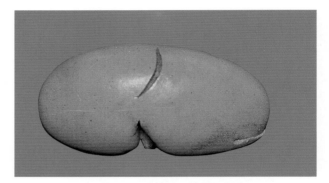

图 4.2.19-4　霉饲料中毒病理变化：肾变性、质脆、色淡

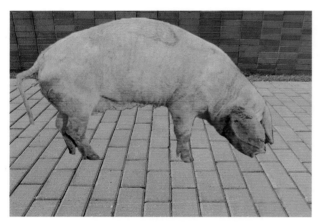

图 4.2.19-1　霉饲料中毒临床症状：饲喂一个月霉玉米发病母猪，　精神沉郁，消瘦，　耳、四肢内侧和腹侧皮肤出现红斑

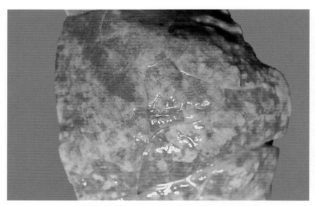

图 4.2.19-5　霉饲料中毒病理变化：肺表面可见黄白色霉菌结节

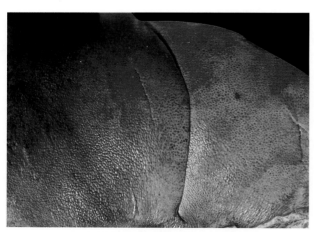

图 4.2.19-2　霉饲料中毒病理变化：肝肿大、变性、土黄色

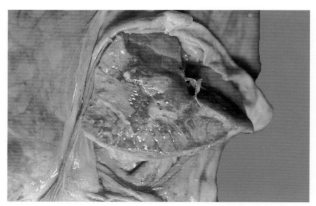

图 4.2.19-6　霉饲料中毒病理变化：肺切面可见红色霉菌结节肺炎灶

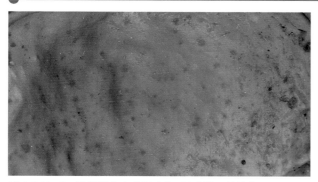

图 4.2.19-7　霉饲料中毒病理变化：胃黏膜霉菌结节

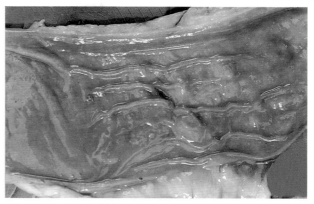

图 4.6.19-11　霉饲料中毒病理变化：结肠黏膜霉菌结节

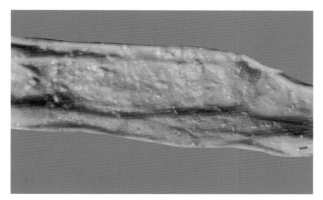

图 4.2.19-8　霉饲料中毒病理变化：十二指肠黏膜霉菌结节

图 4.6.19-12　霉饲料中毒组织学：肺霉菌结节 HE×20

【诊断】

当发现黄曲霉毒素中毒的可疑病例时，应立即调查病史，并对现场的饲料样品进行检验，结合临床症状和病理变化，进行综合性分析，即可作出初步诊断。为了确诊和肯定病原，必须进行黄曲霉毒素的测定和对病原菌分离培养。

1．饲料病原菌分离　按真菌分离培养和黄曲霉孢子含量测定的常规方法进行。

2．黄曲霉毒素的检测方法　主要采用化学分析法。可应用薄层层析法、气相色谱法、液相色谱法进行定量。

3．生物学鉴定　黄曲霉毒性试验，选 7 天龄健康鸡，设对照组与实验组，喂小鸡，如在 3～4 天实验组全部死亡，具典型黄曲霉毒素中毒症状和病变，而对照组仍健活，可确诊。

【防制】

无特效解毒药物和疗法，应立即停止饲喂致病性可疑饲料，改换新鲜全价日粮，加强饲养管理。本病的预防关键是做好饲料的防霉和有毒饲料的去毒这两个环节。

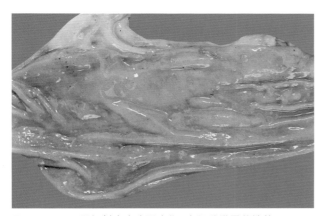

图 4.2.19-9　霉饲料中毒病理变化：空肠黏膜霉菌结节

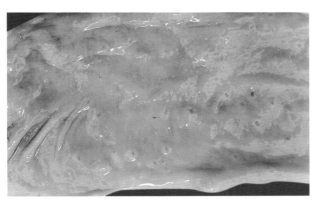

图 4.6.19-10　霉饲料中毒病理变化：回肠黏膜霉菌结节

1．防霉法　引起饲料霉变的因素，主要是温度与相对湿度（包括饲料本身所含有的水分在内）。从收获到脱粒整个过程中，尽量勿使其遭受雨淋，堆场发热，做到充分通风晾晒，迅速使其干燥，防止霉菌生长繁殖。一般防霉措施包括气体法、固体防霉剂法和电离辐射法。最近美国Agrimternational 公司采用一种广谱药物的方法，即使用复合药剂，内含焦亚硫酸、丙酸、富马酸和山梨酸。应用此复合酸抑制黄曲霉毒素比传统的使用单种酸类或其他盐类更为安全、可靠。它不引起霉菌的生物型变异，无腐蚀性，可配成水剂或粉剂。近年来，已在美国和国际上推广应用。

2．去毒法　饲料受黄曲霉毒素污染后，去除毒素比较困难，因此，有关科研人员都在想方设法寻找切实可行的去毒途径。Bomhast 等采用氨处理和酒精发酵液化法降低污染黄曲霉毒素的玉米，处理后黄曲霉毒素 B1 含量能下降 80% ~ 85%。Cygakob 报道，将黄曲霉毒素污染的饲料在160 ~ 180℃高温下去毒 10min（若作为幼畜饲料可在处理过的饲料中加入维生素、微量元素及抗生素添加剂），效果很好。

3．治疗　目前尚无特效药物，当发生中毒时，应立刻停喂霉败饲料，给予含碳水化合物多的易于消化的青绿饲料，减少或不饲喂含脂肪过多的饲料。对轻度病例不给任何药物治疗，也可较快地康复。

重剧病例，除及时投服盐类泻剂，如硫酸镁、硫酸钠、人工盐等，将胃肠内有毒物质及时排除外，还应积极采取解毒保肝和止血疗法。因此，可用25% ~ 50% 葡萄糖溶液，并混合注射维生素 C 制剂。葡萄糖酸钙或 5% 氯化钙溶液，40% 乌洛托品注射液等，静脉注射。心脏衰弱病例，应皮下或肌内注射强心剂，如樟脑油或苯甲酸钠咖啡因注射液等。此外，可用维生素 A 注射液或喂饲加有胡萝卜的饲料。

第二十节　猪的蔷薇糠疹

仔猪的蔷薇糠疹最初于 1903 年描述而根据人的一种类似疾病命名的，它见于所有集约养猪的国家。

一、病原

病原还不明了，但是组织学检查时常可见到"不规则弯曲，棒形增厚的丝状成分"。新近在大量近亲育种材料所进行的研究已经从统计学方面肯定了遗传特性的影响，并证明了白色地丝菌和白色假丝酵母为皮肤病损的继发性侵入者。

二、临床症状与病理变化

此病通常于生后头几星期内发生，较少发生于几个月大的猪只。可能一窝中的所有猪只都患病，也可能只有个别猪只患病，此病不使全身情况受到扰乱，不导致消瘦，只有例外情况下引起瘙痒。开始于腹侧或者后腿内侧，表现为豆大至五分镍币大的微红色隆起病灶（图 4.2.20-1 ~ 图 4.2.20-3），迅速向所有方向扩大，病变在形成堤状边缘和痂垢之下向周围扩展，而中央则痊愈，从而形成一种地图状病象（图 4.2.20-4 ~ 图 4.2.20-6），在头部和背部边可能见到类似的病变。

三、防治

预防是育种领域中大事，在注意到其遗传影响之下，建议将后裔表现蔷薇糠疹的种猪淘汰。治疗无特效方法，通常可自行自愈。如发生细菌性继发感染，则应加以治疗。

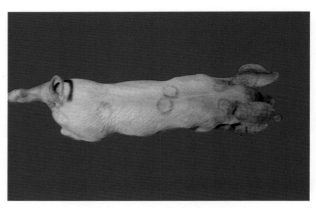

图 4.2.20-1 蔷薇糠疹临床症状：病猪背部蔷薇糠疹

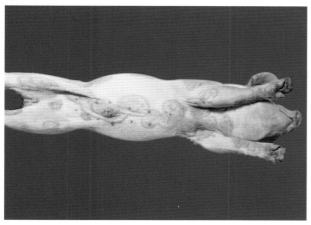

图 4.2.20-2 蔷薇糠疹临床症状：病猪腹部蔷薇糠疹

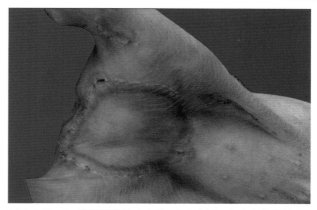

图 4.2.20-5 蔷薇糠疹临床症状：病猪腹部即将痊愈蔷薇糠疹

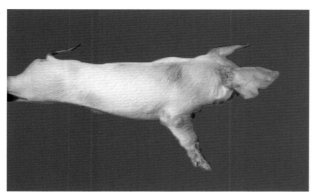

图 4.2.20-3 蔷薇糠疹临床症状：病猪体侧部蔷薇糠疹

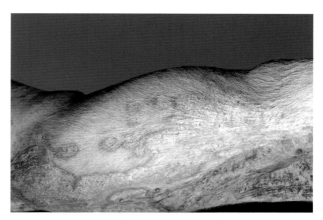

图 4.2.20-6 蔷薇糠疹临床症状：病猪腹部蔷薇糠疹放大病灶更加逼真

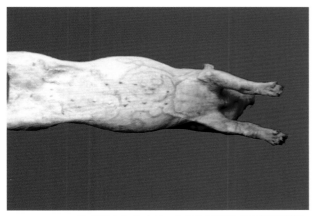

图 4.2.20-4 蔷薇糠疹临床症状：病猪腹部即将痊愈蔷薇糠疹

第三章　寄生虫病

概　述

一、寄生生活与寄生虫学的概念

【寄生生活】

是自然界中许多种生物所采取的一种生活方式，是生物之间相互关系的一种类型。有些共同生活的双方，在其种族进化过程中，相互间原有的关系发生了变化，其中，一方暂时或永久寄居在另一方的体内或体表，夺取对方营养，或以对方的体液或组织为食物，来维持其本身的生存，同时，给予对方不同程度的危害，甚至危及其生命，这种带有损害对方的生活现象称为寄生生活。

【共同生活】

有些生物其一部或全部生活过程中，必须和另外一种生物生活在一起，互相依赖，才能很好地生长、发育，这种生活方式称为共同生活。

【宿主】

在寄生生活中，其中营寄生的一方称为寄生物，被寄生的一方称为宿主。

【寄生物】

植物性寄生物，如细菌、真菌、病毒等。

【寄生虫】

动物性寄生物，如线虫、绦虫、吸虫、蜘蛛昆虫和原虫等。

【寄生虫的生活史】

各种寄生虫的生长、发育和繁殖的全过程称为寄生虫的生活史。

【生长、发育、繁殖阶段】

在寄生虫的生活史中又分虫卵、幼虫和成虫若干阶段，如线虫、吸虫、绦虫的发育过程分虫卵、幼虫和成虫三个阶段。幼虫即指还没有达到性成熟的虫体，也就是还不能产出虫卵的虫体。成虫是指达到性成熟能产出虫卵(有些直接产出幼虫)的虫体。

而原虫的发育则分有性繁殖阶段和无性繁殖阶段。

【寄生虫病】

寄生虫的每个阶段其形态特征不同，发育过程需要的条件不同。有些寄生虫的不同阶段，又分别寄生于不同的宿主。凡是由于寄生虫（包括成虫和幼虫，有性繁殖阶段和无性繁殖阶段）的寄生而引起宿主发病的称之为寄生虫病。

【寄生虫学】

研究各种寄生虫以及由寄生虫所引起的疾病的科学，称为寄生虫学。研究内容包括寄生虫的形态特征、分类、生活史、流行病学、病理和症状、诊断、治疗和预防等。

二、寄生虫与宿主

【寄生虫与宿主的类型】

1. 寄生虫的类型

（1）根据寄生部位不同分类：

①内寄生虫是指寄生于宿主内部组织器官的寄生虫。如猪蛔虫。

②外寄生虫是指暂时或永久寄生于宿主体表的寄生虫。如猪血虱、蚊、虻等。

（2）根据寄生虫寄生的时间长短不同分类：

①暂时性寄生虫只有在需求食物时，才与宿主接触，其余时间营自由生活。如蚊、虻等。

②永久性寄生虫终生寄生于宿主的体内或体表，以完成其整个发育过程的各个阶段。如施毛虫、猪血虱等。

（3）根据寄生虫对宿主的适应范围不同分类：

①专性寄生虫，只能寄生于一种动物，别的动物不寄生。如猪蛔虫只寄生于猪，不能寄生于其他动物。

②多宿主寄生虫，可寄生于多种动物。如施毛虫、

弓形虫等。

（4）根据寄生虫对宿主的适应程度不同分类

①固需寄生虫，完全依赖于寄生生活，离开宿主就不能生存。例如：吸虫、绦虫和大多数线虫等。

②兼性寄生虫，可以不完全依赖于寄生生活，即可营寄生生活，又可营自由生活。如仔猪类圆线虫。

2.宿主的类型　根据寄生虫的发育特性，及对寄生生活的适应性不同，把宿主分为以下类型：学习重点之一，应掌握每种寄生虫病对猪的致病危害，猪是终末宿主或是中间宿主。

（1）终末宿主：寄生虫的成虫阶段或有性繁殖阶段所寄生的宿主。

（2）中间宿主：寄生虫的幼虫阶段或无性繁殖阶段所寄生的宿主。

例如，有钩绦虫（成虫）寄生在人的小肠内，人是终末宿主，虫卵排出外界，被猪食入，在猪体内发育为猪囊虫（幼虫），猪是中间宿主。

（3）补充宿主：有些寄生虫的幼虫阶段先后要在两个中间宿主体内完成，根据先后称第一中间宿主和第二中间宿主，第二中间宿主又称为补充宿主。

例如，华支睾吸虫的虫卵被淡水螺（第一中间宿主）吞食，在淡水螺体内孵出毛蚴，经胞蚴，雷蚴发育为尾蚴，尾蚴钻出螺体，再进入淡水鱼虾（第二中间宿主）体内发育为囊蚴。终末宿主食入带囊蚴的第二中间宿主鱼虾而感染。

（4）贮藏宿主：有些寄生虫的感染性幼虫，可转移到另一个并不是它生理上需要的宿主体内，不发育也不繁殖，但可长期保持感染性，此宿主称为贮藏宿主。

例如，寄生在猪胃的圆形似蛔线虫，含有感染性幼虫的食粪甲虫（中间宿主）被除猪以外的其他哺乳动物、鸟类、爬虫类吞食后，感染性幼虫在这些动物体内形成包囊，当猪吞食后也可引起感染。其他哺乳动物、鸟类、爬虫类是贮藏宿主。

（5）带虫宿主（带虫者）：一种寄生虫病在自行康复或治愈之后，或处于隐性感染之时，宿主对寄生虫保持着一定的免疫力，但也保留着一定量的虫体，称为带虫宿主。由带虫者所产生免疫称为带虫免疫。

（6）媒介：通常是指在脊椎动物宿主间传播寄生虫的低等动物，更常指的是传播血液原虫的吸血的节肢动物。

【寄生虫感染宿主的途径及对宿主机体的影响】

1.寄生虫的感染途径　患寄生虫病的动物和带虫动物通过粪、尿、血液及其他分泌物、排泄物等方式，将寄生虫的某一阶段（虫卵、幼虫、成虫或原虫某阶段的虫体）散布到外界环境中，有的排到外界就具感染能力，有的要在外界适宜环境中发育到感染阶段或在中间宿主体内发育到感染阶段，才具感染能力。具感染能力的病原体需通过一定的途径感染宿主。感染途径如下。

（1）经口感染：寄生虫的感染阶段污染了饲料、饮水、土壤，健康动物随采食、饮水，经口侵入体内（病从口入）。或是吞食含有感染性幼虫的中间宿主及贮藏宿主而引起感染。

（2）经皮肤感染：寄生虫的感染阶段主动钻入皮肤或通过节肢动物媒介吸血、刺螫时传给健康动物。

（3）接触感染：患病动物与健康动物直接接触或患病动物接触过的物体，将病原遗留在物体上，健康动物再去接触这些物体而引起感染。

（4）经胎盘感染：有些寄生虫在母体移行时，可以通过胎盘感染胎儿。

（5）自身感染：就是动物自身的寄生虫感染自身。如人和动物肌肉旋毛虫就是由寄生于自身体内的成虫产出的幼虫感染的。

2.寄生虫对宿主机体的影响

（1）夺取宿主的营养：寄生虫在宿主的体内或体表寄生时经口吞食或由体表吸收宿主营养或直接吸取宿主的血液、组织液、淋巴液作为自身的营养，从而造成宿主的营养不良，贫血消瘦甚至发育停滞等。

（2）机械性障碍及损伤：寄生虫侵入宿主机体后，移行和寄生过程中或在体表寄生时，机械性刺激组织和脏器，致使组织和脏器发炎、出血，肠管、胆管、支气管、血管和淋巴管有大量虫体寄生时，可引起管道阻塞及其他后果。如猪蛔虫在小肠大量寄生时，扭结成团，引起肠阻塞，肠扭转或肠套叠，严重者可引起肠破裂，如有蛔虫误入胆道，阻塞胆管。

（3）毒素作用：寄生虫在宿主体内寄生发育过程中，其分泌物、代谢产物以及虫体死亡腐败分解产物被机体吸收后，对宿主都能产生不同程度的局部和全身性的危害作用，特别对神经系统和血液循环系统的毒害作用更为严重。

（4）带入病原体：寄生虫侵害宿主的同时，还可将某些细菌、病毒和原虫带入宿主体内，使宿主继发某些传染病和原虫病。

三、寄生虫的命名和分类

【寄生虫的命名】

人们为了认识和区别各种动物和植物，必须给它们订立一个专门的名称，现在全世界公认的命名规则是双名制命名法。寄生虫也就是用双名制命名法规定的名称，叫做寄生虫的科学名（或学名）。科学名由两个字组成，第一个字是属名，第二个字是种名。例如：*AscariscuumGoeze*1782，*Ascaris* 是属名，中译名为蛔虫属，*suum* 是种名，即猪种，第三个字是命名人的名字，最后是命名年代。中译全名为猪蛔虫。命名人的名字和命名年代，在有些情况下可以略去不写。

【寄生虫的分类】

寄生虫的分类同自然界各种动物的分类相同。为了便于区别和研究，人们又依各种寄生虫间相互关系密切程度，分别组成不同的分类阶元。就把相互关系密切的种（species）同属于一个属（genus），相互关系密切的属同属于一个科（family），依次类推，继而建立目（order）、纲（class）、门（pylum）、均属动物界（animalkingdom）。有时为了更准确地表现寄生虫间的相近程度，又在上述分类阶元之间加了"中间"阶元。如亚门（subphylum），界于门与纲之间，亚纲（subclass），界于纲与目之间，亚目（suborder）与超科（superfamily），界于目与科之间，亚科（subfamily），界于科与属之间，属下又分亚属（subgenus），一般分到种，有的又分亚种（subspecies）或变种（variety）。

四、寄生虫病的诊断

【寄生虫病的诊断】

只有正确诊断寄生虫病才能对寄生虫病进行有效的治疗和预防。诊断方法如下：

1. 临床症状观察　绝大部分寄生虫病的临床可表现消瘦、贫血、水肿、营养不良、发育受阻和消化障碍等慢性、消耗性疾病的症状，虽没有特异症状，但可作为早期发现疾病的参考。

2. 流行病学调查　根据发病情况，调查分析流行因素，为作出准确诊断提供依据。

3. 实验室诊断　对确诊某些寄生虫病可以起到决定性的作用。主要诊断方法有下列各种．

（1）粪便检查法：许多寄生虫多寄生于宿主的消化系统或呼吸系统，某一阶段的虫体常随宿主的粪便排出，通过粪便检查，可发现某些寄生虫病的病原体，即可确诊。常用的方法有以下几种：

①直接涂片法：简便易行，但由于所检粪便量少、检出率低。方法：先滴数滴常水或50%甘油与水等量液于载玻片上，再用牙签或火柴杆挑取少量被检粪便加入其中，充分搅匀并除去较大粪渣，盖上盖片进行镜检。

②漂浮法：采用比虫卵比重大的溶液，使虫卵浮集于液面。常用的液体为饱和盐水（相对密度约1.18）。方法：取粪便 3～5g，放于一小烧杯中，再加入 10～20 倍的饱和盐水溶液（1000ml 沸水中加入 380g 食盐），充分搅匀，然后用两层纱布或40～60 目铜丝筛，过滤到另一玻璃杯内，静置半小时，用一直径 5～10mm 的铁丝圈与液面平行蘸取液膜并抖落于载玻片上，加盖片后镜检。

③沉淀法：用于较大的虫卵。方法：取粪便3～5g，置玻璃杯内，加100～200ml 清水，搅匀，用纱布或 40～60 目铜丝筛过滤到另一玻璃杯中，静置 20～40min，倾去上液，保留沉渣，再加水混匀沉淀，如此反复数次，直至上层液透明为止，倾去水后，用胶吸管吸取沉渣镜检。

④幼虫检查法：适用于随粪便排出的幼虫（如猪肺线虫）或各器官组织及土壤、饲料中的幼虫检查。方法：将装有被检物的网筛放在漏斗内，漏斗下接胶皮吸管和小试管，然后将漏斗置漏斗架上，往漏斗内加入 40℃的温水，浸没被检物为止。静置 1 小时后，用夹子夹住胶皮管，取下小试管，倾去上液，吸取沉渣进行镜检。

（2）尿液检查法：见猪肾虫病的诊断。

（3）血液检查法：由患病动物的耳尖采血，用第一滴血液制作涂片，并注明动物编号，用随后流出的血制成压滴标本，并立即检查；涂片则用甲醇固定，姬氏液染色后镜检。

（4）免疫学诊断法：近年来免疫学诊断方法，已广泛应用于寄生虫病学方面，如第四节寄生虫免疫所述各种免疫学诊断技术。

（5）动物接种：见弓形虫病的诊断。

4.尸体剖检　对病畜进行死后剖检，观察病理变化，查找病原体，分析致病和死亡原因，有助于正确诊断。

五、寄生虫病的综合防治措施

此方法是当前最流行的驱虫方法。

一是种公猪、种母猪每季度驱虫1次（即一年4次），每次拌料用药连喂7天；

二是后备公猪、母猪转入种猪舍前驱虫1次，拌料用药连喂7天；

三是出生仔猪在保育阶段50～60日龄驱虫1次，拌料用药连喂7天；

四是引进猪并群前驱虫1次，每次拌料用药连喂7天。这种模式直接针对寄生虫的生活史、在主场中的感染分布情况及主要散播方式等重要内容。其特点是：加强了对主场种猪的驱虫强度，从源头上杜绝了寄生虫的散播，起到了全场逐渐净化的效果；考虑了小猪对寄生虫最易感这一情况，在保育阶段后期或在进入生长舍时驱虫1次，能帮助小猪安全度过易感期；依据猪场各种常见寄生虫的生活史与发育期所需的时间，种猪每隔3个月驱虫1次，比1年驱虫1次、2次甚至3次效果都好，如果选用药物得当，可对蛔虫、毛首线虫引起到在其成熟前驱杀的作用，从而避免虫卵排出而污染猪舍，减少重复感染的机会。故该模式是当前比较理想的猪场驱虫模式。

寄生虫病的防治是一项极其复杂的工作，必须以流行病学的研究为基础，贯彻"预防为主，防重于治"的原则，采取综合性防治措施，才能收到预期效果。具体措施概括如下：

1.驱虫　是杀灭宿主体内或体表寄生虫的一项预防性措施，其主要目的是预防寄生虫病的暴发和流行，减少疾病给畜牧业带来的损失。要使驱虫工作完成得更好，在驱虫前后和在驱虫过程中还要做好以下的几方面的工作。

（1）驱虫时间的确定：应根据流行特点、生活史规律来确定驱虫时间。"成熟前驱虫"是对某些蠕虫（吸虫、绦虫、线虫和棘头虫）驱虫的最佳时间，是乘虫体在宿主体内还没有发育成熟时进行驱虫，其优点即能将虫体消灭于产卵（或产幼虫）之前，又能防止虫卵或幼虫对外界环境的污染。"成熟前驱虫"需在掌握寄生虫的感染阶段，感染宿主到成熟排卵的时间方可进行。许多地方已把秋冬季节驱虫作为一种固定实施的防治制度。秋冬由于大多数家畜体质由强转弱，此时进行驱虫有助于家畜安全越冬，秋冬季节不适于虫卵和幼虫的发育，在寒冷地区大多数寄生虫的虫卵和幼虫是不能发育或不能越冬的，从而可以大大减少对环境的污染。

（2）驱虫场所的选择：为了防止粪便中的虫卵、幼虫及成虫裂解后散出的虫卵污染环境，因此，应在专门的（有隔离条件的）场所进行。

（3）驱虫药量要准确：驱虫药有驱虫作用，但如过量（特别是毒性大的药物）对家畜机体也能产生毒害作用，外用杀虫药浓度大小也是如此，因此，无论是预防驱虫或治疗性驱虫一定要掌握好用量或浓度。大批用药前必须先进行小群试验，以免发生大批中毒。同时还要根据家畜年龄大小，体质强弱不同，进行分群区别用药。

（4）用药后要注意观察：驱虫后要注意观察，如发现有中毒者，应立即解毒。对于治疗用药后的病畜要加强护理，以防继发其他疾病。

（5）驱虫后的观察：驱虫后应有一定的隔离时间，直至病原排完为止。

2.粪便堆积　平时和驱虫后的粪便要堆积生物热处理其目的是消灭外界环境中的虫卵或幼虫。随粪便排出的虫卵，有的具有较厚的卵壳，对外界各种因素的刺激具有较强的抵抗力，一般的化学药物均不能将其杀死，但对高温敏感，所以要将平时和驱虫后的粪便清扫干净，堆积起来进行发酵（生物热处理），既能杀死虫卵和幼虫，又能保证环境卫生。

3.消灭中间宿主　在有条件的情况下，消灭可能消灭的中间宿主，只有消灭了中间宿主，既可消灭其体内的感染性幼虫，又可使还没有进入中间宿主的幼虫无法获得中间宿主完成其发育。

4.消灭贮藏宿主和节肢动物媒介　贮藏宿主和节肢动物媒介起到携带和传播病原的作用，消灭贮藏宿主和节肢动物媒介即能控制和减少某些寄生虫的感染。

5.加强对家畜的饲养管理　做到全价营养，保持健壮体质，以增强机体抵抗寄生虫病的能力。对猪寄生虫病的预防工作还要着重做到以下3个方面：①要有专门的产仔间，严格消毒；②怀孕母猪要驱虫，临产前要把全身彻底洗净；③小猪要有专用猪舍。总之，着眼点主要放在小猪身上。

6.建立健全各项规章制度　包括肉品检验制度，肉品管理制度和建立轮牧制度，做好牧地预防，规章制度的健全对控制某些寄生虫的传播和流行起着决定性的作用。

防治寄生虫病应当有按照行政组织"阶梯"设置的相应的防治机构，由它们实施管理、监督、宣传教育和组织协作，建立防治制度，采取有效的措施，寄生虫病必能得到控制。

165个规模猪场普查结果，300万头次调查使用结果：寄生虫病危害严重，主要寄生虫有猪疥螨、猪蛔虫、猪毛首线虫和食道口线虫等。其中线虫感染率达50%以上，疥螨感染率近100%。目前，国内一些规模化猪场常用的应用程序简介如下：第一，对全场猪应用一次药物；第二，对初产母猪首次发情即应用药物，以后在每次配种前用药；第三，对怀孕母猪在产前2周应用一次药物；第四，对公猪每年至少用药2次，注射次数取决于猪场的污染情况；第五，对仔猪在转群时用药一次；第六，对新进的种猪用药物后7～14天再和其他猪并群；第七，对有血虱的猪场应用药2次，间隔时间为半个月；第八，要注意圈舍的清洁卫生。虫克净注射液：用于断奶转群仔猪和育成猪，每33kg体重注射1ml。虫克净粉：用于育成育肥猪（30～90kg）每吨料加200～300g，连用7天；后备母猪每吨料加400g，连用7天；母猪配种前1周、怀孕母猪产前14天和公猪每吨料加1000g，连用7天。

第一节　猪蛔虫病

猪蛔虫病是由猪蛔虫寄生在猪的小肠中而引起的一种线虫病。本病分布广泛，感染普遍，尤其是3～6月龄的猪最易感。一般表现生长发育不良，增重降低，严重感染发育停滞，伴发胃肠道疾病造成死亡，是造成养猪业损失最大的寄生虫病之一。

一、病原体

猪蛔虫是一种大型线虫，新鲜虫体呈粉红稍带黄白色，死后呈苍白色。中间稍粗，两端较细，近似圆柱形。虫卵椭圆形，棕黄色，壳厚，表面凸凹不平，未受精卵呈长椭圆形，90μm×40μm，受精卵呈短椭圆形70μm×40μm，随粪便刚排出的虫卵内含一个圆形卵细胞。

二、生活史

猪蛔虫发育不需要中间宿主，寄生于猪小肠内的雌虫和雄虫受精后，雌虫产出虫卵，虫卵随粪便排到外界，在28～30℃时经10天左右卵细胞发育为第一期幼虫。然后再经13～18天的生长和一次蜕化，变为第二期幼虫（仍在卵壳内）。这时的虫卵还没有感染能力，还需在外界再经过3～5周的成熟过程，才达到感染性虫卵阶段。

感染性虫卵被猪吞食后，经胃到小肠，并在小肠内孵化。经1～2h，卵内幼虫即可破壳而出，然后钻入肠黏膜，便开始在体内移行。多数钻入肠壁血管，随血循环经门静脉到肝脏。少数随肠道淋巴液进入乳糜管，到达肠系膜淋巴结，此后钻出淋巴结进入腹腔，由肝被膜钻入肝脏。也有一部分进入腹腔的虫体钻入胸导管，经前腔静脉入右心，之后经肺动脉进入肺脏。在感染后4～5天，进入肝脏内的幼虫进行第二次蜕皮，变为第三期幼虫。之后又随血液经肝静脉，后腔静脉进入右心房、右心室和肺动脉到肺毛细血管，再钻过血管壁和肺泡壁进入肺泡。凡不能到达肺脏而误入其他组织器官的幼虫，都不能继续发育。在感染后12～14天进入肺泡内的幼虫进行第三次蜕化，变为第四期幼虫，之后离开肺泡，经细支气管、支气管、气管，随黏液一起到达咽，进入口腔，并随黏液再被吞咽，经食道、胃，返回小肠，进行最后一次蜕化，逐渐长大发育为成虫。从感染性虫卵被猪吞食到发育为成虫

需经2～2.5个月。当幼虫移行时由肝被膜钻入肝脏引起肝的损伤，剖检时可见肝表面有灰白色粟粒大小的病灶（图4.3.1-1～图4.3.1-2）。

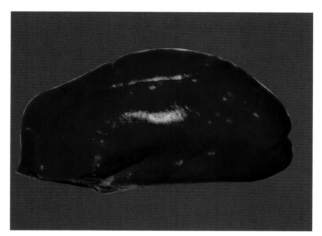

图4.3.1-1　猪蛔虫病：肝表面有灰白色斑点

图4.3.1-2　猪蛔虫病：肝切面有灰白色斑点

猪蛔虫只能生活在猪的小肠中，以两端抵在肠壁上，与肠蠕动波呈逆方向的弓形弯曲运动。它们以黏膜表层和肠内容物为食物。在猪体内寄生7～12个月后，即自动离开小肠随粪便排出体外。

【猪蛔虫发育路线图】

虫卵在肠内随粪便排至外界，发育为感染性虫卵→猪吞食后而感染→幼虫在猪肠道孵出→进入肠壁随血液循环到达肝脏→蜕化为第三期幼虫后→继续随肝静脉血流到达肺脏→寄生发育为第四期幼虫后→入细支气管→支气管→气管→到达咽口腔→咽下经食道，胃，返回小肠经第五期幼虫发育→成虫。从感染到发育为成虫，需2～2.5个月。在猪体内寄生7～12个月后自动离开小肠随粪便排出体外。

三、流行病学

猪蛔虫病的流行十分广泛，不论是规模化方式饲养的猪，还是散养的猪都有发生。此与猪蛔虫产卵大、虫卵对外界各种因素抵抗力强及饲养管理、环境卫生、营养缺乏和猪的年龄有着密切关系。在饲养管理不良、卫生条件恶劣、猪场过于拥挤、营养缺乏，特别是饲料中缺乏维生素和矿物质的情况下，感染率50%～60%，3～6月龄的仔猪最容易大批感染猪蛔虫，患病也较严重，常常发生死亡。猪感染蛔虫途径为消化道，主要是由于采食了被感染性虫卵污染了的饲料（包括生的青绿饲料）和饮水。放牧时也可以在野外感染。母猪的乳房沾染虫卵后，使仔猪吸奶时受到感染。

四、致病作用与症状

【致病作用】　幼虫在体内移行时，损害路经脏器和组织，破坏血管，引起血管出血和组织变性坏死。其中，尤以肝脏和肺脏损害较大，形成云雾状的蛔虫斑。成虫寄生小肠机械刺激也可损伤肠黏膜，致使肠黏膜发生炎症，导致消化机能障碍，多量聚集时，扭结成团阻塞肠道，严重时引起肠破裂（图4.3.1-3）。特别是猪只发热、妊娠、饲料改变和饥饿的情况下，虫体活动加剧，凡与小肠有管道相通的脏器、部位，如胆管（图4.3.1-4）、胰管和胃等，均可被蛔虫钻入，引起胆管和胰管阻塞，引起胆道蛔虫病，发生胆绞痛、胆管炎、阻塞性黄疸和消化障碍等。

图4.3.1-3　猪蛔虫病：肠管内的猪蛔虫

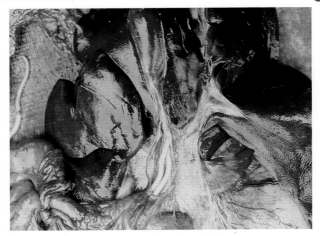

图4.3.1-4　猪蛔虫病：钻入胆管内的猪蛔虫

【症状】　蛔虫大量寄生时，夺取猪体大量营养，病猪表现营养不良，消瘦、贫血，被毛粗乱，生长缓慢甚至停滞成为僵猪。肠黏膜被损伤，引起黏膜出血或表层溃疡的同时，也为其他病原微生物的侵入打开门户，造成继发感染。临床表现有：咳嗽、呼吸增快、体温升高、食欲减退和精神沉郁，病猪伏卧在地，不愿走动；猪蛔虫幼虫移行和成虫寄生过程中，分泌的有毒物质、生命活动的代谢产物及有些虫体死亡后腐败分解产物，被机体吸收而引起中枢神经障碍、中毒及过敏等症状。

五、诊断

尽管蛔虫感染会出现上述一些病症，但确诊需作实验室检查。2月龄以内仔猪患病时，虫体尚未发育成熟，不宜用虫卵检查，而应通过剖检仔细观察肝脏和肺脏的病变，用贝尔曼法或凝胶法分离肝、肺或小肠，发现大量幼虫即可确诊。对2个月以上的仔猪，可用漂浮法在显微镜下检查虫卵。

六、防治

【预防】　对猪蛔虫病的预防必须采取综合性防治措施，主要是消灭带虫猪体内的虫体，加强仔猪饲养管理，搞好环境卫生，及时清除粪便，防止仔猪感染。

1. 预防性驱虫　在蛔虫病流行的猪场，每年春秋两季各进行一次全面驱虫；对2～6月龄的仔猪，在断奶后驱虫2次，以后每隔1.5～2个月再驱虫1～2次；从外地引进的猪，应先隔离饲养，进行粪便检查，如查有蛔虫寄生，须进行1～2次驱虫后再并群饲养，以防止病原的传入和扩散。

2.保持猪舍和运动场的清洁 猪舍内要通风良好，阳光充足，避免潮湿和拥挤。猪舍内要勤打扫，勤冲洗，勤换垫草。运动场和圈舍周围，应于每年春末和秋初翻土2次，或铲除一层表土，换上新土。

3.保持饲料和饮水的卫生 饲料、饮水要新鲜清洁，避免粪便污染。

4.加强饲养管理 饲料中要富含蛋白质、维生素和矿物质，保证仔猪全价营养，体质健壮，增强机体抗病能力。

5.粪便无害化处理 猪的粪便和垫草清除出圈后，要运到离猪舍较运的场所堆积发酵或挖坑沤肥，进行生物热处理，以杀死虫卵。

【治疗】

1.左旋咪唑（左咪唑） 8mg/kg体重，溶水灌服，混料喂服或饮水服药；也可配成5%溶液进行皮下或肌内注射。对成虫和幼虫均有效。

2.甲苯咪唑 10～20mg/kg体重，用水灌服或混料喂服，对成虫有效。

3.伊维菌素 针剂每千克体重0.3mg，一次皮下注射。

4.预混剂 每千克体重0.1mg混饲，连用7天。仔猪应适当减量慎用。

第二节　猪囊尾蚴病（猪囊虫病）

猪囊尾蚴病又名猪囊虫病，是由寄生在人小肠内的有钩绦虫（猪带绦虫、链状带绦虫）的幼虫（猪囊尾蚴）寄生于猪体内，也可寄生于人体内而引起的一种危害极大的绦虫蚴病。

本病分布极广，呈全球性分布，在我国分布也非常广泛。

一、病原体

【成虫】

有钩绦虫呈背腹扁平带状虫体，由头节、颈节和数百个至上千个体节组成（图4.3.2-1），长2～5m，偶有长达8m的。

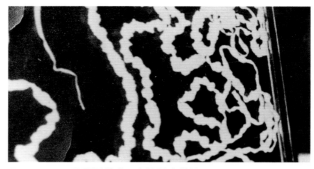

图4.3.2-1　猪囊尾蚴病：有钩绦虫节片

图4.3.2-2　猪囊尾蚴病：猪囊尾蚴

【虫卵】

为圆形或略为椭圆形，随粪便排出的虫卵卵壳多已脱落，其外是一层比较厚具辐射状条纹的胚膜，内有一个圆形的六钩蚴。

【幼虫】

（猪囊尾蚴）发育成熟后呈椭圆形，黄豆大，为半透明的囊泡，囊内充满液体，囊壁是一层薄膜，壁上有一个圆形，小高粱米粒大乳白色小结，其内有一个内翻的头节，其构造与成虫头节相似。

二、生活史

【成虫】

（有钩绦虫）寄生在人小肠的前半段，孕卵节片陆续从虫体上脱落下来，随粪便排出体外。

【节片或虫卵】

猪食入含有节片或虫卵的人粪便或是被虫卵或节片污染了的饲料和饮水而感染。在胃肠液的作用下（有人认为主要是六钩蚴本身小钩的作用），经1～3天六钩蚴破壳而出，然后钻入肠壁小血管或淋巴管，随血流到达猪体各部停留下来，经2～3个月发育为具有感染能力的囊尾蚴。

【囊尾蚴寄生部位】

以咬肌、膈肌、肋间肌以及颈部、肩部和腹部的肌肉最多见（图4.3.2-3），内脏以心肌最多见

（图4.3.2-4）。猪囊尾蚴在猪体内生存数年后钙化而死亡。

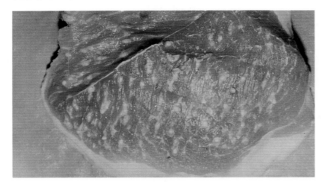

图4.3.2-3　猪囊尾蚴病：寄生于肌肉的猪囊尾蚴

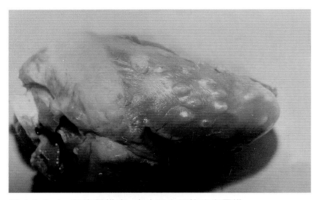

图4.3.2-4　猪囊尾蚴病：寄生于心肌的猪囊尾蚴

【移行过程】

人如果食入生的或半生不熟的含有活的囊尾蚴的猪肉后经胃到小肠，在胃肠液作用下，囊壁消化头节伸出，经50天左右发育为成虫。在人体内通常只寄生一条，偶寄生2～4条者，成虫在人体内可活25年之久。

三、致病作用

六钩蚴在体内移行时，可引起组织创伤。寄生在肌肉时，可引起周围肌肉变性萎缩，如寄生在眼内时，可引起视力障碍，严重者失明。如寄生在大脑时，破坏大脑的完整性，发生炎性反应，引起脑水肿和化脓性脑膜炎，从而降低机体的防御能力，严重者可引起死亡。

四、症状

一般感染症状不明显，只有在极严重感染或某个器官受到损害时，才表现明显症状。大多表现营养不良、生长受阻、贫血和水肿。如囊虫寄生在膈肌、肋间肌、心肺及咽喉、口腔部肌肉时，可出现呼吸困难、声音嘶哑和吞咽困难；寄生在眼部时，视力

减退，甚至失明；如寄生在大脑时，可表现有癫痫症状，有时会发生急性脑炎而突然死亡。

五、病理变化

严重感染肌肉苍白水肿，切面外翻，凸凹不平，脑、眼、心、肝、脾、肺等部，甚至淋巴结，脂肪内也可找到虫体。初期在囊尾蚴外部有细胞浸润，继之发生纤维性病变，长大的囊尾蚴压迫周围肌肉，出现萎缩。虫体死亡时，囊液变为浑浊，虫体崩解后同囊液一起钙化。

六、诊断

猪囊尾蚴病的生前诊断比较困难，通过宰后检验，在肌肉中发现囊尾蚴而得以确诊。

七、治疗

1．吡喹酮　50～80mg/kg体重，肌内注射。

在用药3～4天后可出现体温升高、沉郁、食欲减退、呕吐，重者卧地不起、肌肉震颤、呼吸困难等。主要是由于囊虫的囊液被机体吸收所致。为减轻不良反应，可静脉注射高渗葡萄糖等。

2．丙硫咪唑　注射用量和使用方法与吡喹酮相同，优点是成本低，用药后不表现神经症状，安全可靠。该药也可混入饲料喂饲（饲料温度需维持常温），用药量应高于注射用量的1.5倍以上方可收效。用药后应舍饲4～5个月方可痊愈。

八、预防

本病的防治原则是"预防为主"，把住病从口入关，实行以驱为主，驱、检、管、治、免相结合的综合防治措施。肉品卫生检疫规定：猪肌肉的40cm²面积上，检出3个（含3个）以下囊尾蚴或钙化虫体时，经冷冻或盐腌等无害化处理后出厂；4～5个虫体经高温处理后出厂；6个以上者，炼工业油或销毁；胃、肠、皮张不受限制出厂；其他内脏和体内脂肪经检验无囊尾蚴方准出厂。无害化处理方法如下。

（1）冷冻：-13℃ 4昼夜以上；

（2）盐腌：2kg以下肉块，用不低于肉重15%的浓盐水腌渍3个星期以上；

（3）高温：虽然从肌肉中摘出的虫体，加热至48～49℃可被杀死，但肉中的虫体要在煮沸到深部肌肉完全变白时，才能杀死全部虫体。

第三节　旋毛虫病

旋毛虫病是由旋毛形线虫成虫寄生于肠管，幼虫寄生于横纹肌而引起的一种线虫病。

本病是猪、犬、猫、鼠等许多动物和人都可感染的一种重要的人畜共患的寄生虫病。除严重危害猪体，对人的危害更大，严重感染可致人死亡。

云南、西藏和东北都有过居民由于食入生的或未煮熟的猪肉和狗肉引起本病的发生、流行和死亡的报告，因此本病在肉品卫生检验上特别重要。

一、病原体

成虫（肠旋毛虫）：虫体细小，肉眼几乎难以辨认。雄虫长 1.4 ～ 1.6mm，雌虫长 3 ～ 4mm。

幼虫（肌旋毛虫）：长达 1.15mm，在肌纤维膜内形成包囊，虫体在包囊内呈螺旋状卷缩（图 4.3.3-1）。人、猪旋毛虫的包囊呈椭圆形，最初包囊很小，最后可达 0.25 ～ 0.5mm。

二、生活史

成虫的雌、雄虫在肠黏膜内进行交配，交配后不久，雄虫死去。雌虫钻入肠腺或黏膜下的淋巴间隙中发育，并在感染后 7 ～ 10 天开始产生幼虫，每条雌虫可产幼虫 1500 条以上，产完幼虫后，雌虫也即死亡。

幼虫经肠系膜淋巴结入血流到全身，但只有进入横纹肌纤维内才能进一步发育，形成包囊。另一动物吞食含有活的幼虫的肌肉后，包囊在胃内溶解，幼虫逸出，到十二指肠和空肠，并钻入肠黏膜，经二昼夜发育为成虫。

三、症状

轻微感染症状不明显，严重感染 3 ～ 7 天后出现体温升高，腹泻，便中带有血液，有时呕吐，病猪迅速消瘦，常在 12 ～ 15 天死亡。

感染 2 ～ 3 周后，当大量幼虫侵入横纹肌时，病猪表现体痒，时常靠在墙壁、饲槽和栏杆上蹭痒。肌肉疼痛，咀嚼、吞咽和行走困难，喜躺卧。精神不振，食欲减退，声音嘶哑，眼睑和四肢呈现水肿。但极少死亡，多于 4 ～ 6 周后症状消失。

四、病理变化

肌旋毛虫在肌肉中寄生的数量以膈肌寄生的最多。

形成包囊的虫体，其包囊与周围肌纤维有明显界限，包囊内一般只含一个清晰盘卷的虫体，严重感染的病例，也有包囊含有 2 条至数条虫体的。

五、诊断

目前，采用肌肉压片法进行诊断，首先从待检动物的左右膈肌脚割取小块肉样，撕去肌膜和脂肪（图 4.3.3-2 ～ 图 4.3.3-3），然后再从肉样的不同部位剪取 24 个麦粒大小的小肉块，用旋毛虫检查玻板压片镜检或用旋毛虫投影器检查，如有包囊即可作出诊断。

六、治疗

目前，对旋毛虫病的治疗只限于人，对猪旋毛虫病尚没有开展药物疗法。

对人体旋毛虫病的治疗可用噻苯咪唑(噻苯唑、噻咪唑)，每日 25 ～ 40mg/kg 体重，分 2 ～ 3 次口服，5 ～ 7 天为一疗程，可杀死成虫和幼虫。

图 4.3.3-1　猪旋毛虫病: 寄生在肌肉中的旋毛虫幼虫(HE×20)

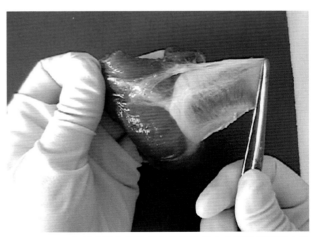

图 4.3.3-2　旋毛虫检查首先从待检动物的左右膈肌脚割取小块肉样，撕去肌膜和脂肪

图4.3.3-3 旋毛虫病检查：膈肌脚割取小块肉样检查是否有旋毛虫

第四节　棘球蚴病

由带科细粒棘球蚴绦虫的中绦期幼虫细粒棘球蚴寄生于猪肝、肺等脏器而引起的一种绦虫蚴病。

一、病原体

细粒棘球绦虫是一种很小的绦虫，细粒棘球绦虫（成虫）寄生于犬（图4.3.4-1）、猫、狼、狐狸等肉食动物的小肠内，体长只有2～6mm，由一个头节和3～4个节片组成。

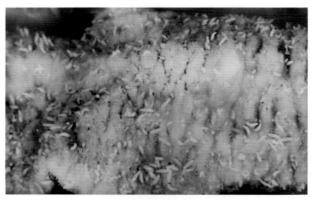

图4.3.4-1 寄生于狗小肠内的细粒棘球绦虫的幼虫（棘球蚴）

二、生活史

猪、牛、羊、人等是细粒棘球绦虫中间宿主，犬等肉食动物是终末宿主。细粒棘球绦虫（成虫）寄生于犬等肉食动物的小肠内，孕节脱落随粪便排到外界，破裂后虫卵散出，污染食物、饲料、饮水和牧场。中间宿主（猪、牛、羊、人等）食入后，六钩蚴在消化道内孵出，即钻入肠壁血管，随血液循环到肝、肺等器官和组织中发育为棘球蚴。棘球

蚴可在动物和人体内生长可延续数年至十几年之久。终末宿主（狗、猫、狼、狐狸等）吞食寄生有棘球蚴（不育囊除外）的肝、肺等器官和组织后，经胃到小肠，在胃肠液作用下，囊壁被消化，原头蚴经7周即可发育为成虫。

三、致病作用

【对器官的挤压】

如果寄生的棘球蚴体积大、数量多，对机体的危害就大，被挤压的脏器可引起萎缩，机能障碍，甚至引起死亡。

【毒素作用】

棘球蚴的囊液含有毒素（异体蛋白），破裂后对宿主引起剧烈过敏反应，使宿主发生呼吸困难，体温升高，腹泻，严重者可造成死亡，而且囊中的原头蚴以及破碎的生发层都可在身体的任何部位生成新的棘球蚴，其危害就更加严重。

四、临床症状

严重感染。如寄生于肺，可表现慢性呼吸困难和咳嗽。如肝脏感染严重，肝脏肿大，有时在肝区及腹部有疼痛表现，病猪表现不安痛苦的鸣叫。

五、病理变化

猪的棘球蚴主要见于肝（图4.3.4-2）、肺，表面凸凹不平，有时明显看到棘球蚴显露囊面。

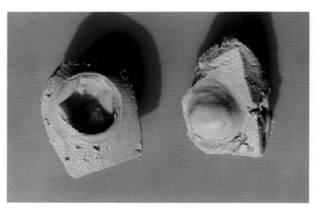

图4.3.4-2 寄生于猪肝脏的棘球蚴压迫肝脏而形成的凹陷病灶

六、诊断

可根据临床表现，结合流行病学分析，作出初步诊断。

尸体剖检或是屠宰时，检查有棘球蚴寄生。

七、治疗

目前尚无有效药物，人患棘球蚴病时可进行手术摘除。

八、预防

（1）禁止狗、猫进入猪圈舍和到处活动，管好狗、猫粪便，防止污染牧草、饲料和饮水。

（2）对狗、猫要定期驱虫，每年至少4次，驱虫药物如下。

氢溴槟榔碱：狗1.5～2mg/kg体重，猫2.5～4mg/kg体重，口服。

氯硝柳胺（灭绦灵）：狗400～600mg/kg体重，口服。

（3）屠宰牛、羊、猪时发现肝、肺及其他组织器官有棘球蚴寄生时，要进行销毁处理，严禁喂狗、喂猫。

（4）猪要圈养，不放牧不散养。

第五节　猪食道口线虫病（猪结节虫病）

猪食道口线虫病是由多种线虫寄生于猪的结肠和盲肠而引起的一种线虫病，通常情况下虫体致病力轻微，严重时可引发结肠炎，幼虫寄生在肠壁内形成外观上可见多发性结节，俗称结节虫病。常见种类有有齿食道口线虫和长尾食道口线虫。

一、病原体

有齿食道口线虫：乳白色，雄虫长8～9mm，雌虫长8～11.3mm。

长尾食道口线虫：暗灰色，雄虫长6.5～8.5mm，雌虫长8.2～9.4mm。

二、生活史

雌虫在猪大肠内产卵，虫卵随猪粪便排出体外。在外界适宜的温度（25～27℃）和湿度条件下经4～8天，幼虫孵出并经两次蜕皮发育为带鞘的感染性幼虫。猪经口吞食后，幼虫在肠内蜕鞘，钻入大肠黏膜下形成大小为1～6mm的结节；感染后6～10天，幼虫在结节内蜕第三次皮，成为第四期幼虫（图4.3.5-1～图4.3.5-2）；之后返回肠腔，蜕第四次皮，成为第五期幼虫。感染后38天（幼猪）或50天（成年猪）发育为成虫。成虫在大肠内寄生期限为8～10个月。

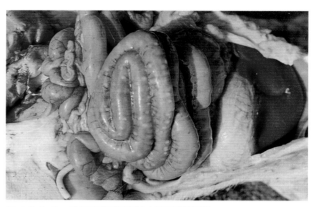

图4.3.5-1　幼虫在结肠黏膜内形成的结节

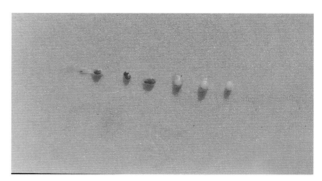

图4.3.5-2　从结肠浆黏膜剥下的幼虫展示

三、临床症状与病理变化

一般情况下感染时，无明显可见症状，普查寄生虫卵时可发现。只有在严重感染时，大肠才出现大量结节，发生结节性肠炎。粪便中带有脱落的黏膜，腹泻或下痢，高度消瘦，发育障碍。继发细菌感染时，则发生化脓性结节性大肠炎。严重者可造成死亡。

四、诊断

由于许多疾病临床表现都有类似症状，所以单从临床表现不能确诊本病。

尸体剖检，检出成虫及大肠病灶结节而得以确诊。

五、治疗

1. 硫化二苯胺（吩噻嗪）　0.2～0.3g/kg体重，混于饲料中喂服，共用2次，间隔2～3天。猪对此药较敏感，应用时要特别注意安全。

2. 敌百虫　0.1g/kg体重，作成水剂混于饲料中喂服。

3. 0.5%甲醛溶液灌肠　将患猪后躯抬高，使头下垂，身体与地面垂直，将配好的福尔马林液2L，注入直肠，然后把后躯放下，注后患猪很快排便。注入越深，效果越好。

4．左旋咪唑　10mg/kg 体重，混于饲料一次喂服。

5．四咪唑　20mg/kg 体重，拌料喂服，或 10 ～ 15mg/kg 体重，作成 10% 溶液肌内注射。

6．丙硫苯咪唑　15 ～ 20mg/kg 体重，拌料喂服。

7．噻嘧啶（噻吩嘧啶，抗虫灵）　30 ～ 40mg/kg 体重，混饲喂服。本药对光线敏感，混入饲料喂服时，尽可能避免日光久晒。

第六节　后圆线虫病（猪肺线虫病）

猪后圆线虫病是由长刺后圆线虫和复阴后圆线虫和萨氏后圆线虫（少见）寄生于猪的支气管和细支气管而引起的一种线虫病。由于后圆线虫寄生于猪的肺脏，虫体呈丝状，故又称猪肺线虫病或猪肺丝虫病。

本病多发生于仔猪，主要引起猪慢性支气管炎和支气管肺炎，导致病猪消瘦，发育受阻，甚至引起死亡。

一、病原体

虫体呈丝状，乳白色或灰白色，长刺后圆线虫雄虫长 11 ～ 26mm，雌虫长 20 ～ 51mm。复阴后圆线虫雄虫长 16 ～ 18mm，雌虫长 19 ～ 37mm。

二、生活史

雌虫在猪的支气管中产卵，卵随黏液到咽喉部，被猪咽入消化道，并随粪便排出体外。虫卵在土壤中或被蚯蚓吞食后在蚯蚓体内，经 10 ～ 20 天发育为感染性幼虫，猪吞食带有感染性幼虫的蚯蚓或是吞食游离在土壤中的感染性幼虫而感染。感染性幼虫进入猪的消化道，钻入肠壁进入肠系膜淋巴结，经淋巴循环到心脏，再由小循环到肺脏，从毛细血管钻入肺泡和小支气管，之后移行到大支气管，在感染后的 25 ～ 35 天，发育为成虫。大部分成虫可在感染后数周内被排除，只有少量虫体，主要是寄生在肺深部的虫体可得以存留，其寿命约为 1 年。

三、临床症状与病理变化

轻微感染症状不明显，严重感染时，病猪主要表现消瘦，发育不良和强烈的阵发性咳嗽，特别是早晚、运动、采食后或遇冷空气时更为剧烈。病初还有食欲，之后食欲减退甚至废绝，精神沉郁，极度消瘦，呼吸困难急促，最后极度衰弱而死亡。即使病愈，生长仍缓慢。

剖检主要变化见于肺脏，可见隔叶腹面边缘有楔状肺气肿区，靠近气肿区有坚实的灰色小结，支气管增厚、扩张，小支气管周围呈淋巴样组织增生和肌纤维肥大，支气管内有虫体和黏液（图 4.3.6-1 ～图 4.3.6-2）。

图 4.3.6-1　肺横切支气管内的猪肺线虫

图 4.3.6-2　肺纵切支气管内的猪肺线虫

四、治疗

1．左旋咪唑（左咪唑）　15mg/kg 体重，一次肌注，间隔 4h 重用一次或 10mg/kg 体重，混于饲料一次喂服，对 15 天龄幼虫和成虫均有 100% 的疗效。

2．四咪唑（噻咪唑，驱虫净）　20 ～ 25mg/kg 体重，口服或 10 ～ 15mg/kg 体重，肌注。

3．氰乙酰肼　17.5mg/kg 体重，口服或 15mg/kg 体重，皮注，但总量不超过 1g，连用 3 天。

4．海群生（乙胺嗪）　100mg/kg 体重，溶于

10ml 溜水中，皮下注射，每天 1 次，连用 3 天。

五、预防

1. 定期驱虫　在猪肺线虫病流行地区，每年春秋两季应在粪检的基础上对仔猪和带虫成年猪进行定期驱虫。

2. 粪便处理　经常清扫粪便，运到离猪舍较远地方堆积进行生物热发酵，猪圈舍和运动场经常用 1% 热碱水或 30% 草木灰水消毒，以便杀死虫卵。

3. 防止猪吃到蚯蚓　猪场应建于高地干燥处，应铺水泥地面或木板猪床，注意排水，保持干燥，创造无蚯蚓滋生的条件，避免猪只到低洼潮湿有蚯蚓分布的地带放牧。

4. 加强饲养管理　注意全价营养，增强猪体抗病能力。

第七节　猪疥螨病

猪疥螨病是由猪疥螨寄生于猪的皮肤内而引起的一种接触感染的慢性皮肤寄生虫病，是以皮肤剧痒和皮肤炎症为特征。

一、病原体

成虫圆形，浅黄白色或灰白色，背面隆起，腹面扁平，口器（假头）咀嚼式，蹄铁形，躯体的腹面四对短粗圆锥形的足，前两对朝前，较长大，伸出体缘，后两对向后，较短小，不伸出体缘（图 4.3.7-1）。雌虫大小为 (0.33 ~ 0.45) mm×(0.25 ~ 0.35) mm，雄虫大小为 (0.2 ~ 0.23) mm×(0.14 ~ 0.19) mm。

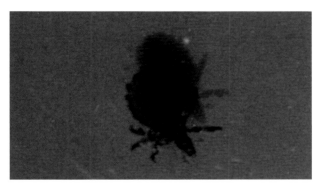

图 4.3.7-1　猪虱病：猪血虱虫体

二、生活史

疥螨的发育过程包括虫卵、幼虫、若虫和成虫

四个阶段。成虫在宿主的皮肤内挖掘隧道，以宿主皮肤组织和渗出淋巴液为营养。雌雄交配后，雄虫不久死亡，雌虫可在隧道中存活 4 ~ 5 周，并在隧道中产卵，虫卵孵化出幼虫，其幼虫爬到皮肤表面，在毛间的皮肤上开凿小穴，在里面蜕化为若虫。若虫也钻入皮肤挖掘狭而浅的穴道，并在里面蜕化为成虫。整个发育周期为 8 ~ 22 天，平均 15 天。

三、流行病学

猪疥螨的感染途径为直接或间接接触感染。直接接触感染是由于患病猪和健康猪合群饲养，一起放牧、拥挤及交配时，疥螨可从病猪身上爬到健康猪的身上而引起感染。间接接触感染是通过被虫体污染的用具、饲槽、墙壁、树木等，健康猪再到这些地方蹭痒而引起感染。

发病季节为秋冬和早春，舍内湿度增大，皮肤的湿度也相对增大，这些环境都有利于猪疥螨的发育、繁殖和蔓延，从而引起猪疥螨的发生和流行。

营养不良而瘦弱的猪，患其他疾病、机体抵抗力降低及幼龄猪都易感染本病，病情严重，症状明显。随着年龄的增长，抗螨免疫性增强（年龄免疫）的结果以及营养状况良好的猪，疥螨的繁殖也慢，从而症状轻微或不发病。

四、致病作用和临床症状

猪疥螨的成虫，幼虫和若虫在猪的皮肤内寄生时，挖掘小穴和隧道及体表的刚毛，锥突和鳞片的机械作用，病原体的代谢产物及分泌物的毒素作用，都可刺激皮肤和皮肤神经末梢，从而引起猪体皮肤发痒。不断蹭痒，用力摩擦，最初皮屑和被毛脱落，之后皮肤潮红，浆液性浸润，甚至出血，渗出液和血液干涸后形成痂皮。久而久之，皮肤增厚，粗糙变硬，失去弹性或形成皱褶和龟裂。病变开始发生于头部、眼窝、颊及耳部（图 4.3.7-2），之后蔓延到颈部、肩部、背部、四肢、尾部、躯干两侧。严重时全身出现病变（图 4.3.7-3）。由于管理不善有的猪场种公猪亦被感染（图 4.3.7-4）。

图 4.3.7-2　猪疥螨病：耳内侧皮肤疥螨病变

图 4.3.7-3　猪疥螨病：断奶仔猪全身皮肤疥螨病变

图 4.3.7-4　猪疥螨病：种公猪全身皮肤疥螨病变

由于疥螨的寄生和不断蹭痒的结果，皮肤构造和机能遭受严重破坏，同时，也严重影响猪的采食和休息，致使猪体营养不良，逐渐消瘦，发育受阻和停滞，成为僵猪，甚至引起死亡。

五、诊断

根据流行病学特点、发病季节秋冬春初、阴暗潮湿环境和临床表现剧痒与皮肤炎症，即可作出初步诊断。本病的确诊要靠实验室诊断，其方法和步

骤如下。

1．刮取病料　选择患病部位皮肤与健康皮肤交界处，先把被毛剪去，再刮下表层痂皮，然后用蘸有水、甘油、煤油（煤油有透明皮屑的作用，使其中虫体易被发现，但虫体在煤油中容易死亡，故需观察活体时不用煤油）、液状石蜡或5%的氢氧化钠溶液的凸刃小刀，刀刃与皮肤表面垂直，刮取皮屑，刮至皮肤稍微出血为止，将刮下的皮屑收集于培养皿或试管内。

2．检查方法

（1）直接涂片法：将刮取粘在刀刃上的皮屑病料涂在载玻片上，滴加一些液状石蜡、50%甘油水溶液或10%氢氧化钠溶液，镜检观察活螨。

（2）沉淀法：将刮取的皮屑病料放入试管中，加入10%氢氧化钠溶液煮沸数分钟或浸泡2h，自然沉淀或离心数分钟后，取沉渣少许涂于载玻片上，盖上盖片用低倍镜检查虫体。

（3）漂浮法：用沉淀法处理后，在沉渣中加入60%硫代硫酸钠溶液，离心沉淀或静置十余分钟后，取表层液镜检。

六、预防

（1）对猪场全部猪驱虫一次。

（2）母猪产仔前1～2周驱虫一次。

（3）种公猪一年驱虫二次。

（4）仔猪断奶转群前驱虫一次。

（5）彻底清洁环境，加强粪便管理，防止再次感染。治疗猪疥螨病目前采用具有根除体内外十几种寄生虫的阿维菌素（虫克星）试剂，在国内推广应用具有特效。

第八节　弓形虫病

弓形虫病（又名弓形体病或弓浆虫病）是由刚地（刚第）弓形虫有性繁殖过程在猫的肠上皮细胞内，无性繁殖过程在猪、马、牛、羊、狗、猫等多种动物和人的有核细胞内而引起的一种人畜共患的原虫病。

我国1955年在野兔体内首次发现，以后又在猫体内发现，到1977年上海发现以往所谓猪无名高热病是由弓形虫病引起后，相继在江苏、北京、辽宁、

黑龙江、广州、安徽、湖北、宁夏和吉林等省、市的猪都先后发生弓形虫病。

一、病原体

寄生于各种动物和人体的弓形虫，在形态学和生物学特性上(包括血清免疫学特性)均无任何差异，说明至今发现的弓形虫全为一个种。

弓形虫在整个发育过程中分5种类型，即滋养体、包囊、裂殖体、配子体和卵囊。其中滋养体和包囊是在中间宿主(人、猪、狗、猫等)体内形成的，裂殖体、配子体和卵囊是在终末宿主(猫)体内形成的。

各型虫体形态：滋养体呈新月形、香蕉形或弓形，大小为(4~7)μm×(2~4)μm，一端稍尖，一端钝圆。姬氏或瑞氏染色后镜下观察，胞浆浅蓝色，有颗粒，核呈深蓝紫色，偏于钝圆一端(图4.3.8-1)。电镜观察超微结构，有顶环、类锥体、弓丝、膜下纤维、核、高尔基体、线粒体和内质网状结构等。滋养体主要发现于急性病例，在腹水中常可见到游离的(细胞外的)单个虫体；在有核细胞内(单核细胞，内皮细胞、淋巴细胞等)还可以见到繁殖中的虫体，形状多样，有圆形、卵圆形、柠檬形和正在出芽不规则形状等；有时在宿主细胞的胞浆内，许多滋养体簇集，外观似包囊，其囊壁是宿主的细胞膜，称为假囊。

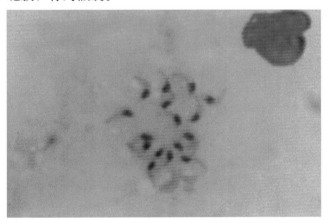

图4.3.8-1　弓形虫病：病猪淋巴结涂片滋养体组织学瑞氏染色×100

包囊卵圆形，直径可达50~60μm，囊膜较厚，由虫体分泌形成，囊内虫体数目可由数十个至数千个(图4.3.8-2~图4.3.8-3)。包囊出现于慢性或无症状病例，主要寄生于脑、骨骼肌和视网膜以

及心、肺、肝、肾等器官。

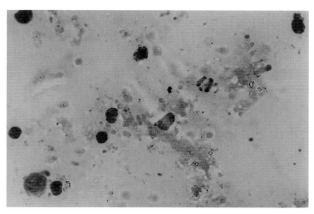

图4.3.8-2　弓形虫病：病猪淋巴结涂片分裂的滋养体组织学瑞氏染色×100

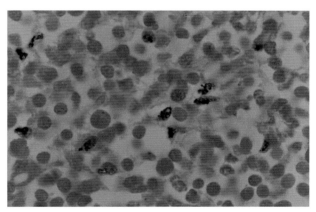

图4.3.8-3　弓形虫病：肺内的包囊组织学(HE×100)

裂殖体圆形，寄生在猫的肠上皮细胞内，经裂殖生殖可发育形成许多裂殖子。配子体也是寄生在猫的肠上皮细胞内，是经裂殖生殖后产生的有性世代，又分大配子体(雌配子)和小配子体(雄配子)，大配子体核小而致密，并含有颗粒，小配子体色淡，核疏松。

卵囊是随猫粪便排至体外阶段，呈卵圆形，表面光滑，囊壁分两层，大小为(11~14)μm×(9~11)μm。感染性卵囊内有2个卵圆形的孢子囊，每个孢子囊内含4个长形弯曲的子孢子。

其中，滋养体、包囊和感染性卵囊这3种类型都具感染能力。

二、生活史

在终末宿主体内的发育：滋养体、包囊和感染性卵囊被猫食入后，经胃到消化道，在胃液和胆汁作用下，包囊和卵囊壁溶解后，放出滋养体和子孢子，侵入肠上皮细胞，首先形成裂殖体，经过裂殖生殖产生大量裂殖子。如此反复若干次后，裂殖子转化为雌雄配子体，进行配子生殖，雌雄配子交合产生合子，外被囊膜，形成卵囊，随猫的粪便排到外界，在适宜的环境中，经2～4天发育为感染性卵囊。

在中间宿主体内的发育：当人和动物摄食含有包囊或滋养体的肉食或被感染性卵囊污染的食物、饲草、饮水，侵入体内，滋养体还可经口腔、鼻腔、呼吸道黏膜、眼结膜和皮肤感染，

通过淋巴血液循环进入各脏器有核细胞，在胞浆内以内出芽的方式进行无性繁殖。如果虫株毒力强，宿主还没有产生足够的免疫力，即可引起急性发病过程。相反，如果虫株毒力弱，宿主又很快产生了免疫力，弓形虫的繁殖受阻，则慢性发病或无症状感染，此时，虫体在中间宿主体内一些脏器组织中形成包囊型虫体。母体还可通过胎盘感染胎儿（图4.3.8-4～图4.3.8-8）。

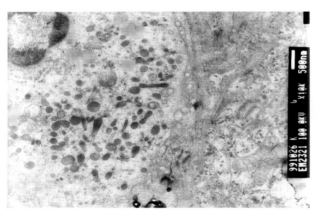

图 4.3.8-4　弓形虫病包囊型：肺超微病理变化，包囊内的孢子电镜（×10000）

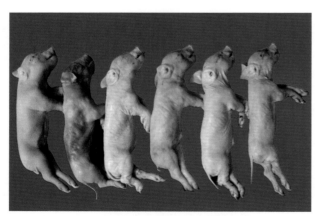

图 4.3.8-5　弓形虫病包囊型：死胎与死亡的弱仔猪

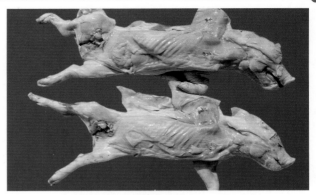

图 4.3.8-6　弓形虫病包囊型病理变化：肌肉苍白营养不良

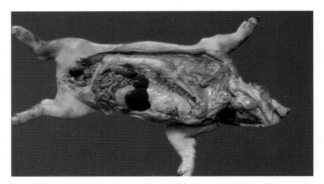

图 4.3.8-7　弓形虫病包囊型病理变化：体表淋巴结肿大，灰白色

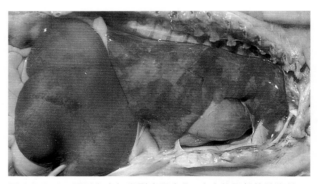

图 4.3.8-8　弓形虫病包囊型病理变化：由虫体引起的肺炎灶

综上所述，弓形虫可在猫的肠上皮细胞进行有性繁殖过程，经裂殖生殖（无性繁殖）和配子生殖（有性繁殖）后形成卵囊。又可经淋巴血液循环侵入各脏器有核细胞内进行无性繁殖。所以说猫即是弓形虫的终末宿主，又是中间宿主。而在人及其他动物体内都是进入各脏器有核细胞进行无性繁殖，所以人及其他动物都是弓形虫的中间宿主。

三、流行病学

弓形虫病流行广泛取决于以下因素：

1. 易感动物多　弓形虫是一种多宿主的寄生

虫、人、畜、禽及许多野生动物对弓形虫都易感。据报道，45种哺乳动物，70种鸟类，5种冷血动物都能感染本病，试验动物中小白鼠、天竺鼠和家兔等也能人工感染。

2. 感染来源广　弓形虫病的感染来源主要为患病和带虫动物，因为它们体内带有弓形虫的滋养体和包囊，已经证明患病和带虫动物的唾液、痰、粪便、尿、乳汁、蛋、腹腔液、眼分泌物、肉、内脏淋巴结、流产胎儿体内、胎盘和流产物中以及急性病例的血液中都可能含有滋养体，此外，还有被病猫和带虫猫排出的卵囊污染的土壤、饲料、饲草、饮水等。据报道6个月或6月龄大点的猫排卵囊最多，一次持续5～14天，最高峰每日可排10万～100万个卵囊。许多昆虫（食粪甲虫、蟑螂、污蝇等）和蚯蚓可以机械地传播卵囊。吸血昆虫和蜱类通过吸血传播病原，这些都可能成为感染来源。

3. 卵囊、包囊和滋养体的抵抗力　滋养体的抵抗力弱，生理盐水内几小时感染力消失，1%来苏尔1min就能杀死。包囊在冰冻或干燥的条件下不易生存，但在4℃时尚能存活68日。卵囊的抵抗力很强，在常温下可以保持感染力1～1.5年，一般常用的消毒药对卵囊没有影响，混在土壤和尘埃中的卵囊能长期存活。

4. 感染途径多　除经口吞食含有包囊或滋养体的肉类和被感染性卵囊污染的食物、饲料、饲草、饮水以及吞食携带卵囊的昆虫和蚯蚓感染外，滋养体还可经口腔、鼻腔、呼吸道黏膜、眼结膜和皮肤感染，母体胎儿还可通过胎盘感染。

四、致病作用

由于弓形虫侵入机体后，随淋巴、血液循环散布于全身多种器官和组织，并在细胞中寄生和繁殖，致使脏器和组织细胞遭到破坏，同时，毒素作用引起各脏器和组织水肿、出血灶、坏死灶及其他变化。

五、临床症状

猪发生弓形虫病时，初期体温升高到40.5～42℃，呈稽留热，精神委顿，食欲减退，最后废绝。大便多干燥，也有下痢。呼吸困难，常呈腹式呼吸或犬坐式呼吸，每分钟60～85次。有的病猪有咳嗽和呕吐症状，流水样或黏液样鼻汁。随着病情发展，在耳翼、鼻端、下肢、股内侧、下腹部出现紫红斑，间或有小点出血。有的病猪耳壳上形成痂皮，甚至耳尖发生干性坏死。体表淋巴，尤其腹股沟淋巴结明显肿大。病后期，呼吸极度困难，后躯摇晃或卧地不起，体温急剧下降而死亡。病程10～15天。孕猪往往发生流产。有些病猪耐过后，体内产生抗体，症状逐渐减轻，但往往遗留咳嗽、呼吸困难以及后躯麻痹、运动障碍、斜颈、癫痫样痉挛等神经症状。有的病猪呈视网膜炎，甚至失明。

六、病理变化

尸体剖检，皮肤可见弥漫性紫红色并有较大的出血结痂斑点，肝脏肿大，有大小不等的坏死灶，胆囊黏膜表面有轻度出血和小的坏死灶。肺脏肿大呈暗红色，间质增宽，肺表面有粟粒大或针尖大的出血点和灰白色病灶，全身淋巴结肿大，尤其是肺门、肝门、颌下、胃等淋巴结肿大达2～3倍，多数有粟粒大灰白色和灰黄色坏死灶及大小不等的出血点。心肌肿胀，脂肪变性，有粟粒大灰白色坏死灶。脾脏不肿大或稍肿大，被膜下有丘状出血点及灰白色小坏死灶，切面呈暗红色，白髓不清，小梁较明显，见有粟粒大灰白色坏死灶。肾脏黄褐色，除去被膜后表面有针尖大出血点和粟粒大灰白色坏死灶。胃黏膜稍肿胀，潮红充血，尤以胃底部较明显，并有出血斑点，肠黏膜充血、潮红、肿胀，并有出血点出血斑。哺乳仔猪一旦感染包囊型后缺乏典型症状，

七、诊断

由于猪的弓形虫病没有典型和特征性的临床症状、病理变化和流行病学。其症状和剖检与很多疾病相似，故不能作为确诊的依据，必须经实验室诊断查出病原体和特异性抗体方能确诊。

1. 直接检查虫体　取可疑病猪或死后病猪的脏器、组织和体液制成涂片、压片或切片，镜检虫体。

2. 集虫法检查虫体　取病料研碎后加10倍生理盐水滤过，500转离心3min，取上清液再1500转离心10min，取沉渣涂片、干燥、固定、染色后镜下观察。

3. 动物接种检查虫体　取可疑病料肺、肝、淋巴结等研碎加10倍生理盐水（每毫升加青霉素、链霉素各500～1000单位）接种小白鼠腹腔，每只接

种 0.5 ~ 1.0ml，接种后观察 20 天，若小白鼠出现被毛粗乱，呼吸迫促症状或死亡，取其脏器、组织和体液制成涂片、压片或切片镜检虫体。如一代接种不发病，可用被接种小白鼠的肺、肝、淋巴结等按上法再接种三代，如小白鼠发病可在腹腔液中发现虫体。

4. 血清学诊断　可以应用染料试验(dye-test)、皮内变态反应、间接血球凝集反应、补体结合试验和荧光抗体试验等方法诊断弓形虫病。

八、治疗

早期诊断，早期治疗均能收到较好效果，如用药较晚，虽可使临床和症状消失，但不能抑制虫体进入组织形成包囊，从而使病猪成为带虫猪。

1. 磺胺嘧啶　片剂，口服初次量 0.14 ~ 0.2g/kg 体重，维持量 0.07 ~ 0.1g/kg 体重，每天 2 次。针剂，静脉或肌内注射 0.07 ~ 0.1g/kg 体重，每天 2 次，连用 3 ~ 4 天。

2. 磺胺嘧啶 + 甲氧苄氨嘧啶　前者 0.07g/kg 体重，后者 0.014g/kg 体重，每天 2 次，连用 3 ~ 5 天。

3. 磺胺嘧啶 + 二甲氧苄氨嘧啶（敌菌净）　前者 0.07g/kg 体重，后者 6mg/kg 体重，每天 2 次，连用 3 ~ 5 天。

4. 磺胺间甲氧嘧啶（磺胺 - 6 - 甲氧嘧啶）　内服首次量 0.05 ~ 0.1g/kg 体重，维持量 0.025 ~ 0.05g/kg 体重，每天 2 次，连用 3 ~ 5 天。

5. 增效磺胺 - 5 - 甲氧嘧啶注射液（内含 10% 磺胺 5 - 甲氧嘧啶和 2% 甲氧苄氨嘧啶）　用量每 10kg 体重不超过 2ml，每天 1 次，连续 3 ~ 5 天。

九、预防

由于弓形虫病是人和许多种动物都能感染的一种寄生虫病，感染来源广泛，而且滋养体、包囊和卵囊都具有感染性，可以通过多种途径感染，因此，应采取多方面严格措施，才能有效预防本病的发生和流行。

（1）禁止猫进入猪圈舍，防止猫粪便污染猪的饲料和饮水。为消灭土壤和各种物体上的卵囊可用 55℃ 以上的热水或 0.5% 氨水冲洗，并在日光下暴晒。由于许多昆虫（食粪甲虫和污蝇等）和蚯蚓能机械

传播卵囊，所以尽可能消灭圈舍内的甲虫和污蝇，避免猪吃到蚯蚓。

（2）做好猪舍的防鼠灭鼠工作，禁止猪吃到鼠及其他动物尸体，禁止用屠宰废物和厨房垃圾、生肉汤水喂猪（必要时可煮熟后喂猪），以防猪吃到患病和带虫动物体内的滋养体和包囊而感染。

（3）流产胎儿及排泄物也含有滋养体，所以要严格处理好流产胎儿及排泄物，流产场地要严格消毒。

（4）由于患病和带虫动物及人的唾液、痰、粪便、尿中也含有滋养体，所以除了禁止猫进入猪舍，防鼠灭鼠外，也不要与其他动物接触，人大小便和吐痰均不要在猪的圈舍内（图 4.3.8-9 ~ 图 4.3.8-26）。

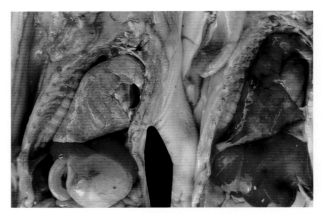

图 4.3.8-9　弓形虫病包囊型病理变化：同一窝眼观未见到肺炎灶的对照

图 4.3.8-10　弓形虫病包囊型病理变化：由虫体引起的肺炎灶与色淡的变性心肌

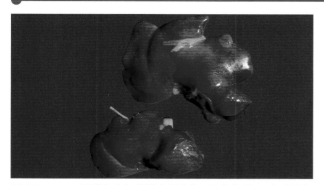

图 4.3.8-11　弓形虫病包囊型病理变化：肝瘀血肿大，有变性坏死灶

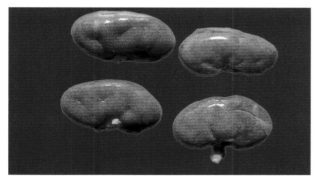

图 4.3.8-12　弓形虫病包囊型病理变化：肾肿大，有弥漫性瘀血点

图 4.3.8-13　弓形虫病包囊型病理变化：小肠系膜淋巴结肿大，灰白色

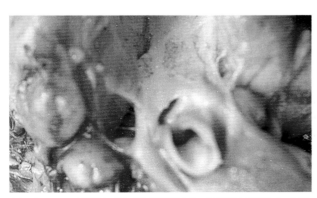

图 4.3.8-14　弓形虫病包囊型病理变化：下颌淋巴结肿大、灰白色与扁桃体出血点

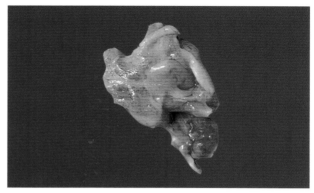

图 4.3.8-15　弓形虫病包囊型病理变化：扁桃体出血点

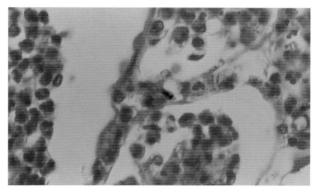

图 4.3.8-16　弓形虫病包囊型死胎组织学：由虫体引起的肺炎灶 HE.×100

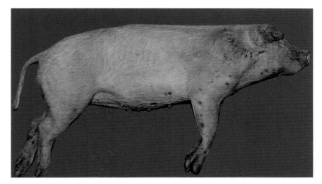

图 4.3.8-17　弓形虫病病理变化：猪皮肤出血结痂

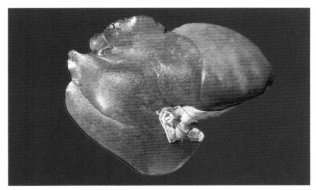

图 4.3.8-18　弓形虫病病理变化：肝表面有大小不一的灰白色病灶

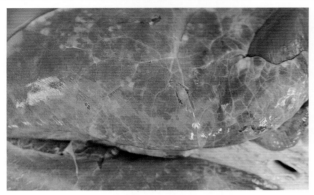

图 4.3.8-19 弓形虫病病理变化：肺间质增宽水肿、大小不一的小坏死灶

图 4.3.8-23 弓形虫病包囊型：哺乳仔猪尸体营养不良，皮肤不洁有斑点

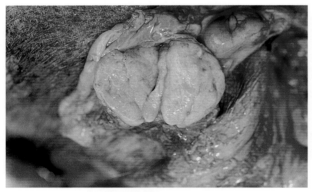

图 4.3.8-20 弓形虫病病理变化：淋巴结肿大、灰白色、出血坏死

图 4.3.8-24 弓形虫病包囊型：哺乳仔猪肺心叶与隔叶前下缘出现肺炎灶

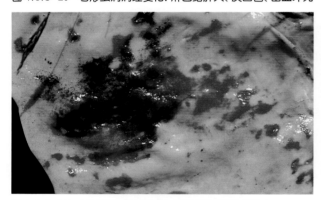

图 4.3.8-21 弓形虫病病理变化：胃黏膜条形斑状出血

图 4.3.8-25 弓形虫病包囊型病理变化：哺乳仔猪肺门淋巴结肿大

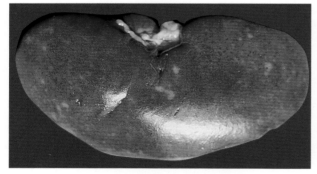

图 4.3.8-22 弓形虫病病理变化：育肥猪肾表面大小不一的灰白色病灶

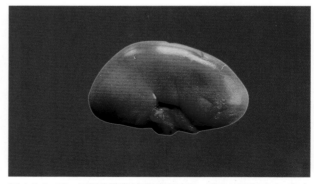

图 4.3.8-26 弓形虫病包囊型病理变化：哺乳仔猪肾瘀血，有小斑点

概　述

　　混合感染已成为目前猪传染病的主流，是近代出现的新课题，向广大科技人员提出新的挑战，在猪病防疫中使人们措手不及；造成巨大经济损失。猪瘟尚未根除之前；规模化养猪今后主要任务是诊治混合感染！

　　自1986年猪繁殖与呼吸综合征侵入我国以来流行病学发生巨大变化，规模化猪场一旦发生传染病均为混合感染形式出现，已严重影响养猪业的进一步发展。混合感染临床诊断基础，主要是临床流行病学与病理学和病原学理论与方法。病理学方面应通晓病理学基础理论和概念以及常见多发病病理变化特征。其次应用综合分析方法进行判定。多种病原混合感染的出现，实际上历史上即存在，只是目前频频发生，流行严重，成为猪流行病学主要方式，呈区域性流行造成严重经济损失。目前，猪传染病的流行过程中，由于科学技术的发展有效疫苗的应用，机体免疫抗体数量与种类的增多；引起病原微生物群落毒力的变异，它们相遇从新组合、配对等自然选择；发生了俗称的多种疾病互为因果，相互促进的混合感染而构成的综合征，多种病原微生物感染动物的机体造成严重的损害，使病情复杂化，诊断和防治更加困难。这样在临诊表现上，与单一病原感染有相同之处，又有不同之处，单一传染病具有不同症状；混合感染的具有相同症状（呼吸系统综合征的咳嗽气喘发热等症状），极易导致临床病例的错误诊断。因此，在规模化养猪时分析动物疾病的诊断和制订防制措施时，均应考虑不同传染病混合感染的存在实际问题。在这些病原污染的猪场，猪群发病后的临床症状复杂，病情严重，现场也难以确诊，防治效果也很差，所造成严重的经济损失。当前，猪病在混合感形势下，临床学与病理学都出现了新的问题；理论上和临床诊断上亦应作出切实可行的阐述，为此将猪混合感染作为本书主体部分向读者介绍。

　　【技术人员具有的素质】

　　（1）应有兽医学基础理论，特别是微生物学、生理解剖学、病理学、药理学、生态学以及临床医学等学科基本技能。

　　（2）熟练掌握单一病原体典型病变，依此作为混合感染鉴别诊断依据。

　　（3）混合感染病理学特征是同一机体、同一系统、同一器官出现不同病原体引起的不同病理变化，技术人员应当善于区别不同病原体所致病理变化特征才可胜任鉴别诊断任务。必须掌握一篇、二篇、三篇、四篇文字和图片内容；才能做好混合感染诊断工作。

第一章　猪病混合感染概论

第一节　病因学

一、生物性因素

各种病毒、细菌、真菌等致病微生物和寄生虫，它们当中两种以上，一旦先后侵入机体而发病，是混合感染性疾病的病因。这些微生物和寄生虫的致病性取决于其侵入宿主的数量、毒力、侵袭力和宿主机体的防御、抵抗能力。

二、混合感染增多的主要病因

【增多主要病因】

1.免疫抑制病　蓝耳病（PPRS）、猪瘟（HC）、圆环病毒Ⅱ（PCV-2）、伪狂犬病（PR）等。

2.药物影响　抗菌药物的滥用、乱用，使用抗生素药物会造成免疫抑制。

3.营养物质缺乏与不全　造成免疫机能下降。

4.霉菌毒素　可以损害免疫系统，引起免疫抑制。

5.应激因素　使机体神经体液内分泌失调紊乱而致免疫应答降低；断奶、换料、转群、移地运输、季节气温突变、舍内环境不达标等因素。

6.疫苗　疫（菌）苗存在的多种问题。

7.防疫制度　防疫制度的不健全等。

【规模化猪场免疫抑制病流行病学规律】

规模化猪场免疫抑制病的存在，要特别高度重视蓝耳病和圆环病毒在混合感染中的风险地位。

1.蓝耳病　在猪群中广泛存在，其感染率达61.5%～85%。持续性感染是当前猪蓝耳病在流行病学上的一个重要特征。带毒种猪的血液、淋巴结、脾脏及肺脏等组织中存在大量的病毒，可向外排出病毒达112天之久。

母猪还可经胎盘将病毒传给胎儿，其母猪产下

的仔猪可成活，但长期带毒（可长达86天），致使持续性感染在猪群中长期存在。蓝耳病是一种免疫抑制性疾病，能抑制肺泡巨噬细胞的免疫功能。

2.非典型猪瘟　是养猪业最严重的疫病之一，常年有发生。猪场发生非典型猪瘟（即温和型猪瘟），妊娠母猪可出现隐性感染或潜伏感染，引起哺乳仔猪持续发病，这是当前繁殖母猪发生猪瘟的一种主要方式。本病可经胎盘传给胎儿，使母猪出现繁殖障碍，发生流产、产死胎、产木乃伊胎和弱仔，即所谓的"带毒母猪综合征"，带毒母猪综合征在妊娠母猪的感染率可达43%。感染仔猪通常在出生7天出现发烧、呕吐、腹泻，死亡率达100%，同时，向外排毒，感染产房母猪和其他哺乳仔猪。

3.圆环病毒Ⅱ型　主要侵害6～12周龄仔猪，病毒侵害淋巴系统使患猪免疫机能下降、生产性能降低。病猪消瘦、呼吸困难、淋巴结肿大、腹泻、皮肤苍白和黄疸。断奶后2～3天或1周开始发病，发病率和死亡率取决于猪场的猪舍饲养管理卫生防疫条件，在4%～30%和50%～90%，但常常由于并发或继发细菌或病毒感染而使死亡率大大增加。

4.猪伪狂犬病　妊娠母猪感染时可导致流产、产死胎和木乃伊胎等。15天龄以内的仔猪感染发病病死率达100%。断乳仔猪感染发病率为20%～40%，死亡率在20%左右。

第二节　流行病学

一、混合感染流行病学特点

多种病原混合感染使猪场疫情更加多样化、复杂化、隐性化、潜在化，慢性化、持久化、经济损失长期化；时而暴发群体流行化；致生产不稳定化。

二、继发感染

【继发感染形式】

继发感染有多种形式：常见为细菌间的或病毒与细菌间的继发感染，在原发病持续感染基础上；在应激因素作用下，机体免疫功能降低，在机体内外环境中，一些常在细菌毒力增强致机体发病，在此基础上出现混合感染暴发。

【继发感染特点】

原发病多为致病力弱的病原体，在呈慢性隐性感染状态下，因应激因素而继发，蓝耳病和圆环病毒侵入我国后，致我国猪病流行病学出现严峻形势。

【规模化猪场混合感染形式特点】

1. 多种病原体隐性感染　成年猪多为多种病原体隐性感染，表现为生长停滞，增重缓慢，可长期散毒等。

病毒性和细菌性混合感染暴发前呈带毒隐性感染，带毒母猪可垂直感染胎儿，主要带毒者是繁殖母猪，是猪场内源性传染来源，是净化和淘汰对象。

2. 流行形式　慢性病例增多。

3. 经济损失　比单一感染损失高得多。

第三节　临床症状

一、混合感染临床学特征

【混合感染临床表现形式】

临床症状剧烈、丛叠、复杂、重度,增加诊断难度。多种多样，呼吸、消化、生殖、皮肤、神经等系统，一旦发生混合感染时，出现的症状比单纯一种病原引起的临床症状严重。例如，10天龄以内仔猪腹泻症状可由大肠杆菌、传染性胃肠炎病毒、流行性腹泻病毒、猪瘟与伪狂犬病毒等十几种病原体引起。一旦发生混合感染性腹泻，其腹泻症状加重，不但下痢次数增多，而且脱水、酸中毒也加重，治疗效果不佳，死亡率比单一性腹泻严重得多。若有猪瘟病毒参与将全军覆灭。

【混合感染临床模式】

（1）病毒性混合感染。

（2）细菌性混合感染。

（3）病毒性＋细菌性混合感染。

（4）寄生虫＋病毒性混合感染。

（5）寄生虫＋细菌性混合感染。

【规模化猪场混合感染相对稳定期】

多以猪瘟、蓝耳病、圆环病毒病带毒猪的存在为主。有的以非典型猪瘟、圆环病毒病为主，也有以非典型猪瘟和蓝耳病为主等，且往往伴有细菌（如链球菌、胸膜肺炎放线杆菌）和血液原虫（如附红细胞体、弓形体）的并发或继发感染，病情十分复杂。及时发现生产中存在的问题，时刻关注混合感染相对稳定阶段的生产潜在风险。一旦应激因素出现，发生小暴发，几天内全群发病，应及时分析内源性病原还是外源性病原，果断处理。

二、临床分型

【急性型、亚急性型、慢性型】

急性型增多，混合感染在持续一段时间后，因应激因素增多引发急性经过。潜伏期短，几天内全群发病，病程短，多发生哺乳和断奶阶段。常见腹泻性传染病，特别是初生阶段发病和死亡率均高于单一病原感染。主导病多为猪瘟免疫失败，野毒侵入而致。亚急性型多在流行中期出现。慢性型在流行后期出现。

第四节　规模化猪场混合感染监测

规模化猪场在防疫制度上应明文规定，除场内可作一般性临床病理剖检监测外，定期送检专业检验机构进行化验室检测，主要项目是抗体和抗原监测，缺一不可。例如，疫苗抗体测定，细菌药物敏感试验，疾病病原分离培养鉴定等，为制订年防控疫病提供数据。

1. 临床监测　是猪场常用方法，用临床检查和尸体剖检方法作出。

在一般情况下，可作出现场印象诊断，为防治提出办法。

2. 实验室监测　用病原学和分子生物学方法作病毒、细菌培养和分离鉴定。送检到发出检验报告需一周左右时间。

第五节　规模化猪场内混合感染诊断方法

诊断方法

【生产纪录】

统计资料可反映许多疾病信号。

【管理人员观察】

临床日常检查记录。

【尸体剖检】

对流产胎儿与死亡猪尸体剖检。由多种病原微生物感染的动物机体，病理变化形成过程复杂化，在一个器官可形成相应病理变化，依此作为鉴别诊断基础。

【微生物检查】

对场的微生物检查结果，进行分析作出判定。

第六节　混合感染对机体影响

各种病原微生物具有各自生物学特性；不同时间侵入机体后势必致动物生理生化、功能代谢改变，机体发生了机能、代谢障碍和形态结构的改变等损伤性反应，妨碍了机体的正常生命活动。不利于机体的生存，动物的生产能力下降及经济价值降低。多种病原体比单一病原体对机体影响严重得多。

【混合感染对机体的生理功能影响】

临床上表现出相应的症状和体征。多种病原微生物同时侵害机体时，机体内也必然出现多种抗损伤反应，必然出现多种损伤；比单一病种造成损害严重得多；同时，多种器官功能降低，损害严重，是难于治疗的主要因素，兽医人员应当适时向有关人员解释清楚。

【混合感染对机体的免疫功能影响】

尤其是有病毒参与的混合感染致使免疫器官抑制，对注射疫苗应答不反应或应答降低，体液免疫和细胞免疫不能达标，可使接种疫苗失败。造成机体免疫抑制。危害最大是蓝耳病和圆环病毒Ⅱ感染，成为猪群继发多种混合感染的定时炸弹。猪场猪瘟免疫接种失败，蓝耳病和圆环病毒Ⅱ感染是主要因素。

第七节　混合感染应急措施（参考治疗章节）

【混合感染复杂多样】

根本原因是病原种类多，临床流行病学呈现复杂多样，错综复杂是自然现象，用数学方程式计算，每种疾病不同组合可达几百种或上千种混合感染案例。因此，首先应掌握混合感染形式，才能预测发生形式的规律。每次混合感染治疗应该是实际的病例，不能任意杜撰。混合感染治疗基础是熟悉单一感染疾病的诊治技术，依此才能制订各种混合感染治疗方案。同时，要具有药理学基本理论和知识，对药物协同作用、增强作用等运用自如，才能把握全局。

【混合感染治疗难度增大】

1.病毒性疾病　无特效药物，一些生物制剂与中草药制成的免疫增效剂在暴发混合感染时再应用，疗效不如预防保健时佳。对有猪瘟病毒参与的混合感染其治疗效果为微乎其微。如有的人提出类似措施时，主人应谨慎行事。

2.细菌性疾病　治疗也不理想，抗药性增强；特别是多种细菌感染，每种细菌对一种药物敏感性不一；用一种药物很难治愈多种细菌感染。

第八节　混合感染治疗组方

熟练掌握常见多发混合感染模式防治规范

首先分析对疫情发展影响最严重的是哪一种疾病；确定原发病或继发病，应依实际病例采取措施，根据剖检病例分析，判定主要致死原因是哪一种病。然后权衡用疫苗或药物哪个最有效；紧急注射哪种疫苗或药物。对疫点和受威胁地区分别采取不同措施。我国高热病和流性腹泻没能及时控制的原因在于此，今后应吸取教训！治疗原发病或继发病，首次控制导致直接致死原因的那种疾病。例如，原发病有支原体肺炎、副猪嗜血杆菌病及圆环病毒和蓝耳病隐性感染及弓形虫病暴发。本案例因蓝耳病和圆环病毒潜在感染致机体免疫抑制，支原体肺炎呈慢性状态，对机体生命活动有一定影响，但还不是危害生命活动主要病原，副猪嗜血杆菌呈慢性带菌状态；弓形虫最后侵入机体，加重原发病进一步恶化是致死的主要病原体。因此，首先用磺胺类药物加泰乐菌素及免疫增强剂进行治疗。

【病毒性混合感染模式】

（1）猪瘟病毒＋猪繁殖与呼吸综合征病毒混合感染。

（2）猪瘟病毒＋圆环病毒病Ⅱ混合感染。

（3）猪瘟病毒＋猪伪狂犬病病毒混合感染。

（4）猪伪狂犬病病毒＋猪细小病毒病病毒混合感染。

（5）猪伪狂犬病病毒＋猪繁殖与呼吸综合征病毒混合感染。

（6）猪瘟病毒＋猪传染性胃肠炎＋猪流行性腹泻混合感染。

（7）猪传染性胃肠炎＋猪流行性腹泻＋猪轮状病毒感染混合感染。

分析每种病原体的生物学特性，致病力强弱，疫苗免疫效果，最后制订方案。

【病毒性混合感染特殊措施】

1. 有猪瘟参与混合感染　先紧急注射猪瘟疫苗——病原检测猪瘟病毒阳性时，区分新侵入的野毒或场内带毒母猪仔代。有猪瘟参与混合感染，又是外源性野毒感染时，为了保证全场各类猪群安全；应急措施是按常规紧急注射猪瘟疫苗。注苗48小时内不得应用药物对症治疗。各地场区因免疫程序与疾病种类不同其技术措施应符合实际才能取得效果。以猪瘟的混合感染为例：猪瘟弱毒细胞苗10～30头份，一次肌肉注射；另用转移因子或白细胞介素－2＋黄芪多糖肌肉注射，每天1次连用3天。来自基层报道，有病毒参与的，特别是有猪瘟参与混合感染，应急措施要从检疫隔离无害化处理病猪，同时，淘汰血清学阳性猪净化措施，通常需几个月到一年时间达标。付出惨痛代价，才能使猪场重新稳定。

2. 有猪伪狂犬毒病参与混合感染　先紧急注射猪伪狂犬疫苗——用伪狂犬基因缺失弱毒苗＋转移因子肌肉注射，两天后能控制病情。

3. 以蓝耳病、圆环病毒为主的混合感染治疗　干扰素（或诱导剂）＋黄芪多糖肌肉注射，每天1次，连用3天。

4. 应急措施　消毒净化与药物保健，科学免疫接种，一定用国家注册生产厂家的。要按时进行免疫监测，抗体滴度已处临界值或以下时要尽快加强接种。已发生或已受疫情严重威胁时要进行紧急免疫接种，此时接种要选用活苗，且用量要大，最好配合免疫佐剂使用，如猪瘟，用10～12头份弱毒细胞苗0.5～2ml转移因子，混合肌肉注射，可很快控制病情。

【细菌性混合感染模式】

当前主要病原体有：支原体肺炎、猪巴氏杆菌病、猪附红细胞体病、链球菌病、猪丹毒、大肠杆菌、沙门菌、猪副伤寒、猪痢疾、猪梭菌性肠炎、钩端螺旋体病、衣原体病、副猪嗜血杆菌病、猪增生性肠炎、猪渗出性皮炎。

（1）支原体肺炎＋猪附红细胞体病＋猪巴氏杆菌病混合感染。

（2）仔猪附红细胞体病＋链球菌病＋沙门菌病混合感染。

（3）猪巴氏杆菌病＋猪副伤寒混合感染。

（4）猪丹毒＋猪巴氏杆菌病混合感染。

（5）猪附红细胞体病＋猪链球菌病混合感染。

【细菌性混合感染治疗】

细菌性混合感染可从系统症状选择药物，现场根据剖检诊断，确定病性，也可送检作病原学检测和药敏试验，从检验结果选择药物进行配方。

1. 消化系统症状为主的疾病　仔猪红、黄、白痢；断奶仔猪水肿病、副猪伤寒、猪痢疾。它们虽然都是消化系统肠道内的细菌，但用同一种药物不一定有特效。所以，除应用常规的抗菌类药物之外，最好作药敏试验选择最佳药物。

2. 呼吸系统症状为主混合感染　支原体肺炎、猪巴氏杆菌病、猪接触传染性胸膜肺炎、猪传染性萎缩性鼻炎。因各种病原体特异性不同，应利用药物协同作用选择两种以上药物治疗；同时，加强对症治疗。

3. 发热败血症为主混合感染　猪丹毒、猪链球菌病、附红细胞体病等。应选择对3种疾病各自特效药进行治疗；青霉素对猪丹毒应有特效，是首选药物。附红细胞体用二丙酸咪唑苯脲、黄色素、磷酸氯喹等。猪链球菌病可任选庆大霉素＋林可霉素、氟苯尼考＋阿奇霉素、强力霉素＋盐酸溴已新（增效）。

【病毒性和细菌性混合感染模式】

（1）猪瘟病毒＋1～2种细菌混合感染。

（2）猪繁殖与呼吸综合征病毒+1～2种细菌混合感染。

（3）圆环病毒病Ⅱ+1～2种细菌混合感染。

（4）猪繁殖与呼吸综合征病毒+溶血性链球菌+副猪嗜血杆菌混合感染。

【病毒性和细菌性混合感染综合治疗原则】

1.关键技术　一定要解决引起本次暴发混合感染疾病种类，有无猪瘟病毒、猪伪狂病毒、圆环毒病Ⅱ、猪繁殖与呼吸综合征病毒等参与，有免疫效果确实有保证的疾病疫苗紧急接种。

2.接种疫苗　对有猪繁殖与呼吸综合征病毒参与的，不推荐紧急接种疫苗。

3.紧急接种疫苗细节　首先咨询有关兽医师，然后制订方案。

4组方原则

（1）消炎退热：双氯氨酸钠、吲哚美辛钠、、布洛芬、安乃近、扑热息痛。

（2）注意：自限病毒病选择如感冒病毒、痘病及口蹄疫选择安乃近、扑热息痛等退烧消炎药物，非自限性病毒病如圆环病毒病、蓝耳病、伪狂犬病等选择双氯芬酸钠、吲哚美辛钠及布洛芬退烧。

5.控制细菌感染

（1）庆大霉素+林可霉素。

（2）氟苯尼考+阿奇霉素。

（3）强力霉素+盐酸溴已新（增效）。

（4）控制附红细胞体：二丙酸咪唑苯脲、黄色素、磷酸氯喹等。

6.抗病毒　利巴韦林、病毒灵。

7.提升免疫力　盐酸左旋咪唑。

8.强心排毒素　地塞米松。

9.免疫增强剂　干扰素、聚肌胞。

【寄生虫和病毒性混合感染模式】

（1）猪瘟病毒+蛔虫混合感染。

（2）猪瘟病毒+肺丝虫混合感染

【寄生虫和病毒性混合感染治疗特殊措施】

如果因猪瘟免疫失败而发生的混合感染，先紧急接种猪瘟疫苗；7天后做有针对性驱虫。根据寄生虫种类选择特效驱虫药。

综合治疗原则：组方原则。

抗生素协同应用治弓形体：磺胺类+喹诺酮类

驱线虫：伊维菌素、阿苯达唑、芬苯达唑、左旋咪唑。

消炎抗毒素：吲哚美辛钠、地塞咪松。

强心平喘：东莨菪碱。

抗病毒：利巴韦林、病毒灵。

提升免疫力：盐酸左旋咪唑。

免疫增强剂：干扰素、聚肌胞。

【寄生虫和细菌混合感染模式】

（1）蛔虫+猪胸膜肺炎放线杆菌混合感染。

（2）肺丝虫+猪肺炎支原体混合感染。

（3）弓形虫病+猪多杀性巴氏杆菌。

（4）弓形虫病+猪副伤寒混合感染。

【寄生虫和细菌性混合感染治疗特殊措施】

可以同时分别用各自的特效药物；也可根据猪的营养情况选择药物。

第二章　猪病混合感染诊断的建立

概　述

当前伴随猪传染病种类增多，混合感染相应增多。诊断是疾病控制的基础，混合感染往往在临床症状、病理变化上与单一病原体相比复杂多样；不易识别，为诊断带来困难。其症状和病变既典型又不典型；应历史和辩证分析解决。将几十年来从事教学、科研、生产和临床所取得的经验总结简介如下：先以每种疾病的流行病学特征以及"症候群"与"病变群"作为相应疾病的诊断基础，然后依化验室报告结果进行综合分析判断，作出符合客观存在的诊断。应遵循以下原则。

第一节　指导思想

应用现代生命科学的基本理论、技术与方法，用生物学理念，以科学发展观为指导思想。混合感染同任何一个事物一样，应有一个发生发展过程，多病原侵入机体应有一个先后过程。病原因子侵入到机体后，动物机体具有精确的免疫应答，在特定的组织器官留下肉眼可见病变信号，依此可作出相应的病理解剖学诊断；以上述说为病史，所以，在混合感染诊断时一定做流行病学调查，即遵照病史作出科学诊断。

一、实践是检验真理的唯一标准

至本文结稿时，各地养殖户应有咨询电话发生"仔猪腹泻"重大疫情，几乎全军覆灭，经济损失几万到十几万。经询问都是猪瘟免疫和防范措施出现漏洞而发生的；特别是猪瘟阳性场内暴发"腹泻"，生搬硬套书本上"反饲"方法，结果人工接种了猪瘟。当前猪瘟流行病学出现了最急性型比率增多，与多年来大家一致认同的猪瘟当前"流行初期多出现亚急性型和非典型猪瘟，而流行速度趋向缓和，流行范围局限化"的"流行语"不同，许多疫区暴发初期，死亡猪均是最急性型；任何自然现象都始终在运动和变化的，在诊断中不要急于下结论，少一点"形而上学"，多一点"辩证法"，实事求是的处理问题。当前暴发猪传染病时，第一批发病死亡的多是猪群中隐蔽或潜伏感染和慢性患猪，如支原体肺炎、副猪嗜血杆菌病、链球菌病、传染性胸膜肺炎，慢性猪肺疫、圆环病毒等；因慢性病病程较长，经过多次治疗，临床典型症状明显消退、但其肺炎病变逐渐慢性化出现纤维结缔组织增生，剖检可见纤维性胸膜炎、肺脓肿、肺胰变等多种形态肺炎病变，形成的慢性病变特别明显，一般人都能识别，往往剖检者把此作为诊断依据，误了大事，使疾病流行扩大化；实际上此类情况多在 2 ~ 4 个月断奶仔猪，在最后一次猪瘟免疫接种时多方失误，致猪瘟免疫失败，又未做免疫监测，一旦野毒侵入猪群即可暴发猪瘟。同时，激化原发病使肺炎病变加重，几天内大批发病死亡。还有把病程长死亡猪分离出大肠杆菌作为诊断依据等，病程长机体极度衰竭时，肠道内大肠杆菌可突破肠防御屏障侵入血行，加速死亡，不能将此结果作为定性诊断的依据。

二、辩证统一观念

【临床症状、流行病学、病理学、病原学辩证统一观念】

仍可为防治疾病提供总的思路。当前对猪高热病的诊断可以认为：它是一种混合感染与饲养管理不善的产物，以流行病学为主的观念作出诊断符合客观实际。矛盾主要方面是猪瘟病毒；蓝耳病病毒的生物学特性是适应性强，易变异，对机体致病性与猪瘟病毒相比差别极大，分离到的高致病性蓝耳病毒株做本动物接种发病率不高，死亡率报道不明确，文献期刊报道甚少，为什么？历史上高致病性禽流感，流行病学特点是人禽共患，自然病例分离毒株人工发病率、死亡率均为100%。猪瘟强毒一旦侵入抗体阴性猪的发病率和死亡率几乎都是百分之百。而蓝耳病病毒一旦侵入抗体阴性猪，其发病率不可确定，其发病必须要有应激因素参与。暴发前在猪群中存在，一旦条件具备，在应激因素的作用下开始暴发的是妊娠末期母猪"流产风暴"。难怪本病发现早期欧美，对蓝耳病流行规律不甚了解时称为"神秘猪病"、"猪瘟疫"等。如两者混合感染时，其病毒相互干扰或协同机体免疫机制紊乱抵抗力降低反应性增强，发生败血性休克死亡。

【普遍性和特殊性】

每种疾病的临床流行病学、病理变化都具有普遍性和特殊性，我们应当在普遍性的基础上，注意总结每种疾病的特殊性即"特异性"才有诊断意义。按照生物学观点，分析临床流行病学及病变特征时，应客观、全面和实事求是。对分离病原种类、毒力以及其他检测资料等，须进行全方位的分析与判断。区域性诊断分离的病原应作本动物实验，用分离到的病原接种本动物，其发病率和致死率与自然病例相似。分离的病原做本动物接种发病试验与实际不符？如果说当前混合感染具有普遍性，那么引起混合感染的每种病原因子就带有特殊性。科技工作者的责任是从混合感染众多因子引起的复杂现象中发现特殊性，即每种疾病的临床病理变化特征，从而解决混合感染鉴别诊断。

第二节　正确认识临床症状与病理变化发生发展过程

任何一种病变形成都是在正常代谢功能形态的基础上发展而来的。一般情况下，往往都是先出现代谢和机能变化即临床症状，然后是病理形态学变化。对某一病变要认识发生发展的全过程，这样才能发现疾病信号到病变的演变过程，同时，可为确诊树立信心，如猪瘟早期的大肠扣状肿是大肠淋巴滤泡炎症的充出血变化。

【分清病理过程的主次】

任何一种疾病的某一病例，都要出现许多临床症状及病理过程，同一疾病不同病例在形态学上表现，虽然主要的病理形态学变化基本一致，但由于病因的强度、机体的免疫状态、病程等不同，所以，同一疾病的形态学变化还是有主次之分。因此，我们在判断时应分清病理过程的主次，找出疾病的主要形态学变化。特别是一些传染病的混合感染，在流行过程不同阶段系统剖检和观察发病死亡病例，对流行期间各时间段的全部病例进行统计学处理基础上，对疾病发生发展全过程进行分析，对所获得的感性资料去粗取精，进行分析判定，上升到理性认识，即最后提出原发病（其中，应注意持续感染）、并发病、继发病。传染原是外源性的还是内源性的。找出最主要的形态学变化进行鉴别，通常情况下都可以提出病理解剖学诊断，由此最后作出临床诊断，提出主要矛盾方面即主要疾病名称。在此确定感染的先后是关键。

【混合感染病型的先后】

同一种混合感染疾病，在流行的不同阶段，可以出现不同型。如猪瘟发病初期往往是最急性型和败血型，中期亚急性型继发猪巴氏杆菌病，后期慢性型继发猪副伤寒。在混合感染中有猪瘟参与而群体发病，初期多为急性型。

【混合感染病变形成的先后】

病变出现的先后，要根据病变的特征新旧程度和病变性质来判定，如猪瘟淋巴结出血急性较鲜艳，慢性被吸收，较陈旧、色暗。要根据某一病变的形成过程来判断混合感染先后，是判定原发病和继发病以及病原微生物侵入的先后基础资料，如猪瘟扣状肿的形成。另外，如副猪嗜血杆菌的浆膜炎初为浆膜充血纤维素渗出，随着病程的发展出现化脓性纤维素性炎，此为继发链球菌感染。

第三节　症候群的诊断

症候群的诊断是疾病在临床上出现的各方面异常表现，如体温、呼吸和行为等。许多疾病可出现一系列具有诊断价值的临床症状与亚临床症状，称为症候群，可为疾病提供早期诊断依据，例如，流感、猪瘟、猪蓝耳病、圆环病毒Ⅱ型、猪丹毒、猪口蹄疫等。但这些疾病在混合感染中出现高热综合征的症候群，使疾病从症候群作出诊断困难较大，但仔细观察应可找出各自的症候群。例如，流感的鼻浆液卡他性炎，猪瘟的皮肤出血等均可依症候群作出初步诊断。

第四节　病变群的诊断

病变群的本质是病理变化，是某种疾病发生发展全部过程所出现的形态学上的变化。对疾病的诊断要全面观察、综合分析的同时要寻找病变群，一个病例往往代表该疾病的某一个侧面，多个病例才能够全面、客观、真实地反映出该疾病全部过程的病理特征，即所谓病变群。进一步说就是同一疾病的典型病变不一定在一个动物身上全部表现出来，只能表现典型病理变化中的某一个阶段，所以，很难从这个阶段去判定，加之病变形成需要时间，所以某一个病理变化只能反映出时间上的某一阶段的变化。多剖检一些病例才具有代表性，为诊断疾病提供依据。

第五节　猪瘟在传染病混合感染诊断中的地位

猪瘟是猪病中的"王中王"，猪瘟在鉴别诊断中的地位是当前猪病流行病学的主要矛盾，造成的经济损失最大，决定因素是猪瘟病毒的生物学特性未有发生本质变化，即病毒基因总体结构未有改变。作者在从事猪病诊治50年生涯中，每到一地剖检时都有猪瘟。在临床剖检实践中，猪瘟诊断占90%以上。作者认为猪瘟在混合感染中扮演主要角色，是由猪瘟病毒生物学特性所决定的。猪瘟可以继发任何传染病与营养缺乏性疾病，继发感染特点是加速死亡，出现继发病特有的病理变化，诊断时不应为继发病的临床症状与病理变化干扰，误导作出错误诊断，忽视原发病的诊断。在传染病混合感染中，如出现猪瘟特异性病变和化验室检出野毒时，在流行病诊断中猪瘟是主要矛盾，定性诊断猪瘟为首选，防治也应遵循猪瘟措施处理，紧急注射猪瘟兔化弱毒苗才能控制疫情。

第六节　临床诊断的建立

这里指的是规模化猪场兽医技术人员"临床诊断的建立"基本技术。在掌握多发常见的传染病基本症状和病变的同时，即生前猪行为和生理指标的信号和死后病变的信号。重要是应用动物医学基本理论和方法，熟练运用各种疾病的器官病变特征做好鉴别诊断。依据病理变化的状态还可以鉴别病原体侵入的先后，为诊断提供依据。而病原培养、分离鉴定则解决不了病原体侵入的先后，因此，提倡各种诊断方法必须相互配合进行。在剖检中几乎每剖检一例都出现呼吸系统病变，如何鉴别相应病原引起的病变是诊断的关键。

【常见多发病的病理变化特征】

1．呼吸系统疾病　通常应当掌握猪巴氏杆菌、支原体肺炎、传染性胸膜肺炎、猪瘟的肺出血、猪蓝耳病和伪狂犬间质性肺炎等肺部病变。

2．淋巴结病变在建立诊断中具有重要价值　依淋巴结病变，首先可鉴别感染性疾病与非感染性疾病；其次可以鉴别蓝耳病、圆环病毒Ⅱ型、伪狂犬等疾病。急性猪瘟的淋巴结有急性出血性淋巴炎病变，呈大理石样外观是诊断猪瘟的重要依据，亚急性和慢性猪瘟淋巴结出血、坏死性和增生性病变表现为陈旧性病变。支原体性肺炎淋巴结肿大呈灰白色，尤其是肺门淋巴结肿大5～10倍。巴氏杆菌肺门淋巴结肿大出血暗红色，如肺有链球菌感染淋巴结出现化脓灶，蓝耳病肺门淋巴结肿大为灰白色成水肿样。

3．肾的病变　许多疾病肾都可以出现相应的病变，猪瘟的肾出血，少则是几个出血点，多为几十个呈麻雀卵样。圆环病毒Ⅱ型感染肾的病变最为特殊，表现肾病样，呈黄色凸凹不平，小则为沙粒样米粒样及豆粒样，切面间质增多实质减少。急性猪丹毒为大红肾。伪狂犬病肾上腺出血切面有灰白色的坏死灶是特征性病变，仅此一项便可作为诊断依据。

4．皮肤病变　许多疾病临床症状中皮肤都可以出现病变，猪瘟的皮肤有血点、出血斑与出血性浸润。圆环病毒Ⅱ型感染为丘疹性皮炎。猪丹毒为皮肤疹块。蓝耳病的耳部发蓝，耳部紫蓝色。猪附红细胞体病的皮肤毛孔为渗血斑点。

5. **脾脏病变** 脾脏出血性梗死灶是猪瘟特征病变，不应定为高致病性蓝耳病毒所致引发的病变特征。猪丹毒脾为高度肿大。圆环病毒Ⅱ型感染的脾头、脾尾大面积出血或脾的机化萎缩变形。急性猪丹毒，脾白髓周围"红晕"。皮肤、黏膜器官的猪瘟病毒引起的扣状肿最有诊断价值，是多数学者所认可的，在剖解过程中注意发现胃肠等器官的黏膜扣状肿，应特别注意早期扣状肿有圆形的红色充血"晕圈"。

随着我国养猪数量的迅速增长，猪病种类的增多，混合感染日益严重的机体特征是免疫功能降低，导致猪瘟免疫失败。一旦许多不同应激因素不约而同地出现在局部地区，例如，季节性气候突变与猪群混合感染严重的猪场。即可在因猪瘟免疫失败，在混合感染猪群暴发，流行初期往往是猪群中慢性患猪发病死亡，而且病变明显误导诊断。在混合感染的猪群，在疫情暴发时，即使诊断正确及时紧急接种疫苗也无济于事，达不到预期效果！所以，在诊断时应慎重行事。

【小结】

综上所述依科学发展观为指导思想，对猪的疾病诊断由一例到多例，由一种病到多种疾病，即由点到面，由局部到全局，由分散到集中，由表及里，由感性上升到理性，由实践到理论的发展过程，可为疾病确诊提供临床病理学诊断依据。

当前对传播速度快、发病率和死亡率高的疫病必须在短时间内快速作出确诊，并采取有效措施控制疫情，才能把损失减少到最低限度，为指导生产提供保障。特别是病毒性传染病的病毒分离培养，需要几天甚至一周以上的时间才能作出较为准确的诊断，如果等待实验室诊断结果出来再采取控制措施，就可能造成难以挽回的损失。因此，根据流行病学、临床症状、剖检等方面的资料，及时作出较为准确的诊断至关重要，尤其像猪瘟等发病率、死亡率高的疾病必须在短时间内作出确诊，并采取有效措施予以控制，才能把损失减少到最低限度。

猪病诊断与防治过程中，应广泛搜集国内外猪病的病原学、流行病学、临床学、病理学、治疗学、免疫学、预防医学等方面的最新科技成果。同一疾病，在流行的不同阶段，可以出现不同的症状和病变，而且同一种疾病在发生时的环境条件变化多样，每一例出现的症状与病变亦有微妙的变化，应注意

观察。例如，因冬季冷空入侵我国时气温骤降，南方地区温度下降十几（摄氏）度，因猪舍多为开放式，无法保温而致猪群体发生感冒。在观察发病猪临床症状时，先要查看仔猪，表面看起来精神良好、耳竖立、眼有神，但要注意查看鼻孔内是否有炎性分泌物，如果有则是仔猪初期感冒症状，一定不能忽视。如果仅仅根据猪群中老病号死亡猪剖检作出诊断或只针对死亡猪剖检作出诊断，并采取防治措施，那么就会耽误群体感冒的治疗。

当前，急需的技术是猪群发病后经临床流行病学调查和尸体剖检，当即能作出诊断并采取措施控制疫情。要掌握猪瘟、流感、蓝耳病、圆环病毒感染和伪狂犬病等传染病的诊断技术，结合实际病例进行分析判断，在临床技术诊断方面肯定会取得长足进步。

第七节　诊断的建立

猪病混合感染临床诊断主要程序——在系统临床流行病学诊断基础上进行尸体剖检，根据剖检时所获得的资料，作出病理解剖学诊断。最后，在全面观察和综合分析的基础上分析病因，探究死因，作出疾病的诊断。疾病混合感染时会形成各自疾病病变群，病变群常在同一器官系统出现，但因特异性病原微生物的作用还会显现各自的病变群，只是病变复杂多样，专业技术人员需要鉴别其各自的病变特点，为诊断提供依据。

（1）依据病理变化特征去确定并鉴别病原体种类，再依各自疾病的病变形态、性质、位置、大小、分布状态去分析在发病机制中扮演的角色，确定病原体感染的先后与主次是诊断关键。混合感染的疾病都要出现许多临床症状及病理过程，由于病原体生物学特性、机体的状态、病程等不同，出现了不同病理形态学变化；依此去分析判断形态学变化是那种病原引起的，对机体危害大小，在发病机制中的作用，再分清病原主次的基础上，作出科学的诊断。近年来，南方地区流行的哺乳仔猪病毒性腹泻损失严重，采取许多措施效果不佳，众说不一，有的报告为病毒基因变异，也有的报告列出各发病场实验室资料，试图证明诊断的准确性；但是缺少排除猪瘟验证资料。当前，对区域性暴发的疫情，先排除

猪瘟病毒的参与,特别是发病率死亡率高的情况下,要警惕猪瘟病毒所伴演角色。提及病原学鉴定时,不应漏掉猪瘟病毒的鉴定,因猪瘟储存宿主范围广,数量多,各地带毒母猪逐年增多,其仔代成为免疫耐受者和终身带毒猪,是猪场中隐藏的危险传染源,竟然发展为混合感染的基础病,一旦有新的传染病侵入猪场即可加快流行速度、加重症状,造成发病死亡率大大提高。

（2）根据病变形成的先后判断病原体感染的顺序。

【急性与慢性病变鉴别】

急性病变特点是充血、出血、变性、坏死,也可出现急性炎症;慢性病变特点是在急性病变基础上出现修复性变化,出血渗出吸收及缔结缔组织增生机化、钙化等。结缔组织增生性（纤维素粘连）病变与化脓坏死性病变多为病程较长;猪支原体肺炎肉样多在近期形成,胰样变属慢性型;大叶性肺炎的充血水肿期、红色肝变期、灰色肝变期及修复期分别为急性病变和慢性病变。有一些慢性型病变在形成过程中亦可有急性病变,猪瘟慢性型的扣状肿早期淋巴滤泡肿胀周围充血即可属急性病变。由此可见,宏观上分急性病变和慢性病变,但慢性病变形成初期属急性病变,因此,在判定病变性质时要辩证统一观点去分析,然后将获取的病变归类于所感染的疾病病变作为诊断依据。

【病变出现的先后】

要根据病变的特征新旧程度,如猪瘟淋巴结出血急性较鲜艳;慢性被吸收,较陈旧、色暗。要根据某一病变的形成过程判断其先后,如猪瘟扣状肿的形成,结核结节、肿瘤的原发灶和转移灶等。同一疾病在流行的不同阶段可以出现不同型,初期往往是最急性型和败血型,中期亚急性型,后期慢性型。例如,猪瘟初为最急性型与急性型,中期胸型或继发肺疫,后期肠型有典型的扣状肿或继发副伤寒。

【全面观察,综合分析建立诊断】

对疾病的诊断,特别是群发病,要寻找病变群才具有代表性,为诊断疾病提供依据。根据剖检时所获得的资料,作出病理解剖学诊断。最后在全面观察和综合分析的基础上分析病因,探索死因作出疾病的诊断。

第八节　做一名学习型的科技工作者

猪传染病的"混合感染"是两种以上的传染病病原体在同一个机体内进行繁殖并对机体造成损害现象,称为混合感染。以往即存在,只是近几年逐渐增多给养猪事业造成严重经济损失而已,引起了各方面人士关注。目前,猪传染病的流行过程中,常常出现两种或多种传染病的混合感染,如病毒性疾病与病毒性疾病混合感染,病毒性疾病与细菌性疾病混合感染,细菌性疾病与细菌性疾病混合感染,有时还能混感某种寄生虫。主要是猪瘟病毒与猪繁殖和呼吸综合征病毒、猪圆环病毒Ⅱ型、猪伪狂犬病病毒;猪繁殖和呼吸综合征病毒与猪圆环病毒Ⅱ型、猪伪狂犬病病毒;猪伪狂犬病病毒与猪圆环病毒Ⅱ型;还有猪繁殖和呼吸综合征病毒、猪伪狂犬病病毒和猪圆环病毒Ⅱ型的三重感染的现象。因此,在疾病的诊断时,应洞察不同传染病混合感染的存在。在临床症状上,与单一病原感染有相同之处,又有不同之处,极易导致错误诊断,猪群发病后的临床症状复杂,病情严重,现场也难以确诊,防治效果也很差,所造成严重的经济损失。在当前猪病流行病学新的形势下,临床与病理学都出现了混合感染鉴别诊断新的问题;混合感染鉴别诊断必须熟练运用本专业的基本理论、多到现场、多剖检、多思考、多分析、多判定,成为服务于群众的学习型的科技工作者。单一化验室病原学结果作出诊断往往失误。熟练运用辩证法,才能完成诊断疾病的任务,学到精湛的诊断技术,为猪病判断提供诊断依据,提高猪病防治技术水平,供各位同仁参考。

日常诊断工作中,第一件事,猪瘟是否侵入这个机体!

第三章　猪病混合感染诊治实例

概　述

目前，猪病呈现了一些新的特点：猪群中发生传染病往往不是单一的病原体所致，而是两种或两种以上的病原体共同协同作用而造成的。使病猪所表现的临床症状没有诊断特异性，而是表现为一系列的综合征候群，使病情复杂化，增加了临床诊断的难度，也给疫病控制带来困难，导致于猪群发病率和死亡率增高，已严重影响养猪业的进一步发展。

猪多种病原混合感染不仅病情复杂，经常出现误诊，错过了猪病防治的最佳时机，而且病性不明，很难采取有效的综合性防控措施；乱用药，滥用药，致使养猪者经济损失严重。

混合感染诊断是一个新课题，目前，各类医学教学大纲尚未设有本门课程，临床诊断利用微生物学、免疫学、病理学等基础理论方法作出。近几年高热病、流行性腹泻开始流行时，人们措手不及，延误了诊断，致疫情扩散为地区性，造成不应有的经济损失。

猪病混合感染诊断主要程序——在流行病学调查基础上，然后系统临床检查同时，初步作出印象诊断，相继进行尸体剖检，根据剖检时所获得的资料，作出病理解剖学诊断。最后在全面观察和综合分析的基础上分析病因，探究死因，作出疾病的诊断。疾病混合感染时会形成各自疾病病变群，病变群常在同一器官系统出现。因特异性病原微生物的作用还会显现各自的病变群，只是病变复杂多样，专业技术人员需要鉴别其各自的病变特点，为诊断提供依据。在全面观察综合分析的基础上对疾病作出诊断，特别是群发病，要寻找病变群才具有代表性，为诊断疾病提供依据。根据剖检时所获得的资料，作出病理解剖学诊断。最后结合病原学结果，在全面观察和综合分析的基础上，探索死因作出疾病的诊断。

将作者和基层技术人员剖检摄制的数码照片混合感染病例解读如下。

第一节　猪瘟、猪支原体肺炎、猪圆环病毒Ⅱ混合感染

2009 年 5 月 14 日，华南沿海地区，猪瘟、猪圆环病毒Ⅱ阳性场，猪舍水泥混凝土砖结构，基础母猪 200头。猪瘟首免 25 天龄，28 天断奶。猪瘟、猪圆环病毒Ⅱ阳性场。剖检断奶仔猪体重 15kg 左右。带毒母猪仔代病理变化。全身淋巴结肿胀切面灰白色增生为猪圆环病毒Ⅱ，出血为猪瘟所致，肾脾均为猪圆环病毒Ⅱ，肺为支原体肺炎猪圆环病毒Ⅱ，引发呼吸综合征，（图5.3.1-1 ～图 5.3.1-32）。

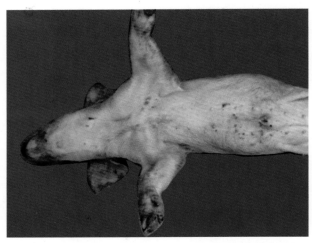

图 5.3.1-1　断奶仔猪，日龄 30 日，28 日断奶后逐渐消瘦死亡，腹部皮肤陈旧性出血斑点，为猪瘟带毒猪

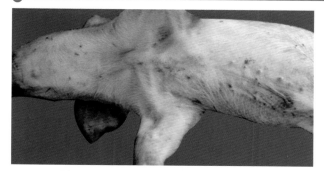

图 5.3.1-2 颈胸腹部皮肤陈旧性出血斑点

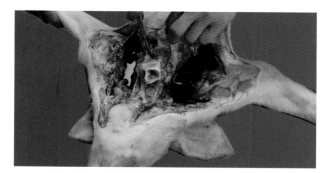

图 5.3.1-3 下颌淋巴结肿灰白 PCV-2 病毒所致

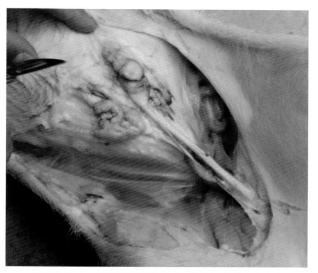

图 5.3.1-4 腹股沟淋巴结肿大, 切面灰白色 PCV-2

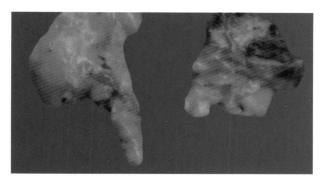

图 5.3.1-5 淋巴结肿胀与出血病变分别为 HC 与 PCV-2 所致,
陈旧性出血是带毒母猪垂直感染仔代存活仔猪象征

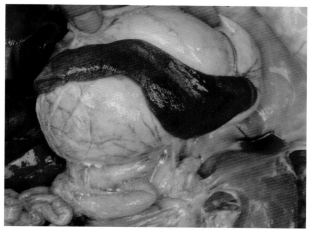

图 5.3.1-6 脾头部肿大增宽, 为 PCV-2 所致

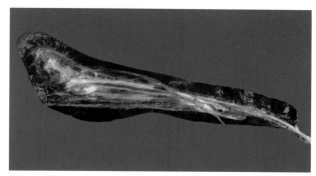

图 5.3.1-7 脾所属淋巴结肿胀灰白色为 PCV-2 病毒所致

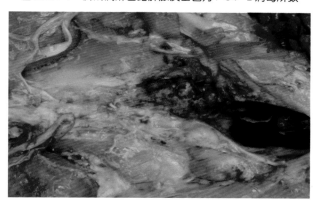

图 5.3.1-8 髂内淋巴结肿大灰白色和出血, 为猪瘟和圆环病毒
所致

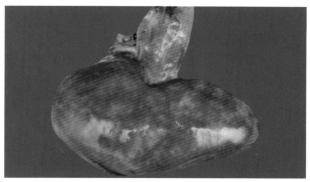

图 5.3.1-9 肾畸形为胎儿垂直感染猪瘟病毒所致, 灰黄色花斑
样肾病为 PCV-2 病毒所致

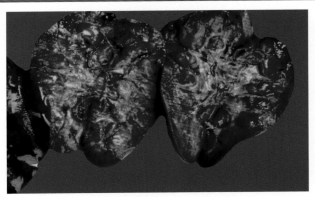

图 5.3.1-10　肾切面病变不明显为 PCV-2 肾病早期阶段，是继发

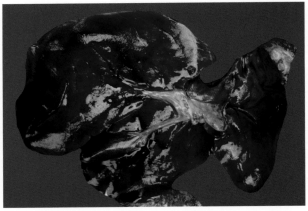

图 5.3.1-14　肝背面轻度变性，胆囊充盈，肝所属淋巴结肿胀，灰白色 PCV-2 表现

图 5.3.1-11　胃所属淋巴结肿大灰白色，为 PCV-2 所致

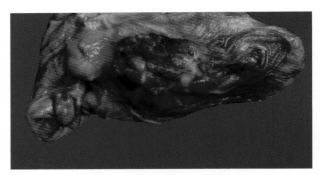

图 5.3.1-12　胃贲门处黏膜圆形病灶为非典型猪瘟扣状肿

图 5.3.1-15　心肌色淡轻度扩张，是 PCV-2 衰竭型表现

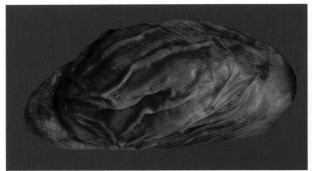

图 5.3.1-13　胃底有腺部黏膜灰黄色为胆汁逆流污染所致，胃黏膜及肌层显示菲薄发育不良是 PCV-2 衰竭型特征，本例皮炎无出现

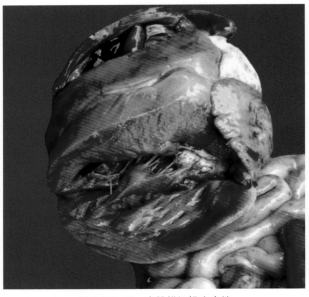

图 5.3.1-16　心肌纵切轻度变性

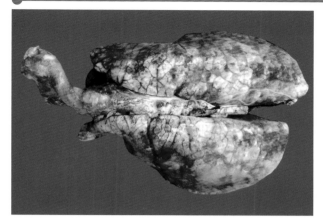

图 5.3.1-17　肺心尖叶为支原体肺炎灶,肺小叶间增宽呈花斑样,间质性肺炎

图 5.3.1-20　放大展示,进一步确立诊断

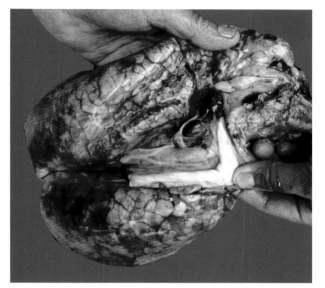

图 5.3.1-18　肺门淋巴结肿大暗红色出血,由猪瘟病毒持续感染所致

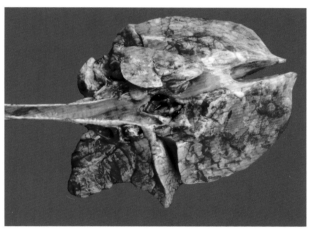

图 5.3.1-21　肺气管纵切管腔内存有多量乳白色炎性分泌物,为猪肺支原体和 PCV-2 病毒所致

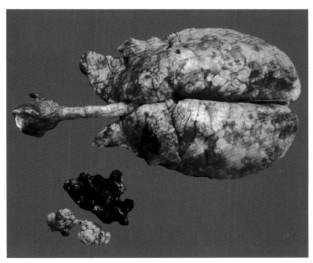

图 5.3.1-19　将肺门淋巴结全部摘下后,有的肿大暗红色出血,还有灰白色肿大的,前者为猪瘟,后者为 PCV-2

图 5.3.1-22　进一步观察肺部支气管腔内炎症状态,管腔内存有多量乳白色炎性分泌物并有泡沫,为 PCV-2 病毒所致

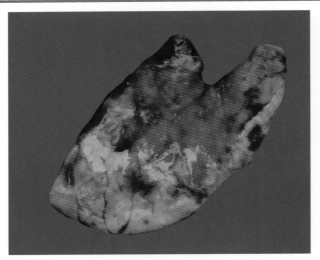

图 5.3.1-23　肺心叶表面胰样变，并有出血点斑

图 5.3.1-26　肺切面散在出血斑

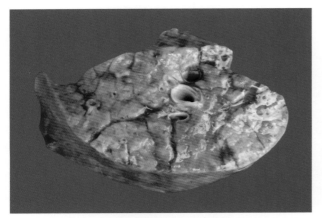

图 5.3.1-24　肺心叶切面一致性胰样变，并散在陈旧性出血点，前者为猪肺支原体所致，后者为猪瘟病毒所致

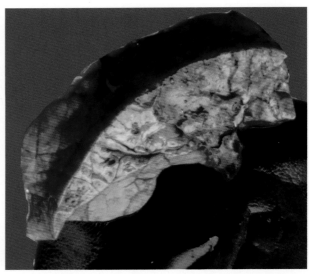

图 5.3.1-27　上半部为肺炎灶；下半部为代偿性肺气肿病变

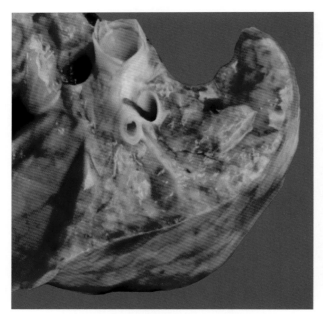

图 5.3.1-25　肺切面淡红色肺炎灶大小不一，即间质性肺炎灶，并有出血点

图 5.3.1-28　小肠系膜淋巴结肿大灰白色为 PCV-2 病毒所致

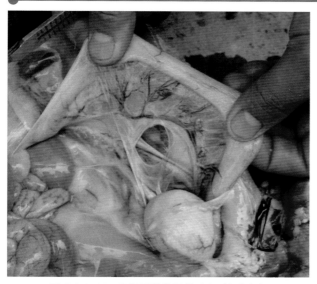

图 5.3.1-29　直肠系膜淋巴结肿大，被膜充血

图 5.3.1-30　小肠黏膜薄

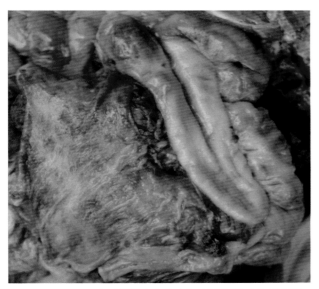

图 5.3.1-31　大肠黏膜轻度充血变化，淋巴滤泡变化不明显

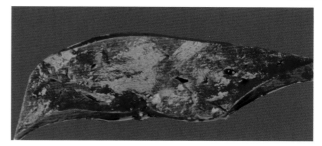

图 5.3.1-32　肝切面小叶不清为轻度营养不良变化

第二节　猪瘟、肺支原体肺炎、猪圆环病毒Ⅱ混合感染

2009 年 5 月 14 日，放血急宰诊断性剖检，华南沿海地区，断奶仔猪体重 20kg。猪瘟、猪圆环病毒Ⅱ阳性场带毒母猪仔代病理变化。全身淋巴结肿胀切面灰白色增生为猪圆环病毒Ⅱ，出血为猪瘟所致。肾脾均为猪圆环病毒Ⅱ，肺支原体肺炎引发呼吸综合征（图 5.3.2-1～图 5.3.2-18）。

图 5.3.2-1　耳颈部皮肤出陈旧性血点

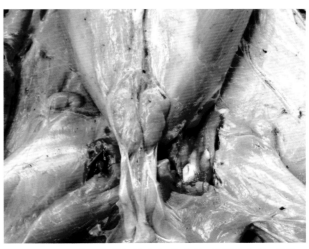

图 5.3.2-2　腹股沟淋巴结肿大，灰白色，猪圆环病毒Ⅱ所致

图 5.3.2-3　下颌淋巴结肿大，灰白色

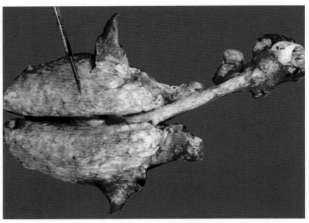

图 5.3.2-6　肺表面有散在出血斑点是猪瘟病毒所致

图 5.3.2-4　肺叶呈肉样变，猪支原体肺炎所致

图 5.3.2-7　肺门淋巴结淡灰黄色为肺支原体与 PCV-2 引起

图 5.3.2-5　小肠系膜淋巴结肿大，灰白色 PCV-2 所致

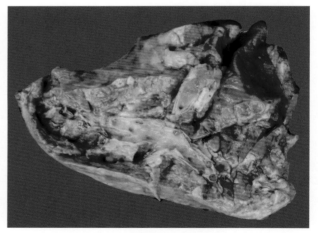

图 5.3.2-8　肺纵切面支气管腔内少量分泌物

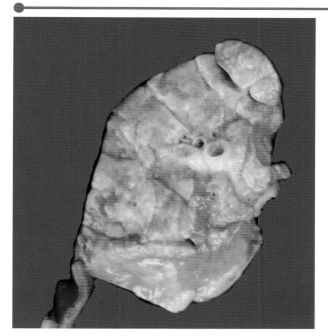

图 5.3.2-9　肺横切面,间质性肺炎灶

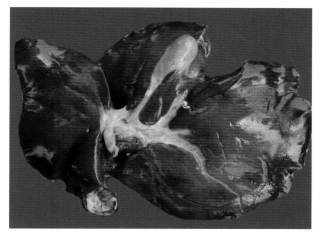

图 5.3.2-12　肝轻度营养不良所属淋巴结肿大 PCV-2

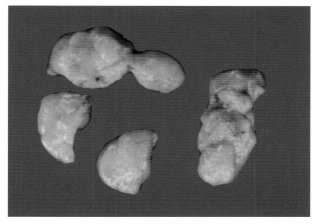

图 5.3.2-10　展示肺门淋巴结肿大切面灰白色

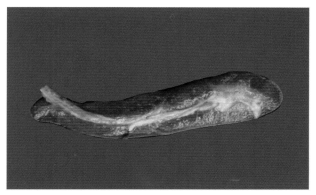

图 5.3.2-13　脾所属淋巴结肿大灰白色 PCV-2

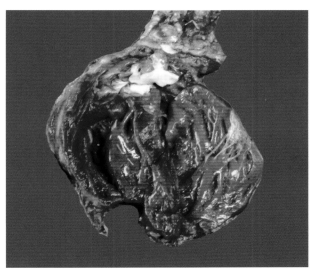

图 5.3.2-11　心内膜无肉眼可见改变

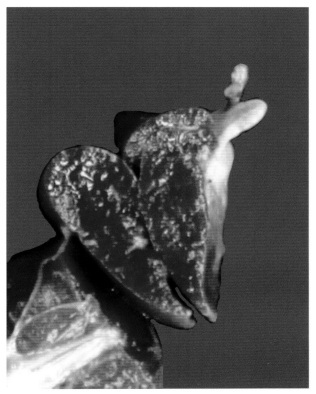

图 5.3.2-14　脾切面呈泥状为 PCV-2 感染初期

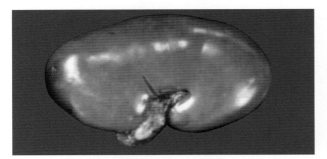

图 5.3.2-15 肾所属淋巴结肿大，灰白色基面中有出血点为猪瘟

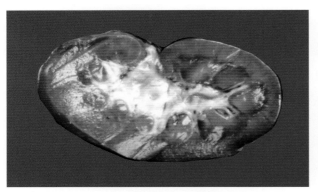

图 5.3.2-16 隐约可见灰白色斑点状病灶为 PCV-2 早期病变

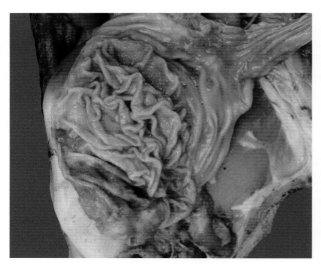

图 5.3.2-17 肾纵切面与前图病变相似

第三节　猪瘟、支原体肺炎、蓝耳病、猪圆环病毒II型混合感染

　　某场 20 年养猪，年年亏损，不知猪因何病死亡，恰好有两个断奶仔猪死亡。剖检诊断猪瘟、蓝耳病、圆环病毒II、支原体肺炎（图 5.3.3-1～图 5.3.3-42）。

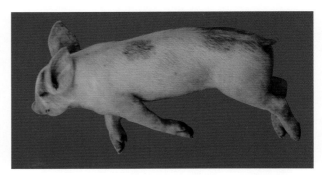

图 5.3.3-1 发病猪群大多数猪外观察觉不到病患猪

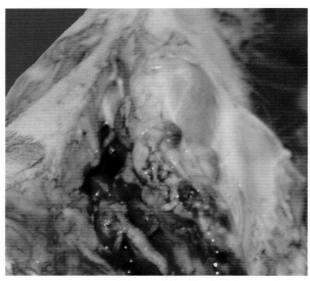

图 5.3.3-2 仔猪 25 日龄，死亡发育不良，末梢皮肤发紫

图 5.3.2-18 胃底腺与十二指肠黏膜为轻度浆液性炎

图 5.3.3-3 右侧下淋肿出血，猪瘟病变

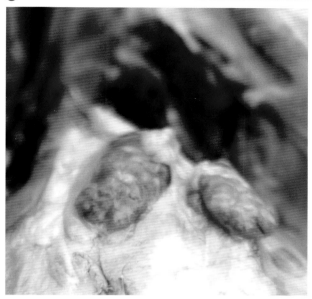

图 5.3.3-4 腹股沟淋肿大，轻度暗红色

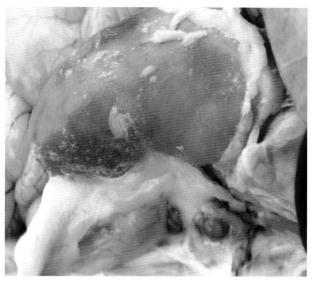

图 5.3.3-7 肾所属淋巴结肿胀暗红色出血为猪瘟病变，放大后肾皮质表面有散在出血点

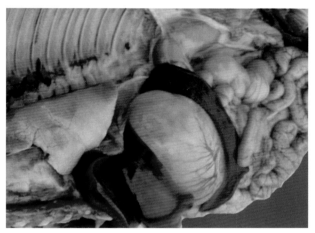

图 5.3.3-5 剖开后，肺心肝胃脾大小肠器官展示

图 5.3.3-8 肾形态长宽比例失调，所属淋巴结肿胀暗红色出血，常是猪瘟带毒母猪垂直感染仔代，因病毒持续作用使肾发育比例失调

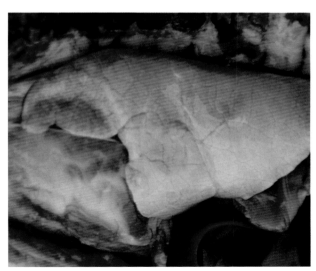

图 5.3.3-6 肺左侧全貌，粉红色小叶较明显，无明显肉眼可见病变

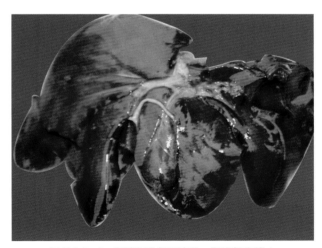

图 5.3.3-9 肝暗红色轻度变性，胆囊轻度膨大

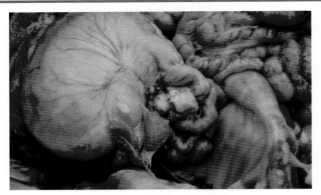

图 5.3.3-10　胃所属淋巴结肿胀

图 5.3.3-11　胃底腺部黏膜弥漫性充血

图 5.3.3-12　小肠系膜淋巴结肿大胀暗红色出血切面灰白色

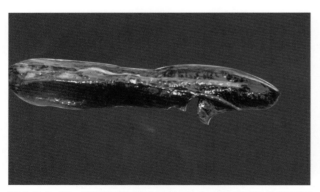

图 5.3.3-13　脾脏面其所属淋巴结肿大胀暗红色出血切面灰白色

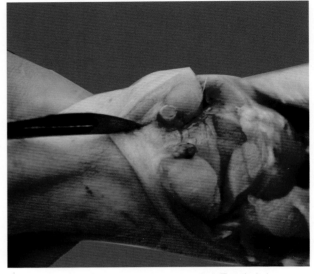

图 5.3.3-14　腘淋巴肿大，切面出血是猪瘟病变

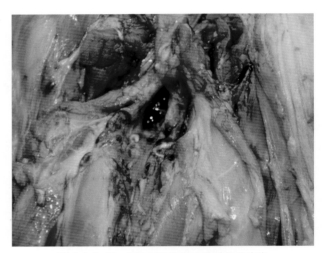

图 5.3.3-15　颌内淋巴结肿大胀暗红色出血

图 5.3.3-16　胸前淋巴结肿大胀暗红色出血切面灰白色腹股沟下颌胸前肺门

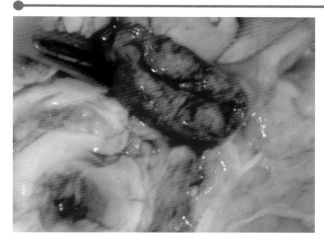

图 5.3.3-17　淋切面出血，猪瘟病变

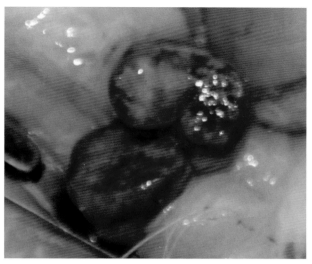

图 5.3.3-21　淋巴结切面出血猪瘟病变

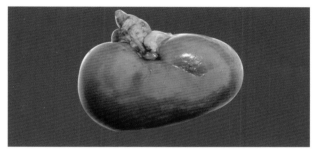

图 5.3.3-18　肾畸形是猪瘟带毒母猪垂直感染仔代

图 5.3.3-19　仔猪发育不良末梢皮肤发紫

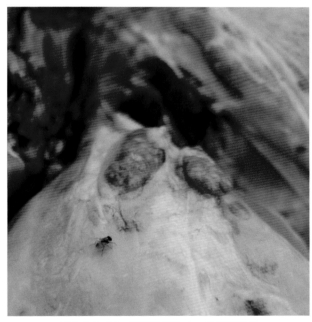

图 5.3.3-22　腹股沟淋肿大，轻度暗红色

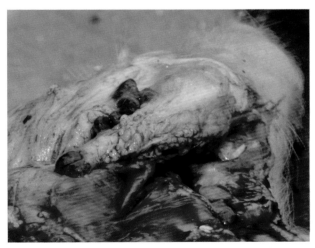

图 5.3.3-20　下颌腮腺咽后淋巴结出血猪瘟病变

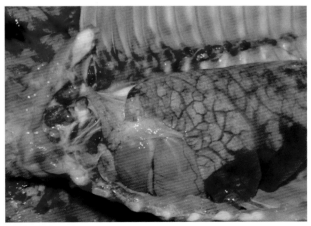

图 5.3.3-23　肺小叶间因水肿而增宽，心肌变

图 5.3.3-24 胸前淋巴结肿大胀暗红色出血

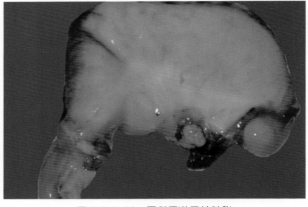

图 5.3.3-28 胃所属淋巴结肿胀

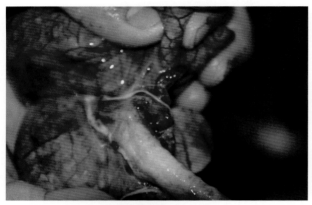

图 5.3.3-25 肺门淋巴结肿大胀暗红色出血

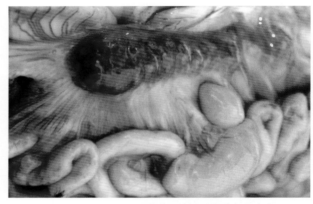

图 5.3.3-29 小肠系膜淋巴结肿大胀暗红色出血

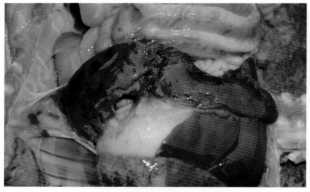

图 5.3.3-26 脾大被膜与胃粘连变性坏死圆环病毒Ⅱ

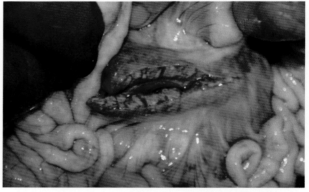

图 5.3.3-30 小肠系膜淋巴结肿大切面灰白色基面间隔出血

图 5.3.3-27 可见结肠系膜水肿心肌变性引起

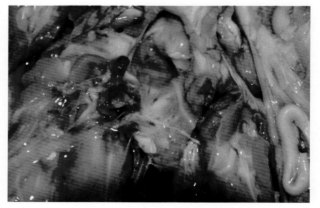

图 5.3.3-31 颌内淋巴结肿大胀暗红色出血

图 5.3.3-32　直肠系膜淋巴结肿大暗红色出血

图 5.3.3-33　脾结缔组织增生形成瘢痕凸凹不平

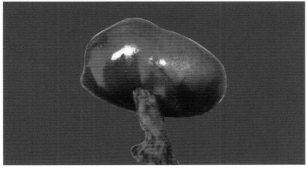

图 5.3.3-34　肾所属淋巴结肿大胀暗红色出血

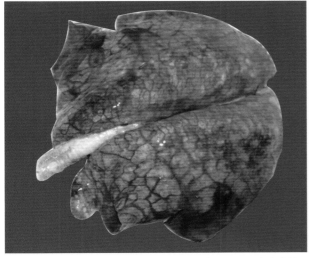

图 5.3.3-35　肺淤血性出血可示为蓝耳病 PCV-2 肺炎病灶

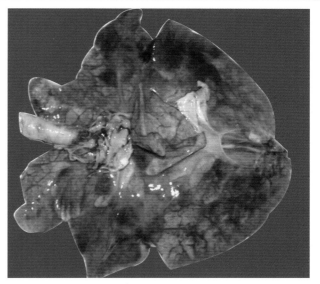

图 5.3.3-36　诊断时注意因心衰而致肺淤血所致机体缺氧而死的病变

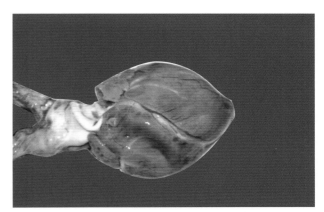

图 5.3.3-37　心肌发育不良暗红色基面灰白色条纹状变性灶

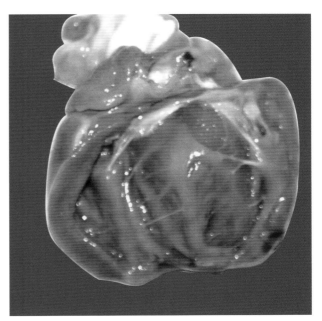

图 5.3.3-38　心肌切面及心内膜的变性

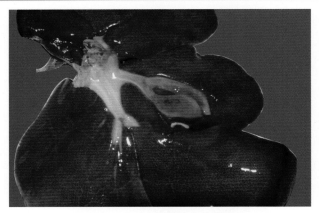

图 5.3.3-39 肝淤血小叶明显

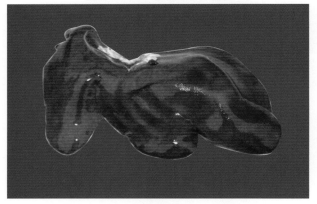

图 5.3.3-40 肝肿胀暗红色淤血而变性

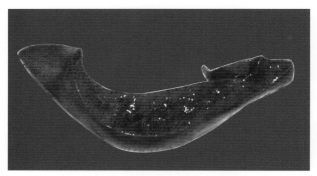

图 5.3.3-41 肝切面肝小叶中央静脉淤血

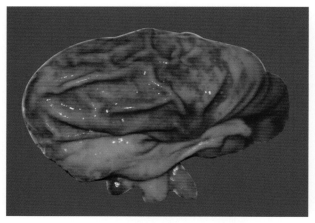

图 5.3.3-42 胃底腺黏膜为卡他性胃炎病变

第四节　猪瘟、猪支原体肺炎混合感染

2009 年 5 月华南某地，猪临床症状高度气喘，放血后剖检诊断为慢性型猪支原体肺炎及带毒母猪仔代呈现有猪瘟病痕明显可见；最后忠告猪场加强猪瘟防控（图 5.3.4-1 ～图 5.3.4-16）。

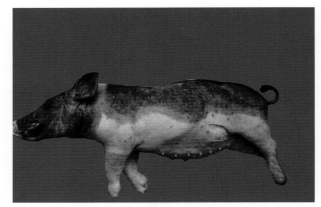

图 5.3.4-1 生前气喘明显，呼吸数 80 次/分钟，急宰

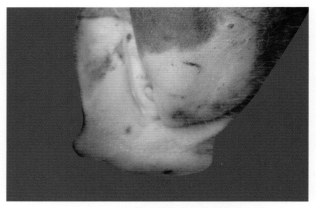

图 5.3.4-2 下唇部皮肤出血斑猪瘟病毒所致

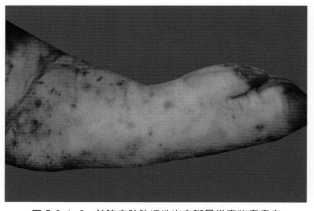

图 5.3.4-3 前肢皮肤陈旧性出血斑是带毒猪瘟病变

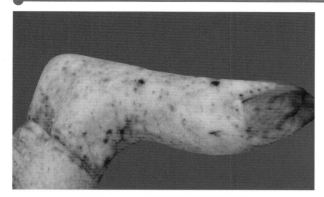

图 5.3.4-4　后皮出血点斑猪瘟病变

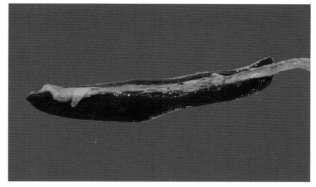

图 5.3.4-8　脾所属淋轻度肿大亦是猪瘟病变

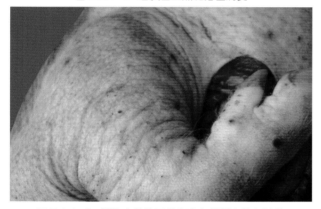

图 5.3.4-5　前肢皮肤陈旧性出血与指部皮肤扣状肿

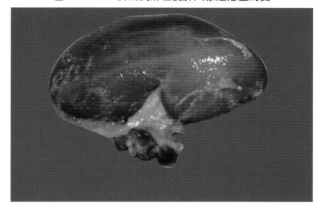

图 5.3.4-9　肾畸形所属淋巴结肿大出血是猪瘟变

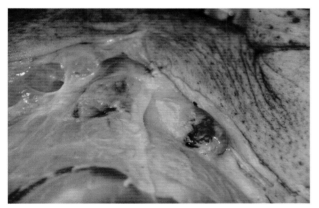

图 5.3.4-6　腹沟淋巴结肿大胀暗红色出血，切面灰白色腹股沟

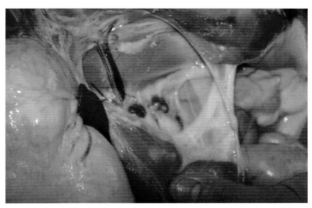

图 5.3.4-10　淋巴出血带毒母猪垂直感染仔代肾的猪瘟病变

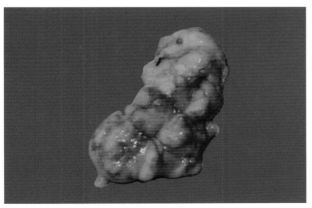

图 5.3.4-7　淋巴结肿大周出陈旧性出血，灰白色

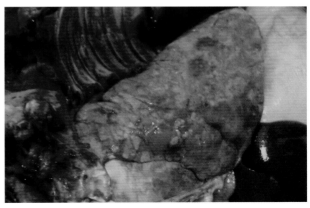

图 5.3.4-11　肺支原体肺炎的胰样变明显可见

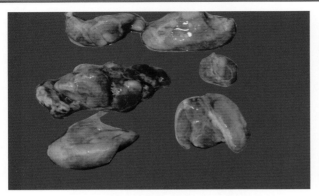

图 5.3.4-12　肺所属淋巴结出血猪瘟与肺支原体所致

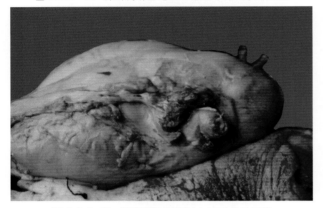

图 5.3.4-13　胃所属淋巴结肿大灰白色并出血

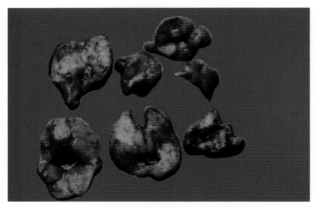

图 5.3.4-14　胃所属淋巴结病变肿大灰白色基面陈旧性出血

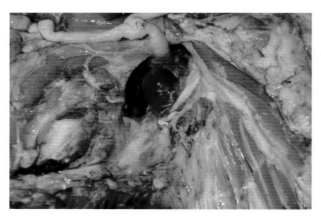

图 5.3.4-15　髂内淋巴结肿大

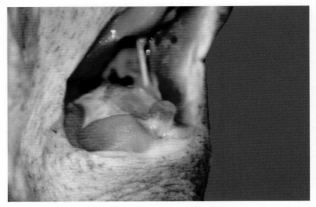

图 5.3.4-16　腘淋巴结肿大出血

第五节　猪瘟、猪支原体肺炎混合感染

　　2010 年 11 月，外省某地基层自学成才的兽医技术人员发来数码照片，缺乏系统剖检，从中选出有诊断意义照片 34 幅，从尸体处理看是几天死亡 30 头，选择性剖检的照片，病理解剖学诊断为猪瘟、支原体肺炎、圆环病毒Ⅱ、胸膜肺炎、坏疽性腹膜炎。分析如下：育肥专业户一次性从售猪市场购入，曾注猪瘟兔化疫苗，饲养 60 ～ 70 天时暴发猪瘟，在几天内死亡 30 支。发病猪全群先后发生支原体肺炎、猪圆环病毒Ⅱ、间质性肺炎、胸膜肺炎构成呼吸综合征，因猪瘟免疫失误暴发猪瘟，因原发病种类多致免疫功能低下，多数猪呈最急性型死亡，病程短病变尚未形成而发生急性败血休克死亡，猪瘟病毒所致淋巴结变化不显著，猪圆环病毒Ⅱ淋巴结肿胀灰黄色是原发病变，诊断为最急性猪瘟根据肺浆膜出血点和脾梗死及膀胱黏膜出血点以及流行病学上死亡集中出现暴发，是当前猪群存在多种病原混合感染呈亚临床症状情况下，猪瘟野毒一旦侵入猪场，必然出现暴发势态。临床上此类猪群体温持续升高，气喘咳嗽明显，不久死亡，剖检时原发病的病变特别明显引人注目，很易误导诊断。这是当前混合感染情况下猪瘟流行病学新特点，在诊断上不应墨守成规，也不应迷信书本上说的最急性型极少出现或非典型多的说法，临床症状病理变化不能作出诊断，必等化验室结果（图 5.3.5-1 ～图 5.3.5-22）。

图 5.3.5-1　死亡猪尸体展示

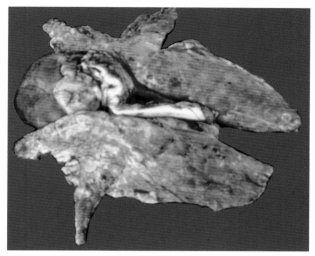

图 5.3.5-4　支原体肺炎对称性病灶

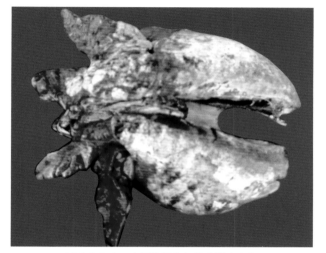

图 5.3.5-2　支原体肺炎与猪瘟肺出血斑

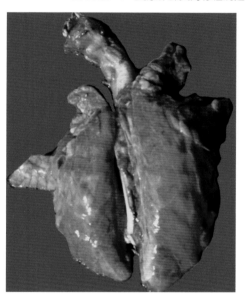

图 5.3.5-5　展示肺表面出血灶猪瘟病毒所致

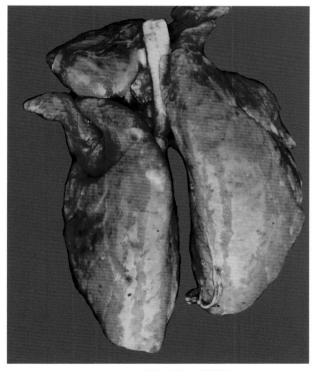

图 5.3.5-3　支原体肺炎与猪瘟肺出血

图 5.3.5-6　展示肺门淋巴结肿大，灰黄色为 PCV-2

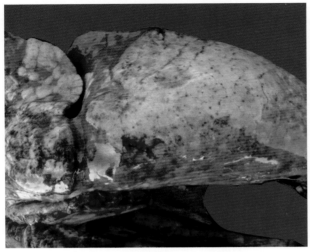

图 5.3.5-7　肺有多量较大出血斑点散在是猪瘟

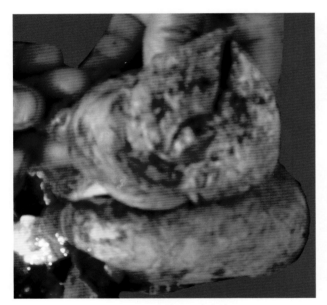

图 5.3.5-8　肺切面出血灶

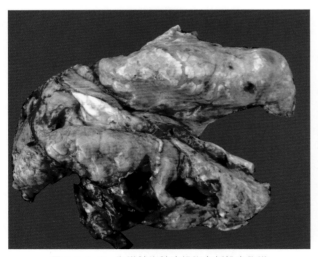

图 5.3.5-9　胸膜肺炎肺边缘附有纤维素伪膜

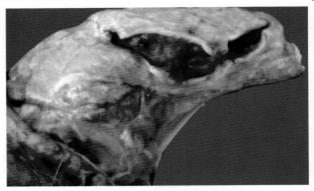

图 5.3.5-10　肺浆膜因炎症增厚

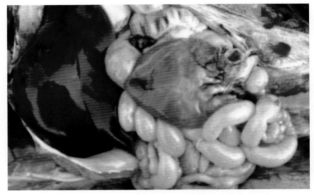

图 5.3.5-11　心冠状沟脂肪水肿肝暗红色淤血

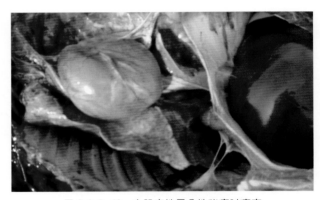

图 5.3.5-12　心肌变性最急性猪瘟时病变

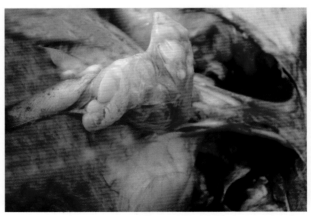

图 5.3.5-13　腹股沟淋巴结肿大灰黄色 PCV-2 病毒所致

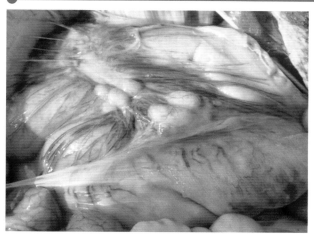

图 5.3.5-14 大肠系膜淋巴结肿大灰黄色 PCV-2 病毒所致

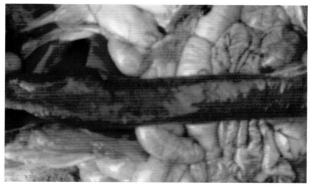

图 5.3.5-17 脾不肿大, 边缘出血性梗死

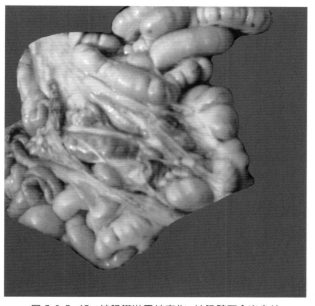

图 5.3.5-15 结肠攀淋巴结变化, 结肠壁两个出血灶

图 5.3.5-18 肾畸形, 胚胎时垂直感染猪瘟病毒所致

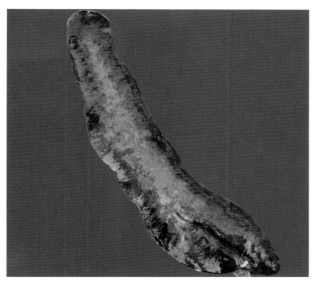

图 5.3.5-16 猪瘟急性型脾出血性梗死

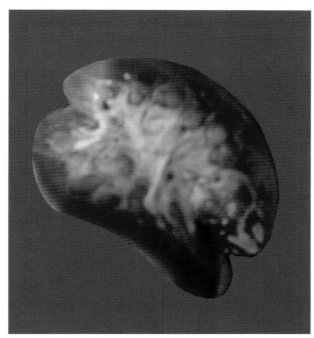

图 5.3.5-19 肾切面散在出血点

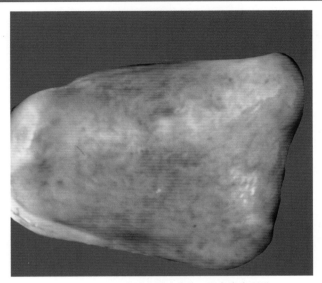

图 5.3.5-20　膀胱黏膜出血点，猪瘟病毒所致

第六节　猪瘟、猪支原体肺炎、圆环病毒Ⅱ混合感染

东北某地断奶仔猪，临床症状缺乏明显有诊断价值症状，发病猪治疗效果不佳，畜主同意急宰放血作进一步诊断。剖检病变也缺乏明显有诊断价值的病变，原发为垂直感染猪瘟，后天又感染猪支原体肺炎，因管理不善又发生圆环病毒，3种病原同时作用机体而出现临床症状，发病后不食消瘦，治疗无效，主要是属猪瘟先天感染，致免疫功能低下而发生继发感染，这是当前猪病流行特征之一，应认真对待。猪瘟猪支原体肺炎圆环病毒（图 5.3.6-1～图 5.3.6-23）。

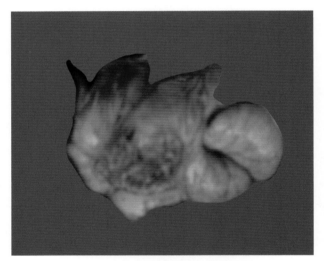

图 5.3.5-21　回盲口黏膜肿胀有出血

图 5.3.6-1　断奶仔猪眼结膜炎

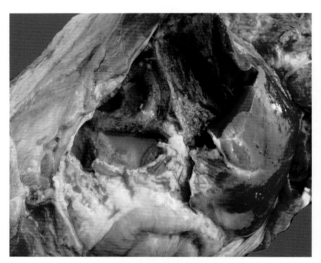

图 5.3.5-22　坏疽性腹膜炎

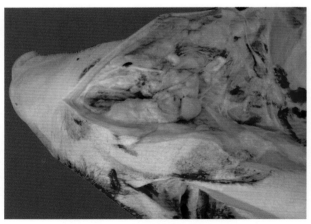

图 5.3.6-2　下颌淋巴结肿大灰白色

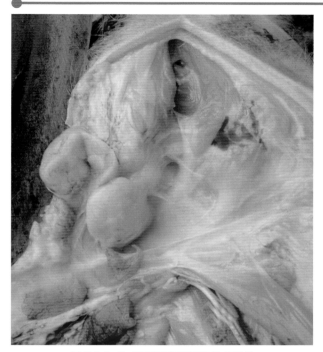

图 5.3.6-3　淋巴结切面灰白色水肿样

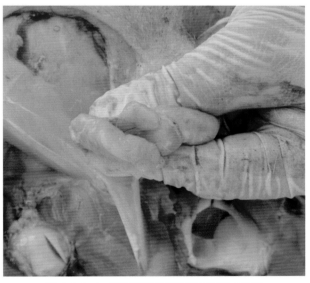

图 5.3.6-4　腹股沟淋巴结肿胀灰白色水肿样

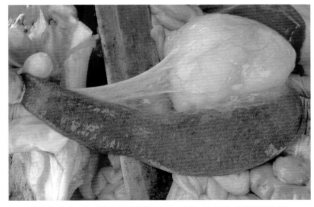

图 5.3.6-5　脾轻度淤血肿胀，多为 PCV-2 初期变化

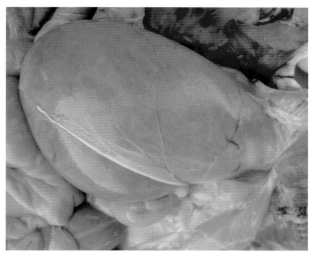

图 5.3.6-6　膀胱积尿

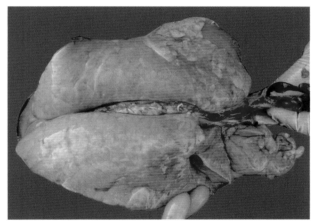

图 5.3.6-7　肺因放血后支原体肺炎灶明显可见

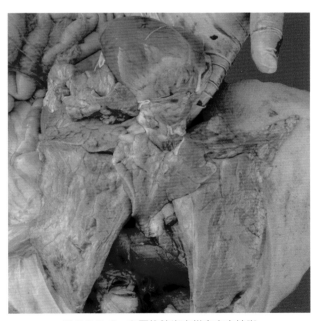

图 5.3.6-8　支原体肺炎肉样变右心扩张

图 5.3.6-9　肝脏形态,无明显变化

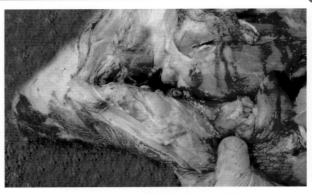

图 5.3.6-13　下颌淋巴结肿大灰白色

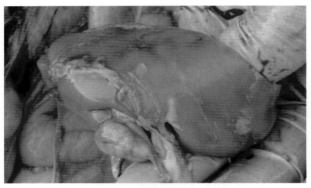

图 5.3.6-10　肾所属淋巴结肿大灰白色

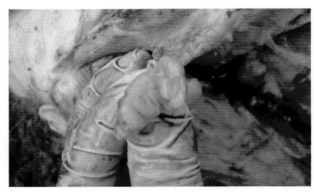

图 5.3.6-14　淋巴结切面灰白色水肿样,多为 PCV-2 所致

图 5.3.6-11　肾畸形,几个出血点是带毒母猪垂直感染仔猪

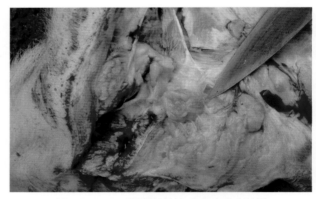

图 5.3.6-15　咽后淋巴结切面灰白色水肿样

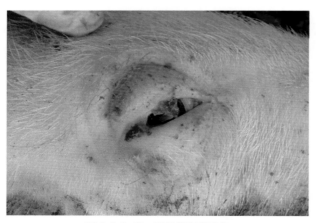

图 5.3.6-12　眼肿胀有分泌物

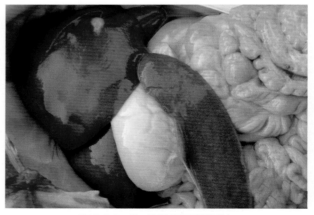

图 5.3.6-16　肝脾胃肠外观形态

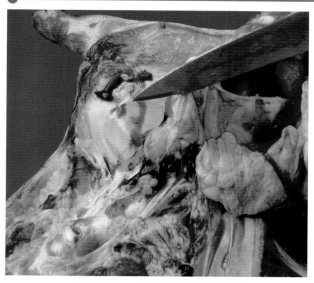

图 5.3.6-17　胸前淋巴结肿大灰白色

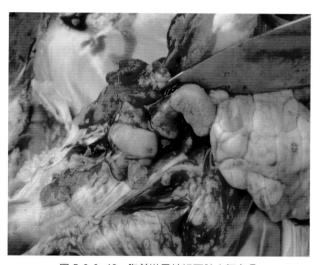

图 5.3.6-18　胸前淋巴结切面肿大灰白色

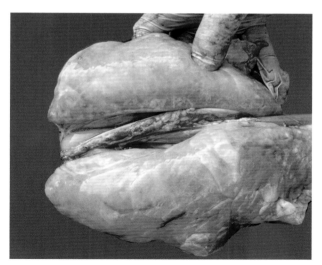

图 5.3.6-19　支原体肺炎灶明显

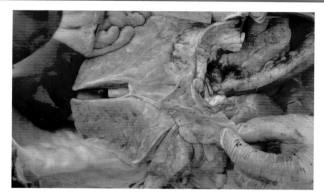

图 5.3.6-20　支原体肺炎灶明显

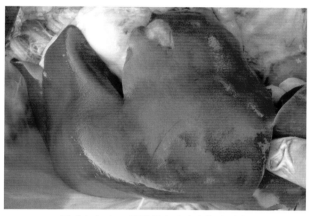

图 5.3.6-21　可见肝小叶中央静脉淤血

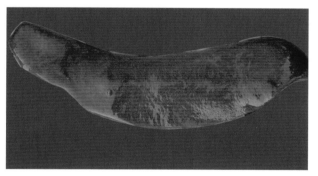

图 5.3.6-22　脾外观形态轻度淤血肿胀，多为 PCV-2 初期变化

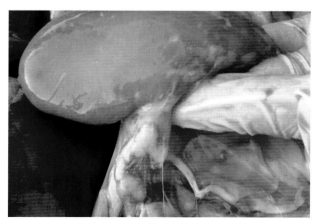

图 5.3.6-23　肾所属淋巴结肿大灰白色

第七节　猪瘟、支原体肺炎、副猪嗜血杆菌混合感染

　　4只死亡猪均做剖检，剖检者发现各器官出血性病变当即诊断为猪瘟，展示病变不全面，可为现场病理诊断特点。一次性死亡4只，可知该猪群原发混合感染存在，从照片可判定有支原体肺炎与副猪嗜血杆菌病存在，因非封闭式管理，猪瘟免疫失误而暴发猪瘟。

　　猪瘟支原体肺炎副猪嗜血杆菌混合感染（图5.3.7-1～图5.3.7-13）。

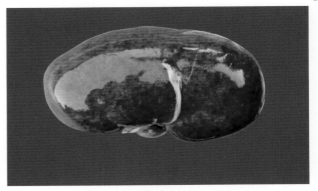

图 5.3.7-3　肾表面弥漫性出血猪瘟病毒所致

图 5.3.7-1　皮肤有出血性浸润

图 5.3.7-4　膀胱积尿和出血猪瘟病毒所致

图 5.3.7-5　膀胱黏膜出血猪瘟病毒所致

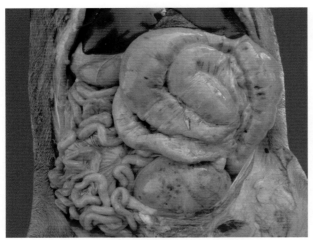

图 5.3.7-2　为褐色被毛猪腹腔中结肠膀胱出血

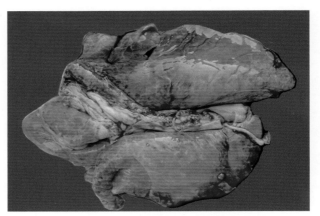

图 5.3.7-6　肺所属淋巴结出血猪瘟病毒所致

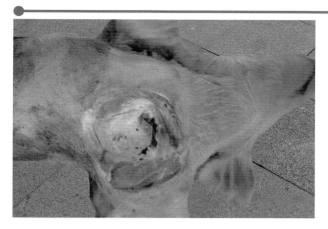

图 5.3.7-7 另1只尸体皮肤出血性病变

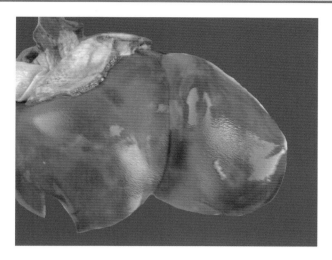

图 5.3.7-10 肝轻微肿大暗红色颜色变性

图 5.3.7-8 胸腹腔器官变化

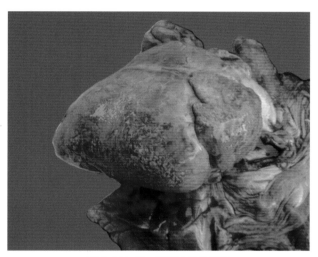

图 5.3.7-11 纤维素性心包炎

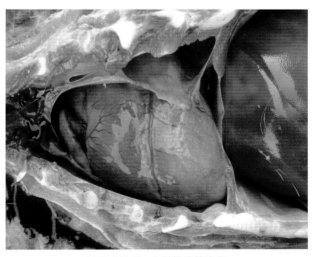

图 5.3.7-9 心肝轻微的变化

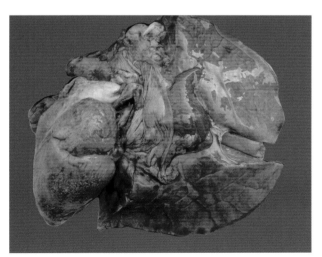

图 5.3.7-12 肺右上侧肺叶有出血灶

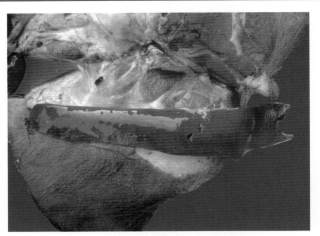

图 5.3.7-13　脾尾淤血变化，另见皮肤发绀

第八节　流行性腹泻和猪瘟混合感染

国内一基础母猪近千头规模化猪场，2011年以来，生后3天哺乳仔猪全窝均发生腹泻，病程5～10天，经用抗生素、补液、提高舍内温度等综合疗法，约5天好转，15天全愈，发病率100%，死亡率85%以上。经病理解剖学诊断为流行性腹泻和猪瘟混合感染，现报告如下：

1. 材料与方法　在对全场各类猪腹泻情况调查基础上，结果是只有产房哺乳仔猪为发病猪群，其他猪群无有猪只发生腹泻。分别采取生后未发病仔猪2只、发病仔猪2只、痊愈仔猪2只放血后进行病理解剖。另剖检发病死亡仔猪10只。用临床流行病学和病理解剖学方法进行诊断。

2. 结果

（1）临床症状：潜伏期15～30h，到3天龄时全窝仔猪几乎不约而同先后发病（图5.3.8-1），主要症状是先呕吐，不久相继出现腹泻与脱水，体温正常，运动僵硬等症状。呕吐多发生于哺乳之后，有的先呕吐后拉小米粥状黄色黏稠便（图5.3.8-2），不久转水样便并混杂有黄白色的凝乳块，腹泻最严重时（腹泻10h左右）排出的粪便几乎全部为水分（图5.3.8-3），因下痢后体内产热代谢紊乱而仔猪怕冷相互集压，由大便失禁出现里急后重，排出稀便即污染仔猪体表，因体表散热水分被蒸发皮肤表面附有一层似塑料薄包裹仔猪皮肤（图5.3.8-4～图5.3.8-5）。腹泻的同时患猪伴有精神沉郁、厌食、迅速消瘦、皮肤干燥及衰竭。

（2）病理变化：外部观察尸体消瘦脱水，皮肤

干燥（图5.3.8-7）、胃内有多量黄白色的乳凝块（图5.3.8-8），肠管膨满扩张，肠壁变薄，小肠充满黄色液体（图5.3.8-9），肠系膜充血，个别小肠黏膜有出血点，肠系膜淋巴结水肿及其他病变（图5.3.8-10～图5.3.8-24）。小肠急性浆液性至轻重不同程度的出血性炎，为流行性腹泻特征性病变。

3. 小结　有5例猪瘟病变，伪狂犬病1例。

图 5.3.8-1　临床症状：5日龄仔猪全窝发病，虽哺乳但因持续腹泻脱水极度消瘦

图 5.3.8-2　临床症状：产9头全部仔猪发病的腹泻严重，35日死亡仅有一头存活，全身被腹泻物黏附呈斑驳状

图 5.3.8-3　临床症状：12日龄康复猪

图 5.3.8-4　临床症状：25 日龄康复猪

图 5.3.8-5　生后不久发病死亡 7 头，7 日龄时有 2 头仔猪康复哺乳，被毛光泽皮肤红润显完全康复

图 5.3.8-6　临床症状：发病 3 日因腹泻脱水消瘦奄奄一息

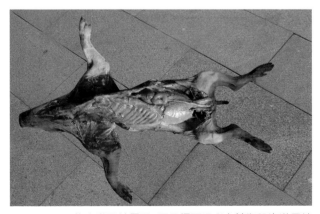

图 5.3.8-7　体表淋巴结展示，可见颌下咽背肩前腹股沟淋巴结肿大出血，猪瘟病毒所致

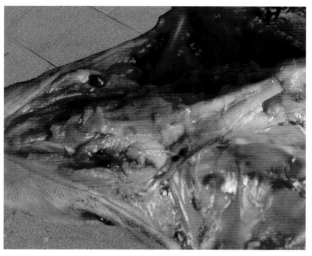

图 5.3.8-8　病理变化：颌下淋巴结肿大出血

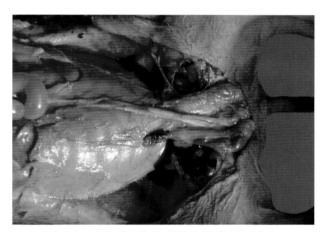

图 5.3.8-9　病理变化：腹股沟淋巴结肿大出血

图 5.3.8-10　急宰 5 日龄发病仔猪各器官眼观病变：肺、胃、肠的局灶性出血以及颌下咽后腹股沟淋巴结肿大出血出血为猪瘟病变

图 5.3.8-11 肺出血和肺炎灶,胃底部出血灶,空肠充满水样液和未能乳化的奶块

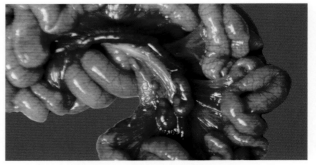

图 5.3.8-14 病理变化小肠系膜淋巴结肿大出血

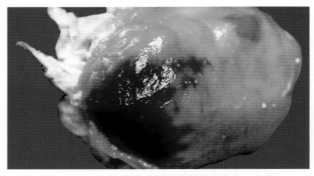

图 5.3.8-15 病理变化胃底腺部黏膜弥散性出血

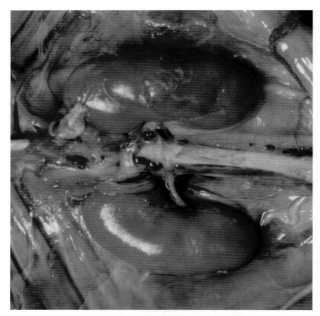

图 5.3.8-12 双肾发育不良,所属淋巴结肿大出血,猪瘟病毒所致

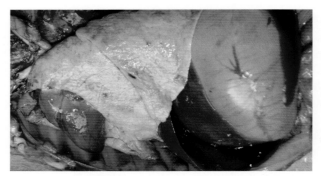

图 5.3.8-16 肺表面散在大小不一出血斑点,是猪瘟病毒所致

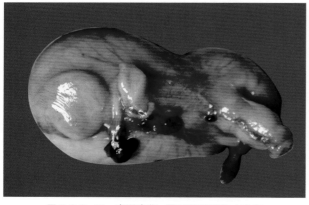

图 5.3.8-13 病理变化:胃门淋巴结肿大出血

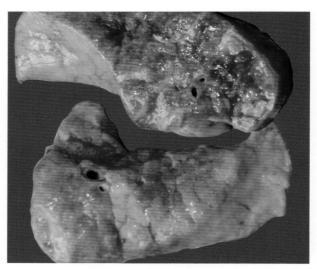

图 5.3.8-17 肺切面有散在出血灶和充血灶,前者为猪瘟病毒所致,后者为蓝耳病毒所致,胚胎时垂直感染两种病毒

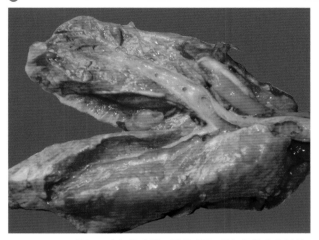

图 5.3.8−18　肺切面支气管黏膜无明显所见，肺组织散在炎性灶

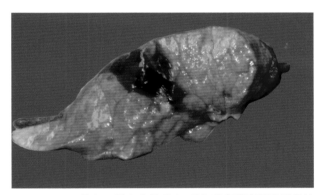

图 5.3.8−19　肺切面肺出血性病变，多为猪瘟病毒所致引发的肺梗死灶

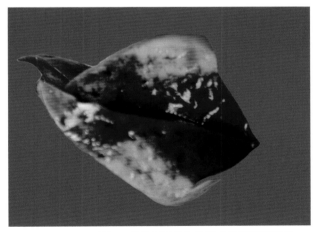

图 5.3.8−20　肝切面黄色坏死灶为伪狂犬病毒所致形成

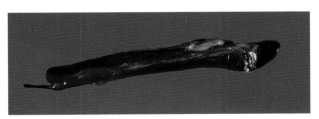

图 5.3.8−21　病理变化：脾所属淋巴结肿胀暗红色

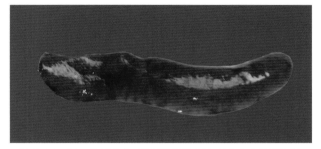

图 5.3.8−22　病理变化：脾不肿胀边缘有多个出血性梗死灶

图 5.3.8−23　病理变化：颌下淋巴结肿大出血

图 5.3.8−24　剖检仔猪各部淋巴结肿大出血。均为猪瘟病毒所致

第九节　猪瘟、仔猪黄痢混合感染

　　哺乳仔猪猪瘟与仔猪黄痢和支原体肺炎混合感染。死亡猪肛门周围有稀粪污染，本例是常见现象，临床症状典型仔猪黄痢，但治疗无效大批死亡，剖检除典型下例的急性卡他性出血性胃肠炎变化外，尚有不典型猪瘟病变，是猪瘟带毒母猪妊娠阶段垂直感染的仔代，因母源抗体低下，管理不善发生下痢死亡。此时，抗猪瘟血清有特效，应对同时症治疗下痢。支原体肺炎是早期感染尚未出现呼吸困难症状，但对加速死亡可有一定作用。逐个剖检，采取同时剖开胸腹腔展示各器官，检查病变，收集病变群最后作出诊断：哺乳仔猪猪瘟与仔猪黄痢和支原体肺炎混合感染（图5.3.9-1～图5.3.9-54）。

图5.3.9-1　窝仔猪因仔猪黄痢死亡尸体展示，外部检查脱水并不明显

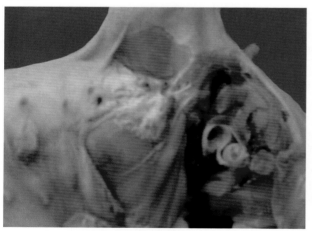

图5.3.9-2　腹股沟淋巴结肿大，浅淋巴结出血肿大，为猪瘟病毒所致

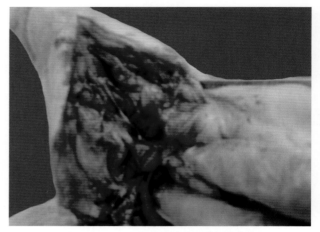

图5.3.9-3　下颌淋巴结肿大暗红色出血

图5.3.9-4　小肠系膜血管充盈，淋巴结肿大，充出血，肠管外观为卡他性肠炎变化

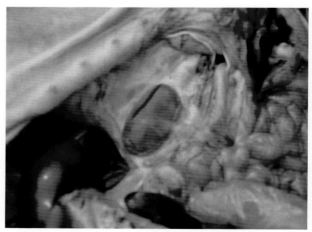

图5.3.9-5　展示肝、肾、脾及直肠淋巴结肿大

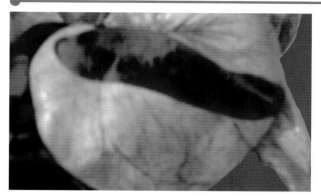

图 5.3.9-6　脾肿状态

图 5.3.9-7　结肠外观,肠管内积蓄水样液

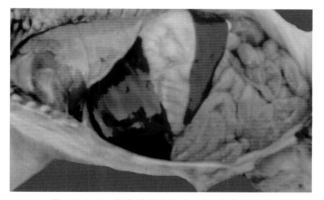

图 5.3.9-8　胸腹腔器官外观,小肠有卡他性炎

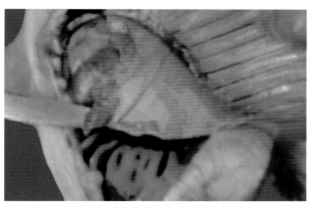

图 5.3.9-9　肺,尖叶轻度充血水肿,其余肺叶粉红色

图 5.3.9-10　另一猪下颌淋巴结肿大暗红色

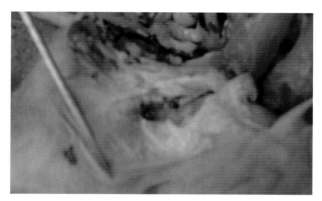

图 5.3.9-11　腹股沟淋巴结暗红色肿大

图 5.3.9-12　结肠外观乳黄色,肠管内积蓄黄色稀粪

图 5.3.9-13　结肠外观乳黄色,肠管内积蓄黄色稀粪,小肠卡他性炎,肝淤血变性

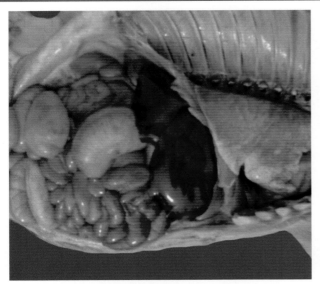

图 5.3.9-14　另一胸腹腔器官状态，肺粉红色，肝暗红色，大肠充气，小肠卡他性炎

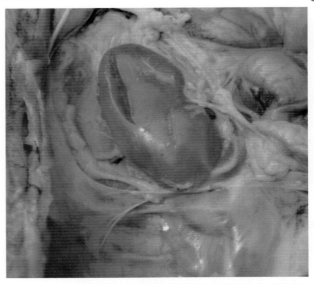

图 5.3.9-17　肾所属淋巴结肿胀暗红色出血，肾表面无见出血性变化，垂直感染猪瘟仔猪多为此变化

图 5.3.9-15　小肠所属淋巴结肿胀紫红色，有两种可能，一是注射铁剂因下痢影响吸收积蓄的结果；另为猪瘟病毒所致

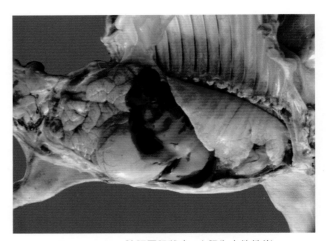

图 5.3.9-18　肺肝胃肠状态，小肠为卡他性炎

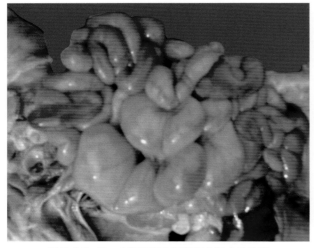

图 5.3.9-16　小肠出血性肠炎和大肠卡他性炎

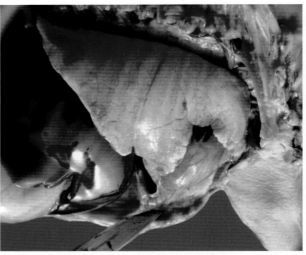

图 5.3.9-19　肺为支原体肺炎感染初期病变，有一小充血水肿肺炎灶

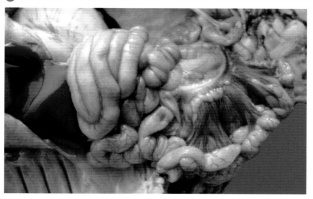

图 5.3.9-20　小肠所属淋巴结肿胀灰白色，结肠外观灰绿色，肠管内稀薄粪便为下痢依据，熟练剖检者可不剪开观察

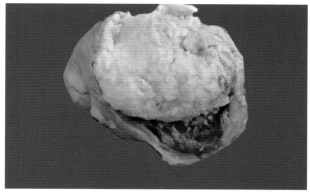

图 5.3.9-24　胃切开后内凝乳块蓄积在胃内，说明死亡前食欲正常，为死因判定提出疑异，猪瘟病毒血症可能性大

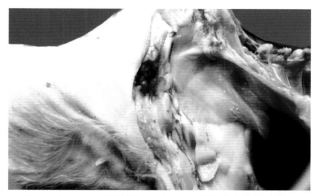

图 5.3.9-21　腋下淋巴结肿大出血，垂直感染猪瘟时常见

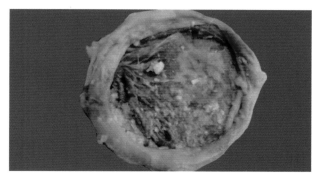

图 5.3.9-25　胃底腺黏膜充出血可为猪瘟病毒所致

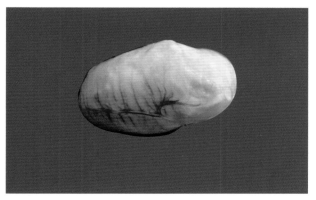

图 5.3.9-22　胃充满状态，血管淤血

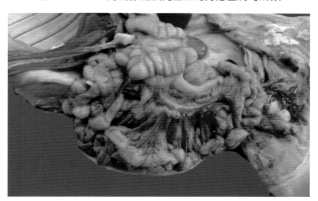

图 5.3.9-26　小肠所属淋巴结肿大灰黄色，大肠内有乳黄色稀粪

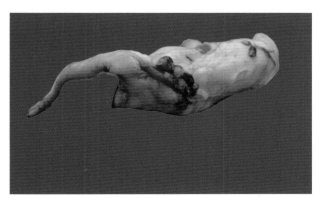

图 5.3.9-23　胃所属淋巴结肿大出血，垂直感染猪瘟时多数为某一组淋巴结出血变化

图 5.3.9-27　脾所属淋巴结肿大暗红色，为垂直感染猪瘟仔代常见病变

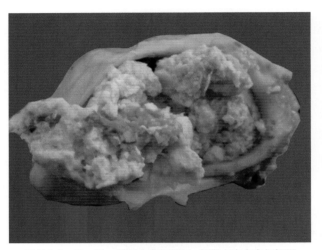

图 5.3.9-28　另一例胃内容物展示，黏膜充出血变化轻微

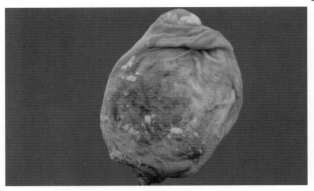

图 5.3.9-31　胃黏膜充出血状态，卡他性胃炎

图 5.3.9-32　胃切开后内凝乳块蓄积在胃内

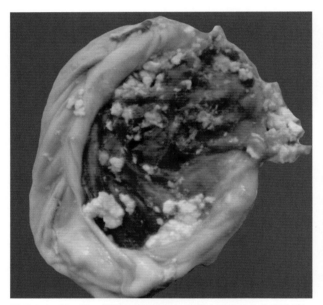

图 5.3.9-29　另一例胃内容物展示，黏膜充出血变化轻微陈旧

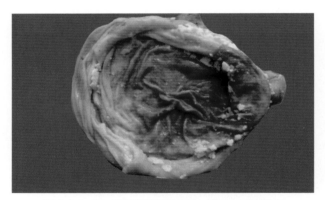

图 5.3.9-33　胃黏膜充出血状态，中度卡他性胃炎

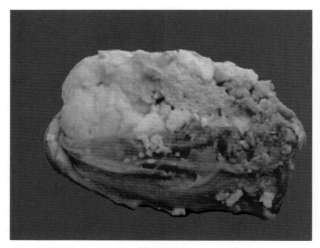

图 5.3.9-30　另一例胃黏膜轻度充血，颜色鲜红

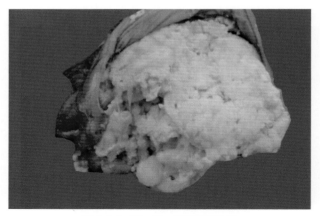

图 5.3.9-34　另一例胃内凝乳块

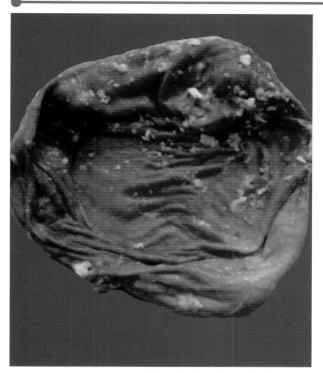

图 5.3.9−35　胃黏膜弥漫性暗红色较陈旧病变

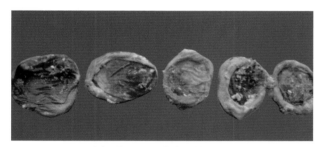

图 5.3.9−36　五例尸检胃黏膜病变比较展示，仔猪黄痢胃黏膜多为卡他性炎，单纯性下例死亡，多由脱水酸中毒休克死亡，伴有垂直感染猪瘟病毒的仔代混合感染时，多有出血性变化

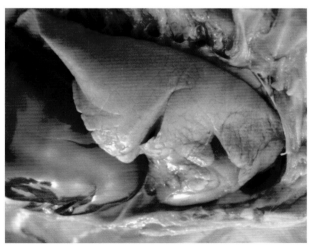

图 5.3.9−37　支原体肺炎早期感染的病变

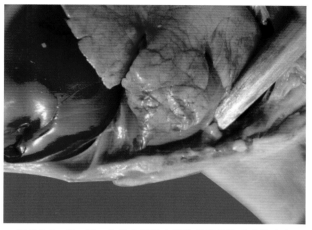

图 5.3.9−38　进一步放大确认支原体肺炎早期感染的病变

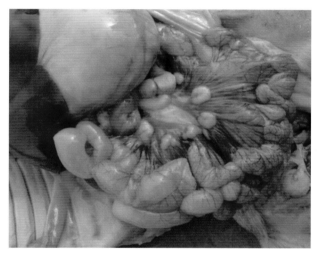

图 5.3.9−39　小肠系膜血管充盈，淋巴结肿大灰白色

图 5.3.9−40　结肠黏膜卡他性炎

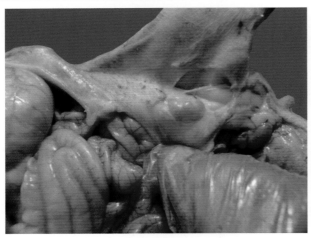

图 5.3.9-41 腹股沟淋巴结肿,仔猪下痢时死亡猪不出现淋巴结肿大

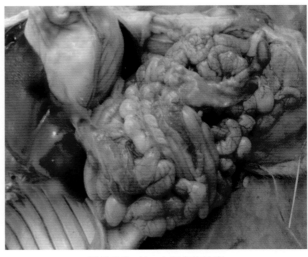

图 5.3.9-44 大肠卡他性炎

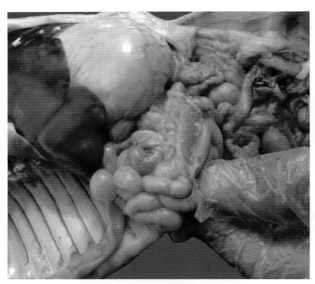

图 5.3.9-42 小肠卡他性炎

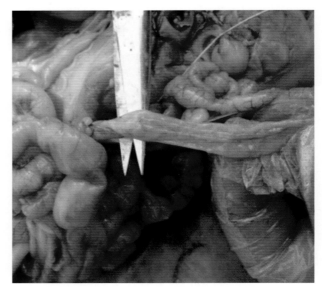

图 5.3.9-45 小肠卡他性炎

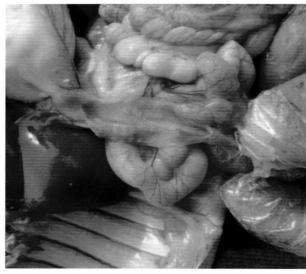

图 5.3.9-43 小肠卡他性炎

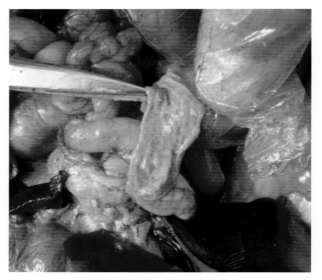

图 5.3.9-46 小肠卡他性炎

图 5.3.9-47　小肠卡他性炎

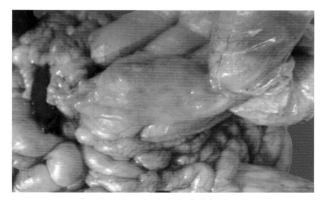

图 5.3.9-48　小肠卡他性炎

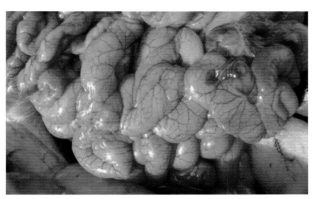

图 5.3.9-49　小肠卡他性炎，肠管浆膜血管充血

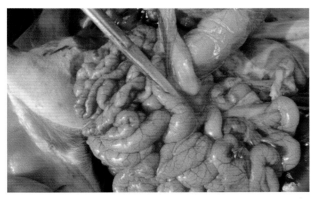

图 5.3.9-50　小肠卡他性炎，肠黏膜肿胀，肠内多量粥状食糜

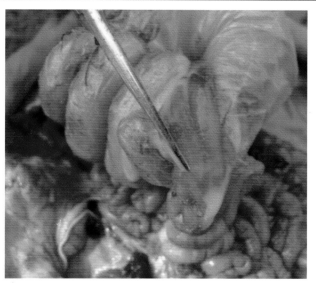

图 5.3.9-51　大肠卡他性炎肠黏膜附有黄色稀薄分泌物，剥去后肠黏膜鲜红色呈充血状态

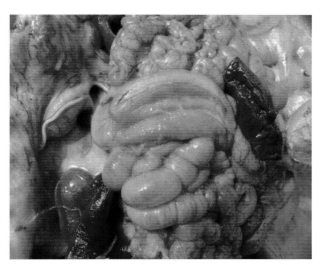

图 5.3.9-52　肠卡他性炎，纵切肠黏膜充血水肿

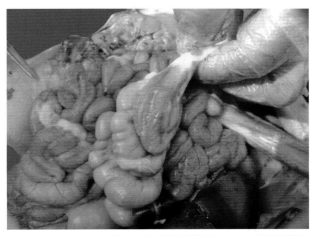

图 5.3.9-53　大肠卡他性炎肠黏膜肿胀水肿，内有黄色稀薄未充分消化炎性分泌物

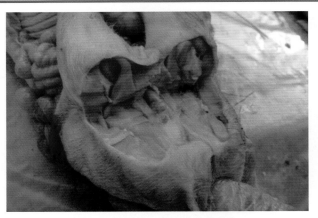

图 5.3.9-54　展示腘淋巴结肿大，猪瘟病毒所致

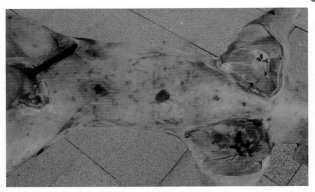

图 5.3.10-3　胸腹部皮肤出血状态

第十节　猪瘟与猪支原体肺炎混合感染

　　猪瘟与猪支原体肺炎，本例原发有慢性猪支原体肺炎，猪群暴发猪瘟后首批死亡猪。猪瘟病变主要在皮肤出现，病程为亚急性型，内脏器官肺有几个出血灶，其他器官病变不明显，无发现有诊断依据猪瘟病变，可见一个病例不一定都出现有诊断价值的病变，诊断时多剖检一些病例，所以在诊断中对猪瘟病变特征应熟练掌握（图5.3.10-1～图5.3.10-12）。

图 5.3.10-4　腹腔大小肠外观

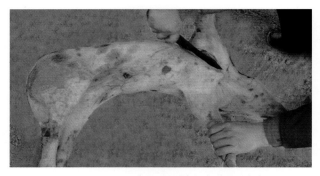

图 5.3.10-1　猪瘟亚急性型皮肤陈旧性出血

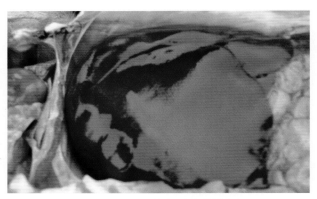

图 5.3.10-5　肝外观，未见异常病变

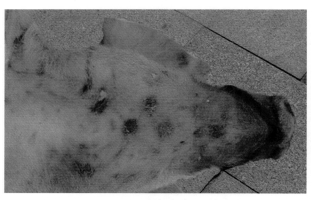

图 5.3.10-2　下颌部皮肤圆形出血灶

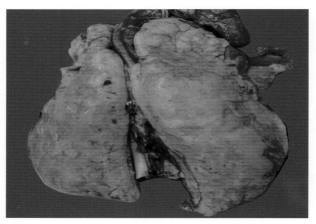

图 5.3.10-6　肺出血斑，猪瘟病毒所致

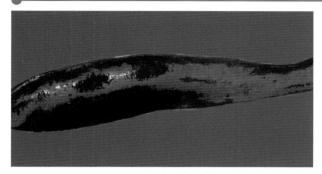

图 5.3.10-7　脾肿胀，暗红色

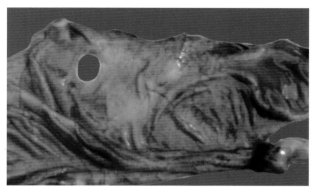

图 5.3.10-10　盲肠黏膜充血

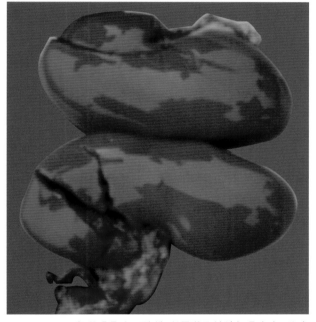

图 5.3.10-8　肾外观色淡，下侧肾所属淋巴结暗红色出血，猪瘟病毒所致

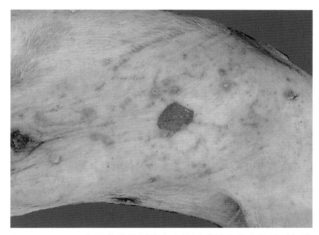

图 5.3.10-11　腹下皮肤圆形出血病灶形成结痂状态及圆形扣状肿病灶形态，即充血消退多量中性白细胞浸润出现乳白色晕圈

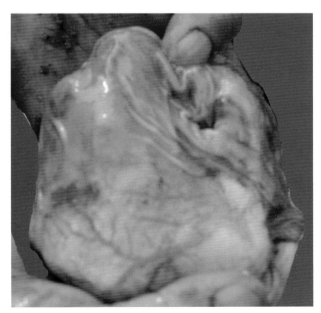

图 5.3.10-9　胃幽门部黏膜轻度充血

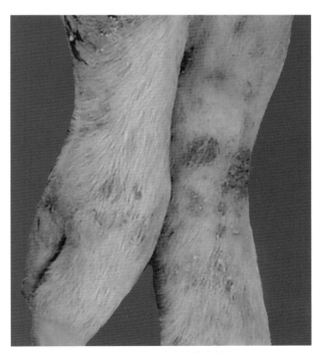

图 5.3.10-12　前后肢皮肤出血灶

第十一节 猪瘟、圆环病毒Ⅱ和肺支原体肺炎混合感染

南方某地从美国引进种的种猪场，设备一流，大中专畜牧兽医技术人员十多位，其中有繁殖育种博士一人。从 2011 年 3 月以来，断奶仔猪持续 2 个多月成活率下降直达 70% 左右，同时，反映出带毒母猪感染率不高，属首次暴发。采血和死亡病料送检，最后作不出仔猪死亡的确切病因，笔者于 4 月 25 日应邀前往发病猪场协助诊断。

【临床症状】

发病猪体温在 40℃ 左右，抗生素治疗效果不佳，病猪精神沉郁，食欲不佳，逐渐消瘦，呼吸加快，集堆，寒战、下痢等症状；皮肤出现圆环病毒Ⅱ疹块 5% 左右，腹卧有气喘的占 70% 以上（图5.3.11-1 ～图 5.3.11-6）。

图 5.3.11-1 断奶不久仔猪临床症状：前面 3 只猪，其中，发病初期左侧的 2 只，另一只为健康猪，具有坚强免疫力

图 5.3.11-2 断奶不久仔猪临床症状：隔离的发病群，体温时高时低，耳朵听力减弱，精神沉郁，久卧不起，沉睡，失去健康躺卧姿势，耳部及其他各部皮肤有大小不一陈旧性出血吸收灶

图 5.3.11-3 发病群中，有几只圆环病毒Ⅱ病猪皮肤出现圆形皮炎疹块病灶，其他为猪瘟

图 5.3.11-4 对一只临床症状明显的圆环病毒Ⅱ病猪特写展示，皮炎在消退修复过程中

图 5.3.11-5 圆环病毒皮炎疹病变修复过程，为修复过程机体消耗大量能量，致病猪极度消瘦

图 5.3.11-6 待剖检猪，慢性猪瘟与圆环病毒混合感染，明显消瘦，脊背骨突出，精神沉重，耳朵向后竖立

【病理变化】

4月26日上午选择4只发病猪急宰放血进行剖检，经系统解剖定性诊断为猪瘟、圆环病毒Ⅱ和肺支原体肺炎混合感染。从临床流行病学和病理学诊断该场流行的属于非典型猪瘟。从发病群体选择几只症状明显的患猪急宰放血，逐只系统剖检，剖检实录为（图5.3.11-7～图5.3.11-50）。

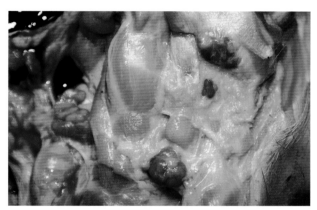

图5.3.11-7　病理变化：下颌淋巴结肿大明显，同时，伴有散在性出血，暗淡红色显示出血

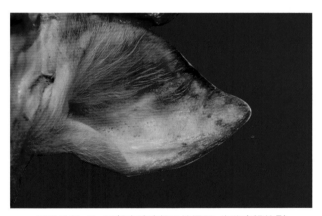

图5.3.11-8　耳部皮肤边缘干性坏死，为猪瘟慢性型

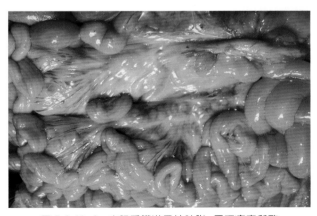

图5.3.11-9　小肠系膜淋巴结肿胀，圆环病毒所致

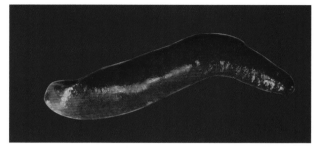

图5.3.11-10　脾脏背面外观大小颜色无明显改变，仔细观察有散在隐约可见出血梗死灶

图5.3.11-11　脾脏面所属淋巴结肿大暗红色，边缘有出血性梗死灶，为猪瘟典型病变

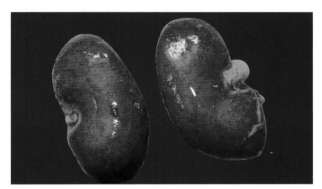

图5.3.11-12　肾皮质表面出血点密布麻雀蛋样，典型猪瘟急性型。仔细观察肾肿胀皮质部色淡由圆环病毒所致急性过程，为猪瘟与圆环病毒Ⅱ协同作用

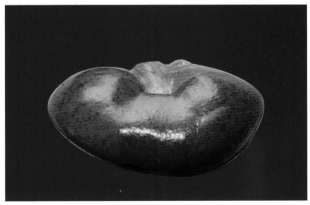

图5.3.11-13　肾皮质表面出血点密布麻雀蛋样，典型猪瘟急性型。仔细观察肾肿胀皮质部色淡由圆环病毒所致急性过程，为猪瘟与圆环病毒Ⅱ协同作用

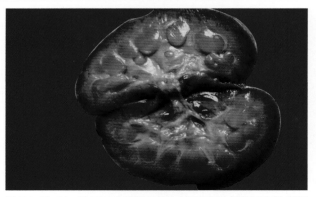

图 5.3.11-14　肾切面皮质部出血与前述相同，肾髓质肾乳头部未见出血

图 5.3.11-18　本例各部位淋巴结切面展示，边缘充出血病变程度不一，严重为前排右侧，颜色陈旧，此证病程较长，为胚胎时垂直感染猪瘟病毒所致

图 5.3.11-15　为急宰猪胃黏膜有散在出血斑，已吸收，整理胃壁非薄发育不良，为圆环病毒Ⅱ所致衰竭表现

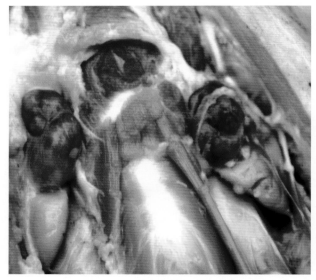

图 5.3.11-19　另一只猪下颌淋巴结肿胀外观充出血变化，猪瘟病毒所致

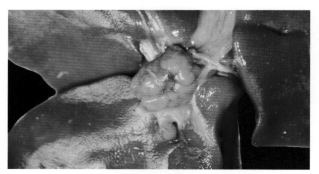

图 5.3.11-16　肝所属淋巴结肿大灰白色，肝轻度变性。圆环病毒所致

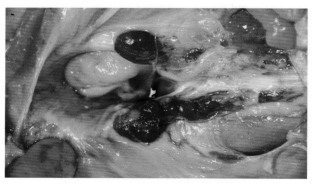

图 5.3.11-17　额内淋巴结肿胀外观暗紫红色出血，猪瘟病毒所致

图 5.3.11-20　病理变化：腹股沟淋巴结肿大明显猪瘟所致出血后吸收后呈铁锈色为猪瘟病毒所致

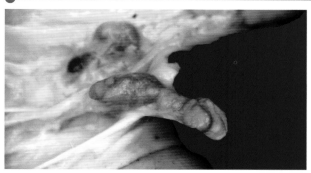

图 5.3.11-21　淋巴结切面周边充出血，为猪瘟与圆环病毒协同作用

图 5.3.11-22　胸前淋巴结肿大，为圆环病毒所致

图 5.3.11-23　小肠系膜淋巴结肿胀，多为圆环病毒所致

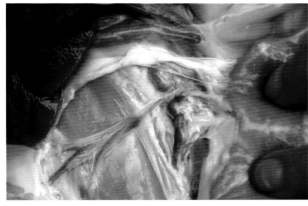

图 5.3.11-24　肾所属淋巴结肿大出血性变化，在剖检中肾采摘之前一定先观察肾所属淋巴结，否则漏掉所属淋巴结出血重要指标

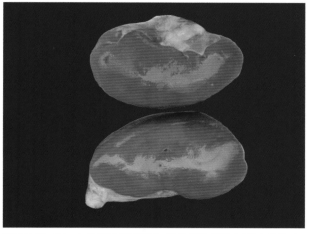

图 5.3.11-25　左右侧肾外观形态，颜色呈贫血状，无出血性改变，圆环病毒所致

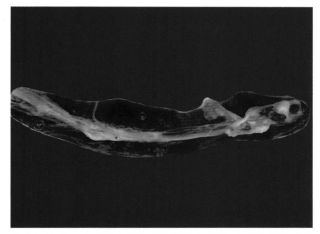

图 5.3.11-26　脾外观未发现有诊断价值病变，但其所属淋巴结肿大出血明显，为诊断提供良好机制，故剖检时必须作系统全面操作，诊断才能成功

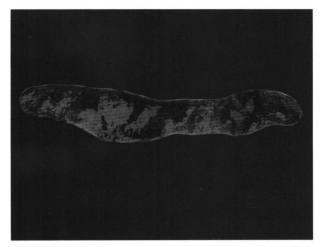

图 5.3.11-27　脾外形与正常健康猪相比，边缘有几处凸起并充血，往往是圆环病毒Ⅱ早期病变，本例急宰猪，偶遇早期圆环病毒信号

图 5.3.11-28 胸腔打开后展示肺在胸腔内状态，肋膜完好无损，肺表面灰白色，有几个出血点斑，为陈旧性，猪瘟病毒所致。急宰放血状，确定器官出血性病变具有价值

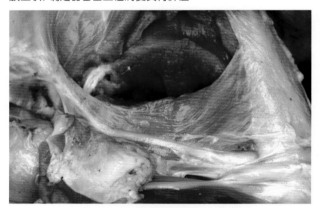

图 5.3.11-29 后肢臀部肌肉出现缺硒症肌肉有灰白色变性坏死灶

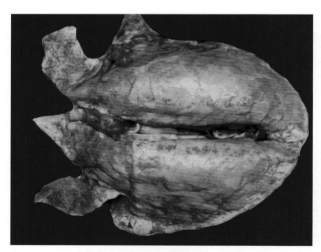

图 5.3.11-30 典型猪支原体肺炎胰样变，心叶尖叶隔叶前下缘病灶明显可见，国内尚未控制本病流行，许多猪场迷信国外疫苗和药物治疗，几十年实践证实，不但没有减少发病；反而泛滥成灾

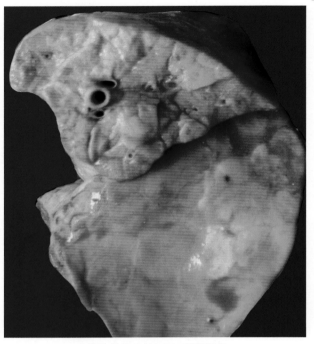

图 5.3.11-31 支原体肺炎病灶切面，呈胰样变

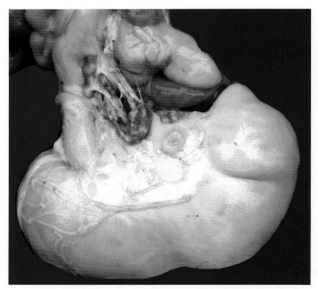

图 5.3.11-32 胃所属淋巴结肿大灰黄色，浆膜有几个陈旧性出血斑

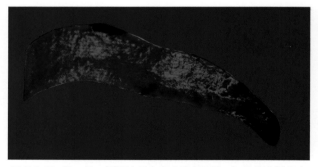

图 5.3.11-33 另一例脾边缘有出血性梗死灶，为猪瘟典型病变

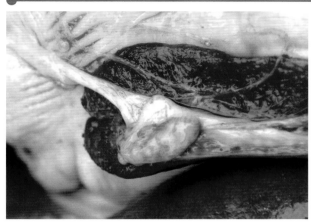

图 5.3.11-34　另一例脾边缘有出血性梗死灶,为猪瘟典型病变。特展示脾所属淋巴结肿大,外观花斑样充出血变化,只有猪瘟淋巴结出现特异性病变

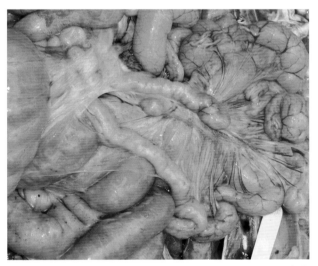

图 5.3.11-35　小肠系膜淋巴结肿大明显,轻度黄染,圆环病毒所致

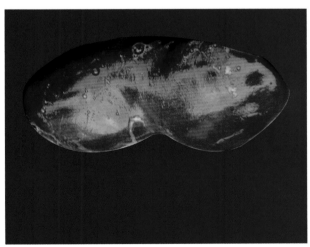

图 5.3.11-36　肾所属淋巴结肿大外观充出血变化,猪瘟病毒所致

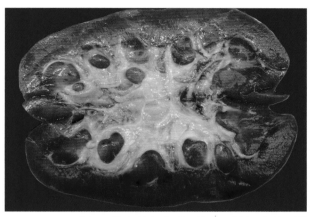

图 5.3.11-37　肾切面放大观察,肾皮质出血不明显,肾髓质部与肾乳头部有出血斑点,由猪瘟病毒所致

图 5.3.11-38 病理变化:盲肠回盲瓣处黏膜扣状肿

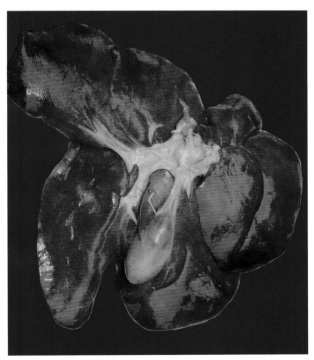

图 5.3.11-39　肝脏腑面,展示肝所属淋巴结肿大灰白色,肝轻度变性,圆环病毒所致

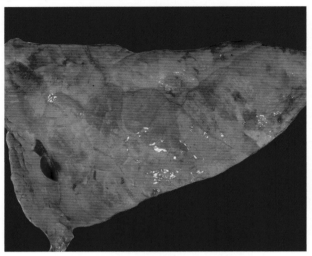

图 5.3.11−40　病理变化：展示支原体肺炎胰样变肺叶

图 5.3.11−43　淋巴结切面充出血，为诊断猪瘟提供依据

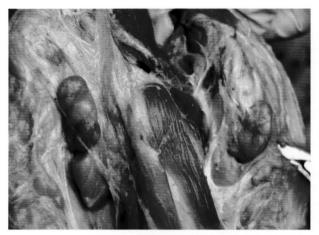

图 5.3.11−41　另一支猪下颌淋巴结肿胀外观充出血变化，猪瘟病毒所致

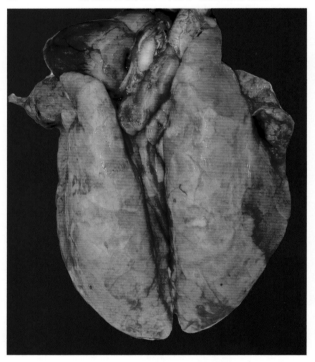

图 5.3.11−44　心叶尖叶与隔叶前下缘支原体肺炎胰样变病灶，肺门淋巴结肿大明显，肺为慢性支原体肺炎

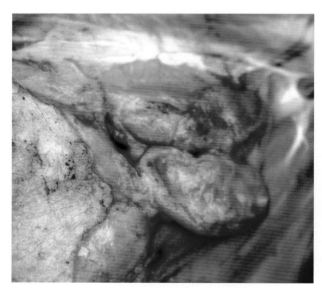

图 5.3.11−42　腹股沟淋巴结肿大明显呈铁锈色为圆环病毒Ⅱ所致

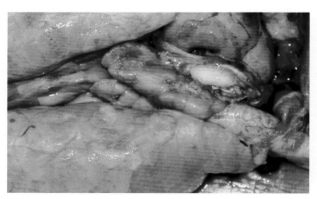

图 5.3.11−45　心叶尖肺门淋巴结肿大明显，肺为慢性支原体肺炎

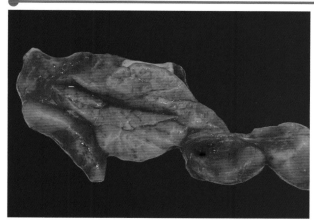

图 5.3.11−46　肺支原体肺炎病例摘出的肺所属淋巴结展示，肿大 7 倍，是与圆环病毒协同肿大，切面呈多汁水肿状态

图 5.3.11−47　支原体肺炎胰样变肺叶纵切面进一步观察病变性质，支气管内有多量泡沫状分泌物，上部与肺尖部肺叶呈充血状态，即肺炎活动进行中

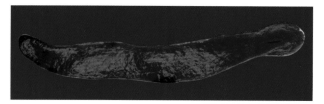

图 5.3.11−48　脾脏外形有些改变，脾边缘有出血性梗死灶，为猪瘟典型病变

图 5.3.11−49　脾脏面所属淋巴结肿大暗红色，边缘有出血性梗死灶，为猪瘟典型病变

图 5.3.11−50　前述脾出血梗死灶横切面，可进一步观察梗死灶存在

第六篇
猪瘟抗体监测与信号分析

概　述

　　本篇对我国猪病新侵入传染病种类，传染病的混合感染，流行病学新形势下，采取有针对性的诊断、预防、治疗的技术措施，作了有重点的较全面介绍。第一章规模化猪场疾病监测作了概述，提出疾病监测必要性、重大意义和主要方法，特别提出抗原监测的是必须的。第二章免疫预防，从免疫生物学特性认识当前预防猪传染病提高免疫接种质量的重大意义，提升养猪必须注射疫苗的理念。同时，提出接种疫苗的安全性和潜在的巨大风险的辩证关系以及防范技术。第三章猪病治疗，从兽医临床治疗学的基本原则为基础，应遵循动物的生理性、个体性、综合性和主动性等基本原理，充分调动、促进患病动物体的抵抗力和生理防御机能，消除病因或病原，即由病理状态恢复至正常生理状态而采用的各种治疗方法。按其应用目的和手段，概括地介绍病因疗法、症状疗法、食饵疗法、饥饿疗法、化学疗法、组织疗法、澳制剂疗法、普鲁卡因疗法和透析疗法等。

　　第四章猪疾病的预防策略，分别阐述猪病防治的生物安全控制体系的建立种猪场猪病生物安全控制体系的建立主要技术措施。

第一章　规模化猪场疾病监测

第一节　疾病监测概述

目前的猪病多病原混合感染严重，成为一些猪场疾病主流。单从临床症状很难判断疾病的种类，一旦暴发流行很难控制。只有作好猪群的健康动态监测，及时发现猪群潜伏带毒猪，及时淘汰净化猪群。才能控制疾病发生和流行。

一、监测概念

监测用于专业时，是指调查规模化场猪场群体中某种疫病或病原的流行情况。监测对象是健康猪群；用临床流行病学、病理学、微生物学、免疫学理论与方法揭示或查出猪群中的病原携带个体或群体。主要方法为临床观察与实验室检测。在疾病未暴发前，通过监测手段查出存在促进疾病发生的各种因素；为预防疾病的发生和流行提示预报信息。本书监测一词，主要是通过规模化猪场日常管理发现存在疾病隐患；用临床症状与病理变化以及实验室方法，监测猪场隐性感染存在的疫病。提倡用临床流行病学调查方法的理念从猪场平时管理入手，从猪行为特性微妙变化发出的异常信号，监测疾病的发生和流行。

二、监测意义

疾病监测是规模化猪场疫病控制工作的重要组成部分，可为猪场制订疫病预防控制规划和疫病预警提供科学依据。

疫病监测是掌握猪场疫病分布特征和发展趋势的重要方法，通过对疫病连续、系统地观察、检验和资料分析，确定猪群主要疫病的分布特征和发展变化趋势，有助于疫病预防控制规划的制订。

【尽早发现疫病】

疫病监测能尽早发现疫病，同时，为疫病防控争得时间及时扑灭疫情。

【预防、控制直至根除的基础性工作】

疫病监测是规模化猪场防治工作中最重要的环节，是预防、控制直至根除的基础性工作。临床不易发现，只有通过疫病的常规监测，才能及时发现、处理病害动物及其产品，达到保护人畜健康之目的。

【制订免疫程序】

动物疫病监测是评价疫病预防控制措施实施效果、制订科学免疫程序的重要依据，以免疫监测数据为依据，要根据抗体监测结果来制订科学的免疫程序，确定最佳免疫时间，也可以保证免疫获得最佳的效果。

【掌握疫病的流行规律】

通过监测可以掌握本场猪疫病的流行特点、分布规律以及控制措施实施效果等信息，从而为制订防控策略和疫病根除计划提供科学依据。监测可以及时发现并淘汰病猪，达到净化根除的目的，是最为有效的控制措施。

【资料收集】

监测是收集资料过程，人们可用临床诊断学方法依感觉、触觉、视觉、嗅觉、味觉等获得的信息资料，用文字描述纪录，也可用各种仪器纪录，用像素波形纪录在储存卡上，最后可转换图片或图表。监测过程所获得各种资料具有科学价值，为养猪生产和疾病诊断提供数据。收集资料可以是有形或无形的资料，猪行为信号资料可用摄像机录制、摄影机摄制形成照片。

【样品检测】

用各种仪器检查环境数据、血液样品、活体组织、抗原基因鉴定、生化血液等数据正常或疾病检测，取得方式和表达方式多种多样，从事养猪生产科技工作者应当运用监测手段在猪病诊治中应用，监测可扩大我们预防疾病范围，同时，可扩展视野培养独立工作能力转变思维观念，特别是猪病防疫观念。不随风倒，防止在预防疾病出现漏洞，提高诊治技术水平。

第二节　疾病监测方法

一、临床学方法

临床学方法：是疾病监测和诊断的最基本常用的方法，可为进一步诊断疾病提供依据。许多疾病的临床症状都可为疾病的诊断提供根据，例如，出现神经症状可怀疑为伪狂犬病、乙型脑炎、李氏杆菌，流产、死胎、木乃伊胎可怀疑为猪瘟、细小病毒、布氏杆菌、蓝耳病、弓形虫病。

二、病理学方法

【尸体剖检】

尸体剖检方法：依据各种疾病理变化特征作出诊断。猪场淘汰猪、死猪、流产胎儿、死胎等，日常进行剖检可发现一些病变，对病变进行分析判定，可反映猪群的饲养管理、营养情况和疾病流行情况。对一些疾病可提供一些早期预防措施，特别是对营养代谢病、寄生虫病，都可提供诊断结论。此外，出售育肥猪可到屠宰场进行观察，查出猪场存在传染病的慢性型。

【活体组织穿刺】

用穿刺工具采取体表淋巴结、扁桃体、肌肉组织。

【组织学方法】

依据各种疾病细胞学理变化特征做出诊断。

【免疫组织化学】

免疫组织化学方法：检查细胞学病理化同时测出抗原定位。

【电子显微镜】

检测细胞亚结构同时可鉴别病毒与细菌形态。

三、血液学监测

用常规方法经常有选择地对分娩母猪、哺乳母猪、病猪作血常规、检查红白细胞总数，血红素含量，白细胞分类，血清钙、磷、锌、硒的测定，对传染病特别是对营养代谢病监测起到心中有数，事半功倍的作用。

四、微生物学方法

细菌培养和药敏对仔猪下痢，每半年做一次细菌培养和菌型鉴定及药敏试验，都可针对性地用药。这样可以提高疗效，节约用药。

五、免疫学方法

应用各种方法检验抗原和抗体，病毒性疾病有猪瘟、口蹄疫、传染性胃肠炎、流行性腹泻、繁殖与呼吸综合征（猪蓝耳病）、乙型脑炎、猪细小病毒等。细菌性疾病有猪丹毒、猪巴氏杆菌病(猪肺疫)、传染性萎缩性鼻炎、猪痢疾、猪支原体肺炎(气喘病)、布鲁菌病、衣原体、猪传染性胸膜肺炎、钩端螺旋体病。寄生虫病有猪旋毛虫、囊虫、弓形虫病等疾病。

常用方法有中和试验、血凝与血凝抑制试验、间接血凝和反向间接血凝试验、平板（玻片）凝集试验、补体结合试验、对流免疫电泳、免疫荧光技术、免疫酶技术、酶联免疫吸附试验、斑点－酶联免疫吸附试验。

六、分子生物学方法

分子生物学诊断又称基因诊断，是在核酸（基因）水平直接检测病料组织中的病原微生物。目前，一些分子生物学诊断技术已成为猪传染病，特别是一些病毒性传染病诊断的有效手段。常用的分子生物学诊断技术有聚合酶链式反应（PCR）、反转录－聚合酶链式反应（RT-PCR）、核酸探针等。

具体的方案，在此不作推荐。请根据本场猪群发病情况，参照上述有关原则，结合自己的临床经验，综合实施，选择适宜的监测方法。

第三节　实验室检查材料选取的方法和要求

许多疾病往往临床观察和剖检后，尚未能作出诊断时，这需要实验室作进一步的检查，如进行细菌学，病毒学，血清学，毒物学、病理组织学等方面的检查，因此，正确的掌握送检材料的选取，保存具有重要意义，现就有关要求介绍如下。

一、细菌学检验材料的采取

细菌检查材料的基本要求，防止被检材料的细菌污染和病原的扩散，因此，采集时要无菌操作。

1. 无菌操作法　即采取病料时，首先用点燃酒精棉球烧焦器官表面以消灭被采器官表面的杂菌，然后立即用无菌器材采取深层组织做细菌培养，采好后应将组织块在酒精火焰下烧数十秒，再迅速放入无菌瓶皿中。

2. 涂片　对心血，心包液，脑脊液，脓汁，尿采集同时应涂片2～3张，标明编号。

3．培养物的采取　　如心血，病灶的内含物等，以无菌注射器经无菌的心房处刺入心脏内吸取血液，然后取出立即注入灭菌试管内，紧塞管并用腊封闭。

4．器官　　一般心肌，胃，肝，肺，淋巴结，脑，根据需要可采取有关器官，但脾和淋巴结必采。

二、病毒学检验材料的采取

需作组织学检查的材料，最好用包音氏液和岑克氏液固定。

包音氏液：冰醋酸 5 ml，甲醛（原液）25 ml，苦味酸饱和液 75 ml。

岑克氏液：重铬酸钾 25 g，氧化汞 5 g，硫酸钠 1 g，蒸馏水 100 ml，冰醋酸 5 ml。

中枢神经系统的病毒性疾病，海马角，大脑皮层，中脑，丘脑，脑桥，延脑，小脑，颈段脊髓，各数块分别用纱布包好，并标记各部名称，固定在包音氏液和岑克氏液。同时，灭菌，采取有关部分放入灭菌的盛有 50% 甘油盐水试管中密封瓶口。

三、血清学检验材料

无菌采血 5～15 ml，放室温待血清释出移入灭菌试管内，并加入 0.5% 碳酸防腐密封瓶口放冰箱保存，作中和试验的血清不加防腐剂。

四、毒物学检验材料

剖检有毒物中毒可疑的尸体时，因毒物的种类，投入途径不同，材料的采取亦各有不同，经消化道到引起的中毒，可提前检查，事先剖检用的器材，手套，先用清水洗净晾干，不得被酚、酒精、甲醛等常用的化学物质污染，以免影响毒物定性，定量分析。通常做毒物检验的应采取下列材料。

胃肠内容物：服毒后病程短，急性死亡的取胃内容物 500～1 000 g，肠内容物 200 g。

血液：200 g

尿液：全部采取。

肝：500～1 000 g（应有胆囊）。

肾：取两侧。

经皮肤、肌肉注射的毒物，取注射部位皮肤肌肉以及血液、肝、肾、脾等送检。

采取的每一种材料，应分别放入清洗的瓶皿内，外贴标签，记好材料名称和编号。

五、病理组织学检验材料

1．采取病料的工具　　刀剪要锋锐，切割时应采取拉切法，避免组织受压造成人为的损伤，组织块固定前勿沾水。

2．病料采取的脏器种类和部位　　无论任何疾病，采取病料时，对动物的机体构成的各种器官应具有代表性，因此，要采取生命重要器官，例如，心、肝、肾、脑、脾、淋巴结、胃肠、胰、肺，但病变器官要重点采集，一个器官不同部位采取多块，取病变典型部位，可疑部位，取样具有代表性，最好能反映出疾病发展过程的不同时期形成的病变。每个组织块应含有病变组织与正常组织，同时，应该含有该器官的主要部分，例如，肾要有皮质部，髓质肾盂，脾和淋巴结要有淋巴小结部分，黏膜器官应含有从浆膜到黏膜各部，肠应有淋巴滤泡，心脏应有房室，瓣膜各部，大的病变组织不同部位可分段采取多块。

3．组织块大小　　长宽 1～1.5 cm，厚度 0.4 cm 左右，有时可采取稍大的病料块，待固定几小时后，再切小切薄。

4．胃肠，胆囊　　在固定时易发生弯曲，扭转的可将组织块浆膜面向下平放在硬质泡沫板上或硬纸片上，两端结扎放入固定液中，肺组织块常漂浮于固定液面上，可盖上薄片，脱脂棉或纱布包好内放入标签，再放入固定液的容器中。

5．固定液　　10% 甲醛水溶液（市售甲醛，用常水以 1∶9 稀释），其他固定液亦应备齐。

6．编号　　组织块固定时，应将尸检病例号用铅笔写在小纸片上，沾 70% 酒精固定后投入瓶内，也可将所用固定液，病料种类器官名称、块数编号、采取时间写在瓶签上。

7．送检　　目前多派专人送检，其送检病料固定好后，将组织块用脱脂纱布包裹好，放入塑料袋，再结扎备用，送检应将整理过的尸体剖检记录及临床流行病学材料，送检目的要求、组织块名称、数量等一并送检，此外，送检的病料、本单位应保存一套，以备必要时复查用。

第四节　规模化猪场健康猪群病原学监测

隐性感染时，扁桃体、血液中的含毒量较高，母猪扁桃体中的病毒检出率最高。根据这一特点，对健康种猪群进行 PCV 监测时，扁桃体是活体采样的最理想组织，对 6～8 周的仔猪进行监测时，血清也能得到同样的效果。通过精液传播的疾病，需定期抽检精液。

【监测对象和监测时间】

抽样时，应注意抽样猪群应有代表性。以上 4 种病的发病特点均为仔猪发病率高，成年猪隐性感染多，因此，猪场监测抽样时需要兼顾本场各阶段猪群。对不同胎次的种母猪均应抽样（2～4 胎、5～6 胎），仔猪应按周龄和免疫程序分别抽样（3、5、7、10、15、20、24）周龄，每个阶段的猪群最好按 0.5%～1.5% 的比例采集样品，也可根据季节、猪场周边疫情估算感染率、计算采样数量。种公猪群应尽量全群检测。

同时，规模化养殖场实施疫病监测计划时，一定要坚持定期、连续性检测的监测策略，在刚开始的 1～2 年内，可以每 3～4 个月监测一次，以后至少每半年监测一次。通过对持续的动态的监测结果进行分析，使猪场场主了解本场的 4 种垂播性疫病的感染情况（猪瘟、猪蓝耳病、伪狂犬病及圆环病毒Ⅱ），从而能够尽快地根据猪场的生物安全措施、疫苗免疫情况、引种来源分析传染源及感染原因，并及时采取淘汰阳性种猪、隐性感染的外表健康猪，疫苗补免等相应防控措施，避免感染范围的进一步扩大。相信经过一段时间的努力，规模化猪场可逐渐达到控制疫情发生、降低野毒感染率，直至净化的目的。

第五节　规模化猪场健康猪群抗体监测与信号分析

【检测】

它指采用实验室方法对样品（包括全血、血清、淋巴液、白细胞、组织器官等）进行病毒、病毒抗体及相关免疫指标检测，包括监测、检疫检验、自愿咨询检测、临床诊断、血液及血液制品筛查工作中的检测等。

【监测】

它是指定期或不定期、连续、系统地收集各类群体中相关疾病的相关因素的分布资料，对这些资料进行综合分析，为制订预防控制策略和措施提供及时可靠的信息和依据，并对预防控制措施进行效果评价。

本节以 IDEXX-CSFV 检测试剂为基础，结合相关的研究资料和临床使用经验介绍猪群猪瘟、伪狂犬、蓝耳病抗体监测及信号分析。

1. 猪瘟抗体监测与信号分析　种猪群（后备母猪、公猪和生产母猪）的稳定是整个猪场稳定的前提。种猪群不稳定或带毒有可能会产出免疫系统不健全或持续感染的仔猪，而且母源抗体早期消失的仔猪感染病毒，从而形成了疾病的传播链，临床表现为保育猪不稳定。因此，在猪瘟的控制过程中，保证种猪群有一个较高的稳定的猪瘟抗体水平对整个猪场猪群的健康具有至关重要的作用。IDEXX 公司生产的 HerdChek 猪瘟抗体检测试剂盒基于 E2 蛋白抗原位点，与中和抗体具有高度的相关性（$R=0.863$）能充分体现猪群的抵抗力，并与 BVDV 没有交叉反应（但对猪瘟具有广泛的检测性能，已经过 130 个毒株的验证）。当中和抗体滴度达到 1：32 时，猪群具有一定的猪瘟病毒抵抗力，认为抗体水平合格，而中和抗体滴度为 1：32 时相当于 HerdChek ELISA 抗体阻断率为 50%。免疫良好的种猪场要求种猪群猪瘟抗体合格率达到 90% 以上和变异系数 30% 以下。猪瘟抗体检测目的：①母源抗体消长规律，确定合适的首免日龄；②评估疫苗免疫效果；③定期检测，监控猪群抵抗力；④种猪群的猪瘟净化。

（1）生产母猪／公猪采样：全群采样进行猪瘟抗体检测（注意登记好猪只样品编号，采血日龄，胎次等信息，保证信息完整和能够追踪）。将阻断率低于 50% 种猪用猪瘟疫苗补充免疫一次，对这些猪在 6～8 周后再次进行检测，抗体水平达到 50% 以上者保留，抗体水平没有达到要求者淘汰，母猪第一年检测两次；以后每年一次，公猪每年至少两次。另外至少每季度对种猪群抗体状况进行抽样检查，可按比例对不同胎次母猪采血检查，检查合格率和变异系数。

（2）后备舍对 25～27 周龄猪全群采样：检测猪瘟抗体，评估免疫效果，将抗体阻断率低于 50% 的猪进行加强免疫，以保证后备猪具有良好的抗体和免疫性能，30～32 周对加强免疫的猪只进行抗体检测，将抗体仍然阴性者移出，不留作后备（引进种猪或繁殖群更替时进行）。

（3）仔猪猪瘟抗体监测：在免疫前 1～3 天按

比例随机进行取样（30 头／群）进行 CSFV-Ab 检测，对母猪抗体进行评估，保证大多数猪只的阻断率在 50% 以下进行免疫。仔猪二免前和二免后 6 周按比例（30 头／群）随机采血进行 CSFV-Ab 检测，评估免疫效果，要求抗体合格率达 85% 以上。

（4）猪瘟抗体信号分析：图 6.1.5-1 所示，猪群猪瘟抗体水平评估应选择猪瘟抗体上升到峰值或高峰期的维持期进行采血检测，育肥猪通常选择二次免疫后 4～8 周，种猪在免疫后 4～6 周采血。

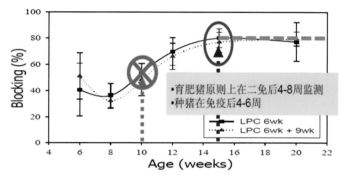

图 6.1.5-2　猪瘟抗体水平评估合适时机

猪瘟疫苗免疫较理想的种猪群抗体合格率（阻断率超过 50% 的百分数）要求达 90% 以上，变异系数低于 30%；商品猪群抗体阳性率（阻断率超过 40% 的百分数）要求达 80% 以上，变异系数低于 40%（图 6.1.5-2）。

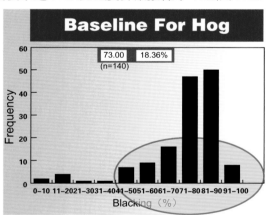

图 6.1.5-2　良好免疫猪群猪瘟抗体分布情况

仔猪在 50 日龄以内，无论是否进行猪瘟疫苗免疫，其抗体通常都是在下降的。无论是 30 日龄首免，还是 50 日龄首免，仔猪血清抗体都是在免疫后 20～30 天开始在血清中检测到免疫抗体，并在免疫后 40～60 天内血清抗体值达到最高峰。这也可解释为什么很多猪场在对保育前、中、后 3 个阶段的猪只做季度检测时，常发现保育中期的猪只猪瘟抗体很不理想，尝试很多不同的免疫方案，最终不

能得到理想效果。小猪进行猪瘟疫苗免疫后，血清中抗体在 20 天以后才被检测出来，在免疫 40 天后达到最佳效果，所以，不能在母源抗体完全消失后才免疫，这样会造成很长一段的免疫空白区，猪群被感染的风险极大，但也不能在母源抗体太高时免疫，以免母源抗体的干扰，相对合理的时间应该是：小猪群母源抗体合格率低于 60%，变异系数大于 25%，阻断值低于 50 时。图 6.1.5-3 中 A、B 场首免日龄应分别确定为 35 天后、28 天左右。

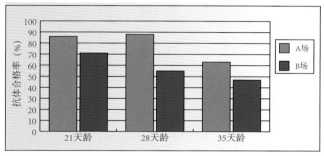

图 6.1.5-3　猪瘟母源抗体动态变化与首免日龄确定

生产中选择疫苗时可测定猪瘟二免后 4～8 周猪瘟抗体水平，根据抗体阳性率、合格率、阻断值及变异系数等指标进行比较，图 6.1.5-4 中，A 公司疫苗免疫效果最理想。

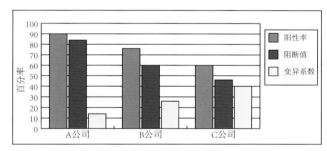

图 6.1.5-4　公司疫苗免疫效果比较

图 6.1.5-5 所示，假定猪瘟阴性场的猪瘟抗体合格率可以达到 90% 以上，变异系数在 25% 以下，在临床上无猪瘟的困扰，生产业绩也比较好。与猪瘟阴性场相比较，猪瘟阳性场的抗体水平相对较低，变异系数通常较大。

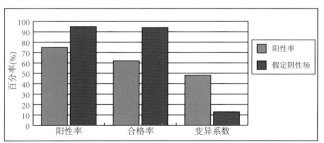

图 6.1.5-5　假定猪瘟阴性场和阳性场猪瘟抗体信号分析

图 6.1.5-6 所示，免疫理想的猪场猪瘟抗体信号分析猪瘟疫苗免疫较理想的种猪群抗体合格率要求达 90% 以上，变异系数低于 30%；商品猪群抗体阳性率要求达 80% 以上，变异系数低于 40%。免疫理想的猪场抗体水平，除保育仔猪首免抗体阻断值小于 50 外，其他阶段抗体阻断值均超过 50。生产中可根据不同阶段抗体阻断值的动态变化优化免疫程序。

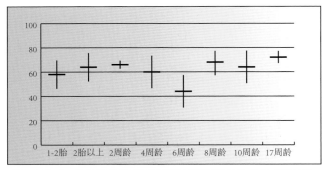

图 6.1.5-6　猪瘟免疫效果不理想的猪场抗体动态分布（猪场 B）

图 6.1.5-7 所示，F 猪场对后备猪、公猪采取了免疫－监测计划，淘汰了部分加强免疫后未发生抗体阳转的猪只，猪群抗体阻断值和变异系数指标均较理想；怀孕中期抗体阻断值不合格，怀孕早期、怀孕后期、哺乳期抗体均合格，但变异系数较大，仔猪采取 35 ~ 70 天龄猪瘟疫苗两次免疫，二免 4 周后抗体阻断值和变异系数两个指标均处于理想状态，表明仔猪免疫效果良好。

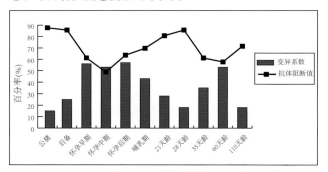

图 6.1.5-7　F 猪场不同阶段猪瘟抗体动态信号分析

2. 猪伪狂犬病抗体监测与信号分析　种猪群中存伪狂犬病感染病猪不但会造成母猪窝产仔猪数平均数减少，还会造成断奶仔猪的发病死亡以及保育猪的呼吸道问题，带来很大的经济损失。IDEXX 公司 HerdChek 猪伪狂犬病 gI 抗体检测试剂盒和 HerdChek 猪伪狂犬病 gB 抗体检测试剂盒，是应用于伪狂犬病流行和免疫地区最为适合的黄金组合，并根据目前我国猪伪狂犬病的流行及免疫状况，提供以下两种净化方案。

（1）种猪群的净化方案（野毒感染率 10% 以下）：在野毒抗体阳性率低的种猪群，建议每个季度用 PRV-gI 全群普检一次，淘汰所有阳性种猪，同时，保证引入阴性后备母猪和种公猪（引进前进行）

（2）高野毒感染率种猪群的净化方案：在野毒阳性率很高的种猪群，若不能按照第一种方案进行淘汰，则可采取如下程序：首先保证引入野毒阴性和免疫合格的后备母猪和种公猪（引进前逐头进行野毒和免疫抗体检测）。同时，加强免疫。每 3 ~ 6 个月对不同胎次的种猪抽样监控野毒阳性比例（每个胎次取样不少于 30 头），防止感染扩大。同时，用 PRV-gB 评估免疫总体抗体水平，三年就可见效。

（3）如何使用 IDEXXPRV-gB 抗体检测试剂盒更有效进行猪群的免疫评估：

① IDEXX 猪伪狂犬病 gB 抗体与血清中和抗体的相关性。

Herdchek 猪伪狂犬病 gB 抗体检测试剂盒是一个非常敏感的抗体 PRV 全抗体检测方法，非常微量的抗体水平就能够产生阳性结果，所以，最早的评估标准是免疫后猪只要全部为阳性。这种只看阴阳性的方法难以体现出免疫抗体效价的差别，因此，在 PRV 高强度免疫地区使用时采用标准的稀释方式不能满足评估免疫抗体效价的差异。但实验发现，经过进一步稀释后，HerdchekPRV-gB 抗体与中和抗体的显示出了高度的相关性，在 ELISA 操作过程中将血清稀释度由原来的两倍稀释改为 40 倍稀释后，经统计分析中和抗体效价与 OD_{650} 值和阻断率相关系数得出，中和抗体效价与 IDEXXgBELISA 的 OD_{650} 值高度负相关，相关系数为 -0.968。与样品的阻断率呈现高度正相关，相关系数为 0.914。非常适合用于免疫抗体的评估。

② 个体免疫合格标准的设立关于 PRV 中和抗体与感染保护的关系，一般看来，中和抗体阳性（1：2以上）就可体现出一定的抵抗力，但是否不再感染也决定于环境中的感染压力，这就是为什么多次免疫的猪只在实验室攻毒时仍可感染的原因。但为方便临床应用，一般要求免疫后抗体达到 1：8 甚至 1：16 以上，而猪伪狂犬病 gB 抗体检测试剂盒样品 40 倍稀释后 ELISA 抗体阳性临界线大约相当于中和抗体在 8 ~ 16 的水平，可以作为临床上评估免

疫抗体的参考，但是由于野毒感染有时造成比较高的抗体，故免疫合格的判定标准如下：一是样品40倍稀释后仍为阳性；二是样品野毒抗体阴性。

（4）伪狂犬病抗体监测信号分析：使用IDEXXPRV-gB猪伪狂犬病免疫评估的操作方法：将待检样品用样品稀释液进行40倍稀释（对照仍然进行2倍稀释），然后按照说明书所述的程序进行检测，结果判定标准不变，若抗体仍然为阳性者为免疫合格（若野毒亦为阳性者仍判为不合格）。管理良好的猪群其应当无野毒感染（gI抗体）和免疫合格率达到90%以上。

图6.1.5-8所示，本场种猪一年普免3次伪狂犬弱毒苗，仔猪6周龄免疫，抗体监测结果表明免疫合格率达90%以上，且gI抗体均为阴性，提示本场是免疫良好的伪狂犬病野毒阴性猪场。

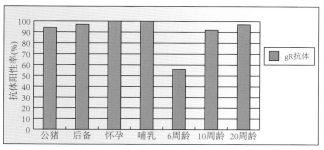

图6.1.5-8　免疫良好的伪狂犬野毒阴性场抗体信号分析

图6.1.5-9所示，本场种猪一年普免3次伪狂犬弱毒苗，仔猪3天龄内滴鼻免疫，6周龄肌肉注射免疫，抗体监测结果表明免疫合格率达80%以上，但gI抗体阳性，提示本场存在伪狂犬病野毒感染。

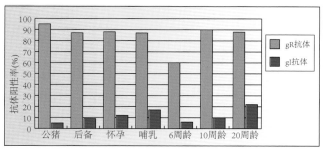

图6.1.5-9　伪狂犬野毒阳性场抗体信号分析

3. 猪蓝耳病抗体监测与信号分析　无论对于经典的蓝耳病病毒还是高致病力的蓝耳病变异株，由于病毒本身的保守蛋白并未发生明显改变，因此，IDEXXPRRS2XR抗体检测试剂盒都能够检测到其刺激产生的抗体，应用抗体的检测可以监控猪群的稳定状态、仔猪群病毒循环规律、引进后备母猪和

公猪的稳定状态。具体应用目的和检测方法如下。

（1）检测种猪群的稳定状态：对不同胎龄母猪进行采样，可按照1～2胎、3～4胎、5～6胎次分别采样30头分析母猪群的抗体状况（最少每季度检测评估）。通常表现：对于PRRS稳定的种猪群，母猪群总体抗体水平应该处于平稳的下降趋势。其抗体S/P分布通常在2.5～3.0以下。若发现异常，应结合临床分析原因，及时发现不稳定的原因。

（2）如果决定要采用疫苗免疫防制：首先要了解病毒在猪场的循环规律，选择最佳的时机，这往往决定着免疫的成败。这就需要对不同周龄的仔猪采血检测。例如在2～10周间每两周采血30份检验母源抗体的消失和野毒感染的时间。同样，在采取其他的干预措施来改善猪群的PRRS问题前，也同样需要了解病毒的循环规律。

（3）引进后备母猪和种公猪的检测：根据LePotier等人1997年的调查，56%的PRRS发作猪场是因为引进了感染猪只，20%的猪场因为使用了污染的精液而发生PRRS，可以看出如果后备母猪引入时的不稳定和公猪不稳定会带来主要的不稳定因素。所以，在引入前保证引入猪的稳定状态对保持母猪群的稳定非常必要。在墨西哥等国家有些阳性猪场采用一种叫后备母猪进行病原驯化的方法来干预蓝耳病，其通过尽早对选出的后备猪进行弱毒苗免疫或注射本场的阳性血清，然后在注射前和注射后3周以及转群前5周和前1周全部采血进行抗体测定，最佳S/P值在0.4～1.8，抗体呈下降趋势。国内也有猪场采用过这种方法。

（4）猪蓝耳病抗体监测信号分析：图6.1.5-10所示，本场未接种蓝耳疫苗，但不同阶段抗体均为阳性，且多数阶段均出现抗体S/P值超过2.5，表明本场发生了蓝耳病毒感染。

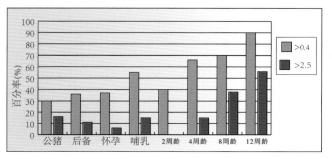

图6.1.5-10　未免疫猪场发生感染信号分析

图6.1.5-11所示，本场采用接种蓝耳病弱毒

疫苗防控策略，不同阶段抗体阳率率均为90%以上，但部分猪群S/P值超过2.5，表明本场发生了蓝耳病毒感染，尤其是公猪群感染率高（66%），潜在风险极大。

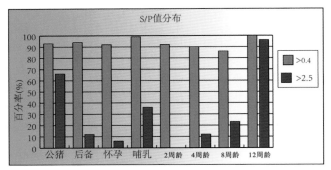

图 6.1.5-11　免疫猪场发生感染信号分析

图 6.1.5-12 所示，本场采用接种蓝耳病弱毒疫苗防控策略，不同阶段抗体阳率率均为80%以上，且猪群S/P值均未超过2.5，表明本场是免疫稳定猪群。

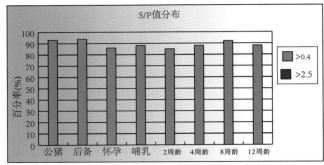

图 6.1.5-12　免疫稳定猪群信号分析

第二章　免疫预防

概　述

免疫预防是依免疫学理论为基础，用免疫接种使猪获得相应的特异性免疫力，增强猪群对传染病的抵抗力；预防相应传染病的发生和流行，以便根除其传染病。当前，许多传染病尤其是猪瘟，出现免疫接种失败，为我们提出了新的课题。

免疫是机体识别"自身"与"非己"抗原，对自身抗原形成天然免疫耐受，对"非己"抗原产生排斥作用的一种生理功能。正常情况下，这种生理功能对机体有益，可产生抗感染、抗肿瘤等维持机体生理平衡和稳定的免疫保护作用。分先天免疫和后天免疫（人工免疫）。人工免疫分为主动免疫与被动免疫两种。主动免疫主要是应用疫苗（活苗与灭活苗）注射，以调动机体产生主动免疫；被动免疫主要是以注射特异性免疫血清，此法仅用于紧急预防和早期治疗。

猪对猪的传染病极少具有天然免疫力（先天免疫），有些传染病在感染康复后才能获得坚强的保护。然而，有些传染病有极高的传染性，发病率高，自然康复猪极少，如猪瘟。免疫预防是预防猪传染病的基础工作。

因此，利用动物的"免疫"生物学特性，在当代传染性疾病尚未消灭之前，预防猪的传染病发生与流行，疫苗和疫苗接种是控制猪传染病的主要手段。因此，了解和掌握猪的传染病免疫技术的操作过程，对防制猪的传染病具有指导意义。免疫的成败，决定于疫苗质量和免疫程序以及接种等技术是否正确。

免疫保护力标准：用疫（菌）苗接种的动物，在免疫期内可抵抗强毒的感染和攻击，免疫保护力应以保护亚临床感染为标准，即不产生带毒感染即潜伏感染及隐性感染、持续感染；据统计学结果，保护率如高于80%，疫病就不会流行。

免疫预防：在免疫监测的基础上，确定免疫疫病种类，选定疫苗种类、免疫时间、免疫日龄、免疫次数和免疫剂量，制订出一个既能抵抗已接种特定疫苗的传染病临床感染，又能防止亚临床感染和阻止强毒在体内复制和散毒的一种防病措施。免疫预防是目前控制猪传染病可靠的措施。免疫接种的目的是提高猪对传染病的特异抵抗力，预防疾病传染，保证猪体及猪群的健康，是综合性防疫措施的一个重要组成部分。免疫接种分为预防免疫接种和紧急免疫接种两种。预防免疫接种是在常发某种传染病地区实施的疫苗接种；紧急免疫接种是在发生传染病的疫区和疫点作为紧急措施所采取的免疫接种。免疫接种对抗生素预防无效的病毒性传染病尤为重要。动物在完整的生产周期中，必须按免疫程序进行免疫接种，如果猪群对某种传染病的免疫合格率达到90%以上，则这种传染病就不会流行。

当前存在免疫失败的现象，有时很严重，为什么呢？多数企业管理者、科技人员对免疫接种技术重大意义认识不足，一些人认为打了"防疫针"万事大吉，猪再不会得病了；其实不然，打了"防疫针"以后照得不误。问题在何处？许多问题是在实施过程中出现技术操作失误而引起。猪场使用的疫苗最好选择多个厂家，而且要交替使用不同厂家生产的疫苗。根据抗体监测的结果，结合当地的疫情和本场的具体情况，设定科学合理并适合本场的免疫程序。

第一节　疫（菌）苗的概念及种类

一、疫苗概念

动物用的疫苗，是用微生物（细菌、病毒、支原体、衣原体、钩端螺旋体等）、微生物代谢产物、原虫、动物血液或组织等，经加工制成，作为预防、治疗特定传染病或其他有关疾病的生物制剂。

疫苗用细菌制成的抗原性生物制品称为菌苗；用病毒、螺旋体、立克次体和衣原体制成的抗原性生物制品称为疫苗。习惯上把以上两类制剂统称为疫苗。

疫苗可分为死疫苗和活疫苗两类。一类是死疫苗，又称灭活苗，选用免疫原性强的微生物标准株经大量培养后，用物理或化学方法将其杀死或灭活而制成的预防制剂称死疫苗。死疫苗保持原有免疫原性，可刺激机体产生免疫应答，但因其不能在体内繁殖，对免疫系统刺激时间短，故要获得较强的免疫力，需多次注射。另一类是活疫苗，用人工定向变异或从自然界筛选获得的毒力高度减弱或基本无毒的病原微生物制成的预防制剂。此类疫苗进入机体后有一定的增殖能力，类似自然状态下的轻型或隐性感染，免疫系统受刺激时间长，故只需注射一次即可获得较好的免疫效果。按疫苗剂型，可分为真空冻干苗、加氢氧化铝的灭活苗、加油佐剂的灭活苗、湿苗。

二、疫苗的保存与运输和管理

（一）正确认识疫苗的保存与运输的重大意义

疫苗在疾病的预防中起着极为重要的作用，特别是一些病毒性疾病，良好的免疫是预防疾病发生的重要手段。要想达到良好的免疫效果，除了免疫人员正确的技术操作、合理使用疫苗外，加强疫苗的保存、冷链管理、规范疫苗的领发、运输、贮存等环节，对于保障预防接种的成功亦有重大意义。

（二）疫苗的保存及运输

1. 疫苗的保存　关键是温度，温度的高低是保证疫苗质量关键技术，是决定免疫成败的重要因素之一。因此，保管单位要按国家要求进行科学的保管，应负有法律责任。疫苗应低温保存和运输，冻干苗需要 $-20 \sim 0\,^{\circ}\mathrm{C}$ 的保存温度；而油乳剂疫（菌）苗和铝胶剂疫（菌）苗则应避免冻结，最适温度为 $2 \sim 8\,^{\circ}\mathrm{C}$。疫苗要由专人保管，分类存放。

2. 疫苗的运输　疫苗的运输环节重在疫苗的冷链管理。各级动物疾病预防控制中心应装备有冷藏车，低温冷库，常、低温冰柜，冰箱；预防接种点（冷藏包内放置冰块）。疫苗冷运必须严格按照说明书的要求，具体冷运要求。疫苗冷运实行发放、运送、接收各环节温度监测登记制度。领取疫苗时必须配置相应的冷藏设备，否则，疫苗发放人员不得发放疫苗。疫苗在从省、市、区、乡镇动物疾病预防机构的运输过程中，由疫苗发放人员、运送人员、接收人员进行温度监测记录，详细填写疫苗运输温度监测记录。发现疫苗在出库、冷运、入库任何一个环节温度监测不符合疫苗冷链要求的，当值人员必须作好详细记录，拒绝接收并及时报告同级疾病预防控制机构负责人。

3. 疫苗的保存管理　①冷链室必须保持通风，避免阳光直射。各类疫苗必须严格按照说明书在 $2 \sim 8\,^{\circ}\mathrm{C}$ 或在 $-20\,^{\circ}\mathrm{C}$ 条件下贮存。②疫苗冷藏温度由当值人员进行监测登记。每台单温冷链设备必须配有 1 支温度计和 1 张单独的温度监测记录表；双温冷链设备必须配有 2 支温度计和 1 张温度监测记录表，2 支温度计要分别放置于冷藏室与冷冻室内。③各级动物疾病预防控制机构或预防接种服务单位负责疫苗冷藏温度监测的管理，当值人员必须每天上午和下午各查看 1 次运行设备温度及冷链室环境温度，并填写温度监测记录表。当值人员发现异常情况，应立即报告本单位负责人处理。

第二节　免疫接种操作技术规范

一、概念

将疫苗注入猪等动物机体内这一阶段性技术操作完整过程，并能达到人工主动免疫效果，从而预防相应传染病的发生流行。该项技术操作是指常规的大家自觉不约而同在技术上又必须实施执行的专业技术，若没有贯彻实施，将导致免疫失败。规范参考国内有关资料和作者几十年免疫预防成功经验编写成。由 20 世纪 50 年代至今，从东北黑龙江省到华北河北省、北京市，许多猪场应用本技术规范都获得了令人满意的效果。

标准：被接种的每头猪都能够接受足够的疫（菌）苗量，产生可靠的免疫力。

二、疫苗的接种方法

1．皮下注射　皮下注射是目前使用最多的一种方法，大多数疫苗都是经这一途径免疫。皮下注射是将疫苗注入皮下组织后，经毛细血管吸收进入血流，通过血液循环到达淋巴组织，从而产生免疫反应。注射部位多在耳根皮下，皮下组织吸收比较缓慢而均匀，油类疫苗不宜皮下注射。

2．肌肉注射　肌肉注射是将疫苗注射于肌肉内，注射时注意针头要足够长，以保证疫苗确实注入肌肉里。

3．滴鼻接种　滴鼻接种是属于黏膜免疫的一种，黏膜是病原体侵入的最大门户，有95%的感染发生在黏膜或由黏膜侵入机体，黏膜免疫接种既可刺激产生局部免疫，又可建立针对相应抗原的共同黏膜免疫系统工程；黏膜免疫系统能对黏膜表面不时吸入或食入的大量种类繁杂的抗原，进行准确的识别并做出反应，对有害抗原或病原体产生高效体液免疫反应和细胞免疫反应。目前，使用比较广泛的是猪伪狂犬病基因缺失疫苗的滴鼻接种。

4．口服接种　由于消化道温度和酸碱度都对疫苗效果有很大的影响，因此这种方法目前很少使用。

5．气管内注射和肺内注射　这两种方法多用在猪喘气病的预防接种。

6．穴位注射　在注射有关预防腹泻的疫苗时，多采用后海穴注射，能诱导较好免疫反应。

三、接种前准备

1．技术人员把关　接种前兽医人员应对被接种的猪群健康情况及有无疫病流行认真检查；并逐个清点猪头数，确保每头猪都进行了免疫。被免疫猪只必须是健康无病的，否则达不到预期的免疫效果，并引起死亡。

2．疫苗检查　核对本次疫苗种类，对疫苗认真的检查，尽量减少影响免疫效果的因素。要仔细阅读疫苗的说明书，严格检查疫苗质量，详细记录生产批号和失效日期。凡失真空、破损、无标签、疫苗变色、油乳剂灭活苗不慎被冻结等问题的疫苗不能使用，均应废弃。油乳剂疫苗使用前应置于室温（20℃左右）2h左右预温，使用时应充分摇匀。疫

苗启封后在24h内用完。冻干活疫苗使用时要检查真空度，失真空疫苗不得使用。

3．无菌操作　免疫器具进行消毒，注射器具严格消毒，刻度要清晰，不滑竿、不漏液。

4．疫苗的稀释　稀释疫苗之前应对使用的疫苗逐瓶检查，尤其是名称、有效期、剂量、内容物状态、封口是否严密、是否破损和吸湿、真空度如何等，如发现问题，不得使用。稀释时稀释液要符合要求，用量准确，还要注意无菌操作，尤其是注射疫苗时更应注意。稀释液以生理盐水最佳，稀释液的酸碱度以中性为合格，过酸过碱的稀释液影响免疫效果，甚至失败。

5．疫苗瓶盖消毒及真空测定　首先用金属剪刀或镊子启开铝盖帽，然后用点燃酒精棉球消毒疫苗瓶胶盖，插入备好的消毒针头，稀释时要注意对每瓶疫苗进行真空测定。其方法为疫苗瓶倒立将抽满稀释液的注射器刺入针头时，稀释液当即自动吸入疫苗瓶中，开始时稀释液呈水柱状自下向上喷入瓶中。吸疫苗时，绝不能用已给猪只注射过的针头吸取，可用一个灭菌针头，插在瓶塞上不拔出、裹以挤干的酒精棉球专供吸药用，吸出的药液不应再回注瓶内，可注入专用空瓶内进行消毒处理。疫苗使用要现用现配，即用完一瓶再稀释另一瓶疫苗，大批疫苗接种时，禁止一次性将若用疫苗全部稀释完。

6．预测试验　新购入大批量疫苗时，又大批注射时实施时先作好预测试验，可选做10头猪。

四、接种操作技术

【注射部位消毒】

即先用碘酊，再用酒精脱碘，待挥发后再注射，注射完毕应按少许时间减少疫苗溢出。大批注射时，应选择专职消毒员，用0.5%碘酊先涂擦临时固定的右或左侧耳根后部皮肤，然后用70%酒精脱碘，待3～5 min后注射疫苗，注射时剂量一定要确实。

【注射深度】

正确把握进针深度是接种的成败因素之一，针头粗细长短要适宜，大小猪应选择各自适宜针头，以防疫苗有效剂量的减少及疫苗的漏出。进针深度的适宜程度，应根据猪只大小、肥瘦程度灵活掌握。

【注射针头大小】

1．肌肉注射　母猪、后备母猪和公猪的肌肉注

射最好采用16号针头，10 kg以下的猪宜20号针头，10 ～ 30 kg的猪宜19号针头，30 ～ 100 kg的猪宜18号针头。肌肉注射部位在耳后靠近轻松皮肤皱褶和较紧皮肤交界处耳根基部最高点5 ～ 7 cm处。正确的方法是垂直刺入皮肤。

2．皮下注射　短的18号或19号针头，长度通常在1 ～ 3 cm。注射部位位于耳后凹陷处较松轻处。方法是用拇指和食指将皮肤捏成皱褶、将针头刺入两指间的皮肤皱褶的皮下。

【一猪一针头模式】

必须实施"一猪一针头"的模式，减少交叉感染。从现在情况看，像猪蓝耳病、伪狂犬病等阳性率比较高或猪瘟隐性带毒猪存在，每头猪一个针头虽然麻烦，但非常有必要。

注射的剂量要准确，不漏注、不白注。注射操作细致，进针要稳，拔针要速，以确保疫苗液真正足量地注射于肌肉内或皮下。

【稀释弱毒疫苗的保存与应用】

1．弱毒疫苗　自稀释后不论任何季节应放冰水桶中冷藏下使用，特别是南方地区或夏季，更应当注意冷藏。

2．稀释的疫苗时间限制　自稀释后的疫苗应2h内用完，夏季应在冷藏保存下进行。否则因此一项操作失误而导致免疫失败。生产厂家一般都提供规定的操作程序，应严格遵照执行。

五、预防接种的副反应

1．接种　接种的同时应由饲养人员随时观察猪群情况，有否过敏反应。疫苗注射后如有过敏反应、热反应（灭活疫苗有轻微的热反应）等时，应立即采取对症治疗，直到畜群恢复正常。

2．接种观察　接种弱毒疫苗后，致弱的病毒或细菌在体内增殖，使机体抵抗力下降，可能继发或混合感染细菌或支原体，应注意观察。

3．接种反应　接种灭活苗时，应考虑因注射大量异物引起的发热和疼痛等反应，可引起局部红肿、疼痛、甚至附近淋巴结肿大以及发热、乏力和全身不适等反应。对此只需一般的对症处理，或不经处理也可消退。

4．超敏反应　个别猪只因个体差异，在注射活疫苗后0.5h左右开始出现呼吸急促、全身潮红或苍白等异常症状，如接种猪瘟、口蹄疫疫苗常有I型超敏反应，反应率在0.5% ～ 5%，这可能与机体生理因素、免疫功能状态有关。多次注射灭活苗有时可引起的过敏反应，在实际工作中应注意。

5．解救　一般要经常备用0.1%肾上腺素和地塞米松等解救。

六、疫苗无害化处理

1．废弃的活疫苗　必须高温或用火烧后集中处理，灭活疫苗可采取深埋的办法。接种弱毒疫苗后用过的空瓶要消毒或深埋处理，以免其他动物感染发病。

2．注射器具严格消毒　免疫接种工作结束后，将所有用过的疫苗瓶及接触过疫苗液的瓶、皿、注射器及针头等不得冲洗，直接放入煮沸消毒器进行消毒处理。

七、免疫接种档案设立

疫苗免疫接种后要及时做好免疫记录，并由相关人员签名。疫苗使用前要逐瓶检查，观察疫苗瓶有否破损，封口是否严密，瓶签是否完整，是否在有效期内，剂量记载是否清楚，稀释液是否清晰等，并记下疫苗生产厂家、批号等，以便备案。

八、疫苗接种后的监测

这是科学制订免疫计划的依据，定期做好免疫接种，是控制集约化养殖场疫病流行的重要措施。若想免疫成功与否，应在注射该疫苗后15 ～ 20天后采血作抗体监测；依结果进行分析；决定是否进行强化免疫。

第三节　猪免疫注射的禁忌事项

（1）猪群。猪群良好状态下免疫才能成功。对有疫情、疾病或有临床病症的猪，无论症状严重与否均应推迟免疫时间，待恢复健康后再进行补免，避免免疫抑制。

（2）气候突变前后，特别是入冬前，应做好危害性严重传染病的免疫接种，如猪瘟和口蹄疫等。

（3）在断奶、转群等应激条件下7天内，阉割前7天、后7天禁忌免疫接种。

（4）注射疫苗后4 ～ 7天内，禁忌免疫注射其他疫苗。注射猪瘟疫苗后7天内、注射口蹄疫疫苗后

15 天内，禁忌注射猪其他任何疫苗（含口服疫苗）。

（5）引种到场 7 天内猪群禁忌注射任何疫苗。

（6）防止疫苗相互之间的干扰，同时，禁忌注射两种以上疫苗。两种疫苗注射以后，生猪需要一定的时间以产生抗体。如果两种疫苗同时注射，疫苗之间会互相干扰，影响抗体的形成，效果往往不佳。所以，注射两种不同的疫苗，应间隔 5～7 天，最好 10 天以上。同一种病毒性活疫苗和灭活疫苗，可同时分开使用。

（7）防止药物及饲料添加剂对疫苗接种的干扰。在使用弱毒疫苗前后 10 天内，禁忌在饮水或饲料中使用抗病毒药物或消毒药物；在使用弱毒菌苗的前后 7 天内，饲料或饮水中禁忌使用抗菌药物和消毒药；在注射病毒性疫苗的前后 3 天，严禁使用抗病毒药物，注射活菌疫苗前后 5 天，严禁使用抗生素，抗生素对细菌性灭活疫苗没有影响。免疫注射含有活菌的疫苗时，如仔猪副伤寒活苗、猪肺疫弱毒菌苗和链球菌活疫苗等，免疫前后 1 周都不能在饲料、饮水中添加抗生素，也不能肌肉注射抗生素。抗菌药中的痢特灵、氯霉素、卡那霉素和磺胺类药对机体 B 淋巴细胞的增殖有一定抑制作用，能影响病毒疫苗的免疫效果。有的猪场为预防猪疫病，在猪只免疫接种前、后使用氯霉素、卡那霉素、痢特灵、磺胺类药或含有这些药物的饲料添加剂，导致机体白细胞减少，从而影响机体的免疫应答。

（8）禁忌随便加大疫苗的用量，确需加大量时要在当地兽医指导下使用。细菌性活疫苗，如猪肺疫活疫苗、链球菌活疫苗和猪丹毒活疫苗等虽然是弱毒疫苗，按规定剂量使用是安全的，但毕竟还是有部分毒力，在使用时应严格按说明书剂量使用。

（9）禁忌随便改变疫（菌）苗标定的接种途径，也不要随便将不同疫（菌）苗混合在一起接种。对没有使用经验的、尤其是没有正式批准生产使用的疫苗，最好不要使用。如必须要使用，应先进行小群试验，证明安全有效后再大量使用，以免造成不可弥补的损失。

（10）禁忌妊娠母猪在产前和产后 10 天免疫接种。若给怀孕母猪注射疫苗是一种弱病毒，能引起母猪流产、早产或死胎。对繁殖母猪，最好在配种前一个月注射疫苗，既可防止母猪在妊娠期内因接种疫苗而引起流产，又可提高出生仔猪的免疫力。

（11）注射局部消毒：禁忌用 5% 碘酊在注苗时局部消毒，用 70% 酒精即可，酒精棉球需在 48h 前准备。免疫时，每注射一头猪要换一枚针头，以防带毒和带菌。同时，在猪群免疫注射前后，还要禁忌大搞消毒活动和使用抗菌药物。

（12）禁忌打飞针、白针，一支注射针头一直用到底；禁忌用不消毒的注射器及注射针头。

（13）剂量要准确。禁忌注射剂量过多或过少，疫（菌）苗的使用剂量应严格按产品说明书进行。注射过多往往引起疫苗反应，过少则抗原不足，达不到预防效果，不能刺激机体产生足够的免疫效应。剂量过大，可能引起免疫麻痹或毒性反应。

第四节　免疫失败的原因和防制对策

随着我国养猪业的飞速发展，我国猪场免疫失败的问题日益严重。免疫失败就是进行了免疫，但猪群或猪只不能获得抵抗感染的足够保护力，发生临床型疾病，甚至仍然发生相应的亚临床型疾病。免疫后猪群或猪只抗体水平或细胞免疫水平不能达标，保持持续性感染带毒状态，都属于免疫失败。

接种疫（菌）苗后猪群发病有多种原因，主要包括：某些因素造成疫（菌）苗免疫失效；接种时猪群处于该病的潜伏期；猪群生理状况不佳，使它对疫（菌）苗注射无应答或应答过度；猪只受到过致病力较强的感染因子作用。

【免疫剂量不足疫苗中病毒株免疫原性差】

导致免疫剂量不足的原因包括以下几点：

（1）保存不当实验证明，猪瘟兔化弱毒冻干苗在 0～8℃ 条件下只能保存 6 个月，若放在 25℃ 条件下，至多 10 天即失去效力。一些冻干苗在 27℃ 条件下保存 1 周后有 20% 不合格，保存 2 周后有 60% 不合格。含氢氧化铝胶的灭活苗冻结后其免疫力降低。

（2）运输不当，未坚持"苗随冰行，苗完冰未化"的疫（菌）苗运输原则，特别是在高温天气，往往使疫（菌）苗失效。

（3）疫（菌）苗稀释不当，有些疫（菌）苗和稀释液内可能含有可灭活其他弱毒苗的防腐剂，在同一支注射器内混合使用多种疫（菌）苗，就会导致活苗失活。另外，猪瘟兔化弱毒疫苗在稀释液的

pH 值超过 7h 很容易失活。稀释的疫（菌）苗在使用前未振摇均匀，稀释后未及时使用也会使疫（菌）苗失活。

（4）选用针头不当，如给小猪群注射使用孔径大的针头，药液容易溢出；给大、中猪群注射使用针头过短，疫（菌）苗停留在皮下脂肪内，不能直接进入肌层，则不能发挥抗原的效力。

（5）注射部位涂控酒精、碘液配过多，或使用 5% 以上的碘酊消毒皮肤，对活疫苗有破坏作用；包裹注射针头外的棉花酒精湿度过大，酒精渗进针孔也能损坏活疫苗活力。使用其他化学消毒剂处理过的注射器或针头，如果有残留消毒剂，也会使弱毒苗灭活。

（6）疫苗中病毒株、抗原的免疫原性差，如机体对口蹄疫病毒抗原的免疫反应较弱，新形成的口蹄疫病毒粒子时常可逃脱抗体，进入机体免疫系统，导致持续性感染。

【血清型】

疫（菌）苗毒株（或菌株）的血清型不包括引起疾病病原的血清型或亚型，目前发现，口蹄疫病毒有 7 个血清型，80 多个亚型，病毒易变异，新的亚型在不断出现，且型间无交叉保护，型内各亚型间也仅有部分交叉保护。若口蹄疫疫苗毒株的血清亚型，不包含正在流行的口蹄疫病毒的血清亚型，则可引起免疫失败。

目前，已发现猪的 A 型流感病毒 HA 有 15 个亚型，NA 有 9 个亚型，已分离到的有小时 H4N6、H3N2、H_1N2 和 H_1N_1 等毒株；胸膜肺炎放线杆菌至少有 12 个血清型（在亚洲优势血清型为 2 型和 5 型，我国为 1 型、5 型、7 型等）；猪副嗜血杆菌至少有 15 个血清型；猪链球菌荚膜抗原血清型有 35 种以上（大多数致病性血清型为 1～9 型）。由于病原含有多个血清型，防制猪流感、猪胸膜肺炎放线杆菌病、猪副嗜血杆菌病、猪链球菌病等的疫苗或菌苗，应包含当地流行的血清型。如果疫苗毒株（或菌株）的血清型不包括流行病原的血清型，则必定引起免疫失败。因此，必要时可使用自家灭活苗进行防制。

【佐剂应用】

佐剂应用不合理，忽视黏膜免疫，通过给猪群皮下或肌肉注射不含佐剂或含一般佐剂的灭活苗（包括油苗），可刺激机体免疫系统产生 IgM 和 IgG 类抗体，但引起的细胞免疫较弱，保护黏膜表面的 IgA 生成很少，不能控制肠道、呼吸道、乳腺、生殖道部位等黏膜表面的感染。控制黏膜表面感染，需要依靠细胞免疫和分泌型 IgA 的作用。使用弱毒苗或高效佐剂的死苗，则可引起细胞免疫和黏膜免疫。如一些国外公司目前所生产的猪支原体肺炎灭活菌苗就可引起细胞免疫，起到保护作用。据报道，给猪接种猪链球菌灭活菌苗，对抵抗相同血清型致病性猪链球菌攻毒感染的保护率很低或无效。由于细胞免疫在抵抗猪链球菌感染中也起到很大作用，因此，防制猪链球菌病必须接种相同血清型猪链球菌弱毒活菌苗。另外，胸膜肺炎放线杆菌或猪副嗜血杆菌病等菌的免疫效果也受佐剂影响。

【疫苗的污染】

目前，已发现有些疫病是通过接种疫苗而暴发的，如使用被牛病毒性腹泻 - 黏膜病病毒污染的小牛血清制作的弱毒苗，可导致猪群感染牛病毒性腹泻 - 黏膜病病毒；若牛病毒性腹泻 - 黏膜病病毒污染了猪瘟疫苗，则可抑制猪体内猪瘟病毒中和抗体的产生。

【强毒株流行】

持续性感染猪长期带毒、排毒，病原发生变异是免疫失败的重要原因，如妊娠母猪感染猪瘟强毒株、野毒株后，病毒可通过胎盘，造成乳猪在出生前即被感染，发生乳猪猪瘟。

另外，由于动物群体免疫压力，动物群中流行毒株由于逃脱中和抗体的作用可发生抗原漂移，如猪 A 型流感病毒含有 8 个独立的 RNA 节段，如果有 2 种毒株共同感染 1 个个体，在复制时它们就可交换彼此的 RNA 节段，通过基因重组产生含有来自不同亲本基因的新毒株，发生抗原转变，这就是世界各地不同时期流行猪流感病毒小时亚型不同的主要原因。

【免疫程序不合理】

（1）给妊娠母猪接种弱毒菌苗，弱毒苗有可能进入胎儿体内，由于此时胎儿的免疫系统尚未成熟，结果导致免疫耐受和持续感染，引起流产、死胎或畸形，这种情况曾见于某些猪丹毒菌苗。

（2）如果在免疫期间猪群遭受感染，那么这时疫苗还未诱导免疫力产生，猪群就会发生临床疫病，表现为疫苗免疫失败。由于疾病症状通常在接种后不久出现，人们就会误以为是由疫（菌）苗毒（菌）导致的发病。

（3）未及时检测猪群免疫力，对接种后未产生保护性免疫力、抗体水平下降至临界值的猪只未进行及时补免，造成免疫空白，一旦强毒感染，就会导致发病。

（4）给不健康的猪群接种，猪只不能产生抵抗感染的足够免疫力。

（5）未选用合适的疫苗，如在猪瘟强毒流行地区，给猪免疫猪瘟、猪丹毒和猪肺疫三联苗，由于猪瘟病毒的免疫剂量较小，导致免疫效果不佳。

制订免疫程序要依据当地疫情、猪群免疫状态和本场饲养管理等，作好猪瘟母源抗体水平监测，以确定首免时间。定期监测猪群猪瘟病毒、猪伪狂犬病病毒、猪繁殖与呼吸综合征病毒、猪细小病毒等的血清抗体，以确定猪群群体免疫力和野毒感染情况，为制订免疫程序提供依据。猪群的免疫接种时间应在疫病流行之前进行，另外，要注意猪群的抗体水平，包括母源抗体水平。如果猪群存在较高水平的抗体，会极大地影响疫（菌）苗免疫效果。据卓宜恒（1990）报道，仔猪 1 日龄猪瘟中和抗体滴度在 1 ：512 以上，10 日龄时中和抗体滴度在 1 ：128 以上，15 日龄下降至 1 ：64 以上，这期间保护率为 100%；20 日龄抗体滴度下降至 1 ：32，保护率为 75%，此时为免疫的临界线；30 日龄时抗体滴度下降至 1 ：16 以下，无免疫力。如果新生仔猪有母源抗体存在，且抗体水平未降至适当水平（中和抗体滴度为 1 ：32），此时给仔猪接种疫苗，会造成母源抗体封闭，破坏仔猪机体的被动免疫，从而发生猪瘟。也有的仔猪在 21～25 日龄接种了疫苗，从此再未免疫接种，由于仔猪体内尚残留部分母源抗体，干扰疫（菌）苗免疫力，则会由于免疫时间较短，抵抗不住野毒的侵袭而患病，导致免疫失败。

【猪体的免疫功能受到抑制】

1. 由于自身的免疫抑制 如发生遗传性免疫抑制疾病等，猪只衰老也可导致免疫抑制。

2. 由于营养性免疫抑制 如缺乏维生素 A 会导致淋巴器官的萎缩，影响淋巴细胞的分化、增殖、受体表达与活化，导致体内的 T 淋巴细胞，NK 细胞数量减少，吞噬细胞的吞噬能力下降，B 淋巴细胞的抗体产生能力下降；而在日粮中添加适量维生素 E 或硒，可提高猪只的体液免疫和细胞免疫水平。

3. 由于毒物与毒素所引起的免疫抑制 霉菌毒素、重金属、工业化学物质和杀虫剂等可损害免疫系统，引起免疫抑制，即使在不使猪群发生中毒症状的剂量下，也能使猪群发生感染性疾病。如饲料中的黄曲霉毒素可降低猪对猪瘟的免疫力，并由于继发沙门菌病而加重临床症状，增加口腔接种猪痢疾密螺旋体的易感性。

4. 由于药物所引起的免疫抑制 免疫接种期间如使用免疫抑制药物，如地塞米松（糖皮质激素）、氯霉素（抗菌药）等，可导致免疫抑制。因此，要限制使用可抑制机体免疫反应的药物，特别是在机体免疫接种期间。在免疫时可适当选用免疫增强剂，如肌肉注射 1 mol/L 10.1%亚硒酸钠－维生素 E 针剂，或一些具有免疫增强作用的中药制剂等。

5. 由于环境应激所引起的免疫抑制 各种应激因素，如过冷、过热、拥挤、捕捉、混群、断奶、限饲、运输、噪声和保定均可导致血浆皮质醇浓度显著升高，抑制猪群免疫功能，此时，以产生高水平抗体为目的的多次免疫，会使猪群生产力下降。

6. 由于病原体感染所引起的免疫抑制 引起免疫抑制的感染因素很多，如猪肺炎支原体感染损害呼吸道上皮黏液纤毛系统，引起单核细胞流入细支气管和血管周围，刺激机体产生促炎细胞因子，降低巨噬细胞的吞噬杀菌作用，引起免疫抑制。猪繁殖与呼吸综合征病毒损伤猪体的免疫系统和呼吸系统，特别是对肺脏，可感染肺泡巨噬细胞或单核细胞，引起免疫抑制。人工感染猪 II 型圆环病毒和猪繁殖与呼吸综合征病毒，可出现猪断奶后多系统衰弱综合征（PMWS）。在免疫猪肺炎支原体时或免疫之后，感染猪繁殖与呼吸综合征病毒将降低猪肺炎支原体的免疫效果。猪伪狂犬病病毒能损伤猪肺脏的防御体系，可在单核细胞和肺泡巨噬细胞内进行复制，并损害其杀菌和细胞毒功能。猪细小病毒可在肺泡巨噬细胞和淋巴细胞内复制，并损害巨噬细胞的吞噬功能和淋巴细胞的母细胞化能力。胸膜肺炎放线杆菌的细胞毒素，对肺泡巨噬细胞有毒性。

7. 由于免疫前已感染了所免疫预防的疫病或其他疾病，降低了机体的抗病能力和对疫（菌）苗接种的应答能力 猪群免疫功能受到抑制时，猪群不能充分对免疫接种做出应答，甚至在正常情况下具有较低致病性的微生物或弱毒疫苗也能引起猪群发病，使猪群发生难以控制的复发性疾病和多种疾病综合征，猪只死亡率增加。在这些情况下，必要时应使用灭活苗免疫。

【免疫干扰】

1. 已有抗体和细胞免疫的干扰　母源抗体的存在，可使仔猪在一定时间内被动地得到保护，但又会给免疫接种带来影响。一般情况下，母源抗体的持续时间为：猪瘟 18～74 天，平均 60 天左右；猪丹毒 90 天左右；猪肺疫 60～75 天；猪伪狂犬病 21～28 天；猪细小病毒 14～28 周。在此期间接种疫苗，由于抗体的中和、吸附作用，不能诱发机体产生免疫应答，可导致免疫失败。但在母源抗体完全消失后再接种疫苗，又增加了仔猪感染病原的风险。

当前采用的猪瘟初乳前免疫（超前免疫、零时免疫），即在仔猪出生后未吃初乳前立即用猪瘟兔化弱毒疫苗免疫接种 1 次，接种后 1～2h 可哺乳，到 60～65 日龄时，再强化免疫 1 次（4 头份／只），可极好地解决仔猪猪瘟病毒母源抗体的干扰问题。

2. 病原微生物之间的干扰　同时免疫两种或多种弱毒苗，往往会产生干扰现象。干扰的原因可能包括两方面：一是两种病毒感染的受体相似或相等，产生竞争作用；二是一种病毒感染细胞后产生干扰素，影响另一种病毒的复制。

3. 药物的干扰　在使用由细菌制成的活苗（如巴氏杆菌菌苗、猪丹毒杆菌菌苗）时，猪群在接种前后 10 天内使用（包括拌料）敏感的抗菌类药物（包括敏感的具有抗菌作用的中药），易造成免疫失败。将病毒苗与弱毒菌苗混合使用，若病毒苗中加有抗生素则可杀死弱毒菌苗，从而导致免疫失败。在使用活菌制剂（包括猪丹毒、猪肺疫、仔猪副伤寒弱毒苗）的前后 10 天内，应避免给予猪只敏感的抗菌药物（如在饲料、饮水中添加或肌肉注射等），若饲料中有敏感的抗菌药，则免疫时应选用适宜的灭活菌苗，而不能用活菌苗。

【免疫耐受发生】

特异性免疫耐受后对疫苗病毒感染不产生免疫反应，但受到野毒感染后可发病。如仔猪胚胎在妊娠早期发生先天性感染，产后仔猪对猪瘟病毒具有免疫耐受现象，以后只有遭到猪瘟强毒感染才会发生猪瘟。

【免疫麻痹】

使用疫苗的免疫剂量过大，机体免疫应答就会受到抑制，发生免疫麻痹。超大剂量活疫苗感染在免疫抑制的情况下，甚至可导致猪只发生临床疾病。

总之，猪群的免疫效果受疫苗、猪群、病原、环境等多种因素影响，防制猪病不能期望单纯依赖疫苗提供 100% 的保护率，只有结合其他防制措施，才能充分发挥疫（菌）苗的作用，避免免疫失败。

【疫苗的实施技术应用问题】

例如猪瘟免疫失败。专家证实，"免疫接种我国研制猪瘟疫苗不但能抵抗所有猪瘟野毒株的攻击，完全保护，而且在受到野毒攻击后，能完全抑制猪瘟野毒在体内的复制，证明中国兔化弱毒疫苗完全有效，可以放心使用。"由此可见，"免疫失败现象"是疫苗保存、运输、注入猪体内的效价是否达标了等诸多因素有关。必须提高对免疫注射技术与重大意义的认识，免疫接种是否按技术标准操作，是关系预防猪瘟成功与失败重中之重的关键技术，绝对不能忽视小看一针一剂的操作技术，它是决定猪场控制猪瘟发生和流行的重大技术措施。据调查，第一线亲自操作人员基本不了解接种操作规程，任意打一针，不管注入剂量是否准确。

第五节　免疫预防程序的制订

科学制订免疫计划，定期做好免疫接种，是控制集约化养殖场疫病流行的重要措施。各场应根据本地区疫病流行情况、疫苗的性质和工艺流程、应激时间、气候条件和其他因素，来决定本地区使用的疫苗种类、接种方法和免疫程度，不能生搬硬套别人的方法。由于病原微生物的致病力常常会受到环境的影响而改变其传染的规律，因此，对于已制订的免疫接种计划，也要根据防疫效果和当地疫病流行情况的变化，定期进行修订。根据本地、本场实际情况，参考别人的成功经验，结合免疫学的基本理论，制订适合本地或本场的免疫程序，按照免疫程序所要求的方法实施免疫接种。

一、免疫程序制订的原则

免疫程序是指根据一定地区或猪场内各种传染病的流行状况及疫苗特性，为特定动物群制订的疫苗接种类型、次序、次数、途径及间隔时间。制订免疫程序通常应遵循的原则为：

1．动物群的免疫程序是由传染病的三间分布特征决定的　由于动物传染病在地区、时间和动物群中的分布特点和流行规律不同，它们对动物造成的危害程度也会随着发生变化，一定时期内兽医防疫工作的重点就有明显的差异，需要随时调整。有些传染病流行时具有持续时间长、危害程度大等特点，应制订长期的免疫防制对策。如猪瘟应列入免疫程序首位，而且是终身的并是猪场兽医防疫工作的重中之重。

2．免疫程序是由疫苗的免疫学特性决定的　疫苗的种类、接种途径、产生免疫力需要的时间、免疫力的持续期等差异是影响免疫效果的重要因素，因此，在制订免疫程序时要根据这些特性的变化进行充分的调查、分析和研究。

3．免疫程序应具有相对的稳定性　如果没有其他因素的参与，某地区或养殖场在一定时期内动物传染病分布特征是相对稳定的。因此，若实践证明某一免疫程序的应用效果良好，则应尽量避免改变这一免疫程序。如果发现该免疫程序执行过程中仍有某些传染病流行，则应及时查明原因（疫苗、接种、时机或病原体变异等），并进行适当地调整。

二、免疫程序制订的方法和程序

目前，仍没有一个能够适合所有地区或猪场的标准免疫程序，不同地区或部门应根据传染病流行特点和生产实际情况，制订科学合理的免疫接种程序。对于某些地区或猪场正在使用的程序，也可能存在某些防疫上的问题，需要进行不断地调整和改进。因此，了解和掌握免疫程序制订的步骤和方法具有非常重要的意义。

1．掌握威胁本地区或猪场传染病的种类及其分布特点　根据疫病监测和调查结果，分析该地区或猪场内常发多见传染病的危害程度以及周围地区威胁性较大的传染病流行和分布特征，并根据动物的类别，确定哪些传染病需要免疫或终生免疫，哪些传染病需要根据季节或动物年龄进行免疫防制。

2．了解疫苗的免疫学特性　由于疫苗的种类、适用对象、保存、接种方法、使用剂量、接种后免疫力产生需要的时间、免疫保护效力及其持续期、最佳免疫接种时机及间隔时间等疫苗特性是免疫程序的主要内容，因此，在制订免疫程序前应对这些特性进行充分的研究和分析。一般来说，弱毒疫苗接种后5～7天，灭活疫苗接种后2～3周可产生免疫力。

3．充分利用免疫监测结果　由于年龄分布范围较广的传染病需要终生免疫，因此，应根据定期测定的抗体消长规律确定首免日龄和加强免疫的时间。初次使用的免疫程序应定期测定免疫动物群的免疫水平，发现问题要及时进行调整并采取补救措施。新生动物的免疫接种应首先测定其母源抗体的消长规律，并根据半衰期确定首次免疫接种日龄，以防止高滴度的母源抗体对免疫力产生的干扰。在半衰期临界值决定首免日龄；有抗体和细胞免疫的干扰母源抗体的存在，可使仔猪在一定时间内被动地得到保护，但又给免疫接种带来影响。一般情况下，母源抗体的持续时间为：猪瘟18～74天，平均60天左右；猪丹毒90天左右；猪肺疫60～75天；猪伪狂犬病21～28天；猪细小病毒14～28周。在此期间接种疫苗，由于抗体的中和、吸附作用，不能诱发机体产生免疫应答，可导致免疫失败。但在母源抗体完全消失后再接种疫苗，又增加了仔猪感染病原的风险。因此，要灵活掌握，根据监测确定首免。

4．传染病发病及流行特点决定是否进行疫苗接种　接种次数及时机主要发生于某一季节或某一年龄段的传染病，可在流行季节到来前2～4周进行免疫接种，接种的次数则由疫苗的特性和该病的危害程度决定。总之，制订不同动物或不同传染病的免疫程序时，应充分考虑本地区常发多见或威胁大的传染病分布特点、疫苗类型及其免疫效能和母源抗体水平等因素，这样才能使免疫程序具有科学性和合理性。

三、参考免疫程序

根据中华人民共和国农业部第53号令，结合本地区或本场各种疾病流行情况危害性，筛选疾病种类，制订方案。确定各种猪群接种疫苗种类，下面介绍我国猪的常用免疫程序。其中接种疫苗种类高达几十种，尤其是基础母猪（配种前后、产前、产后）

及仔猪断奶前应接种疫苗多，有时很难实施。此时抓主要矛盾，选择危害性严重疾病进行接种。

1．种公猪　猪瘟、口蹄疫、猪伪狂犬病疫苗、猪丹毒、日本乙脑、巴氏杆菌病、猪繁殖与呼吸综合征、猪细小病毒病。

2．基础母猪　（1）配种前完成猪瘟、口蹄疫、猪伪狂犬病疫苗、猪丹毒、乙脑、巴氏杆菌病、猪繁殖与呼吸综合征和猪细小病毒病。（2）母猪产前：①产前40天：K88、K99、987P大肠杆菌苗（经产猪不免）。②产前35天注射传染性萎缩性鼻炎灭活苗。③产前30天每年12月至翌年3月间，注射传染性胃肠炎、流行性腹泻二联苗。④产前25天注射伪狂犬病活疫苗。⑤产前15～20天注射K88、K99、987P大肠杆菌苗。（3）母猪产后：①2～3周：猪瘟疫苗。②每年3～4月：乙脑活疫苗。

3．后备公、母猪　后备猪转群后在配种前1～1.5个月一般需要接种以下疫苗：①第1周：猪瘟（活苗），首免，肌肉注射4～6头份。②第2周：口蹄疫（灭活苗），首免3血。③第3周：伪狂犬，1头份。④第4周：猪瘟（活苗），二免4～6头份。⑤第5周：伪狂犬，二免1头份。⑥第6周：乙脑，首免1头份；细小，首免1头份。⑦第8周：乙脑，二免1头份；细小，二免1头份。

4．生长肥育猪　①20～25日龄：肌肉注射猪瘟苗。②35～40日龄：仔猪副伤寒菌苗，口服或肌肉注射（在疫区，首免后，隔3～4周再二免）。③50～55日龄：肌肉注射口蹄疫高效浓缩苗。④60～65日龄：猪瘟、肺疫、丹毒三联苗，2倍量肌肉注射。⑤70日龄：肌肉注射伪狂犬病弱毒苗。⑥75～80日龄：肌肉注射口蹄疫高效浓缩苗。

四、疫苗的选择

根据本地区流行病调查。

（1）依本地的疫病疫情。

（2）依本场的疫病史和目前仍有威胁的主要传染病。对本地、本场尚未证实发生的疾病，必须证明确实已受到严重威胁时才能计划接种，对强毒型的疫苗更应非常慎重，不得已时方可引进使用。

（3）根据与本场有联系的场外地区的疫情情况。

（4）要选择具备批准文号和疫苗生产许可证的大型、正规的疫苗生产厂家生产的疫苗。

五、紧急免疫接种的注意事项

紧急免疫接种应根据疫苗或抗血清的性质、传染病发生及其在动物群中的流行特点，进行合理的安排。接种后能够迅速产生保护力的一些弱毒苗或高免血清，可以用于急性病的紧急接种，因为此类疫苗进入机体后往往经过3～5天便可产生免疫力，而高免血清则在注射后能够迅速分布于机体各部。由于疫苗接种能够激发处于潜伏期感染的动物发病，且在操作过程中容易造成病原体在感染动物和健康动物之间的传播，因此，为了提高免疫效果，在进行紧急免疫接种时应首先对动物群进行详细的临床检查和必要的实验室检验，以排除处于发病期和感染期的动物。

紧急免疫接种常用的生物制品，主要包括各种疫苗和高免血清。多年来的临床实践证明，在传染病暴发或流行的早期，紧急免疫接种可以迅速建立动物机体的特异性免疫，使其免遭相应疾病的侵害。但在紧急免疫时需要注意：①必须在疾病流行的早期进行；②尚未感染的动物既可使用疫苗，也可使用高免血清或其他抗体预防，但感染或发病动物则最好使用高免血清或其他抗体进行治疗；③必须采取适当的防范措施，防止操作过程中由人员或器械造成的传染病蔓延和传播。

零时免疫：又称超前免疫，是指在仔猪未吃初乳时注射疫苗，注苗后1～2h才给吃初乳。目的是避开母源抗体的干扰和使疫苗毒尽早占领病毒复制的靶位，尽可能早刺激产生基础免疫，这种方法常用在猪瘟的免疫。注意剂量不能过大，否则损伤仔猪幼小免疫器官。

目前，市场上各种疫苗种类繁多，有关的介绍依据主要是各生物制品厂家的说明书。具体使用疫苗时，应以所用疫苗说明书的使用方法为准。

第三章　猪病治疗

猪病临床治疗学是应用物理、化学和生物学等原理及手段，作用于患病动物体，以治疗各种疾病的一门学科，也是确定病性诊断方法的组成部分（诊断性疗法）。其内容包括各种疗法的作用理论和适应症、禁忌症等。猪病临床治疗学是以动物种类分类而称，是属兽医临床治疗学范畴，它已形成自身的学科体系，是以家畜生理学、动物生物化学和兽医病理生理学为理论基础，以实验动物和患病动物为研究对象，辅以畜牧学、饲养学、家畜卫生学等领域知识综合应用建立起来的。本章用哲学的辩证法思维方法，在猪病临床治疗学实施的基本原则指导下，遵循动物的生理性、个体性、综合性和主动性等基本原理，同时，又应以动物体与外界环境的统承性，动物体内部的完整性及其神经系统的主导性作用为基础。充分调动、促进患病动物体的抵抗力和生理防御机能，消除病因或病原，即由病理状态恢复至正常生理状态而采用各种治疗方法。按其应用目的和手段，概括地分为病因疗法、症状疗法、食饵疗法、饥饿疗法、化学疗法、组织疗法、普鲁卡因疗法和透析疗法等。

第一节　治疗基本原则

（1）遵循动物的生理性、个体性、综合性和主动性等基本原理，同时，又应以动物体与外界环境的统承性，动物体内部的完整性及其神经系统的主导性作用为基础。

（2）遵循兽医临床治疗学实施的基本原理，充分调动、促进患病动物体的抵抗力和生理防御机能，消除病因或病原，即由病理状态恢复至正常生理状态。

（3）考虑经济价值。当确认患病猪无法治愈或所用医疗费超过病猪痊愈后的价值时，可不进行治疗而淘汰宰杀。以《中华人民共和国动物防疫法》为依据，如病猪对人、畜有严重的传染威胁，或当

地传入一种过去从没有发生过的危害性较大的新病时，为了防止疫病扩散，造成难以收拾的局面，应在严密消毒的情况下将病猪淘汰，并做无害处理。一般情况下，我们既要反对那种只管治不管防的单纯治疗观点，又要反对那种从另一个极端曲解"预防为主"、"防重于治"，认为治疗可有可无的倾向。

南京农业大学吴增坚教授提出规模化猪场的病猪"五不治"：①无法治愈的病猪不治；②治疗费用高的病猪不治；③治疗费时费工的病猪不治；④治愈后经济价值不高的不治；⑤传染性强、危害大的病猪不治。作者认为这种淡化治疗的建议有实际的参考意义。

（4）传染病的治疗。特别是那些流行性强，危害严重的传染病，治疗必须在严密隔离的情况下进行，不得使病猪成为散播病原的传染源。在治疗过程中，既要考虑针对病原体的一些疗法，又要考虑能帮助机体增强抗病能力的支持疗法。只有采取综合性的治疗措施，才能加速病畜的康复。

第二节　药物选择和疗程

猪病防治工作做得好坏，是养猪生产成败的关键。药物是猪病治疗的一种十分重要的物质基础，亦是与猪病作斗争的武器，用于预防、诊断和治疗疾病。同时，还有许多药物对猪有调节代谢、促进生长、改善消化吸收和提高饲料转化率作用。所以，国内外有越来越多的药物应用于养猪生产中，成为科学养猪、提高生产效能的重要手段。为了达到药物预防治疗的效果以及预防药物中毒，对于药品的选择、用法和剂量的掌握是十分重要的。在临床实践中，对一种疾病进行药物预防与治疗时，必须严格掌握适应症，正确选药。选择药品最主要的观念是使用首选药物，特别是对抗菌药物的选择更为重要，各种抗生素药物有各自的抗菌谱，都有其相应

的适应症。临床确诊之后，必然按照适应症选择抗菌作用强、对某一疾病病原具有杀伤作用和预防治疗效果确切的最佳药物。

一、药物选择原则

选用对所治疾病疗效最高的药物，同时，还要选择毒性低、副作用小的药物。必要时可以通过配合使用其他药物的办法来降低药物的毒性，如青霉素和磺胺制剂并用时，可防止由青霉素引起的过敏反应，又能防止因磺胺制剂乙酰化的降低而引起的中毒。用药剂量可根据药物的要求和猪的体重给予足够的剂量，才能达到治疗目的。

二、使用药物注意事项

（1）选用效果好、价廉和投药方便的药物。

（2）避免长期使用同一种类药物，否则易产生耐药性。

（3）应选用长效药物，减少投药次数，以节省时间和成本，并考虑副作用小及毒性小的药物。

（4）使用抗生素时，应选用有效的抗生素，避免二次使用具有交叉抗药性的药物。

（5）未确定病因时，最好不要滥用抗生素。

（6）注意药物合用时的配伍禁忌，以便提高疗效。除上述外，使用前最好详细阅读说明书，或作药敏试验。四环素类最好单独使用，因与多种抗菌药物有配伍禁忌。青霉素 G 钾盐不宜与四环素、磺胺药、卡那霉素、庆大霉素和多黏菌素 E 并用，也不可与维生素 C 相混合。磺胺药特别是复方增效磺胺制剂，能与多种药物产生配伍禁忌，用时应单独注射。氢化可的松与多种抗菌药有配伍禁忌。混合注射时防止产生配伍禁忌。

第三节　按疗程用药

药物动力学

药效动力学和药代动力学两个方面，即包括药物对机体的作用方面即药效动力学；又包括机体对药物的作用方面即药代动力学。用药物治疗时，首先要在临床上充分掌握病性，然后选择治疗药物。

【药代动力学】

1. 吸收　静脉注射时药物直接进入血液中，故作用迅速，而其他给药途径药物首先要从给药部位通过生物膜进入血液循环，这个过程称为吸收，然后随血流分布到全身各器官、各组织中。

影响药物吸收的因素很多，不同的给药途径，药物吸收的快慢就有明显的差别，按吸收快慢顺序排列：肺部吸入、肌肉＞皮下＞直肠＞口服＞皮肤。皮下、肌肉注射给药主要以扩散方式进入血液循环，其吸收率与药物水溶性有关，水溶性好的易吸收，否则难吸收。如普鲁卡因青霉素混悬液，吸收率较青霉素要低，从而使其作用时间延长。局部组织血流量对吸收速度影响是显而易见的，在外周循环衰竭时，皮下注射给药、吸收显著减慢，不能适应病情需要，必须静注才能达到抢救的目的。药物口服之后，多数以扩散的方式透过胃肠黏膜而被吸收，大多数药物是在小肠中被吸收，脂溶性非离子型的药物易于吸收，胃肠内 pH 值的改变，同样影响药物的，解离度而影响吸收率，例如，在小肠碱性环境中，弱酸性药物如一些有机酸是以离子型存在而难吸收，而在胃液中有机酸以游离型存在，故易吸收，因此，调节体液 pH 值可以促进或抑制吸收率。

2. 分布　药物对组织器官的作用强度与药物的分布差异并非完全一致。例如，强心苷选择性作用于心脏，但心脏仅分布 10% 左右，而广泛分布于横纹肌和肝脏，吗啡作用于中枢，却大量集中于肝脏。

影响药物分布的因素，大致有：药物与血浆蛋白结合能力、药物与组织的亲和力、药物的理化特性和局部器官的血流量以及血脑屏障和胎盘屏障等。药物与血浆蛋白结合使分子加大，影响药物向血管孔外转移及分布，因而排泄减少，半衰期延长，当血药浓度降低时，使释放出结合型的药物，以维持正常血药浓度。组织中药物的浓度增加速度取决于组织的血流量，脑、心、肾、肝等灌注速度快，可迅速获得与血药浓度一致的药物浓度，而其他灌注速度慢的器官则药物浓度增加较慢。

3. 代谢　是指药物在机体发生的化学变化，药物代谢多半是使药物失去药理活性，但有一部分药物必须在机体内被代谢后，才能具有药理活性，如水合氯醛必须在体内转化为三氯乙醇后，才能具有药理活性，才有较强的麻醉作用，所以，药物代谢定义为解毒是不确切的，药物代谢包括氧化、还原、水解和结合。

肝脏是药物等代谢的主要场所，当肝脏功能不全时，药物代谢率下降，因而给药时应减量或减少给药次数，以免药物中毒。另外，有些药可以提高或抑制肝微粒酶（药酶）的活性，称为酶促作用或酶抑作用。酶促作用使另一些药物代谢加快，而药效降低，这种诱导作用不仅可以解释连续用药产生耐药性、交叉耐药性，还可以治疗某种疾病；而酶抑作用可以加强许多药物作用。具有酶促作用的药物有：保泰松、氯丙嗪、尼克刹米、乙醇等二百多种；酶抑作用的药物有：阿斯匹林、吗啡、杜冷丁、异烟肼等。

4. 排泄　药物及其代谢产物的排泄，主要经尿液、胆汁、粪便、乳汁、汗液及呼出气体排泄。

肾脏是药物排泄的主要器官，多数药物在肝脏内经生物转化多为极性较大的水溶性代谢产物，在肾小管中不易被吸收，因而易于排泄。尿液的 pH 值常决定药物的解离度，能影响药物的重吸收，从而影响排泄。例如：弱碱性药物在碱性尿液中解离度大，易排出，相反则不易排出，如水杨酸钠弱碱性常伴随内服碳酸氢钠，碳酸氢钠可使尿液成碱性，使水杨酸钠解离度增加，从而易于排出。肾脏病患时，药物排出受影响，肾小球滤过率降低，药物易在体蓄积，为了避免中毒，一般认为首次给药无需改变，但其维持剂量以及给药间隔时间，必须根据肾脏损害程度及药物半衰期，予以调整。

5. 半衰期　是指血药浓度从最高浓度降至一半所需时间，药物半衰期是临床制订合理治疗方案的重要依据。一般临床治疗疾病很少会用一次药即治愈，而重复给药的间隔时间长短要根据药物半衰期来决定，半衰期长的则给药间隔时间长，半衰期短的药物给药间隔时间也要短，可以先服 1 个初剂量（为维持剂量的两倍）然后每经一个半衰期再服 1 个维持剂量。

【药效动力学】

药物的作用具有多重性，可分为助长作用、预防作用、治疗作用和不良反应，还有其他作用，这里主要介绍治疗作用与不良反应。

1. 治疗作用　凡符合用药目的或能达到防治效果的称为治疗作用，在防治猪病中根据治疗目的不同，又可分为对因治疗和对症治疗作用。

对因治疗作用就是针对疾病产生的原因进行治疗。在防治猪病中，特别对防治猪的传染性疾病和寄生虫病以及中毒病具有重要意义。例如，应用维生素或微量元素等药物治疗猪的某代谢疾病，病症随着病因消除而消灭。对症治疗作用是针对疾病表现的症状进行治疗，从而用以调整机体的机能，控制病情的发展，有利于病畜的康复。

在防治猪病时，应当灵活运用药物的对因和对症治疗作用，充分发挥两者的特点，取得最佳疗效。对于传染病应迅速诊断，并及时对因治疗。然而疾病的发生和发展极其复杂，病症不清除会给病因的发展造成有利条件，病症严重还可以引起死亡，有时应标本兼治，应用药物的对症治疗作用，以减轻或消除疾病的症状，有利于恢复机体机能，提高抵抗力，可以使对因治疗获得更好的效果。

2. 不良反应　不符合用药目的，甚至给机体带来不良影响和反应的作用称为不良反应常见和主要的不良反应有副作用、毒性反应、过敏反应。

(1) 副作用：是在应用药物治疗量对病猪进行治疗时，而出现的与治疗作用无关的或不良作用。如应用硫酸阿托品可以解除肠道平滑肌痉挛，但同时会引起腺体分泌减少，口腔干燥等副作用。药物副作用是伴随治疗作用出现不良的反应，是能预料的，是很难避免的，但可用某些作用相反的药物来颉颃。

(2) 毒性反应是由于药物用量过大或应用时间过长，而使机体发生的严重功能紊乱或病理变化，甚至死亡。所以，应用药物时要认识药物的特性，准确掌握其剂量、疗程及病猪的体况，尽量减少或避免毒性反应。

(3) 过敏反应是药物对机体的作用常有个体差异，某些个体对某种药物的敏感性比一般个体为高，并出现病理反应。这种反应和药物剂量无关，反应性质各不相同，不易预知，如应用青霉素时某些个体会出现过敏反应。

临床上诊断尚未判定病原体之前，也可试行治疗，这称为药物诊断。

【按疗程用药】

综上所述，治疗用药一定依疾病的性质与疗效决定用药种类、剂量、间隔时间；决定疗程。例如，急性猪丹毒用青霉素第一次大剂量肌肉注射每间隔 4h 一次；要比每间隔 6～12h 一次疗效高。肺炎的治疗一个疗程若在 15～30 天，才能达到预期效果；这是因为肺炎由发生到结局的炎症发展过程是 30 天左右，肺炎的客观发展规律是不以人们的意识为转移的。

规模化猪场的群体性治疗关键技术是发病时诊

断准确度，一旦暴发猪传染病，一夜之间或几天之内突然大批发病，养殖户惊慌失措，一时不知如何处置，应用当前习惯方法大剂量注射猪瘟兔化弱毒苗，然后不管又用抗生素和磺胺解热镇痛药联合应用，有时不惜一切代价用免疫球蛋、转移因子等；几天未见好转，由于没有确定病因，滥用抗菌药物滥用药物不但对病猪无疗效，还可造成多种危害；10～20天不但一个没治好而全军覆灭，反而又投入大量资金，损失惨重应吸取教训。

抗菌药物对细菌性传染病才有疗效，对猪的病毒性传染病无效，只有在确定有某种细菌继发感染时才可使用，其目的也在于控制继发感染的细菌。那种仔猪出生后就投服抗菌药物，在以后的饲养阶段也不定期投投喂抗菌药物的防病办法，有害无益，应予禁止。

第四节　治疗方法

猪传染病的治疗，包括病因疗法和对症疗法两种。病因疗法有免疫血清疗法、抑制或杀灭病原细菌的抗生素疗法以及抑制病毒增殖的干扰素疗法，对症疗法是辅以病因疗法，所进行的能够促使机体从病态转入康复的治疗方法。早确诊、早治疗是提高治疗效果的关键技术。

治疗时采取的措施一方面针对病因和病原体；另一方面是对症治疗。对帮助机体调整和恢复生理机能，一般治疗方法应采取病因疗法和对症疗法相结合的综合性治疗方法等。应转变观念，由个体用药转为群体用药，从整体效益计算是最好的选择。

【病因疗法】

1. 特异性高免血清疗法　应用特异性高免血清或病愈后的血清，对病猪进行治疗的一种方法。这种方法适于某些急性传染病，如猪瘟、猪丹毒、猪肺疫和破伤风等。由于这种血清只对特定的病原体起作用，而对其他病原微生物无作用，所以，使用时必须诊断确实，否则，无法取得良好的疗效。而且应尽量在病的早期应用，用足够大的剂量才能取得良好的效果。如果症状明显时使用，往往效果不佳。

高免血清可以用同种动物制取，也可以用异种动物制取。一般抗病毒血清多用同种动物制取，如猪瘟抗血清多用猪制取；抗菌和抗毒素血清多用异种动物制取，如猪丹毒抗血清可用牛制备，破伤风

抗毒素血清过去多用马制备。如果没有特制的高免血清，可以用康复猪血清代替。抗菌血清在广泛使用抗生素的今天已很少使用。

血清治疗是一种人工被动免疫方法，注射血清后随着抗体的代谢，其作用逐渐消失，在没有产生主动免疫的猪应适时进行疫苗接种。使用的血清如果是异种动物血清，反复注射会发生过敏反应，应值得注意。另外，抗血清价格昂贵，不易购到，使用量也较大，所以，使用并不广泛，对病毒病已被紧急接种所代替，细菌性疾病已被抗生素取代。

免疫增强剂具有增强细胞免疫、促进抗体产生、提高机体抗感染能力的作用，已成为人医治疗肿瘤和某些慢性传染病的重要辅助性药物之一。其中，一些免疫增强剂，如转移因子、干扰素、左旋咪唑等亦开始用于某些猪传染病，特别是病毒病的治疗，并取得较好的效果。

总之，由于高免血清很少生产，而且并非随时可买得到，因此，在兽医临床实践中对细菌性疾病的治疗远不如抗生素和磺胺类药物应用得广泛和方便。

2. 对细菌性传染病的治疗　抗生素作为细菌性传染病的主要治疗药物，已在兽医实践中广泛使用，并取得了显著成效。但在实际工作中只有合理地应用抗生素，才能充分发挥其作用，取得明显效果。如抗生素应用不合理，不但影响疗效，还会引起一些不良后果，如药物残留、产生耐药性菌株或引起机体不良反应等。治疗细菌性传染病，目前广泛采用抗生素、磺胺类、硝基呋喃类和喹诺酮类药物治疗。这些是在临诊工作中应用最多的药物，也是治疗效果较好的一类药物，实际工作中应该熟悉它、掌握它和应用它。

（1）药物种类：猪病最重要的是传染病，而且在临床上发病的机会多。那么在临床治疗上，使用抗生素的机会也最多。

①四环素类：在养猪生产上广泛使用的四环素类药物，有四环素、金霉素和土霉素3种。此类药物是广谱抗生素，对多种革兰氏阳性菌和阴性菌均有效，另外，对猪附红细胞体病的病原体也有作用。其作用机理，是通过干扰蛋白的合成来抑制细菌生长。临床上常用于治疗呼吸道传染病，尤其是巴氏杆菌病。一般采用口服给药，给药后2～4h，体内药物浓度达到高峰。由于四环素类药物能与钙、铁、铝或铋结合，可降低肠道对四环素类药物的吸收，

饲料给药时应尽量减少日粮中钙含量和避免日粮中四环素物质的含量过高。土霉素还可以肌注给药，但对局部有一定的刺激性，此类药物相对无毒，仅偶见反复注射过敏者。

②氨基糖苷类：此类药物常用的有链霉素、双氢链霉素、新霉素、卡那霉素和庆大霉素等。这类药物主要对革兰阴性菌有效，但有些革兰阳性菌对这类药物也敏感，其作用机理是在微生物核糖体完全形成之前，附着在核糖体上干扰蛋白质合成从而抑制细菌。临床上多用于治疗肠道传染病，主要采用肠道途径给药。由于这类药物是最具毒性的一类抗菌药物，所以，非经肠给药要小心，其毒性反应包括神经传道阻滞、呼吸停止、心血管机能降低、肾病变和耳聋等。

③青霉素类：一类毒性最小的抗菌药物，所以被用于治疗不同动物的传染病。但由于这类药物主要对革兰阳性菌有效，所以使用受到了一定的限制，这类药物最有效地用于由链球菌、葡萄球菌以及猪丹毒杆菌引起的疾病。现在一些新的半合成青霉素则具有广谱抗性，越来越多地用于治疗对四环素、磺胺类和氨基苷类药物具有抗性的大肠杆菌所引起的疾病。这类药物主要有青霉素和具有广谱抗性的氨苄青霉素、羧苄青霉素。此类药物主要是作用于细菌的细胞壁，抑制细菌细胞壁肽聚糖的合成，主要采用非经肠道给药。

④其他抗生素：大环内酯类抗生素包括红霉素、螺旋霉素和泰乐菌素等。其中泰乐菌素在临床上广泛使用，这类药物抗菌谱几乎和青霉素一致，泰乐菌素对猪支原体有效。非经肠道给药，肌肉注射有刺激作用，偶尔有毒性反应，主要为皮肤出现红斑、直肠脱垂、水肿和轻度短时腹泻。

林可霉素在化学上与环内酯不同，但它们具有几乎一致的抗菌谱。林可霉素对治疗猪痢疾疗效很好，并也可治疗支原体病，常以饲料添加剂形式来投药，毒性与泰乐菌素相同。

氯霉素具有广谱抗菌活性，而且对许多具有抗药性的细菌都有效，但这种药物能引起人再生障碍性贫血，不宜给猪使用，以免肉中残留而危害人的健康，而且此药残留时间很长。

先锋霉素类化学结构与青霉素相似，抗菌谱几乎与氨苄青霉素一致。

⑤磺胺类药物：最早使用的一类化学合成抗菌药物，由于抗生素的发展，已减少了对磺胺的药物性使用。此类药物在组织中有残留，常用的给药途径是口服。由于刺激性很强，因而不宜注射，如果注射会导致组织无菌性脓肿。此类药物具有广谱抗菌活性，对大部分革兰阳性和许多革兰阴性菌有效，故临床上常用于治疗呼吸道和消化道感染。磺胺药物在体内主要经泌尿系统排泄，故而在肾脏中出现磺胺沉淀。如果必须使用，应选用溶解度高的药物，故磺胺二甲氧嘧啶非经肠给药治疗大肠杆菌肠类已日趋广泛。磺胺药物作用机理是磺胺与对氨基苯甲酸结构相似，而与对氨基苯甲酸产生竞争性的颉颃作用。氨基苯甲酸是许多细菌形成叶酸过程的必需成分，而叶酸参与嘌呤和核酸的形成。

能抑制细菌二氢叶酸还原酶的药物会产生明显的增效活性，这些磺胺增效剂是苄氨嘧啶和二甲氧苄氨嘧啶，故常与磺胺类药物合用。

(2) 应用抗生素要注意的几个问题：

①严格掌握各类抗生素的适应症：选择药物时，应全面考虑病畜的全身情况、临床症状、病原体的种类及其对药物的敏感性等。尽量选择对病原体高度敏感、抗菌作用强或临床效果好、不良反应较小的抗生素。抗生素治疗若有效，病猪将在 24h 内出现体况和食欲好转、体温下降。体温下降 1℃ 或更多，是临床好转的指标。多数使用适当抗生素治疗的病例，48h 后体温降至正常。抗生素治疗最少需要 3 天，多数需要 5～7 天，如果 7 天内还没有明显效果，应该立即停药，改用其他疗法。

②抗生素用量用法要适当，疗程应充足：首次剂量要大，以后再根据病情酌减用量。疗程应根据疾病的类型、病猪的具体病情决定。用药期间应密切注意可能产生的不良反应，以便及时停药或改换用药或采取相应的解救措施。对于肝、肾功能受到损害的病猪，使用抗生素要特别慎重，以免发生意外。

③抗生素不能滥用：对原因不明的发热病畜，除病情严重者外，不宜轻易采用抗生素治疗，以免影响正确诊断和延误正当治疗。对病毒性传染病除了有继发感染外，一般不宜应用抗生素治疗。可用可不用时一般不用，可用窄谱抗生素时就不用广谱抗生素，一种抗生素能奏效时，就不必使用多种抗生素。

④抗生素类药物的配伍禁忌：有些抗生素联合使用可起协同作用，增强疗效。如青霉素与链霉素

合用，土霉素与氯霉素合用。有些抗生素联合使用可产生颉颃作用，影响疗效，如青霉素与氯霉素合用，土霉素与链霉素合用。临床常见的注射用抗生素药物有：

青霉素 G 钾、青霉素 G 钠、氨苄青霉素、先锋霉素（包括先锋 5 号、先锋必）、硫酸链霉素、硫酸卡那霉素、硫酸庆大霉素、磺胺嘧啶钠注射液。其中，青霉素 G 钾、青霉素 G 钠不宜与四环素、土霉素、卡那霉素、庆大霉素、磺胺嘧啶钠注射液、碳酸氢钠、维生素 C、维生素 B$_1$、去甲肾上腺素、阿托品、氯丙嗪等混合使对。青霉素 G 钾比青霉素 G 钠的刺激性强，钾盐静注时浓度过高或过快，可致高血钾症而使心脏中毒，出现心脏骤停等；氨苄青霉素不可与卡那霉素、庆大霉素、氯霉素、盐酸氯丙嗪注射液、碳酸氢钠、维生素 C、维生素 B$_1$、5% 葡萄糖注射液、5% 葡萄糖生理盐水配伍使用；先锋霉素忌与氨基苷类抗生素如硫酸链霉素、硫酸卡那霉素、硫酸庆大霉素联合使用，可与生理盐水或复方氯化钠注射液配伍；磺胺嘧啶钠注射液遇 pH 值较低的酸性溶液易析出沉淀，除可与生理盐水、复方氯化钠注射液、20% 的甘露醇、硫酸镁注射液配伍外，与多种药物均为配伍禁忌。

⑤猪传染病的治疗：与普通猪病不同，对危害严重、流行性强的猪传染病必须在隔离和封锁条件下进行，不能因为治疗而散播病原。因此，治疗中消毒等防疫措施也需要严格执行。病猪的分泌物、排泄物及污染的饲料、饮水、垫草和用具等，都应及时进行清除和消毒处理。病猪要由专人管理，加强护理，增强对传染病的抵抗力。养猪场，特别是集约化养猪场，为了保证人民对肉食品安全的要求，以及有出口任务的猪场，一定要遵照国家颁发的有关规定，应用允许使用的抗生素及化学药物，防止兽药、农药、激素等残留及重金属超标，在屠宰上市前的规定时间内停药（休药期）。

3. 抗病毒疗法　迄今为止，治疗用抗病毒药物仅有少数几种试验性研究成果，且由于价格昂贵等原因，尚未广泛地用于临床。抗病毒药物应抑制病毒在宿主细胞内某一增殖过程或切断病毒吸附，但由于病毒与宿主细胞核酸的复制机制有类似之处，因此，抗病毒药物对宿主细胞也有某种程度的损害。加之多数情况下病毒病发病时，病毒已在嗜性器官或细胞中大量增殖，所以，不能期待仅用抗病毒药

物取得治疗效果。如果使用，最好用于发病初期。由此考虑，抗病毒药物应仅限于尚无有效疫苗或疫苗效果不佳的病毒性疾病的治疗。

目前，在医学上用于临床的有效抗病毒药物有：5-碘脱氧尿核苷（疱疹病毒和痘苗病毒）、甲红硫脲（痘病毒）、金刚烷胺盐酸盐（流感病毒）、阿糖胞苷（疱疹病毒型角膜炎）、阿糖腺苷（疱疹病毒型角膜炎）、异喹啉（甲型和乙型流感病毒及副流感病毒）、马啉双胍（腺病毒性角膜炎）、三氮唑核苷（流感病毒、副流感病毒、白血病病毒及口蹄疫病毒等）、无环鸟苷（疱疹病毒）、膦甲酸盐（疱疹病毒）。

虽然干扰素不能直接杀灭病毒，但干扰素可作用于细胞，使细胞产生抗病毒蛋白。因此，干扰素具有广谱抗病毒、抗衣原体、抗部分细菌及抗瘤作用。最近有将干扰素和抗病毒药物联合使用的报道，且效果良好，干扰素有 α、β、γ 三种。在医学领域里，α 和 γ 干扰素对疱疹病毒、单纯疱疹病毒、带状疱疹病毒、甲型肝炎病毒均有治疗效果，α 干扰素对急性病毒性脑炎等有治疗效果。

【对症疗法】

根据某一特殊症状，有针对性地用药治疗或实施手术，以减轻或消除该症状，调节和恢复机体生理机能，为此所进行的内外科疗法均为对症治疗。如使用退热、止痛、止血、止泻、解痉、强心、补液、利尿、抗过敏、防止酸中毒、调节电解质平衡等药物，以及实施急救手术或局部治疗等，都属于对症治疗的范畴。对症治疗直接或间接地支持了动物机体防御功能，增强了机体与疾病斗争的能力，有的对症治疗起到对机体调节和补充作用，有的为抢救之用。因此，对于病猪用对症治疗十分重要，决不可忽视。

1. 以消化系统症状为主的疾病对症治疗　猪当前消化器官疾病的防治热点并非是以往由于环境、气候、水土性质、饲料与饲养管理方法等的不当因素引起，而是由病原物引起的传染性疾病，如猪传染性胃肠炎、猪传染性腹泻猪轮状病毒病猪大肠杆菌病猪副伤寒、猪痢疾、猪增生性肠病等；同时，一些危害性重大的猪瘟等都出现消化器官疾病的症状，往往是多种病混合发生流行，猪消化系统疾病仅从消化器官疾病的发生原因、症状、功能、形态、诊断、治疗、预防等方面发展的基本规律性的理论基础进行介绍。

(1) 免疫预防：消化系统疾病首先是预防哺乳阶

段的胃肠系统疾病,目前,此阶段疾病疫苗齐全免疫效果确实可靠。应保全活全壮,是猪场防疫的基础工作。根据本地区的流行病学有选择性的对母猪和仔猪进行免疫注射。对仔猪黄、白痢可在母猪产前 15～20 天注射 1 次仔猪 K88、K99 基因双价工程苗;对于仔猪红痢可在母猪产前 30 天和 15 天各注射一次仔猪红痢氢氧化铝菌苗。在猪瘟高发区要对猪瘟加强免疫。另外,在母猪饲料中添加维生素 E 或在配种前 15 天内及妊娠期间添加低分子脂肪酸,可以提高母乳初乳中的抗体水平,减少仔猪腹泻的发生。

掌握养殖场猪群疫苗接种的状况和以前是否出现过腹泻性传染病有助于诊断。某些地方性流行疾病一旦在猪场发生就很难消除,尽管采取了控制措施,仍有腹泻病例出现。对于慢性感染引起腹泻疾病的猪群,应当检查防疫具体落实情况,以确定是否由于预防程序(疫苗或用药)措施不当而使疾病复发,必要时用实验室手段对疫病进行监控。

(2) 科学饲养管理:合理补饲、控制采食量、减少应激,保持猪场及舍内环境卫生,严格消毒制度,定期驱虫。在各种类型的腹泻中,以传染性疾病的发病率最高,危害最严重。它们可以是原发性的,也可以继发感染,而寄生虫和管理不当、营养缺乏等引起的普通内科病则往往是腹泻性疾病的诱发因素。

(3) 药物控制:选择敏感性强的药物,要早用药、药量足、疗程短;制订完整的猪群药物保健计划,仔猪在出生、断奶、转群或者其他应激因素时,除在饲料中添加抗菌药物外,还应加入多种维生素、微量元素等抗应激药物。

在生产过程中,猪场应对药物进行药效观察和筛选。为了兼顾仔猪腹泻各病原的控制,可以选择性地对母猪进行投药。种母猪产前产后各喂 1 周,种公猪每月喂 1 周。目前,对病毒性腹泻无特异治疗方法,可选用抗病毒药物、抗生素和磺胺类药物,并加强饲养管理以控制或减轻并发或继发感染,降低死亡率。

(4) 治疗:在改善饲养管理做好猪舍消毒保温的基础上,加强护理早预防早治疗,一般情况下,治疗 3～5 天后即可治愈。但对顽固性腹泻和具有腹泻症状的病例要在全面分析的基础上进行,其治疗要采用综合防治、对因治疗和对症治疗相结合的方法。

①及时补液:对尚有饮食欲的病猪口服补液盐(葡萄糖 20 g、氯化钾 1.5 g、氯化钠 3.5 g、碳

酸氢钠 2.5 g,加水到 1 000ml),对严重脱水病猪要静脉输液。

②整肠止泻:可以使用阿托品、药用炭。

③防止继发感染:在补液的同时可以添加抗生素,如恩诺沙星,也可以肌肉注射、拌料。根据情况,使用抗病毒药或高免血清和免疫球蛋白。

④护理:发生腹泻性疾病时,保证居住房舍小环境温度是提高治疗效果的关键。断奶仔猪发生腹泻时,舍内温度适当提高几摄氏度,数量不多群体可用备用保温箱或在床上用红外线灯取暖。

该类疾病的共同症状表现为腹泻。临床治疗原则为:在积极治疗原发病的基础上,加强对症治疗,即消炎补液、缓泻止泻和健胃消食。缓泻药有液体石蜡、植物油、硫酸钠和硫酸镁;止泻药有鞣酸蛋白、次硝酸秘、泻立停、药用碳等;健胃消食药有龙胆酊、马钱子酊、姜酊、人工盐、胃蛋白酶、胰酶、干酵母片、乳酸菌素片、稀盐酸和碳酸氢钠。腹泻导致脱水时要补液,缺水性脱水以补水(5%～10% 葡萄糖溶液)为主,在补液量中水和盐的比例 2 : 1(2 份 5%～10% 葡萄糖溶液加 1 份生理盐水);缺盐性脱水以补盐(0.9% 生理盐水溶液)为主,在补液量中水和盐的比例 1 : 2;混合性脱水补液时,水和盐的比例为 1 : 1。另外,酸中毒时补充 5% 碳酸氢钠,碱中毒时补充林格氏液。

2. 以呼吸系统症状为主疾病的对症治疗

(1) 免疫预防:建立科学免疫体系口接种相关疫(菌)苗,预防断奶仔猪呼吸道综合征发生。当前预防有效方法是免疫接种,在做好猪瘟免疫达标的基础上,应把猪繁殖和呼吸综合征病毒(PRRSV)、猪伪狂犬病病毒(PRV)、猪流感病毒(SIV)、PCV2、多杀性巴氏杆菌(P.M)、胸膜肺炎放线杆菌(APP)、副猪嗜血杆菌(HPS)、猪肺炎支原体(MH)等疫苗作为免疫程序。增强呼吸道黏膜组织局部免疫功能;其次才是药物。

①母猪:母猪在产前 1 个月左右或配种前必须接种猪瘟疫苗、猪气喘病菌苗、蓝耳病菌苗、猪伪狂犬病疫苗。断奶仔猪呼吸道综合征发生严重的猪场,必须根据实际情况接种副猪嗜血杆菌菌苗、猪传染性萎缩性鼻炎和巴氏杆菌二联苗、猪传染性胸膜炎等菌苗,用以提高母猪的免疫水平,减少母猪产房内排出病原对仔猪感染的机会,提高母源抗体对仔猪的被动免疫保护,降低断奶仔猪呼吸道综合

征发病率。

②仔猪：对存在断奶仔猪呼吸道综合征发病场，应坚持进行猪瘟超前免疫，以减少因呼吸道疾病的感染而产生继发猪瘟等疾病，同时应做好猪气喘病和猪伪狂犬病的预防工作，对蓝耳病、副猪嗜血杆菌感染、猪传染性胸膜肺炎、猪传染性萎缩性鼻炎等应根据发病情况或实行免疫接种或实行药物添加进行有效的预防和控制。对主导病原应坚持对仔猪进行疫（菌）苗接种和药物注射预防。

（2）药物预防：配种前后、分娩前后母猪可采用大剂量抗生素以阻止和减少呼吸道病菌对母猪和产房的污染，目的是杀灭带菌猪呼吸道黏膜潜伏隐藏的微生物。应用磺胺类＋抗菌增效、利高霉素＋阿莫西林、泰乐菌素＋金霉素、泰妙菌素＋金霉素等组合或单独使用氟甲砜霉素、土霉素等，可预防因母猪原因引起的断奶仔猪呼吸道综合征和减少母猪产后疾病，保护仔猪健康。

为切断疾病传播环节猪呼吸系统疾病，可从以下4个阶段进行药物预防，能有效地控制和减少猪呼吸道病综合征的发生。

哺乳母猪：一是每吨饲料中加80%支原净125 g和15%金霉素2.7 kg，加阿莫西林200 g。二是每吨饲料中加80%支原净125 g和强力霉素150 g加阿莫西林200 g。

于母猪分娩前后各1周连续饲喂14天。种公猪可按上述方法每月饲喂1周。能有效地切断从母猪至仔猪的垂直传播和产房内的水平传播，以及配种而造成的传播。

①断奶仔猪每吨饲料中加80%支原净100 g，15%金霉素150 g（加强力霉素150 g也可以），阿莫西林150 g；或者在每千克日粮中加支原净50 mg，强力霉素50 mg，阿莫西林50 mg，于仔猪断乳前1周至断乳后1周、连续饲喂14天。"有病加药、无病加酸"。保育舍可按1吨水中加柠檬酸700～1000 g，使饮水达到pH值3.5左右、饮用7天，对预防呼吸道病有一定效果，

②育肥猪每吨饲料中加80%支原净125 g，强力霉素150 g及阿莫西林200 g；或者每吨饲料中加猪喘平或福而好复合中药预混剂1～2 kg，于12～13周龄和7～18周龄时饲喂，喂1周，停喂1周，再喂一于周。

③后备种猪每千克饲料中加80%支原净125

mg，15%金霉素300 mg，每月饲喂1周，直至配种。

④驱虫。蛔虫和鞭虫等体内寄生虫可损害猪体免疫系统，使其抵抗力下降，蛔蚴虫经肺移行和肺丝虫都会加重呼吸道疾病的病症。因此，在仔猪断奶转人保育舍1周后，按每千克体重用0.3 mg伊维菌素皮下注射驱虫1次，以后每6周驱虫1次。

（3）治疗：该类疾病的共同症状表现为咳嗽、流鼻液和呼吸困难。临床治疗原则为：在积极治疗原发病的基础上，加强对症治疗，即消炎、镇咳、化痰、平喘、强心补液。镇咳药有复方甘、草合剂、咳必清；祛痰药有氯化铵、碘化钾；平喘药有盐酸麻黄碱、氨茶碱；强心药有安钠加、肾上腺素、樟脑磺酸钠、洋地黄等；补液参照以消化系统症状为主的传染病的对症治疗方法。

①治方原则：早发现、早诊断、早治疗，采用综合治疗与对症治疗相结合的方法进行处理，方可收到较好的治疗效果。

②抗微生物疗法：抗微生物药物主要有（临床常用者）为抗生素和磺胺类药物，其中尤以抗生素为先锋4号、长效抗菌剂、支原净、泰乐菌素、恩诺沙星、卡那霉素、庆大霉素、土霉素、阿莫西林、磺胺类药物等。抗生素的应用剂量，用药次数与疗效关系极为密切，我们必须给予重视。根据一些报道，肺炎用青霉素G钾盐，每千克体重用20 000～40 000IU，加入500ml生理盐水中，早晚各一次静脉滴注（平均25～30min），疗效显著。

③呼吸兴奋剂：呼吸中枢抑制时，可用呼吸兴奋剂。

④祛痰剂：选用如氯化铵、碘化钾。

⑤平喘药：常用有氨茶碱、麻黄碱（麻黄素）。

⑥对症治疗，可应用板蓝根注射液、柴胡注射液、安乃近、安痛定等解热镇痛与抗菌消炎；同时，注射葡萄糖生理盐水及维生素等。

⑦护理口当前许多地方只重视治疗而勿视舍内温度恒定等护理工作，治疗效果不佳。

⑧联合用药如抗病毒药物与广谱抗生素联合使用；广谱抗生素与磺胺类药物联合使用；抗病毒药物与磺胺类药物联合使用。并随时根据病猪症状变化的情况更换治疗用药，防止出现耐药性。临床治愈后仍要坚持用药2天，以免疾病出现反复。

3．以败血症为主要症状疾病的对症治疗　该类疾病的共同特点是皮肤和全身浆膜、黏膜出血或淤

血，发病迅速陷于衰竭状态，高热稽留，表现消化系统、呼吸系统甚至神经系统等全身性症状。临床治疗原则为：在积极治疗原发病的基础上，加强对症治疗，即提高机体免疫力。常用药物有免疫球蛋白、高免血清、转移因子、环磷酰胺、干扰素等，还有强心、补液、补碱、补盐、止血和维生素疗法等。

4. 以神经系统症状为主的疾病的对症治疗　该类疾病的共同症状表现为沉郁或兴奋。临床治疗原则为：在积极治疗原发病的基础上，加强对症治疗，即镇静、解热、止痛、营养神经和补液等。镇静药物有盐酸氯丙嗪、安定；抗惊厥药物有苯巴比妥钠、扑米酮；解热止痛药物有安痛定、安乃近和炎痛宁；营养神经药物有维生素 B_1、脑活素和脑神经生长因子；消除脑水肿，常用甘露醇和山梨醇。

5. 以皮肤和黏膜出现水疱或溃疡为主要症状疾病的对症治疗　该类疾病的共同症状表现为皮肤和黏膜出现大小不等的丘疹、水泡、脓疱、溃疡和结痂。临床治疗原则为：在积极治疗原发病的基础上，加强对症治疗，即消炎止痛。病变的黏膜用 0.1% 高锰酸钾清洗后，再用 1% 明矾或碘甘油涂擦患部；病变蹄部先用 3% 来苏尔洗后再涂擦鱼石脂或松馏油，最后用绷带包扎；病变的皮肤和乳房用 3% 硼酸洗后，再用各种抗生素或磺胺类软膏涂擦患处。

6. 以贫血和黄疸为主要症状疾病的对症治疗　该类疾病的共同症状表现为皮肤、结膜苍白和黄染，动物出汗易疲劳。临床治疗原则为：在积极治疗原发病的基础上，加强对症治疗，即保肝利胆，补充造血物质。常用药物有葡萄糖铁钴注射液、维生素 B_{12}、叶酸、硫酸铜、亚硒酸钠维生素 E、维生素 C 和 20% 葡萄糖溶液等。

7. 以关节炎为主要症状疾病的对症治疗　该类疾病的共同症状表现为关节肿大、行动困难。临床治疗原则为：在积极治疗原发病的基础上，加强对症治疗，即消炎止痛。

8. 以繁殖障碍为主要症状疾病的对症治疗　该类疾病的共同症状表现为流产、早产、死胎、木乃伊胎和产弱仔。临床治疗原则为：在积极治疗原发病的基础上，加强对症治疗，即加强护理消炎补液。常用药物有维生素 A、维生素 E 和黄体酮等。

9. 维生素疗法　维生素是猪生长发育不可缺少的重要物质，但常因集约化养猪和水泥地面养猪，饲料中若维生素配给量不足，或缺乏某种维生素，或长时间投给广谱抗生素，均能导致维生素缺乏症。所以，维生素疗法是非常重要的。如长期投给广谱抗生素，常会出现皮肤、黏膜的炎症。由于维生素 B 和维生素 K 缺乏可引起出血性素质，这是由于抑制了肠内大肠菌和乳酸菌等而引发维生素合成能力降低的结果。

第四章　猪疾病的预防策略

第一节　猪病防治的生物安全控制体系的建立

生物安全体系的内涵：生物安全的意义比较广泛，它是指预防临床或亚临床疫病发生的一种生产安全体系，重点强调环境因素在保证动物健康中所起的决定性作用，也就是保证动物生长于最佳状态的生态环境体系中，保证其发挥最佳的生产性能。广义的生物安全泛指生命的安全，包括人、畜、禽的舒适、安宁和福利等；狭义的生物安全是针对所有人、畜、禽的病原，核心是预防病原微生物侵入猪群体内并产生危害，是疾病综合防治的重要环节。生物安全体系，是世界畜牧业发达国家兽医专家学者和动物养殖企业，经过数十年科学研究和对生产实践经验不断总结，提出的最优化的、全面的畜牧生产和动物疫病防治系统工程。生物安全体系是预防临床或亚临床疾病的总规划及措施，重点强调环境因素在保证动物健康中所起的决定性作用。同时，充分考虑了动物福利和动物养殖对周围环境的影响因素，使动物生长于最佳状态的生产体系中，发挥其最佳的生产性能，并最大限度地减少对环境的不利影响，实现企业利益与社会责任的和谐统一。不同畜牧生产类型对生物安全的需要不同，其生物安全体系中各组成要素的作用和重要性也不一样，但各种生物安全体系的基本构成要素是一致的，概括而言，任何生物安全体系都应包括隔离、传播控制和卫生条件3个方面的基本构成要素。

我国加入WTO后，根据国际有关肉食品标准，确定了我国生产技术原则，猪肉生产应是无公害绿色食品，由此引起了养猪灭病的绿色革命。畜牧业领域养猪生产中猪病防治体系——生物安全控制体系。该体系以生命科学为基础，根据畜牧兽医各学科、系统工程学、运筹学、管理学的原理，与猪生物学特性和病原、宿主、环境的辩证关系，养猪实施封闭式管理、全进全出的生产工艺流程，以环境、营养、管理为基础的有机配合，集中国内外猪病防治的先进技术结合我们的基础，制订适合国情的防疫灭病技术模式，首先是防止疫源侵入，其次是净化种群，组装成配套的生物安全控制体系——防疫灭病技术体系模式。实现生物安全控制体系的物质基础是配套生产体系。首先是标准化的基本建设；其次是专业化科技队伍建设。当前养猪专业户科技饲养和防疫知识尚不能满足养猪生产的需要，是当前猪病发生流行的根本原因，所以，应重视猪病的预防策略的研究。

实现农业现代化和贯彻预防为主的方针：党中央连续几年发出的一号文件都强调要使我国农业持续发展必须使农业现代化，加强农业基础建设，积极发展畜牧水产业，扶持和促进规模化健康养殖，认真落实支持生猪、奶业、油料发展的政策措施，促进各类重要农产品稳定增长。畜牧业养猪生产的特点是国内猪群是发达国家几十年育成的高科技品种。高科技品种用简陋方式饲养其成功几率较低，经济效益不高。今后要加强规模化猪场的标准化建设和科技队伍的培训，满足养猪生产日益发展的需要。技术上我国已拥有养猪饲养管理与防疫全部技术；在投入上与猪生物学特性要求相差距离较大。

贯彻预防为主的方针

首先调查研究掌握猪场附近及周围地区传染病、常发病、营养缺乏病及流行规律，建立行之有效的防疫程序、检疫隔离制度、免疫程序及防治措施，使猪场防疫与生产过程标准化。预防为主方针是猪病的防控核心与基础，是国策。为什么养猪生产过程要实现标准化呢？其猪生物学特性对环境、营养、管理、卫生都有特定标准，150天体重达100 kg，仔猪生后细胞的生命活动不间断进行，水和各种营养物质应像河流水似的满足供应，缺一点都会影响增重；对温度要求特别敏感尤其是断奶仔猪如温度不达标几天内全群感冒或下痢，一群具有活力的仔猪十几天就可葬送，历史的教训十分惨痛。

【猪场兽医卫生防疫制度的制订】

建立健全防疫组织：猪场应建立厂长统一指挥，以兽医为主，饲养员后勤职工紧密配合的防疫灭病组织。全场上下齐心合力，步调一致，认真贯彻防疫措施，才能控制疾病的发生和流行。坚持严格执行防疫制度：各猪场根据本场实际情况，制订猪场防疫制度。定期消毒、灭鼠、灭蝇、驱虫：猪场贯彻每季度大消毒一次，平时用水冲洗猪舍，每周带猪消毒一次。产房全进全出方式进行消毒。猪场实行封闭式管理，生产区和生活区隔离分开。猪场要坚持封闭式管理，饲养人员日常住在猪场生活区宿舍，定期轮休，回猪场时洗澡消毒更衣换鞋。养猪场内职工不准私自养猪，所需猪肉及其制品应由本场供应，不得外购。

【环境控制】

养猪场环境条件是决定养猪业经济效益的重要因素，集约化养猪场必须高度重视养猪场环境。场址选择要合理，养殖场内的布局结构应符合防疫和管理要求，舍栋间距应达到 30 m，病理解剖室应在养殖场主风向的下方，距离应达到 200 ～ 500 m，粪便发酵池应建在院墙外并能净化无污染。排污沟要加盖水泥盖板。猪场设防疫围墙，在猪场围墙四周、猪舍之间、道路两旁种植树木鲜花，能起到防疫屏障作用。完善基础防疫设施：猪场要控制疫病发生，必须设消毒池、更衣室、洗澡间、兽医室，病死猪处理场以及完备的粪污处理设备。

第二节　疾病控制

一、传染病控制

猪传染病的流行必须有传染源、传染途径、易感猪三个基本条件同时存在，缺一不可，依此控制传染病的发生和流行。但目前我国一般猪场还达不到标准化猪场防疫水平，要采取制订防疫制度、疫病监测、免疫接种等手段控制猪传染病的发生和流行。各种猪场应根据本地区流行的疫病制订出本场的免疫程序。传染病免疫程序：用免疫学监测的方法，在确定猪群的免疫状态基础上，选定疫苗种类，

制订免疫时间、免疫日龄、免疫次数、免疫剂量等，特别对猪瘟应制订出既能抵抗猪瘟临床感染又能防止亚临床感染和阻止强毒在体内复制和散毒的措施。战略上控制病毒性传染病为重点；战术上认真对待出现的每种疾病。对一些条件性传染病的发生与危害应认真对待。母猪产仔前 2 ～ 3 天和仔猪出生后 3 天内禁止使用抗病毒类药物和抗生素，如需接种其他疫苗要间隔 7 天以上。

二、寄生虫病控制

新建猪场，用检查虫卵的方法进行普查，然后确定种类。其中主要有蛔虫、疥螨、包囊型弓形虫等。药物选择：应选择安全、高效、广谱、残留低的药物，伊维菌素的各种制剂为首选。程序：首次实施本寄生虫控制程序时，首先对全场猪只进行彻底的驱虫，然后彻底大消毒一次。新购入猪用伊维菌素后隔离饲养至少 30 天才能和其他猪并群饲养，可控制猪蛔虫、猪疥螨的发生和流行。

三、营养缺乏病的控制

仔猪缺铁性贫血、缺硒病、妊娠母猪缺钙症等疾病均属于营养缺乏病。不能轻视营养缺乏病的预防，这些疾病一旦发生、出现临床症状，再采取措施就为时过晚，往往成批发生，造成的直接经济损失也是相当严重。国内饲料公司都配有猪用 4%、5%、6% 系列预混料和乳猪系列浓缩预混料，含有预防乳猪、小猪、中猪、大猪、怀孕母猪、空怀母猪、哺乳母猪的营养缺乏病的有效成分，公司专家根据我国猪营养缺乏情况，设计的预混料含有猪生长发育必需的维生素、微量元素、氨基酸、钙、磷、盐等。

第三节　群体性药物预防

集约化养猪场贯彻"预防为主"、"防重于治"；因饲养中的断奶、转群、去势、分栏、有应激因素出现等情况下可能引起疾病发生时，群体应用药物防治是重要的措施之一。某些传染病采用抗生素、磺胺类、硝基呋喃类、喹诺酮类药物后，常可收到良好的防治效果。将药物按一定比例混入饲料或饮水中，是群体性药物防治的主要形式。另一种药物预防的方式是在饲料中添加一定比例的抗菌药物，作为添加剂让猪服用。除了防治某些疾病外，还有

促进生长、增重的作用。群体混饲给药法省时省力，投药方便，但要求药物用量标准，药物与饲料要混合均匀，饲料中没有影响药物效果的物质存在，要求在规定的时间内喂完。兽医防治人员要转变观念，将治疗性用药转变为预防性用药，针对本地区或猪场疫病发生的种类和流行特点，制订预防用药方案是十分必要的。选用一定的抗菌药物和剂量组合，在母猪产仔前后、哺乳仔猪、育仔猪、育肥猪4个阶段，以及转群时使用，以预防猪群外源性和内源性细菌继发感染。

微生态制剂（活菌制剂）用于防治仔猪大肠杆菌性腹泻等下痢性疾病，可收到较好的效果。此外，微生态制剂对促进仔猪发育、增重等都有一定作用。

针对疫病合理使用抗生素药物，在猪病防控中要避免使用易造成机体免疫抑制与产生耐药性的各类抗生素药物，特别是不要滥用或长期使用劣质的抗生素，如氯霉素、痢特灵、链霉素、新霉素、四环素、土霉素、地塞米松、庆大霉素、卡那霉素、糖皮质激素、泼尼松、可的松、雄激素、睾丸激素，磺胺类药物等。这些药物不仅对机体具有免疫抑制作用，影响疫苗的免疫效果，而且易产生耐药性与药物残留，影响预防与治疗疫病的效果，威胁公共卫生的安全。因此，在猪病防控中，一定要根据病情科学合理地选择安全、优质、高效的抗生素对症使用。首先要对疾病作出正确的诊断，再对症的选择药物，最好是先作药敏试验，再根据药物的性质与作用选用最敏感的抗生素进行对症治疗或预防，方可获得良好的效果。

妊娠母猪禁止使用磺胺类药物，抗菌增效剂、四环素、红霉素、替米考星、新霉素、链霉素、卡那霉素、庆大霉素、氟哌酸、环丙沙星，多黏菌素、制酶菌素、古霉素及硝基咪唑类等药物。

第四节　严禁饲喂发霉变质的饲料

目前，饲料中存在霉菌毒素污染比较普遍，对猪只的健康生长造成严重威胁。据调查，动物饲料及其原料霉菌毒素污染率高达30%～40%，南方还更为严重。霉菌毒素可溶解淋巴细胞，使机体的体液免疫和细胞免疫机能受到抑制；毒素能损害抗原呈递细胞和噬菌细胞的功能，减少抗体的产量；毒素还可以抑制免疫细胞的分裂和蛋白的分解，影响核酸的复制，降低机体的免疫应答等，致使猪只免

疫力低下，抗病力下降。接种疫苗不产生抗体，诱发各种疾病的发生。

饲料霉变严重者应废弃，轻度霉变者可用清水冲洗3次，再用0.1%漂白粉水浸泡3h，然后再用清水冲洗3次，可除去毒素的60%～90%。烘干或晒干后，粉碎并拌入除酶剂或脱酶剂再喂猪。只能喂育肥猪，不准喂种猪和哺乳仔猪。除酶剂或脱酶剂要使用复合型的防霉剂，不仅其吸附毒素的能力强，而且对猪无毒副作用，安全效果好。如大连三仪集团研发的生物驱霉素（益生菌代谢产物、纳米级高纯度复合矿物质，特殊佐剂等），第四代脱霉技术，实现霉菌的"双向"清除，保育猪与育肥猪，每吨料中加入400～500 g；种猪，每吨料中加500～600 g，可长期使用。还可使用霉毒脱-SP（每吨料中加入1～1.5 kg）、霉卫宝（每吨料中加1～1.5 kg），脱霉-100、克霉霸和古博士吸霉灵等。

平时可在饲料中添加微生态制剂，如大连三仪集团研发的唯泰C231或金唯肽C231（育肥猪和种猪用）、唯泰C211或金唯肽C211（仔猪专用）。200 g拌料1 t，可长期饲喂，能有效地抑制肠道中有害菌的生长繁殖，保持肠道菌群平衡；提高机体对饲料的利用率与营养成分的吸收率，促生长，提前出栏；增加非特异性免疫力，增强机体抗病力；减少氨气与氮气以及硫化氢、吲哚、腐胺、组胺、酚等有害气体的排出量、降低其浓度而除臭，优化养猪的生态环境。

临床上治疗病猪难度很大，如果早发现、早诊断、早用药、早治疗；用药对路、方法科学、方案可行，药量足，疗程够，是可以治愈的。由于疫病是由多种病原混合感染与继发感染而引起的，在临床上多见因发生病毒血症和细菌性败血症而引起急性死亡，故发病率与死亡率很高。因此，临床上治疗首先用药要侧重提高机体的整体免疫力，采用细胞因子疗法（应用重组细胞因子作为药物用于疾病的治疗的一种方法）与抗病毒疗法、抗细菌疗法和对症治疗相结合的综合方法进行治疗，方可收到满意的疗效。

具体的治疗方案，在此不作推荐。请根据本场猪群发病情况，参照上述有关原则、结合自己的临床经验，综合实施，尽可能取得良好的防治效果，减少因疫病死亡而造成的经济损失。

第五节　无害化处理

猪场淘汰猪、死猪、流产胎儿、死胎、病弱猪等无害化处理，均不容忽视，并严防病原扩增、扩散的传染源，及时隔离、加强护理、正确治疗和隔离栏的严密消毒以及无治疗价值病弱猪及时无害化处理。特别重视猪瘟阳性场"带毒母猪"淘汰及分娩、胎衣、死胎、弱仔在传播猪瘟上的危害作用。

第六节　无特定病原猪群的建立

无特定病原（SpecificPathogenFree，SPF），是指一个畜群中不患有某些指定的特定病原微生物和寄生虫疾病，畜禽呈明显的健康状态。目前认为无7种特定病原，无猪气喘病（MPS）病原、无猪痢疾（密螺旋体SD）病原、无猪萎缩性鼻炎（AR）病原、无传染性胃肠炎(TGE)病原、无伪狂犬（PRV）病原、无虱和螨病原。同时，无蓝耳病、细小病毒、猪瘟等绝大多数急慢性传染病原。20世纪50年代初，美国内布拉斯加州的Young首先提出了SPF的概念，并生产出了SPF猪。不久，就发现SPF猪在养猪业中建立健康猪群的重要作用，从而引到养猪生产中。20世纪80年代以来因传染病种类增多，特别是病毒性传染病出现新的特点，免疫抑制性疾病的出现，而多发生继发感染与混合感染，使疫病趋向复杂化，因多种病原互为因果，形成恶性循环，使疾病控制难度增大。解决的有效途径是我国种猪场核心群应当采用SPF方法培育种猪，实行封闭式管理，全进全出的生产工艺流程，以环境、营养、管理为基础的有机配合，才能控制许多疫病的流行，每个省区市都应当采用SPF方法培育种猪。我国在20世纪70年代三江白猪育种过程中，为了控制猪支原体肺炎采用SPF方法成功培育出三江白猪。北京养猪育种中心建立了SPF猪场，为我国养猪业中建立健康猪群提供先进技术与优良的种猪，是我国未来养猪育种与猪病控制的方向，是成功之路。

第七节　种猪场猪病生物安全控制体系的建立

单列一节是因为种猪场在养猪业具有重要作用，只有种猪场生物安全做好了才能保证我国养猪业飞快发展。许多种猪场不惜重金从欧美国家引进种猪，购买时是SPF方法培育种猪，引到国内后不知不觉莫名其妙的发生猪瘟"带毒母猪综合征"、蓝耳病、圆环病毒等；特别是有的设备精良、进出淋浴、封闭式管理、全进全出的生产工艺流程的种猪场暴发猪瘟，我国猪瘟流行与此有关。有的种猪场母猪血清学监测蓝耳病呈阳性，为了掩盖蓝耳病存在的真相，给猪注射蓝耳病疫苗出售。如何防止种猪场暴发猪瘟势在必行，需要猪病专业工作者认真对待。

主要参考书目

[1] 宣长和等主编．猪病学 [M].3 版．北京：中国农业大学技术出版社，2010

[2] 宣长和等主编．猪病诊断彩色图谱与防治 [M]．北京：中国农业科学技术出版社，2004

[3] 甘孟侯，杨汉春主编．中国猪病学 [M]．北京：中国农出版社，2005

[4] A．E．斯特劳等主编．猪病学 [M].9 版．赵德明等译．北京：中国农业大学出版社，2008

[5] 蔡宝祥主编．家畜传染病学 [M].4 版．北京：中国农业出版社，2001

[6] 中国农业科学院哈尔滨兽医研究所主编．动物传染病学 [M]．北京：中国农业出版社，1999．

[7] 孔繁瑶主编．兽医大辞典 [M]．北京：中国农业出版社，1999

[8] 李普霖主编．动物病理学 [M]．长春：吉林科学技术出版社，1994

[9] 蔡宝祥等主编．动物传染病诊断学 [M]．南京：江苏科学技术出版社，1993

[10] 杨汉春主编．兽医免疫学 [M].2 版．北京：中国农业大学出版社，2002

[11] 陆承平．兽医微生物学 [M].3 版．北京：中国农业出版社，1991

[12] 于恩庶，徐秉锟．中国人兽共患病 [M]．福州：福建科学技术出版社，1998

[13] 吴清民主编．兽医传染病学 [M]．北京：中国农业大学出版社，2002

[14] 汪明主编．兽医寄生虫学 [M].3 版．北京：中国农业出版社，2007

[15] 西北农业大学主编．家畜内科学 [M].2 版．北京：中国农业出版社，2002

[16] 中国农业大学主编．家畜寄生虫学 [M]．北京：中国农业出版社，1981

[17] 陈怀涛，许乐仁主编．兽医病理学 [M]．北京：中国农业出版社，2006

[18] 赵德明．兽医病理学 [M].2 版．北京：中国农业大学出版社，2004

[19] 于大海，崔观林主编．进出境动物检疫规范 [M]．北京：中国农业出版社，1997

[20] 刘宝岩，邱震东．动物病理组织学彩色图谱 [M]．长春：吉林科学技术出版社，1994

[21] 范国雄．动物疾病诊断与防治彩色图谱 [M]．北京：北京农业大学出版社，1990

[22] 蔡宝祥，郑明球主编．猪常见病诊断与肉品检验图谱 [M]．上海：上海科学技术出版社，1994

[23] 郑明球，蔡宝祥主编．动物疾病诊治彩色图谱 [M]．北京：中国农业出版社，2002

[24] 孙锡斌等主编．动物检疫检验彩色图谱 [M]．北京：中国农业出版社，1997

[25] 何朝庄等主编．实用动物屠宰检疫图谱 [M]．昆明：云南科学技术出版社，2002

[26] 潘耀谦等主编．猪病诊治彩色图谱 [M].2 版．北京：中国农业出版社，2010

[27] 金宁一等主编．中国畜牧医学会动物传染病学分会第三届猪病防控学术研讨会论文集 [C].2008

[28] 宣长和等主编．猪病混合感染鉴别诊断与防治彩色图谱 [M]．北京：中国农业大学出版社，2009

[29] 宣长和等主编．猪病类症诊断与防治彩色图谱 [M]．北京：中国农业科学技术出版社，2011

[30] 胡睿铭等．病原检测在猪场疫病防控中的作用及效益 [C]//．第十三届全国规模化猪场论文集．2012.4：163 ~ 166

[31] 张金辉．JerGeiger 博士谈猪病防控 [J]．猪业科学，2012.6：72 ~ 73

[32] 樊杰. 血清抗体检测在临床疫病监测中的意义 [C]∥. 第十三届全国规模化猪场论文集 .2012.4：156～158

[33] 郭龙. 规模化猪场保育猪群病原微生物混合感染模式统计分析 [C]∥. 第十三届全国规模化猪场论文集 .2012，4：159～162

[34] 谢三星等主编. 猪多种病原混合感染症 [M]. 合肥 . 安徽科技出版社，2008

[35] 甘孟侯主编. 科学养猪问答 [M].3 版. 北京：中国农业出版社，2004

[36] 顾小雪等. 猪场如何实施主要垂直感染性疫病动态监测 [J]. 猪业科学，2012.10：30～31

[37] 徐百万. 动物疫病监测手册 [M]. 北京：中国农业出版社，2010

[38] 朱军主编. 遗传学 [M]. 北京：中国农业出版社，2002

[39] 欧阳叙向主编. 家畜育种学 [M].2 版. 北京：中国农业出版社，2010

[40] 廖新俤等主编. 家畜生态学 [M]. 北京：中国农业出版社，2009

后 记

科普创作是科学技术普及的一项严肃而认真的工作。作者创作的读物应对国家、社会、读者、出版社、自己负责；同时将自己的学术成果毫无保留的传递给读者，用于提高读者专业水平与指导生产实践。作品的创作形式、手段、体裁，要生动、活泼，让读者在轻松平和的氛围中接受有关的科学技术知识，在创新中发展，成为这一领域的行家里手。

创作，原意是创造文化艺术作品，首先是有好的创意，即创造性的想法、创造性的思维、创造性的构思、创造出优秀的意境。文学作品使用的创作形式、手段、体裁，科普创作均可借鉴。

科技专业作者如果是在科研、高校从事科研、教学多年，教学、科研、生产中积累的资料，成果比较丰富时，就可对所研究的课题进行全面系统地总结，写一本专著。一种写法是只写出自己的成果；另一种是以自己的成果为核心，全面系统总结当时国内的有关成果。向读者提供当时国内外全新资料，参考价值较大。

自 1996 年以来，作者在从事教学、科研、生产过程中，在多年积累动物疾病诊断与防治资料和经验的基础上，先后编著了《猪病学》《猪病诊断彩色图谱与防治》《动物疾病诊断与防治彩色图谱》《猪病混合感染的鉴别诊断与防治彩色图谱》《猪病类症诊断与防治彩色图谱》等著作。同时，将国内外有

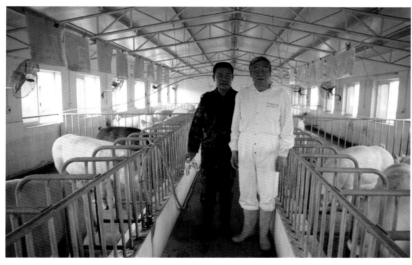

关猪病专家教授对常见、多发病的最新科研究成果与先进的临床经验，以及国内猪场、教学、科研队伍中的广大科技人员工作成果和文献资料恰如其分地编入有关章节，基本上反映了 21 世纪以来猪病诊治的新成果，也是国内外猪病最新文献资料组装配套的出版物。

专业科普读物创作源泉是科学实验和生产实践活动现场一线。科技作品同其他事物一样，只有走基层才能创作出通俗易懂、喜文乐见的读物。首先应了解广大读者需求；其次是浏览本专业文献资料，了解国内外研究动向。与此同时，还参加各种学术活动、展销会；广泛接触高校、科研、饲料、兽药部门专家与学者以及政府防控机构、各类经销人员、猪场老板等。可扩大选题方向的视野。作者体验最深的是到基层一线考察调研，亲临猪场观察猪场设备、猪群现状。同时，与猪场管理人员座谈交流有关饲养管理、防疫卫生以及养猪生产线各种生产环节，并查阅各种统计资料与检测报告等，还必须用较多的时间全面深入观察猪的行为与习性及症状和病变等。从 2002 ～ 2012 年投身于猪病诊治领域写作中，几乎沉醉于猪病诊断与防治领域，一首打油诗可简述其过程：

贰零零贰，移居京东，排除干扰，专心致治，猪病窗口，走向全国，猪场舞台，海阔天空，资料猛增，年复一年，日复一日，珍惜时间，科学利用，深入一线，马到成功，细心观察，多例比较，透过现象，看到本质，确定规律，掌握技巧，调查实验，科学思维，基础临床，互相促进，反复修改，研究总

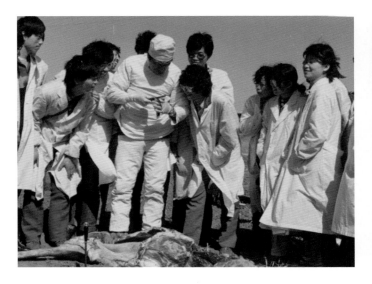

结，生产需要，附合国情，临床标准，病变本质，一刀定性，综合分析，科学判断，诊断疾病，关键技术，控制疾病，立竿见影，辛勤笔墨，图书出版，读者青睐，知识产权，自主创新，丰硕成果。

科普创作，无论是哪种形式或体裁，首先都要经大脑的科学思维，将感性材料去粗取精；用新理念、新思维把握规律性诊治技术；再进一步转化为广大人民群众易于接受的科学普及内容。所有的自然科学知识和社会科学知识的传播、推广、应用，都离不开科学思维的哲学辩证法，这是科普创作的首要的一步，而且是极其关键的一步。应当说，科普是综合了自然科学知识和社会科学知识的科普，缺哪一方面都不全面。正像我国 2002 年 6 月 29 日颁布的《中华人民共和国科学技术普及法》所指出的那样："科普是公益事业，是社会主义物质文明和精神文明建设的重要内容，发展科普事业是国家的长期任务。"科普创作，可以提高公民的科学文化素质，推动经济发展和社会进步。"公民有参与科普活动的权利"，当然就有科普创作的权利。科普创作不是少数科学研究工作者、科学家、科技专家的专利，而是广大一

般科技工作者和全社会的共同任务。

科学新发明、新发现、新产品、新材料、新技术、新应用规程、新理论，当然都是科普创作的内容。老发明、老发现、仍在使用的科技产品与科学技术、科学知识，也仍然都是科普创作的对象和内容。

《中华人民共和国科学技术普及法》指出："国家支持社会力量兴办科普事业，社会力量兴办科普事业可以按照市场机制运行。""科学技术工作者和教师应当发挥自身优势和专长，积极参与和支持科普活动"。可见，科普创作不只是科学家和科技专家的事，所有科技工作者和教师都是科普创作的主人。

科普创作面对的科普对象主要是广大人民群众及中小学学生。目的是了解掌握一些基本的科技常识及先进的科学技术发展态势，以及密切联系日常生活、生产学习方面的科学知识。

我们的科普作家应坚持科学精神，传播科学思想，反对和抵制伪科学。我们从事的是社会公益事业，光荣而豪迈，真诚而正义。科普作家只有为科普献身，无私付出，才能为社会公众所喜爱。